Marco Günther
Kai Velten

Mathematische Modellbildung und Simulation

Beachten Sie bitte auch weitere interessante Titel zu diesem Thema

Marco Günther und Kai Velten

Mathematische Modellbildung und Simulation

Eine Einführung für Wissenschaftler, Ingenieure und Ökonomen

WILEY-VCH
Verlag GmbH & Co. KGaA

Autoren

Marco Günther
Hochschule für Technik und Wirtschaft
des Saarlandes
Saarbrücken
marco.guenther@htwsaar.de

Kai Velten
Hochschule Geisenheim
University Geisenheim
kai.velten@hs-gm.de

Titelbild
Numerische Strömungssimulation eines Flaschenreinungsprozesses (nähere Details im Buch und in [1]).

Bibliografische Information der Deutschen Nationalbibliothek
Die Deutsche Nationalbibliothek verzeichnet diese Publikation in der Deutschen Nationalbibliografie; detaillierte bibliografische Daten sind im Internet über http://dnb.d-nb.de abrufbar.

Umschlaggestaltung Adam Design, Weinheim
Typesetting le-tex publishing services GmbH, Leipzig
Druck und Bindung Markono Print Media Pte Ltd, Singapore

Print ISBN 978-3-527-41217-4
ePDF ISBN 978-3-527-68650-6
ePub ISBN 978-3-527-68649-0
Mobi ISBN 978-3-527-68648-3

Gedruckt auf säurefreiem Papier

Inhaltsverzeichnis

Vorwort

„Jeder ist ein Künstler" war eine zentrale Botschaft von Joseph Beuys, der einer der bekanntesten Künstler des 20. Jahrhunderts war. „Jeder modelliert und simuliert" ist eine zentrale Botschaft dieses Buches. Mathematische Modellbildung und numerische Simulation gehören zu den wichtigsten Werkzeugen moderner Ingenieure, Ökonomen und Wissenschaftler, und tatsächlich wenden *alle Menschen* diese Methoden an – auch diejenigen von uns, die das noch gar nicht bemerkt haben ... Es stellt sich also nicht die Frage, ob diese Methoden verwendet werden oder nicht, sondern es geht darum, diese weit verbreiteten Verfahren möglichst effektiv und nutzbringend einzusetzen.

Heute hat jeder Zugang zu leistungsstarken Rechnern (Desktop PCs, Notebooks, ...), die für jegliche Art professioneller Datenanalyse eingesetzt werden können. Selbst komplexe statistische, strukturmechanische oder strömungsmechanische Simulationen, die vor wenigen Jahren noch Supercomputer erforderten, sind heute auf einfachen Desktop-PCs möglich. Obwohl die Verfahren der mathematischen Modellbildung und Simulation ein so großes Potential gerade für die kostengünstige Lösung sehr komplexer Probleme aufweisen, ist gerade im Ingenieurbereich heute oft noch eine Tendenz zu beobachten, sehr komplexe Probleme eher durch Experimente und Messungen zu lösen. Oft scheinen die Investitionen für experimentelle Ausrüstung proportional mit der Komplexität und Dringlichkeit des Problems anzusteigen, wobei dann am Ende zur Auswertung dieser teuer erworbenen Daten nur einfache Tabellenkalkulationen eingesetzt werden. Wenn man nach dem Grund für diese hohen Investitionen fragt, ist oft das Argument zu hören, die Komplexität des Problems „lasse sich nicht in vereinfachten Modellen abbilden". Dabei ist die Anwendung mathematischer Modelle, wie wir in diesem Buch erläutern werden, gerade bei besonders komplexen Probleme auch besonders effektiv – gerade dort ist die Kostenersparnis am größten.

Die Autoren, seit vielen Jahren als Wissenschaftler und Berater mit Fragen der mathematischen Modellbildung befasst, gehen zunächst ausführlich auf die Grundlagen der mathematischen Modellbildung und Simulation ein: Was ist ein mathematisches Modell? Welche Arten mathematischer Modelle gibt es? Welches Modell ist auf welches Problem anwendbar? Was ist Simulation, Parameterschätzung, Validierung? Darauf aufbauend wird dann ein im Vergleich mit anderen Büchern besonders breites Themenspektrum mathematischer Modelle besprochen, das von statistischen Modellen bis zur Mehrphasen-Strömungsdynamik in 3D reicht. Die Leserinnen und Leser werden auf der Grundlage einer Vielzahl detailliert besprochener Beispiele aus unterschiedlichsten Gebieten (Biologie, Ökologie, Ökonomie, Medizin, Landwirtschaft, Chemie, Maschinenbau, Elektrotechnik, Prozesstechnik, usw.) in die Lage versetzt, sich kritisch mit mathematischen Modellen auseinanderzusetzen und mathematische Modelle selbst zu formulieren.

Für alle in diesem Buch (das zum Teil auf einer stark überarbeiteten und erweiterten Übersetzung von [2] basiert) besprochenen Modellklassen wird geeignete lizenzfreie Open-Source-Software zur Verfügung gestellt. Grundlage hierfür ist das eigens für dieses Buch entwickelte Computerbetriebssystem *Gm.Linux* (siehe Anhang A), das ohne Installationsaufwand auch z. B. auf Windows-Rechnern genutzt werden kann. Ein Referenzkartensystem zu *Gm.Linux* mit einfachen Schritt-für-Schritt-Anleitungen ermöglicht es den Leserinnen und Lesern, auch komplexe statistische Berechnungen oder 3D-Strömungssimulationen in kurzer Zeit zu realisieren. Alle im Buch beschriebenen Prozeduren und Programme beziehen sich auf das genau definierte Betriebssystem *Gm.Linux* 2.0 (und die darin sozusagen „eingefrorenen", fixierten Versionen aller Anwendungsprogramme) und sind damit unabhängig von Softwareaktualisierungen langfristig funktionstüchtig.

Das Buch ist wie folgt gegliedert: Kapitel 1 beschreibt die Grundlagen der mathematischen Modellbildung und Simulation, u. a. Definitionen und erläuternde Beispiele zu den wichtigsten Begriffen und Konzepten der mathematischen Modellbildung. Nach der Diskussion phänomenologischer (datenbasierter) Modelle in Kapitel 2 folgen Einführungen in physikalisch-mechanistische (prozessorientierte) Modelle mit gewöhnlichen (Kapitel 3) und partiellen Differentialgleichungen (Kapitel 4). Kapitel 5 schließlich ergänzt u. a. in Form von Gastbeiträgen aus Industrie und Wissenschaft weitere Themen, die für die Umsetzung der in diesem Buch besprochenen Verfahrensweisen in die Praxis wichtig sind.

Wir möchten danken: Zuallererst unseren Eltern, Polly und Birgid und unseren Familien, ganz besonders auch Theresa, Benedikt, Julia, Lukas, Axel und Ulf für Ihre Unterstützung und ihre Geduld während des Buchschreibens und in den vielen Jahren davor; unseren Freunden und Kollegen, die Korrektur gelesen haben: Hagen Knaf, Gerald Kroisandt, Ferdinand Olawsky; und Anja Tschörtner und Vera Palmer vom Verlag für die gute Zusammenarbeit.

Saarbrücken und Geisenheim,
im Februar 2014

Marco Günther und Kai Velten

1
Prinzipien der mathematischen Modellierung

Wir beginnen zunächst mit einer Vorstellung der grundlegenden Konzepte und Ideen. Unter anderem werden wir Definitionen der Begriffe *System, Modell, Simulation, mathematisches Modell* usw. kennenlernen. Ebenso werden wir über die Ziele der mathematischen Modellbildung und Simulation sowie über die Eigenschaften „guter" mathematischer Modelle nachdenken und eine Klassifikation mathematischer Modelle vornehmen. Wer primär an den praktischen Anwendungen spezieller Methoden interessiert ist, kann dieses erste Kapitel überspringen und sich direkt in den weiteren Buchkapiteln beispielsweise über Regressionsmethoden (Kapitel 2) oder über Differentialgleichungsmethoden (Kapitel 3 und 4) informieren. Wir legen jedoch Wert auf die Feststellung, dass die in diesem ersten Kapitel behandelten Grundlagen der mathematischen Modellbildung auch für fortgeschrittene Anwender, die über diese Themen möglicherweise noch gar nicht reflektiert haben, von Interesse sind. Wie im Vorwort bereits angedeutet: Jeder von uns verwendet mathematische Modelle – „auch diejenigen von uns, die das noch gar nicht bemerkt haben". Die Leserin oder der Leser wird sicherlich zustimmen, dass es eine gute Idee ist, eine Vorstellung von dem zu haben, was wir tun!

Ausgangspunkt für unsere weiteren Betrachtungen ist die Komplexität der Probleme, die in Wissenschaft, Ökonomie und Ingenieurwesen behandelt werden. Wie wir in Abschnitt 1.1 sehen werden, liegt die Ursache für die Schwierigkeit vieler Problemstellungen in Wissenschaft, Ökonomie und Ingenieurwesen vor allem in der Komplexität der betrachteten Systeme. Modelle sind hier das geeignete Werkzeug, um Komplexität aufzubrechen und Ansätze zur Problemlösung zu entwickeln. In Abschnitt 1.2 wird eine Definition der Begriffe *System, Modell* und *Simulation* angegeben. Dann schreiten wir in Abschnitt 1.3 weiter in Richtung mathematischer Modelle, indem wir feststellen, dass Mathematik *die* natürliche Sprache für komplexe Probleme in Wissenschaft, Ökonomie und Ingenieurwesen ist. Mathematische Modelle selbst werden schließlich in Abschnitt 1.4 definiert, gefolgt von Anwendungsbeispielen und Definitionen in den Abschnitten 1.5 und 1.6. In Abschnitt 1.6.1 werden wir die wichtige Unterscheidung zwischen phänomenologischen und mechanistischen Modellen vornehmen, die als Grundlage für die Organisation der Kapitel 2–4 dieses Buches verwendet wird.

Mathematische Modellbildung und Simulation, Erste Auflage. Marco Günther und Kai Velten.

Wir beenden das erste Kapitel mit einer Klassifikation mathematischer Modelle und Golombs berühmte „Don'ts of mathematical modeling" in Abschnitt 1.7.

1.1
Eine komplexe Welt braucht Modelle

Die Arbeit von Ingenieuren, Ökonomen und Wissenschaftlern besteht darin, „Systeme" zu verstehen, zu entwickeln oder zu optimieren. Hier wird mit „System" ein interessierendes Objekt bezeichnet, das Teil der Natur (wie die Zelle einer Pflanze, ein Atom, eine Galaxie usw.) oder eines künstlichen ökonomischen oder technologischen Systems sein kann (siehe Definition 1.3). Die allgemeine Herangehensweise von Ingenieuren, Ökonomen und Wissenschaftlern bei der Arbeit mit Systemen weist eine starke Ähnlichkeit auf mit der Art und Weise, wie jeder von uns im täglichen Leben mit Systemen umgeht. Betrachten wir als Beispiel das Problem, einen normalen Tisch auf einen unebenen Boden zu stellen. Der Tisch ist ein einfaches technisches System, und jeder von uns weiß in diesem Fall, wie die Aufgabe zu lösen ist: Wir legen einfach unter ein oder zwei Tischbeine ein geeignetes Stück Pappe. Jeder von uns löst im Laufe seines Lebens eine große Anzahl solcher Probleme, die im Zusammenhang mit einfachen technischen Systemen auftreten. Darüber hinaus gibt es eine große Anzahl wirklich anspruchsvoller technischer Probleme, die nur von Ingenieuren gelöst werden können. Charakteristisch für besonders anspruchsvolle Probleme dieser Art ist eine hohe Komplexität des zugrunde liegenden Systems. Ingenieure wären schlicht überflüssig, wenn in unserer modernen Lebenswelt nicht viele Aufgaben zu lösen wären, die mit sehr komplexen technischen Systemen zu tun haben, beispielsweise mit Computerprozessoren, Motoren, Ölfördersystemen, High-Tech-Materialien usw. Ebensowenig wären Wissenschaftler erforderlich, wenn Prozesse wie die Photosynthese von Pflanzen genauso einfach verstanden werden könnten wie ein instabiler Tisch, und auch auf Ökonomen könnte man verzichten, wenn sich wichtige Zielgrößen wie etwa der Gewinn eines Betriebs oder auch die Arbeitslosigkeit in einer Volkswirtschaft nicht aus extrem komplexen Interaktionen mikro- und makroökonomischer Einflussfaktoren ergeben würden. Der Grund, warum es Wissenschaftler, Ökonomen und Ingenieure gibt, gewissermaßen deren Existenzberechtigung, ist die Komplexität der Natur und die Komplexität von technischen und ökonomischen Systemen. Vielleicht sollte mancher von uns, der in diesen Berufen sein Geld verdient, dankbar dafür sein, dass uns eine derart komplexe Welt vorgesetzt wurde.

Bemerkung 1.1. Die Komplexitätsherausforderung Die natürliche Aufgabe von Wissenschaftlern, Ökonomen und Ingenieuren besteht darin, Aufgaben zu lösen, die sich auf besonders komplexe Systeme beziehen. Damit ihre Arbeit erfolgreich ist, brauchen sie spezielle Methoden, um mit der Komplexität der Systeme umgehen zu können.

Abb. 1.1 Das Auto als reales System und als Modell.

Ingenieure, Ökonomen oder Wissenschaftler verwenden angesichts komplexer Systeme dieselbe Strategie, die jeder von uns im Alltag auf komplexe Systeme anwendet: Vereinfachung. Die Idee ist: Wenn etwas zu komplex ist, mach es Dir einfacher! Betrachten wir ein alltägliches Problem mit einem komplexen System: Ein Auto, das nicht anspringt. Jeder weiß, dass in dieser Situation ein Blick auf die Batterie und die Kraftstoffanzeige genügt, um dieses Problem in den meisten Fällen schnell zu lösen, und jeder wird dies auch ganz automatisch tun. Um die dahinter liegende Problemlösungsstrategie herauszuarbeiten, betrachten wir ein alternatives Szenario: Nehmen wir an, dass sich jemand zum ersten Mal in dieser Situation befindet. Etwas genauer: Nehmen wir an, dass unserem „jemand" (der vielleicht von einem anderen Planeten gekommen ist und zwar Raumschiffe, aber noch nie zuvor ein Auto gesehen hat) erklärt worden ist, wie man Auto fährt, dass er dieses Auto eine Zeit lang gefahren ist und sich nun erstmals in der Situation befindet, dass das Auto nicht anspringt. Natürlich nehmen wir auch an, dass sich meilenweit keine Hilfe finden lässt! Solange das Auto gut funktioniert hat, schien es für unseren „jemand" ein einfaches System gewesen zu sein: anlassen, Gas geben, steuern, bremsen, irgendwann wieder abschalten, alles ganz einfach? Jetzt, da unser „jemand" zum ersten Mal unter die Motorhaube schaut, wird er feststellen, dass er es mit einem sehr komplexen System zu tun hat. Er wird lange brauchen bis er das Problem eventuell gelöst hat, selbst dann, wenn wir annehmen, dass unser „jemand" ein Ingenieur ist. Jeder von uns – auch Nicht-Ingenieure – könnte dieses Problem wesentlich schneller als dieser „jemand" lösen. Der einfache Grund hierfür ist, dass diese Situation nicht neu für uns ist. Wir haben schon früher eine solche Situation erlebt und wissen aus Erfahrung, was zu tun ist. In unserer Vorstellung gibt es sozusagen ein vereinfachtes Bild eines Autos, ähnlich der Abb. 1.1, und in dem Augenblick, in dem das Auto nicht startet, denken wir nicht an das Auto als das komplexes System, das es tatsächlich ist, mit dieser endlosen Ansammlung von Ventilen, Kolben und all den anderen Dingen, die sich unter der Haube befinden, sondern wir denken vielmehr an das vereinfachte Bild: Wir wissen, dass dieses Bild für diese Situation geeignet ist, und es führt uns dazu, nach Batterie und Tankanzeige zu schauen, womit das Problem dann in meisten Fällen sofort gelöst ist.

Exakt diese soeben geschilderte Vereinfachungs-Strategie wird auch von Ingenieuren, Ökonomen und Wissenschaftlern auf komplexe Systeme angewendet. Wenn ein Ingenieur zum Beispiel den Kraftstoffverbrauch eines Motors verringern möchte, so wird er den Motor nicht in seiner vollständigen Komplexität betrachten sondern vielmehr eine vereinfachte Beschreibung des Motors und der Motorteile zugrundelegen, die mit dem Kraftstoffverbrauch zu tun haben. In ähnlicher Weise wird ein Wissenschaftler, der den Photosyntheseprozess verstehen möchte, vereinfachte Beschreibungen von Pflanzen mit einem Fokus auf spezielle Prozesse innerhalb einzelner Pflanzenzellen verwenden. Jeder, der komplexe Systeme verstehen möchte oder Probleme in Verbindung mit komplexen Systemen lösen möchte, braucht geeignete vereinfachte Beschreibungen der betrachteten Systeme, und d. h.: Jeder, der sich mit komplexen Systemen beschäftigt, braucht Modelle – denn vereinfachte Beschreibungen eines Systems sind per Definition Modelle.

Bemerkung 1.2. Rolle von Modellen Ingenieure, Wissenschaftler und Ökonomen verwenden vereinfachte Beschreibungen komplexer Systeme, sogenannte *Modelle*. Diese Modelle dienen als Werkzeuge, um die Komplexität der Systeme aufzubrechen, damit dann auf der Grundlage eines nicht mehr von Komplexität verstellten Blicks auf interessierende Systemaspekte Einsichten gewonnen und Probleme gelöst werden können.

1.2
Systeme, Modelle, Simulationen

Minsky formulierte 1965 folgende allgemeine Definition eines Modells: [3, 4]:

Definition 1.1. Modell Für einen Beobachter B ist das Objekt A* ein *Modell* eines Objektes A, wenn ein Beobachter B das Objekt A* verwenden kann, um ihn interessierende Fragen über A zu beantworten.

Bemerkung 1.3. Formale Definitionen Definition 1.1 ist als *formale Definition* in dem Sinne zu verstehen, dass Begriffe wie *Objekt, Beobachter* usw. auftreten, die nicht strikt axiomatisch definiert sind, wie es in der mathematischen Theorie üblich ist. Dieselbe Bemerkung gilt für auch für andere Definitionen in diesem Buch, einschließlich der Definition des Begriffs *mathematisches Modell* in Abschnitt 1.4. Definitionen dieser Art sind aus praktischen Gründen gerechtfertigt, da sie es uns erlauben, die formal definierten Begriffe in einer knappen und dennoch – soweit möglich – präzisen Sprache zu verwenden.

Die Anwendung der Definition 1.1 auf das Autobeispiel ist offensichtlich – mit B bezeichnen wir den Autofahrer, A ist das Auto selbst und A* ist die vereinfachte Tank-Batterie-Beschreibung des Autos in Abb. 1.1.

1.2.1
Der teleologische Aspekt

Ein wichtiger Aspekt der obigen Definition des Begriffs *Modell* ist, dass sie den Zweck des Modellierens beinhaltet: Ein Modell hilft uns dabei, Fragen zu beantworten und Probleme zu lösen, die wir im Zusammenhang mit einem System (Minsky spricht vom „Objekt") haben. Das ist wichtig, da gerade Anfänger im Bereich Modellierung oft glauben, dass ein Modell nur dann gut ist, wenn es dem realen System so nahe wie möglich kommt. Wie jedoch bereits im vorherigen Abschnitt dargelegt wurde, zielen Modellierung und Simulation auf eine Vereinfachung des gegebenen komplexen Systems ab, nicht aber auf die nutzlose Erzeugung komplexer Kopien der komplexen Realität. Halten wir also fest:

Bemerkung 1.4. Das beste Modell Das beste Modell ist das einfachste Modell unter allen Modellen, die die gestellte Aufgabe (ein Problem lösen, einen Systemaspekt verstehen) lösen können, d. h. dieses beste und zugleich einfachste Modell ist gerade noch komplex genug, um seinen Zweck zu erfüllen. Einfache Modelle erlauben uns einen von der Komplexität des realen Systems unverstellten Blick auf interessierende Systemaspekte.

Der gesamte Prozess der Modellbildung und Simulation dient dem Zweck, Probleme zu lösen. Cellier [5] formuliert dies so: „Modeling and simulation is always goal-driven, i. e. we should know the purpose of our potential model before we sit down to create it". In diesem Sinne ist die o. a. Definition des Begriffs *Modell* eine zweckorientierte oder *teleologische* Definition, die wir uns auch für weitere wichtige Definition in diesem Buch, wie die Definition des Begriffs *mathematisches Modell* im Abschnitt 1.4, zum Vorbild nehmen („Teleologie" ist ein Gebiet der Philosophie, die sich mit Zielen und Zwecken beschäftigt. Der Name „Teleologie" stammt vom griechischen Wort *télos* ab, was man ungefähr mit „Zweck" übersetzen kann [6], lógos bedeutet Lehre.)

1.2.2
Das MoSim-Schema

Für die Untersuchung komplexer Systeme, die mit einem Modell beschrieben werden, kann ein Modellierungs- und Simulationsschema aufgestellt werden. Dieses Schema nennen wir abkürzend *MoSim-Schema* und es sieht wie folgt aus:

Bemerkung 1.5. `MoSim`**-Schema**
Definition

- Definition eines Problems, das gelöst werden soll, oder einer Frage, die beantwortet werden soll.
- Definition eines Systems, d. h. eines Realitätsausschnitts, der dem Problem oder der Frage zugrunde liegt.

Systemanalyse

- Identifizierung der Teile des Systems, die für das Problem oder für die Frage relevant sind.

Modellierung

- Entwicklung eines Modells des Systems, das auf den Erkenntnissen der Systemanalyse basiert.

Simulation

- Anwendung des Modells auf das Problem oder die Frage.
- Herleitung einer Strategie, um das Problem zu lösen oder die Frage zu beantworten.

Validierung

- Löst die im Simulationsschritt gefundene Strategie das Problem bzw. beantwortet sie die Frage für das reale System?

Wenden wir nun das Schema auf das oben vorgestellte *Autobeispiel* an: Wir haben das Problem, dass das Auto nicht startet und das Auto selbst stellt das System dar. Damit haben wir den Schritt „Definition“ im oben gegebenen Schema durchgeführt. Im Schritt „Systemanalyse“ werden – wie schon früher beschrieben – die Batterie und die Kraftsstoffmenge als die relevanten Teile des Systems identifiziert. Dann erstellen wir im Schritt „Modellierung“ ein Modell, welches eine Batterie und einen Tank wie in Abb. 1.1 enthält. Die Anwendung des Modells auf das gestellte Problem führt im Schritt „Simulation“ zur Strategie, die Batterie und die Kraftstoffanzeige zu überprüfen. Diese Strategie kann dann auf das reale Auto im Schritt „Validierung“ umgesetzt werden. Wenn diese funktioniert, d. h. wenn das Auto tatsächlich wieder startet, wenn wir die Batterie aufgeladen oder das Auto betankt haben, dann sagen wir, das Modell ist zulässig oder validiert. Wenn nicht, dann brauchen wir wohl einen Mechanismus, der noch andere Teile des Autos betrachtet, d. h. wir verwenden ein etwas komplexeres Automodell bis das Problem gelöst ist.

In einem realen Modellierungs- und Simulationsprojekt kann der *Systemanalyseschritt* des obigen Schemas ein sehr zeitintensiver Schritt sein. Üblicherweise ist dieser mit einer gründlichen Literaturrecherche verbunden. In vielen Fällen ergibt die Recherche, dass bereits ähnliche Untersuchungen durchgeführt worden sind. Und natürlich sollten wir versuchen, von den Erfahrungen zu profitieren, die bereits in der Literatur beschrieben werden. Darüber hinaus beinhaltet der Systemanalyseschritt meistens eine Menge Diskussionen und Besprechungen und bringt Personen aus verschiedenen Disziplinen zusammen, die etwas zur Problemlösung im betrachteten System oder zu den Antworten der gestellten Fragen beitragen können. Diese Diskussionen zeigen normalerweise, dass neue Daten für ein besseres Verständnis des Systems und für die Validierung des Modells im Validierungsschritt des Schemas benötigt werden. Demzufolge ist die Festlegung eines Versuchsprogramms mit entsprechenden Experimenten ein weiterer typischer Teil des Systemanalyseschritts.

Der *Modellierungsschritt* beinhaltet auch die Suche nach geeigneter Software mit der die Gleichungen des mathematischen Modells gelöst werden können. In vielen Fällen ist es möglich Standardsoftware zu benutzen und einige Softwarewerkzeuge werden im nächsten Kapitel vorgestellt. Allerdings kann es auch erforderlich sein, eigene Software zu schreiben, wenn beispielsweise das mathematische Modell Nichtstandard-Gleichungen enthält. Nehmen wir als Beispiel die Modellierung der Pressensektion einer Papiermaschine. Die Beschreibung der Entwässerung des Papiers erfordert stark konvektionsdominierte Diffusionsgleichungen, welche nicht mit Standardsoftware und der erforderlichen Genauigkeit behandelt werden können. Deshalb ist hier eine maßgeschneiderte numerische Software erforderlich [7].

Im *Validierungsschritt* werden die Modellergebnisse mit experimentellen Daten verglichen. Diese Daten können aus der Literatur oder auch aus Experimenten stammen, die speziell für die Validierung des Modells durchgeführt werden. Normalerweise wird von einem Modell verlangt, dass es nicht nur quantitativ sondern auch qualitativ zu den Daten passt, und zwar in dem Sinne, dass es die allgemeine Form der Daten so gut wie möglich wiedergibt. In Abschnitt 3.2.3.4 ist ein Beispiel für eine schlechte qualitative Anpassung zwischen einem Modell und den Daten zu finden. Natürlich kann ein Modell im Validierungsschritt scheitern, obwohl es qualitativ und quantitativ perfekt an die Daten angepasst worden ist. Wenn das Modell nicht das Problem löst, das es lösen soll, dann kann es nicht verwendet werden. Dies ist natürlich das wichtigste Kriterium für eine erfolgreiche Validierung.

Das MoSim-Schema (Bemerkung 1.5) konzentriert sich auf die wesentlichen Schritte einer Modellierung und Simulation. Es zeigt ein vereinfachtes Bild von dem, was in einem konkreten Modellierungs- und Simulationsprojekt umgesetzt wird. Für verschiedene Anwendungsbereiche sind eine Reihe durchdachter Beschreibungen von Modellierungs- und Simulationsprozessen in Büchern zu finden, wie zum Beispiel in [8–11]. Ein beachtenswerter Punkt ist, dass in einem realen Modellierungs- und Simulationsprojekt die einzelnen Schritte des oben gegebenen Schemas nur selten geradlinig durchlaufen werden können. Stattdessen treten typischerweise Wechselwirkungen zwischen den einzelnen Schritten auf. Wenn zum Beispiel der Validierungsschritt nicht erfolgreich verläuft, dann wird man auf einen davor liegenden Schritt zurückgehen müssen, was uns in eine *schleifenähnliche Struktur* bringt: Vielleicht muss die Modellformulierung verbessert werden, das System erneut analysiert werden oder es muss sogar die Problemformulierung neu festgelegt werden, falls sich die Ausgangsformulierung des Problems als unrealistisch erweist.

Bemerkung 1.6. Beginne mit einem einfachen Modell! Um das beste Modell im Sinne der Bemerkung 1.4 zu finden, beginnt man mit einem möglichst einfachen Modell. Danach wird ggf. eine Folge schrittweise komplexerer Modelle untersucht, bis das letzte Modell dieser Folge den Validierungsschritt erfolgreich besteht.

1.2.3 Simulation

Bisher haben wir nur die Definition des Begriffs *Modell* kennengelernt. Das oben vorgestellte MoSim-Schema enthält allerdings noch weitere Begriffe wie *System* und *Simulation*, die implizit durch ihre Rolle im Schema als definiert betrachten werden können. Können diese aber auch präzisiert werden? In der Literatur finden sich viele verschiedene Definitionen, zum Beispiel für den Begriff *Simulation*. Die vorhandenen Unterschiede zwischen den Definitionen können durchaus mit den verschiedenen Interessen der Autoren erklärt werden. Zum Beispiel ist die Simulation in einem Buch mit Schwerpunkt auf die sogenannte *ereignisorientierte Simulation*, welche auf die zeitliche Entwicklung des Systems abzielt, als „die Imitation des Vorganges eines realen Prozesses oder Systems über die Zeit" [8] definiert. Im Allgemeinen kann Simulation wie folgt definiert werden:

Definition 1.2. Simulation *Simulation* ist die Anwendung eines Modells auf ein reales System mit dem Ziel, Probleme zu lösen oder Einsichten zu gewinnen, die sich auf dieses System beziehen.

Anzumerken ist noch, dass der Begriff *Simulation* vom lateinischen Wort „simulare" abstammt, was nachahmen, vortäuschen, sich etwas vorstellen bedeutet: In einer Simulation wird das reale System mit einem Modell nachgebildet. Ein ähnliche Definition ist bei Fritzson [10] zu finden, der eine Simulation als „ein Experiment durchgeführt an einem Modell" bezeichnet. Darüber hinaus ist die oben gegebene Definition eine *teleologische* (zweckorientierte) Definition ähnlich zu Definition 1.1. Das heißt, diese Definition unterstreicht erneut den Umstand, dass eine Simulation dazu verwendet wird, um ein Ziel zu erreichen. Wenn auch die Definition von Fritzson etwas allgemeiner ist, so gibt die obige Definition den tatsächlichen Einsatz in Wissenschaft und Ingenieurwesen etwas besser wieder.

1.2.4 System

In Verbindung mit dem Begriff *System* finden sich ebenfalls eine Reihe verschiedener Definitionen in der Literatur. Und wieder können die Unterschiede zwischen den Definitionen mit den Interessen der Autoren erklärt werden. Zum Beispiel wird in [12] ein System definiert als „eine Ansammlung von Dingen, zum Beispiel Personen oder Maschinen, die handeln oder miteinander interagieren bis ein logisches Ende erreicht ist". Gemäß [13] ist eine System „eine Ansammlung von Objekten und Beziehungen von Objekten". Mit Blick auf ein mathematisches Modell sind wir der Ansicht, dass der Begriff *System* möglichst allgemein beschrieben werden soll. Jede Art von Objekt kann hier als ein System fungieren, wenn wir bezüglich dieses Objektes eine Frage haben und diese Frage mit Hilfe der Mathematik beantwortet werden kann. Unsere Sichtweise eines Systems ist ähnlich zur Definition wie sie in [14] gegeben wird (siehe auch die Diskussion zu dieser Definition in [5]): „Ein System ist irgendetwas was sich als System auszeichnet“. In [5] ist eine weitere Definition von *System* gegeben, die unserer Sichtweise recht nahe kommt: „Ein System ist eine potentielle Quelle von Daten“. Diese Definition hebt die Tatsache hervor, dass ein System nur dann von wissenschaftlichen Interesse sein kann, wenn eine Kommunikation zwischen System und Außenwelt vorhanden ist. Dies werden wir später in Abschnitt 1.3.1 etwas näher diskutieren. Eine Definition, die das teleologische Prinzip wie oben beschrieben beinhaltet, wird durch Fritzson [10] gegeben:

Definition 1.3. System Ein *System* ist ein Objekt oder eine Menge von Objekten, deren Eigenschaften wir untersuchen wollen.

1.2.5 Konzeptionelle und physikalische Modelle

Das Modell zu unserem Autobeispiel ist etwas, das nur in unserer Vorstellung existiert. Wir können es mit ein paar Sätzen und/oder mit einer Skizze auf Papier niederschreiben, aber es hat keine physikalische Wirklichkeit. Modelle dieser Art werden als *konzeptionelle Modelle* [13] bezeichnet.

Konzeptionelle Modelle werden von jedem von uns verwendet, um Alltagsprobleme zu lösen, wie zum Beispiel unser Ausgangsproblem mit dem Auto, das sich nicht starten lässt. Oder wie es der Philosoph K.R. Popper ausdrückt „Alles Leben ist Problemlösen“. Mit konzeptionellen Modellen steht uns ein wichtiges Werkzeug zur Verfügung, um unsere Alltagsprobleme zu lösen [15]. Diese werden auch von Ingenieuren oder Wissenschaftlern für einfache Probleme oder Fragen verwendet, so ähnlich wie beim Autoproblem. Werden die Probleme oder Fragen komplexer, so verlassen sie sich mehr auf Experimente. Dies führt uns zu einem weiteren Modelltyp. Zum besseren Verständnis verwenden wir das MoSim-Schema (Bemerkung 1.5), um eine mögliche Vorgehensweise eines Ingenieurs, der den Kraftstoffverbrauch senken möchte, zu beschreiben: In diesem Fall ist das Senken des Kraftstoffverbrauchs das Problem und der Motor ist das System. Wir nehmen einmal an, dass der Ingenieur aus der Systemanalyse die Schlussfolgerung zieht, die Einspritzpumpe sollte verbessert werden. Typischerweise wird er dann einen experimentellen Versuchsaufbau erstellen, mit dessen Hilfe er die Details des Einspritzprozesses studieren kann.

Solch ein experimenteller Versuchsaufbau ist damit ein Modell in dem Sinne, dass es typischerweise eine vereinfachte Version des Motors funktionstüchtig realisiert. Der Aufbau wird im Normalfall nur ein paar Teile des Motors enthalten, die eng mit dem Prozess der Kraftstoffeinspritzung verbunden sind. Im Gegensatz zum konzeptionellen Modell ist dies jedoch nicht nur eine Idee in unserer Vorstellung, sondern ein echter Teil der physikalischen Welt und aus diesem Grund wird diese Art eines Modells als *physikalisches Modell* [13] bezeichnet. Der Ingenieur wird dann das physikalische Modell des Einspritzprozesses benutzen, um Strategien zur Reduktion des Kraftstoffverbrauchs – zum Beispiel eine neue Konstruktion der Einspritzpumpe – herzuleiten. Dies entspricht dem Simulationsschritt im obigen MoSim-Schema. Anschließend wird im Validierungsschritt des Schemas das Potential der neuen Konstruktionen zur Reduktion des Kraftsstoffverbrauchs am Motor selbst getestet, d. h. im realen System. Wissenschaftler verwenden physikalische Modelle in ähnlicher Weise. Betrachten wir zum Beispiel einen Wissenschaftler, der den Photosyntheseprozess einer Pflanze verstehen möchte. Wie der Ingenieur erstellt er einen experimentellen Versuchsaufbau, vielleicht einen Behälter mit Pflanzenzellkulturen, in dem er einfach Größen wie CO_2, Wasser, Licht beobachten und messen kann. Aus denselben Gründen wie im vorherigen Beispiel, stellt dieser oder ein ähnlicher Aufbau ein physikalisches Modell dar. Ebenso entspricht jede Schlussfolgerung, die aus einem physikalischen Modell gezogen wird, dem Simulationsschritt im MoSim-Schema und die Schlussfolgerungen müssen entsprechend durch Daten aus dem realen System validiert werden, d. h. in diesem Fall Daten von echten Pflanzen.

1.3 Mathematik als natürliche Modellsprache

1.3.1 Input-Output-Systeme

Jedes System, das in Wissenschaft oder im Ingenieurwesen untersucht wird, muss beobachtbar in dem Sinne sein, dass es gewisse messbare Ausgaben produziert (ein System welches diese minimale Forderung nicht erfüllt, sollte eher von Theologen als von Wissenschaftlern oder Ingenieuren betrachtet werden). Zu beachten ist, dass die Bedingung zur Beobachtbarkeit auch für die Fälle erfüllt werden kann, in denen nichts direkt messbar ist, wie zum Beispiel bei Schwarzen Löchern. Diese können nicht direkt gemessen werden, dafür die von ihnen verursachten Gravitationseffekte in deren Umgebung. Die meisten von Ingenieuren oder Wissenschaftlern betrachteten Systeme benötigen gewisse Eingabedaten, die dann in Verbindung mit der Ausgabe des Systems studiert werden können (Abb. 1.2a). Zum Beispiel kann ein Wissenschaftler, der die Photosynthese verstehen möchte, ein Experiment aufbauen, bei dem er die Kohlehydratproduktion einer Pflanze in Abhängigkeit von Lichtmenge, Wassermenge, CO_2 usw. misst. In diesem Fall ist die Pflanzenzelle das System, Licht, CO_2 und Wassermenge sind die Eingangsgrößen und die gemessene Kohlehydratproduktion ist die Ausgangsgröße. Oder der Ingenieur, der die Kraftstoffeinspritzpumpe verbessern möchte, ändert die Pumpenkonstruktion auf verschiedene Art und Weise. Anschließend misst er den Kraftstoffverbrauch, der sich durch die modifizierten Konstruktionen ergeben. In diesem Fall ist die Einspritzpumpe das System, die Konstruktionsparameter, welche der Ingenieur ändert, sind die Eingabeparameter und der resultierende Kraftstoffverbrauch ist die Ausgangsgröße.

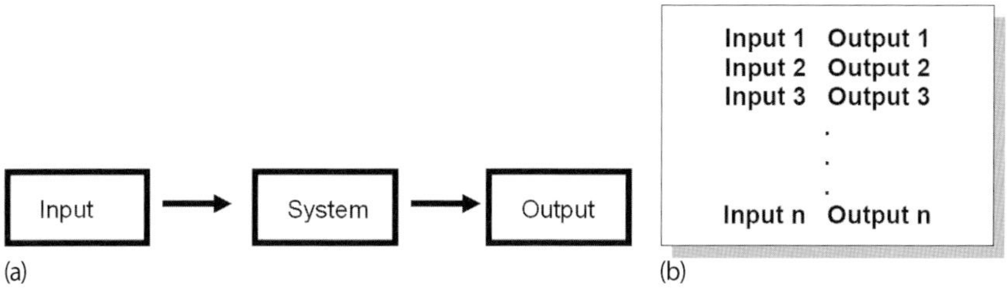

Abb. 1.2 (a) Kommunikation eines Systems mit der Außenwelt. (b) Allgemeine Form eines experimentellen Datensatzes.

Natürlich gibt es auch Situationen, in denen Wissenschaftler auf das System selbst schauen und nicht nur auf seine Input-Output-Beziehung, zum Beispiel wenn ein Botaniker den Aufbau einer gerade neu entdeckten Pflanze beschreiben und klassifizieren möchte. Solche rein beschreibende Studien rufen dann normalerweise Fragen über die Funktionsweise des Systems hervor, und hier kommt die Input-Output-Relation ins Spiel. Andererseits beschäftigen sich Ingenieure immer mit Input-Output-Beziehungen, denn sie beschäftigen sich mit Technologie, die in der Encyclopedia Britannica definiert ist als „die Anwendung von wissenschaftlichen Kenntnissen auf praktische Ziele des menschlichen Lebens". Diese „praktischen Ziele" werden mit den Ausgaben eines Systems ausgedrückt. Die Anpassung der Systemeingabe (Input) in Richtung einer optimierten Systemausgabe (Output) ist genau das, was Ingenieure normalerweise tun. Im Grunde es die die wahre Aufgabe des Ingenieurwesens.

1.3.2
Allgemeine Form experimenteller Daten

Das experimentelle Vorgehen wie oben beschrieben ist im Ingenieurwesen und in den (empirischen) Wissenschaften sehr verbreitet, um ein System zu verstehen, zu entwickeln oder zu verbessern. Dieses Vorgehen ist durchaus ein sinnvolles Hilfsmittel, um *Blackboxes* zu durchleuchten. Zu Beginn einer experimentellen Studie kann das zu untersuchende System wie eine „Blackbox" aufgefasst werden und zwar im dem Sinne, dass eine Ungewissheit über den Prozess innerhalb des Systems besteht, der die Eingabe in die Ausgabe transformiert. Im Extremfall weiß der Experimentator nur, dass „etwas" innerhalb des Systems passiert was die Eingabe zur Ausgabe transformiert. Trotzdem hat der Experimentator normalerweise eine Hypothese über den internen Prozess, die er im Rahmen seiner Studie belegen oder widerlegen möchte. Das bedeutet, im Grunde haben es die Experimentatoren mit einem System als Greybox zu tun, die irgendwo zwischen Blackbox und Whitebox liegt (nähere Details in Abschnitt 1.5).

Abhängig von der zu überprüfenden Hypothese des Experimentators wird er dem System mit geeigneten Eingabegrößen entgegentreten, in der Hoffnung, dass die erzeugten Systemausgaben ihm helfen, seine Hypothese zu belegen oder zu widerlegen. Das ist ganz ähnlich einem Frage-und-Antwort-Spiel: Der Experimentator stellt dem System eine Frage, das ist die Eingabe (Input), und das System antwortet auf diese Frage in Form messbarer Ausgangsgrößen (Output). Das Ergebnis ist ein Datensatz, der in einer allgemeinen Form in Abb. 1.2b zu sehen ist. In seltenen Fällen, besonders dann wenn es sich um ein sehr einfaches System handelt, können die internen Prozesse bereits durch den Datensatz selbst ersichtlich sein. Trotzdem ist das Frage-und-Antwort-Spiel typischerweise vergleichbar mit der Befragung eines Orakels: Wir wissen, dass im Datensatz gewisse Informationen über das System stecken, aber nur durch Anwendung geeigneter Ideen und Methoden, kann der tatsächliche Informationsgehalt aus den Daten gewonnen werden.

1.3.3
Bedeutung numerischer Daten

Was ist nun eine geeignete Methode für die Analyse von experimentellen Datensätzen? Um diese Frage beantworten zu können, ist es wichtig zu wissen, dass in den meisten Fällen die experimentellen Daten aus Zahlen oder zumindest quantifizierbaren Werten bestehen. Die Eingabe- und Ausgabedaten, wie sie in Abb. 1.2b gegeben sind, bestehen üblicherweise aus Spalten mit Zahlenwerten. Daraus ergibt sich ganz natürlich, das System mit Hilfe der Mathematik zu beschreiben. In der Tat kann das System als mathematische Funktion betrachtet werden, bei der eine gegebene Eingangsgröße x auf eine Ausgangsgröße $y = f(x)$ abgebildet wird (Abb. 1.2a). Wenn wir also die internen Mechanismen eines Systems „Blackbox" verstehen wollen, d. h. wenn wir die inneren Prozesse eines realen Systems verstehen wollen, welches Inputdaten zu Outputdaten transformiert, dann erscheint es als natürlich, diesen Vorgang mit mathematischen Operationen zu übersetzen. Dadurch erhalten wir eine vereinfachte Darstellung des realen Systems in mathematischer Form. Nun erinnern wir uns, dass per Definition (Definition 1.1) eine vereinfachte Beschreibung eines realen Systems (zusammen mit einem Problem, das wir lösen wollen) bereits ein Modell darstellt. Die Darstellung eines realen Systems in mathematischer Form ist damit ein mathematisches Modell eines solchen Systems.

Bemerkung 1.7. Natürlichkeit eines mathematischen Modells Die meisten praktisch wichtigen Input-Output-Systeme basieren auf numerischen (oder quantifizierbaren) Inputdaten x und Outputdaten y, deren Zusammenhang in natürliche Weise als mathematische Funktion $y = f(x)$ ausgedrückt werden kann. Durch die mathematische Formulierung wird der mächtige Apparat mathematischer Analysemethoden auf Probleme unterschiedlichster Herkunft anwendbar.

Nachgewiesenermaßen ist in der Wissenschaft und dem Ingenieurwesen diese einfache Idee, die internen Mechanismen eines realen Systems auf mathematische Operationen abzubilden, für das Verständnis, die Optimierung oder die Entwicklung des Systems äußerst nutzbringend. Der ungeheuere Erfolg dieser Idee kann nur durch die Natürlichkeit des Vorgehens erklärt werden – mathematische Modellierung ist einfach die beste und die natürlichste Methode, wenn wir uns mit wissenschaftlichen Fragestellungen oder Ingenieurproblemen beschäftigen. Schauen wir zurück auf Abb. 1.2a, so ist offensichtlich, dass mathematische Strukturen aus dem Innersten von Wissenschaft und Ingenieurwesen hervorgehen. Jeder, der sich mit Systemen und seinen Input-Output-Beziehungen beschäftigt, befasst sich gleichermaßen mit mathematischen Problemen – unabhängig davon, ob er dies mag oder nicht und unabhängig davon, ob er das System in geeigneter Weise mit mathematischen Modellen beschreibt oder nicht. Dennoch hängt der Erfolg seiner Arbeit sehr stark von dem geeigneten Einsatz mathematischer Modelle ab.

1.4 Definition mathematischer Modelle

Fangen wir mit einer allgemeinen Definition an, um mathematische Modelle zu verstehen. Es sind verschiedene Definitionen von mathematischen Modellen in der Literatur zu finden, wobei die Unterschiede zwischen den Definitionen üblicherweise mit den verschiedenen wissenschaftlichen Interessen der Autoren erklärt werden können. Zum Beispiel definieren Bellomo und Preziosi [16] ein mathematisches Modell als eine Menge von Gleichungen, welches zur Berechnung der Raum-Zeit-Entwicklung eines physikalischen Systems verwendet werden kann. Obwohl diese Definition für die Probleme, die von Bellomo und Preziosi behandelt werden, ausreichend ist, schließt es eine große Anzahl von mathematischen Modellen aus. Zum Beispiel können viele ökonomische oder soziologische Probleme nicht in einem Raum-Zeit-Rahmen oder ausschließlich auf Grundlage von Gleichungen betrachtet werden. Daher ist eine allgemeinere Definition eines mathematischen Modells nötig, wenn wir alle Arten von mathematischen Modellen in Wissenschaft und Ingenieurwesen abdecken wollen. Starten wir mit folgender Definition:

Definition 1.4. Ein mathematisches Modell ist eine Menge von mathematischen Aussagen $M = \{\Sigma_1, \Sigma_2, \ldots, \Sigma_n\}$.

Diese Definition deckt sicherlich wie gefordert alle Arten von mathematischen Modellen in Wissenschaft und Ingenieurwesen ab. Dennoch gibt es ein Problem mit dieser Definition. Eine einfache mathematische Aussage wie zum Beispiel $f(x) = e^x$ wäre ein mathematisches Modell im Sinne der Definition. Dagegen ist eine solche Aussage im Sinne von Minskys Definition eines Modells (Definition 1.1) kein Modell, solange eine Verbindung zu einem System und eine Frage bezogen auf dieses System fehlt. Der oben gegebene Versuch einer Definition ist unvollständig, solange diese nur auf das Wort „mathematisch" im Begriff *mathematisches Modell* eingeht, ohne irgendeinen Bezug zu einem Zweck oder Ziel herzustellen. Folgen wir der Philosophie einer teleologischen Definition der Ausdrücke *Modell*, *Simulation* und *System* aus Abschnitt 1.2, so ersetzen wir obige Definition durch:

Definition 1.5. Mathematisches Modell Ein mathematisches Modell ist ein Objekt (S, Q, M), wobei S ein System, Q eine Frage bezüglich S und M eine Menge von mathematischen Aussagen $M = \{\Sigma_1, \Sigma_2, \dots, \Sigma_n\}$ ist, die zur Beantwortung von Q verwendet werden kann.

Wir stellen fest, dass diese Formulierung wieder eine formale Definition im Sinne der Bemerkung 1.3 in Abschnitt 1.2 ist. Dies ist durch die einfache Tatsache gerechtfertigt, dass diese Definition hilft, die Natur von mathematischen Modellen zu verstehen, und uns gestattet, über die mathematischen Modelle in einer prägnanten Art und Weise zu sprechen. Eine ähnliche Definition ist von Bender [17] gegeben worden: „Ein mathematisches Modell ist ein abstraktes, einfaches, mathematisches Konstrukt mit Bezug zu einem Teil der Realität und für einen besonderen Zweck erstellt". Anzumerken ist, dass Definition 1.5 nicht nur auf physikalische Systeme eingeschränkt ist. Es beinhaltet auch psychologische Modelle und ebenso Modelle, die im Wesentlichen metaphysische Größen wie Gedanken, Intentionen, Gefühle usw. betrachten. Sogar die Mathematik selbst ist in der obigen Definition enthalten. Nehmen wir zum Beispiel an, dass S die Menge der natürlichen Zahlen ist und unsere Frage Q in Bezug auf S darin besteht, ob es unendlich viele Primzahlen gibt oder nicht. Dann ist das Tripel (S, Q, M) ein mathematisches Modell im Sinne der Definition 1.5, wenn M die Aussage „Es gibt unendliche viele Primzahlen" zusammen mit anderen Aussagen enthält, die für den Beweis erforderlich sind. In diesem Sinne kann die gesamte mathematische Theorie als eine Ansammlung von mathematischen Modellen angesehen werden.

Die Bezeichnung (S, Q, M) in Definition 1.5 hebt die chronologische Reihenfolge hervor, in der die Komponenten des mathematischen Modells üblicherweise erscheinen. In der Regel ist als Erstes das System gegeben, dann stellt sich eine Frage Q in Bezug auf das System und erst dann werden mathematische Aussagen formuliert, so dass ein mathematisches Modell entsteht. Jede Komponente des Tripels (S, Q, M) ist ein unverzichtbarer Teil des Ganzen. Für M ist das offensichtlich, aber auch S und Q sind genauso wichtig. Ohne S sind wir nicht in der Lage eine Frage Q zu formulieren; ohne Frage Q gibt es gewissermaßen „nichts zu tun" für das mathematische Modell; und ohne S und Q ist das verbleibende M nicht mehr als ein „l'art pour l'art". Zum Beispiel die Formulierung $f(x) = e^x$ ist solch ein rein mathematischer „l'art pour l'art" Ausdruck, solange wir ihn nicht mit einem System und einer Frage verbinden. Das Ganze wird nur dann ein mathematisches Modell, wenn wir ein System S und eine Frage Q in Verbindung mit S definieren. Betrachten wir die obige Funktion als Ausdruck für die exponentielle Wachstumsperiode einer Pflanze (Abschnitt 3.6.2), dann ist $f(x) = e^x$ ein mathematisches Modell, um Fragen in Verbindung mit dem Pflanzenwachstum zu beantworten. Wir können sagen, es ist gerade eine grundlegende Eigenschaft eines mathematischen Modells mehr als „l'art pour l'art" zu sein, und genau das ist die Intension hinter der Notation (S, Q, M) in Definition 1.5. Anzumerken ist, dass die Definition eines mathematischen Modells von Bellomo und Preziosi [16] wie oben diskutiert ein Spezialfall der Definition 1.5 ist. Dazu müssen wir S auf ein physikalisches System, M auf Gleichungen beschränken und zusätzlich nur Fragen Q erlauben, die sich eine Zeit-Raum-Entwicklung von S beziehen.

Bemerkung 1.8. Mehr als „l'art pour l'art" Das System S und die Frage Q bezüglich S sind unverzichtbare Bestandteile eines mathematischen Modells (S, Q, M). Anders gesagt: Es ist eine charakteristische, originäre und unverzichtbare Eigenschaft mathematischer Modelle, mehr als nur mathematisches „l'art pour l'art" zu sein.

Schauen wir uns ein weiteres berühmtes Beispiel an, um die Bedeutung von Q zu erkennen. Nehmen wir an, wir möchten das Verhalten eines mechanischen Systems S vorhersagen. Dann hängt das geeignete mathematische Modell von dem zu lösenden Problem ab, d. h. von der Frage Q. Wenn Q die Frage nach dem Verhalten von S bei moderaten Geschwindigkeiten beinhaltet, dann lässt sich die klassische (newtonsche) Mechanik anwenden, d. h. M = {Gleichungen der newtonschen Mechanik}. Wenn Q stattdessen die Frage nach dem Verhalten von S bei Geschwindigkeiten nahe Lichtgeschwindigkeit beinhaltet, dann müssen wir stattdessen M = {Gleichungen der relativistischen Mechanik} wählen.

Die Definition des mathematischen Modells erlaubt auch noch andere, mehr formal ausgerichtete Formulierungen, wie zum Beispiel über die Wahl des besten Modells (siehe Bemerkung 1.4). So lassen sich Folgen von mathematischen Modellen bilden, die wir einfach mit (S, Q, M_n), $n = 1, 2, \ldots$, bezeichnen können. Führen wir zusätzlich einen Abstandsbegriff zwischen zwei Modellen wie (S, Q, M_n) und (S, Q, M_m) ein, lassen sich sogar Aussagen über Konvergenz und Ähnliches treffen. In diesem Sinne kann das beste Modell in Bemerkung 1.4 auch beschrieben werden als

$$\lim_{n\to\infty} (S, Q, M_n) = (S, Q, M_{\text{opt}}) \tag{1.1}$$

1.5 Beispiele und weitere Definitionen

Allgemein kann man sagen, dass wir uns jedes Mal mit mathematischen Modellen im Sinne der Definition 1.5 beschäftigen, wenn wir Berechnungen in unserem Alltagsleben durchführen oder wir die Mathematik anwenden, die wir in den Schulen und an den Universitäten gelernt haben. Da jeder von uns im Alltagsleben rechnet, verwendet jeder mathematische Modelle. Daher ist es die Aussage „Jeder modelliert und simuliert" aus dem Vorwort zutreffend. Schauen wir uns nachfolgend ein paar Beispiele für mathematische Modelle an, die uns zu Definitionen für weitere wichtige Begriffe führen.

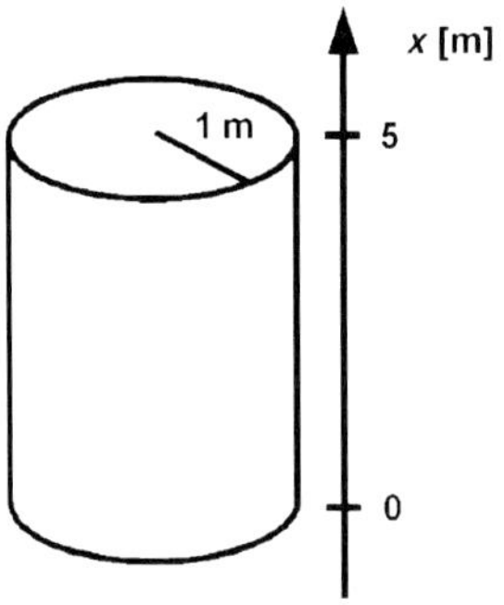

Abb. 1.3 Massenbestimmungsproblem.

Bemerkung 1.9. ***Jeder* modelliert und simuliert!** Mathematische Modelle im Sinne von Definition 1.5 treten immer dann auf, wenn wir Berechnungen im Alltagsleben durchführen.

Nehmen wir an, dass wir das *Durchschnittsalter einer Gruppe von Menschen* wissen möchten. Dann verwenden wir ein mathematisches Modell (S, Q, M), bei dem S die Gruppe ist, Q nach dem Durchschnittsalter fragt und M die Formel für den Mittelwert ist, also $\bar{x} = (\sum_{i=1}^{n} x_i)/n$. Oder wir möchten die Masse X einer Substanz in einem zylindrischen Behälter wie in Abb. 1.3 wissen, wobei die Konzentration c der Substanz im Behälter konstant ist. Dann ergibt die Multiplikation des Behältervolumens mit der Konzentration c die Masse X der Substanz, d. h.

$$X = 5\pi c \tag{1.2}$$

In diesem Fall verwenden wir ein Modell (S, Q, M), wobei S der Behälter mit Inhalt ist, Q fragt nach der Masse der Substanz und M ist die Gl. (1.2). Suchen wir nach einem Beispiel, welches nicht nur eine einfache algebraische Gleichung enthält, so brauchen wir nur anzunehmen, dass die *Konzentration c im Behälter* der Abb. 1.3 von der Höhenkoordinate x abhängt. Hier muss die Gl. (1.2) umformuliert werden zu

$$X = \pi \cdot \int_0^5 c(x)\mathrm{d}x \tag{1.3}$$

In dieser Gleichung ist ein Integral vorhanden, d. h. wir haben jetzt den Bereich der Analysis betreten.

Bemerkung 1.10. Notationskonvention Für Variablen wie X und c in Gl. (1.2), die wir ohne weitere Spezifikation verwenden, nehmen wir an, dass es sich um reelle Zahlen handelt. Funktionen wie $c(x)$ in Gl. (1.3) sind reelle Funktionen mit einem geeigneten Definitions- und Bildbereich (wie $c : [0, 5] \to \mathbb{R}_+$ im obigen Beispiel), solange nichts anderes angegeben ist.

In vielen mathematischen Modellen (S, Q, M) im Bereich der Analysis beinhaltet Q die Frage nach der Optimierung einer Größe. Nehmen wir zum Beispiel an, dass wir den *geringsten Materialverbrauch* einer zylindrischen (Konserven-)Dose mit einem Volumen von 1,0 l suchen. In diesem Fall kann

$$M = \{\pi r^2 h = 1\,, \quad A = 2\pi r^2 + 2\pi r h \to \min\} \tag{1.4}$$

verwendet werden, um das Problem zu lösen. Bezeichnen wir mit r den Radius und mit h die Höhe der Dose, dann beschreibt die erste Aussage in Gl. (1.4) das Dosenvolumen von 1,0 l. Die zweite Aussage bedeutet, dass die Oberfläche der Dose minimal werden soll, was äquivalent dazu ist, dass die Materialmenge zur Erstellung der Dose minimal wird. Das mathematische Problem (1.4) kann dadurch gelöst werden, indem wir die erste Gleichung von (1.4) in die zweite Gleichung von (1.4) einsetzen. Damit erhalten wir

$$A(r) = 2\pi r^2 + \frac{2}{r} \to \min \tag{1.5}$$

Diese Aufgabe kann mit Standardmethoden der Analysis (erste Ableitung gleich null setzen, d. h. $A'(r) = 0$, usw.) gelöst werden und erhalten für die optimale Geometrie der Dose die Werte

$$r = \sqrt[3]{\frac{1}{2\pi}} \approx 0{,}54\,\text{dm} \tag{1.6}$$

$$h = \sqrt[3]{\frac{4}{\pi}} \approx 1{,}08\,\text{dm} \tag{1.7}$$

1.5.1 Zustandsvariablen und Systemparameter

Mit den Beispielen im letzten Abschnitt lassen sich verschiedene allgemeine Beobachtungen anstellen. Wie bereits in Abschnitt 1.1 beschrieben, liegt der größte Benefit der Modellierung in der Reduzierung der Komplexität des Originalsystems. Das kann sehr schön anhand des letzten Beispiels veranschaulicht werden. Natürlich weiß jeder von uns, dass eine zylindrische Dose sehr einfach durch ihren Radius r und ihre Höhe h beschrieben werden kann. Das heißt, jeder von uns wendet automatisch das richtige mathematische Modell an. Dadurch glaubt jeder, ähnlich dem Autoproblem in Abschnitt 1.1, dass das System zum Dosenproblem eine einfache Sache ist. Aber wenn wir nicht dieses Modell für die Dose anwenden, dann wird die Dose als ein komplexes System auftreten. Dazu stellen wir uns einen *Marsmenschen* oder ein anderes außerirdisches Wesen vor, welches noch nie zuvor einen Zylinder gesehen hat. Angenommen wir würden zu diesem Marsmenschen sagen: „Schau her, hier hast Du ein Metallblech und eine mit Wasser gefüllte Musterdose. Nun stelle eine Dose her, welche dieselbe Form hat und die gleiche Menge an Wasser enthalten soll, aber verwende so wenig wie möglich Metall. Dann wird der Marsmensch – zumindest zu Beginn – die ursprüngliche Komplexität des Problems sehen. Wenn es ein kluges Wesen ist, was wir hier einmal annehmen wollen, dann wird es feststellen, dass unendlich viele Dosengeometrien infrage kommen können. Es wird realisieren, dass eine unendliche Menge an (x, y)-Koordinaten erforderlich ist, um die Musterdose durch seine

Koordinatenmenge zu beschreiben. Es wird realisieren, dass unendlich viele Messungen oder dazu äquivalent algebraische Operationen erforderlich sind, um den Materialverbrauch basierend auf dem Oberflächeninhalt der Musterdose zu erhalten. (Wir nehmen an, dass es nichts über transzendente Zahlen wie π in seiner marsianischen Schule gelernt hat.)

Von diesem ursprünglichen („Marsmensch") Standpunkt betrachtet, erscheint das System S des Dosenbeispiels als recht komplex. Tatsächlich handelt es sich um ein unendlich-dimensionales System. Und wir können die Stärke der mathematischen Modellierung erkennen, da diese die Dimension von unendlich auf zwei reduziert. Die mathematische Lösung des obigen Problems beinhaltet nur noch zwei Parameter: r und h (oder äquivalent r und A). Genau genommen ist das System „Dose" des obigen Beispiels nicht nur ein unendlich dimensionales Objekt in Bezug auf die Menge der Koordinaten oder andere erwähnte Aspekte, sondern auch bezüglich vielen anderen Betrachtungen, die wir im mathematischen Modell vernachlässigt haben, da sie für die Lösung des Problems unbedeutend sind. Hierzu zählen zum Beispiel die Dicke des Metallblechs, Material, Farbe, Härte, Rauhigkeit usw. Alle Informationen, die im Originalsystem $S =$ „Dose" enthalten sind, werden auf eine Beschreibung $S_r = \{r, h\}$ reduziert, wenn wir die mathematischen Begriffe verwenden. Hier haben wir die Notation S_r verwendet, um damit anzudeuten, dass S_r nicht das Originalsystem ist, welches mit S gekennzeichnet ist. Vielmehr stellt S_r eine Beschreibung von S mit Begriffen des mathematischen Modells dar und wir bezeichnen es als das *reduzierte System*. Der Index „r" weist darauf hin, dass der Informationsgehalt des Originalsystems S reduziert worden ist, wenn wir von S zu S_r gehen.

Bemerkung 1.11. Hauptnutzen mathematischer Modelle Ein Hauptnutzen eines mathematischen Modells (S, Q, M) besteht darin, dass der Informationsgehalt von S reduziert wird, indem S mit den in M verfügbaren mathematischen Sprachelementen als sog. *reduziertes System* beschrieben wird.

Eine formale Definition des reduzierten Systems S_r kann in zwei Schritten gegeben werden:

Definition 1.6. Zustandsvariablen Sei (S, Q, M) ein mathematisches Modell. Die mathematischen Größen $s_1, s_2, \ldots, s_n$, die den Zustand des Systems mittels M beschreiben und die zur Beantwortung von Q erforderlich sind, werden *Zustandsvariablen* von (S, Q, M) genannt.

Definition 1.7. Reduziertes System und Systemparameter Seien $s_1, s_2, \ldots, s_n$ die Zustandsvariablen eines mathematischen Modells (S, Q, M). Sei $p_1, p_2, \ldots, p_m$ ein nicht weiter reduzierbarer Satz mathematischer Größen (Zahlen, Variablen, Funktionen), die die Eigenschaften des Systems S mit Aussagen von M beschreiben und die zur Berechnung der Zustandsvariablen erforderlich sind. Dann ist $S_r = \{p_1, p_2, \ldots, p_m\}$ das *reduzierte System* und $p_1, p_2, \ldots, p_m$ sind die *Systemparameter* von (S, Q, M).

Mit anderen Worten, die Zustandsvariablen beschreiben die Systemeigenschaften, an denen wir wirklich interessiert sind, wohingegen die Systemparameter die Systemeigenschaften beschreiben, die für die mathematische Berechnung der Zustandsvariablen erforderlich sind. Obwohl wir am Ende die Zustandsvariablen brauchen, um Q zu beantworten, sind die dazu nötigen Informationen bereits in den Systemparametern enthalten, d. h. in dem reduzierten System S_r. Mittels S_r und mit Hilfe mathematischer Operationen werden diese Informationen über die Zustandsvariablen ausgedrückt, welche für die abschließende Beantwortung von Q benötigt werden. Wenn wir zum Beispiel das *Problem* oben mit der *Substanzkonzentration* betrachten, dann sind wir an der Masse der Substanz im Behälter interessiert, d. h. wir haben nur eine Zustandsvariable und können $n = 1$ und $s_1 = X$ wählen. Für die Berechnung von s_1 haben wir die Konzentration c verwendet, weshalb wir einen Systemparameter in diesem Beispiel haben, d. h. $m = 1$ und $p_1 = c$. Das reduzierte System ist in diesem Fall $S_r = \{c\}$. Per Definition enthält das reduzierte System alle Informationen über das System, um die Zustandsvariable zu berechnen, d. h. um die Frage Q zu beantworten. Im *Dosenbeispiel* ist es nötig den Oberflächeninhalt zu kennen, um Q zu beantworten, d. h. in diesem Fall haben wir erneut nur eine Zustandsvariable $s_1 = A$. Auf der anderen Seite brauchen wir zwei Systemparameter $p_1 = r$ und $p_2 = h$, um s_1 zu erhalten. Das bedeutet, in diesem Fall ist das reduzierte System $S_r = \{r, h\}$.

Betrachten wir ein weiteres Beispiel. In Abschnitt 3.6.2 wird ein *Pflanzenwachstumsmodell* diskutiert, um damit die zeitliche Entwicklung der gesamten Biomasse einer Pflanze vorauszusagen. Dies gelingt uns, indem außer seiner Wachstumsrate kein einziges komplexes Detail des Systems „Pflanze" berücksichtigt wird. Damit wird das komplexe System S = „Pflanze" auf einen einzigen Parameter des Modells reduziert: die Wachstumsrate r der Pflanze. Mit obiger Notation haben wir $S_r = \{r\}$ (Abb. 1.4). Wir müssen kein Botaniker sein, um zu verstehen wie drastisch diese Informationsreduktion wirklich ist: Alles außer der Wachstumsrate wird vernachlässigt, inklusive alle Arten von makroskopischen und mikroskopischen Unterstrukturen der Pflanze, ihre Wurzeln, ihre Stängel, ihre Blätter ebenso wie ihre Zellstrukturen, alle Prozessabläufe, die im Innern der Zellen stattfinden usw. Unter dem Gesichtspunkt eines solch rabiat vereinfachten Modells macht es keinen Unterschied, ob das Modell wirklich etwas mit dem komplexen System „Pflanze" zu tun hat oder nur mit einem formlosen grünen Brei aus Biomasse, nachdem wir die Pflanze durch einen Schredder geschickt haben, oder auch mit einem vollständig anderen System wie eine Bakterienkultur oder einem Ballon, der gerade aufgeblasen wird, usw.

Alles, was für dieses Modell zählt, ist die Wachstumsrate, die dem vorliegenden System zugewiesen werden kann. Üblicherweise mögen die Botaniker diese wirklich sehr stark vereinfachten Modelle nicht, welche virtuell ihre geliebten Pflanzen durch einen Schredder schicken … Jeder, der solch ein Modell auf einer Botanikerkonferenz präsentiert, sollte auf eine Reihe von Fragen vorbereitet sein, die mit „Warum berücksichtigt das Modell nicht …" anfangen. An dieser Stelle wissen wir bereits, wie wir diese Art von Fragen beantworten: Wir wissen, dass gemäß der Definition 1.5 ein mathematisches Modell ein Triplet (S, Q, M) ist, be-

(a)

$$S_{\mathrm{r}} = \{r\}$$

(b)

Abb. 1.4 (a) Topfpflanze. (b) Die gleiche Topfpflanze als reduziertes System beschrieben.

stehend aus einem System S, einer Frage Q und eine Menge von mathematischen Aussagen M, und dass die Einzelheiten des Systems S, welche mit M dargestellt werden, von der Frage Q abhängen und von dem Modell zu beantworten sind. In diesem Fall fragt Q nach der zeitlichen Entwicklung der Pflanzenbiomasse und um diese Frage zu beantworten, genügt es, das System $S =$ „Pflanze" im Modell mit $S_{\mathrm{r}} = \{r\}$ darzustellen. Allgemein gesprochen kann man sagen, dass ein reduziertes System eines gut formulierten mathematischen Modells genau aus den Eigenschaften des Originalsystems besteht, die zur Beantwortung der zu untersuchenden Frage Q wichtig sind.

Bemerkung 1.12. Wichtigkeit von Experimenten Die Eigenschaften (Parameter) des reduzierten Systems müssen durch Experimente bestimmt werden. Mathematische Modelle brauchen also Experimente als wesentliche Grundlage und machen diese nicht etwa überflüssig (ein häufiges Missverständnis); sie helfen allerdings auch dabei, überflüssige Experimente zu vermeiden.

1.5.2
Verwendung von Computeralgebrasystemen

Halten wir ein paar weitere Beobachtungen zu unserem Beispiel „1-Liter-Dose" oben fest. Das mathematische Problem hinter diesem Beispiel kann sehr einfach mit einer Software gelöst werden. Zum Beispiel kann das *Computeralgebrasystem (CAS) Maxima* verwendet werden, um das Problem wie folgt zu lösen:

```
A(r):=2 * %pi * r^2 + 2/r;
define(A1(r),diff(A(r),r));
define(A2(r),diff(A1(r),r));
erg:solve(A1(r)=0);
print(erg,ev(erg,numer));
erg1:mms_real(erg);
print(erg1,ev(erg1,numer));
r:ev(r,erg1);
print(r,ev(r,numer));
A2(r)>0,pred;
```

Listing 1.1 Tin.mac.

$$(\%o9) \quad \left[r = \frac{\sqrt{3}\%i - 1}{2 2^{1/3} \% pi}^{1/3}\right], \quad \left[r = -\frac{\sqrt{3}\%i + 1}{2 2^{1/3} \% pi}^{1/3}\right], \quad \left[r = \frac{1}{2^{1/3} \% pi}^{1/3}\right]$$

Abb. 1.5 *wxMaxima*-Ausgabe zu Zeile 4 in Listing 1.1.

Das sind die wesentlichen Anweisungen im *Maxima*-Programm `Tin.mac`, das in der Programmsammlung zum Buch (der *Buchsoftware*, siehe Anhang A) vorhanden ist. Eine Kurzeinführung in *Maxima* wird in Abschnitt 5.3 gegeben. Zeile 1 von Listing 1.1 definiert die Funktion $A(r)$ der Gl. (1.5), die den zu minimierenden Materialverbrauch beschreibt (beachte dass `%pi` die *Maxima*-Notation für π ist). Wie wir aus der Analysis wissen, können wir das Minimum von $A(r)$ durch Lösen von $A'(r) = 0$ finden [18, 19]. Die Lösungen dieser Gleichung sind die kritischen Punkte, d. h. die Stellen relativer Maxima oder Minima abhängig vom Vorzeichen der zweiten Ableitung A'' von A. Zeile 2 und 3 des oben stehenden Codes bestimmen die erste und zweite Ableitung von $A(r)$, die als *Maxima*-Funktionen `A1(r)` und `A2(r)` definiert werden. Zeile 4 löst $A'(r) = 0$ mit *Maxima*s `solve`-Kommando und wir erhalten ein Ergebnis wie in Abb. 1.5 dargestellt (wenn wir *wxMaxima* verwenden, siehe Abschnitt 5.3.1.2 für Einzelheiten zu *wxMaxima*).

Wie Abb. 1.5 zeigt, erhalten wir aus $A'(r) = 0$ drei kritische Punkte. Die ersten beiden beinhalten die imaginäre Einheit i (was in *Maxima* mit „`%i`" dargestellt wird). Damit können wir hier die komplexen Zahlen als Lösungen ausschließen [19]. Der dritte kritische Punkt aus Abb. 1.5 ist die gesuchte Lösung, welche das Dosenproblem löst (vergleiche Gl. (1.6) oben). In Zeile 6 des Listings 1.1 wählt die Funktion `mms_real` aus allen Lösungen die reelle Lösung aus und legt das Ergebnis in `r` ab (das neu programmierte Kommando `mms_real` ist Bestandteil der Buchsoftware). Zeile 8 weist der Variablen `r` (der alte Wert wird überschrieben) den in `erg1` berechneten Wert zu, damit dieser dann in Zeile 10 in `A2`, also in die 2. Ableitung, eingesetzt werden kann. Schließlich können wir mit dem *Maxima*-Befehl `pred` überprüfen, ob der Wert der zweiten Ableitung im kritischen Punkt, der in der Variablen `r` gespeichert ist, positiv ist (eine notwendige Bedingung, damit der kritische Punkt ein Minimum ist [19]). In *Maxima* erhalten wir in diesem Fall mit Zeile 10 den Wert „true", d. h. die zweite Ableitung ist in der Tat positiv, wie gefordert. In den Zeilen 5, 7, 9 wird jeweils das Ergebnis ausgegeben, wobei wir mit der *Maxima*-Anweisung `numer` die Lösung im numerischen Dezimalformat erhalten.

1.5.3
Strategien für das Aufstellen einfacher Modelle

In vielen Fällen reicht ein einfaches Vorgehen in drei Schritten, um ein mathematisches Modell aufzustellen. Betrachten wir das folgende Problem.

Problem 1.1. Welche Volumen der Flüssigkeiten A und B sollen gemischt werden, um 150 l einer Flüssigkeit C zu erhalten, die 70 g/l einer bestimmten Substanz enthält, welche in A die Konzentration 50 g/l und in B die Konzentration 80 g/l hat?

Für das einfache Problem werden viele von uns sofort die richtigen Gleichungen aufschreiben:

$$x + y = 150 \tag{1.8}$$

$$50x + 80y = 70 \cdot 150 \tag{1.9}$$

wobei x [l] und y [l] die unbekannten Volumen der Flüssigkeiten A und B sind. Bei komplexeren Problemen ist es sicherlich sinnvoll, ein systematisches Vorgehen für das Aufstellen von Gleichungen zu haben. Ein bewährtes Schema für eine große Anzahl von Problemstellungen kann wie folgt beschrieben werden:

Bemerkung 1.13. Modelle in drei Schritten formulieren!

Schritt 1 Finde die Anzahl der Unbekannten, d. h. die Anzahl der Größen, die für das Problem berechnet werden müssen. In vielen Problemformulierungen genügt es hier, einfach den letzten Satz zu lesen, in dem die Frage gestellt wird.

Schritt 2 Gebe eine *präzise* Definition der Unbekannten, einschließlich Einheiten. Es ist eine praktische Erfahrung, dass dieser Schritt von Schritt 1 getrennt werden sollte.

Schritt 3 Lies die Problemformulierung Satz für Satz, übersetze die Informationen in mathematische Aussagen, die die Unbekannten aus Schritt 2 enthalten.

Nun wenden wir dieses Vorgehen auf das Problem 1.1 von oben an. In *Schritt 1* und *Schritt 2* können wir sicherlich feststellen, dass Problem 1.1 nach den beiden folgenden Unbekannten fragt:

- x: Volumen von Flüssigkeit A im Gemisch [l]
- y: Volumen von Flüssigkeit B im Gemisch [l]

Diese Schritte sind wichtig, weil sie uns die Unbekannten verraten, die wir für das Aufstellen der Gleichungen benötigen. Solange die Unbekannten für uns unbekannt sind, wird es schwierig sein, in Schritt 3 sinnvolle Gleichungen zu formulieren. Es ist ein häufiger Anfängerfehler in mathematischer Modellierung, nicht hinreichend eindeutige Unbekannte in Gleichungen zu verwenden. Immer wieder werden einfach Symbole aus der Problemformulierung herausgepickt – wie A, B, C in Problem 1.1 oben – und Gleichungen wie

$$50\text{A} + 80\text{B} = 70 \tag{1.10}$$

formuliert. Diese Gleichung ist tatsächlich *fast* richtig, aber es ist sehr schwer die Korrektheit nachzuprüfen, solange die genaue Definition der Unbekannten nicht vorliegt. Das eigentliche Problem mit Gleichungen wie Gl. (1.10) liegt darin, dass A, B, C bereits in der Problemformulierung definiert sind. Dort werden sie für die Bezeichnung der Flüssigkeiten eingesetzt, während sie (implizit) dazu verwendet werden, um die Volumen der Flüssigkeiten in Gl. (1.10) auszudrücken. Daher schreiben wir dieselben Gleichungen mit den Unbekannten x und y, wie oben definiert:

$$50x + 80y = 70 \tag{1.11}$$

Jetzt besteht die Möglichkeit die Definition von x und y für die Überprüfung der Gleichung zu verwenden. Wir können sehen, dass die linke Seite der Gl. (1.11) die Einheit [g] hat, was das Ergebnis der Multiplikation von z. B. 50 [g/l] mit x [l] ist. Die rechte Seite von Gl. (1.11) hat dagegen die Einheit [g/l]. Also haben wir verschiedene Einheiten auf den verschiedenen Seiten der Gleichung. Das bedeutet, die Gleichung ist falsch. Gleichzeitig kann uns ein Vergleich der Einheiten auf die Sprünge helfen, wie wir eine korrekte Gleichung erhalten können. In diesem Fall können wir offensichtlich das Problem lösen, indem wir die rechte Seite von Gl. (1.11) mit einer Größe multiplizieren, welche die Einheit [l] hat. Die einzige Größe dieser Art in der Problemformulierung ist das Volumen 150 [l], was dem Volumen des Gemisches entspricht. Multiplizieren wir die 70 in Gl. (1.11) mit 150, dann wird in diesem Fall tatsächlich das Problem gelöst.

Bemerkung 1.14. Kontrolliere die Einheiten! Kontrolliere immer, ob die Einheiten auf beiden Seiten der Gleichung identisch sind. Sollte es Unterschiede geben, dann versuche diese mit Daten aus der Problemstellung zu beheben.

Das größte Problem in *Schritt 3* ist, diejenigen Aussagen der Problemformulierung zu identifizieren, die den mathematischen Aussagen wie Gleichungen, Ungleichungen usw. entsprechen. Die folgende Bemerkung kann als allgemeiner Leitfaden verwendet werden:

Bemerkung 1.15. Wo sind die Gleichungen? Aussagen einer Problemformulierung, die in mathematische Aussagen wie Gleichungen, Ungleichungen usw. übersetzt werden können, zeichnen sich dadurch aus, dass sie den Werten der Unbekannten Einschränkungen aufzwingen.

Versuchen wir einige Aussagen aus Problem 1.1 im Licht dieser Strategie zu analysieren:

- *Aussage 1*: 150 l der Flüssigkeit C werden gefordert.
- *Aussage 2*: Flüssigkeit A enthält 50 g/l der Substanz.
- *Aussage 3*: Flüssigkeit B enthält 80 g/l der Substanz.
- *Aussage 4*: Flüssigkeit C enthält 70 g/l der Substanz.

Man sieht direkt, dass *Aussage 1* eine Einschränkung an die Werte von x und y bedeutet, die sich unmittelbar in folgende Gleichung übertragen lässt:

$$x + y = 150 \tag{1.12}$$

Aussage 2 und *Aussage 3* enthalten dagegen keine Beschränkungen an die Unbekannten. Die Forderungen, dass in Flüssigkeit A 50 g/l bzw. in Flüssigkeit B 80 g/l der Substanz enthalten ist, sind vollständig damit vereinbar, dass die Unbekannten x und y beliebige Werte annehmen dürfen. Allerdings enthält *Aussage 4* wieder eine Einschränkung an x und y. Wenn z. B. ein Wert für x gegeben ist, dann lässt sich die Konzentration von 70 g/l nur für einen bestimmten Wert von y realisieren. Die *Aussage 4* lässt sich mathematisch durch Gl. (1.9) ausdrücken. Wer Schwierigkeiten damit hat diese Gleichung direkt aufzuschreiben, der kann vielleicht folgender heuristischen, nicht vollständig mathematischen Methode folgen, bei der wir so nahe wie möglich bei der Aussage der Problemformulierung beginnen. In diesem Fall können wir *Aussage 4* ausdrücken als

$$\{\text{Konzentration der Substanz in Flüssigkeit C}\} = 70 \tag{1.13}$$

Dann verwenden wir die Definition einer Konzentration wie folgt:

$$\frac{\{\text{Masse der Substanz in Flüssigkeit C}\}}{\{\text{Volumen des Gemischs}\}} = 70 \tag{1.14}$$

Als nächsten Schritt müssen wir zwei Dinge beschreiben:

- Die Masse der Substanz in Flüssigkeit C kommt von Flüssigkeit A und B.
- Das Volumen des Gemischs ist 150 l.

Dies führt zu

$$\frac{\{\text{Masse der Substanz in Flüssigkeit A}\} + \{\text{Masse der Substanz in Flüssigkeit B}\}}{150} = 70 \tag{1.15}$$

Die Massen der Substanz in A und B können leicht hergeleitet werden, wenn wir die Konzentration, wie in Problem 1.1 gegeben, verwenden:

$$\frac{50x + 80y}{150} = 70 \tag{1.16}$$

Damit haben wir wieder Gl. (1.9) erhalten. Das hier benutzte heuristische Vorgehen für die Herleitung der Gleichung ist insbesondere nützlich, wenn wir uns mit komplexeren Problemen beschäftigen. Dann kann es schwierig sein, einfach durch Intuition eine Gleichung wie Gl. (1.9) zu finden. Und es kann gefährlich sein, wenn die Intuition in die Irre führt. Daher empfehlen wir grundsätzlich:

Bemerkung 1.16. Heuristik für die Formulierung mathematischer Aussagen Um eine Aussage einer Problemformulierung in eine mathematische Aussage, z. B. eine Gleichung oder Ungleichung, zu übersetzen, sollte im ersten Schritt versucht werden, die Aussage der Problemformulierung mit mathematischen und nichtmathematischen Sprachelementen so gut wie möglich nachzubilden. Wenn diese Anfangsformulierung nichtmathematische Ausdrücke enthält, ähnlich wie Gl. (1.13), so sind dann in den nachfolgenden Schritten diese nichtmathematische Ausdrücke durch mathematische Ausdrücke zu ersetzen, die die Unbekannten enthalten.

Die hier beschriebene Vorgehensweise entspricht den Schritten *Systemanalyse* und *Modellierung* im Modellierungs- und Simulationsschema der Bemerkung 1.5. Die Gln. (1.8) und (1.9) können recht einfach per Hand oder per Computer gelöst werden, wenn wir *Maxima*s `solve`-Kommando verwenden, wie in Abschnitt 1.5.2 beschrieben. Im konkreten Fall liefern die *Maxima*-Kommandos

```
1 solve([
2 x+y=150
3 ,50*x+80*y=70*150
4 ]);
```

Listing 1.2 `Mix.mac`.

das folgende Resultat:

```
[[x = 50, y = 100]]
```

Listing 1.3 Ergebnis von `Mix.mac`.

Der Programmcode ist Bestandteil der Buchsoftware (siehe Anhang A). Wie zu sehen ist, wird das Ergebnis in einer verschachtelten *Listenstruktur* ausgegeben (Listen werden in *Maxima* in der Form „`[a,b,c,...]`“ geschrieben: Die innere Liste `[x=50,y=100]` beinhaltet die von *Maxima* berechneten Werte der Unbekannten, wohingegen die äußere Liste für die Fälle benötigt wird, wenn die Lösung nicht eindeutig ist (siehe das Beispiel in Abschnitt 1.5.2)).

Beachte, dass alle Zeilen 1–4 von Listing 1.2 zusammengefasst das einfache Kommando `solve` bilden. Den Aufruf haben wir hier über mehrere Zeilen verteilt, um die Lesbarkeit des Gleichungssystems zu verbessern. Beachte auch, dass das Komma am Anfang der Zeile 3 auch an das Ende von Zeile 2 hätte geschrieben werden können, was auf den ersten Blick vielleicht sinnvoller erscheint. Der Grund für diese Art der Notation ist, dass es damit leichter wird, ein großes Gleichungssystem zu erzeugen. So können wir einfach per „Copy-and-paste“ die Zeile 3 vervielfachen. Wenn wir dies mit einer Zeile tun, die ein Komma am Ende hat, so endet unsere letzte Gleichung ebenfalls mit einem Komma, wo aber keines sein sollte. So empfehlen wir diese Art der Notation als „narrensichere“ Methode, die das Leben mit *Maxima* und anderen Computeralgebrasystemen einfacher macht.

1.5.3.1 Ein Mischungsproblem

Da das Problem 1.1 im letzten Abschnitt recht einfach zu lösen war und die verschiedenen Empfehlungen vielleicht als unnötig empfunden werden, insbesondere auf das spezielle Problem bezogen, so schauen wir uns nun ein komplexeres Problem an, um es mit den vorgestellten Ideen zu lösen:

Problem 1.2. Die Flüssigkeiten A–D enthalten die Substanzen S_1, S_2, S_3 gemäß folgender Tabelle (Konzentration in g/l):

	A	B	C	D
S_1	2,5	8,2	6,4	12,7
S_2	3,2	15,1	13,2	0,4
S_3	1,1	0,9	2,2	3,1

Wie groß ist die Konzentration von S_3 in einem Gemisch, wenn dieses 75 % (Volumenprozent) der Flüssigkeiten A und B enthalten soll sowie 4 g/l der Substanz S_1 und 5 g/l der Substanz S_2?

Folgen wir *Schritt 1* und *Schritt 2* des Drei-Schritt-Vorgehens der Bemerkung 1.13, so ist ganz augenscheinlich nur eine Unbekannte festzulegen:

- x: Konzentration von S_3 im Gemisch (g/l)

Der *Schritt 3* verlangt nun, dass wir die mathematische Aussage mit der Unbekannten x formulieren. Nach Bemerkung 1.15 sollen wir nach Aussagen in obiger Problemstellung suchen, die eine Einschränkung an unsere Unbekannte x aufzwingen. Drei Aussagen dieser Art können identifiziert werden:

- *Aussage 1*: 75 % des Gemisches bestehen aus A und B.
- *Aussage 2*: Das Gemisch enthält 4 g/l von S_1.
- *Aussage 3*: Das Gemisch enthält 5 g/l von S_2.

Jede dieser Aussagen schließt eine große Anzahl von möglichen Gemischen aus und legt Einschränkungen für x fest. Beginnen wir mit *Aussage 1*, so erkennen wir sofort, dass diese Aussage nicht mit einem Ausdruck in x formuliert werden kann. Wir sind hier in einer Situation, in der wir eine gewisse Anzahl von Hilfsvariablen benötigen, um das Problem mathematisch zu formulieren.

Bemerkung 1.17. Hilfsvariablen In einigen Fällen erfordert die Übertragung einer umgangssprachlichen Problemformulierung in mathematische Aussagen die Einführung von *Hilfsvariablen*. Aufgabe dieser Hilfsvariablen ist es, mathematische Sprachelemente zur Verfügung zu stellen, die die mathematische Formulierung solcher Aussagen der Problemformulierung ermöglichen, die für die Bestimmung der Unbekannten wesentlich sind. Normalerweise liefert die Problemformulierung genügend Informationen, um die Hilfsvariablen *und* die Unbekannten zu bestimmen (d. h. die Hilfsvariablen vergrößern z. B. die Größe des Gleichungssystems).

Im aktuellen Fall können wir einfach folgende Hilfsvariablen definieren:

- x_A: Prozent (bzgl. Volumen) von Flüssigkeit A im Gemisch
- x_B: Prozent (bzgl. Volumen) von Flüssigkeit B im Gemisch
- x_C: Prozent (bzgl. Volumen) von Flüssigkeit C im Gemisch
- x_D: Prozent (bzgl. Volumen) von Flüssigkeit D im Gemisch

Damit kann die obige *Aussage 1* einfach ausgedrückt werden als:

$$x_A + x_B = 0{,}75 \tag{1.17}$$

Ähnlich zum vorherigen Problem lassen sich die *Aussage 2* und *Aussage 3* formulieren als:

$$\{\text{Konzentration von } S_1 \text{ im Gemisch}\} = 4 \tag{1.18}$$

und

$$\{\text{Konzentration von } S_2 \text{ im Gemisch}\} = 5 \tag{1.19}$$

Die Informationen in der Tabelle oben lassen sich bei einem ähnlichen Vorgehen wie im vorherigen Abschnitt übersetzen in

$$2{,}5x_A + 8{,}2x_B + 6{,}4x_C + 12{,}7x_D = 4 \tag{1.20}$$

und

$$3{,}2x_A + 15{,}1x_B + 13{,}2x_C + 0{,}4x_D = 5 \tag{1.21}$$

Da x die Konzentration von S_3 im Gemisch ist, folgt aus einer ähnlichen Argumentation wie zuvor:

$$1{,}1x_A + 0{,}9x_B + 2{,}2x_C + 3{,}1x_D = x \tag{1.22}$$

Bisher haben wir die vier Gln. (1.17), (1.20), (1.21), (1.22), um die fünf Unbekannten x, x_A, x_B, x_C, x_D zu bestimmen, d. h. wir brauchen noch eine weitere Gleichung. In diesem Fall ist die fehlende Gleichung implizit durch die Definition von x_A, x_B, x_C, x_D gegeben. Diese Variablen drücken Prozentwerte aus, genauer den Volumenanteil am Gesamtvolumen. Da alle Anteile zusammen eins ergeben, erhalten wir

$$x_A + x_B + x_C + x_D = 1 \tag{1.23}$$

Zusammengefasst erhalten wir das folgende lineare Gleichungssystem:

$$x_A + x_B = 0{,}75 \tag{1.24}$$

$$2{,}5x_\text{A} + 8{,}2x_\text{B} + 6{,}4x_\text{C} + 12{,}7x_\text{D} = 4 \tag{1.25}$$

$$3{,}2x_\text{A} + 15{,}1x_\text{B} + 13{,}2x_\text{C} + 0{,}4x_\text{D} = 5 \tag{1.26}$$

$$1{,}1x_\text{A} + 0{,}9x_\text{B} + 2{,}2x_\text{C} + 3{,}1x_\text{D} = x \tag{1.27}$$

$$x_\text{A} + x_\text{B} + x_\text{C} + x_\text{D} = 1 \tag{1.28}$$

Das kann wieder mit *Maxima* in ähnlicher Weise wie oben gelöst werden (*Maxima*-Programm `Mix1.mac` in der Buchsoftware vorhanden, siehe Anhang A):

```
1 erg:solve([
2 xA+xB=0.75
3 ,2.5*xA+8.2*xB+6.4*xC+12.7*xD=4
4 ,3.2*xA+15.1*xB+13.2*xC+0.4*xD=5
5 ,1.1*xA+0.9*xB+2.2*xC+3.1*xD=x
6 ,xA+xB+xC+xD=1
7 ]);
8 print(erg,ev(erg,numer));
```

Listing 1.4 `Mix1.mac`.

was das folgende Resultat ergibt:

```
                 141437          1365          1783          77          14485
(%o6) [[x = ------, xD = -----, xC = ----, xB = ----, xA = -----]]
                 98620          19724          9862          4931          19724

(%o7) [[x = 1.434161427702291, xD = 0.0692050294058, xC = 0.1807949705942,
    xB = 0.015615493814642, xA = 0.73438450618535]]
```

Listing 1.5 Ergebnis von `Mix1.mac`.

Wie zu sehen ist, entsprechen die Zeilen 2–6 in Listing 1.4 dem Gleichungssystem (1.24)–(1.28) und diese Zeilen werden in *Maxima*s `solve`-Kommando eingebettet, ähnlich dem besprochenen Code in Listing 1.2 des vorherigen Abschnitts. Die einzige Neuerung ist, dass das Resultat des `solve`-Kommandos in einer Variablen mit dem Namen `erg`, Zeile 1 in Listing 1.4, gespeichert wird. Diese Variable `erg` wird dann in Zeile 8 des Codes verwendet, um das Ergebnis mit *Maxima*s `numer`-Kommando in eine Dezimalzahl umzuwandeln. Das ist der Grund, weshalb die *Maxima*-Ausgabe zwei Teile umfasst: Die Ausgabe, die mit „`(%o6)`" bezeichnet wird, ist die direkte Ausgabe des `solve`-Befehls und stellt die Lösung in Form von Brüchen dar. Obwohl damit die Lösung exakt ausgedrückt wird, wünscht man sich häufig eine Dezimaldarstellung. Dies kann mit dem `numer`-Kommando in Zeile 8 von Listing 1.4 erreicht werden und erzeugt den zweiten Teil der obigen Ausgabe, die mit „`(%o7)`" bezeichnet wird. Zum Schluss können wir sagen, die Lösung von Problem 1.2 ist $x \approx 1{,}43\,\text{g/l}$, was der genäherten Konzentration von S_3 im Gemisch entspricht.

1.5.3.2 Ein Finanzierungsproblem

Das folgende Problem zeigt, dass einfache Problemstellungen nicht unbedingt einfache Lösungen mit sich bringen. Nehmen wir an, eine Firma möchte langfristig eine neue Maschine kaufen, wobei feststeht, dass diese in t Jahren p [Euro] kostet. Für den Kauf soll das derzeitige Kapital K [Euro] eingesetzt werden und nach m Jahren wird ein Gewinn von G [Euro] erwartet, der vollständig zur Finanzierung der Maschine verwendet werden soll. Nun wird mit der Bank über einen Zinssatz i [1] (mit $i \cdot 100$ ergibt sich der Zinssatz in Prozent) für die nächsten t Jahre verhandelt, mit dem jeweils am Jahresende das aktuell vorhandene Kapital verzinst wird. Wie hoch muss der Zinssatz mindestens sein, damit es mit der Finanzierung klappt?

Um das Modell aufzustellen, formulieren wir die Aufgabe etwas anders. Wir suchen einen Zinssatz i, so dass das nach t Jahren vorhandene Kapital gleich dem Preis P der Maschine ist. Genau genommen soll das nach t Jahren vorhandene Kapital *mindestens* so hoch sein wie der Preis. Da wir aber nach dem Mindestzinssatz suchen, genügt *gleich*.

Formulieren wir die Kapitalentwicklung in mathematischer Form. Nach einem Jahr erhalten wir

$$K \cdot i \tag{1.29}$$

Zinsen, welche zum Kapital hinzukommen. Nach einem Jahr haben wir also ein Kapital von

$$K + K \cdot i = K \cdot (1 + i) \tag{1.30}$$

Dies wiederholt sich t Jahre lang und wir haben dann ein Kapital in der Höhe von

$$K \cdot (1 + i)^t \tag{1.31}$$

Nach m Jahren kommt zum Kapital noch ein Gewinn G, welcher ebenfalls verzinst wird. Somit ergibt sich nach insgesamt t Jahren ein Gesamtkapital, welches gleich dem Preis P der Maschine sein soll:

$$K \cdot (1 + i)^t + G \cdot (1 + i)^{(t-m)} = P \tag{1.32}$$

Nun besteht das Problem darin, den Zinssatz i aus Gl. (1.32) zu bestimmen.

Betrachten wir eine erste Situation in der $t = 2$ und $m = 1$ vorliegt, so können wir das Problem mit Hilfe des *Maxima*-Befehls `solve` lösen. Die Berechnung der Lösung kann mit folgenden *Maxima*-Programm umgesetzt werden:

```
1 t:2;m:1;
2 erg:solve(K*(1+i)^t+G*(1+i)^(t-m)=P,i);
3 expr:i,erg[2];
4 expr,[P=50000,G=30000,K=10000],numer;
```

Listing 1.6 Maxima-Programm zum Lösen der Gl. (1.32).

In Zeile 1 werden die Werte für die Zeiten gesetzt. In der darauf folgenden Zeile wird die Gl. (1.32) mit `solve` gelöst und das Ergebnis in der Variable `erg` abgelegt. Das erste Argument des *Maxima*-Befehls `solve` definiert die zu lösende

Gleichung und das zweite Argument `i` legt fest, nach welcher Variable aufgelöst werden soll. In unserem Fall ergeben sich zwei Lösungen, wobei wir die erste Lösung verwerfen, da sie negativ ist. Daher greifen wir in Zeile 3 die zweite Lösung

$$i = \frac{\sqrt{4KP + G^2} - 2K - G}{2K} \tag{1.33}$$

aus `erg` heraus und speichern den Ausdruck in `expr`. Bis hierhin haben wir noch keine Werte für Preis P, Gewinn G und Kapital K festgelegt. Wir erhalten also eine Formel, die für jeden Wert von P, G und K direkt den Zinssatz i liefert. Natürlich lässt sich die Formel (1.33) in *Maxima* auswerten. In Zeile 4 von Listing 1.6 werden dazu den in `expr` vorhandenen Variablen P, G und K die entsprechenden Werte zugewiesen. Mit `numer` wird der Ausdruck numerisch ausgewertet und wir erhalten das Ergebnis $i \approx 0{,}192\,58 = 19{,}258\,\%$.

Betrachten wir nun eine leicht abgewandelte Situation, bei der wir die Maschine nach $t = 4$ Jahren kaufen möchten und den Gewinn weiterhin nach $m = 1$ Jahren erwarten. So müssen wir die Zeile 1 in Listing 1.6 anpassen und erhalten das *Maxima*-Programm `Financing1.mac` (Teil der Buchsoftware, siehe Anhang A):

```
1 t:4; m:1;
2 erg:solve(K*(1+i)^t+G*(1+i)^(t-m)=P,i);
3 print(tex(erg[2]));
```

Listing 1.7 `Financing1.mac`.

In diesem Programm erzeugt Zeile 3 mit der Funktion `tex` die Ergebnisausgabe im LaTeX-Format, mit der die Darstellung in Abb. 1.6 erzeugt worden ist.

Es ist unmittelbar erkennbar, dass eine kleine Änderung des Parameterwertes für t bei ansonsten gleicher Problemstellung eine große Wirkung für die sich ergebende Formel zur Berechnung des Zinssatzes i hat. Vergleichen wir das Ergebnis in Abb. 1.6 mit dem vorherigen Ergebnis, Gl. (1.33), so ist diese Formel nennenswert länger und komplexer (zur Erinnerung: Wir haben nur die Anzahl der Jahre t abgeändert!).

Selbst große Formeln (wie die in Abb. 1.6 oder noch größere) können wir direkt in einer Tabellenkalkulation wie *Calc* nutzen. Dazu betrachten wir in Listing 1.8 `Financing2.mac`:

```
1 t:4; m:1;
2 erg:solve(KK*(1+i)^t+GG*(1+i)^(t-m)=PP,i);
3 display2d:false; sprint(erg[2]);
```

Listing 1.8 `Financing2.mac`.

Zeile 1 legt wieder die Parameter t und m fest und ist identisch mit Listing 1.7. Auch Zeile 2 ist bis auf die Bezeichnung der Variablen („KK“, „GG“, „PP“) identisch. Die Bezeichnungsänderung ist notwendig, da in *Calc* die Buchstaben „K“, „G“, „P“ bereits vordefiniert sind. Zeile 3 des Listings 1.7 gibt die Lösung in Textform aus und kann einfach mit „Copy-and-paste“ aus *wxMaxima* nach *Calc* kopiert werden. Zu beachten ist, dass bei der deutschsprachigen Version von *Calc* der Ausdruck „sqrt“ noch durch „wurzel“ ersetzt werden muss. Mit *Gm.HYDRA*

$$i=\frac{\sqrt{\frac{\sqrt{3}\,G^3}{2\,K^2\sqrt{\frac{12\,K^2\left(\frac{P\sqrt{256\,K^3\,P+27\,G^4}}{2\,3^{\frac{3}{2}}\,K^3}-\frac{G^2\,P}{2\,K^3}\right)^{\frac{2}{3}}+3\,G^2\left(\frac{P\sqrt{256\,K^3\,P+27\,G^4}}{2\,3^{\frac{3}{2}}\,K^3}-\frac{G^2\,P}{2\,K^3}\right)^{\frac{1}{3}}-16\,K\,P}{\left(\frac{P\sqrt{256\,K^3\,P+27\,G^4}}{2\,3^{\frac{3}{2}}\,K^3}-\frac{G^2\,P}{2\,K^3}\right)^{\frac{1}{3}}}}}-\left(\frac{P\sqrt{256\,K^3\,P+27\,G^4}}{2\,3^{\frac{3}{2}}\,K^3}-\frac{G^2\,P}{2\,K^3}\right)^{\frac{1}{3}}+\frac{4\,P}{3\,K\left(\frac{P\sqrt{256\,K^3\,P+27\,G^4}}{2\,3^{\frac{3}{2}}\,K^3}-\frac{G^2\,P}{2\,K^3}\right)^{\frac{1}{3}}}+\frac{4\,K^2+2\,G\,K+G^2}{2\,K^2}-\frac{6\,K+3\,G}{3\,K}}}{2}-\frac{\sqrt{\frac{12\,K^2\left(\frac{P\sqrt{256\,K^3\,P+27\,G^4}}{2\,3^{\frac{3}{2}}\,K^3}-\frac{G^2\,P}{2\,K^3}\right)^{\frac{2}{3}}+3\,G^2\left(\frac{P\sqrt{256\,K^3\,P+27\,G^4}}{2\,3^{\frac{3}{2}}\,K^3}-\frac{G^2\,P}{2\,K^3}\right)^{\frac{1}{3}}-16\,K\,P}{\left(\frac{P\sqrt{256\,K^3\,P+27\,G^4}}{2\,3^{\frac{3}{2}}\,K^3}-\frac{G^2\,P}{2\,K^3}\right)^{\frac{1}{3}}}}}{4\sqrt{3}\,K}-\frac{4\,K+G}{4\,K}$$

Abb. 1.6 LaTeX-Ausgabe von `Financing1.mac`.

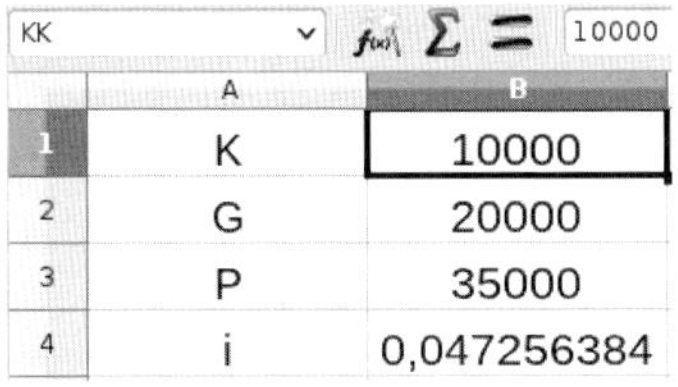

Abb. 1.7 Auswertung der Lösungsformel für Zinssatz *i* in *Calc*. Zellen B1–B3 werden mit KK, GG, PP bezeichnet, siehe Namensfeld links oben.

(siehe Referenzkarte B.2) besteht eine bequeme Möglichkeit solche Formeln direkt in Dokumentationen zu erstellen, wobei die Ersetzung, wie in diesem Beispiel die Wurzel, automatisch durchgeführt wird. Das Ergebnis sieht wie folgt aus:

```
i = wurzel(wurzel(3)*GG^3/(2*KK^2*wurzel((12*KK^2(PP*wurzel(256*KK^3*PP
    +27*GG^4)/(2*3^(3/2)*KK^3)-GG^2*PP/(2*KK^3))^(2/3)+3*GG^2*(PP*wurzel
    (256*KK^3*PP+27*GG^4)/(2*3^(3/2)*KK^3)-GG^2*PP/(2*KK^3))^(1/3)-16*KK
    *PP)/(PP*wurzel(256*KK^3*PP+27*GG^4)/(2*3^(3/2)*KK^3)-GG^2*PP/
    (2*KK^3))^(1/3)))-(PP*wurzel(256*KK^3*PP+27*GG^4)/(2*3^(3/2)*KK^3)
    -GG^2*PP/(2*KK^3))^(1/3)+4*PP/(3*KK*(PP*wurzel(256*KK^3*PP+27*GG^4)/
    (2*3^(3/2)*KK^3)-GG^2*PP/(2*KK^3))^(1/3))+(4*KK^2+2*GG*KK+GG^2)/
    (2*KK^2)-(6*KK+3*GG)/(3*KK))/2-wurzel((12*KK^2*(PP*wurzel(256*KK^3
    *PP+27*GG^4)/(2*3^(3/2)*KK^3)-GG^2*PP/(2*KK^3))^(2/3)+3*GG^2
    *(PP*wurzel(256*KK^3*PP+27*GG^4)/(2*3^(3/2)*KK^3)-GG^2*PP/
    (2*KK^3))^(1/3)-16*KK*PP)/(PP*wurzel(256*KK^3*PP+27*GG^4)/(2*3^(3/2)
    *KK^3)-GG^2*PP/(2*KK^3))^(1/3))/(4*wurzel(3)*KK)-(4*KK+GG)/(4*KK)
```

Listing 1.9 *Gm.HYDRA/Maxima*-Ausgabe zu `Financing2.mac`: *Calc*-Code (Excel-Code), der mit „Copy-and-paste" übernommen werden kann.

Diese Formel in Textform lässt sich in *Calc* direkt auswerten, siehe Abb. 1.7. Die Zellen B1, B2, B3 werden mit KK, GG, PP bezeichnet, wie im Namensfeld links oben zu erkennen ist (Zelle B1 hat den Namen KK). In Zelle B4 ist die Formel aus Listing 1.9 hinterlegt, so dass für die Zahlenwerte in den Zellen B1–B3 der Wert i berechnet werden kann.

Aber die Verwendung beschränkt sich nicht nur auf Tabellenkalkulationen, sondern kann – da sie in Textform vorliegt – in *R* oder einem Texteditor angepasst werden.

Wir können sehen, dass sich bei einfachen Problemstellungen Formeln mit Computeralgebrasystemen erstellen lassen und sich diese in einer Tabellenkalkulation weiterverarbeiten lassen. Natürlich lassen sich diese Formeln auch auf beliebige andere Computerprogramme übertragen, zum Beispiel für die Programmierung von Industrieanlagen [20].

Bemerkung 1.18. Computeralgebrasysteme (CAS) wie *Maxima* machen auch sehr komplexe Formeln handhabbar und erzeugen Formelausdrücke, die auch von anderen Computerprogrammen wie z. B. *Calc*/*Excel* weiterverarbeitet werden können.

Allerdings ist das Problem Gl. (1.32) nicht für alle Kombinationen von Werten für m und t analytisch lösbar. Wählen wir beispielsweise $t = 5$ und $m = 1$, so erhalten wir keine analytische Formel mehr für die Berechnung des Zinssatzes. Dennoch können wir eine Lösung mit *Maxima* berechnen, indem wir einen Wert für i mit einem numerischen Verfahren wie mit dem *Maxima*-Befehl `find_root` berechnen. In diesem Fall können wir folgendes *Maxima*-Programm schreiben:

```
1 t:5; m:1;
2 P:50000;G:30000;K:10000;
3 out:find_root(K*(1+i)^t+G*(1+i)^(t-m)=P,i,0,0.1);
```

Die ersten beiden Zeilen legen die Werte für die Variablen fest, da für die Berechnung einer numerischen Lösung von Gl. (1.32) bis auf i alle Werte bekannt sein müssen. Die Bestimmung der Lösung erfolgt in Zeile 3 mit dem *Maxima*-Befehl `find_root`, der vier Argumente erwartet: Das erste Argument beschreibt die zu lösende Gleichung, das zweite Argument legt die Variable fest, nach dessen Wert gesucht wird, und die letzten beiden Argumente geben die untere und obere Grenze des Intervalls an, in dem die Lösung der Gleichung gesucht werden soll. In diesem Fall wird das Intervall [0,10] gewählt. Einen Anhaltspunkt über die Wahl der Grenzen erhält man üblicherweise aus der Fragestellung des Problems. In unserem Fall darf der Zinssatz nicht negativ sein, weshalb 0 die untere Grenze darstellt. Bei der oberen Grenze hängt es von unserer Einschätzung ab, was die Bank als maximalen Zinssatz bereit wäre zu geben. Das Ergebnis wird in *out* gespeichert und wir erhalten $i \approx 5{,}384\,\%$.

1.5.4 Lineare Programmierung

Alle bisher betrachteten Modelle sind ausschließlich in Form von Gleichungen beschrieben worden. Denken wir daran, dass nach Definition 1.5 ein mathematisches Modell jede Art von mathematischen Aussagen enthalten darf. Zum Beispiel darf es Ungleichungen enthalten. Eine der einfachsten Klasse von Problemen mit Ungleichungen beinhaltet Probleme der linearen Programmierung, die häufig z. B. in Operations Research verwendet werden. Betrachten wir das folgende Problem, das bei en.Wikipedia.org unter dem (englischsprachigen) Artikel der linearen Programmierung entnommen worden ist.

Beispiel zur linearen Programmierung Stellen wir uns vor, ein Bauer besitzt ein Stück Land, das – sagen wir – A km^2 groß ist, und das er mit Weizen oder Gerste oder einer Kombination beider Früchte anbauen möchte. Weiterhin nehmen wir an, dass der Bauer nur eine maximal erlaubte Menge an Dünger F und an Insektiziden P ausbringen darf. Beides ist in unterschiedlichen Menge pro Flächeneinheit für Weizen (F_1, P_1) und Gerste (F_2, P_2) erforderlich. Sei S_1 der Verkaufspreis von Weizen und S_2 der Verkaufspreis von Gerste. Wie viele Quadratkilometer sollte er mit Weizen bzw. Gerste anbauen, um maximalen Erlös zu erzielen?

Bezeichnen wir mit x_1 die Fläche, die mit Weizen angebaut wird, und mit x_2 die Fläche, die mit Gerste angebaut wird. Dann kann das Problem wie folgt formuliert werden:

$$x_1, x_2 \geq 0 \tag{1.34}$$

$$x_1 + x_2 \leq A \tag{1.35}$$

$$F_1 x_1 + F_2 x_2 \leq F \tag{1.36}$$

$$P_1 x_1 + P_2 x_2 \leq P \tag{1.37}$$

$$S_1 x_1 + S_2 x_2 \to \max \tag{1.38}$$

Mit Gl. (1.34) kommt hier zum Ausdruck, dass der Bauer keine negativen Flächen nutzen kann, (1.35) beschreibt die Tatsache, dass maximal nur die Fläche A (in km^2) für den Anbau genutzt werden kann, Gln. (1.36) und (1.37) drücken die Begrenzungen für Dünger und Insektizide aus und Gl. (1.38) beschreibt die Forderung nach Maximierung des Erlöses. Nehmen wir die Gln. (1.34)–(1.38) als Beschreibung für Modell M, das Land als System S, stellen die Frage $Q =$ „Wie viele Quadratkilometer sollen mit Weizen bzw. Gerste angebaut werden, um maximalen Erlös zu erzielen?" und erhalten sofort das mathematische Modell (S, Q, M). Für jede Wahl der Parameterwerte für $A, F, P, \ldots$ kann das Problem wieder recht einfach mit *Maxima* gelöst werden. Die Berechnung der Lösung ist im *Maxima*-Programm `Farm.mac` (Teil der Buchsoftware, siehe Anhang A) umgesetzt worden. Schauen wir uns den wesentlichen Teil des Codes an:

```
1 load(simplex);
2 U:[x1>=0
3   ,x2>=0
4   ,x1+x2<=A
5   ,F1*x1+F2*x2<=F
6   ,P1*x1+P2*x2<=P];
7 Z:S1*x1+S2*x2;
8 maximize_lp(Z,U);
```

Listing 1.10 `Farm.mac`.

Zeile 1 des Codes lädt ein Paket, was *Maxima* zum Lösen linearer Optimierungsprobleme braucht. In den Zeilen 2–6 werden die Ungleichungen definiert, die den Gln. (1.34)–(1.37) entsprechen. Beachte, die Zeilen 2–6 bilden zusammengefasst ein einziges Kommando, welches die Ungleichungen als Liste in die Variable `U` speichert. Zeile 7 definiert die Funktion `Z`, die zu minimieren ist. Das Problem wird dann in Zeile 8 gelöst, in der *Maxima*s Kommando `maximize_lp` aufgerufen wird. Mit der in `Farm.mac` festgelegten Wahl der Parameterwerte ($A = 100$, $F = 100$, $P = 100$, $F1 = 1$, $F2 = 2$, $P1 = 1$, $P2 = 2$, $S1 = 1$, $S2 = 2$) erhalten wir das Resultat

```
[100, [x2 = 50, x1 = 0]]
```

Das bedeutet, wir erhalten einen maximalen Erlös von 100, wenn wir ausschließlich Gerste anbauen (50 km^2).

1.6 Noch mehr Definitionen

1.6.1 Phänomenologische und mechanistische Modelle

In Abschnitt 1.3 ist ein System vorgestellt worden, das von Wissenschaftlern und Ingenieuren als „Input-Output-System" bezeichnet wird. Für diese Art von Systemen lassen sich auf recht einfache Weise mathematische Modelle (S, Q, M) aufstellen.

Betrachten wir zum Beispiel ein System 1 wie in Abb. 1.8a, das für jede Kraft x [N] als Eingabe, die Auslenkung y [cm] einer (elastischen) Feder als Ausgabe liefert. Nehmen wir an, wir wissen nichts über das System, sondern betrachten es als Blackbox und stellen uns die Frage: Welche Kraft x [N] bewirkt eine Auslenkung von $y = 20\,\text{cm}$? Damit haben wir bereits S und Q bei unserem mathematischen Modell (S, Q, M).

Die mathematische Beschreibung erfolgt nun in Form einer Funktion, die Eingabewerte auf Ausgabewerte abbildet. Dazu wird ein Experiment durchgeführt, bei dem die angreifenden Kräfte vorgegeben werden und die Auslenkung gemessen wird. In Abb. 1.8b ist das Ergebnis dargestellt. Wie wir in Abschnitt 2.2 sehen werden, können wir mit Hilfe dieser Daten ohne großen Aufwand eine Funktion aufstellen, welche Eingabewerte auf Ausgabewerte abbildet. In diesem Fall betrachten wir die Funktion

$$f(x) = ax + b \tag{1.39}$$

und der Experimentator kann nun eine statistische Methode anwenden, die sogenannte *lineare Regression* (die genauer in Abschnitt 2.2 erklärt wird), um die Koeffizienten a und b der Funktion zu bestimmen. Mit den vorliegenden Messdaten erhalten wir

$$f(x) = 0{,}33x - 0{,}5 \tag{1.40}$$

Nun haben wir die mathematische Aussage M für unser Modell formuliert. Wir sehen, für Input-Output-Systeme lassen sich auf diese Weise recht einfach mathematische Modelle (S, Q, M) erstellen. Damit können wir auch die gestellte Frage beantworten, indem wir in Gl. (1.40) $y = f(x) = 20$ setzen und nach x auflösen. Wir erhalten $x \approx 62{,}1\,\text{N}$.

Das mathematische Modell zur Beschreibung des Systems 1 wird als *phänomenologisches Modell* bezeichnet, da es nur auf Grundlage von experimentellen

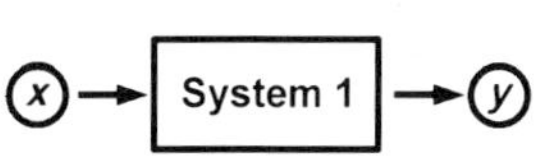

(a)

x [N]	10	20	30	40	50
y [cm]	3	5	11	12	16

(b)

Abb. 1.8 (a) System 1 mit Eingabe x [N] und Ausgabe y [cm]. (b) Daten zu System 1 (Datei `spring.csv` in der Buchsoftware).

Daten konstruiert worden ist und das System als Blackbox behandelt hat, d. h. ohne irgendwelche Informationen über die internen Abläufe im System 1, wenn x nach y abgebildet wird. Auf der anderen Seite werden Modelle, die zur Modellbildung Informationen zum System S verwenden, *mechanistische Modelle* genannt, da sie einen virtuellen Blick in die interne Mechanik von S werfen. Damit definieren wir die Modelbegriffe wie folgt [13]:

Definition 1.8. Phänomenologische und mechanistische Modelle Ein mathematisches Modell (S, Q, M) heißt

- *phänomenologisch*, wenn es nur auf Grundlage von experimentellen Daten ohne a-priori-Informationen zu S konstruiert worden ist,
- und *mechanistisch*, wenn einige Aussagen in M auf a-priori-Informationen zu S basieren.

Phänomenologische Modelle werden auch *empirische Modelle, statistische Modelle, datenbasierte Modelle* oder *Blackbox-Modelle* aus offenkundigen Gründen genannt. Mechanistische Modelle, für die alle notwendigen Informationen über S zur Verfügung stehen, werden auch *Whitebox-Modelle* genannt. Die meisten mechanistischen Modelle liegen irgendwo zwischen den extremen Blackbox- und Whitebox-Modellen, d. h. sie basieren auf einigen Informationen zu S, aber es fehlen auch wichtige Informationen. Solche Modelle werden manchmal *Greybox-Modelle* oder *semiempirische Modelle* genannt [21].

Um den Unterschied zwischen phänomenologischen und mechanistischen Modellen besser zu verstehen, versuchen wir ein mechanistisches Modell zu System 1 (siehe Abb. 1.8a) als Alternative zu konstruieren. Oben haben wir System 1 als Blackbox behandelt, d. h. wir haben keine Informationen darüber benutzt, in welcher Weise das System 1 eine gegebene Eingabe x auf die Ausgabe y abbildet. Nehmen wir an, dass die interne Mechanik des Systems 1 wie in Abb. 1.9 aussieht. Das bedeutet, das System 1 besteht aus einer mechanischen Feder, x bezeichnet die angreifende Kraft und y die resultierende Auslenkung. Das ist nun eine *a-priori-Information* über das System 1, und zwar im Sinne von Definition 1.8, und es kann zur Konstruktion eines mathematischen mechanistischen Modells auf Basis elementaren physikalischen Wissens verwendet werden. Wie allgemein bekannt ist, können mechanische Federn gemäß hookschem Gesetz geschrieben werden als

$$x = k \cdot y \tag{1.41}$$

wobei k [N/cm] die Federkonstante ist, ein Maß für die Elastizität der Feder. Der Parameter k ist entweder bekannt (z. B. vom Hersteller der Feder) oder sie kann mit Hilfe der Daten wie in Abb. 1.8b geschätzt werden. Jetzt erhalten wir folgendes mathematische mechanistische Modell (S, Q, M):

- S: System 1
- Q: Welche Systemeingabe x erzeugt die gewünschte Ausgabe $y = 20\,\text{cm}$?
- M: Gl. (1.41)

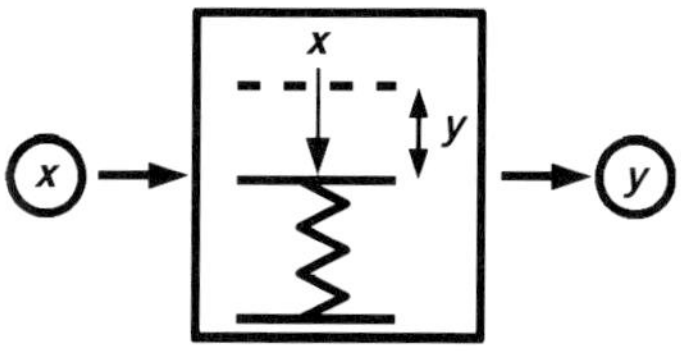

Abb. 1.9 Interne Mechanik des Systems 1.

Mit diesem Modell lässt sich die Frage Q nun beantworten. Setzen wir $y =$ 20 cm in die Modellgleichung (1.41) ein, so erhalten wir

$$x = k \cdot 20 \tag{1.42}$$

d. h. wir können die Frage Q, abhängig vom Wert der Federkonstante k, beantworten. Betrachten wir zum Beispiel den Wert $k \approx 3{,}11$ N/cm für die Federkonstante, so erhalten wir in etwa die gleiche Abschätzung $x \approx 62{,}1$ N wie oben.

Das mechanistische Modell zu System 1 hat verschiedene bedeutsame Vorteile im Vergleich zum phänomenologischen Modell, was die *charakteristischen Vorteile des mechanistischen Ansatzes* sind. Als Erstes erlauben mechanistische Modelle eine bessere Vorhersage des Systemverhaltens. Das phänomenologische Modell basiert nur auf Daten, die durch Experimente gewonnen worden sind, d. h. Daten, die nur einen bestimmten Wertebereich abdecken. Aus der der Diskussion unten über Regressionsmethoden ist zu erwarten, dass das Modell daher nur in diesem Wertebereich gültig ist. Dagegen basiert die mechanistische Modellgleichung (1.41) auf einer gut etablierten physikalischen Theorie von Federn und wir haben deshalb gute Gründe, dass die Gleichung auch außerhalb des getesteten Bereichs gültig ist.

Mechanistische Modelle erlauben auch eine *bessere Vorhersage* von modifizierten Systemen. Nehmen wir zum Beispiel an, das System 1 in Abb. 1.9 wird durch ein System 2 bestehend aus zwei Federn mit gleicher Federkonstante k ersetzt. Mit dem phänomenologischen Ansatz können wir das für System 1 entwickelte Modell nicht weiter verwenden, da es die Ähnlichkeit zwischen beiden System nicht erkennen kann (zur Erinnerung: Der phänomenologische Ansatz nimmt an, keine Details über die interne Mechanik des betrachteten Systems zu kennen). Das bedeutet, ein neues phänomenologisches Modell müsste für das System 2 entwickelt werden, wozu ein neuer Datensatz und neue Experimente erforderlich sind. Dagegen sagt uns beim mechanistischen Zugang das hooksche Gesetz sofort, dass im Fall von zwei Federn die entsprechende Anpassung der Gl. (1.41) wie folgt aussieht:

$$x = 2k \cdot y \tag{1.43}$$

Ein weiterer Vorteil von mechanistischen Modellen ist die Tatsache, dass diese in der Regel *physikalisch interpretierbare Parameter* enthalten, d. h. Parameter, die real vorhandene Eigenschaften des Systems darstellen. Phänomenologische Modellgleichungen (siehe auch nächstes Kapitel) enthalten einfach nur Zahlen, die nicht mit dem System in Verbindung gebracht werden können. Dagegen kann der Parameter k der mechanistischen Modellgleichung (1.41) einer Systemeigenschaften zugeordnet werden. Das ist besonders für die Fälle wichtig, in denen wir das System verbessern wollen. Wenn wir zum Beispiel das Ziel verfolgen, dass bereits kleine Kräfte x eine geforderte Auslenkung y hervorrufen, dann würden wir im phänomenologischen Zugang eine Reihe von Systemen 2–4, … testen, bis wir eventuell ein System mit der gewünschten Eigenschaft antreffen, d. h. wir würden eine Trial-and-Error-Methode anwenden. Dagegen sagt uns das mechanistische Modelle genau was zu tun ist: Wir haben die Feder in System 1 durch eine andere mit kleinerer Federkonstante k zu ersetzen, so dass bereits eine kleinere Kraft x ausreicht, um eine gegebene Auslenkung y zu erreichen. In diesem einfachen Beispiel kann man sich nur schwer vorstellen, dass wirklich jemand den phänomenologischen Ansatz anstelle des hookschen Gesetzes wählt. Aber das Beispiel erfasst den entscheidenden Unterschied zwischen phänomenologischen und mechanistischen Modell, und es sagt uns, wir sollten wann immer möglich ein mechanistisches Modell verwenden.

Aber wenn mechanistische Modelle so einfach in jeder vorstellbaren Situation aufgestellt werden könnten, würden wir hier nicht über phänomenologische Modelle sprechen. Eine wichtige Voraussetzung ist nämlich, dass *mechanistische Modelle a-priori-Wissen des Systems benötigen*. Wenn nichts über das System bekannt ist, dann befinden wir uns in einer „Blackbox“-Situation und müssen phänomenologische Modelle verwenden. Nehmen wir zum Beispiel an, wir möchten verstehen, warum einige Rosen früher verwelken als andere (dieses Beispiel wird näher in Abschnitt 2.3 beschrieben). Nehmen wir weiter an, dass dies in Verbindung mit der Konzentration eines bestimmten Kohlenhydrats steht und wir diese Konzentration messen können. Dann können wir kein mechanistisches Modell aufstellen, solange wir nicht alle relevanten Prozesse kennen, die diese Kohlenhydratkonzentration mit der beobachteten Frische der Rosen in Verbindung bringen. Solange diese Prozesse unbekannt sind, können wir einzig nur eine paar Daten produzieren (Konzentration des Kohlenhydrats im Vergleich zu einem geeigneten Maß der Frische einer Rose) und diese Daten mit einem phänomenologischen Modell analysieren.

Die Situation, in der wenig über das zu untersuchende System bekannt ist, ist mehr die Regel als die Ausnahme, insbesondere am Anfang einer wissenschaftlichen Untersuchung oder am Anfang einer Produktentwicklung im Ingenieurwesen. Wir können uns auch in einer Situation befinden, in der wir im Prinzip genügend Details über das betrachtete System kennen, aber das System so komplex ist, dass es zu viel Zeit und Ressourcen erfordern würde, ein mechanistisches Modell aufzustellen. Ein Beispiel ist die Optimierung des Abriebwiderstandes eines Verbundwerkstoffs: Nehmen wir an, dass ein Verbundwerkstoff aus den Materialien $M1, M_2, \dots, M_n$ besteht, und nehmen wir weiter an, dass wir wissen wollen, wie die relativen proportionalen Anteile der Materialien zu wählen sind, um den Abriebwiderstand zu maximieren. Dann kann der Abriebwiderstand in einer äußerst komplexen Weise von seiner Komposition abhängen. Die Autoren haben eine Situation wie diese untersucht, in der ein mechanistischer Modellierungsversuch aufgrund der Komplexität des Gesamtsystems fehlgeschlagen ist und stattdessen ein phänomenologisches Modell verwendet worden ist [22]. Es ist ein großer *Vorteil von phänomenologischen Modellen,* dass diese in Blackbox-Situationen verwendet werden können und üblicherweise wesentlich weniger Zeit und Ressourcen erfordern. Pragmatische Überlegungen sollten entscheiden, welche Art von Modell in einer Situation tatsächlich eingesetzt werden sollte. Ein mechanistisches Modell wird sicherlich eine schlechte Entscheidung sein, wenn wir beispielsweise drei Wochen brauchen bis es funktioniert und dann auf unsere Frage Q im Vergleich zu einem phänomenologischen Modell keine substanziell bessere Antwort liefert, welches wir in einem Tag hätten aufstellen können.

Bemerkung 1.19. Vor- und Nachteile phänomenologischer und mechanistischer Modelle *Phänomenologische Modelle* sind universell anwendbar, mit geringen Ressourcenaufwand zu formulieren, aber beschränkt in ihrem Anwendungsbereich. *Mechanistische Modelle* dagegen beinhalten typischerweise (z. B. physikalisch) interpretierbare Parameter, erlauben tiefere Einsichten in das Systemverhalten und liefern bessere Vorhersagen. Allerdings erfordern mechanistische Modelle a-priori-Informationen über das System; ihre Formulierung benötigt z. T. erheblich mehr Zeit und Ressourcen.

1.6.2
Stationäre und instationäre Modelle

Wie früher schon angesprochen, ist die Frage Q ein wichtiger Faktor bei der Festlegung eines geeigneten mathematischen Modells (S, Q, M). In einem Beispiel oben haben wir die alternativen Betrachtungen eines mechanischen Problems behandelt, bei dem dieses mit Gleichungen der klassischen oder relativistischen Mechanik in Abhängigkeit der Frage Q untersucht wird. In Verbindung mit System 1 haben wir die Frage Q gestellt: „Welche Systemeingabe x erzeugt die gewünschte Ausgabe $y = 20\,\text{cm}$?“. Versuchen wir nun die Frage Q so zu ändern, um andere Klassen mathematischer Modelle zu finden. Betrachten wir folgende Frage.

Q Wenn eine konstante Kraft x an einer Feder zum Zeitpunkt $t = 0$ angreift, wie groß ist dann die resultierende Auslenkung $y(t)$ der Feder zu Zeiten $t > 0$?

Diese Frage kann nicht mit dem oben entwickelten Modell beantwortet werden. Sowohl das phänomenologische Modell (Gl. (1.40)) als auch das mechanistische Modell (Gl. (1.41)) beziehen sich auf den sogenannten stationären Zustand des Systems 1. Das bedeutet, die Auslenkung y, die mit den Gleichungen bestimmt wird, wird als zeitunabhängiger (= stationärer) Zustand der Feder aufgefasst. Dieser Zustand der Federauslenkung wird genau im Gleichgewichtszustand erreicht, wenn die Federkraft genau der angreifenden Kraft entspricht. Auf der anderen Seite wird die Frage nach der instationären (d. h. zeitabhängigen) Entwicklung der Auslenkung y gestellt, angefangen zum Zeitpunkt $t = 0$, wenn die Kraft x beginnt an der Feder anzugreifen. Für die Berechnung der Auslenkung $y(t)$ ist ein mathematisches Modell (S, Q, M) nötig, dass mathematische Aussagen M enthält, die von der Zeit t abhängen. Modelle dieser Art können mit Hilfe von gewöhnlichen Differentialgleichungen beschrieben werden (Details in Kapitel 3). Um den wichtigen Unterschied zwischen stationären und instationären Modell klarer zu formulieren, machen wir folgende Definition:

Definition 1.9. Stationäre/instationäre Modelle Ein mathematisches Modell (S, Q, M) heißt

- *instationär*, wenn mindestens einer der Systemparameter von der Zeit abhängt, sonst
- *stationär*.

1.6.3 Verteilte und aggregierte Modelle

Nehmen wir an, dass die Feder aus System 1 unter normalen Arbeitsbedingungen in mehrere Teile bricht. Nun soll versucht werden eine robustere Feder zu konstruieren und in einer solchen Situation stellt sich ganz natürlich die Frage:

Q Welcher Teil der Feder soll verstärkt werden?

Logischerweise sollten nur solche Teile der Feder verstärkt werden, die die höchste mechanische Belastung tragen müssen. Um diese Teile zu identifizieren müssen wir wissen, wie die Spannung der belasteten Feder verteilt ist. Bezeichnen wir mit $\sigma(x, y, z)$ die Verteilung der mechanischen Spannung in der Feder in Abhängigkeit der räumlichen Koordinaten x, y, z. Dann brauchen wir ein mathematisches Modell, bei dem $\sigma(x, y, z)$ eine Zustandsvariable ist. Solche mathematischen Modelle können mit Hilfe von partiellen Differentialgleichungen (engl. partial differential equations, PDEs) aufgestellt werden, wie wir noch in Kapitel 4 sehen werden. Der wesentliche Unterschied zwischen diesem Modell und dem vorherigen Modell des System 1 liegt darin, dass in diesem Fall die Zustandsvariable von den räumlichen Koordinaten abhängt. Für die Berechnung der Auslenkung der Feder im Gleichgewichtszustand ist die Gl. (1.41) verwendet worden, wozu eine Beschreibung der Feder mit einer Federkonstante k genügt. Allerdings kann diese Gleichung nicht verwendet werden, um irgendwelche räumlich verteilten Informationen der Feder abzuleiten. In diesem Modelltyp sind alle räumlichen Informationen in einen Parameter k zusammengefasst. Dies ist dadurch gerechtfertigt, das der Gleichgewichtspunkt der Feder mit ausreichender Genauigkeit mit k berechnet werden kann. Wenn aber nach der inneren Spannungsverteilung der Feder gefragt wird, dann wird eine räumlich verteilte Beschreibung der Spannungen in der Feder benötigt. Dies motiviert folgende Definition:

Definition 1.10. Modelle mit verteilten/aggregierten Parametern Ein mathematisches Modell (S, Q, M) heißt

- *Modell mit verteilten Parametern*, wenn mindestens einer seiner Systemparameter oder Zustandsvariablen von Raumkoordinaten abhängt, sonst
- *Modell mit aggregierten Parametern*.

1.7
Wenn alles wie ein Nagel aussieht ...

Das Modellierungs- und Simulationsschema ist in gewisser Weise einfach eine idealisierte Theorie wie mathematisches Modellieren funktionieren *sollte*. Dies muss natürlich von der Art und Weise unterschieden werden, wie wir mit mathematischen Modellen in der Praxis umgehen. In diesem Bewusstsein hat Golomb [23] die folgenden Regeln aufgestellt:

Bemerkung 1.20. Don'ts of Mathematical Modeling

1. Don't believe that the model is the reality.
2. Don't extrapolate beyond the region of fit.
3. Don't distort reality to fit the model.
4. Don't retain a discredited model.
5. Don't fall in love with your model.

Die Regeln können wie folgt übersetzt werden: 1. Glaube nicht, dass das Modell die Realität ist, 2. Extrapoliere nicht über den Anpassungsbereich hinaus, 3. Verbiege nicht die Realität, um es an das Modell anzupassen, 4. Halte nicht an einem diskreditierten Modell fest, 5. Verliebe Dich nicht in Dein Modell.

Don't Nr. 1 erinnert uns an die Einschränkungen unserer Modelle, d. h. wir sollten uns immer über die gemachten Annahmen und Vereinfachungen für unser Modell bewusst sein, ebenso welche Auswirkungen diese auf das reale System haben. Vielleicht kennen Sie das *Höhlengleichnis* des griechischen Philosophen Platon, welches ein nettes Bild von der Beziehung zwischen Modell und Realität liefert (Abb. 1.10 [24]). In diesem Gleichnis sind einige Gefangene tief in einer Höhle angekettet, und zwar so, dass sie nur nach vorne auf eine Höhlenwand blicken können. Hinter den Gefangenen befindet sich ein großes Feuer und einige Menschen, die mit Hilfe des Lichtscheins des Feuers Schatten von drei-dimensionalen Objekten wie Puppen, Tiere und Pflanzen auf der Höhlenwand erzeugen. Platon nimmt an, dass die Gefangenen seit ihrer Kindheit in der Höhle angekettet sind und noch nie etwas anderes als die Schatten der Höhlenwand gesehen haben. Daher glauben diese, dass die Schatten die Realität darstellen, obwohl die Schatten natürlich nichts anderes sind als vereinfachte zwei-dimensionale Modelle der realen drei-dimensionalen Objekte hinter ihnen. In recht ähnlicher Weise müssen wir uns bewusst sein, dass wir immer in irgendeiner Art und Weise „angekettet" sind, solange wir versuchen, die Realität mit einem wissenschaftlichen Modell zu beschreiben. Dies schränkt unseren Blick abhängig von den inhärenten Annahmen auf das reale System mehr oder weniger ein.

Don't Nr. 2 besagt, dass das Modell für eine Vorhersage nur für die Regionen im Parameterraum benutzt werden sollte, für die genügend gesicherte experimentelle Daten vorliegen (für nähere Details siehe Abschnitt 2.2.2 und Bemerkung 2.3), während die *Don'ts Nr. 3–5* von uns verlangen, die Modelle aufzugeben, die es

Abb. 1.10 Platons Höhlengleichnis: Glaube nicht, dass das Modell die Realität ist! (B. Velten, inspiriert durch http://commons.wikimedia.org.)

nicht durch den Validierungssschritt des MoSim-Schemas (Bemerkung 1.5) geschafft haben. In [13] wird die Botschaft von *Don'ts Nr. 3–5* wie folgt ausgedrückt:

> Wenn Du einen Hammer hast, suchst Du nach einem Nagel.
> Wenn Du einen *guten* Hammer hast, sieht alles aus wie ein Nagel.

Wir verstehen die Botschaft: Menschen tendieren dazu, die Probleme in ähnlicher Weise zu lösen, wie sie diese in der Vergangenheit erfolgreich gelöst haben. Gestern hatten wir das Problem, einen Nagel in ein Stück Holz zu schlagen und haben das Problem angemessen mit einem Hammer gelöst. Heute hingegen möchten wir eine *Schraube* in einem Stück Holz anbringen und es ist natürlich nicht gerade eine gute Idee, dies wieder mit einem Hammer zu tun. Ganz ähnlich können wir die mathematischen Modelle als Werkzeuge betrachten, die uns helfen Probleme zu lösen. Und wir tendieren stets dazu, immer wieder die Modelle zu benutzen, die uns geholfen haben das Problem von gestern zu lösen. Es ist so etwas wie das Naturgesetz der mathematischen Modellierung, ähnlich wie Newtons Trägheitsgesetz; nennen wir es das *„Trägheitsgesetz der mathematischen Modellierung"*. Kräfte müssen aufgebracht werden, um den Bewegungszustand physikalische Körper zu ändern. In ähnlicher Weise müssen sozusagen Kräfte auf die Gedanken eines Wissenschaftlers, der mathematische Modelle entwickelt, einwirken, damit dieser einwilligt, das ein etabliertes Modell durch ein besseres ersetzt wird. Sogar an berühmten Wissenschaftler wie A. Einstein konnte man diese Art Trägheit beobachten: Einstein mochte die Idee nicht, dass sich das physikalische Universum in einigen Aspekten besser stochastisch als deterministisch beschreiben lässt (eine Folgerung der „Kopenhagener Deutung" der Quantenmechanik). Er drückte seine Aversion mit dem bekannten Zitat aus: „Gott würfelt nicht!" [25]. Aber dies ist keine Entschuldigung für eine Nichtbeachtung von Golombs *Don'ts*! Es zeigt nur, dass *jeder*, auch die Leserin und der Leser, Modelle mit Sorgfalt verwenden sollte.

2
Phänomenologische Modelle

Wie können wir ein System oder einen Prozess beschreiben, wenn wir die inneren Abläufe nicht kennen und nur experimentelle Daten vorliegen haben? Wie können wir z. B. das Welken von Rosen beschreiben? Wie können wir Ergebnisse prognostizieren und wie wählen wir möglichst geschickt die Versuchsparameter aus? Alle diese Fragen können mit phänomenologischen Modellen beantwortet werden, die wir in diesem Kapitel kennenlernen werden.

Erinnern wir uns an den Unterschied zwischen phänomenologischen und mechanistischen Modellen in Definition 1.8: Phänomenologische Modelle werden nur auf Grundlage von experimentellen Daten konstruiert, d. h. es werden keine a-priori-Informationen über das System S verwendet. Dagegen benutzen mechanistische Modelle a-priori-Informationen über die „interne Mechanik" von S, d. h. über die Prozesse, die in S ablaufen. Diese Modelle werden in Kapitel 3 und 4 behandelt. In diesem Kapitel ist ein Datensatz unser Ausgangspunkt und wir werden verschiedene Methoden zur Analyse eines Datensatzes kennenlernen. Wie wir noch sehen werden, können die meisten in diesem Kapitel vorgestellten Methoden sehr effizient mit frei erhältlicher Open-Source-Software implementiert werden: *Calc* (aus der Office-Suite LibreOffice) für elementare statistische Berechnungen oder als elementare Datenbank und das Softwarepaket „*R*" für professionelle statistische Berechnungen. Im gesamten Kapitel verwenden wir überwiegend reale Datensätze.

Wie erwähnt ist ein Datensatz der Ausgangspunkt für eine phänomenologische Modellierung. Folglich sollten wir zunächst eine Analyse des Datensatzes durchführen, zum Beispiel mittels elementarer statistischer Methoden. In Abschnitt 2.1 werden einige der wichtigsten statistischen Methoden der elementaren Datenanalyse in Form eines „Crashkurses" vorgestellt, d. h. wir machen nicht den Versuch, alles vollständig zu erklären, sondern konzentrieren uns auf das, was in diesem Buch benötigt wird und legen dabei mehr Wert auf ein praktisches Vorgehen als auf Theorie. Daher wird in Abschnitt 2.1 auch eine Einführung in die Anwendung von *Calc* und *R* gegeben.

In den Abschnitten 2.2–2.4 werden verschiedene Regressionsmodelle behandelt. Diese liefern grundsätzlich eine mathematische Beschreibung von Input-Output-Systemen. Auf die Bedeutung solcher Systeme ist bereits im letzten Kapitel hingewiesen worden, siehe Abb. 1.2 und Abschnitte 1.3 und 1.5. Mittels

Mathematische Modellbildung und Simulation, Erste Auflage. Marco Günther und Kai Velten.

Regressionsmodellen können für vorgegebene Eingabewerte die Ausgaben eines Systems berechnet werden, die zur Vorhersage oder zur Interpolation gegebener Daten verwendet werden können. Es werden die lineare Regression (eine Eingabe), die multiple lineare Regression (mehrere Eingaben) und die nichtlineare Regression (nichtlineare Gleichungen mit einer oder mehreren Eingaben) behandelt. Jeder, der sich mit Datenanalyse beschäftigt, sollte diese Methoden kennen, die sich wirklich sehr einfach mit *R* umsetzen lassen. Auch in den Fällen, in denen mechanistische Modelle entwickelt werden, hat die Anwendung von Regressionsmethoden häufig einen Sinn, da diese in der Regel viel weniger Zeit und Ressourcen erfordern und schnelle und grobe Schlussfolgerungen aus einem Datensatz erlauben.

Erste Datensätze zur Modellierung von Input-Output-Systemen werden üblicherweise mit Hilfe von Experimenten gewonnen. Solche Experimente enthalten Versuchsparameter, deren Zusammenhang untereinander in der Regel noch unklar ist. Eine geschickte Wahl der Parameter und das Aufspüren von Abhängigkeiten unter den Parametern ist eine wichtige Aufgabe der Versuchsplanung (Design of Experiments), die in Abschnitt 2.5 vorgestellt wird.

2.1 Elementare Statistik

In Abschnitt 1.3 ist betont worden, dass die Minimalvoraussetzung an ein zu untersuchendes System in Wissenschaft und Ingenieurwesen die *Beobachtbarkeit* ist, und zwar in dem Sinne, dass das System messbare Ausgaben erzeugt. Wie dort erklärt wird, erlaubt ein großer Teil der Systeme gewisse Eingaben vorzugeben, weshalb die meisten Untersuchungen in Wissenschaft und Ingenieurwesen (außer den etwas mehr theoretisch orientierten Arbeiten) damit beginnen, einen Input-Output-Datensatz aufzustellen, der im Allgemeinen die Form wie in Abb. 1.2b hat. In diesem Sinne ist es gerechtfertigt zu sagen, dass die meisten Modellierungs- und Simulationsarbeiten mit einem Datensatz beginnen. Elementare statistische Methoden bieten einen phänomenolgischen Modellierungsansatz, der für eine erste Analyse des Datensatzes benutzt werden kann.

2.1.1 Deskriptive Statistik

Das Erste, was üblicherweise mit einem gegebenen Datensatz gemacht wird, ist die *deskriptive Statistik* oder auch *beschreibende Statistik* genannt, d. h. die Anwendung von Methoden zur Zusammenfassung und Beschreibung von Daten [26]. In vielen Fällen ist der Datensatz als Tabelle oder im Format einer Tabellenkalkulation wie *Calc* (als Teil der Open-Source-Software *LibreOffice*) oder *Excel* (als Teil des kommerziellen *Microsoft Office*) gegeben. Da wir in diesem Buch Open-Source-Software im Blick haben, werden wir uns im Folgenden auf *Calc* anstelle von *Excel* beziehen. Praktisch bedeutet das keine Einschränkung für

Tab. 2.1 Federdaten (siehe `spring.ods` in der Buchsoftware).

x	10	20	30	40	50
y	3	5	11	12	16

die *Excel*-Anwender, da *Calc* und *Excel* aus Benutzersicht in ganz ähnlicher Weise arbeiten. Daneben kann *Calc* ohne Probleme Daten im *Excel*-Format importieren und exportieren (Probleme können dann auftreten, wenn ganz spezielle *Excel*-Funktionen genutzt werden, die aber ein Standardanwender nicht verwendet).

Tabellenkalkulationsprogramme wie *Calc* bieten zahlreiche Optionen für eine statistische Analyse von Daten, deren Möglichkeiten für eine überschaubare Datenmenge und eine einfache Analyse ausreichend sind. Für größere Datenmengen oder eine tiefergehende Analyse kann auf eine professionelle und umfangreiche statistische Software wie *R* (Bestandteil von *Gm.Linux*, siehe Anhang A) zurückgeriffen werden. Das Statistikpaket *R* (Open-Source) bietet eine hohe Flexibilität an Berechnungs- und Auswertungsmöglichkeiten, sowie zahlreiche Optionen der Ergebnisdarstellung. *R* gilt zunehmend als die statistische Standardsprache und genießt eine weite Verbreitung in der Literatur (zum Beispiel [27–29]).

Fangen wir zum Beispiel mit Tabelle 2.1 an, der einen Datensatz zur Auslenkung einer Feder darstellt. Dieser Datensatz kann in der Datei `spring.ods` der Buchsoftware (siehe Anhang A) gefunden werden. Zu beachten ist, dass die Dateiendung „`ods`" („*o*pen *d*ocument *s*heet") die Standardendung der abgespeicherten Tabellendaten des Kalkulationsprogramms *Calc* ist.

2.1.1.1 Einfache Anwendungen von *Calc* und *R*

Das einfachste, was man mit einem Datensatz wie `spring.ods` machen kann, ist die Berechnung eines *Lagemaßes*, welches die ungefähre Lage der Daten in verschiedenen Arten beschreibt. Am besten bekannt und am häufigsten als Lagemaß verwendet, ist das *arithmetische Mittel*, auch Durchschnitt genannt, welches wie folgt definiert ist:

$$\bar{x} = \frac{\sum_{i=1}^{n} x_i}{n} \tag{2.1}$$

Hier stellen $x_1, x_2, \ldots, x_n$ reelle Zahlen eines Datensatzes dar und $n \in \mathbb{N}$. Das arithmetische Mittel von x und y unserer Beispieldaten in `spring.ods` sind $\bar{x} = 30$ und $\bar{y} = 9{,}4$, was im Prinzip aussagt, dass die x- und y-Daten um diese Werte streuen. Nun werden wir sehen, wie diese Berechnung mit *Calc* durchgeführt werden kann. Obwohl wir hier keine allgemeine Einführung in *Calc* geben können, wird unsere Beschreibung zum Vorgehen auch für Erstanwender ausreichend sein (für nähere Informationen verweisen wir auf die Dokumentation unter http://www.libreoffice.org).

Wenn wir `spring.ods` in *Calc* einlesen, sehen wir ein Arbeitsblatt, das nur aus Zellen besteht. Jede einzelne Zelle hat eine Bezeichnung, wie zum Beispiel `A2`, wobei `A` sich auf die Spalte und `2` sich auf die Zeile der Zelle bezieht, in der sie sich befindet. Die Zahlen der x-Spalte von `spring.ods` befinden sich in der Zellengruppe `A2`, `A3`, … `A6`, die in der *Calc*-Notation auch mit `A2:A6` bezeichnet wird. Jetzt können wir die *Calc*-Funktion `MITTELWERT` (in der deutschsprachigen Programmversion) aufrufen, um das arithmetische Mittel für diese Zellengruppe zu berechnen. Dies können wir tun, indem wir auf eine beliebige leere Zelle von `spring.ods` klicken und dort den Ausdruck `=MITTELWERT(A2:A6)` eingeben (zu beachten ist, dass jeder zu berechnende Ausdruck oder Formel in *Calc* mit einem „=" beginnt). Nach Abschluss erscheint eine „30" in der Zelle, in der wir die Formel eingeben haben. Das ist korrekt, denn Formel (2.1) ergibt $\bar{x} = 30$. Um die *Calc*-Formel zu sehen und gegebenenfalls zu ändern, können wir einfach einen Doppelklick in der Zelle mit der „30" ausführen.

Eine alternative Vorgehensweise ist das Auswählen und Ausführen der Funktion `MITTELWERT` mit dem *Calc-Funktions-Assistenten*, den wir über die Menü-Auswahl Einfügen/Funktion aufrufen. Der Funktions-Assistent ist besonders für unerfahrene Anwender nützlich, da er den Anwender nach allen erforderlichen Informationen fragt und anschließend automatisch die Formel erstellt. Zusätzlich bietet er eine Liste aller zur Verfügung stehender Funktionen an, die in Kategorien wie „Finanz", „Mathematik", „Statistik" eingeteilt sind, sowie eine Beschreibung wozu und wie jede Funktion eingesetzt werden kann. Unter der Kategorie „Statistik" befindet sich eine große Anzahl weiterer Funktionen zur Berechnung verschiedener Lagemaße, wie den *Median* (*Calc*-Funktion `MEDIAN()`), das *geometrische Mittel* (*Calc*-Funktion `GEOMITTEL()`) usw. (weitere Details in [26, 30]).

Die gerade für CALC beschriebene Mittelwertberechnung kann alternativ mit R (oder komfortabler z. B. mit *Rstudio*) wie in Listing 2.1 (Programm `Mean.r`) und Listing 2.2 angegeben durchgeführt werden.

```
1 d=data.frame(x=seq(10,50,by=10),y=c(3,5,11,12,16))
2 mean(d$x)
3 mean(d$y)
```

Listing 2.1 `Mean.r`.

```
> mean(d$x)
[1] 30
> mean(d$y)
[1] 9.4
```

Listing 2.2 Ausgabe zu `Mean.r`.

In Listing 2.1 wird der Datensatz mit dem `data.frame`-Kommando direkt angegeben (siehe Kapitel 5 für effektive Verfahrensweisen zum Einlesen größerer Datensätze). Der Datensatz entspricht den Federdaten, wie sie in der Tabelle 2.1 bzw. in der Datei `spring.ods` zu finden sind. Wie Zeile 1 des Listings 2.1 zeigt, können Zahlenlisten in *R* mit festen Abständen mit dem `seq`-Kommando sowie beliebige Zahlenlisten mit dem `c`-Kommando erzeugt werden.

Nach der Berechnung eines Mittelwertes wird üblicherweise nach einem *Streuungsmaß* gesucht. Ein solches Maß beschreibt, wie sehr die Werte des Datensatzes streuen. Das bekannteste Streuungsmaß ist die *Stichprobenstandardabweichung* bzw. *empirische Standardabweichung*

$$s = \sqrt{\frac{\sum_{i=1}^{n}(x_i - \bar{x})^2}{n-1}} = \sqrt{\frac{1}{n-1}\sum_{i=1}^{n} x_i^2 - \frac{n}{n-1}\cdot \bar{x}^2} \tag{2.2}$$

In Gl. (2.2) sind die beiden Ausdrücke identisch, allerdings eignet sich der zweite wesentlich besser für die Berechnung per Hand. Mit *Calc* kann die empirische Standardabweichung mit der Funktion `STABW()` berechnet werden. Wenden wir diese Funktion auf unser Beispiel mit den Federdaten an, so erhalten wir für die x-Daten den Wert $s \approx 15{,}8$ und für die y-Daten den Wert $s \approx 5{,}3$, siehe Listings 2.3 und 2.4 für die alternative Berechnung dieser Werte mit *R*.

```
sd(d$x)
sd(d$y)
```

Listing 2.3 `Stdev.r`, gleicher Datensatz wie in Listing 2.1.

```
> sd(d$x)
[1] 15.81139
> sd(d$y)
[1] 5.319774
```

Listing 2.4 Ausgabe zu `Stdev.r`.

Wie in Formel (2.2) zu sehen ist, misst die empirische Standardabweichung die Datenschwankungen in Abhängigkeit der Abweichungen vom (arithmetischen) Mittelwert $x_1 - \bar{x}, \ldots, x_n - \bar{x}$. Im Grunde drückt die empirische Standardabweichung den Durchschnitt dieser (quadrierten) Abweichungen aus. Um die Bedeutung dieses Ausdrucks ein wenig besser zu verstehen, schauen wir uns an, was mit „empirisch" oder mit „Stichprobe" gemeint ist.

Statistische Untersuchungen werden üblicherweise für eine wohldefinierte Ansammlung von Objekten, die sogenannte *Grundgesamtheit* [30], durchgeführt. Wenn zum Beispiel ein Forscher herausfinden möchte, welchen Einfluss ein Nährstoff auf eine spezielle Pflanzensorte hat, dann wird in seiner Untersuchung die Grundgesamtheit aus allen Pflanzen dieser Sorte bestehen. Aufgrund begrenzter Zeit und Ressourcen ist es in vielen Fällen unmöglich oder ineffizient die gesamte Grundgesamtheit zu untersuchen (wenn zum Beispiel die zu untersuchende Pflanzensorte große Teile der Erdoberfläche bedeckt). Statistische Untersuchungen schränken sich dann typischerweise auf eine Teilmenge der Grundgesamtheit ein, die sogenannte *Stichprobe*. Zahlreiche Strategien wie die *Zufallsstichprobe* (jedes Element der Grundgesamtheit hat die gleiche Chance ausgewählt zu werden) oder die *geschichtete Zufallsstichprobe* (die Grundgesamtheit wird in Untergruppen mit gleichen Eigenschaften wie Geschlecht oder Alter eingeteilt) werden angewendet, um sicher zu stellen, dass die Stichprobe die Grundgesamtheit so gut wie möglich repräsentiert wird [26, 30].

Die empirische Standardabweichung s bezieht sich auf eine Stichprobe $x_1, \dots,$ x_n. Später (in Abschnitt 2.1.2) werden wir verstehen, dass eine Stichprobe auch von einer Zufallsvariable X erzeugt werden kann. Die Schwankungen einer Zufallsvariable können durch eine Standardabweichung σ charakterisiert werden, was eine Eigenschaft der vollständigen Grundgesamtheit ausdrückt (Abschnitt 2.1.2.6). Weiterhin kann gezeigt werden, dass unter bestimmten Bedingungen (wie in [30] diskutiert) s eine vernünftige („erwartungstreue") Schätzung von σ ist. In gleicher Weise ist das arithmetische Mittel $\bar{x}$ eine vernünftige Schätzung für eine andere Eigenschaft der Grundgesamtheit, nämlich des Erwartungswertes μ (siehe wieder Abschnitt 2.1.2.6).

Andere häufig verwendete Streuungsmaße sind zum Beispiel [30]

- die *Spannweite* (einer Stichprobe), d. h. die Differenz zwischen dem größten und dem kleinsten Wert der Stichprobe und kann mit den *Calc*-Funktionen `MAX()` und `MIN()` berechnet werden
- die *mittlere absolute Abweichung*, d. h. das arithmetische Mittel der absoluten Abweichungen $|x_i - \bar{x}|$, welche mit der *Calc*-Funktion `MITTELABW` berechnet werden kann
- und verschiedene dimensionslose Maße, wie den *empirischen Variationskoeffizienten* $c_\mathrm{v} = s/\bar{x}$, der mit den *Calc*-Funktionen `STABW()` und `MITTELWERT()` wie oben beschrieben berechnet werden kann.

In statistischen Untersuchungen werden häufig nicht nur eine Größe sondern zwei oder sogar mehrere Größen gleichzeitig betrachtet. Daher existiert auch eine Anzahl von Maßen, die das Zusammenspiel zweier statistischer Variablen beschreiben, wie Pearsons *empirischer Korrelationskoeffizient*

$$r = \frac{\sum_{i=1}^{n} x_i y_i - n \cdot \bar{x} \cdot \bar{y}}{\sqrt{\left(\sum_{i=1}^{n} x_i^2 - n \cdot \bar{x}^2\right) \cdot \left(\sum_{i=1}^{n} y_i^2 - n \cdot \bar{y}^2\right)}} \tag{2.3}$$

welcher bei gegebener Stichprobe $(x_1, y_1), \dots, (x_n, y_n)$ die Stärke der *linearen* Korrelation zwischen x und y auf einer Skala zwischen -1 und 1 ausdrückt (-1 oder 1: die Daten liegen auf einer steigenden oder fallenden Geraden, 0: keine lineare Wechselwirkung, irgendein Wert dazwischen: die Daten sind abhängig vom Vorzeichen von r um eine steigende oder fallende Gerade verteilt). Als Approximation einer Korrelation kann r ebenfalls wieder als Zufallsvariable aufgefasst werden, für nähere Details verweisen wir auf [30]. Für die Berechnung von r kann die *Calc*-Funktion `PEARSON()` verwendet werden. Bezogen auf unser Beispiel `spring.ods` erhalten wir den Wert $r \approx 0{,}98$, der zum Ausdruck bringt, dass die Daten aus `spring.ods` recht gut auf einer steigenden Geraden liegen (wie in Abb. 2.1 zu sehen, Details zur Erzeugung dieser Graphiken mit Regressionsgerade sind in Abschnitt 2.2 beschrieben). Siehe Listings 2.5 und 2.6 für die alternative Berechnung des Korrelationskoeffizienten mit *R*.

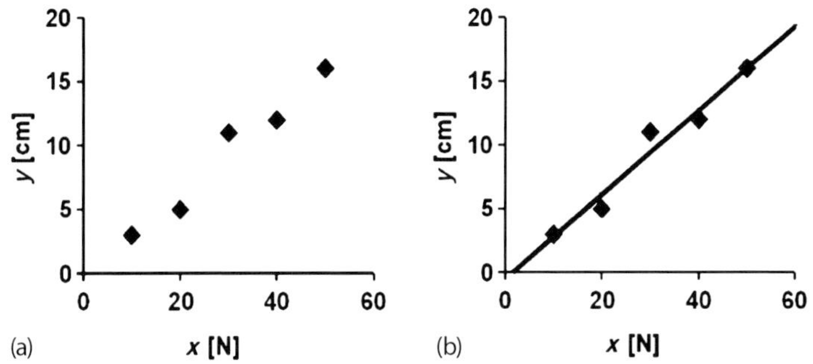

Abb. 2.1 (a) Darstellung des Datensatzes aus Listing 2.1 bzw. `spring.ods`. (b) Regressionsgerade.

```
cor(d$x,d$y)
```

Listing 2.5 `Cor.r`, gleicher Datensatz wie in Listing 2.1.

```
> cor(d$x,d$y)
[1] 0.9808232
```

Listing 2.6 Ausgabe zu `Cor.r`.

Wir alle kennen das Sprichwort „Ein Bild sagt mehr als tausend Worte". Angewendet auf die deskriptive Statistik können wir es so formulieren: Ein Bild sagt mehr als tausend numerische Maße für Lage, Variation, usw., d. h. man sollte wenn immer möglich Bilder und Graphen verwenden, um Daten zu visualisieren. *Calc* stellt eine große Anzahl an *graphischen Plotoptionen* zur Verfügung, die über das Menü „Einfügen/Diagramm" erreicht werden können. Eine Möglichkeit ist zum Beispiel für die Erstellung der Abb. 2.1 benutzt worden.

2.1.1.2 Anwendung des *R-Commanders*

Verglichen mit *Calc* ist *R* ein wesentlich professionelleres und umfangreicheres Werkzeug, um statistische Analysen mit einem Rechner durchzuführen (Hinweise zur Verwendung von *R*, siehe Abschnitt 5.2). Wie oben erwähnt, besteht der Hauptvorteil von *Calc* gegenüber *R* darin, dass *Calc* sich einfach anwenden lässt und eine Analyse recht schnell im Format einer Tabellenkalkulation durchgeführt werden kann, insbesondere da die Ausgangsdaten häufig in einem solchen Format vorliegen. Liegt das Ziel darin, eine gründliche Analyse des Datensatzes mit höher entwickelten statistischen Methoden durchzuführen oder graphische Darstellungen zu erstellen, die über die Fähigkeiten von *Calc* hinausgehen, so ist es empfehlenswert *R* einzusetzen. Für Anfänger bietet sich der *R-Commander* an (Hinweise zum Aufruf siehe Abschnitt 5.2.1.5), um mit *R* vertraut zu werden. *R-Commander* ist eine graphische Benutzeroberfläche (GUI) für *R*.

Bevor mit der Analyse begonnen wird, sollten die Daten im *„csv"-Datenformat* gespeichert werden, zum Beispiel können wir *Calc* verwenden und eine entsprechende Datei über den Menü-Aufruf „Speichern als" erzeugen. Die entstehende „.csv"-Datei kann dann vom *R-Commander* direkt importiert werden, indem wir den Punkt „Datenmanagement/Importiere Daten/From text file" auswählen (aber aufpassen, beim Abspeichern oder Einlesen von csv-Daten ist das Komma „ , " als Trennzeichen für die Felder zu wählen und beim Import mit R-Commander das Dezimaltrennzeichen korrekt auszuwählen). Anschließend kann die gleiche deskriptive Analyse wie im letzten Abschnitt durchgeführt werden, wobei jetzt die *R-Commander*-Menüs aufzurufen sind. So können wir zum Beispiel das arithmetische Mittel und die Standardabweichung erhalten, indem wir das Menü „Statistik/Deskriptive Statistik/Zusammenfassungen numerischer Variablen" aufrufen, Diagramme oder Graphen über den Menü-Punkt „Graphiken" erzeugen, usw. („Graphiken/Streudiagramm" erzeugt ein Streudiagramm ähnlich zur Abb. 2.1).

Wenn die von *R-Commander* erstellten Darstellungen der Graphen nicht den Anforderungen entsprechen, so kann eine große Vielfalt an möglichen Formaten mit *R*-Programmen generiert werden (weitere Informationen zur Ausführung von *R*-Programmen sind in Abschnitt 5.2 zu finden). Schaut man sich die verschiedenen *R*-Programme der Buchsoftware (siehe Anhang A) an, so erhält man eine gute Vorstellung von dem, wie dies umgesetzt werden kann. Betrachten wir zum Beispiel das Programm `HeatClos.r` aus der Buchsoftware. Dieses Programm erzeugt einen Graphen mit der *R*-Funktion `plot`, in der zum Beispiel von den Standardwerten für Schriftgröße und Linienstärke abgewichen wird und neue Werte gesetzt werden. Wenn wir uns das `plot`-Kommando in `HeatClos.r` näher anschauen, so erkennen wir, dass die Schriftgröße mit dem `par`-Kommando unmittelbar vor dem Aufruf des `plot`-Kommandos angepasst wird. Die Linienstärke wird mittels der `lwd`-Option innerhalb des `plot`-Aufrufs gesetzt.

Der *R*-Commander stellt ein *Skriptfenster* und damit die Möglichkeit, die ersten Schritte der *R*-Programmierung auszuprobieren, zur Verfügung. Alle Eingaben mit dem *R-Commander* werden direkt in einen geeigneten *R*-Code übersetzt und im Skriptfenster ausgegeben. Zum Beispiel erscheint nach Erzeugen eines Streudiagramms unter dem Menü-Punkt „Graphiken/Streudiagramme" des *R-Commanders* ein `scatterplot(...)`-Kommando im Skriptfenster mit genau den Werten, die wir zuvor im „Graphiken/Streudiagramm"-Fenster ausgewählt haben. Wenn wir jetzt den Inhalt des Skriptfenstern mit „Copy-and-paste" in einen Texteditor kopieren und unter einem Dateinamen mit der Endung „.r" abspeichern, erhalten wir ein *R*-Programm und können es ausführen, wie es in Abschnitt 5.2 beschrieben ist. Dieses *R*-Programm wird genau die gleichen Resultate liefern, die wir zuvor mit dem *R-Commander* erzeugt haben. Es kann dann editiert und optimiert werden und zum Beispiel mit Formatierungen zum Schrift- und Linienstil, wie oben beschrieben, ergänzt werden.

2.1.2
Zufallsprozesse und Wahrscheinlichkeit

Nehmen wir an, wir sind an einer Größe wie Temperatur, Substratkonzentration, usw. interessiert, die wir mit X bezeichnen wollen, und planen genaue Messungen zu dieser Größe durchzuführen. Daher nehmen wir weiter an, wir haben ein neues Messinstrument und möchten nun wissen, wie groß die Messfehler mit diesem neuen Instrument sind. Das Standardvorgehen ist die wiederholte Messung der Größe für eine Situation, für die wir den korrekten Wert kennen (zum Beispiel durch Verwendung einer Standardlösung, wenn X die Konzentration einer Substanz ist). Gehen wir davon aus, dass der wahre Wert unserer Größe 20 ist, und die gemessenen Daten vielleicht wie folgt aussehen:

```
20.13443 19.83828 20.01702 19.99835 19.94526 20.01415 19.96707
```

Wir können hier sehen, dass die Messwerte in einer zufälligen Weise um den wahren Wert oszillieren. Die meisten Messinstrumente produzieren zufällige Fehler von dieser Art, die kein Problem darstellen so lange die Amplitude dieser Oszillation klein genug ist. Eine natürliche Frage bezüglich der oben gegebenen Daten ist nun folgende: Wie groß ist die Wahrscheinlichkeit, dass die Abweichung eines Messwertes vom wahren Wert kleiner als ein vorgegebener Wert (z. B. 0,1) ist? Im Folgenden werden wir nun Methoden entwickeln, die zur Beantwortung dieser Frage benutzt werden können.

2.1.2.1 Zufallsvariablen

In der Statistik würden wir zu den oben gegebenen Daten sagen, dass diese durch die *Zufallsvariable X* generiert wurden, wobei [26]

Definition 2.1. Zufallsvariable Eine Zufallsvariable ist eine Variable mit einem einfachen numerischen Wert, der vom zufälligen Ergebnis einer Prozedur abhängt (genauer: eine reellwertige Funktion auf einem Ereignisraum, siehe unten).

In diesem Sinne hat es jeder von uns mit einer reichlichen Anzahl von Zufallsprozessen und Zufallsvariablen zu tun, nicht nur Wissenschaftler und Ingenieure. Das klassische und vielleicht bekannteste Beispiel einer Zufallsvariable ist das

X_1: Ergebnis nach Werfen eines Würfels

oder man kann auch an die Situation denken mit einer

X_2: Wartezeit an einer Bushaltestelle ohne den Fahrplan zu kennen

oder viele andere Beispiele.

2.1.2.2 Wahrscheinlichkeit

Fragen wir uns einmal nach der Wahrscheinlichkeit, mit der eine Zufallsvariable einen bestimmten Wert annimmt. Das ist recht einfach, wenn wir es mit einem System wie dem Würfel zu tun haben. Jeder von uns weiß, dass die Wahrscheinlichkeit eine „3" zu würfeln 1/6 oder 16,7 % ist. In der Statistik schreibt man dafür üblicherweise

$$P(X_1 = 3) = \frac{1}{6} \tag{2.4}$$

wobei P die „Wahrscheinlichkeitsfunktion" ist, welche dem „Ereignis" $X_1 = 3$ die Wahrscheinlichkeit, also eine Zahl zwischen 0 und 1, zuweist. Um dies zu präzisieren definieren wir [26]

Definition 2.2. Ereignis und Ereignisraum

- Ein *Ereignis* ist eine Menge von Ergebnissen einer Zufallsprozedur.
- Ein *Elementarereignis* ist ein Ereignis, das nicht in Ergebnisse der Zufallsprozedur zerlegt werden kann.
- Der *Ereignisraum* für einen Zufallsversuch besteht aus allen möglichen Elementarereignissen.

Für das Würfelbeispiel besteht der Ereignisraum aus

$$S = \{1, 2, 3, 4, 5, 6\} \tag{2.5}$$

und alle Teilmengen $A \subset S$ wie $A_1 = \{1, 2\}$ („Wurfergebnis ist kleiner als 3") oder $A_2 = \{1, 3, 5\}$ („Wurfergebnis ist eine ungerade Zahl") sind Ereignisse im Sinne der obigen Definition. Beispiele für Elementarereignisse sind $A_3 = \{2\}$, $A_4 = \{5\}$ usw. Für das Beispiel mit der Wartezeit auf den Bus kann der Ereignisraum beschrieben werden mit

$$S = \{x \in \mathbb{R} | 0 \leq x < 15\} \tag{2.6}$$

wobei wir annehmen, dass die Busse in einem 15-Minuten-Takt vorbeikommen. Ein mögliches Ereignis wäre $[0, 2[$ („die Wartezeit ist kürzer als 2 min").

Die Definition der Wahrscheinlichkeitsfunktion beruht üblicherweise auf Axiomen [30]. Eine weniger formale Definition, die für unsere Zwecke vollkommen ausreichend ist, lautet wie folgt [30]

Definition 2.3. Wahrscheinlichkeit Für einen Ereignisraum S ordnet die *Wahrscheinlichkeitsfunktion* P jedem Ereignis $A \subset S$ eine Zahl $P(A) \in [0, 1]$ zu, die *Wahrscheinlichkeit* des Ereignisses A genannt wird und das genaue Maß der Wahrscheinlichkeit für das Eintreten von A beschreibt.

Oben haben wir gesagt, dass die Wahrscheinlichkeit für das Ergebnis „3" eines Würfelwurfs 1/6 beträgt. Diese Aussage basiert auf der folgenden Formel (eine Folgerung aus den Wahrscheinlichkeitsaxiomen [26, 30]):

Satz 2.1. Laplace-Formel Ein Ereignisraum S bestehe aus n gleich wahrscheinlichen Elementarereignissen, das Ereignis $A \subset S$ aus s Elementarereignissen. Dann ist:

$$P(A) = \frac{s}{n} \tag{2.7}$$

Diese Beschreibung ist gut für das Würfeln geeignet und ebenso für viele andere ähnliche *diskrete Zufallsvariablen*, die eine endliche Anzahl gleich wahrscheinlicher Ausgänge haben (zu beachten ist, dass für eine diskrete Zufallsvariable auch unendlich viele Ausgänge möglich sind, siehe [26]). Die Beschreibung funktioniert nicht für *stetige Zufallsvariablen* mit einer unendlichen Anzahl von möglichen Ergebnissen, wie die Zufallsvariable X_2 im Beispiel oben, welche die Wartezeit auf den nächsten Bus beschreibt. Der dazugehörige Ereignisraum $S = \{x \in \mathbb{R} | 0 \leq x < 15\}$ enthält tatsächlich eine unendliche Anzahl von möglichen stetig verteilten Resultaten zwischen 0 und 15 min. In diesem Fall kann folgende Beschreibung verwendet werden [26]:

Satz 2.2. Berechnung über relative Häufigkeit Angenommen, wir wiederholen ein Experiment n mal und bezeichnen die relative Häufigkeit für ein eintretendes Ereignis A mit $f_n(A)$. Dann

$$P(A) = \lim_{n \to \infty} f_n(A) \tag{2.8}$$

Das bedeutet, wenn wir zum Beispiel die Wahrscheinlichkeit für eine Wartezeit zwischen 0 und 2 min (d. h. die Wahrscheinlichkeit von $A = [0, 2[$) annähern wollen, dann können wir uns n Wartezeiten notieren und folgende Approximation verwenden

$$P(A) \approx f_n(A) \tag{2.9}$$

und die Qualität dieser Approximation wird mit wachsendem n besser.

2.1.2.3 Wahrscheinlichkeitsdichte und Verteilungen

Unter den stetigen Wahrscheinlichkeiten gibt es eine ganz besondere Klasse von Funktionen, die sich mit Hilfe von Wahrscheinlichkeitsdichten ausdrücken lassen. Schauen wir uns zunächst die Definition an [30]:

Definition 2.4. Wahrscheinlichkeitsdichte Sei P eine Wahrscheinlichkeitsfunktion und X eine reellwertige Zufallsvariable. Eine reelle Funktion f mit $f(t) \geq 0$ heißt *Wahrscheinlichkeitsdichte*, wenn gilt:

$$P(a \leq X \leq b) = \int_a^b f(t)\mathrm{d}t \tag{2.10}$$

In diesem Fall sagen wir auch, *die Zufallsvariable X heißt stetig verteilt mit Dichte f*. Da die Wahrscheinlichkeit für den sicheren Eintritt eines Ereignisses $P(S) =$

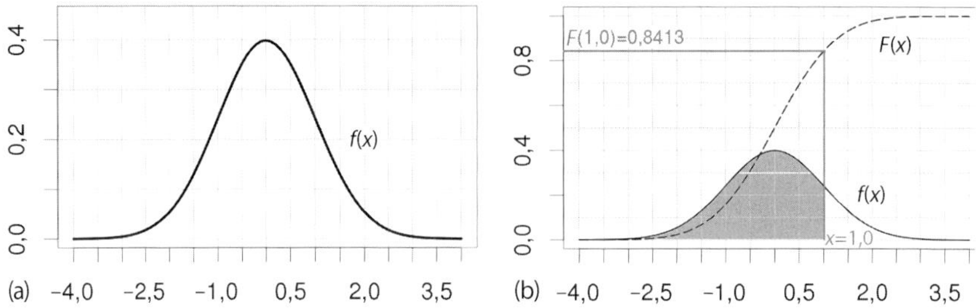

Abb. 2.2 (a) Die Glockenkurve als Dichtefunktion $f(x)$. (b) Normalverteilung mit einer Auswertung.

$P(-\infty < X < \infty) = 1$ ist, haben wir

$$\int_{-\infty}^{\infty} f(t)\mathrm{d}t = 1 \tag{2.11}$$

Sehr häufig wird auch die Funktion $F(x)$ mit

$$F(x) = P(X \leq x) = \int_{-\infty}^{x} f(t)\mathrm{d}t \tag{2.12}$$

zur Beschreibung der Wahrscheinlichkeitsverteilung herangezogen. Sie wird als *Wahrscheinlichkeitsverteilung* bezeichnet und es gilt

$$F(b) - F(a) = P(a \leq X \leq b) = \int_{a}^{b} f(t)\mathrm{d}t \tag{2.13}$$

dessen Ursprung für den Namen aus Abb. 2.2a ersichtlich ist. Die Verwendung dieser Dichte führt auf die sogenannte Normal- oder Gauß-Verteilung, mehr dazu siehe Abschnitt 2.1.2.5.

Um eine Idee von dem zu bekommen, was $f(x)$ anschaulich bedeutet, betrachten wir $P(a \leq X \leq a+1)$ und erhalten

$$P(a \leq X \leq a+1) = \int_{a}^{a+1} f(t)dt \approx f(a) \cdot [(a+1) - a] = f(a) \tag{2.14}$$

Wir können also sagen, dass $f(a)$ näherungsweise der Wahrscheinlichkeit für ein Eintreten des Ereignisses zwischen a und $a+1$ entspricht.

Die Funktion $F(x)$ entspricht der Berechnung des Flächeninhaltes unterhalb von $f(t)$ (siehe Abb. 2.2b). Ein bekanntes, wenn nicht das bekannteste, Beispiel für eine Wahrscheinlichkeitsdichte ist die Glockenkurve

$$f(x) = \frac{1}{\sigma\sqrt{2\pi}} \mathrm{e}^{-\frac{1}{2}\left(\frac{x-\mu}{\sigma}\right)^2} \tag{2.15}$$

2.1.2.4 Die Gleichverteilung

Die Wahrscheinlichkeitsdichte der Wartezeit auf den Bus (siehe oben) ist

$$f(x) = \begin{cases} \frac{1}{15} & \text{wenn} \quad x \in [0, 15[\\ 0 & \text{sonst} \end{cases} \tag{2.16}$$

d. h. in diesem Fall ist die Wahrscheinlichkeitsdichte konstant (zumindest in dem Intervall, in dem die Ereignisse liegen). Das bringt die Tatsache zum Ausdruck, dass in jedem Teilintervall mit vorgegebener Intervalllänge die gleiche Anzahl an Beobachtungen auftreten können, unabhängig davon, wo sich dieses in $[0, 15]$ befindet. Dies lässt sich für unser Wartezeit-Beispiel nachvollziehen, da jede gewählte Wartezeit zwischen 0 und 15 min gleich wahrscheinlich ist. Verwenden wir die Gln. (2.10) und (2.16), dann können wir beispielsweise die Wahrscheinlichkeit für eine Wartezeit zwischen 3 und 5 min wie folgt berechnen:

$$P(3 \le X_2 \le 5) = \int_3^5 f(t)\mathrm{d}t = \frac{1}{15} \cdot (5 - 3) = \frac{2}{15} \tag{2.17}$$

Gleichung (2.16) ist die Wahrscheinlichkeitsdichte für eine *Gleichverteilung*, die allgemein geschrieben werden kann als

$$f(x) = \begin{cases} \frac{1}{b-a} & \text{wenn} \quad x \in [a, b[\\ 0 & \text{sonst} \end{cases} \tag{2.18}$$

Es ist leicht nachzuvollziehen, dass die Fläche unterhalb der Dichtefunktion gleich 1 ist, wie von Gl. (2.11) gefordert.

2.1.2.5 Die Normalverteilung

Zufallsvariablen mit einer Wahrscheinlichkeitsdichte wie in Gl. (2.15) werden als *normalverteilt* bezeichnet. Die dazugehörige Verteilung heißt *Normalverteilung*, die auch unter dem Namen *Gauß-Verteilung* bekannt ist, da sie von C.F. Gauß aufgestellt worden ist. Man kann sagen, die Normalverteilung heißt deshalb „normal", weil es für Zufallsprozesse normal ist, normalverteilt zu sein … In der Tat kann eine große Anzahl von Zufallsprozessen in Wissenschaft und Ingenieurwesen durch diese Verteilung beschrieben werden. Theoretisch kann sie durch den *Zentralen Grenzwertsatz* begründet werden, der besagt, dass die Verteilung der Summe vieler unabhängig identisch verteilter Zufallsvariablen mit der Normalverteilung angenähert werden kann (nähere Details in [30]).

Wir verwenden die Bezeichnung $X \sim N(\mu, \sigma)$ für eine Zufallsvariable X, die mit den Parametern μ und σ normalverteilt ist (siehe Gl. (2.15) bzw. mehr über diese Parameter folgt im nächsten Abschnitt). Erinnern wir uns: zu Beginn des Abschnitts haben wir über ein Messinstrument gesprochen und folgende Frage gestellt: Wie groß ist die Wahrscheinlichkeit, dass die Abweichung eines Messwertes vom wahren Wert kleiner als ein vorgegebenen Wert (z. B. 0,1) ist? Nehmen wir an, dass der wahre Wert der gemessenen Größe 20 ist, und nehmen wir weiter an, dass wir normalverteilte Messfehler haben (was mit dem Zentralen Grenzwertsatz begründet werden kann). Dann können wir diese Frage mit den Gln. (2.15) und (2.10) wie folgt beantworten:

$$P(19{,}9 \le X \le 20{,}1) = \int_{19{,}9}^{20{,}1} \frac{1}{\sigma\sqrt{2\pi}} e^{-\frac{1}{2}\left(\frac{x-\mu}{\sigma}\right)^2} \mathrm{d}t \tag{2.19}$$

Dieses Integral kann leider nicht analytisch (in geschlossener Form) gelöst werden, d. h. es müssen numerische Methoden angewendet werden, um das Resultat zu erhalten. Der einfachste Weg, Wahrscheinlichkeiten dieser Art numerisch zu berechnen, ist ein Tabellenkalkulationsprogramm wie *Calc* einzusetzen. *Calc* stellt eine Funktion `NORMDIST` zur Verfügung, die sowohl für die Berechnung der Wahrscheinlichkeitsdichte wie auch für die Verteilungsfunktion der Normalverteilung benutzt werden kann. Wenn $F(x)$ die Verteilungsfunktion der Normalverteilung ist (vergl. Gl. (2.12)), dann kann die Wahrscheinlichkeit Gl. (2.19) ausgedrückt werden als

$$P(19{,}9 \le X \le 20{,}1) = F(20{,}1) - F(19{,}9) \tag{2.20}$$

welches wir mit *Calc* wie folgt berechnen können:

$$P(19{,}9 \le X \le 20{,}1) = \texttt{NORMDIST}(20{,}1; \mu; \sigma; 1) - \texttt{NORMDIST}(19{,}9; \mu; \sigma; 1) \tag{2.21}$$

Zum Beispiel für $\mu = 20$ und $\sigma = 0{,}1$ erhalten wir $P(19{,}9 \le X \le 20{,}1) \approx 68{,}3\,\%$.

Mit *R* oder *R-Commander* lässt sich die Wahrscheinlichkeit ebenfalls berechnen. Hierzu gibt es den *R*-Befehl `pnorm` für die Verteilungsfunktion und wir erhalten die Wahrscheinlichkeit mit

$$\begin{aligned} P(19{,}9 \le X \le 20{,}1) &= \texttt{pnorm(20.1,mean=20,sd=0.1)} \\ &\quad - \texttt{pnorm(19.9,mean=20,sd=0.1)} \end{aligned} \tag{2.22}$$

Als Beispiel für eine Anwendung dient das *R*-Programm `RNumbers.r`. Es simuliert ein Zufallsexperiment einer normal verteilten Zufallsvariable, welches sehr häufig wiederholt wird. Die Abb. 2.3 zeigt die Wahrscheinlichkeitsdichte in Form eines Histogramms für zwei Fälle des Zufallsexperiments, einmal mit 100 Wiederholungen (a) und dann mit 10 000 Wiederholungen (b). Grundlage bildet das *R*-Kommando `rnorm` und der wesentliche Teil des Programmcodes besteht in der Zeile

```
out=rnorm(n,mu,sigma)
```

wobei `rnorm` mit den Parametern `n` (Anzahl der zu erzeugenden Zufallszahlen), `mu` und `sigma` (Parameter μ und σ in Gl. (2.15)) aufgerufen wird. Die *R*-Aufrufe `hist` und `curve` werden in `RNumbers.r` verwendet, um ein Histogramm und die gestrichelte Kurve in Abb. 2.3 zu erzeugen (mehr Details im Programmcode).

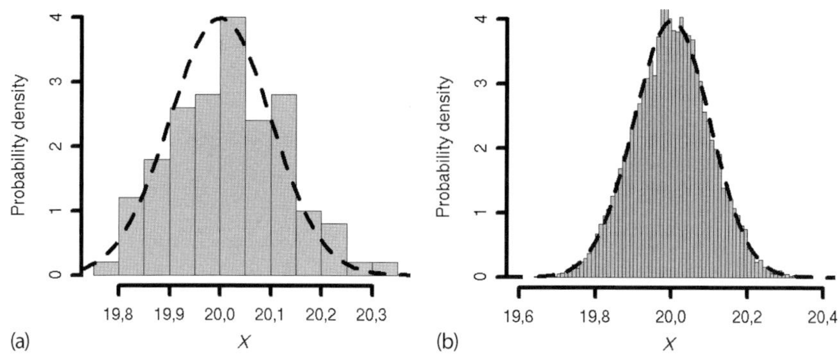

Abb. 2.3 Wahrscheinlichkeitsdichte mit `RNumbers.r` und (a) $n = 100$ and (b) $n = 10\,000$ berechnet.

2.1.2.6 **Erwartungswert und Standardabweichung**

Nun wird es Zeit die Bedeutung der Parameter μ und σ der Normalverteilung zu verstehen. Gehen wir zurück zum Würfelbeispiel. Sei X_1 die Zufallsvariable, die als Ergebnis eines Würfelwurfes definiert ist. Führen wir zwei Experimente durch:

Experiment 2.1. Der Würfel wird 5-mal geworfen. Das Resultat ist: 5, 6, 4, 6, 5.

Experiment 2.2. Der Würfel wird 1000-mal geworfen.

Analysieren wir das Experiment 2.1 mit den Methoden aus Abschnitt 2.1.1, so erhalten wir den Mittelwert $\bar{x} = 5{,}2$ und als empirische Standardabweichung $s \approx 0{,}84$. Auch ohne die genaue Kenntnis der Wurfergebnisse in Experiment 2.2 ist klar, dass sich der Mittelwert und die Standardabweichung dieses Experiments von den Werten $\bar{x} = 5{,}2$ und $s \approx 0{,}84$ unterscheiden werden. Die relativ großen Zahlenwerte aus Experiment 2.1, und folglich auch der relativ hohe Durchschnittswert $\bar{x} = 5{,}2$, haben wir rein zufällig erhalten und einen solchen Mittelwert werden wir sicherlich nicht mit Experiment 2.2 bekommen. Wenn wir eine Folge von relativ großen Zahlen, wie die aus Experiment 2.1, als Teil der Beobachtungen in Experiment 2.2 haben, dann ist es sehr wahrscheinlich, dass dies durch eine entsprechende Folge von relativ kleinen Zahlen ausgeglichen wird (natürlich unter der Voraussetzung, dass der Würfel nicht gezinkt ist). Wenn der Stichprobenumfang wächst, wird der Mittelwert der Stichprobe gegen einen Wert tendieren, der als *Erwartungswert* einer Zufallsvariable X bekannt ist. Üblicherweise wird der Erwartungswert mit $E(X)$ oder μ bezeichnet und kann im Fall des Würfelbeispiels mit

$$\mu = E(X) = \frac{1}{6} \cdot 1 + \frac{1}{6} \cdot 2 + \frac{1}{6} \cdot 3 + \frac{1}{6} \cdot 4 + \frac{1}{6} \cdot 5 + \frac{1}{6} \cdot 6 = 3{,}5 \tag{2.23}$$

berechnet werden. Das bedeutet, dass wir den Wert $\bar{x} \approx 3{,}5$ in Experiment 2.2 erwarten können. Die letzte Formel kann verallgemeinert werden mit

$$\mu = E(X) = \sum_{i=1}^{n} p_i x_i \tag{2.24}$$

wenn X eine diskrete Zufallsvariable ist, welche die möglichen Werte $x_1, \dots, x_n$ mit den Wahrscheinlichkeiten $p_1, \dots, p_n$ annehmen kann. Analog tendiert die empirische Standardabweichung einer Stichprobe gegen einen Wert, der *Standardabweichung* einer Zufallsvariable X genannt wird und üblicherweise mit σ bezeichnet wird. Dieser Wert kann für eine diskrete Zufallsvariable berechnet werden mit

$$\sigma = \sqrt{\sum_{i=1}^{n} p_i (x_i - \mu)^2} \tag{2.25}$$

Diese Formel erzielt den Wert $\sigma \approx 2{,}92$ im Würfelbeispiel, d. h. wir können in Experiment 2.2 erwarten, dass $s \approx 2{,}92$. Für eine stetige Zufallsvariable mit Wahrscheinlichkeitsdichte f kann der Erwartungswert und die Standardabweichung wie folgt ausgedrückt werden [30]:

$$\mu = \int_{-\infty}^{\infty} t \cdot f(t)\mathrm{d}t \tag{2.26}$$

$$\sigma = \sqrt{\int_{-\infty}^{\infty} (t - \mu)^2 \cdot f(t)\mathrm{d}t} \tag{2.27}$$

Wie wir bereits wissen, sind in der Dichte der Normalverteilung Gl. (2.15) zwei Parameter, nämlich μ und σ, enthalten. Durch einfaches Nachrechnen kann gezeigt werden, wie die Notation der Parameter μ und σ schon andeutet, dass diese Parameter tatsächlich den Erwartungswert und die Standardabweichung einer Zufallsvariable ausdrücken, die gemäß Gl. (2.15) verteilt ist.

2.1.2.7 **Mehr zu Verteilungen**

Neben der Gleich- und Normalverteilung, die in den Abschnitten zuvor betrachtet worden sind, gibt es eine Reihe weiterer Verteilungsfunktionen, die hier nicht im Detail diskutiert werden. Als Beispiel sei die *t-Verteilung* (auch Student-Verteilung genannt) [30] von Gosset genannt, die unter anderem zum Schätzen des Erwartungswertes von Normalverteilungen verwendet wird, oder die *Gamma-Verteilung*, mit der beispielsweise die Bedienzeit in der Warteschlangentheorie beschrieben wird [31]. Alle genannten Verteilungsfunktionen beziehen sich bisher auf eine stetige Zufallsvariable. Natürlich lässt sich das gleiche Konzept auf diskrete Zufallsvariablen übertragen, das dann zu *diskreten Verteilungen* führt. Ein wichtiges Beispiel ist die *Binomialverteilung* zur Beschreibung eines binomialen Zufallsprozesses, der als Ergebnis eines Einzelexperiments nur zwei Werte hat. Bezeichnen wir diese zwei Ergebnisse mit 0 und 1 und sei p die (feste) Wahrscheinlichkeit, eine 1 zu erhalten. Wiederholen wir das Experiment n-mal, so ist die Wahrscheinlichkeit, dass wir j-mal eine 1 erhalten

$$\binom{n}{j} p^j (1-p)^{n-j} \tag{2.28}$$

Damit können wir die Verteilungsfunktion schreiben als

$$F(x) = P(X \leq x) = \sum_{j=0}^{\lfloor x \rfloor} \binom{n}{j} p^j (1-p)^{n-j} \tag{2.29}$$

wobei $\lfloor x \rfloor$ (oder auch (x)) die größte ganze Zahl kleiner oder gleich x ergibt. Mehr Informationen über Binomialverteilungen und andere diskrete Verteilungen sind in [26, 30] zu finden.

2.1.3
Induktive Statistik

Während die Methoden der deskriptiven Statistik verwendet werden, um vorliegende Daten zu beschreiben, werden Methoden der *induktiven Statistik* (auch Inferenz- oder schließende Statistik genannt) benutzt, um aus Daten Folgerungen zu ziehen. Induktive Statistik ist ein weites Themengebiet. Daher müssen wir uns im Rahmen dieses Buches auf die Betrachtung einiger Grundideen zu statistischen Tests einschränken, die zum Verständnis für dieses Kapitel erforderlich sind. Andere wichtige Fragestellungen der induktiven Statistik sind zum Beispiel die Schätzung von Parametern zur Grundgesamtheit oder die Schätzung von Erwartungswerten aus Daten und mehr Details hierzu sind in [26, 30] zu finden.

2.1.3.1 Ist der Ertrag von Saatgut A wirklich höher?

Nehmen wir an, dass für die Erträge (in g) von Saatgut A und B folgende Werte gemessen worden sind:

Saatgut A: 715, 683, 664, 659, 660, 762, 720, 715
Saatgut B: 684, 655, 657, 531, 638, 601, 611, 651

Diese Daten sind in der Datei `crop.csv` als Teil der Buchsoftware zu finden (Anhang A). Der Ertragsdurchschnitt von Saatgut A ist 697,25 und der von Sorte B ist 628,8. Man könnte nun zur Auffassung gelangen, dass Saatgut A ertragreicher als Sorte B ist. Aber wir sollten vorsichtig sein: Können wir sicher sein, dass Saatgut A einen höheren Ertrag als Saatgut B erzielt? Oder ist es möglich, dass die Differenz der Ertragsdurchschnitte nur ein Zufall ist und bei einem erneuten Experiment genau das Gegenteil auftritt? Und wenn uns in der Tat die Daten einen Grund liefern zu glauben, dass der Ertrag von Saatgut A höher ist, kann die Sicherheit dieser Behauptung quantifiziert werden? Fragen dieser Art können durch die Methode des statistischen Hypothesentests beantwortet werden.

2.1.3.2 Aufbau eines Hypothesentests

Statistische Hypothesentests, die mit einer Software durchgeführt werden (wir beschreiben hier nicht die traditionelle Methode, in diesem Fall siehe [26, 30]), werden üblicherweise mit folgenden Schritten umgesetzt:

- Wähle die zu prüfende Hypothese: die *Nullhypothese*, oft mit H_0 abgekürzt.
- In einigen Tests ist eine *Alternativhypothese* H_1 festzulegen, die dann als wahr angenommen wird, wenn die Nullhypothese im Test abgelehnt wird. Wenn keine Alternativhypothese explizit festgelegt wird, sei H_1 das Gegenteil von H_0.
- Wähle ein *Signifikanzniveau* α, welches die Wahrscheinlichkeit dafür ist, dass der Test ein wahres H_0 irrtümlich ablehnt (falsch signifikanter Test). Typische Werte sind $\alpha = 0{,}1$, $\alpha = 0{,}05$ oder $\alpha = 0{,}01$.
- Auf der Grundlage von Messdaten wird am Rechner ein geeignetes Testverfahren durchgeführt. Als Resultat des Tests erhält man einen *p-Wert* (siehe unten).
- Wenn $p < \alpha$, dann wird H_0 abgelehnt. In diesem Fall nehmen wir an, dass H_1 wahr ist und wir sagen, dass H_1 sowie der Test selbst *statistisch signifikant zum Niveau* α ist.

Zu beachten ist, dass im Fall eines nichtsignifikanten Tests ($p \geq \alpha$), nichts vom Test abgeleitet werden kann. Insbesondere die Tatsache, dass wir in diesem Fall H_0 nicht verwerfen – und in diesem Punkt müssen wir sehr sorgfältig sein – bedeutet *nicht*, dass wir durch den Test bewiesen haben, dass H_0 wahr ist. Der p-Wert kann wie folgt definiert werden [30]:

Definition 2.5. *p*-Wert Für einen gegebenen Datensatz und ein gegebenes Testverfahren ist der *p-Wert* (oder das beobachtete Signifikanzniveau) das kleinste Signifikanzniveau, für das H_0 abgelehnt wird.

In Anbetracht des vorgestellten Testverfahrens scheint die Definition in gewisser Hinsicht tautologisch. Aber man sollte wissen, dass sich das „Testverfahren" in der Definition auf mathematische Details des Testverfahrens bezieht, die hier nicht weiter diskutiert werden können, siehe [26, 30].

Bei einem Hypothesentest können im Wesentlichen zwei Arten von Fehler auftreten: ein *Fehler 1. Art*, wenn eine wahre Nullhypothese fälschlicherweise abgelehnt wird, und ein ein *Fehler 2. Art*, der dann eintritt, wenn die Nullhypothese nicht abgelehnt wird, obwohl die alternative Hypothese wahr ist. Wie oben erwähnt, ist α die Wahrscheinlichkeit für den Fehler 1. Art, wohingegen die Wahrscheinlichkeit für den Fehler 2. Art üblicherweise mit β bezeichnet wird. Die inverse Wahrscheinlichkeit $1 - \beta$, d. h. die Wahrscheinlichkeit eine falsche Nullhypothese abzulehnen, wird als *Teststärke* (oder Trennschärfe, Power, Güte des Tests) bezeichnet [26, 29, 30].

2.1.3.3 Der t-Test

Kommen wir auf das oben in Abschnitt 2.1.3.1 angesprochene Problem zurück. Bezeichnen wir mit X_1 und X_2 zwei Zufallsvariablen, welche die Daten zu den

Saatgutsorten A und B erzeugt haben, und seien μ_1 und μ_2 die entsprechenden (unbekannten) Erwartungswerte dieser Zufallsvariablen. Folgen wir der allgemeinen Teststruktur, wie sie im letzten Abschnitt erklärt worden ist, und definieren die Daten eines statistischen Tests wie folgt:

- H_0: $\mu_1 = \mu_2$
- H_1: $\mu_1 > \mu_2$
- $\alpha = 0{,}05$

Nun kann ein *t-Test* verwendet werden, um einen geeigneten p-Wert zu erhalten [30]. Zur Realisierung in *R* oder *R-Commander* können wir zum Beispiel folgende Zeilen eingeben:

```
1 SaatgutA=c(715,683,664,659,660,762,720,715)
2 SaatgutB=c(684,655,657,531,638,601,611,651)
3 t.test(SaatgutA,SaatgutB,alternative="greater")
```

Als Ergebnis erhalten wir unter anderem eine Zeile mit „p-value= 0,003 19". Da dieser Wert kleiner als das vorgegebene Signifikanzniveau α ist, wird H_0 zugunsten H_1 abgelehnt. Damit zeigt der Test, was üblicherweise wie folgt formuliert wird: „Der Ertrag von Saatgut A ist im Vergleich zu Saatgut B statistisch signifikant höher (zum 5 %-Niveau)". Zu beachten ist, dass die Analyse normalverteilte Zufallsvariablen voraussetzt. Ob Normalverteilung vorliegt, kann mit dem Shapiro-Test (siehe Abschnitt 2.1.3.4) überprüft werden. Wenn $H_1 : \mu_1 < \mu_2$ oder $H_1 : \mu_1 \neq \mu_2$ gezeigt werden soll, ersetzt man oben in Zeile 3 `greater` durch `less` oder `two.sided`. Mehr Details sind auch in [26, 30] zu finden.

Die Zeilen mit `c()` oben erzeugen jeweils eine Variable als Vektor, der die Werte aus unserem Beispiel enthält. Den Test selbst führt die Zeile mit dem Aufruf `t.test()` durch, wobei die Daten mit `SaatgutA` und `SaatgutB` übergeben werden. Die Variable `alternative` kann auch auf `alternative="less"` gesetzt werden, wenn auf die Alternative $H_1 : \mu_1 < \mu_2$ getestet werden soll, oder auf `alternative="two.sided"`, wenn der Fall $H_1 : \mu_1 \neq \mu_2$ vorliegt. Aus offensichtlichen Gründen heißen t-Tests mit $H_1 : \mu_1 < \mu_2$ oder $H_1 : \mu_1 > \mu_2$ *einseitige t-Tests*, wohingegen t-Tests mit $H_1 : \mu_1 \neq \mu_2$ *zweiseitige t-Tests* genannt werden. `paired` muss auf „true" (also wahr) gesetzt werden, wenn die x-Werte und die y-Werte eine eindeutige Beziehung haben, zum Beispiel, wenn x der Ertrag eines Obstbaums im Jahr 1 ist und y der Ertrag desselben Baums im Jahr 2 ist. Das ist ein *abhängiger t-Test* oder auch *Paardifferenztest* genannt, wohingegen der Test für unser Beispiel mit den Erträgen verschiedener Saatgutsorten – bei denen keine eindeutige Beziehung zwischen den Sorten A und B vorliegt – *unabhängiger t-Test* [30] heißt. Das `t.test`-Kommando kann auch für einen *Einstichproben-t-Test* eingesetzt werden, wenn der Erwartungswert für einen einfachen Datensatz (z. B. die Konzentration eines Schadstoffes in der Luft) mit einem vorgegebenen Wert (z. B. einen Grenzwert für den Schadstoff) verglichen wird. Es sei auch darauf hingewiesen, dass im *R-Commander* der t-Test unter dem Menü-Punkt „Statistik/Mittelwerte vergleichen" aufgerufen werden kann.

Falls die Voraussetzung der Normalverteilung für den t-Test nicht erfüllt ist, kann als Alternative der nichtparametrische *Wilcoxon-Test* (Wilcoxon-Vorzeichen-Rang-Test) in Betracht gezogen werden. Dazu stellt *R* den Befehl `wilcox.test()` zur Verfügung. Möchte man zum Beispiel überprüfen, ob der Mittelwert der gemessenen Werte 1, 1, 2, 2, 2, 1, 2, 1, 2, 2, 1, 1 signifikant größer als 1,5 ist, so lässt sich dies in *R* umsetzen mit

```
wilcox.test(c(1,1,2,2,2,1,2,1,2,2,1,1),mu=1.5,alternative= "greater")
```

In diesem Fall erhalten wir einen p-Wert von 0,5177 der über einem Signifikanzniveau von $\alpha = 0{,}05$ liegt, weshalb die Nullhypothese $H_0 : \mu = 1{,}5$ nicht abgelehnt werden sollte.

2.1.3.4 **Der Shapiro-Test**

Eine wichtige Voraussetzung zur Durchführung vieler Hypothesentests (wie beispielsweise der t-Test) ist, dass Zufallsvariablen normalverteilt sind. Wie in Abschnitt 2.1.2.5 bereits erwähnt, trifft dies auf eine Vielzahl von Zufallsvariablen in Wissenschaft und Ingenieurwesen zu. Um eine gesicherte Aussage des Hypothesentests treffen zu können, sollte die Voraussetzung überprüft werden, ob eine Normalverteilung vorliegt. Diese Überprüfung kann mit dem *Shapiro-Test* durchgeführt werden, der auf Normalverteilung einer Zufallsvariable testet. Dazu lässt sich folgender Hypothesentest aufstellen:

- H_0: X ist normalverteilt
- H_1: X ist nicht normalverteilt
- $\alpha = 0{,}05$

Nehmen wir zum Beispiel an, die Messung einer Größe liefert eine Stichprobe mit folgenden Werten: 245, 190, 251, 179, 175, 202, 205, 392, 270. Möchten wir nun für diese Zahlenreihe den Shapiro-Test durchführen, so können wir in *R* oder dem *R-Commander* folgendes eingeben:

```
shapiro.test(c(245,190,251,179,175,202,205,392,270))
```

Mit dem Aufruf von `shapiro.test` werden die Zahlen, die im `c`-Vektor definiert werden, auf Normalverteilung getestet und ein p-Wert zurückgegeben. Im konkreten Fall erhalten wir den Wert $p \approx 0{,}029\,03$, der kleiner als $\alpha = 5\,\%$ ist. Damit wird die Nullhypothese abgelehnt und wir können sagen, dass die Daten nicht signifikant normalverteilt sind (zum 5 %-Niveau).

Anmerkung: Ertragsdaten wie die in Abschnitt 2.1.3.3 besprochenen Daten sind nichtnegativ und daher eigentlich nichtnormalverteilt, weil die Wahrscheinlichkeitsdichte Gl. (2.15) auch für negative Werte von null verschieden ist. Dies ist jedoch in der Praxis oft nicht relevant; entscheidend ist, dass die Wahrscheinlichkeitsdichte durch die Normalverteilung hinreichend genau approximiert werden kann (dies kann z. B. mit dem Shapiro-Test beurteilt werden).

2.1.3.5 Test der Regressionskoeffizienten

Eine detaillierte Betrachtung der linearen Regression wird weiter unten in Abschnitt 2.2 gegeben. An dieser Stelle wollen wir nur einen statistischen Test vorstellen, der mit der linearen Regression verbunden ist. Wie wir noch sehen werden, beinhaltet die lineare Regression beispielsweise die Schätzung einer Gerade $y = ax + b$ oder einer Hyperebene $y = a_0 + a_1x_2 + \cdots + a_nx_n$ aus einem Datensatz. Richten wir den Blick auf den eindimensionalen Fall, d. h. auf eine Gerade $y = ax + b$ (alles Nachfolgende gilt ganz analog auch für höhere Dimensionen). In den praktischen Anwendungen ist es oft wichtig zu wissen, ob eine Variable y von einer anderen Variablen x abhängt. Mit unserem Modell $y = ax + b$ kann dies mit der Frage ausdrückt werden, ob $a \neq 0$ (d. h. y hängt von x ab) oder $a = 0$ (d. h. y hängt nicht von x ab) ist. Um die Frage zu beantworten, können wir einen statistischen Hypothesentest wie folgt aufsetzen:

- H_0: $a = 0$
- H_1: $a \neq 0$
- $\alpha = 0{,}05$

Führen wir eine lineare Regression beispielsweise mit den Daten des Federbeispiels aus Abschnitt 1.6.1 in *R* durch, so erhalten ein Resultat, wie in Abb. 2.4a zu sehen. Für den Test schauen wir uns die Zeile an, die mit einem „x" markiert ist, und lesen in der entsprechenden Spalte den p-Wert ab: $p = 0{,}003\,18$. Dieser Wert ist kleiner als $\alpha = 0{,}05$ und damit können wir sagen, dass „Koeffizient a ist statistisch signifikant von null verschieden (zum 5 %-Niveau)". Das bedeutet, dass y statistisch signifikant von x abhängig ist. In der Zeile mit der Bezeichnung „Intercept" in der Regressionsausgabe der Abb. 2.4a finden wir den p-Wert $p = 0{,}717\,13$. Ganz ähnlich wie zuvor bezieht sich dieser Wert auf einen Test mit der Nullhypothese $H_0 : b = 0$, d. h. dieser p-Wert kann für die Entscheidung herangezogen werden, ob der y-Achsenabschnitt der Regressionsgerade (d. h. der y-Wert für $x = 0$) signifikant von null verschieden ist. Zu beachten ist, dass für die Analyse normalverteilte Zufallsvariablen vorausgesetzt werden. Zudem bezeichnen a und b Zufallsvariablen, welche die Steigung und den y-Achsenabschnitt der Regressionsgeraden erzeugen. Das Vorgehen zur Bestimmung der Regressionsgeraden auf Grundlage eines Datensatzes ist in Abschnitt 2.2 beschrieben.

2.1.3.6 Varianzanalyse

Der Regressionstest des vorhergehenden Abschnitts kann verwendet werden, um über die Abhängigkeit zwischen y und x zu entscheiden, wobei x als Zahl dargestellt wird. Dies wird oft wie folgt formuliert: „x ist eine *verhältnisskalierte Merkmalsausprägung*" [26]. Wenn x mit Namen, Bezeichnungen oder Kategorien ausgedrückt wird (also x eine „nominalskalierte Variable" ist), kann dieselbe Frage mit einer *Varianzanalyse* beantwortet werden. Dies wird häufig mit *ANOVA* bezeichnet und ist eine Abkürzung für *an*alysis *o*f *va*riance. Betrachten wir zum Beispiel die Fragestellung, ob Fungizide eine Wirkung auf die Dichte von Pilzsporen einer Pflanze haben. Um die Frage zu beantworten, führen wir drei Experimente

```
Residuals:
        1          2          3          4          5
 2.00e-01 -1.10e+00  1.60e+00 -7.00e-01  9.02e-17

Coefficients:
            Estimate Std. Error t value Pr(>|t|)
(Intercept) -0.50000    1.25565  -0.398  0.71713
x            0.33000    0.03786   8.716  0.00318 **
---
Signif. codes:  0 '***' 0.001 '**' 0.01 '*' 0.05 '.' 0.1 ' ' 1

Residual standard error: 1.197 on 3 degrees of freedom
Multiple R-Squared: 0.962,      Adjusted R-squared: 0.9494
F-statistic: 75.98 on 1 and 3 DF,  p-value: 0.003179
```
(a)

(b)
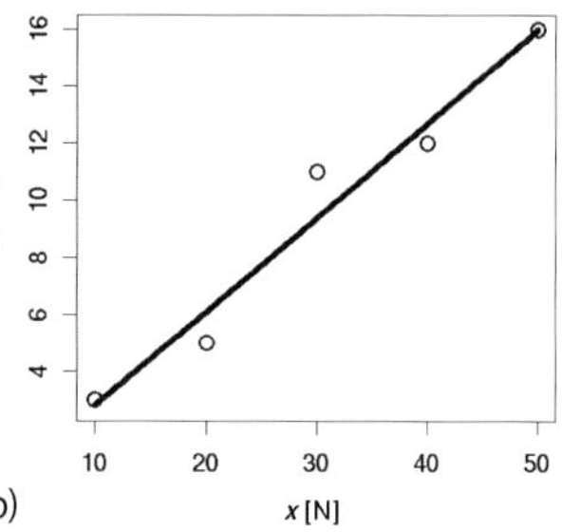

Abb. 2.4 (a) Ergebnis der linearen Regression mittels *R-Commander* und den Daten aus `spring.csv`. (b) Vergleich der Regressionsgeraden Gl. (2.35) mit den Daten `spring.csv`. Die Abbildung ist mit `LinRegEx1.r` erstellt worden.

mit den Fungiziden A, B und C und zusätzlich noch ein Vergleichsexperiment, bei dem keine Behandlung erfolgt, durch. Diese Experimente enthalten einen sogenannten *Faktor X*, der die *Faktorstufen* „Fungizid A", „Fungizid B", „Fungizid C" und „kein Fungizid" beinhaltet. Auf jeder Faktorstufe muss das Experiment einige Male wiederholt werden, so dass der Erwartungswert bezüglich der Pilzsporendichten hinreichend gut charakterisiert ist.

Die Ergebnisse eines solchen Experiments stehen in dem in Listing 2.7 angegebenen Datensatz. In der Datei hat die Spalte mit der Bezeichnung „Factor" die Bedeutung von X, wohingegen die Spalte „Value" die Bedeutung von Y hat (die Tabelle zeigt die Ergebnisse der Messungen, d. h. die Dichte der Pilzsporen auf den Pflanzen in einer geeigneten Einheit, die hier nicht näher beschrieben wird). Bezeichnen wir mit X_1, X_2, X_3, X_4 die Zufallsvariablen, die diese Daten erzeugt haben und bezeichnen wir mit $\mu_1, \mu_2, \mu_3, \mu_4$ die entsprechenden Erwartungswerte dieser Zufallsvariablen, dann können wir folgenden Hypothesentest aufstellen:

- H_0: $\mu_1 = \mu_2 = \mu_3 = \mu_4$
- H_1: Es existieren $i, j \in \{1, 2, 3, 4\}$, so dass $\mu_i \neq \mu_j$.
- $\alpha = 0{,}05$

Im Wesentlichen besagt H_0, dass der Faktor X keinen Einfluss auf die Dichte Y der Pilzsporen hat, wohingegen die alternative Hypothese H_1 das Gegenteil von H_0 behauptet.

Bevor wir mit diesem Test beginnen, müssen wir überprüfen, ob die Voraussetzungen erfüllt sind. Unter anderem müssen wir sicherstellen, dass die Zufallsvariablen $Y_1, \ldots, Y_4$ normalverteilt sind. Dazu können wir den Shapiro-Test durchführen, der in Abschnitt 2.1.3.4 vorgestellt wird und in R wie folgt umgesetzt werden kann:

```
d=data.frame(
  Factor=c(rep("Fungicide A",10),rep("No Fungicide",5),
      rep("Fungicide B",8),rep("Fungicide C",6))
  ,Value=c(13, 9, 15, 5, 25, 15, 3, 9, 6, 12, 42, 24,
      41, 19, 27, 8, 24, 9, 18, 9, 24, 12, 4, 9, 12, 7,
      18, 2, 18))
```

```
4 shap.p=function(x) shapiro.test(subset(d,Factor==x)
        $Value)$p.value
5 sapply(levels(d$Factor),shap.p)
```

Listing 2.7 `aov1.r`.

```
  Fungicide A  Fungicide B  Fungicide C No Fungicide
    0.4606029    0.2095710    0.5821602    0.2914353
```

Listing 2.8 Ausgabe zu `aov1.r`.

Die Ausgabe von Listing 2.8 zeigt, dass die p-Werte des Shapiro-Wilk-Tests für alle Faktorstufen $> 10\,\%$ sind, so dass für alle Faktorstufen Normalverteilung angenommen werden kann (siehe Abschnitt 2.1.3.4). Bei der Programmierung in Listing 2.7 werden die p-Werte für die mit `levels(d$Factor)` ermittelten Faktorstufen in einem Schritt erzeugt, indem die in Zeile 4 definierte Funktion `shap.p` mit dem Kommando `sapply` auf alle Faktorstufen angewendet wird.

Als weitere Voraussetzung für die Varianzanalyse ist zu beachten, dass die Zufallsvariablen der Analyse eine homogene Varianz besitzen (das bedeutet, das Quadrat der Standardabweichung ist für jede Zufallsvariable gleich). Dies können wir mit dem *Levene-Test* überprüfen [26, 29, 30]:

- H_0: $\sigma_1^2 = \sigma_2^2$
- H_1: $\sigma_1^2 \neq \sigma_2^2$
- $\alpha = 0{,}05$

In *R* können wir diesen Test umsetzen mit

```
car::leveneTest(Value~Factor,d)
```

Listing 2.9 `aov2.R`, gleicher Datensatz wie in Listing 2.7.

```
Levene's Test for Homogeneity of Variance (center = median)
      Df F value Pr(>F)
group  3  0.5749 0.6368
      25
```

Listing 2.10 Ausgabe zu `aov2.R`.

Die Notation `car::leveneTest(...)` in Listing 2.9 bedeutet, dass das `leveneTest`-Kommando aus dem Paket *car* geladen werden muss, d. h. dieses Zusatzpaket muss ggf. noch installiert werden (z. B. über den `Packages`-Tab in *Gm.Linux/Rstudio*). Der Wert $p \approx 63{,}68\,\%$ in Listing 2.10 bedeutet, dass der Levene-Test nicht signifikant ist, daher kann Varianzhomogenität angenommen und die Varianzanalyse durchgeführt werden.

Sind die Voraussetzungen erfüllt, können wir den eigentlichen *Varianztest* durchführen. Eine einfache Umsetzung in *R* sieht wie folgt aus:

```
summary(aov(Value~Factor,d))
```

Listing 2.11 aov3.R, gleicher Datensatz wie in 2.7.

```
          Df Sum Sq Mean Sq F value   Pr(>F)
Factor     3   1475   491.5   8.785 0.000376 ***
Residuals 25   1399    56.0
-
Signif. codes:  0 '***' 0.001 '**' 0.01 '*' 0.05 '.' 0.1 ' ' 1
```

Listing 2.12 Ausgabe zu aov3.R.

Aus Listing 2.12 erkennt man „Pr(>F) = 0.000376", d. h. $p = 0{,}000\,376$. Die Varianzanalyse ist also signifikant, da wir $p < \alpha$ haben. Damit wird H_0 abgelehnt und wir können sagen, dass der Faktor „Fungizid" einen signifikanten Einfluss auf die Pilzsporendichte hat. Man sollte zur Untermauerung von Signifikanzaussagen dieser Art dann immer den p-Wert hinzufügen und z. B. schreiben: „signifikant mit $p = 0{,}03\,\%$". Wenn die Voraussetzungen für die Varianzanalyse nicht erfüllt sind, dann kann auf einen parameterfreien Test, zum Beispiel den *Kruskal-Wallis-Test*, zurückgegriffen werden [26]. In *R* steht dazu der Befehl `kruskal.test(Value~Factor,d)` zur Verfügung, der analog zum `aov`-Kommando angewendet wird.

Das oben beschriebene Beispiel wird als *einfaktorielle Varianzanalyse* bezeichnet, da nur ein Faktor X involviert ist. Die *R*-Funktion `aov` kann aber auch auf Situationen angewendet werden, in denen mehrere Faktoren auftreten. Solche *mehrfaktoriellen Varianzanalysen* oder *multiplen Varianzanalysen* können dann auch verwendet werden, um signifikante Interaktionen von Faktorinteraktionen zu identifizieren. Listing 2.13 zeigt als Beispiel eine mehrfaktorielle Varianzanalyse für die Zielgröße Ertrag mit den Einflussfaktoren Temperatur und Substrat. Das Ergebnis in Listing 2.14 liefert einen signifikanten Einfluss des Substrats auf den Ertrag ($p = 0{,}000\,282$) sowie nichtsignifikante Einflüsse der Temperatur ($p = 0{,}868\,841$) und der Interaktion von Substrat und Temperatur (`Substrat:Temp`, $p = 0{,}473\,829$).

```
Substrat=c(rep("A",5),rep("B",7),rep("C",5))
Temp=c(rep(c("niedrig","hoch"),8),"niedrig")
Ertrag=c(1,2,1,0,1,3,4,5,4,4,4,6,2,2,3,0,1)
d=data.frame(Substrat=Substrat,Temp=Temp,Ertrag=Ertrag)
summary(aov(Ertrag~Substrat*Temp,d))
```

Listing 2.13 aov4.R.

```
              Df Sum Sq Mean Sq F value   Pr(>F)
Substrat       2  37.61  18.803  18.803 0.000282 ***
Temp           1   0.03   0.029   0.029 0.868841
Substrat:Temp  2   1.60   0.800   0.800 0.473829
Residuals     11  11.00   1.000
---
Signif. codes:  0 '***' 0.001 '**' 0.01 '*' 0.05 '.' 0.1 ' ' 1
```

Listing 2.14 Ausgabe zu aov4.R.

Was wir bisher beschrieben haben ist auch unter dem Begriff Varianzanalyse mit *festen Effekten* bekannt. Im Rahmen der Varianzanalysen werden aber auch eine Vielzahl anderer Modelle benutzt, wie zum Beispiel die Varianzanalyse mit *zufälligen Effekten* [32].

2.1.3.7 **Der Tukey-Test**

Im vorherigen Abschnitt haben wir gesehen, dass wir mit einer Varianzanalyse herausfinden können, ob es signifikante Unterschiede beim Erwartungswert zwischen verschiedenen Gruppen gibt. Gibt es einen Unterschied zwischen mindestens zwei Gruppen, so sagt uns dieser Test allerdings nicht, welche Gruppen davon betroffen sind, sondern nur dass ein Unterschied vorliegt. Mit Post-hoc-Tests können wir durch paarweise Vergleichen Aussagen treffen, welche Erwartungswerte sich signifikant voneinander unterscheiden. Und hierzu zählt der sogenannte *Tukey-Test*.

Verwenden wir das Beispiel mit den Fungiziden, so wissen wir bereits aus der Varianzanalyse, dass ein signifikanter Unterschied in den Erwartungswerten vorhanden ist. Damit können wir den Tukey-Test durchführen und diesen in *R* oder dem *R-Commander* wie folgt umsetzen:

```
TukeyHSD(aov(Value~Factor,d))
```

Listing 2.15 `Tukey.r`, gleicher Datensatz wir in Listing 2.7.

Mit dem Aufruf von `aov` wird eine Varianzanalyse durchgeführt, in der gleichen Form wie wir sie aus dem letzten Abschnitt kennengelernt haben. Mit `TukeyHSD` erfolgt dann der Tukey-Test selbst und wir erhalten folgende Ausgabe:

```
1  Tukey multiple comparisons of means
2    95% family-wise confidence level
3
4  Fit: aov(formula = Value Factor, data = d)
5  $Factor
6                              diff        lwr       upr     p adj
7  Fungicide B-Fungicide A      2.3  -7.459630 12.059630 0.9151728
8  Fungicide C-Fungicide A     -0.2 -10.824940 10.424940 0.9999487
9  No Fungicide-Fungicide A    19.4   8.130550 30.669450 0.0004060
10 Fungicide C-Fungicide B     -2.5 -13.611828  8.611828 0.9250850
11 No Fungicide-Fungicide B    17.1   5.370384 28.829616 0.0025525
12 No Fungicide-Fungicide C    19.6   7.141154 32.058846 0.0011473
```

Listing 2.16 Ausgabe zu `Tukey.r`.

Für die Auswertung ist die letzte Spalte mit „p adj" wichtig. Greifen wir beispielsweise Zeile 8 „Fungicide C-Fungicide A" heraus, so lesen wir den p-Wert 0,999 948 7 ab, was ein sehr großer Wert darstellt und über dem bisher üblichen Signifikanzniveau $\alpha = 0{,}05$ liegt. Die Nullhypothese $H_0 : \mu_{\text{Fungicide C}} = \mu_{\text{Fungicide A}}$ sollte also nicht abgelehnt werden, da die Wahrscheinlichkeit, dass wir die Hypothese irrtümlich ablehnen, recht hoch ist. Schauen wir uns die Zeile 9 an, so lesen wir für „No Fungicide-Fungicide A" den p-Wert 0,000 406 0 ab. Dieser Wert liegt unterhalb des Signifikanzniveaus von $\alpha = 0{,}05$, d. h. wir lehnen die Nullhypothese, den gleichen Erwartungswert für „No Fungicide“ und für „Fungicide A“ zu haben, zugunsten eines Unterschiedes ab.

2.2 Lineare Regression

Ganz allgemein kann man über Regressionsmodelle sagen, dass diese die Analyse einer abhängigen Variable von einer oder mehreren unabhängigen Variablen beinhalten. In der Regression wird die abhängige Variable mit Hilfe von Regressionsgleichungen durch die unabhängigen Variablen ausgedrückt. Die Parameter der Regressionsgleichungen werden dann so gewählt, dass die Gleichungen möglichst gut an vorliegende Daten angepasst werden. Die Idee der Regressionsmethode ist bereits anhand der Federdaten `spring.csv` in Abschnitt 1.6.1 vorgestellt worden. Dort wird eine Regressionsgerade als Blackbox-Modell für das Input-Output-System der Abb. 1.8 aufgestellt und man kann sagen, dass die Regression ein geradezu prototypisches Modell unter den existierenden phänomenologischen Modellansätzen ist. Es enthält alle wesentlichen Zutaten: eine Eingabe x, eine Ausgabe y, ein Blackbox-System für die Transformation von x zu y, und den Versuch, eine rein datenbasierte mathematische Beschreibung für die Beziehung zwischen x und y zu finden. Der Begriff Regression (lat. regredi für umkehren, zurückkehren) selbst hat seinen Ursprung in einer speziellen Regressionsstudie von Francis Galton. Er untersuchte die Körpergröße von Menschen und fand heraus, dass sich die Körpergröße von Kindern mit sehr großen oder sehr kleinen Eltern wieder zur durchschnittlichen Größe zurückentwickelt [33], was er als Regression oder Rückkehr zur Mitte bezeichnete.

2.2.1 Das lineare Regressionsproblem

Nehmen wir an, wir haben einen Datensatz $(x_1, y_1), (x_2, y_2), \dots, (x_m, y_m)$ (wobei $x_i, y_i \in \mathbb{R}, i = 1, \dots, m, m \in \mathbb{N}$) vorliegen. Dann ist es am einfachsten, die Daten durch eine *Regressionsfunktion* oder *Modellfunktion* der Form

$$\hat{y}(x) = ax + b \tag{2.30}$$

auszudrücken.

Die Koeffizienten a und b in Gl. (2.30) heißen *Regressionskoeffizienten* oder *Parameter* des Regressionsmodells. Dabei wird x üblicherweise als *unabhängige Variable* oder *erklärende Variable* bezeichnet, wohingegen $\hat{y}$ (oder y) die *abhängige Variable* oder *erklärte Variable* ist. Zu beachten ist, dass die Notation unterscheidet zwischen gemessenen Werten der abhängigen Variablen (ohne Hut „ˆ“ geschrieben, wie y_i) und Werten der abhängigen Variablen, die mit der Regressionfunktion berechnet werden (mit Hut „ˆ“ geschrieben, wie $\hat{y}$ in Gl. (2.30)). Eine Funktion $\hat{y}(x)$ wie in Gl. (2.30) heißt *lineare Regressionsfunktion*, da diese linear von den Regressionskoeffizienten a und b abhängt [34].

Bemerkung 2.1. Lineare Regression Eine allgemeine eindimensionale lineare Regressionsfunktion $\hat{y}(x)$ berechnet die abhängige Variable y aus der unabhängigen Variablen x und den Regressionskoeffizienten $a_0, a_1, \dots, a_s$ ($s \in \mathbb{N}$). Wenn der Ausdruck $\hat{y}(x)$ linear von $a_0, a_1, \dots, a_s$ abhängt, kann die Regressionsfunktion durch ein *lineares Regressionsverfahren* an Messdaten angepasst werden. Mehrdimensionale lineare Regressionsfunktionen, die mehrere erklärende Variablen beinhalten, werden in Abschnitt 2.3 vorgestellt, der nichtlineare Fall in Abschnitt 2.4.

Gleichung (2.30) passt die Daten sehr gut an, wenn die Differenzen $y_i - \hat{y}(x_i)$ ($i = 1, \dots, m$) klein sind. Um dies zu erreichen, definieren wir

$$\text{RSS} = \sum_{i=1}^{m} (y_i - \hat{y}(x_i))^2 \tag{2.31}$$

Diesen Ausdruck bezeichnet man als *Summe der Fehlerquadrate* (RSS = residual sum of squares). RSS misst die Distanz zwischen Daten und Modell: Wenn RSS klein ist, dann sind die Differenzen $y_i - \hat{y}(x_i)$ klein, und wenn RSS groß ist, dann ist mindestens eine Differenz $y_i - \hat{y}(x_i)$ groß. Das bedeutet, um einen kleinen Abstand zwischen Daten und Modell zu erreichen, müssen wir RSS klein machen. In der Regression erreichen wir dies durch eine geeignete Wahl der Modellparameter, oder etwas genauer gesagt, von den Parametern a und b verlangen wir, folgendes Problem zu lösen:

$$\min_{a,b \in \mathbb{R}} \text{RSS} \tag{2.32}$$

Hier ist zu beachten, dass RSS von a und b (über $\hat{y}$) abhängt. Die Lösung des Problems erhalten wir, indem wir das übliche Vorgehen zum Auffinden eines Minimums einer Funktion mit mehreren Variablen auf die Funktion RSS(a, b) anwenden (d. h. partielle Ableitungen der Funktion nach a und b gleich null setzen, usw.) [19] und erhalten [26]

$$a = \frac{\sum_{i=1}^{m} x_i y_i - m\bar{x}\bar{y}}{\sum_{i=1}^{m} x_i^2 - m\bar{x}^2} \tag{2.33}$$

$$b = \bar{y} - a\bar{x} \tag{2.34}$$

Die Betrachtung von RSS als Maß für den Abstand zwischen Modell und Daten scheint irgendwie willkürlich zu sein, da viele andere alternative Ausdrücke verwendet werden könnten (z. B. könnte RSS durch die Summe der absoluten Differenzen $|y_i - \hat{y}(x_i)|$ ersetzt werden). Wir verwenden hier RSS, da RSS auf den *Maximum-Likelihood-Schätzer* für die beiden Parameter a und b führt, wenn bestimmte Annahmen für die statistische Verteilung der Fehlerterme $y_i - \hat{y}(x_i)$ erfüllt sind (siehe weiter unten). Unter diesen Annahmen wählt der Maximum-Likelihood-Schätzer für die Minimierungsaufgabe (2.32) diejenigen Parameterwerte aus, die gegenüber einer anderen Parameterwahl die beobachteten Daten „am wahrscheinlichsten" erscheinen lassen [34].

2.2.2
Lösung mittels Software

Nun wollen wir versuchen, die Analyse mittels Software durchzuführen. Als Beispiel beziehen wir uns wieder auf die Daten in `spring.csv` (siehe Abschnitt 1.6.1). Starte den *R-Commander* und importiere die Daten `spring.csv` in den *R-Commander* durch Auswahl des Menü-Punkts „Datenmanagement/Importiere Daten/from text file". Anschließend rufe den Menü-Punkt „Statistik/Regressionsmodelle/Lineare Regression" auf und wähle x als unabhängige sowie y als abhängige Variable. Zum Schluss erhalten wir das Resultat wie in Abb. 2.4a zu sehen.

Die *R*-Ausgabe in Abb. 2.4a zeigt uns zuerst die *Residuen* zwischen den Daten und dem Modell, d. h. die Differenzen $y_i - \hat{y}(x_i)$ $(i = 1, \dots, m)$, was in diesem Fall 5 Werte ergibt, da `spring.csv` fünf Datenzeilen enthält. Damit können wir eine erste Vorstellung über die Qualität der Anpassung zwischen den Daten und dem auf den Daten basierenden Modell gewinnen. Natürlich ist es besser, sich diese Residuen in einer Graphik anzusehen, worauf wir weiter unten eingehen. In der weiteren Textausgabe liefert *R* die Regressionskoeffizienten kompakt in einer Tabelle mit zwei Zeilen. Die erste Zeile (mit der Bezeichnung `(Intercept)`) bezieht sich auf den Koeffizienten b der Gl. (2.30) und die zweite Zeile (mit der Bezeichnung `x`) bezieht sich auf den Koeffizienten a derselben Gleichung. Die Bezeichnungen in der Tabelle haben ihren Ursprung darin, dass b dem y-Achsenabschnitt („intercept") der Geraden (2.30) entspricht, d. h. die Stelle an der die Gerade die y-Achse schneidet, wohingegen a der Koeffizient ist, der mit x in Gl. (2.30) multipliziert wird. In der Spalte „`Estimate`" in Abb. 2.4a können wir als Lösung des Problems (2.32) die Werte $a = -0,5$ und $b = 0,33$ ablesen. Verwenden wir Gl. (2.30), so erhalten wir folgende Regressionsgerade:

$$\hat{y}(x) = 0{,}33x - 0{,}5 \tag{2.35}$$

Abbildung 2.4b vergleicht die Regressionsgerade Gl. (2.35) mit den Daten aus `spring.csv`. Die Abbildung ist mit dem *R*-Programm `LinRegEx1.r` aus der Buchsoftware erzeugt worden. Eine ähnliche Abbildung kann auch mit dem *R-Commander* erstellt werden, z. B. mit dem Menü-Punkt „Graphiken/Streudiagramm", aber man sollte beachten, dass der *R-Commander* nur eine begrenzte Anzahl an Graphik-Optionen bereitstellt. Auf eine nahezu unbegrenzte Anzahl graphischer Optionen (wie Linienstärke, Farbe, Schriften, usw.) kann über *R*-Programme wie `LinRegEx1.r` zugegriffen werden. Genauere Erläuterungen über den Inhalt zu `LinRegEx1.r` sind weiter unten in diesem Abschnitt zu finden.

Bemerkung 2.2. Regressionkoeffizienten Schätzungen der Regressionskoeffizienten, die in Regressionsgleichungen wie Gl. (2.30) auftreten, können mit Formeln wie Gln. (2.33) und (2.34), dem *R-Commander* oder mit *R*-Programmen wie `LinRegEx1.r` berechnet werden. Anzumerken ist, dass es keine Formel für eine allgemeine nichtlineare Regressionsgleichung gibt, wie wir in Abschnitt 2.4 sehen werden.

Die Abb. 2.4b zeigt recht deutlich, dass die Regressionsgerade die Tendenz der Daten korrekt erfasst. Daher ist es sinnvoll, die Regressionsgerade für Prognosen zu verwenden, indem man die Regressionsgerade zur Extrapolation der Daten nutzt. Praktisch machen wir das, indem wir einen x-Wert in die Gl. (2.35) einsetzen und damit einen $\hat{y}$-Wert erhalten. Zum Beispiel können wir für $x = 60$ den Wert für y voraussagen, wenn wir folgendes berechnen:

$$\hat{y}(60) = 0{,}33 \cdot 60 - 0{,}5 = 19{,}3 \tag{2.36}$$

Schauen wir uns die Daten in Abb. 2.4b an, so sehen wir, dass $\hat{y}(60) = 19{,}3$ in der Tat eine vernünftige Extrapolation der Daten ist. Natürlich können Prognosen dieser Art nur dann sinnvoll sein, wenn das Modell genügend gut an die Daten angepasst ist und eine Vorhersage „in der Nähe der vorliegenden Daten" berechnet wird. Zum Beispiel wird das Ergebnis fragwürdig, wenn wir Gl. (2.35) verwenden, um einen y-Wert an der Stelle $x = 600$ abzuschätzen. Der x-Wert liegt weit außerhalb der Daten von `spring.csv`. Die Vorgabe, Prognosen nur in der Nähe der beobachteten Daten zu machen, mit denen auch das Modell erstellt worden ist, kann ganz allgemein auf phänomenologische Modelle angewendet werden, inklusive den phänomenologischen Ansätzen im nächsten Abschnitt.

Bemerkung 2.3. Prognose Regressionsfunktionen wie Gl. (2.30) können verwendet werden, um Werte der abhängigen Variablen für gegebene Werte der unabhängigen Variable(n) zu prognostizieren. Gute Prognosen können nur dann erwartet werden, wenn eine „gute" Anpassung der Regressionsfunktion an die Messdaten vorliegt (siehe die Diskussion des Bestimmtheitskoeffizienten im nächsten Abschnitt), und wenn die gegebenen Werte der unabhängigen Variablen hinreichend nahe bei den Daten liegen.

2.2.3 Das Bestimmtheitsmaß

Die einfachste Methode, die Qualität der Anpassung des Modells an die Daten zu überprüfen, ist ein graphischer Vergleich zwischen Modell und Daten, wie in Abb. 2.4b. Mit dieser Abbildung braucht man kein Regressionsexperte zu sein, um festzustellen, dass das Modell gut an die Daten angepasst werden konnte. Somit können vernüftige Prognosen mit der Regressionsgeraden erwartet werden. Eine zweite Methode zur Beurteilung der Qualität ist das Bestimmtheitsmaß, das als R^2 bezeichnet wird. Grob gesprochen misst das Bestimmtheitsmaß die Qualität der Anpassung des Modells an die Daten auf einer Skala zwischen 0 und 100 %, wobei 0 % einer sehr schlechten Anpassung und 100 % einer perfekten Anpassung entspricht. R^2 drückt die Qualität des Regressionsmodells mittels einer einfachen Zahl aus. Das ist nützlich, wenn wir zum Beispiel die Qualität verschiedener Regressionsmodelle miteinander vergleichen wollen. Oder wenn wir multiple lineare Regressionsmodelle (Abschnitt 2.3) beurteilen möchten, die Regressionsfunktionen im Mehrdimensionalen $\hat{y}(x_1, x_2, \dots, x_n)$ beinhalten und nicht so einfach wie in Abb. 2.4b dargestellt werden können (denn ein Graph von

$\hat{y}$ über $x_1, x_2, \dots, x_n$ würde einen $n+1$-dimensionalen Raum benötigen). In der *R*-Ausgabe der Abb. 2.4a können wir den Wert von R^2 hinter `Multiple R-Squared` finden. Für dieses Beispiel können wir den Wert $R^2 = 96{,}2\,\%$ ablesen, was einer sehr guten Anpassung zwischen Modell und Daten entspricht, wie in Abb. 2.4b zu sehen ist. Die Bedeutung der Ausgabe `Adjusted R-Squared` in Abb. 2.4a wird weiter unten in Abschnitt 2.3 erklärt.

Formal ist das Bestimmtheitsmaß definiert als [30]

$$R^2 = \frac{\sum_{i=1}^{n} \left(\hat{y}_i - \bar{y}\right)^2}{\sum_{i=1}^{n} \left(y_i - \bar{y}\right)^2} \tag{2.37}$$

wobei wir abkürzend $\hat{y}_i = \hat{y}(x_i)$ geschrieben haben. Für lineare Regressionsmodelle lässt sich das Maß umschreiben als

$$R^2 = 1 - \frac{\sum_{i=1}^{n} \left(y_i - \hat{y}_i\right)^2}{\sum_{i=1}^{n} \left(y_i - \bar{y}\right)^2} \tag{2.38}$$

Der letzte Ausdruck ist auch als *Pseudo-*R^2 bekannt, da dieser häufig zur Qualitätsbewertung von nichtlinearen Modellen verwendet wird. Nach Gl. (2.38) kann R^2 auch negative Werte annehmen, wenn die $\hat{y}_i$-Werte nicht aus einer linearen Regression berechnet werden (wohingegen Gl. (2.37) die Positivität $R^2 > 0$ garantiert) und diese Werte „weit weg" von den gemessenen Werten liegen. Wenn R^2 negativ ist, dann ist das Modell schlechter angepasst, als wenn wir den Mittelwert $\bar{y}$ für alle Eingaben (d. h. $\hat{y}(x_i) = \bar{y}$, $i = 1, \dots, m$) gesetzt hätten, da wir aus Gl. (2.38) für ein solches Mittelwertmodell den Wert $R^2 = 0$ erhalten.

Der Wert für R^2 lässt sich mit obigen Formeln explizit berechnen, aber mit *R* geht es geschickter. Für das Federbeispiel können wir schreiben:

```
1 d=read.csv('spring.csv',header=TRUE,sep=',')
2 summary(lm(y~x,d))$r.squared
```

Mit der ersten Zeilen lesen wir die Daten aus der Datei `spring.csv` ein (`header=TRUE` besagt, dass eine Kopfzeile mit den Variablennamen vorhanden ist und mit `sep=','` teilen wir mit, dass die Spalten durch ein Komma getrennt sind) und erstellen mit `lm` in der zweiten Zeile ein lineares Regressionsmodell. Eine genaue Beschreibung zur Erstellung des Regressionsmodells mit `lm` erfolgt im nächsten Abschnitt. Mit `summary` geben wir das Ergebnis aus, wobei uns hier nur der Wert für R^2 interessiert. In diesem Fall erhalten wir als Ausgabe `[1] 0.9620141`.

Für ein lineares Modell kann gezeigt werden, dass R^2 das Verhältnis zwischen der Varianz der prognostizierten Werte $(\hat{y}_1, \dots, \hat{y}_1)$ und der Varianz der gemessenen Werte $(y_1, \dots, y_n)$ ausdrückt. Das Ergebnis $R^2 = 100\,\%$ besagt daher so etwas wie „100 % der Varianz der Messdaten kann mit dem Modell beschrieben werden". Auf der anderen Seite bedeutet ein R^2-Wert deutlich unterhalb von 100 %, dass wir wesentlich mehr Varianz in den Messwerten als im Modell haben. Das heißt, die Varianz der Daten wird nur unzureichend durch das Modell beschrieben. In diesem Fall haben wir dann nach weiteren erklärenden Variablen zu suchen. Wenn wir einen sehr kleinen R^2-Wert zum Beispiel für das lineare Modell

$\hat{y} = ax + b$ vorliegen haben, dann ist es sinnvoll, multiple lineare Modelle wie $\hat{y} = ax + bz + c$ zu betrachten, die eine zusätzliche unabhängige (erklärende) Variable z beinhalten (siehe Abschnitt 2.3 unten).

```
1 d=data.frame(Duenger=c(1,2,3,4),Temperatur=c(10,20,10,20),
    Ertrag=c(1,4,2,7))
2 summary(lm(Ertrag~Duenger,d))$r.squared
3 summary(lm(Ertrag~Duenger+Temperatur,d))$r.squared
```

Listing 2.17 `best.r`.

```
> summary(lm(Ertrag~Duenger,d))$r.squared
[1] 0.6095238
> summary(lm(Ertrag~Duenger+Temperatur,d))$r.squared
[1] 0.952381
```

Listing 2.18 Ausgabe zu `best.r`.

Das Beispiel in Listing 2.17 und 2.18 zeigt eine Zunahme des Bestimmtheitsmaßes von 60 auf 95 % dadurch, dass in Zeile 3 von Listing 2.17 die Temperatur (im Sinne der multilinearen Regression, siehe Abschnitt 2.3.1) als Einflussfaktor hinzugenommen wird.

Bemerkung 2.4. Bestimmtheitsmaß Das Bestimmtheitsmaß R^2 misst die Qualität der Anpassung eines linearen Regressionsmodells an vorliegende Daten. Auf einer Skala zwischen 0 % und 100 % beschreibt diese Größe, zu welchem prozentualen Anteil die Varianz der Messungen der abhängigen Variablen durch die unabhängigen Variablen des Modells erklärt wird. Wenn R^2 klein ist, dann kann versucht werden, weitere unabhängige Variablen hinzuzunehmen (siehe multiple Regressionsmodelle in Abschnitt 2.3) oder nichtlineare Modelle zu verwenden (Abschnitt 2.4).

2.2.4 Interpretation der Regressionskoeffizienten

Vielleicht mag sich der eine oder andere wundern, warum in der R-Ausgabe in Abb. 2.4a die Werte a und b in der Spalte mit „Estimate", also Schätzung, erscheinen und warum die Standardfehler für a und b in der nächsten Spalte stehen. Grob gesprochen ist das eine Folge davon, dass Messdaten üblicherweise mit Messfehlern behaftet sind. Wenn wir eine spezielle Messung unter denselben Bedingen einige Male wiederholen, dann kann ein Messinstrument zum Beispiel eine zufällige Variation in seiner letzten signifikanten Dezimalstelle aufweisen, die vielleicht zu Werten wie 0,856, 0,854, 0,855, 0,854 führt (daneben kann es sein, dass es noch verschiedene andere systematische und zufällige Quellen für Messfehler gibt, siehe [35]). Nehmen wir jetzt an, dass wir die Messdaten $(x_1, y_1), (x_2, y_2), \dots, (x_m, y_m)$ wie oben mittels linearer Regression analysieren wollen und erhalten entsprechende Regressionskoeffizienten a und b. Wenn wir die Messung wiederholen, werden wir neue Daten erhalten, die (mehr oder weniger) von den Originaldaten aufgrund von Messfehlern abweichen werden, und wir erhalten (mehr oder weniger) unterschiedliche Werte für a und b aus einer Regressionsanalyse. Die Parameter a und b hängen also von zufälligen Fehlern in den Messdaten ab, d. h. a und b können wir als Realisierungen von *Zufallsvariablen* α und β betrachten (siehe Abschnitt 2.1.2.1).

Allgemein wird angenommen, dass diese Zufallsvariablen die Messdaten $(x_1, y_1), (x_2, y_2), \dots, (x_m, y_m)$ wie folgt erzeugen:

$$y_i = \alpha x_j + \beta + \epsilon_i \, , \quad i = 1, \dots, m \tag{2.39}$$

wobei ϵ_i die Abweichungen zwischen Modell und Daten, welche z. B. Messfehler beinhalten, ausdrücken. Die Fehlerterme ϵ_i werden üblicherweise als normalverteilt mit Erwartungswert null und gleicher Varianz σ^2 für alle i (man spricht von einem homoskedastischen Fehler) angenommen. Unter diesen Annahmen kann der Standardfehler für α und β geschätzt werden und diese Schätzung wird in der Spalte `Std.Error` der *R*-Ausgabe in Abb. 2.4a ausgegeben. Wie man erkennen kann, ist der der Standardfehler von α wesentlich kleiner als der von β. Das bedeutet, wenn wir dieselbe Analyse mit einem etwas verschiedenen Datensatz durchführen, haben wir im Vergleich zu α eine eventuell größere Änderung in der Schätzung von β zu erwarten. Mit anderen Worten, die Schätzung von β ist „weniger scharf“ verglichen mit der Schätzung von α. Die Zahlen in der Spalte „`t value`“ in Abb. 2.4a beziehen sich auf die t-Verteilung von Gosset. Diese können beispielsweise dazu verwendet werden, ein Vertrauensintervall für die geschätzten Regressionskoeffizienten zu berechnen (nähere Erläuterungen in [26]). Die Werte in der letzten Spalte der Abb. 2.4a stellen p-Werte dar, die bereits in den Abschnitten 2.1.3.2 und 2.1.3.5 besprochen worden sind.

2.2.5 `LinRegEx1.r` verstehen

Wir haben oben das *R*-Programm `LinRegEx1.r` verwendet, um die Abb. 2.4b zu erstellen. Hinweise, wie *R*-Programme der Buchsoftware benutzt und aufgerufen werden können, sind in Abschnitt 5.2 zu finden. Die wesentlichen Anweisungen des Codes können wie folgt zusammengefasst werden:

```
1 d=read.csv('spring.csv',header=TRUE,sep=',')
2 m=lm(y~x,d)
3 summary(m)
4 plot(d)
5 abline(m,col="red",lwd=2)
```

Listing 2.19 Auszug aus `LinRegEx1.r`.

Zeile 1 liest den Datensatz ein, für den wir die lineare Regression durchführen wollen. In diesem Fall sind es die Federdaten aus der Datei `spring.csv`, die dann in der Variablen `d` abgespeichert werden. In Zeile 2 wird das Regressionsmodell aufgesetzt, wobei die Regressionsgleichung durch `y~x` definiert und auf die Daten in `d` angewendet wird. Eine nähere Beschreibung für die spezielle Schreibweise ist auf den *R*-Hilfeseiten und in [36] zu finden. Im Prinzip kann `y~x` als eine Kurzschreibweise für Gl. (2.30) oder für Gl. (2.39) aufgefasst werden (unter der Voraussetzung, dass alle statistischen Annahmen zur letzten Gleichung gelten, siehe Diskussion oben). In solchen Anweisungen definiert der Teil auf der linken Seite des „~"-Zeichens die abhängige Variable (in diesem Fall y), die über die unabhängige Variable auf der rechten Seite (in diesem Fall x) ausgedrückt wird. Der Vergleich des Ausdrucks `y~x` mit Gl. (2.30) zeigt, dass die Regressionskoeffizienten a und b in dieser Schreibweise automatisch enthalten sind, aber nicht explizit im Ausdruck erscheinen. Zu beachten ist, dass die Variablennamen den Spaltennamen im verwendeten Datensatz entsprechen müssen. Im vorliegenden Fall lesen wir `spring.csv` ein, bei dem die Spalte mit den Werten der abhängigen Variablen mit `y` bezeichnet ist und die Spalte mit der unabhängigen Variable die Bezeichnung `x` hat. Wenn wir zum Beispiel anstelle von `y` die Bezeichnung `Auslenkung` und anstelle von `x` die Bezeichnung `Kraft` gewählt hätten, dann müssten wir die Regressionsgleichung mit `Auslenkung~Kraft` anstatt `y~x` beschreiben. Die Regression wird dann in Zeile 2 mit dem Aufruf `lm` durchgeführt und in Zeile 5 ausgegeben.

Bemerkung 2.5. *R*-Funktion `lm` Lineare Regressionsprobleme (inklusive multiple lineare Probleme, die in Abschnitt 2.3 betrachtet werden), werden mit dem *R*-Befehl `lm` gelöst.

Die *R*-Ausgabe ist in Abb. 2.4a oben zu sehen. Mit dem *R*-Kommando `plot` wird ein Graphikfenster geöffnet und die Datenpunkte, die in `d` gespeichert sind, werden als Kreise gezeichnet. Der abschließende *R*-Befehl `abline` zeichnet die Regressionsgerade zu den Daten `m` in roter Farbe (`col="red"`) und Linienstärke 2 (`lwd=2`). Wir erhalten das Ergebnis wie in Abb. 2.4b zu sehen ist (Hinweis: siehe `LinRegEx1.r` für genauere Beschreibungen der Aufrufe).

2.2.6
Nichtlineare lineare Regression

Bereits oben ist darauf hingewiesen worden, dass es allgemeinere Zugänge zur Regression gibt. Um zu sehen, dass es neben Gl. (2.30) einen Bedarf für Regressionsgleichungen gibt, schauen wir uns den Datensatz `gag.csv` an, der sich ebenfalls in der Buchsoftware befindet. Die Daten sind aus der *R*-Bibliothek `MASS` entnommen, die dort unter dem Namen `GAGurine` gespeichert sind. Wie in [37, 38] erklärt (sowie auf den *R*-Hilfeseiten), beschreiben diese Daten die Konzentration von sogenannten Glykosaminoglykanen im Urin von Kindern zwischen 0 und 17 (in der Einheit Kreatinin mg/mmol). Glykosaminoglykane, auch abkürzend mit „GAG" bezeichnet, werden über ein Screening-Verfahren gemessen, um auf eine Krankheit namens Mukopolysaccharidose zu testen. Wie Abb. 2.5a zeigt, nimmt die GAG-Konzentration mit zunehmendem Alter ab. Kinderärzte benötigen solche Daten zur Beurteilung, ob die GAG-Konzentration normal ist. Nur auf Grundlage von `GAG.csv` wäre es recht zeitintensiv, eine gemessene GAG-Konzentration

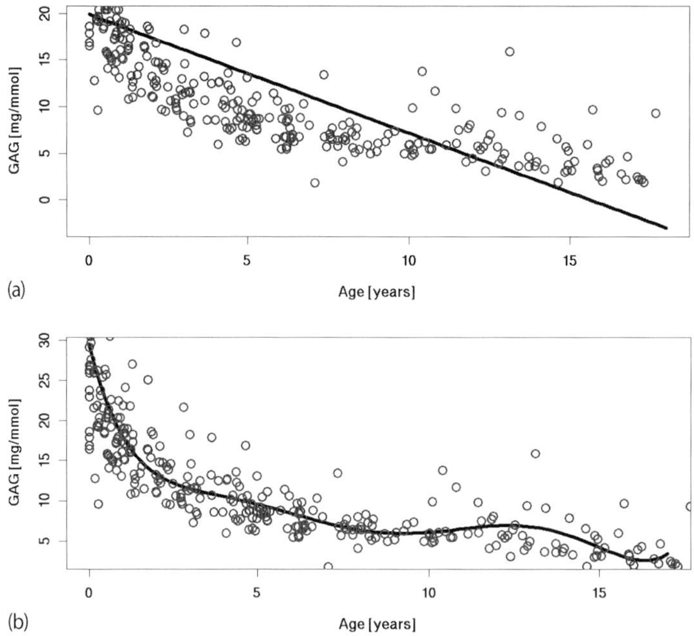

Abb. 2.5 (a) Vergleich der Regressionsgeraden Gl. (2.41) mit den Daten `GAG.csv`. Abbildung mit `LinRegEx4.r` erstellt. (b) Vergleich der Regressionsfunktion Gl. (2.45) mit den Daten `GAG.csv`. Abbildung mit `LinRegEx5.r` erstellt.

mit den vorhandenen Daten abzugleichen. Einfacher wäre es, wenn wir die gemessene GAG-Konzentration in eine Funktion einsetzen könnten, die im Sinne einer Regression an die `GAG.csv`-Daten angepasst ist. Also können wir versuchen, eine geeignete Regressionsfunktion ähnlich zur Situation davor herzuleiten. In `GAG.csv` beschreiben die Spalten `Age` das Alter und `GAG` die GAG-Konzentration. Verwenden wir die Regressionsfunktion Gl. (2.30) und das Vorgehen wie oben beschrieben, so kann in *R* die Regressionsfunktion beschrieben werden als

$$\texttt{GAG} \sim \texttt{Age} \tag{2.40}$$

Setzen wir dies in `LinRegEx1.r` ein (Zeile 2, ändern den Dateinamen usw.), so erhalten wir `LinRegEx4.r`, das in der Buchsoftware vorhanden ist. Analysieren wir die von `LinRegEx4.r` erzeugte *R*-Ausgabe, so erhalten wir folgende Gleichung der Regressionsgeraden:

$$\texttt{GAG}(x) = -1{,}27 \cdot \texttt{Age} + 19{,}89 \tag{2.41}$$

Abbildung 2.5a vergleicht diese lineare Regressionsfunktion mit den Daten. Offensichtlich überschätzt die Regressionsfunktion die GAG-Konzentration für das Alter unter 9 Jahre und unterschätzt die Konzentration für höheres Alter. Für ein Alter über 15,7 Jahre progonostiziert die Regressionsfunktion sogar negative Werte. Die Ursache hierfür liegt darin, dass die Daten ein nichtlineares gekrümmtes

Muster haben, das sich nicht besonders gut mit einer geraden Linie beschreiben lässt. Stattdessen können wir Gl. (2.30) durch eine *polynomiale Regressionsfunktion* ersetzen, die sich in der allgemeinen Form schreibt als

$$\hat{y}(x) = a_0 + a_1 x + a_2 x^2 + \cdots + a_s x^s \tag{2.42}$$

Man mag sich wundern, warum solch eine Regressionsfunktion im Abschnitt über „lineare Regression" behandelt wird, da die Funktion in Gl. (2.42) offenbar eine hochgradig nichtlineare Funktion von x ist (in Abhängigkeit von s, dem Grad des Polynoms). Aber erinnern wir uns, wie es oben in Bemerkung 2.1 beschrieben ist, dass der Ausdruck „linear" in „linearer Regression" sich nicht auf die Abhängigkeit der Regressionsfunktion von x bezieht, sondern auf die Abhängigkeit von den Regressionskoeffizienten. Wenn wir Gl. (2.42) als Funktion von x betrachten, dann ist diese sicherlich hochgradig nichtlinear. Aber wenn x gegeben ist, dann erhalten wir $\hat{y}$ als Linearkombination der Regressionskoeffizienten $a_0, a_1, \ldots, a_s$. In diesem Sinne können alle Regressionsfunktionen in die allgemeine Form

$$\hat{y}(x) = a_0 + a_1 f_1(x) + a_2 f_2(x) + \cdots + a_s f_s(x) \tag{2.43}$$

gebracht werden und als lineare Regression behandelt werden (wobei wie zuvor $a_0, a_1, \ldots, a_s$ die Regressionskoeffizienten sind und f_i als beliebige reelle Funktionen gewählt werden). Ob linear oder nichtlinear in x, alle diese Funktionen können mittels linearer Regression bestimmt werden und das erklärt den Titel diesen Unterabschnitts („Nichtlineare lineare Regression").

Um eine Analyse mit einer polynominalen Regressionsfunktion (2.42) durchzuführen, *können wir R ähnlich zu oben einsetzen*. Im Grunde brauchen wir nur die Regressionsfunktion im *R*-Programm `LinRegEx4.r` auszutauschen. Nach ein paar Experimenten (oder nach einem mehr systematischeren Vorgehen wie in [37] vorgeschlagen) finden wir heraus, dass es für unser GAG-Beispiel eine gute Idee ist, den Polynomgrad 6 zu wählen. In Analogie zu Gl. (2.40) können damit in *R* die Regressionsfunktion schreiben als

$$\texttt{GAG} \sim \texttt{Age+I(Age\^{}2)+I(Age\^{}3)+I(Age\^{}4)+I(Age\^{}5)+I(Age\^{}6)} \tag{2.44}$$

In dieser Gleichung wird die *R*-Funktion `I()` verwendet, um die spezielle Bedeutung des „^"-Operators, wie in `Age^2`, in der *R*-Programmiersprache zu unterdrücken. Schreiben wir „`I(Age^2)`", dann wird der „^"-Operator als normaler arithmetischer Exponentialoperator interpretiert. Das *R*-Programm `LinRegEx5.r` (Bestandteil der Buchsoftware) benutzt die Regressionsfunktion wie in (2.44) beschrieben. Nach Ausführung des Programms und Analyse der Resultate wie zuvor, erhalten wir folgende Regressionsfunktion (die Koeffizienten sind der Einfachheit wegen gerundet):

$$\begin{aligned}\texttt{GAG}(x) = {} & \texttt{29.3} - \texttt{16.2} \cdot \texttt{Age} + \texttt{6} \cdot \texttt{Age}^2 - \texttt{1.2} \cdot \texttt{Age}^3 \\ & + \texttt{0.1} \cdot \texttt{Age}^4 - \texttt{5.7e} - \texttt{03} \cdot \texttt{Age}^5 + \texttt{1.1e} - \texttt{04} \cdot \texttt{Age}^6 \end{aligned} \tag{2.45}$$

Abbildung 2.5b vergleicht die Regressionsfunktion mit den Daten. Wir können erkennen, dass die neue Regressionsfunktion wesentlich besser an die Daten angepasst ist als die gerade Linie wie in Abb. 2.5a. Das lässt sich auch daran ablesen, dass LinRegEx4.r (Regression mit einer Geraden) einen R^2-Wert von 0,497 ergibt, sowie 4,55 als mittlere (absolute) Abweichung zwischen Daten und Modell. Dagegen ergibt LinRegEx5.r (polynominale Regression) ein $R^2 = 0{,}74$ und als mittlere Abweichung erhalten wir den Wert 2,8. Damit leistet die polynominale Regression offensichtlich eine wesentlich bessere Arbeit, um die Kinderärzte bei der Auswertung der GAG-Messung zu unterstützen. Zu bemerken ist noch, dass *R* neben der polynominalen Regression auch Spline-Regression ermöglicht, die „glattere" Regressionsfunktionen mittels Aneinanderreihung von Polynomen niedriger Ordnung erzeugt [37, 39].

Bemerkung 2.6. Regression großer Datensätze Neben der Prognose können Regressionsfunktionen auch dazu verwendet werden, um Informationen aus großen Datensätzen auf eine einfache und prägnante Weise, ähnlich zum Beispiel mit den GAG-Daten, darzustellen.

2.3 Multiple lineare Regression

Im letzten Abschnitt haben wir gesehen, dass der Regressionszugang zur Prognose einer interessierenden Größe, y, in Abhängigkeit einer anderen bekannten Größe, x, angewendet werden kann. Allerdings wird in vielen Fällen y von mehreren unabhängigen Variablen, wie $x_1, x_2, \ldots, x_n$ ($n \in \mathbb{N}$), abhängen. Dieser Fall kann dann mit der *multiplen (linearen) Regressionsmethode* behandelt werden. Wir werden sehen, dass das Schema sehr ähnlich zu dem im letzten Abschnitt beschriebenen ist.

2.3.1 Das multilineare Regressionsproblem

Fangen wir mit einem Beispiel an. Aufgrund der Allgemeingültigkeit des Regressionsansatzes könnten wir hier natürlich *alle* Arten von Beispielen aus Wissenschaft und Ingenieurwesen heranziehen. Es kann jeder Datensatz mit mindestens drei Spalten eingesetzt werden: zwei (oder mehr) Spalten für die unabhängigen Variablen $x_1, x_2, \ldots$, und eine Spalte für die abhängige oder erklärte Variable y. Wir beziehen uns hier auf die Datei Volz.csv, die Bestandteil der Buchsoftware ist. Die Daten in dieser Datei sind aus einer Doktorarbeit, die über die Vorhersage des Verwelkens von Rosen [40] handelt. Genauer gesagt, die Absicht der Doktorarbeit ist es gewesen, herauszufinden, ob das Welken von Rosen durch die Konzentrationen bestimmter Kohlenhydrate in einer Rose vorhergesagt werden kann. Sollten auf diese Weise verlässliche Prognosen möglich sein, könnte dies als Basis für die Entwicklung praktischer Werkzeuge dienen, die eine Qualitätskontrolle für die Rosenproduktion im großen Maßstab erlauben würden. Wenn wir Volz.csv mit *Calc* einlesen, so erhalten wir eine Datentabelle mit 19 Spalten. Die ersten 18 Spalten (Conc1–Conc18) enthalten Konzentrationen von verschiedenen

Kohlenhydraten, die in einer bestimmten Zeit gemessen worden sind. Die letzte Spalte mit der Bezeichnung `DegWilt` beschreibt das Rosenwelken. Die angegebenen Zahlen geben einen bestimmten Grad der Verwelkung wieder, die nach einer vorgegeben Zahl an Tagen nach der Kohlenhydratmessung beobachtet worden ist (siehe [40] für weitere Details).

Jetzt wollen wir diese Daten mittels Regression beschreiben, wozu wir eine Gleichung für die abhängige Variable y (entspricht `DegWilt`) in Abhängigkeit der erklärenden Variablen $x_1, \dots, x_{18}$ (entsprechen den `Conc1–Conc18`) brauchen. Eine direkte (lineare) Verallgemeinerung der Gl. (2.30) ist

$$\hat{y}(x_1, x_2, \dots, x_{18}) = a_0 + a_1 x_1 + a_2 x_2 + \cdots + a_{18} x_{18} \tag{2.46}$$

was der einfachste Ausdruck für eine multiple lineare Regressionsgleichung ist.

Bemerkung 2.7. Multiple Regression Multiple Regressionsfunktionen $\hat{y}(\boldsymbol{x})$ berechnen eine abhängige Variable y mittels erklärenden bzw. unabhängigen Variablen $\boldsymbol{x} = (x_1, \dots, x_n)$ $(n > 1)$ und Regressionskoeffizienten $a_0, a_1, \dots, a_s$. Wenn $\hat{y}(\boldsymbol{x})$ linear von $a_0, a_1, \dots, a_s$ abhängt, dann kann diese Funktion durch multilineare (auch: multiple lineare) Regression an Messdaten angepasst werden. Die multiple nichtlineare Regression wird in Abschnitt 2.4 behandelt.

Ähnlich zu Gl. (2.43) lässt sich die allgemeine Form einer multiplen linearen Regressionsgleichung mit einer beliebigen Anzahl $n \in \mathbb{N}$ an unabhängigen Variablen beschreiben als

$$\hat{y}(\boldsymbol{x}) = a_0 + a_1 f_1(\boldsymbol{x}) + a_2 f_1(\boldsymbol{x}) + \cdots + a_s f_s(\boldsymbol{x}) \tag{2.47}$$

wobei $\boldsymbol{x} = (x_1, x_2, \dots, x_n)^t$ und f_i beliebige reelle Funktionen sind. Beachte, dass diese Regressionsgleichung linear ist, da die Regressionskoeffizienten $a_0, \dots, a_s$ linear auftreten, obwohl die f_i eventuell nichtlineare Funktionen sind (vergleiche die Diskussion zum GAG-Datenbeispiel in Abschnitt 2.2.6). Zum Beispiel wird eine Regressionsfunktion wie

$$\hat{y}(x_1, x_2) = a_0 + a_1 x_1 + a_2 x_2 + a_3 x_1^2 + a_4 x_2^2 + a_5 x_1 x_2 \tag{2.48}$$

mit einer multiplen *linearen* Regression behandelt, da $\hat{y}$ in dieser Gleichung durch eine Linearkombination der Regressionskoeffizienten $a_0, \dots, a_5$ berechnet wird, obwohl sie nichtlinear von den unabhängigen Variablen x_1 und x_2 abhängt.

Nehmen wir einmal an, wie in der Diskussion oben zur linearen Regression, dass ein allgemeiner Datensatz in der Form $(x_{i1}, x_{i2}, \dots, x_{in}, y_i)$ oder $(\boldsymbol{x}_i, y_i)$, $i = 1, \dots, m$, gegeben ist. Dann können die Koeffizienten $a_0, a_1, \dots, a_n$ der Gl. (2.47) dadurch bestimmt werden, dass $\hat{y}(\boldsymbol{x}_i) - y_i$ so klein wie möglich werden soll. Dies lässt sich erneut durch eine Minimierung der Summe der Fehlerquadrate ausdrücken:

$$\min_{a_0, a_1, \dots, a_n \in \mathbb{R}} \text{RSS} \tag{2.49}$$

```
Coefficients:
             Estimate Std. Error t value Pr(>|t|)
(Intercept)  6.478323   1.536653   4.216 0.000235 ***
Conc1        0.016486   0.234378   0.070 0.944422
Conc2       -0.135121   0.138198  -0.978 0.336578
Conc3        0.559909   0.174984   3.200 0.003407 **
Conc4       -0.011978   0.312399  -0.038 0.969688
Conc5       -0.119661   0.198083  -0.604 0.550645
Conc6        0.066049   0.044524   1.483 0.149127
Conc7       -0.361879   0.776635  -0.466 0.644850
Conc8       -0.510537   0.736048  -0.694 0.493636
Conc9        0.148792   0.275820   0.539 0.593840
Conc10      -0.059113   0.375760  -0.157 0.876124
Conc11       0.195847   0.225235   0.870 0.391953
Conc12      -0.008367   0.499120  -0.017 0.986744
Conc13       0.748161   1.333190   0.561 0.579138
Conc14      -0.116084   0.907106  -0.128 0.899086
Conc15       0.070382   0.154007   0.457 0.651194
Conc16      -5.674415   2.144584  -2.646 0.013214 *
Conc17       4.508930   1.488431   3.029 0.005224 **
Conc18       1.016512   0.376520   2.700 0.011635 *
---
Signif. codes:  0 '***' 0.001 '**' 0.01 '*' 0.05 '.' 0.1 ' ' 1

Residual standard error: 0.9384 on 28 degrees of freedom
Multiple R-Squared: 0.8158,     Adjusted R-squared: 0.6974
F-statistic:  6.89 on 18 and 28 DF,  p-value: 3.675e-06
```

(a)

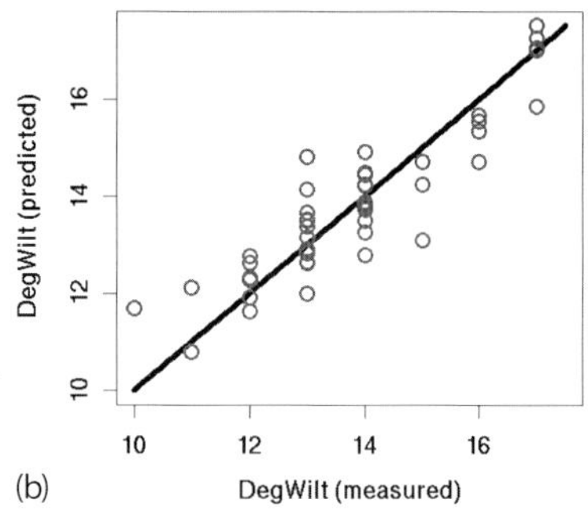

(b)

Abb. 2.6 (a) Ergebnis der multiplen Regression für die Daten `Volz.csv` mittels *R* (abhängige Variable: `DegWilt`, unabhängige Variablen: `Conc1`, `Conc2`, ...). (b) Vergleich der Prognose ($\hat{y}$, DegWilt(predicted)) und der gemessenen Werte (y, DegWilt(measured)) von `DegWilt`. Die Kreise stellen die Koordinaten $(y_i, \hat{y}(\boldsymbol{x}_i))$ $(i = 1, \ldots, m)$ dar, die Gerade ist $\hat{y} = y$. Die Abbildung ist mittels `LinRegEx2.r` erzeugt worden.

mit

$$\text{RSS} = \sum_{i=1}^{m} \left(y_i - \hat{y}(\boldsymbol{x}_i) \right)^2 \tag{2.50}$$

2.3.2
Lösung mittels Software

Um das Problem (2.49) mit *R* zu lösen, können wir auf die gleiche Weise, wie Abschnitt 2.2 beschrieben, vorgehen. Im *R-Commander* können wir den Menüpunkt „Statistik/Regressionsmodelle/Lineare Regression“ anwählen und `Conc1`, ..., `Conc18` als unabhängige Variablen sowie `DegWilt` als abhängige Variable auswählen. Alternativ können wir auch ein *R*-Programm wie `LinRegEx2.r` aus der Buchsoftware benutzen. `LinRegEx2.r` arbeitet sehr ähnlich wie `LinRegEx1.r`, das in Abschnitt 2.2 vorgestellt worden ist (einige Bemerkungen über `LinRegEx2.r` sind weiter unten zu finden). Beide Wege erzeugen ein Resultat wie in Abb. 2.6a gezeigt.

Die *Interpretation der Abb.* 2.6*a* verläuft entlang denselben Zeilen wie die Interpretation von Abb. 2.4 oben. Als Erstes schauen wir uns die Schätzung der Regressionskoeffizienten $a_0, a_1, \ldots, a_{18}$ in der `Estimate`-Spalte der Abb. 2.6a an: $a_0 = 6{,}478\,323$, $a_1 = 0{,}016\,486, \ldots, a_{18} = 1{,}016\,512$. Damit erhalten wir für die Regressionsgleichung (2.46):

$$\hat{y}(x_1, x_2, \ldots, x_{18}) = 6{,}478\,323 + 0{,}016\,486 x_1 + \cdots + 1{,}016\,512 x_{18} \tag{2.51}$$

Die Regressionskoeffizienten $a_0, a_1, \ldots, a_{18}$ können als Realisationen der entsprechenden Zufallsvariablen $\alpha_0, \alpha_1, \ldots, \alpha_{18}$ betrachtet werden. Die Spalten mit „`Std. Error`“ und „`t value`“ in Abb. 2.6a zeigen statistische Eigenschaften dieser Zufallsvariablen wie in Abschnitt 2.2.4 oben diskutiert. Ähnlich zu Gl. (2.39) beruht die statistische Analyse auf der Annahme, dass die Daten wie folgt ausgedrückt werden können:

$$y_i = \alpha_0 + \alpha_1 x_{i1} + \cdots + \alpha_{18} x_{i18} + \epsilon_i\,, \qquad i = 1, \ldots, m \tag{2.52}$$

Erneut nehmen wir an, dass ϵ_i normalverteilt mit Erwartungswert null und homoskedastisch ist (d. h. konstante Varianz σ^2).

Abbildung 2.6b vergleicht die prognostizierten und die gemessenen Werte von `DegWilt` in einer Graphik, die wir als *Predicted-Measured-Plot* bezeichnen. Beachte den Unterschied zwischen dieser Abbildung und der Abb. 2.4 in Abschnitt 2.2.2: In Abb. 2.4 ist die abhängige Variable gegen die unabhängige Variable gezeichnet, wohingegen Abb. 2.6b nur die abhängige Variable beinhaltet. Ein Bild der abhängigen Variable gegen die unabhängigen Variablen ähnlich zu Abb. 2.4 kann hier nicht gemacht werden, da dies einen 19-dimensionalen Raum (18 erklärende Variablen und 1 erklärte Variable) erfordern würde. Abb. 2.6b ist eine elegante Art eine graphische Vorstellung über die Qualität einer Regression zu bekommen, auch wenn eine große Anzahl an unabhängigen Variablen vorhanden ist. Bei der Interpretation der Abb. 2.6b sollte man beachten, dass die dargestellte Gerade $\hat{y} = y$ *keine* Regressionsgerade ist. Vielmehr kann diese Darstellung verwendet werden, um den Prognosefehler für jeden prognostizierten Wert $\hat{y}(\boldsymbol{x}_i)$ beurteilen zu können. Wenn $\hat{y}(\boldsymbol{x}_i)$ mit dem entsprechenden Messwert y_i übereinstimmt, dann haben wir $\hat{y}(\boldsymbol{x}_i) = y_i$ und folglich wird der zu zeichnende Kreis exakt auf der Geraden $\hat{y} = y$ liegen. Auf der anderen Seite wird jede Abweichung zwischen $\hat{y}(\boldsymbol{x}_i)$ und y_i entsprechende Abweichungen zwischen Kreis $(y_i, \hat{y}(\boldsymbol{x}_i))$ und der Geraden $\hat{y} = y$ erzeugen. Wenn die Regressionsgleichung mit den Daten sehr gut übereinstimmt, werden damit die Daten in einem Predicted-Measured-Plot sehr nahe bei der Geraden liegen, Und sie werden stark von der Geraden abweichen, wenn die Regressionsgleichung wesentlich von den Daten abweicht. Konkret sagt uns Abb. 2.6b, dass das gefundene Regressionsmodell von durchschnittlicher Qualität ist: Einige der Prognosen stimmen recht gut mit den Daten überein, aber es gibt auch Abweichungen zwischen Prognosen und Messungen von einigen Tagen. Wer einen konventionellen Plot mit einem Predicted-Measured-Plot vergleichen möchte, der kann dies mit Abb. 2.10 tun.

Bemerkung 2.8. Predicted-Measured-Plot In einem Predicted-Measured-Plot wie Abb. 2.6b werden die prognostizierten Werte ($\hat{y}(\boldsymbol{x}_i)$) gegen die gemessenen Werte (y_i) der abhängigen Variable geplottet. Abweichungen zwischen Daten und Prognosen sind in dieser Graphik durch Abweichungen von der winkelhalbierenden Geraden $\hat{y} = y$ erkennbar. Predicted-Measured-Plots sind nützlich, um Regressionen mit mehr als zwei unabhängigen Variablen zu evaluieren, da in diesem Fall die abhängige Variable aus Dimensionsgründen nicht mehr gegen (alle) unabhängigen Variablen geplottet werden kann.

Die durchschnittliche Qualität dieser Regression spiegelt sich auch im Bestimmtheitsmaß wider. Aus Abb. 2.6a können wir $R^2 = 0{,}8158$ ablesen. Wie im vorherigen Abschnitt erläutert sind damit rund 20 % der Variation der Messdaten nicht durch die abhängige Variable des aktuellen Regressionsmodells erklärbar (siehe Bemerkung 2.4). Wenn wir eine bessere Prognose wünschen, sollten wir nach weiteren unabhängigen Variablen suchen, die dann in ein erweitertes multiples Regressionsmodell eingehen. Aus Abb. 2.6b ist auch erkennbar, dass die Kreise auf Geraden parallel zur y-Achse liegen. Der Grund hierfür liegt darin, dass der Verwelkungsgrad in `Volz.csv` mit ganzen Zahlen ausgedrückt wird.

Es ist möglich, dass der R^2-Wert, wie in den Gln. (2.37) und (2.38) definiert, mit zusätzlichen unabhängigen Modellvariablen verbessert werden kann, auch wenn diese zusätzlichen Variablen die Qualität des Modells nicht verbessern [26]. Deshalb ist ein Vergleich der R^2-Werten von Regressionsmodellen mit unterschiedlicher Anzahl von erklärenden Variablen fragwürdig. Ein Standardweg, um dieses Problem zu umgehen, ist der Gebrauch eines *korrigierten Bestimmtheitsmaßes* oder *angepassten Bestimmtheitsmaßes*, welches den R^2-Wert in Bezug auf die Anzahl der Variablen und Stichprobengröße anpasst[26]. Führt man die lineare Regression mit R durch, so erscheint das angepasste („adjusted") R^2 im Resultat der Berechnung (siehe `Adjusted R-squared` in Abb. 2.6a).

Das R-Programm `LinRegEx2.r`, das für die Erstellung der Abb. 2.6b verwendet worden ist, basiert wieder auf der R-Funktion `lm`. Es arbeitet in einer ähnlichen Weise wie das entsprechende Programm `LinRegEx1.r`, welches in Abschnitt 2.2.5 oben besprochen worden ist. Wie dort bereits beschrieben, muss die Regressionsgleichung die Variablennamen enthalten, die auch in den Daten benutzt werden. In `Volz.csv` bezeichnen `Conc1-Conc18` die unabhängigen Variablen und `DegWilt` die abhängige Variable. In Analogie zu Zeile 1 von Listing 2.19 kann die multiple Regressionsgleichung geschrieben werden als

$$\texttt{DegWilt} \sim \texttt{Conc1} + \texttt{Conc2} + \texttt{Conc3} + \ldots + \texttt{Conc18} \tag{2.53}$$

Wenn wir diese Schreibweise verwenden, so müssen alle unabhängigen Variablen explizit geschrieben werden, inklusive `Conc4-Conc17`, die in (2.53) aus Platzgründen weggelassen worden sind. In `LinRegEx2.r` wird die abkürzende Notation „`DegWilt  .`" verwendet, wobei der Punkt als Platzhalter für alle Variablen im Datensatz, mit Ausnahme der abhängigen Variablen, dient. Diese Schreibweise kann auf verschiedene Weise modifiziert werden (siehe Hilfeseiten von R). Zum Beispiel ergibt „`DegWilt  .-Conc17`" ein multiples Regressionsmodell, das alle unabhängigen Variablen außer `Conc17` enthält.

2.3.3 Kreuzvalidierungsverfahren

Zwar geben und R^2-Werte und Graphiken wie Abb. 2.6b uns einen Eindruck über die Qualität eines Regressionsmodells, aber diese können keine gute Prognosetauglichkeit des Modells garantieren. Beispielsweise können neu gewonnene Daten von einer erklärenden Variable beeinflusst sein, die beim Datensatz zur Regression und Erstellen des Modells konstant gewesen ist. Dieses Modell ist unter

Umständen schlecht geeignet, um die neuen Daten zu beschreiben. Nehmen wir einmal an, dass wir den Ertrag eines besonderen Saatguts anhand einer Regressionsgleichung voraussagen möchten. Dazu liegen uns Daten vor, die das Wachstum der Saat bei einer konstanten Temperatur von 20 °C beschreiben. Obwohl das Modell mit dem vorliegenden Regressionsdatensatz vielleicht $R^2 = 1$ erreichen kann, wird dieses Modell wahrscheinlich vollständig nutzlos zur Beschreibung eines anderen Datensatzes sein, den wir aus dem Wachstum des Saatguts bei einer konstanten Temperatur von 10 °C gewinnen. Um zumindest eine erste Idee zu bekommen, was ein bestehendes Regressionsmodell für unbekannte Daten leistet, können wir ein sogenanntes *Kreuzvalidierungsverfahren* durchführen. Bei einer Kreuzvalidierung werden „neue Daten" auf verschiedene Art imitiert. Eine Variante ist zum Beispiel die Einteilung eines vorhandenen Datensatzes in *Trainingsdaten*, die zum Aufstellen der Regressionsgleichung verwendet werden, und in *Testdaten*, die zur Beurteilung der Prognosegüte verwendet werden (dieses Vorgehen nennt man *Holdout-Methode*, siehe auch [41]).

Das *R*-Programm `LinRegEx3.r` (Teil der Buchsoftware) führt eine solche Kreuzvalidierung für die Daten zum Welken von Rosen (`Volz.csv`) durch. Das Programm ist sehr ähnlich zu `LinRegEx2.r`, nur die folgenden Programmzeilen der Implementierung zur Einteilung der Daten in Trainings- und Testdaten sind verschieden:

```
1 Dataset=read.csv(FileName,...)
2 TrainInd=sample(1:47,37)
3 TrainData=Dataset[TrainInd,]
4 TestData=Dataset[-TrainInd,]
5 RegModel=lm(DegWilt~. ,data=TrainData)
6 DegWiltTrain=predict(RegModel,TrainData)
7 DegWiltTest=predict(RegModel,TestData)
```

Listing 2.20 Auszug aus `LinRegEx3.r`.

In Zeile 1 von Listing 2.20 werden die Daten in der Variable `Dataset` abgespeichert, anschließend werden in der nächsten Zeile 37 zufällige Zahlen zwischen 1 und 47 (entspricht den 47 Datenzeilen in `Volz.csv`) als Indizes gezogen. Mehr Informationen zum `sample`-Befehl der Zeile 2 finden sich in [37] und auf den *R*-Hilfeseiten. Die 37 zufälligen Indizes werden in der Variable `TrainInd` gespeichert, die dann in Zeile 3 verwendet wird, um die Trainingsdaten in `TrainData` zusammenzustellen. Dazu werden die Daten aus `Dataset` ausgewählt, die in den Zeilen entsprechend den Indizes von `TrainInd` stehen. Die übrigen Zeilen von `Dataset` werden dann in Zeile 4 als Testdaten in `TestData` zusammengefasst. Das Regressionsmodell `RegModel` wird anschließend in Zeile 5 mit Hilfe der Trainingsdaten berechnet (beachte den Unterschied zu Zeile 4 von Listing 2.19, in der das Regressionsmodell aus dem gesamten Datensatz berechnet wird). Dann wird mit dem `predict`-Kommando die Regressionsgleichung getrennt auf die Trainingsdaten (Zeile 6 von Listing 2.20) und Testdaten (Zeile 7) angewendet.

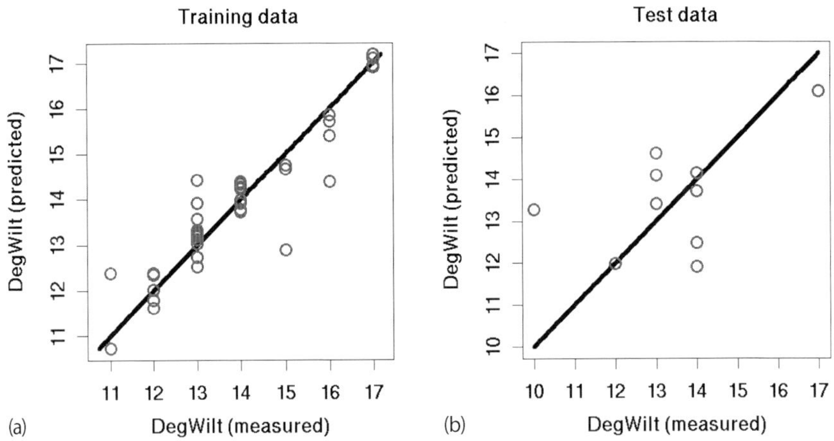

Abb. 2.7 Vergleich der prognostizierten ($\hat{y}$) und gemessenen (y) Werte von `DegWilt` mittels zufälliger Auswahl der Trainingsdaten ($n = 37$) und komplementären Testdaten ($n = 10$). In jedem Diagramm sind Kreise an den Koordinaten $(y_i, \hat{y}(\boldsymbol{x}_i))$ $(i = 1, \ldots, m)$ dargestellt und die Gerade ist $\hat{y} = y$. Die Abbildung ist mit `LinRegEx3.r` erstellt worden.

Abbildung 2.7 zeigt ein Ergebnis des Beispiels mit `LinRegEx3.r`. Bei der Ausführung des Programms auf dem eigenen Rechner ist zu beachten, dass sich das Ergebnis wahrscheinlich etwas von Abb. 2.7 unterscheiden wird, da der `sample`-Befehl vielleicht andere Trainings- und Testdaten auswählt. Wie in [37] beschrieben erzeugt der `sample`-Befehl keine echte Zufallszahlen, sondern *Pseudo-Zufallszahlen*. Der aktuelle Zustand des Algorithmus wird von ganzen Zahlen gesteuert, die in dem *R*-Objekt `.Random.seed` gespeichert sind. Daher ist es möglich, dass `LinRegEx3.r` verschiedene Ergebnisse auf verschiedenen Rechnern oder bei mehrfacher Ausführung erzeugt, je nach Anfangszustand des Algorithmus auf dem Rechner. Abbildung 2.7 vergleicht die gemessenen mit den prognostizierten Werten von `DegWilt`, ähnlich zu Abb. 2.6b oben. Es ist zu erkennen, dass größere Abweichungen zwischen der Gerade $\hat{y} = y$ und den Testdaten (nicht für die Regression verwendet) vorhanden sind. Dies zeigt auch der R^2-Wert (Trainingsdaten R^2: 0,86, Testdaten R^2: 0,22) und die mittlere Abweichung (Trainingsdaten: 0,41 Tage, Testdaten: 1,13 Tage), die mit `LinRegEx3.r` berechnet worden sind. Wiederholt man die Kreuzvalidierung mehrere Male und mittelt die Ergebnisse, dann erhält man eine recht gute Idee über die Prognosegüte des Regressionsmodells. Dies gilt zumindest für die Daten, die ähnlich zu den für die Regression benutzen Daten sind (das schließt die Daten aus, die z. B. wie oben angedeutet für unterschiedliche Temperaturen gewonnen worden sind).

2.4 Nichtlineare Regression

2.4.1 Das nichtlineare Regressionsproblem

Bis jetzt haben wir (multiple) lineare Regressionsfunktionen der allgemeinen Gestalt

$$\hat{y}(\boldsymbol{x}) = a_0 + a_1 f_1(\boldsymbol{x}) + a_2 f_1(\boldsymbol{x}) + \cdots + a_s f_s(\boldsymbol{x}) \tag{2.54}$$

betrachtet, wobei $a_0, a_1, \ldots, a_s$ die Regressionskoeffizienten, $\boldsymbol{x} = (x_1, \ldots, x_n)$ und $f_1(\boldsymbol{x}), \ldots, f_s(\boldsymbol{x})$ beliebige reelle Funktionen sind (siehe Diskussion der Gl. (2.47) in Abschnitt 2.3.1 oben). Wie oben beschrieben nennt man Regressionsfunktionen dieser Art *linear*, da $\hat{y}(\boldsymbol{x})$ als Linearkombination der Regressionskoeffizienten berechnet wird. Allerdings wird in vielen Anwendungen die Regressionsfunktion in nichtlinearer Weise von den Regressionskoeffizienten abhängen. In allgemeiner Form lässt sich dies mit $\boldsymbol{a} = (a_1, \ldots, a_s)$ wie folgt ausdrücken:

$$\hat{y}(\boldsymbol{x}) = f(\boldsymbol{x}, \boldsymbol{a}) \tag{2.55}$$

wobei f eine allgemeine reelle Funktion ist (eine leicht allgemeinere, vektorielle Form dieser Gleichung wird am Ende dieses Abschnitts vorgestellt). Ähnlich zum Vorgehen wie in den Abschnitten 2.2.1 und 2.3.1 oben, wird $\hat{y}(\boldsymbol{x})$ durch eine Minimierung der Summe der Fehlerquadrate an die Messdaten angepasst.

2.4.2 Lösung mit Software

Schauen wir uns einige Beispiele an. Abbildung 2.8 zeigt *Daten zu US-Investitionen* (relative Änderungen der Investitionen im Vergleich zu einem Referenzwert), sie werden in [42, 43] näher beschrieben. Diese Daten sind Teil von *R*s `Ecdat`-Bibliothek, und Teil der Datei `klein.csv` (Bestandteil der Buchsoftware). Als Folge der Konjunkturzyklen zeigen die Daten ein oszillierendes, sinusförmiges Muster. Um diese Daten mit einer Regressionsfunktion zu beschreiben, sollten diese logischerweise mit einer allgemeinen Sinus-Funktion

$$\hat{y}(x) = a_0 \cdot \sin(a_1 \cdot (x - a_2)) \tag{2.56}$$

beschrieben werden. Mit dem Ansatz

$$f(x, \boldsymbol{a}) = f(x, a_0, a_1, a_2) = a_0 \cdot \sin(a_1 \cdot (x - a_2)) \tag{2.57}$$

hat Gl. (2.56) die allgemeine Form von Gl. (2.55) und somit haben wir eine nichtlineare Regressionsfunktion vorliegen. Diese lässt sich nicht in eine lineare Form wie Gl. (2.54) bringen, da a_1 und a_2 im Argument der (nichtlinearen) Sinus-Funktion auftreten. Drei Regressionskoeffizienten können verwendet werden,

```
Parameters:
    Estimate Std. Error  t value Pr(>|t|)
a0 4.257e+00  7.354e-01    5.788 1.41e-05 ***
a1 3.744e-01  2.464e-02   15.196 4.38e-12 ***
a2 1.921e+03  7.471e-01 2570.806  < 2e-16 ***
...
Correlation of Parameter Estimates:
   a0    a1
a1 -0.06
a2  0.01  0.81
...
Confidence Intervals:
...
             2.5%         97.5%
a0    2.7204091    5.8012786
a1    0.3219011    0.4360026
a2 1918.8511853 1922.1489826
R-Squared: 0.5861764
RSQ: 105.2303
```

(a)

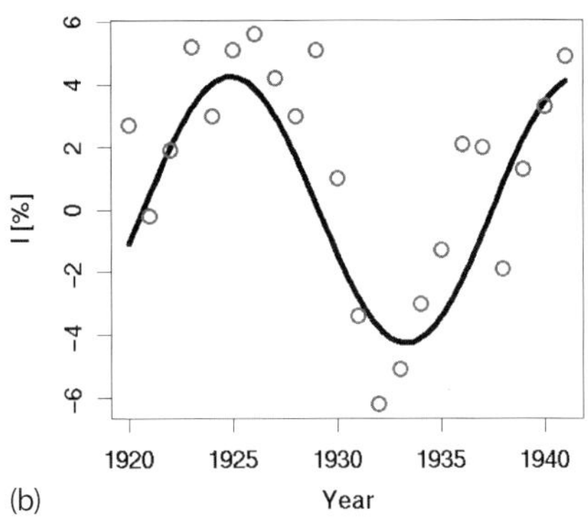

(b)

Abb. 2.8 (a) Ergebnis der nichtlinearen Regression mittels der *R*-Funktion `nls` auf Basis von Gl. (2.56), `klein.csv` und `NonRegEx1.r`. (b) Vergleich der Regressionsfunktion Gl. (2.56) (Kurve) mit den Daten `klein.csv` (Kreise). Abbildung mit `NonRegEx1.r` erzeugt.

um die Funktion an die Daten anzupassen: a_0 bestimmt die Amplitude der Funktion, a_1 bestimmt seine Periode und a_2 verschiebt die Sinus-Funktion entlang der x-Achse.

Die Berechnung einer nichtlinearen Regression für die Daten `klein.csv` und der Gl. (2.56) kann nach einfachen Änderungen von `LinRegEx1.r` (in Abschnitt 2.2 oben vorgestellt) mit *R* durchgeführt werden. Das führt zum *R*-Programm `NonRegEx1.r` (in der Buchsoftware vorhanden). Schauen wir uns die wesentlichen Anweisungen von `NonRegEx1.r` an, welche die nichtlineare Regression berechnet (alles andere ist ähnlich zu `LinRegEx1.r`):

```
1 d=read.csv('klein.csv')
2 m=nls(inv~a0*sin(a1*(year-a2))
3       ,d
4       ,start=c(a0=5,a1=2*pi/15,a2=1920)
5     )
6 nlstools::plotfit(m,smooth=TRUE,lwd=2)
```

Listing 2.21 Auszug aus `NonRegEx1.r`.

In Zeile 1 werden die Daten der Datei `klein.csv` eingelesen und in der Variablen `d` abgespeichert. Das Regressionsmodell wird dann in Zeile 2 mit der *R*-Funktion `nls` berechnet und das ist der wesentliche Unterschied zum linearen Regressionsmodell im vorherigen Abschnitt. Dort sind alle Modelle mit der *R*-Funktion `lm` aufgestellt worden. Das erste Argument der `nls`-Funktion definiert die Regressionsfunktion gemäß Gl. (2.56). Dabei ist zu beachten, dass $\hat{y}$ und x durch die entsprechenden Spaltennamen der Tabelle von `klein.csv`, also `inv` und `year`, ersetzt worden sind. Das zweite Argument (Zeile 3) erwartet den Datensatz, in diesem Fall `d`. Da hinter der Berechnung des nichtlinearen Regressionsmodells ein iterativer Algorithmus liegt, wird noch ein Startvektor erwartet, der als drittes Argument (Zeile 4) übergeben wird und dessen Bedeutung unten näher erklärt ist.

Abschließend wird ein Schaubild mit Hilfe der *R*-Funktion `plotfit` erstellt, welches die Regressionsfunktion zusammen mit den Datenpunkten zeigt (Abb. 2.8b).

Bemerkung 2.9. ***R*-Funktion `nls`** Im Gegensatz zur `lm`-Funktion, die lineare Regressionen berechnet, wird die Parameterschätzung mit der `nls`-Funktion durchgeführt, die auf einer *iterativen numerischen Methode* basiert. Daher beginnt die Berechnung der Parameterwerte mit vorgegebenen *Startwerten*, die dann Schritt für Schritt verbessert werden, bis das Problem mit ausreichender Genauigkeit gelöst ist.

Die erforderliche Genauigkeit wird über die *R*-Funktion `nls.control` gesteuert, siehe Hilfeseiten von *R*. Einzelheiten über die iterative Methode von `nls` können in [36, 44] gefunden werden. Die Startwerte müssen allerdings vom Anwender festgelegt werden, was in Zeile 4 von Listing 2.21 geschieht. Allgemein kann man sagen, dass die von `nls` verwendete iterative Methode besser konvergiert, wenn die Startwerte der Parameter nahe der Lösung des Regressionsproblems liegen. Das bedeutet, wenn `nls` nicht konvergiert, kann eventuell durch eine andere Wahl von Startwerten eine Konvergenz erreicht werden. Es kann auch passieren, dass für jede Wahl von Startwerten keine Konvergenz erzielt wird. Normalerweise bedeutet das, dass für diesen Fall das Regressionsmodell ungeeignet ist und durch ein anderes ersetzt werden sollte.

Um einen *Startwert* zu *wählen*, sollte man natürlich jegliche Art an verfügbaren a-priori-Informationen der Parameter nutzen. Wenn man beispielsweise bestimmte Grenzwerte für Parameterwerte aus theoretischen Überlegungen her kennt, dann ist es in der Regel eine gute Idee, den Startwert genau zwischen diese Grenzwerte zu legen. Wir können auch Parameterwerte aus der Literatur verwenden oder versuchen, Werte aus den gegeben Daten abzuschätzen. In unserem Fall kann eine vernünftige Schätzung aus den Daten in Abb. 2.8b abgeleitet werden. Wenn wir uns die Daten anschauen, so liegt die Amplitude der Oszillationen bei ± 5. Daher bietet es sich an, den Wert $a_0 = 5$ zu wählen. Darüber hinaus scheinen die Daten eine Periodenlänge von etwa 15 Jahre zu haben. Also setzen wir $a_1 = 2\pi/15$, da die Sinus-Funktion in *R* das Argument in Bogenlänge erwartet. Schließlich beginnt die Periode bei der x-Koordinate 1920 und daher setzen wir $a_2 = 1920$. Exakt diese Startwerte der Parameter sind in Zeile 4 von Listing 2.21 definiert und werden als Argument der `nls`-Funktion übergeben. Lassen wir das Programm `NonRegEx1.r` laufen, so erhalten wir das Ergebnis zu den Abbn. 2.8a und 2.8b.

Abbildung 2.8b zeigt die Regressionsfunktion (2.56) für die geschätzten und aus Abb. 2.8a ablesbaren Koeffizienten a_0, a_1 und a_2 und vergleicht diese mit den Daten `klein.csv`. Es ist offensichtlich, dass die Regressionsfunktion die allgemeine Tendenz der Daten korrekt wiedergibt. Eine erhebliche (aber unvermeidliche) Streuung der Daten um die Regressionsfunktion bleibt. Das drückt sich auch im R^2-Wert von nur 0,58 aus (Abb. 2.8a). Das *Vertrauensintervall* in Abb. 2.8a wird mit der *R*-Funktion `confint` generiert, siehe `NonRegEx1.r`. Diese Vertrauensintervalle beziehen sich auf Zufallsvariablen, die die Schätzungen von a_0, a_1 und

a_2 liefern und die wir analog zu Abschnitt 2.2.4 mit α_0, α_1 und α_2 bezeichnen. Zum Beispiel für α_0 haben wir das Vertrauensintervall [2,720 409 1, 5,801 278 6], d. h. der „wahre" Wert von α_0 liegt mit einer Wahrscheinlichkeit von 95 % in diesem Intervall [26]. Auf diese Weise erhalten wir eine Idee, wie scharf α_0 und die anderen Parameter aus den Daten geschätzt werden können (Länge des Vertrauensintervalls). Wie die Abb. 2.8a zeigt, haben wir ein kleineres Vertrauensintervall für α_1 und α_2. Das bedeutet, diese Parameter können im Vergleich zu α_0 mit einer höheren Genauigkeit aus den Daten geschätzt werden.

Die `nls`-Funktion berechnet auch *Korrelationen* zwischen den Parameterschätzungen. Zum Beispiel zeigt Abb. 2.8a eine Korrelation von 0,01 zwischen α_0 und α_1 und eine Korrelation von 0,81 zwischen α_1 und α_2 (wobei wir mit den griechischen Buchstaben α_0, α_1 und α_2 die Zufallsvariablen bezeichnen, welche die Schätzungen zu a_0, a_1 und a_2 generieren, analog zu Abschnitt 2.2.4). Solche Korrelationen können verwendet werden, um einen Versuchsplan für eine bessere Schätzbarkeit der Parameter, wie in [34] vorgestellt, zu erstellen. In [34] wird erklärt, dass eine besonders hohe Korrelation zwischen zwei zu schätzenden Parametern darauf hindeutet, dass der Informationsgehalt der Datenmenge nicht ausreicht, um zwischen diesen beiden Parameter zu unterscheiden. Oder es kann bedeuten, dass die Modellformulierung entartet ist.

2.4.3
Multiple nichtlineare Regression

Die im letzten Abschnitt vorgestellte Methode deckt eine große Anzahl an Beispielen ab, die eine einzelne unabhängige Variable beinhalten. Dennoch können, wie im Fall der linearen Regression, natürlich auch mehrere unabhängige Variablen bei einer nichtlinearen Regression beteiligt sein. Als Beispiel betrachten wir die Kalibrierung eines Stormer-Viskosimeters. Geeignete Daten sind Teil der *R*-Bibliothek `MASS` und sie sind auch in der Datei `stormer.csv` (Teil der Buchsoftware) zu finden. In [37] wird das Prinzip eines Stormer-Viskosimeters wie folgt erklärt (siehe [45] für nähere Einzelheiten):

Bemerkung 2.10. Stormer-Viskosimeter Ein Stormer-Viskosimeter misst die Viskosität einer Flüssigkeit, indem die Zeit gemessen wird, die ein innerer Zylinder in einer Vorrichtung für eine bestimmte Anzahl von Umdrehungen unter Einwirkung einer Last benötigt. Das Viskosimeter wird kalibriert, indem die Zeit unter verschiedenen Lasten gemessen wird, während die Vorrichtung in einer Flüssigkeit mit genau bekannter Viskosität eingehängt ist.

Die Datensatz zur Kalibrierung umfasst drei Spalten mit Daten: die Viskosität v [10^{-1} Pa s], das Gewicht der Last w [g] und die Zeit T [s], was den drei Spalten `Viscosity`, `Wt` und `Time` in der Datei `stormer.csv` entspricht. Aus der Theorie ist bekannt, dass v, w und T wie folgt zusammenhängen [37]:

$$T = \frac{a_1 v}{w - a_2} \tag{2.58}$$

Sobald a_1 und a_2 bekannt sind, kann diese Gleichung für bekannte Werte von w und T zur Bestimmung der Viskosität v verwendet werden. Um a_1 und a_2 aus dem Datensatz der Kalibrierung `stormer.csv` zu bestimmen, führen wir eine nichtlineare Regression mit Gl. (2.58) durch. Identifizieren wir $\hat{y} = T$, $x_1 = v$ und $x_2 = w$, dann können wir Gl. (2.58) schreiben als

$$\hat{y}(x_1, x_2) = \frac{a_1 x_1}{x_2 - a_2} \tag{2.59}$$

Zu beachten ist, dass diese Gleichung nicht in die Gestalt der Gl. (2.54) gebracht werden kann, da a_2 im Nenner des Bruches auf der rechten Seite von Gl. (2.59) steht und damit haben wir eine nichtlineare Regressionsgleichung. Im Prinzip kann dieses Regressionsproblem durch eine einfache Änderung von `NonRegEx1.r` behandelt werden, indem Zeile 1 von Listing 2.21 ersetzt wird durch

```
Time~a1*Viscosity/(Wt-a2)                                   (2.60)
```

Zu beachten ist, dass Gl. (2.60) exakt der Gl. (2.58) entspricht, da die Spalten `Viscosity`, `Wt` und `Time` der Datei `stormer.csv` den v, W und T entsprechen. Gut zu wissen ist, wenn Ausdrücke wie Gl. (2.60) in der `nls`-Funktion benutzt werden, dann haben alle Operatoren wie `*`, / usw. ihre übliche arithmetische Bedeutung (siehe [37] und die Hilfeseiten von *R*). Damit brauchen wir keine *R*-Funktion `I()` wie in Gl. (2.44) einzusetzen, um alle Operatoren als arithmetische Operatoren zu interpretieren. Im *R*-Programm `NonRegEx2.r` ist das Stormer-Viskosimeter als Regressionsproblem für Gl. (2.60) implementiert. Es verwendet $a_1 = 1$ und $a_2 = 0$ als Startwerte. Mit diesen Werten konvergiert `nls` ohne Probleme und es sollte erwähnt werden, dass diese Werte ohne irgendein a-priori-Wissen des Systems ausgesucht worden sind: $a_1 = 1$ ist mit der einfachen Idee gewählt worden, dass wir positive T-Werte brauchen (das durch $a_1 > 0$ erfüllt ist, wenn wir $W > a_2$ annehmen). Mit der Wahl von $a_2 = 0$ drücken wir aus, das wir nichts über den Parameterwert kennen. Tatsächlich haben wir aber ein wenig a-priori-Wissen über diese Parameter, das wir für eine etwas realitätsnähere Wahl an Startwerten einsetzen könnten (siehe [37]). Aber dieses Beispiel zeigt, dass `nls` auch für eine sehr grobe Schätzung der Parameter konvergiert.

Die Abb. 2.9 und 2.10 zeigen Ergebnisse der nichtlinearen Regression, welche mit `NonRegEx2.r` erzeugt worden ist. In Abb. 2.9a ist Regressionsfunktion Gl. (2.58) zu sehen, wenn für a_1 und a_2 die Startwerte gewählt werden. Wir erkennen eine erhebliche Abweichung zwischen der Regressionsfunktion Gl. (2.58) und den Daten aus `stormer.csv`. Abbildung 2.9b zeigt dieselbe Situation, aber mit den geschätzten Werten für a_1 und a_2, die wir mit der *R*-Funktion `nls` erhalten.

Die Regressionsfunktion spiegelt die Daten wesentlich besser wider. Vergleichen wir die beiden Graphen miteinander, dann können wir erkennen, wie die nichtlineare Methode die Regressionsfläche Gl. (2.58) so virtuell deformiert, bis sie an die Daten angepasst ist. Diese Anpassung zwischen Modell und Daten ist fast perfekt (Abb. 2.9b). Das zeigt auch der R^2-Wert ($R^2 = 0{,}99$), der mit `NonRegEx2.r` berechnet wird. Abbildung 2.10 vergleicht das Ergebnis der Regression, indem einerseits die Regressionsfunktion $T(v, w)$ konventionell dargestellt

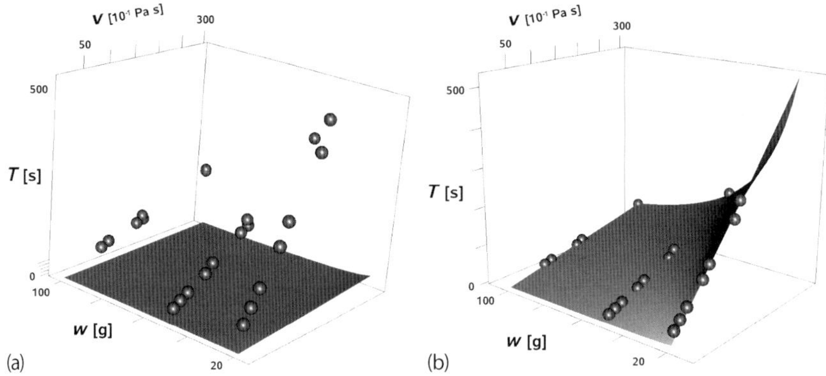

Abb. 2.9 (a) $T(v, w)$ gemäß Gl. (2.58) mit den Startwerten $a_1 = 1$ und $a_2 = 0$ (Fläche) verglichen mit den Daten aus `stormer.csv` (Kugeln). (b) Dieselbe Darstellung aber mit den geschätzten Werten $a_1 = 29{,}4013$ und $a_2 = 2{,}2183$ aus der nichtlinearen Regression mit der *R*-Funktion `nls`. Die Graphen sind mit `NonRegEx2.r` erzeugt worden.

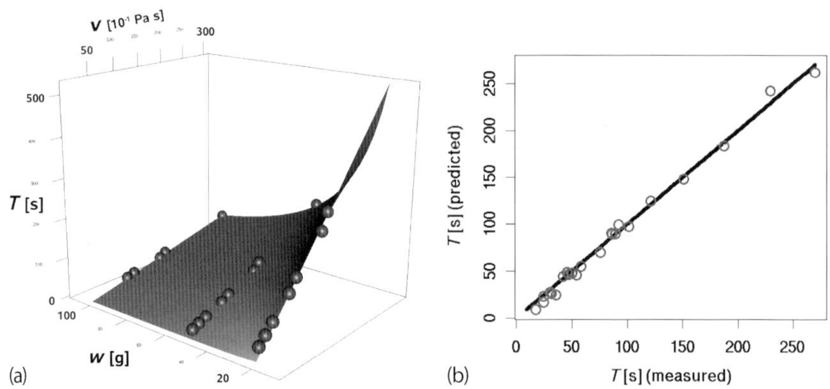

Abb. 2.10 Vergleich der Regressionsgleichung (a) in der konventionellen Darstellung wie Abb. 2.9 und (b) im Predicted-Measured-Plot. Die Abbildungen wurden mit `NonRegEx2.r` erzeugt.

wird (Abb. 2.10a) und andererseits der Predicted-Measured-Plot (Abb. 2.10b), wie in Abschnitt 2.3 vorgestellt, zu sehen ist. Die Aussage der beiden Graphen in Abb. 2.10 ist identisch: eine fast perfekte Übereinstimmung zwischen Regressionsfunktion und Daten.

Darüber hinaus ist natürlich Abb. 2.10a im Vergleich zu Abb. 2.10b informativer, da wir die exakte Position jedes Datenpunktes im v-w-Raum identifizieren können. So können wir zum Beispiel erkennen, welche Datenpunkte erheblich von der Regressionsfunktion abweichen. Zudem erlaubt uns eine Darstellung wie Abb. 2.10a zu beurteilen, ob die Daten durch die Regressionsfunktion hinreichend gut charakterisiert werden und in welchen Bereichen des v-w-Raums zusätzliche experimentelle Daten erforderlich sind. Die Nichtlinearität der Regressionsfläche wird offensichtlich recht gut durch die drei „Reihen“ an Daten charakterisiert. Zu erwähnen ist auch, dass eine konventionelle Darstellung wie Abb. 2.10a nur dann möglich ist, wenn in der Regression höchstens zwei unabhängige Variablen vorhanden sind. Regressionen mit mehr als zwei unabhängigen Variablen werden üblicherweise mit einem Predicted-Measured-Plot wie Abb. 2.10b visualisiert oder durch eine konventionelle Darstellung wie Abb. 2.10a, in der zwei unabhängige Variablen ausgewählt und die anderen unabhängigen Variablen vernachlässigt worden sind (natürlich müssen diese konventionellen Darstellungen mit Vorsicht interpretiert werden).

2.4.4 Implizite und vektorwertige Probleme

Bisher haben wir zwei Beispiele für nichtlineare Regression betrachtet, die eine Regressionsfunktion der folgenden Gestalt haben:

$$\hat{y}(\boldsymbol{x}) = f(\boldsymbol{x}, \boldsymbol{a}) \tag{2.61}$$

Die spezielle Form der Regressionsfunktion für das Beispiel der Investmentdaten ist

$$f(x, a_0, a_1, a_2) = a_0 \cdot \sin[a_1 \cdot (x - a_2)] \tag{2.62}$$

Auf der anderen Seite haben wir im Viskosimeterbeispiel

$$f(x_1, x_2, a_1, a_2) = \frac{a_1 x_1}{x_2 - a_2} \tag{2.63}$$

Die Darstellungen können auf verschiedene Weise verallgemeinert werden. Zum Beispiel kann die Regressionsfunktion als Lösung einer Differentialgleichung implizit gegeben sein. Darüber hinaus kann $\hat{y}$ auch eine vektorwertige Funktion $\hat{\boldsymbol{y}} = (\hat{y}_1, \ldots, \hat{y}_r)$ sein. Ein Beispiel von dieser Art wird weiter unten im Abschnitt 3.6.1 vorgestellt. Die nichtlineare Regressionsfunktion nimmt dann folgende Form an

$$\hat{\boldsymbol{y}}(\boldsymbol{x}) = \boldsymbol{f}(\boldsymbol{x}, \boldsymbol{a}) \tag{2.64}$$

wobei $\boldsymbol{x} = (x_1, \ldots, x_n) \in \mathbb{R}^n$, $\boldsymbol{a} = (a_1, \ldots, a_s) \in \mathbb{R}^s$ und $\hat{\boldsymbol{y}}(\boldsymbol{x})$ sowie $\boldsymbol{f}(\boldsymbol{x}, \boldsymbol{a})$ reelle Vektorfunktionen $\hat{\boldsymbol{y}}(\boldsymbol{x}) = (\hat{y}_1(\boldsymbol{x}), \ldots, \hat{y}_r(\boldsymbol{x}))$, $\boldsymbol{f}(\boldsymbol{x}, \boldsymbol{a}) = (f_1(\boldsymbol{x}, \boldsymbol{a}), \ldots, f_r(\boldsymbol{x}, \boldsymbol{a}))$ $(r, s, n \in \mathbb{N})$ sind.

2.4.5 Regressions-Splines

Ein praktischer Nachteil der bisher beschriebenen nichtlinearen Regressionsmethoden besteht darin, dass die Vorgabe konkreter Ausdrücke für die Regressionsfunktionen erforderlich war. Um dies zu vermeiden, kann man die in diesem Abschnitt beschriebenen Regressions-Splinefunktionen (*smoothings splines*) verwenden (alternativ z. B. auch neuronale Netze, siehe [2]). Die Idee der *smoothings*

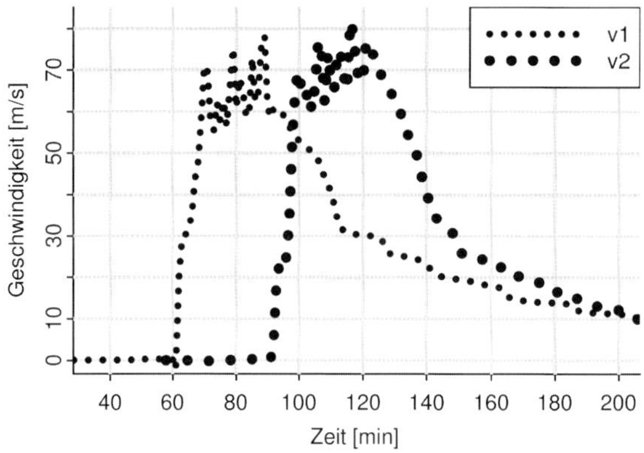

Abb. 2.11 Geschwindigkeitsdaten v1 und v2.

splines ist, dass als Regressionsfunktion glatt miteinander verbundene Polynomfunktionen niedrigen Grades verwendet werden [36, 39, 46, 47].

Wir erläutern eine praxistaugliche Verfahrensweise anhand eines Beispiels. Abbildung 2.11 zeigt zwei Messreihen v1 und v2, die jeweils gemessene Geschwindigkeiten über die Zeit darstellen. Diese Messdaten sind in der Buchsoftware verfügbar (siehe Abschnitt `Smooth.r` in `mms.pdf`). Die Messreihen v1 und v2 sind aufgrund unterschiedlicher Einstellungen A und B einer Maschine entstanden. Jetzt soll ein Verfahren entwickelt werden, um aufgrund der Daten in Abb. 2.11 sicher entscheiden zu können, ob die Maschineneinstellung A oder B zugrundelag. Das Problem ist hier, dass sich die Messreihen nur wenig unterscheiden: Wenn man die v2-Kurve nach links verschiebt (die Position auf der Zeitachse ist irrelevant), ergibt sich nahezu eine Deckungsgleichheit mit der v1-Kurve. Zwar gibt es geringfügige Unterschiede in Steigungen und Maximalwerten, diese sind aber zu gering, um angesichts der Streuung der Messdaten bei Messwiederholung sicher zwischen v1 und v2 unterscheiden zu können. Was man hier also braucht, ist die Berechnung einer analytischen Größe aus den Kurven, die hinreichend verschieden ist, um auch bei mehrfacher Messwiederholung eine sichere Unterscheidung zwischen v1 und v2 zu ermöglichen.

Man kann jetzt folgendermaßen verfahren: Zunächst werden die Messreihen mit *smoothing splines*-Funktionen $s(t)$ im Sinne der oben diskutierten nichtlinearen Regressionsverfahren approximiert (Abb. 2.12a,b). Dann können mit diesen Splinefunktionen geeignete analytische Größen wie zum Beispiel die Rauigkeit $R(t)$ berechnet werden:

$$R(t) = \int_a^t s''(\tau)^2 \mathrm{d}\tau \qquad (2.65)$$

Wie Abb. 2.13 zeigt, lassen sich die Kurven anhand dieser Größe tatsächlich klar unterscheiden. Das Beispiel zeigt einen wichtigen Anwendungsbereich nichtlinearer Regressionsverfahren: Diese Verfahren ermöglichen effektive Da-

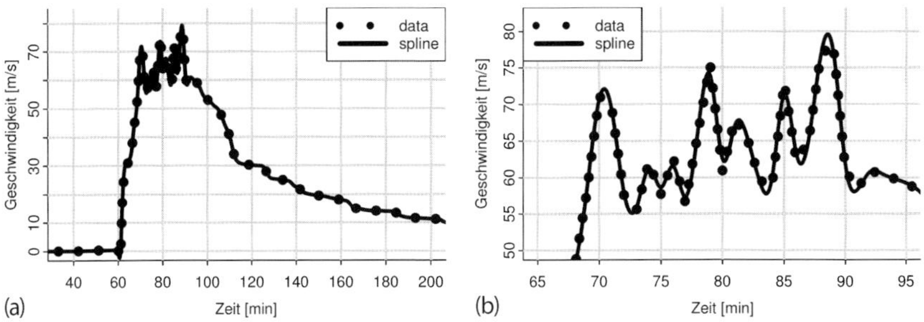

Abb. 2.12 (a) Approximation von v1 durch einen *smoothing spline s(t)*. (b) Vergrößerung von (a).

tenanalysen dadurch, dass der mächtige analytische Apparat der mathematischen Analysis auf Messdaten angewendet werden kann, die als nichtlineare Regressionsfunktion dargestellt wurden. Splinefunktionen gehören zu den wichtigsten und verbreitetsten Regressionsmethoden und werden quer durch alle Disziplinen z. B. in Betriebswirtschaft, Informatik, Bildverarbeitung, Medizin, Maschinenbau usw. angewendet [47, 48].

```
1 s=smooth.spline(d$t1,d$v1,spar=0.17,all.knots=TRUE)
2 d0=function(x) predict(s,x)$y
3 d2=function(x) predict(s,x,deriv=2)$y
4 t=seq(35,200,by=1)
5 ints=function(x1) integrate(d2^2,35,x1)$value
6 lines(t,lapply(t,ints),lwd=4)
```

Listing 2.22 Auszug aus `Spline.r`.

Listing 2.22 zeigt die Berechnung der Rauigkeit *R(t)* von v1 in Abb. 2.13 mit Gl. (2.65). In Zeile 1 wird der spline *s(t)* definiert, wobei der Parameter `spar` die Glattheit der Splinefunktion steuert (Werte nahe 0: sehr rau, Werte nahe 1: sehr glatt), während die Option `all.knots=TRUE` vorschreibt, das alle Messwerte berücksichtigt werden. Die Zeilen 2 und 3 zeigen, wie mit dem `predict`-Kommando

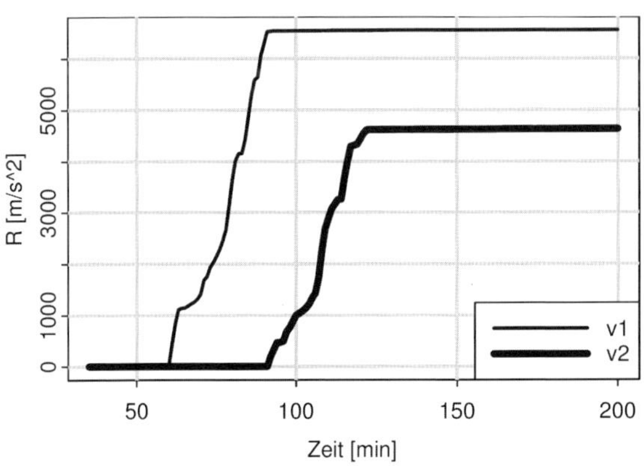

Abb. 2.13 Rauigkeit *R(t)* für v1 und v2.

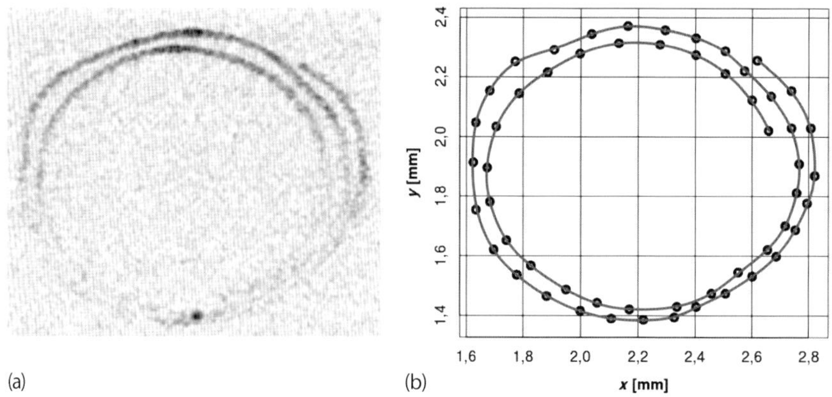

Abb. 2.14 (a) Tomographieaufnahme der Descemet-Membran. (b) Darstellung der Membrangeometrie mit Splinefunktion $(x(t), y(t))$.

die Splinefunktion `d0` und ihre zweite Ableitung `d2` als Funktionen definiert werden können, die dann zur graphischen Darstellung des Splines (Abb. 2.12a,b und zur Berechnung der Rauigkeit (Zeilen 4–6) verwendet werden können. Für weitere Details, etwa zur Definition der Legenden, des Hintergrundgitters usw. in den gerade besprochenen Abbildungen verweisen wir auf den detaillierten Code `Spline.r` in der Buchsoftware.

Die Verfahrensweise ist ebenso auf allgemeinere Objekte wie Raumkurven oder Flächen anwendbar. Abbildung 2.14 zeigt die Beschreibung der Geometrie einer Descemet-Membran (nach Entnahme aus dem menschlichen Auge) durch eine zweidimensionale Splinefunktion $(x(t), y(t))$. Mit diesen Ansatz können medizinisch wichtige Parameter wie etwa die mittlere Membrankrümmung:

$$\kappa = \frac{\int_a^b \frac{|x'(t)y''(t)-y'(t)x''(t)|}{(x'(t)^2+y'(t)^2)^{1,5}}}{b-a}$$

analytisch berechnet werden.

2.5 Statistische Versuchsplanung

Nehmen wir an, wir möchten ein Experiment durchführen, um die Unterschiede in der Beständigkeit zweier Wandfarben A und B herauszufinden. In einem entsprechenden Experiment würden wir zum Beispiel fünf Wände (oder Wandbereiche) mit Farbe A und weitere fünf Wände mit Farbe B anstreichen. Dann würden wir die Beständigkeit der Anstriche in einer geeigneten Weise messen, beispielsweise die Anzahl der Schadstellen nach einer gewissen Zeit. Die Daten könnten wir dann schließlich mit einem t-Test (Abschnitt 2.1.3.3) analysieren. Dieses Beispiel wird in [49] präsentiert und die Autoren kommentieren es wie folgt:

Man muss ein Haus nur einmal streichen, um die Bedeutung eines solchen Experiments zu erkennen.

Da die benötigte Zeit und der Aufwand des Experiments sowie die Bedeutung seines Resultats stark von der Versuchsplanung abhängen, können wir dies auch wie folgt ausdrücken:

Bemerkung 2.11. Bedeutung der Versuchsplanung Man muss ein Haus nur einmal streichen, um die Bedeutung einer guten Versuchsplanung zu erkennen.

In der Tat ist die *Statistische Versuchsplanung*, häufig auch als *Design of Experiments* (kurz *DOE*) bezeichnet, eine wichtige statistische Disziplin. Sie umfasst eine große Anzahl an phänomenologischen Modellen, die sich alle auf eine Steigerung der Effizienz und Aussagekraft richten. Nur ein paar wenige grundlegende Konzepte können im Rahmen dieses Buches behandelt werden. Die Gewichtung liegt auf der praktischen Anwendung dieser Methoden mit Hilfe von Software. Wer mehr und tiefergehender über die Methoden auf diesem Gebiet lernen möchte, den weisen wir auf Bücher wie [34, 50, 51] hin.

2.5.1 Vollständig randomisierter Versuchsplan

Abbildung 2.15 zeigt einen möglichen Versuchsplan, der für das Wandfarbenbeispiel verwendet werden könnte. Die Abbildung zeigt zehn Quadrate, die als Testfächen auf einer Wand dienen. Die Flächen tragen die Bezeichnungen A oder B, je nachdem mit welcher Wandfarbe diese gestrichen worden sind. Das ist ein „naiver“ Versuchsplan, und zwar in dem Sinne, dass er den ersten Gedanken vieler von uns widerspiegelt, wenn wir an eine mögliche Organisation dieser Testflächen denken. Und wie üblich, wenn es um unsere „ersten Gedanken“ in neuen Bereichen geht, so ist dies ein schlechter Versuchsplan, oft der schlechteste überhaupt. Der Punkt ist, dass die meisten in der Praxis durchgeführten Experimente durch *Störfaktoren* beeinträchtigt werden. Diese Faktoren sind in vielen Fällen zum Zeitpunkt der Planung unbekannt und liegen außerhalb der Kontrolle des Experimentators. Eine große Anzahl solcher Störfaktoren können das Anstreichexperiment beeinflussen. Es könnten sich zum Beispiel zwei Räume hinter der Wand befinden, einer hinter der linken („A“) und der andere hinter der rechten („B“) Wandhälfte von Abb. 2.15. Wenn die beiden Räume dauerhaft nennenswerte unterschiedliche Temperaturen aufweisen, dann haben auch die Wandhälften nennenswerte unterschiedliche Temperaturen. Da die Beständigkeit der Anstriche durch die Temperatur beeinflusst sein kann, sind damit alle Schlussfolgerungen aus diesem Experiment unter Umständen falsch.

Dieser Fehlertyp kann sehr einfach vermieden werden, indem ein sogenannter *vollständiger randomisierter Versuchsplan* oder *CRD* (Abk. für englisch completely randomized design). Wie der Name schon sagt, ist ein vollständig randomisierter Versuchsplan ein Plan, bei dem die Positionen der Testflächen für A und

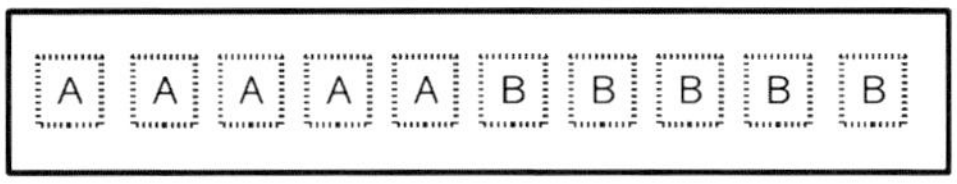

Abb. 2.15 Wandfarbenbeispiel: naiver Versuchsplan, eine Wand (großes Rechteck) mit verschiedenen Testflächen, die mit den Farben A oder B angestrichen werden.

B zufällig gewählt werden. Verwenden wir die übliche technische Terminologie, dann können wir das wie folgt ausdrücken: Ein vollständig randomisierter Versuchsplan ist ein Plan, bei dem die Behandlungen (englisch treatments) oder Stufen (englisch levels, in diesem Fall die Farbsorten A und B) des zu untersuchenden *Faktors* (englisch factor, in diesem Fall die Farbe) zufällig auf die Versuchseinheiten (englisch experimental units, in diesem Fall die Testflächen) angewendet werden.

Ein solcher Versuchsplan kann sehr einfach mit einer Software erstellt werden. Nehmen wir zum Beispiel *Calc*, dann steht uns die Funktion `rand()` zur Verfügung, die wie folgt eingesetzt werden kann (siehe Abschnitt 2.1.1.1):

Vollständig randomisierter Versuchsplan mit *Calc*

- Erstelle eine *Calc*-Tabelle mit drei Spalten und den entsprechenden Bezeichnungen *Versuchseinheit*, *Zufallszahl* und *Faktorstufe*
- Schreibe die gewünschten Faktorstufen in die Spalte mit *Faktorstufe*, in unserem Fall mit dem Farbenbeispiel schreiben wir in dieser Spalte in fünf Zellen untereinander „A" und und in fünf weiteren Zellen „B".
- Gebe die Anweisung `=zufallszahl()` in die Zellen der Spalte *Zufallszahl* ein (natürlich reicht es aus, es nur in oberste Zelle der Spalte zu schreiben dann den Inhalt durch Ziehen der Maus in die anderen zu kopieren – siehe die Hilfeseiten von *Calc* für weitere Informationen)
- Wähle in *Calc* den Menüpunkt „Daten/Sortieren" aus, um die Daten bezüglich der Spalte *Zufallszahl* zu sortieren.
- Schreibe 1, 2, 3, … in die Spalte *Versuchseinheit* der Tabelle, entsprechend der Numerierung der „Versuchseinheiten", die vor Beginn dieser Methode festgelegt worden sind.

Für das Wandfarbenbeispiel erhalten wir mit diesem Vorgehen das Ergebnis, wie in Abb. 2.16 dargestellt. Den Testflächen (die wir uns von 1 bis 10 durchnumeriert vorstellen können, wenn wir in Abb. 2.15 von links nach rechts gehen) werden zufällig die Faktorstufen A und B zugewiesen. Abb. 2.16 ist mittels *Calc*-Datei `CRD.ods` (Bestandteil der Buchsoftware, siehe Anhang A) erstellt worden. Möchte man selbst einen vollständigen randomisierten Plan mit Hilfe dieser Datei erstellen, dann sollte der `zufallszahl()`-Befehl in den Zellen eingegeben werden, um erneut *Zufallszahlen* für die Spalte zu erzeugen.

Nehmen wir an, wir hätten eine höhere Temperatur in der linken Wandhälfte von Abb. 2.15, wie oben angesprochen, dann würde diese höhere Temperatur sowohl einige A- wie auch B-Testflächen des vollständig randomisierten Versuchs-

Versuchs-einheit	Calc Zufalls-zahl (sortiert)	Faktor-stufe
1	0,03	B
2	0,3	A
3	0,33	B
4	0,36	A
5	0,63	B
6	0,64	B
7	0,71	A
8	0,81	A
9	0,9	B
10	0,98	A

Abb. 2.16 Vollständig randomisierter Versuchsplan für das Wandfarbenbeispiel, berechnet mit der *Calc*-Funktion `zufallszahl()`. Siehe Datei `CRD.ods` aus der Buchsoftware.

plans von Abb. 2.16 beeinflussen. Natürlich würden dadurch die Ergebnisse immer noch von der Temperaturvariation in der Wand abhängen (die Varianz der Daten wäre im Vergleich zu einem Experiment mit gleichverteilter Temperatur höher). Aber der vollständig randomisierte Versuchsplan verhindert zumindest, dass wir falsche Schlussfolgerungen ziehen, die dadurch entstehen könnten, wenn ausschließlich nur eine der beiden Faktorstufen von der höheren Temperatur betroffen wäre.

Ein vollständig randomisierter Versuchsplan kann auch mit Hilfe der *R*-Funktion `design.crd` generiert werden, die Teil des *R*-Paketes *agricolae* ist. Für das Wandfarbenbeispiel wird diese Funktion mit folgenden Programm umgesetzt (siehe `CRD.r` aus der Buchsoftware):

```
1 set.seed(17)
2 agricolae::design.crd(c("A","B",c(3,3))
```

Listing 2.23 `CRD.r`.

In Zeile 1 wird die Initialisierung des Zufallsgenerator fest vorgegeben, so dass bei jedem Aufruf von `CRD.r` die gleichen Zufallszahlen erzeugt werden. Damit ist das Ergebnis jederzeit reproduzierbar. Der Versuchsplan wird dann in Zeile 2 mit dem Aufruf von `design.crd` aus dem Paket *agricolae* erzeugt. Alternativ kann das Paket mit `library(agricolae)` geladen werden, so dass der Aufruf ohne ein vorangestelltes `agricolae::` erfolgen kann. Dabei werden im ersten Argument die Faktorstufen („A“ und „B“) als Liste übergeben und das zweite Argument beschreibt die Wiederholungen in jeder Faktorstufe. Das Resultat sieht dann wie folgt aus:

```
  plots r c("A", "B")
1   101 1           A
2   102 1           B
3   103 2           A
4   104 3           A
5   105 2           B
6   106 3           B
```

In dieser Ausgabe entspricht die Spalte „plots“ der Spalte „Versuchseinheit“ in Abb. 2.16, sowie die Spalte „c(„A“, „B“)“ der „Faktorstufe“. Die Spalte „r“ zählt die Anzahl der Wiederholungen für jede einzelne Faktorstufe. In diesem Fall haben wir einen Umfang von sechs Versuchen, da jede Faktorstufe dreimal vertreten ist.

2.5.2
Randomisierte Blockpläne

Betrachten wir das folgende Experiment, wie es in [50] beschrieben wird: Eine Härteprüfmaschine presst einen vorne zugespitzten Stab in einen Prüfkörper mit einer bekannten Kraft. Die Tiefe der Eindrückung durch die Spitze wird dann ausgewertet, um die Härte des Prüfkörpers festzulegen. Nehmen wir nun an, dass vier verschiedene Spitzen für die Härteprüfmaschine verwendet werden und dass der Härtegrad von der jeweiligen verwendeten Spitze abhängt. Um diese Hypothese zu überprüfen, wird für jede der vier Spitzen viermal ein Test mit identischen Metallstreifen durchgeführt. In einem ersten Ansatz könnte man genauso wie im letzten Abschnitt vorgehen. Das Härteexperimente beinhaltet einen Faktor (die Spitze), vier Faktorstufen (Spitze 1 bis Spitze 4) und vier Wiederholungen des Experiments für jede Faktorstufe. Aufgrund dieser Informationen könnten wir mit den Methoden oben einen vollständig randomisierten Versuchsplan definieren.

Trotzdem gibt es noch ein Problem mit diesem Ansatz. Es müssen 16 verschiedene Metallteststreifen für solch einen vollständig randomisierten Plan benutzt werden. Nun kann es sein, dass diese Metallstreifen sich leicht in ihrer Härte unterscheiden. Zum Beispiel könnten die Streifen von einem langen Metallband kommen und eine Temperaturschwankung während des Herstellungsprozesses kann in eine nichtkonstante Härte des Bandes, und damit der Streifen, resultieren. Diese Härteschwankungen würden dann potentiell den Vergleich der vier Spitzen in einem vollständig randomisierten Experiment beeinträchtigen.

Um den Einfluss einer eventuell vorhandener Härteschwankung der Metallstreifen herauszunehmen, können wir einen Versuchsplan mir nur vier Metallstreifen aufstellen. Dabei führen wir die Tests so durch, dass der Härtegrad eines Metallstreifens von allen vier Spitzen gemessen wird. Dies wird als *Blockplan* bezeichnet, da vier „Blöcke“ (entsprechend den vier Metallstreifen) beteiligt sind und in jedem Block werden Tests für alle Faktorstufen (Spitze 1 bis Spitze 4) durchgeführt. Solche Blockpläne werden in vielen Situationen verwendet, um homogenere Versuchsbedingungen für den Vergleich der Faktorstufen zu schaffen. Innerhalb der Blöcke sollte die Reihenfolge der zu testenden Faktorstufen zufällig gewählt werden, und zwar aus denselben Gründen, die wir bereits im letzten Abschnitt diskutiert haben. Dies führt auf den sogenannten *randomisierten Blockplan* oder *RCBD* (Abk. für englisch randomized complete block design).

In *R* kann ein randomisierter Blockplan für das obige Beispiel mit dem folgenden Programmcode berechnet werden (siehe `RCBD.r` aus der Buchsoftware):

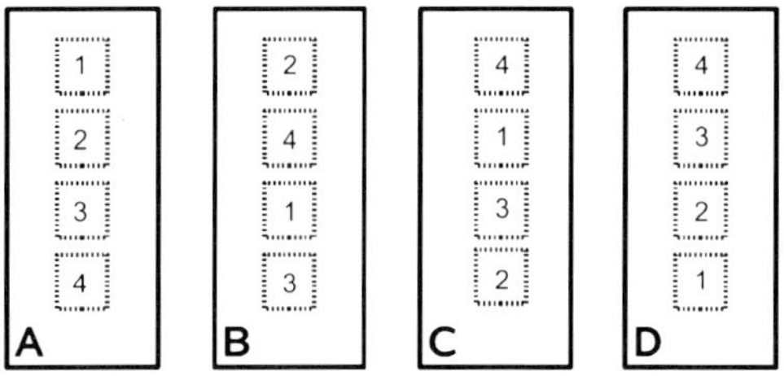

Abb. 2.17 Randomisierter Blockplan berechnet mit `design.rcbd` unter *R* (Härteprüfbeispiel): Metallteststreifen A–D und die Zahlen geben die zufällig gezogene Reihenfolge der Spitzen 1–4 an.

```
1 set.seed(17)
2 agricolae::design.rcbd(c("Tip 1","Tip2","Tip 3","Tip 4"),4)
```

Listing 2.24 `RCBD.r`.

Dieser Programmcode ist recht ähnlich zu dem von Listing 2.23. Zeile 1 fixiert den Zufallsgenerator, danach wird allerdings anstelle von `design.crd` die Anweisung `design.rcbd` aufgerufen. Das erste Argument von `design.rcbd` beschreibt die Liste der Faktorstufen, das zweite Argument übergibt die Anzahl der Blöcke (4 in unserem Fall). Der Code in Listing 2.24 erzielt dann das folgende Resultat in *R*:

```
   plots block  Tips       plots block  Tips
1    101     1 Tip 1   9    301     3 Tip 4
2    102     1 Tip 2   10   302     3 Tip 1
3    103     1 Tip 3   11   303     3 Tip 3
4    104     1 Tip 4   12   304     3 Tip 2
5    201     2 Tip 2   13   401     4 Tip 4
6    202     2 Tip 4   14   402     4 Tip 3
7    203     2 Tip 1   15   403     4 Tip 2
8    204     2 Tip 3   16   404     4 Tip 1
```

Listing 2.25 Ausgabe von `RCBD.r`, bei der aus Platzgründen der Spaltenname für die Faktorstufen in „Tips" umbenannt worden ist.

Dieses Ergebnis können wir ganz ähnlich wie das entsprechende Ergebnis von `design.crd` aus dem vorherigen Abschnitt interpretieren. Die Spalte „plots" zählt wieder die Experimente, die Spalte „block" bezeichnet einen der vier Blöcke entsprechend den vier Metallteststreifen und die Spalte „Tips" beschreibt die Faktorstufe in jedem Experiment. Abb. 2.17 visualisiert den Versuchsplan. Zu bemerken ist, dass jede Spitze genau einmal für jeden Metallstreifen verwendet wird, genauso wie es gefordert ist.

2.5.3 Lateinische Quadrate und erweiterte Pläne

Es kann ein Problem mit dem Versuchsplan aus dem letzten Abschnitt auftreten. Wie Abb. 2.17 zeigt, wird die Spitze 4 zweimal im ersten Versuchslauf mit den Metallstreifen A-C getestet (die gleiche Position im Versuchslauf kann sogar noch häufiger auftreten, wenn wir zum Beispiel `RCBD.r` mit `set.seed(13)` starten). Nun kann es sehr gut sein, dass das Resultat der Härteprüfung von der Anzahl der Prüfungen abhängt, die bereits mit demselben Teststreifen durchgeführt worden sind. Vorherige Messungen, die auf demselben Teststreifen durchgeführt werden, können die Struktur und die Festigkeit des Teststreifens in irgendeiner Weise beeinträchtigen. Um den Einfluss auf das Ergebnis so weit wie möglich zu reduzieren, kann der Experimentator die vier Spitzen auf vier verschiedenen Positionen, mit maximalen Abstand von zwei Positionen, auf dem Streifen setzen. Aber dann können die Positionen selbst die Härtemessung beeinflussen. Beziehen wir uns beispielsweise auf den Metallteststreifen „A" in Abb. 2.17 der Härtemessung. So können die Messungen für die Spitzen 1 und 4 durch ihre Position an den Enden des Streifens in irgendeiner Weise anders beeinflusst werden als die Messungen für Spitze 2 und 3.

Wenn die Härtemessung wirklich von der Anzahl der zuvor auf dem Metallstreifen durchgeführten Messungen abhängt oder wenn die Messung von der Messposition auf dem Teststreifen abhängt, dann ist ein Versuchsplan, wie er in Abb. 2.17 gezeigt wird – bei dem eine der Spitzen mehr als einmal auf einer bestimmten Messposition ist (wie Spitze 4) – offensichtlich ein unpassender Plan. Solche Pläne rufen Unterschiede zwischen Härtemessungen der Spitzen hervor, die im Grunde nur durch die Position in der Messreihenfolge verursacht werden (mehr als von den Spitzen selbst). Offenbar sollte ein besserer Versuchsplan die Faktorstufen zufällig auf den Metallteststreifen verteilen, und zwar in solch einer Weise, dass eine Faktorstufe nur einmal einer bestimmten Position auf dem Teststreifen zugewiesen wird. Ein Plan von dieser Art ist unter dem Namen *lateinisches Quadrat* bekannt.

In *R* kann ein lateinisches Quadrat für das Beispiel oben mittels folgenden Programmcode berechnet werden (siehe `LSD.r` aus der Buchsoftware):

```
set.seed(17)
agricolae::design.lsd(c("Tip 1","Tip 2","Tip 3","Tip 4"))
```

Listing 2.26 `LSD.r`.

Dieser Code erzeugt folgendes Resultat:

```
   plots row col  Tips        plots row col  Tips
1    101   1   1 Tip 1   9      301   3   1 Tip 3
2    102   1   2 Tip 2   10     302   3   2 Tip 4
3    103   1   3 Tip 3   11     303   3   3 Tip 1
4    104   1   4 Tip 4   12     304   3   4 Tip 2
5    201   2   1 Tip 2   13     401   4   1 Tip 4
6    202   2   2 Tip 3   14     402   4   2 Tip 1
7    203   2   3 Tip 4   15     403   4   3 Tip 2
8    204   2   4 Tip 1   16     404   4   4 Tip 3
```

Listing 2.27 Ausgabe von `LSD.r`, bei der aus Platzgründen der Spaltenname für die Faktorstufen in „Tips" umbenannt worden ist.

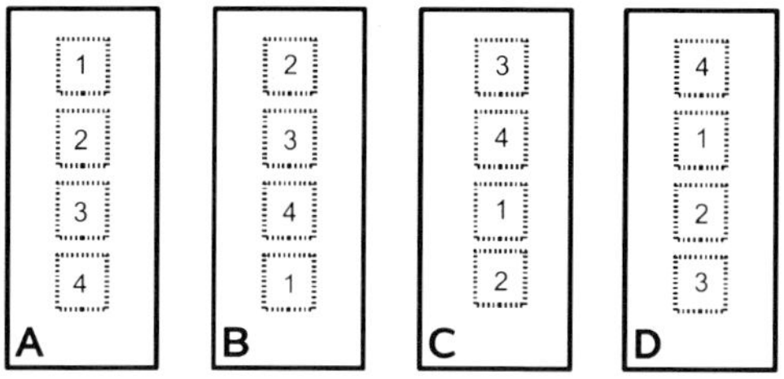

Abb. 2.18 Lateinischer Quadratplan berechnet mit `design.lsd` in *R* (Härteprüfungsbeispiel): Metallteststreifen A–D und die Zahlen bezeichnen die zufällig gewählte Reihenfolge der Spitzen 1–4.

Abbildung 2.18 visualisiert dieses Ergebnis ähnlich zu Abb. 2.17 oben. Wir können daraus ablesen, dass jede Spitze wie gefordert in jeder Reihe und Spalte des Versuchsplans erscheint.

Der bisher vorgestellte Versuchsplan kann auf verschiedene Arten verallgemeinert werden. Während das lateinische Quadrat dazu dient, Situation mit zwei äußeren Störquellen (im Beispiel der Metallstreifen und die Position der Spitze in der Testreihenfolge) zu behandeln, betrachtet der *griechisch-lateinische Quadratplan* eine ähnliche Situation mit drei Störquellen. Mit dem *R*-Paket `agricolae` können griechisch-lateinische Quadrate mit der Anweisung `design.graeco` in ähnlicher Weise wie die entsprechende Anweisung zum lateinischen Quadrat erstellt werden. In einigen Fällen kann der vollständig randomiserte Blockplan zu anspruchsvoll in Bezug auf Zeit und Resourcen sein, d. h. wir sind eventuell nicht in der Lage, jede Faktorstufe in jedem Block des Plans zu testen. Dann kann ein unvollständig randomisierte Blockplan (englisch randomized balanced incomplete block design) benutzt werden, der mit der Funktion `design.bib` im *R*-Paket *agricolae* berechnet werden kann.

2.5.4 Faktorielle Versuchspläne

Alle bisher betrachteten Versuchspläne haben nur einen Faktor berücksichtigt. Wenn in einem Experiment zwei oder mehr Faktoren auftreten, so werden *faktorielle Versuchspläne* oder *Response-Surface-Pläne* angewendet [51]. Faktorielle Versuchspläne werden vorzugsweise in Situationen verwendet, in denen jeder Faktor nur auf zwei Stufen variiert wird, eine untere Stufe, die üblicherweise mit „-" bezeichnet wird und eine obere Stufe, die mit „+" bezeichnet wird. Pläne dieser Art werden *zweistufige faktorielle Versuchspläne* genannt. Response-Surface-Methoden richten sich dagegen auf Faktoren, die mit mehr als zwei Stufen variieren. Diese stellen Methoden für eine Entscheidung der optimalen Wahl einer Faktorstufe zur Verfügung, die auf einer Approximation der Zielfunktion des Systems (y), z. B. mittels Polynom, abhängig von den Faktoren ($x_1, x_2, \ldots$) basiert. Wir beschränken uns im Folgenden überwiegend auf die Grundlagen der fakto-

Tab. 2.2 Beispiel eines 2^2-faktoriellen Versuchsplans.

No.	A	B	Yield
1	–	–	50
2	+	–	54
3	–	+	64
4	+	+	90

riellen Pläne (weitergehende Beschreibungen über Response-Surface-Methoden, siehe [50, 51]).

Ein faktorieller Versuchsplan mit $n \in \mathbb{N}$ Faktoren und $m \in \mathbb{N}$ Stufen wird üblicherweise als „m^n-Plan“ bezeichnet. Faktorielle Mischversuchspläne wie ein 2×3^2-Plan werden auch verwendet. Dabei ist ein Faktor enthalten, der zwei Stufen hat und zwei Faktoren die auf drei Stufen variieren. Wie bereits erwähnt, sind 2^n-Versuchspläne die am häufigsten verwendeten Pläne, d. h. Pläne mit n Faktoren, die zwischen zwei Stufen variieren.

In einem einfachen Beispiel betrachten wir einen chemischen Reaktor, der irgendein Produkt erzeugt und von zwei Faktoren beeinflusst ist: der Menge eines Katalysators und der Temperatur. Bezeichnen wir den Katalysator mit A und die Temperatur mit B. Nehmen wir an, dass in einem Experiment beide Faktoren zwischen einem niedrigen und einem hohen Wert variieren, die wir mit „-“ und „+“ bezeichnen. Tabelle 2.2 zeigt ein mögliches Resultat eines solchen Experiments (die erzielte Produktmenge in einer geeigneten Einheit, die wir hier nicht näher zu diskutieren brauchen). In der oben eingeführten Terminologie liegt hier ein 2^2-Plan vor, da zwei Faktoren mit zwei Stufen beteiligt sind. Versuchspläne, die alle möglichen Kombinationen der Faktorstufen beinhalten, wie der Plan von Tabelle 2.2, werden als *vollfaktorielle Versuchspläne* bezeichnet.

Vollfaktorielle Pläne wie der Plan in Tabelle 2.2 können sehr einfach mit der *R*-Funktion `expand.grid` generiert werden:

```
levels=c("-","+")
expand.grid(A=levels,B=levels)
```

was einen Plan wie in Tab. 2.2 erzeugt:

```
  A B        A B
1 - -      3 - +
2 + -      4 + +
```

Aus demselben Grund, wie in Abschnitt 2.5.2 beschrieben, kann sich der Experimentator für einen *randomisierten Blockplan* in einem faktoriellen Experiment entscheiden. In *R* lässt sich ein solcher Plan z. B. mit der *R*-Funktion `design.ab` aus dem *R*-Paket `agricolae` realisieren. Das Paket enthält ein Beispielexperiment mit den Kartoffelsorten „perricholi“, „canchan“ und „tomasa“, die unter drei Stickstoffstufen angebaut werden. Es wird ein vollfaktorieller 3^2-Plan mit fünf Wiederholungen in jedem Experiment aufgestellt, wobei die Wiederholungen in randomisierten Blöcken organisiert sind. Um solch einen Plan zu berechnen, kann der folgende Programmcode in *R* verwendet werden (siehe `FacBlock.r` aus der Buchsoftware):

```
library(agricolae)
variety=c("perricholi","canchan","tomasa")
nitrogen=c(40,80,120)
rcbd.ab=design.ab(variety, nitrogen, 5, number=1)
print(out)
```

Listing 2.28 `FacBlock.r`.

Dieser Code funktioniert sehr ähnlich zu den Programmen im vorherigen Abschnitt. Da wir hier ein 3^2-Plan mit fünf Wiederholungen verwenden, können wir leicht voraussehen, dass dieses Programm eine Gesamtzahl von $3^2 \cdot 5 = 45$ Experimenten ergeben wird. Der erste Teil der Ausgabe sieht wie folgt aus:

```
  plots block    variety nitrogen     plots block    variety nitrogen
1     1     1     tomasa       80  10    10     2    canchan       80
2     2     1 perricholi      120  11    11     2    canchan       40
3     3     1    canchan      120  12    12     2 perricholi      120
4     4     1 perricholi       80  13    13     2     tomasa       80
5     5     1    canchan       80  14    14     2 perricholi       40
6     6     1 perricholi       40  15    15     2    canchan      120
7     7     1     tomasa       40  16    16     2 perricholi       80
8     8     1    canchan       40  17    17     2     tomasa       40
9     9     1     tomasa      120  18    18     2     tomasa      120
...
```

Wie wir sehen können, erzeugt das Programm einen vollständigen 3^2-Plan, der alle möglichen Kombinationen der Kartoffelsorten und Stickstoffstufen (zufällig geordnet) in jedem Block enthält.

Natürlich können Zeit- und Resourcenbeschränkungen die Durchführung eines vollfaktoriellen Versuchsplans mit insgesamt 45 verschiedenen Versuchsläufen verhindern. Ähnlich zu den vorgestellten „randomisierten Blockplänen" im Abschnitt 2.5.3 oben, wird der Experimentator an intelligenten Lösungen interessiert sein, welche die Gesamtanzahl an Versuchsläufen reduziert, ohne die Signifikanz seines Resultats zu beeinträchtigen. Faktorielle Pläne, die nicht alle möglichen Kombinationen der Faktorstufen berücksichtigen, heißen *fraktionelle faktorielle Versuchspläne*. Einfache fraktionelle Pläne werden üblicherweise mit „m^{n-k}-Pläne" bezeichnet, wobei m (die Anzahl der Faktorstufen) und n (die Anzahl der Faktoren) dieselbe Bedeutung wie vorher haben und k die Tatsache ausdrückt, dass die Gesamtzahl an Versuchsläufen um den Faktor $1/m^k$ reduziert worden ist. Beispiel: Während ein vollfaktorieller 2^5-Plan $2^5 = 32$ Läufe erfordert, benötigt ein 2^{5-2}-Plan nur $2^3 = 8$ Läufe. Um solche fraktionelle faktorielle Pläne zu generieren, kann man zum Beispiel die *R*-Funktion `ffDesMatrix` verwenden (als Teil des Pakets `BHH2`). Für einen tieferen theoretischen Hintergrund über faktorielle und fraktionelle faktorielle Pläne verweisen wir auf [50, 51].

2.5.5
D-optimale Versuchsplanung

In diesem Abschnitt soll beispielhaft gezeigt werden, wie in *R* auch anspruchsvolle Versuchsdesigns einfach realisiert werden können. Als Beispiel verwenden wir das in der Praxis häufig verwendete Konzept D-optimaler Versuchspläne, das bei besonders geringem Versuchsaufwand geeignet ist, auch Wechselwirkungen von Einflussfaktoren aufzudecken [52]. Wir verwenden die *Gm.Linux*-Referenzkarte B.3: D-optimale Versuchspläne (Abschnitt B.3) und den *R-Commander* mit dem Plugin `RcmdrPlugin.DoE` [53, 54]. Alle in diesem Abschnitt verwendeten Dateien sind Bestandteil der Buchsoftware (Abschnitt „D-optimale Versuchsplanung“ in mms.pdf).

Wir nehmen an, dass das vollfaktorielle Design `Design.1.rda` bereits wie in Referenzkarte B.3 angegeben erzeugt wurde. Die Datei `Design.1.with.response.csv` in der Buchsoftware enthält künstliche Messdaten für das Design `Design.1.rda`, die wir als nächstes analysieren:

- *Gm.Linux/R-Commander*: `Design`, `Import`, „Reimport experiment from csv and data files“, dann:

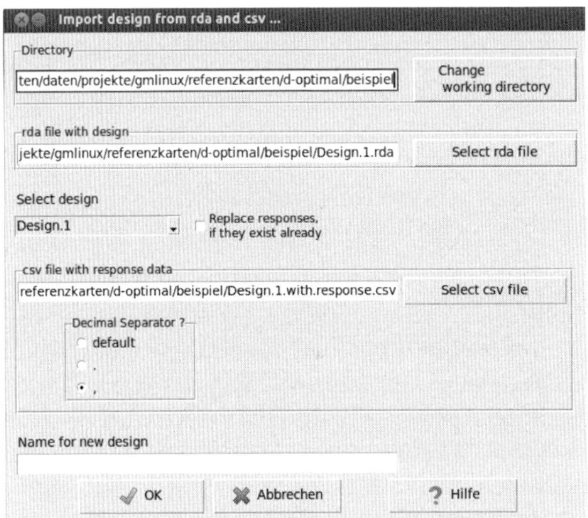

- `Design`, `Analyze design`, `Default linear model`, dann:

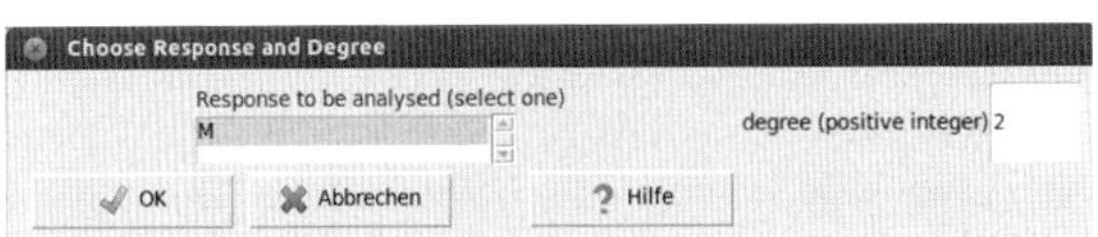

- `Models`, `hypothesis tests`, `ANOVA table` liefert dann:

Ausgabefenster

```
> Anova(LinearModel.1, type="II")
Anova Table (Type II tests)

Response: M
          Sum Sq Df  F value    Pr(>F)
A          84805  2 263.8422 < 2.2e-16 ***
B         111424  2 346.6596 < 2.2e-16 ***
C          28578  2  88.9097 < 2.2e-16 ***
D             11  2   0.0348  0.965831
A:B        14554  4  22.6403 1.488e-10 ***
A:C         3467  4   5.3933  0.001142 **
A:D           62  4   0.0964  0.983125
B:C        56406  4  87.7442 < 2.2e-16 ***
B:D           64  4   0.0990  0.982268
C:D           13  4   0.0208  0.999128
Residuals   7714 48
---
Signif. codes:  0 '***' 0.001 '**' 0.01 '*' 0.05 '.' 0.1 ' ' 1
```

Abb. 2.19 *p*-Werte für die Einflüsse der Faktoren A, B, C, D und der Faktorinteraktionen A : B, A : C. A : D. B : C, B : D, C : D (Design: Design.1.rda, Daten: Design.1.with.response.csv).

Abbildung 2.19 zeigt: Die Faktoren A–C sind wichtig, ebenso die Interaktionen A : B, A : C und B : C (alle *p*-Werte kleiner als 1 %). Für dieses Ergebnis wurden hier mit dem vollfaktoriellen Plan $3^4 = 81$ Experimente durchgeführt.

- `Models, Graphs, Effect plots`:

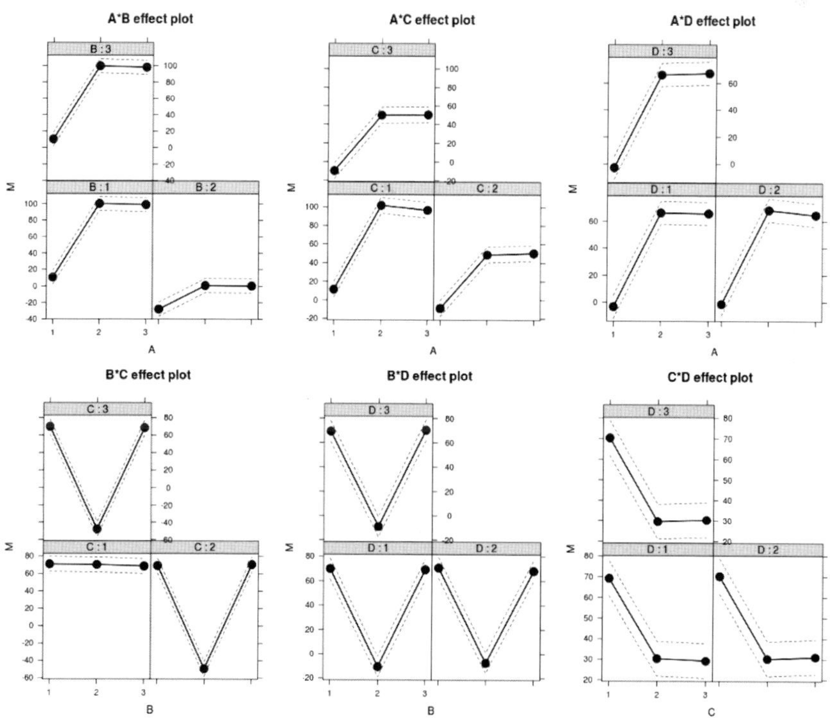

Abb. 2.20 Darstellung der Interaktionen in sog. „effect plot".

Abbildung 2.20 zeigt z. B. die Interaktion von B und C: Nur für C = 2 oder C = 3 hat der Wert von B einen deutlichen Effekt. Ein weiterer deutlicher Effekt: Die Messwerte für A = 1 sind deutlich niedriger.
Wie nehmen jetzt an, dass das D-optimale Design `Design.1.Dopt.rda` wie in Referenzkarte B.3 angegeben erzeugt wurde. Die Datei `Design.1.Dopt.with.response.csv` in der Buchsoftware enthält künstliche Messdaten für das Design `Design.1.Dopt.rda`, die wir jetzt analysieren.

- `Design`, `Import`, „Reimport experiment from csv and data files", dann:

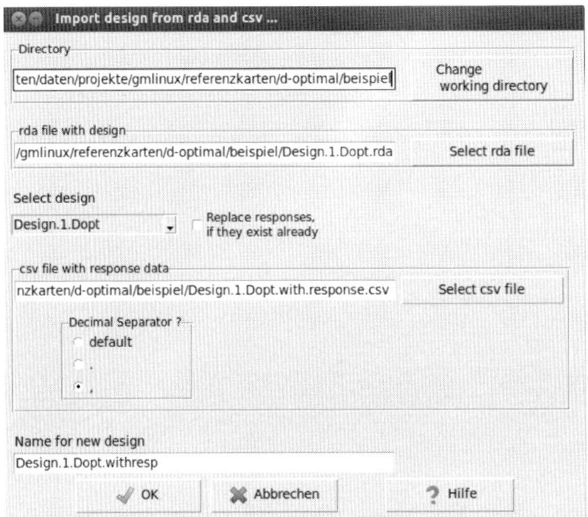

- Weitere Analyse anschließend wie oben für den vollfaktoriellen Plan mit dem Ergebnis:

Ausgabefenster

```
> Anova(LinearModel.1, type="II")
Anova Table (Type II tests)

Response: M
          Sum Sq Df  F value    Pr(>F)
A          39511  2  83.0645 1.329e-05 ***
B          62238  2 130.8458 2.854e-06 ***
C          13750  2  28.9075 0.0004140 ***
D            145  2   0.3056 0.7460608
A:B         6776  4   7.1222 0.0129837 *
A:C         2521  4   2.6502 0.1232990
A:D          434  4   0.4565 0.7660311
B:C        16887  4  17.7512 0.0009062 ***
B:D          322  4   0.3383 0.8441554
C:D          974  4   1.0240 0.4570590
Residuals   1665  7
---
Signif. codes:  0 '***' 0.001 '**' 0.01 '*' 0.05 '.' 0.1 ' ' 1
```

Abb. 2.21 *p*-Werte für die Einflüsse der Faktoren und der Faktorinteraktionen (D-optimaler Versuchsplan).

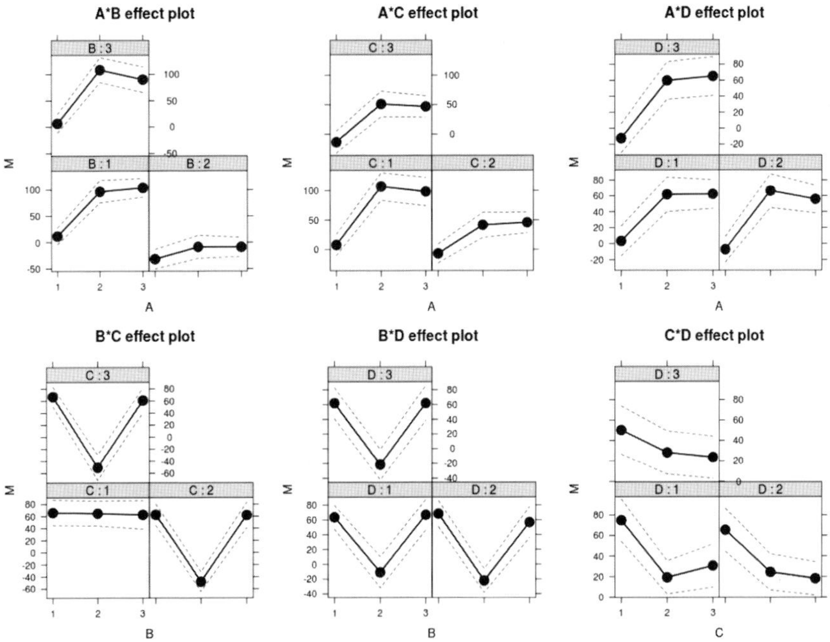

Abb. 2.22 Darstellung der Interaktionen in sog. „effect plot" (D-optimaler Versuchsplan).

Der Vergleich der Abb. 2.21 und 2.22 mit den entsprechenden Abbildungen für den vollfaktoriellen Versuchsplan (Abb. 2.19 und 2.20) zeigt, dass mit dem D-optimalen Versuchsplan bei erheblich reduziertem Aufwand (40 statt zuvor 81 Experimente) nahezu das gleiche Ergebnis erzielt wurde; selbst die auch im vollfaktoriellen Versuchsplan vergleichsweise schwache Interaktion A : C ist im D-optimalen Versuchsplan mit $p = 0{,}12$ noch nahezu signifikant.

Weitere wichtige Versuchsdesigns wie etwa Taguchi-, Central-Composite- oder Box-Behnken-Designs lassen sich mit dem Design-Menü des *R-Commanders* unter *Gm.Linux* ebenso einfach realisieren.

2.5.6
Optimaler Stichprobenumfang

Ein wichtiger Punkt bei einem Versuchsplan ist die Festlegung auf einen passenden Stichprobenumfang, d. h. die Anzahl der Wiederholungen eines bestimmten Experiments, die zur Bestimmung eines gewünschten Ergebnisses notwendig sind. Dies wird sehr gut durch eine Reihe von *R*-Funktionen unterstützt, wie `power.t.test`, `power.anova.test`, `power.prop.test` usw., die alle Teil von *R*s Standardinstallation sind. Wir werden uns hier auf ein einfaches Beispiel beschränken, um aufzuzeigen, in welcher Weise diese Funktionen verwendet werden können. Nehmen wir an, dass wir die Vermutung haben, der Ertrag eines Saatguts A sei höher als der von Sorte B. Weiterhin nehmen wir an, dass wir dies durch einen einseitigen t-Test mit $\alpha = 0{,}1$ und $\beta = 0{,}9$ überprüfen wollen (siehe

Abschnitt 2.1.3.3 für nähere Details über diese Testmethode). Dann berechnet die folgende *R*-Anwendung den optimalen Stichprobenumfang:

```
power.t.test(sig.level=0.1,power=0.9,delta=2,sd=1,alternative="one.sided")
```

In diesem Fall erhalten wir mit *R* einen optimalen Stichprobenumfang von $n \approx 3{,}9$, d. h. es sollten $n = 4$ Wiederholungen für jede Saatgutvariante gewählt werden. Das `delta`-Argument ist die „wahre Differenz im Mittel“, d. h. $\mu_1 - \mu_2$ (siehe Abschnitt 2.1.3.3). Natürlich kennt man a-priori in einer praktischen Situation die wahre Differenz im Mittel nicht. Deshalb sollte `delta` auf eine Differenz gesetzt werden, die man durch das Experiment detektiert haben möchte. Zum Beispiel kann die Differenz der Erträge der Sorten A und B nur dann praktisch relevant sein, wenn die Differenz größer als $2\,\text{kg/m}^2$ ist. In dieser Situation würde man oben `delta=2` setzen. Natürlich ist es schwieriger, ein signifikantes Testergebnis zu erhalten, wenn `delta` klein ist. Dies spiegelt sich dadurch wider, dass n steigt wenn `delta` kleiner wird (z. B. erhalten wir $n = 14$, wenn in der Anweisung oben `delta=1` gesetzt wird). Deshalb sollte `delta` so groß wie möglich gewählt werden, aber so dass es immer noch die Bedingung von oben erfüllt. Das Argument `sd` in `power.t.test` ist die Standardabweichung der Zufallsvariable, welche die Daten generiert. Für das Beispiel wird angenommen, dass sie für beide Saatgutsorten gleich ist. Und auch dieser Wert ist a-priori nicht bekannt. In einer praktischen Situation wählt man einen `sd`-Wert, den man aus früheren ähnlichen Experimenten gewonnen hat (wenn möglich), oder man muss mit dem Wissen über das System und der Messmethode die Größenordnung schätzen.

3
Mechanistische Modelle I: ODEs

3.1
Besondere Bedeutung von Differentialgleichungen

Mechanistische Modelle nutzen Informationen über die internen „Mechanismen" eines Systems (siehe Definition 1.8). Hinsichtlich des Systems in Abb. 1.2 liegt der Hauptunterschied zwischen einem phänomenologischen Modell (siehe das letzte Kapitel) und einem mechanistischen Modell darin, dass ein phänomenologisches Modell das System als Blackbox behandelt, wohingegen die mechanistische Modellbildung sozusagen einen virtuellen Blick in das System wirft und diese Information für das Modell nutzt. Dieses und das nachfolgende Kapitel 4 behandeln *Differentialgleichungen*, die wohl häufigste Beschreibungsform mechanistischer Modelle in Wissenschaft und Ingenieurwesen. Differentialgleichungen ergeben sich in natürlicher Weise beispielsweise bei der Modellierung physikalischer oder ökonomischer Systeme. Grob gesprochen sind Differentialgleichungen einfach „Gleichungen mit Ableitungen einer unbekannten Funktion". Ihre besondere Rolle bei mechanistischen Modellen in Wissenschaft, Ingenieurwesen und Ökonomie hat damit zu tun, dass die Arbeit von Wissenschaftlern, Ingenieuren und Ökonomen jeweils darin besteht, die Prozesse innerhalb eines Systems zu verstehen oder zu optimieren.

Schon das Wort „Prozess" deutet darauf hin, dass es hier darum geht, dass „etwas passiert". Absolut statische „Prozesse", bei denen „nichts passiert", wären für Wissenschaftler, Ingenieure und Ökonomen einfach uninteressant. Wenn es nun aber zutrifft, dass einige Größen in einem interessierenden Prozess ihre Werte ändern, dann bedeutet dies, dass in einem solchen Prozess Änderungsraten dieser Größen auftreten. Mathematisch ausgedrückt führt dies zum bekannten Begriff der Ableitung, und dies ist schließlich der Grund dafür, weshalb „Gleichungen mit Ableitungen einer unbekannten Funktion", Differentialgleichungen also, ins Spiel kommen.

Mathematische Modellbildung und Simulation, Erste Auflage. Marco Günther und Kai Velten.

Bemerkung 3.1. Besondere Bedeutung von Differentialgleichungen

1. Mechanistische Modelle beschreiben Prozesse, die in einem System ablaufen.
2. Typische Prozesse, die in Wissenschaft, Ökonomie und Ingenieurwesen untersucht werden, beinhalten Änderungsraten der interessierenden Größen.
3. In der mathematischen Formulierung führt dies zu Gleichungen mit Ableitungen einer unbekannten Funktion, d. h. Differentialgleichungen.

Differentialgleichungen werden in *gewöhnliche und partielle Differentialgleichungen* eingeteilt, wobei häufig die Abkürzungen *ODE* („ordinary differential equation") für „gewöhnliche Differentialgleichung" und *PDE* („partial differential equation") für „partielle Differentialgleichung" verwendet werden. Dieses Kapitel widmet sich den ODEs, die Ableitungen bezüglich nur einer Variablen (in vielen Fällen die Zeit) beinhalten, wohingegen PDEs (diese werden in Kapitel 4 behandelt) Ableitungen bezüglich mehr als einer Variablen (typischerweise Zeit und/oder Ort) enthalten. In Abschnitt 3.2 werden wir die mechanistische Modellierung als eine Art „Systemarchäologie" anhand einiger einfacher ODE-Beispiele einführen, die uns dann durch das gesamte Kapitel begleiten werden; Strategien zur Formulierung von Modellen in Form gewöhnlicher Differentialgleichungen werden dann in Abschnitt 3.3 besprochen. Abschnitt 3.4 liefert einen theoretischen Rahmen für ODEs, bevor wir dann in Abschnitt 3.5 zeigen, wie ODEs mit numerischen Methoden am Computer gelöst werden können. Weitere Beispiele, die einen Eindruck von den Einsatzmöglichkeiten von ODE-Modellen vermitteln, folgen schließlich in Abschnitt 3.6.

3.2 Einführende Beispiele

3.2.1 Archäologie-Analogie

Die „Archäologie-Analogie" des französischen Philosophen Jacques Derrida vermittelt einen Eindruck davon, was die mechanistische Modellierung interessant und spannend macht [55]:

Bemerkung 3.2. Derridas Analogie zur Archäologie „Man stelle sich einen Forscher vor, der in einem wenig bekannten Gebiet arbeitet, und dessen Interesse durch ein Trümmerfeld mit Mauerresten, Säulenfragmenten und Tafeln mit halbverschwundenen, unleserlichen Inschriften geweckt wird. Er kann sich damit zufriedengeben, das Wenige zu untersuchen, was ohne Weiteres erkennbar ist, dazu die Einwohner (...) aus der Umgebung befragt, was ihnen die Überlieferungen über die Geschichte und Bedeutung dieser archäologischen Überreste erzählen, sich alles notiert, was die Einwohner ihm sagen – und schließlich seiner Wege weitergeht. Aber er könnte auch anders handeln. Vielleicht hat er Hacken,

Schaufeln und Spaten mitgebracht und die Einwohner überreden können, mit diesen Werkzeugen zu arbeiten. Vielleicht fängt er mit ihnen bei den Trümmern an, räumt den Schutt weg und entdeckt, beginnend mit den sichtbaren Überresten, was sich darunter verborgen hat. Wenn seine Arbeit mit Erfolg gekrönt ist, sind die Entdeckungen selbsterklärend: Die Mauerreste sind Teil eines Festungswalls oder Schatzhauses; die Säulenfragmente können zu einem Tempel gehören; die vielen Inschriften, die mit viel Glück vielleicht zweisprachig sind, geben ein Alphabet und eine Sprache preis, und, wenn sie entschlüsselt und übersetzt worden sind, ungeahnte Informationen über die Geschehnisse aus der fernen Vergangenheit ..."

Zugegebenermaßen muss man Archäologie nicht unbedingt als eine aufregende Sache ansehen, insbesondere wenn es darum geht, stundenlang an unbequemen Plätzen zu sitzen, Schmutz von Tonscherben zu kratzen, usw. Dennoch können wir das, was Derrida beschreibt, als den aufregenden Teil der Archäologie bezeichnen: Geheimnisse offenlegen, das Verborgene aufdecken, das Unbekannte erforschen. Und das ist genau das, was in der mechanistischen Modellierung gemacht wird. Ein mechanistischer Modellierer können wir auch als *Systemarchäologen* bezeichnen. Mit Rückblick auf Abb. 1.2 wird er virtuell versuchen, diese massive Systembox aufzubrechen und die versteckten internen Systemmechanismen zu entdecken. Dagegen wird ein phänomenologischer Modellierer einfach um das System herumlaufen und die Daten des Systems aufsammeln und analysieren. Oder wie Derrida es formuliert hat, „er kann sich damit zufriedengeben, das Wenige zu untersuchen, was ohne Weiteres erkennbar ist".

Archäologen, die Untergrundstrukturen mit einem Bodenradar analysieren, bewegen ihr Messgerät entlang einer virtuellen x-Achse und erzeugen x-abhängige Daten, die den später im Kapitel untersuchten Datensätzen ähnlich sind. Im phänomenologischen Zugang gibt man sich zufrieden, wenn die empfangenen Daten durch die ins Erdreich gesendeten Signale, zum Beispiel mit den Methoden aus Kapitel 2, beschrieben werden können. Dabei wird kein Versuch unternommen, die Struktur des Erdreichs mit den generierten Daten zu verstehen. Dagegen handelt es sich bei der Vorgehensweise des Archäologen um mechanistische Modellierung: Auf Grundlage passender Modelle aus dem Messverfahren gewinnt er Informationen über die Struktur des Untergrunds. Magnetresonanztomographie (MRT) oder auch Computertomographie (CT) sind vielleicht die faszinierendsten Methoden dieser Art – jeder kennt diese fantastisch detaillierten Bilder vom Inneren des menschlichen Körpers.

Bemerkung 3.3. Ziel mechanistischer Modellbildung Messdaten enthalten Informationen über die internen Mechanismen des zugrundeliegenden Systems. Das Ziel mechanistischer Modellbildung besteht darin, die zunächst verborgenen internen Mechanismen eines Systems aufzudecken, vergleichbar einem Archäologen, der Untergrundstrukturen mit einem Bodenradar erforscht.

3.2.2 Körpertemperatur

Nun versuchen wir selber Systemarchäologen zu werden, indem wir mit einem einfachen Datensatz und einfachen Überlegungen beginnen. Stellen wir uns einmal vor, dass wir uns heute nicht wohl fühlen und uns entscheiden, unsere Körpertemperatur zu messen. Wenn wir ein modernes Fieberthermometer haben, erhalten wir das Ergebnis bereits nach wenigen Sekunden. Üblicherweise wird die Messung durch ein akustisches Signal angezeigt. Wir wissen, dass unser Thermometer ein paar Sekunden braucht, um den Abstand zwischen Raum- und Körpertemperatur zu überbrücken. Moderne Fieberthermometer haben üblicherweise eine Anzeige, mit dem dieser Anpassungsprozess verfolgt werden kann oder genauer gesagt: verfolgt werden *könnte*, wenn man die Anzeige während der Messung sehen könnte ... Wie dem auch sei, der Datensatz in Abb. 3.1a zeigt die Daten, die mit dem Fieberthermometer einer der Autoren erzeugt und in der Datei `fever.csv` abgelegt worden sind. Die Abbildung ist mit Hilfe des *Maxima*-Programms `FeverDat.mac` erstellt worden. Daten sowie Programm sind in der Buchsoftware zu finden (Buchsoftware, siehe Anhang A; *Maxima*, siehe Abschnitt 5.3). `FeverDat.mac` erledigt zwei Dinge: Es liest die Daten aus `fever.csv` mit dem *Maxima*-Kommando `read_nested_list` ein und plottet diese Daten mit Hilfe der Anweisung `plot2d` (siehe `FeverDat.mac` und *Maxima*s Hilfeseiten für die genaue Syntax dieser Funktionen).

3.2.2.1 Phänomenologisches Modell

Erinnern wir uns, was wir über phänomenologische Modellierung im letzten Kapitel gelernt haben und wenden diese Methoden jetzt an. Die Datenpunkte in Abb. 3.1a folgen einem sehr einfachen und regulären Muster. Daher ist es sinnvoll, eine explizite Funktion $T(t)$ zur Beschreibung des Musters zu verwenden, welche mittels *nichtlinearer Regression*, wie in Abschnitt 2.4 beschrieben, an die Daten angepasst wird. Offensichtlich besitzen die Daten in Abb. 3.1a im Wesentlichen ein exponentielles Muster (man stelle sich die Daten um 180° gegen den Uhrzeigersinn gedreht vor). Mathematisch kann das Muster durch die folgende

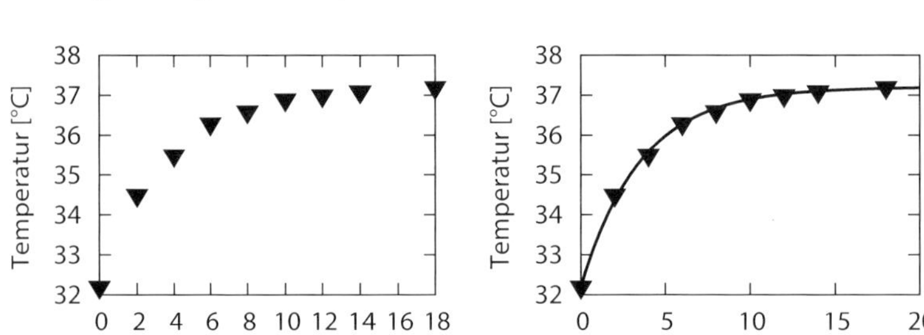

Abb. 3.1 (a) Messwerte der Körpertemperatur. (b) Werte der Körpertemperatur (Dreiecke) und Funktion $T(t)$ aus Gl. (3.4).

Funktion beschrieben werden:

$$T(t) = T_b - (T_b - T_0) \cdot e^{-r \cdot t} \tag{3.1}$$

Die Parameter dieser Funktion haben eine ganz natürliche Interpretation: T_0 ist die Anfangstemperatur, da $T(0) = T_0$, T_b ist die Körpertemperatur, da dies die Endtemperatur ist ($\lim_{t\to\infty} T(t) = T_b$) und r steuert die Rate der Temperaturanpassung zwischen T_0 und T_b. Wie Abb. 3.1a zeigt, liegt die Temperatur von T_0 etwas über 32 °C und die von T_b etwas über 37 °C. Auf Grundlage der Daten in `Fever.csv` setzen wir $T_0 = 32{,}2$ und $T_b = 37{,}2$. Um den Wert für r zu schätzen, wählen wir zum Beispiel den Datenpunkt ($t = 10$, $T = 36{,}9$) aus dem Datensatz `Fever.csv` und setzen ihn in Gl. (3.1) ein

$$36{,}9 = 37{,}2 - 5 \cdot e^{-r \cdot 10} \tag{3.2}$$

Dies führt zu

$$r = -\frac{\ln(0{,}06)}{10} \approx 0{,}281 \tag{3.3}$$

Anzumerken ist, dass (3.3) auch mit *Maxima*s Kommando `solve` berechnet werden kann (siehe Programm `FeverSolve.mac` aus der Buchsoftware). Ähnlich zum Listing 1.1, das in Abschnitt 1.5.2 beschrieben ist, erzeugt hier der `solve`-Befehl verschiedene Lösungen. Neun von diesen Lösungen sind komplex, eine entspricht dem Ergebnis von Gl. (3.3). Verwenden wir den Wert aus Gl. (3.3), dann können wir für $T(t)$ schreiben

$$T(t) = 37{,}2 - 5 \cdot e^{\frac{\ln(0{,}06)}{10} \cdot t} \tag{3.4}$$

Zeichnen wir den Graphen zu dieser Funktion zusammen mit den Daten der Körpertemperatur aus Abb. 3.1a, so erhalten wir Abb. 3.1b (die Abbildung ist mit dem *Maxima*-Programm `FeverExp.mac` aus der Buchsoftware erstellt worden). Wir sehen, dass die Funktion $T(t)$ die Daten sehr gut approximiert. Erinnern wir uns an die Diskussion über die nichtlineare Regression in Abschnitt 2.4, bei der wir eine Größe „Pseudo-R^2", Gl. (2.38), als Maß für die Qualität der Anpassung eingeführt haben. In diesem Fall berechnet das *Maxima*-Programm `FeverExp.mac` einen Pseudo-R^2-Wert von 99,8 %, was einen fast perfekten Fit des Modells an die Daten andeutet. Vergleichen wir Gl. (2.38) mit ihrer Implementierung in `FeverExp.mac`, so stellen wir fest, dass $\sum_{i=1}^{n}(y_i - \hat{y}_i)^2$ in der Form `(y-yprog).(y-yprog)` realisiert wird. Hier bezeichnet „`.`" das Skalarprodukt der Vektoren und in diesem Fall werden die Vektoren mit den Komponenten $y_i - \hat{y}_i$ miteinander multipliziert (siehe Hilfeseiten von *Maxima* für nähere Informationen über die Syntax von *Maxima*s Vektoroperationen). Anzumerken bleibt, dass wir die Parameter des Modells $T(t)$ durch heuristische Argumente erhalten haben. Alternativ können diese auch mit der in Abschnitt 2.4 vorgestellten nichtlinearen Regressionsmethode geschätzt werden.

3.2.2.2 Anwendung

Das Modell hinter Gl. (3.4) kann nun verwendet werden, um alle Fragen bezüglich der Körpertemperaturdaten zu beantworten. Zum Beispiel könnte es benutzt werden, um die Gesamtmesszeit (d. h. die Dauer von Beginn der Messung bis zum Erreichen der Endtemperatur) in Abhängigkeit unterschiedlicher Starttemperaturen des Thermometers zu schätzen. Oder es könnte benutzt werden, um das Messverfahren zu beschleunigen, indem die Körpertemperatur T_b aufgrund der Messdaten geschätzt wird usw. Erinnern wir uns an die Definition des mathematischen Modells in Abschnitt 1.4 oben: Ein mathematisches Modell ist eine Menge von mathematischen Aussagen, die zur Beantwortung einer Frage über ein System verwendet werden kann. Wie bereits dort und in Bemerkung 1.4 erwähnt wird, ist das beste mathematische Modell das Modell, welches die kleinste und einfachste Menge an mathematischen Aussagen beinhaltet, um die gegebene Frage beantworten zu können. In diesem Sinne können wir sagen, dass das phänomenologische Modell (3.4) wahrscheinlich das beste mathematische Modell zur Körpertemperatur ist, zumindest bezüglich der meisten Fragen, die wir im Zusammenhang mit der Körpertemperatur haben könnten. Dennoch werden wir in den nachfolgenden Abschnitten sehen, dass eine mechanistische Modellierung einige unschätzbare Vorteile bietet.

3.2.3 Wecker

Betrachten wir nun einen Datensatz, der sehr ähnlich zu dem der Körpertemperatur ist, bei dem aber eine kleine Komplikation auftritt, die uns aus dem Bereich der phänomenologischen Modellierung führt. Nehmen wir an, wir betreten einen warmen Raum und haben dabei einen Temperatursensor in der Hand. Zudem schreiben wir die Temperaturausgaben des Sensors auf, wobei wir mit Zeitpunkt $t = 0$, dem Betretens des Raums, beginnen. Auf den ersten Blick gleicht diese Situation perfekt der Situation zur Körpertemperaturmessung. Wir erwarten wahrscheinlich ein qualitativ ähnliches Datenmuster wie in Abb. 3.1a. Aber in diesem Fall nehmen wir an, dass wir Daten der Abb. 3.2b erhalten. Unsere Daten weichen qualitativ von denen in Abb. 3.1a ab, denn sie zeigen einen anfänglichen Abstieg der Temperatur nachdem wir den Raum zur Zeit $t = 0$ betreten haben. Abbildung 3.2b ist mittels des *Maxima*-Programms `RoomDat.mac` und den Daten `room.csv` erzeugt worden, die sich in der Buchsoftware (ähnlich wie `FeverDat.mac` in Abschnitt 3.2.2 beschrieben) befinden.

3.2.3.1 Notwendigkeit eines mechanistischen Modells

Im Prinzip können die Daten in Abb. 3.2b wie zuvor mit einem phänomenologischen Modell behandelt werden. Dazu müssen wir nur eine passende Funktion $T(t)$ finden, welche dasselbe qualitative Verhalten der Daten aufzeigt. Zum Beispiel bietet sich ein Polynom für $T(t)$ an (siehe polynomiales Regressionsbeispiel in Abschnitt 2.2.6) oder $T(t)$ könnte als eine Kombination einer Funktion wie (3.1)

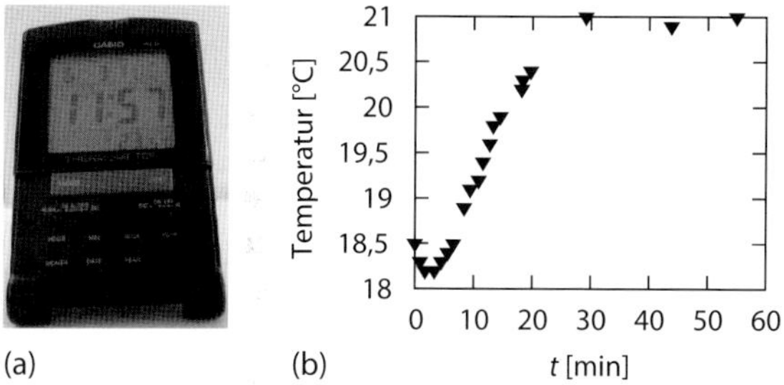

Abb. 3.2 (a) Wecker mit Temperatursensor. (b) Raumtemperaturdaten.

mit einem Polynom 2. oder 3. Grades ausgedrückt werden. Danach müssen wir die Parameter von $T(t)$ anpassen, so dass $T(t)$ die Daten auch wirklich approximiert, analog zu unserer Behandlung der Körpertemperaturdaten. Wie zuvor könnte die Funktion $T(t)$ benutzt werden, um z. B. der Gesamtmesszeit in Abhängigkeit der Anfangstemperatur zu schätzen. Allerdings beinhaltet dieses Vorgehen das Problem, dass die gewonnene Schätzung relativ unsicher ist, so lange wir nicht die anfängliche Abnahme der Temperatur in Abb. 3.2b verstanden haben. Wenn wir beispielsweise ein phänomenologisches Modell $T(t)$ zur Schätzung der Gesamtmesszeit für eine Reihe von Anfangstemperaturen verwenden würden, dann würden wir implizit annehmen, dass der Verlauf der Temperatur zu Beginn einer Messung für alle Anfangstemperaturen sehr ähnlich ist – aber darf dies angenommen werden? Ist die Annahme korrekt? Das können wir nicht wissen, so lange wir das Verhalten der Temperaturabnahme zu Beginn der Messung nicht verstanden haben.

Die anfängliche Abnahme der Temperaturdaten in Abb. 3.2b beinhaltet Informationen über das System, die wir nutzen sollten, um Fragen über das System mit maximale Genauigkeit beantworten zu können. Die Daten wollen uns virtuell etwas über das System sagen, genauso wie das Bodenradar dem Archäologen etwas über die Struktur des Untergrunds sagt. Um ein phänomenologisches Modell für die Temperaturdaten zu konstruieren, werden nur die Daten selbst gebraucht, d. h. wir schauen virtuell auf die Anzeige des Geräts, das die Temperaturdaten erzeugt. Nun sollten wir von dieser Betrachtungsweise weggehen und einen Blick auf das datenerzeugende Gerät selbst richten. Und das bedeutet, wir bewegen uns in Richtung mechanistische Modellierung.

Bemerkung 3.4. Informationsgehalt „merkwürdiger Effekte" Mechanistische Modelle sollten gerade dann verwendet werden, wenn „merkwürdige Effekte" analog zu den Weckerdaten beobachtet werden. Sie sind besonders geeignet, um solche Effekte zu erklären und den darin enthaltenen Informationsgehalt zugänglich zu machen.

3.2.3.2 **Anwendung des Modellierungs- und Simulationsschemas**

Abbildung 3.2a zeigt den Gegenstand, welches die Daten zu Abb. 3.2b erzeugt hat: einen Wecker mit einer Temperaturanzeige. Die Daten in Abb. 3.2b sind entstanden, als einer der Autoren bei einem Test mit dem Temperatursensor des Weckers die Temperatur in einem Hörsaal gemessen hat. Zu Beginn ist er etwas überrascht gewesen, dass die Temperatur nach dem Betreten des Raums zunächst gesunken ist. Aber die Erklärung ist natürlich recht einfach: Der Wecker ist recht preisgünstig gewesen und sein Temperatursensor ist langsam und lethargisch – eine unschlagbare Zeitspanne von 30 min ist erforderlich, um die Lücke zwischen 18 und 21 °C in Abb. 3.2b zu überbrücken. Bevor der Autor zum Zeitpunkt $t = 0$ den Hörsaal betreten hat, haben er und sein Wecker sich für eine gewisse Zeit außerhalb des Hörsaals bei einer Umgebungstemperatur von rund 12 °C aufgehalten. Das anfängliche Absinken der Temperaturmessung ist offensichtlich dadurch zustande gekommen, dass der Autor den Sensor im Inneren des Weckers beim Versuch gestört hat, die 12 °C zu erreichen.

Um jetzt ein mechanistisches mathematisches Modell aufzustellen, welches das Muster der Daten in Abb. 3.2b beschreiben kann, können wir den Schritten des *MoSim-Schemas* folgen, wie in Bemerkung 1.5 (Abschnitt 1.2.2) beschrieben. Dieses Schema beginnt mit dem *Definitionsschritt*, bei dem eine zu beantwortende Frage oder ein zu lösendes Problem definiert wird. Bezüglich Abb. 3.2b ist das natürlich die Frage

Q_1 Wie kann das anfängliche Absinken der Temperaturwerte erklärt werden?

Alternativ können wir auch mit dem Problem anfangen

Q_2 Berechne im Voraus die Endtemperatur aus den ersten Datenpunkten.

Im *Systemanalyseschritt* des MoSim-Schemas haben wir die Teile des Systems zu identifizieren, die für Q_1 und Q_2 relevant sind. Erinnern wir uns an das Autobeispiel in Abschnitt 1.1, bei dem der Systemanalyseschritt uns von dem System „Auto" mit seiner gesamten Komplexität zu einen sehr vereinfachten Automodell bestehend aus nur einem Tank und einer Batterie geführt hat (Abb. 1.1). Unser Ausgangspunkt hier ist das System „Wecker" mit seiner gesamten Komplexität. Im Systemanalyseschritt haben wir zunächst ein vereinfachtes Modell des Weckers zu finden, immer mit dem Blick auf die Fragen Q_1 und Q_2. Offensichtlich können wir jedes Detail des Weckers, was nicht in Verbindung zur Temperaturmessung steht, in unserem vereinfachten Modell vernachlässigen – genau wie wir jedes Detail im Auto, das nicht in Verbindung zum Problem „Das Auto startet nicht" gestanden hat, im vereinfachten Modell der Abb. 1.1 weggelassen haben. Zweifellos ist der Temperatursensor ein unverzichtbarer Bestandteil in jedem vereinfachten Modell, von dem wir erwarten, dass es unsere Fragen Q_1 und Q_2 beantwortet. Jetzt erinnern wir uns an Bemerkung 1.4: Das einfachste Modell ist stets das beste Modell. Und wir sollten immer mit dem einfachsten vorstellbaren Modell anfangen. Die einfachste mögliche Darstellung des Temperatursensors für unser Modell erhalten wir, wenn wir nur die vom Sensor angezeigte Temperatur T_s berücksichtigen. Die interne Konstruktion des Sensors wird als Blackbox behandelt. Ein weiterer essentieller Bestandteil des vereinfachten Modells ist die Umgebungs- oder Außentemperatur T_a, die vom Sensor zu messen ist. Mit diesen zwei Bestandteilen haben wir das vereinfachte Weckermodell der Abb. 3.3a

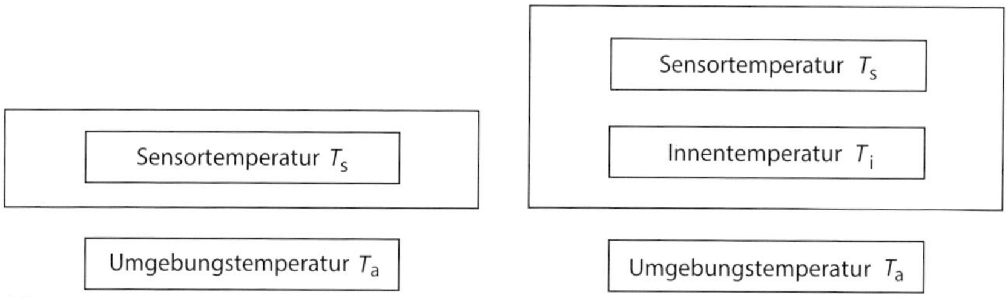

(a) (b)

Abb. 3.3 Vereinfachtes Modell des Weckers: (a) Modell A, (b) Modell B.

erreicht, was wir Modell A nennen wollen. Zu beachten ist, dass das Modell A noch kein mathematisches Modell ist, sondern was wir (wie in Abschnitt 1.2.5 beschrieben) vielmehr als *konzeptionelles Modell* bezeichnen. Modell A repräsentiert einen Zwischenschritt, der häufig für die Entwicklung eines mathematischen Modells verwendet wird. Es identifiziert die zu entwickelnden Zustandsvariablen des Modells T_s und T_a und liefert eine Skizze über deren Beziehung, indem T_s innerhalb eines Rechtecks, stellvertretend für den Wecker, und T_a außerhalb des Rechtecks gestellt wird. Aber das Modell A ist, obwohl wir das System S und die Frage Q des zu entwickelnden mathematischen Modells kennen, noch keine vollständige Beschreibung des mathematischen Modells (S, Q, M). Uns fehlen noch die mathematischen Aussagen M, die zur Berechnung der Zustandsvariablen verwendet werden.

3.2.3.3 Aufstellen der Gleichungen

Bevor wir zur Formulierung mathematischer Aussagen M kommen, ist es angebracht, das Modell A ein wenig zu verbessern. Ausgehend von Modell A ist das einzige, was der Sensor (abgebildet durch T_s) „sieht", die Umgebungstemperatur T_a. Aber wenn das wahr wäre, dann ist damit der anfängliche Abstieg der Temperaturdaten in Abb. 3.2b nur schwer zu erklären. Wenn der Sensor nur die Lufttemperatur der Umgebung „sieht", dann sollte seine Temperatur direkt ansteigen, wenn wir einen warmen Raum zum Zeitpunkt $t = 0$ betreten. Der Sensor hat sich irgendwie die nahe Vergangenheit gemerkt und dieses *Temperaturgedächtnis* muss in dem Weckermodell berücksichtigt werden, wenn wir die Daten aus Abb. 3.2b reproduzieren wollen. Es gibt verschiedene Möglichkeiten, wie das Temperaturgedächtnis technisch im Wecker umgesetzt sein könnte. Das Temperaturgedächtnis könnte eine Konsequenz aus der internen Konstruktion des Temperatursensors sein. Als eine erste, einfache Idee nehmen wir an, dass der Temperatursensor immer die alte Umgebungstemperatur $T_a(t - t_{\text{verzug}})$ anstelle der aktuellen Umgebungstemperatur $T_a(t)$ „sieht". Wenn dies wahr wäre, dann könnten wir das phänomenologische Modell von oben Gl. (3.1) verwenden und wie folgt anpassen: Wir schreiben zunächst für die Umgebungstemperatur T_a

$$T_a(t) = \begin{cases} T_{a_1} & t < t_{\text{verzug}} \\ T_{a_2} & t \geq t_{\text{verzug}} \end{cases} \tag{3.5}$$

Dabei ist T_{a_1} die Umgebungstemperatur vor $t = 0$, d. h. bevor wir den warmen Raum betreten. T_{a_2} ist die Umgebungstemperatur des warmen Raumes. Da wir annehmen, dass der Temperatursensor stets die Temperatur zur Zeit $t - t_{\text{verzug}}$ anstelle der aktuellen Temperatur zur Zeit t sieht, beschreibt Gl. (3.5) die Umgebungstemperatur wie sie von dem Temperatursensor gesehen wird. Übertragen wir das Körpertemperaturmodell Gl. (3.1) auf die aktuelle Situation, so entspricht $T_a(t)$ der Körpertemperatur T_b. Das bedeutet, wir haben für $t < t_{\text{verzug}}$

$$T_1(t) = T_{a_1} - (T_{a_1} - T_0) \cdot e^{-r \cdot t} \tag{3.6}$$

und für $t \geq t_{\text{verzug}}$,

$$T_2(t) = T_{a_2} - (T_{a_2} - T_1(t_{\text{verzug}})) \cdot e^{-r \cdot (t - t_{\text{verzug}})} \tag{3.7}$$

Die Parameter der letzten beiden Gleichungen haben dieselbe Interpretation wie die entsprechenden Parameter in Gl. (3.1). Zu bemerken ist, dass $T_1(t_{\text{verzug}})$ als Anfangstemperatur für (3.7) verwendet wird, da wir zur Zeit t_{verzug} von T_1 zu T_2 wechseln und $T_1(t_{\text{verzug}})$ die aktuelle Temperatur zu diesem Zeitpunkt ist. Ebenso ist zu beachten, dass $t - t_{\text{verzug}}$ im Exponent von Gl. (3.7) auftritt, um sicher zu stellen, dass $T_2(t_{\text{verzug}}) = T_1(t_{\text{verzug}})$. Das gesamte Modell kann geschrieben werden als

$$T(t) = \begin{cases} T_1(t) & t < t_{\text{verzug}} \\ T_2(t) & t \geq t_{\text{verzug}} \end{cases} \tag{3.8}$$

3.2.3.4 **Vergleich Modell und Daten**

Einige der Parameter in der letzten Gleichung können mit Abb. 3.2b und den entsprechenden Daten aus `room.csv` geschätzt werden:

$$T_0 \approx 18{,}5 \tag{3.9}$$

$$t_{\text{verzug}} \approx 2{,}5 \tag{3.10}$$

$$T_{a_2} \approx 21{,}0 \tag{3.11}$$

Die restlichen Parameter (T_{a_1} und r) können entweder mit heuristischen Argumenten wie oben im Kontext von Gl. (3.1) bestimmt werden, oder durch eine nichtlineare Regression, wie in Abschnitt 2.4 beschrieben. Aber bevor wir in diese Richtung gehen, ist es üblicherweise sinnvoll nachzuprüfen, ob wir bereits durch per Hand angepasste Parameter vernünftige Resultate erhalten. In diesem Fall zeigt sich, dass sich keine zufriedenstellende Übereinstimmung zwischen Temperaturkurve Gl. (3.8) und den vorhandenen Daten mit per Hand angepassten Parametern T_{a_1} und r herstellen lässt. Damit ist jeder weitere Aufwand (z. B. nichtlineare Regression) überflüssig. Abbildung 3.4 zeigt einen Vergleich der Kurve Gl. (3.8) mit den Daten aus Abb. 3.2b auf Grundlage der handangepassten Werte $T_{a_1} = 16{,}7$ und $r = 0{,}09$. Die Abbildung ist mit Hilfe des *Maxima*-Programms `RoomExp.mac` und den Daten `room.csv` (beides in der Buchsoftware

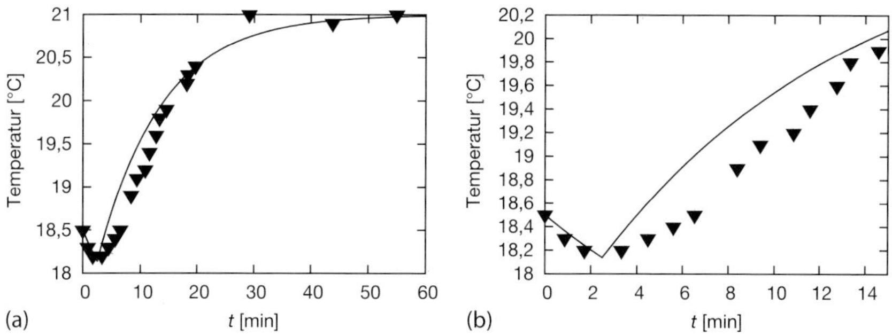

Abb. 3.4 (a) Vergleich von Gl. (3.8) (Kurve) mit den Daten (Dreiecke) aus Abb. 3.2b mit $T_{a_1} = 16{,}7$ und $r = 0{,}09$. (b) Gleiches Bild auf einer anderen Skala, das die Unstimmigkeiten zwischen Modell und Daten deutlicher aufzeigt.

vorhanden) erstellt worden. Schauen wir in das Programm `RoomExp.mac`, so ist dort die Gl. (3.8) mit Hilfe der `if...then`-Anweisung implementiert worden (siehe Hilfeseiten von *Maxima* für weitere Informationen über diese und andere Anweisungen zur „bedingten Ausführung").

`RoomExp.mac` berechnet den Bestimmtheitskoeffizienten mit $R^2 = 92{,}7\,\%$. Dieser Wert besagt, dass Daten und Modell relativ nahe beieinander liegen. Dennoch ist das Ergebnis unbefriedigend, da sich das qualitative Muster der Modellkurve aus Gl. (3.8) von den Daten unterscheidet. Das kann gut sichtbar gemacht werden, indem wir die Daten für die Zeit $t < 14$ wie in Abb. 3.4b darstellen. Deutlich ist die scharfe Ecke der Modellkurve zu erkennen, die in dieser Form nicht in den Daten vorzufinden ist. Zudem biegt sich die Kurve für $t > 3$ aufwärts, wohingegen sich die Datenpunkte nach unten bewegen. Obwohl der Bestimmtheitskoeffizient relativ groß ist und obwohl wir mit diesem Modell vermutlich in der Lage sind vernünftige Temperaturen im Voraus zu berechnen, deutet die qualitative Unstimmigkeit zwischen Modell und Daten darauf hin, dass der Modellierungsansatz auf Grundlage von Gl. (3.8) falsch ist. Wie in Abschnitt 1.2.2 angesprochen, ist die qualitative Übereinstimmung zwischen Modell und seinen Daten ein wichtiges Kriterium für die Validierung des Modells.

3.2.3.5 **Validierung scheitert – was nun?**

Wir müssen also unsere erste Idee, wie das Temperaturgedächtnis im Modell berücksichtigt werden könnte, zurückweisen. Zugegebenermaßen ist es eine sehr einfache Idee gewesen, den Sensor die „alten" Temperaturen $T_a(t - t_{verzug})$ durch eine konstante zeitliche Verzögerung sehen zu lassen. Einer der Gründe für die Ausarbeitung dieser Idee ist ganz einfach die Tatsache, dass es uns zu einem Beispiel eines Modells führt, das wegen seiner qualitativen Unstimmigkeiten gegenüber den Daten zurückgewiesen wird. Gleichung (3.8) ist auch ein nettes Beispiel dafür, dass man nicht immer in einem strikten Sinne zwischen einem phänomenologischen und einem mechanistischen Modell unterscheiden kann. Auf der einen Seite basiert das phänomenologische Modell auf einer Temperaturanpassung, Gl. (3.1). Auf der anderen Seite ist Gl. (3.1) in modifizierter Form für ein

Modell verwendet worden, bei dem unsere mechanistischen Überlegungen bezüglich des Temperaturgedächtnisses des Systems eingeflossen sind. Wie schon in Abschnitt 1.5 angesprochen, werden Modelle dieser Art, die irgendwo zwischen phänomenologischen und mechanistischen Modellen liegen, auch als *semiempirisch* oder *Greyboxmodelle* bezeichnet.

Bevor wir weitermachen, sollten wir uns ein paar Gedanken darüber machen, was wir bisher im MoSim-Schema (Bemerkung 1.5) durchgeführt haben. Im Wesentlichen hat uns die Systemanalyse von oben zur Schlussfolgerung geführt, dass unser Modell eine Art Temperaturspeicher braucht. Gleichung (3.8) entspricht dem Modellierungsschritt der Bemerkung 1.5, der Simulations- und Validierungsschritt entspricht der Abb. 3.4. Nachdem die Validierung fehlgeschlagen ist, sind wir *wieder zurück im Analyseschritt*. Im Prinzip könnten wir jetzt eine detaillierte Studie der internen Mechanik des Temperatursensors machen. Wir könnten zum Beispiel die technische Beschreibung des Sensors lesen und hoffen, dass dies uns auf den richtigen Weg bringt. Aber dies würde wahrscheinlich einen beträchtlichen Aufwand bedeuten und resultiert eventuell in ein unnötig verfeinertes Modell. Bevor wir also in eine detailliertere Modellierung des Sensors einsteigen, sollten wir uns besser fragen, ob es nicht noch andere einfache Hypothesen gibt, die uns das Temperaturgedächtnis des Systems erklären können.

Erinnern wir uns erneut an Bemerkung 1.4, die besagt, dass das einfachste Modell, welches die Daten erklären kann, das beste ist. Wenn wir eine solch einfache Hypothese zur Erklärung der Daten finden, dann ist dies das beste Modell für unsere Daten. Das gilt auch dann, wenn wir nicht wissen, ob die Hypothese falsch ist, oder wenn die Daten *ausschließlich* durch die interne Mechanik des Temperatursensors korrekt erklärt werden kann. Wenn beide Modelle – das Modell auf Grundlage einer einfachen Hypothese und ein komplexeres Modell auf Grundlage der internen Mechanik des Temperatursensor – die Daten gleichwertig und ununterscheidbar erklären können, dann sollten wir aus praktischen Gründen das einfache Modell wählen. Zumindest auf Grundlage der Daten und in Abwesenheit anderer Anzeichen, dass es ein falsches Modell ist.

3.2.3.6 Ein anderer Weg das Temperaturgedächtnis zu erklären

Glücklicherweise ist es leicht, eine weitere einfache Hypothese zu finden, welche uns das Temperaturgedächtnis des Systems erklären kann. Im Gegensatz zu unserer ersten Hypothese oben („Temperatursensor sieht die alten Temperaturen") nehmen wir jetzt an, dass der qualitative Unterschied zwischen den Daten des Körpertemperaturbeispiels und denen des Weckerbeispiels (Abbildungen 3.1a und 3.2b) *nicht* durch Unterschiede in der internen Mechanik der Temperatursensoren hervorgerufen wird. Aber wir dürfen annehmen, dass die in beiden Beispielen verwendeten Temperatursensoren im Wesentlichen auf dieselbe Weise funktionieren. Dann muss die Ursache für den Unterschied zwischen den Beispieldaten in der Konstruktion des Fieberthermometers bzw. des Weckers als Ganzes liegen, und zwar in ihrer unterschiedlichen Konstruktion bezüglicher der

Temperaturmessung. Und tatsächlich gibt es offensichtlich einen Unterschied: Wenn das Fieberthermometer verwendet wird, dann ist der Temperatursensor in direktem Kontakt mit dem Körper, dessen Temperatur gemessen werden soll. Dagegen sitzt der Temperatursensor des Weckers irgendwo im Inneren und hat keinen direkten Kontakt mit der zu messenden Umgebungstemperatur. Das führt zur folgenden Hypothese

Hypothese. Das Temperaturgedächtnis des Weckers ist physikalisch durch die Temperatur der unmittelbaren Umgebung des Sensors im Wecker gegeben, d. h. als Lufttemperatur innerhalb des Weckers oder als Temperatur der internen Bauteile des Weckers in unmittelbarer Nähe zum Temperatursensor.

Um diese Idee mathematisch auszudrücken, brauchen wir eine oder mehrere Zustandsvariable(n), welche die interne Lufttemperatur oder die Temperaturen der internen Bauteile in unmittelbarer Nähe zum Temperatursensor ausdrücken. Es ist bereits mehrmals betont worden, dass wir mit dem einfachsten Ansatz starten sollen. Und die einfachste Sache in diesem Fall ist eine *effektive interne Temperatur* T_i einzuführen. Sie kann als eine Art Kombination von interner Lufttemperatur und den Temperaturen der relevanten internen Teile des Weckers betrachtet werden. Eine detailliertere Spezifikation von T_i würde eine genauere Untersuchung der inneren Konstruktion des Weckers erfordern, ebenso die Art und Weise, wie die Innentemperatur und Temperaturen der internen Bauteile den Temperatursensor beeinflussen. Diese Untersuchung wäre zeit- und resourcenaufwendig und würde kaum ein besseres Resultat im Vergleich zu dem liefern, was wir weiter unten für T_i als eine größtenteils unspezifische „Blackbox-Größe" erhalten.

Bemerkung 3.5. Effektive Größen Effektive Größen drücken kumulierte Effekte verschiedener Prozesse (wie T_i) aus und werden oft verwendet, um vereinfachte Modellformulierungen zu erhalten.

Führen wir T_i als neue Zustandsvariable in Modell A ein, so erhalten wir *Modell B* als ein verbessertes konzeptionelles Modell des Weckers (Abb. 3.3b). Im nächsten Schritt benötigen wir mathematische Aussagen (d. h. das M im mathematischen Modell (S, Q, M) ist zu entwickeln), welche zur Berechnung der Zustandsvariablen verwendet werden können. Es zeigt sich nun, dass Modell B die Daten in Abb. 3.2b sehr gut erklären kann.

3.2.3.7 Einschränkungen des Modells

Erinnern wir uns, dass wir als mechanistische Modellierer auch „Systemarchäologen" sind, die den internen Systemmechanismus aus den Daten entschlüsseln können, ähnlich zu einem Archäologen, der aus den Daten des Bodenradars auf Strukturen des Untergrundes schließen kann. Genau auf diesem „archäologischen" Weg ist die Abb. 3.3b aus den Daten in Abb. 3.2b durch die oben beschriebenen Überlegungen hergeleitet worden. Unser Ausgangspunkt sind die Daten in Abb. 3.2b, die ein rätselhaftes anfängliches Absinken der Temperatur zeigen und uns offensichtlich „etwas“ über die interne Systemmechanik „sagen möchten“. Modell B stellt nun eine Hypothese von dem dar, was uns die Daten in Abb. 3.2b über die interne Mechanik des Weckers während der Temperaturmessung „sagen möchten“.

Beachte, dass das Modell B eine wirklich brutale Vereinfachung des realen Systems eines Weckers ist (Abb. 3.2a), ähnlich der brutalen Vereinfachung des Systems „Auto“ in Abschnitt 1.1. Mit dem Modell B bleibt nichts mehr von der anfänglichen Komplexität des Weckers übrig, außer den drei Temperaturen T_s, T_i und T_a. Es muss aber betont werden, dass Modell B nur eine *Hypothese* über die Vorgänge innerhalb des Weckers während der Temperaturmessung ausdrückt. Es kann sein, dass die Hypothese falsch ist. Das Einzige, was wir mit Sicherheit sagen können, ist, dass Modell B wahrscheinlich die einfachste Hypothese darstellt, welche die Daten in Abb. 3.2b erklären kann. Eventuell genügt Modell B nicht mehr, um einen ausgefalleneren Temperaturverlauf zu erklären. Solche anspruchsvollere Daten können uns dazu zwingen, etwas tiefergehende Überlegungen über die Einbauten des Weckers anzustellen, zum Beispiel eine detailliertere Untersuchung des Temperatursensors oder eine detailliertere Modellierung der inneren Temperatur des Weckers, die in Modell B in einer einzigen Größe T_i zusammengefasst ist.

Solange wir uns nur mit den Daten der Abb. 3.2b beschäftigen, können wir uns mit dem recht groben und unscharfen Bild der internen Mechanik des Weckers begnügen, welches uns mit Modell B gegeben ist. Bei der Herleitung eines mechanistischen Modells, wie Modell B, bleiben stets Ungewissheiten stehen. Das ist ein prinzipielles Problem, das sich nicht vermeiden lässt. Ein mechanistisches Modell stellt eine Hypothese über die interne Mechanik des Systems dar und es ist grundsätzlich nicht möglich, eine wissenschaftliche Hypothese durch Daten zu beweisen [56]. Daten können verwendet werden, um zu zeigen, dass ein Modell falsch ist. Aber sie können niemals verwenden werden, um die Gültigkeit eines Modells zu beweisen. Von einem praktischen Gesichtspunkt gesehen, ist das kein Problem. Denn wir können auch mit einem Modell zufrieden sein, solange es die vorhandenen Daten erklären kann und wir es zum Lösen unseres Problems verwenden können.

3.3
Aufstellen von ODE-Modellen

In diesem Abschnitt werden wir einfache Modelle mit gewöhnlichen Differentialgleichungen aufstellen. Insbesondere werden wir für das Körpertemperatur- und Weckerproblem die abschließenden mathematischen Aussagen aufstellen, um ein vollständiges mathematisches Modell (S, Q, M) einer mechanistischen Modellbildung zu erhalten.

3.3.1
ODE-Modell zum Körpertemperaturbeispiel

Die Modelle aus Abschnitt 3.2 werden hier neu formuliert und zwar in der Gestalt von gewöhnlichen Differentialgleichungen. Fangen wir mit einer neuen Untersuchung der Körpertemperaturdaten an (Abb. 3.1a). Dort haben wir das folgende phänomenologische Modell zur Beschreibung aufgestellt (vergleiche Gl. (3.1)):

$$T(t) = T_\mathrm{b} - (T_\mathrm{b} - T_0) \cdot \mathrm{e}^{-r \cdot t} \tag{3.12}$$

3.3.1.1 Formulierung eines ODE-Modells

Wir werden nun sehen, dass wir mehr über den Hintergrund dieser Gleichung erfahren, wenn wir sie als ODE umformulieren. Um dieses Ziel zu erreichen, müssen wir $T(t)$ irgendwie durch seine Ableitung ausdrücken. Also berechnen wir die Ableitung von $T(t)$:

$$T'(t) = r \cdot (T_\mathrm{b} - T_0) \cdot \mathrm{e}^{-r \cdot t} \tag{3.13}$$

Diese Gleichung kann bereits als ODE angesehen werden, da eine Ableitung der Unbekannten $T(t)$ in der Gleichung vorhanden ist. Eine geeignete Anfangsbedingung könnte

$$T(0) = T_0 \tag{3.14}$$

sein, da T_0 die Anfangstemperatur zum Zeitpunkt $t = 0$ ist (siehe Diskussion zur Gl. (3.1)). Eine ODE wie Gl. (3.13) kann mathematisch einfach durch Integration der rechten Seite gelöst werden. Die hinzukommende Integrationskonstante wird mit Gl. (3.14) bestimmt. Das alles bringt uns wieder zurück zur Gl. (3.13) ohne dass wir etwas über den Hintergrund der Gleichung gelernt haben. Bedeutet das nun, dass es keinen Sinn hat, Gl. (3.13) als ODE zu beschreiben?

Nein, überhaupt nicht. Denn die rechte Seite von Gl. (3.13) können wir auch noch anders formulieren. Diese lässt sich mit Hilfe der unbekannten Funktion $T(t)$ wie folgt ausdrücken:

$$T'(t) = r \cdot (T_\mathrm{b} - T(t)) \tag{3.15}$$

Zusammen mit der Anfangsbedingung (3.14) erhalten wir das folgende *Anfangswertproblem*:

$$T'(t) = r \cdot (T_\mathrm{b} - T(t)) \tag{3.16}$$

$$T(0) = T_0 \tag{3.17}$$

3.3.1.2 ODE deckt den Mechanismus auf

Die Gln. (3.16) und (3.17) sind nun eine äquivalente Umformulierung der Gl. (3.13) in Gestalt einer gewöhnlichen Differentialgleichung. Und wir werden sehen, diese Gleichungen helfen uns in der Tat, den Mechanismus zu verstehen, der die

Daten zu Abb. 3.1a erzeugt. Die ODE deckt also die intrinsische Bedeutung der Gl. (3.13) auf.

Was uns die Gl. (3.16) offensichtlich sagt: $T'(t)$, also die Änderungsrate der Temperatur, ist proportional zur Differenz zwischen der Körpertemperatur T_b und der aktuellen Temperatur $T(t)$. Da wir eine nahezu perfekte Übereinstimmung zwischen Gl. (3.13) und den Daten in Abb. 3.1a erreicht haben (siehe Abb. 3.1b), können wir recht sicher annehmen, dass wir den Mechanismus gefunden haben, der die Daten in Abb. 3.1a erzeugt. Aus qualitativer Sicht bewirkt die in Gl. (3.16) vorhandene Proportionalität das richtige Verhalten für die Temperatur: Angenommen, wir haben eine Situation vorliegen, in der die angezeigte Temperatur des Thermometers kleiner ist als die Körpertemperatur, also $T(t) < T_b$. Dann würden wir erwarten, dass $T(t)$ ansteigt. Und in der Tat ist die Rate der Temperaturänderung $T'(t)$ positiv, da in diesem Fall $T_b - T(t) > 0$ in Gl. (3.16) gilt. Auf der anderen Seite verursacht $T(t) > T_b$ mit demselben Argument ein Absinken von $T(t)$. Die Proportionalität liegt auch in guter Übereinstimmung mit unserer täglichen Erfahrung: Je höher die Temperaturdifferenz zwischen $T(t)$ und T_b ist, desto größer ist der Temperaturanstieg bzw. die Temperatursenkung, also die Rate der Temperaturänderung $T'(t)$.

Die *Modellparameter* können durch die gewöhnliche Differentialgleichung auch besser verstanden werden. Zum Beispiel die Bedeutung von T_0 und r ist aus den Gln. (3.16) und (3.17) wesentlich klarer zu erkennen als in Gl. (3.13). Gleichung (3.17) sagt uns sofort, dass T_0 die Anfangstemperatur ist, da wir diesen Wert unmittelbar erhalten, wenn wir $t = 0$ setzen. Aus Gl. (3.16) können wir direkt ablesen, dass Parameter r die Geschwindigkeit des Temperaturausgleichs steuert. Auf Grundlage dieser Gleichung, können wir auch eine präzise Interpretation des Parameters angeben:

$$r = \frac{T'(t)}{T_b - T(t)} \tag{3.18}$$

Für kleine Δt gilt näherungsweise

$$T'(t) \approx \frac{T(t + \Delta t) - T(t)}{\Delta t} \tag{3.19}$$

und wir erhalten

$$r \approx \frac{\frac{T(t+\Delta t) - T(t)}{T_b - T(t)}}{\Delta t} \tag{3.20}$$

Das bedeutet, Parameter r drückt den relativen Temperaturzuwachs im Vergleich zur Temperaturdifferenz $T_b - T(t)$ pro Zeit aus. Die Einheit von r ist s^{-1}. Zum Beispiel bedeutet $r = 0{,}1$, dass wir eine Reduzierung der Temperaturdifferenz zwischen angezeigter Temperatur und Körpertemperatur um 10 % pro Zeiteinheit erwarten können (es ist eine leichte Überschätzung, da es sich um einen kontinuierlichen Prozess handelt). Interpretationen dieser Art sind wichtig, da wir stets wissen sollten, was wir tun und mit welchen Größen wir es zu tun haben. Diese

Interpretationen sind auch aus praktischer Sicht nützlich, da sie uns zum Beispiel helfen, a-priori vernünftige Zahlenwerte für die Parameter zu finden. In unserem Fall können wir erwarten, dass der Wert von r wahrscheinlich zwischen 0 und 1 liegt.

Gleichung (3.16) ist auch als *newtonsches Abkühlungsgesetz* (Newton's law of cooling) bekannt [57]. Dieses Gesetz kann auch unter bestimmten Annahmen aus der *Wärmeleitungsgleichung* (eine partielle Differentialgleichung) hergeleitet werden, was das allgemeine Gesetz für die Beschreibung der Temperaturverteilung in Raum und Zeit darstellt. Mehr Details hierzu sind in [57] und in Abschnitt 4.2 zu finden.

3.3.2 ODE-Modell zum Weckerbeispiel

Als zweites Beispiel für das Aufstellen eines ODE-Modells versuchen wir die Daten des Weckers in Abb. 3.2b zu beschreiben. In Abschnitt 3.2 haben wir für diese Daten bereits ein konzeptionelles *Modell B* entwickelt (siehe Abb. 3.3b) und es beinhaltet drei Zustandsvariablen:

- T_s [°C]: die Sensortemperatur
- T_i [°C]: die effektive innere Temperatur
- T_a [°C]: die Umgebungs-/Außentemperatur

3.3.2.1 Ein System aus zwei ODEs

Wir können hier nicht (einfach) den *phänomenologischen Zugang* anwenden, da wir im Gegensatz zum Körpertemperaturmodell kein phänomenologisches Modell der Daten aus Abb. 3.2b entwickelt haben. Allerdings können wir den *theoretischen Zugang* ähnlich wie im letzten Abschnitt anwenden, da die Beziehungen zwischen T_s und T_i bzw. zwischen T_i und T_a sehr ähnlich zu denen von T und T_b in Abschnitt 3.3.1 sind. Schauen wir uns T_s und T_i an, dann ist T_i im Sinne des newtonschen Abkühlungsgesetzes die „kühlende Umgebung", die den Temperatursensor mit T_s, umgibt. Aus theoretischer Sicht ist das newtonsche Abkühlungsgesetz die einfachste Art, die Situation zu beschreiben, was uns auf folgende Beziehung führt:

$$T_s'(t) = r_{si} \cdot (T_i(t) - T_s(t)) \tag{3.21}$$

Diese Gleichung ist exakt eine Analogie zur Gl. (3.16). Wir haben gerade gesagt, diese Gleichung ist der einfachste Art, die Beziehung zwischen T_s und T_i zu beschreiben. Damit ist diese als Anfang gut geeignet, da wir immer mit einem einfachen Zugang beginnen sollen (Bemerkung 1.6). Genauere Modelle können verwendet werden, sollten wir substanzielle Abweichungen zwischen Modell und Daten feststellen. Aus dem gleichen Grund wie oben können wir auch hier die entsprechende Gleichung für den Zusammenhang zwischen T_i und T_a schreiben:

$$T_i'(t) = r_{ia} \cdot (T_a - T_i(t)) \tag{3.22}$$

Die letzten beiden Gleichungen hätten auch erstellt werden können, wenn wir den Zugang über die Änderungsraten gewählt hätten, wie wir es für Gl. (3.16) gemacht haben. Zum Beispiel für Gl. (3.21) würde der Zugang über die Änderungsraten auf den folgenden Beobachtungen basieren:

- $T_s'(t)$ steigt mit $|T_i(t) - T_s(t)|$
- $T_i(t) - T_s(t)$ bestimmt das Vorzeichen von $T_s'(t)$

Dann werden, wie oben, diese Zusammenhänge in der mathematisch einfachsten Form, also als Proportionalität, mit Gl. (3.21) ausgedrückt. Bezeichnen wir mit T_{i0} und T_{s0} die Temperaturen von T_i und T_s zum Zeitpunkt $t = 0$, so können wir das gesamte Modell als *Anfangswertproblem (AWP) für ein System mit zwei ODEs* formulieren:

$$T_s'(t) = r_{si} \cdot (T_i(t) - T_s(t)) \tag{3.23}$$

$$T_i'(t) = r_{ia} \cdot (T_a - T_i(t)) \tag{3.24}$$

$$T_s(0) = T_{s0} \tag{3.25}$$

$$T_i(0) = T_{i0} \tag{3.26}$$

Beachte, dass dieses Problem nicht nur die beiden ODEs Gln. (3.23) und (3.24), sondern auch *zwei Anfangsbedingungen*, Gln. (3.25) und (3.26) enthält. An dieser Stelle ist anzumerken, dass die Anzahl der Anfangsbedingungen (oder Randbedingungen), um ODEs eindeutig lösen zu können, nicht nur mit der Ordnung der ODE wächst [58], sondern auch mit der Anzahl der betrachteten ODEs steigt. Jede ODE 1. Ordnung erfordert eine eigene Anfangs- oder Randbedingung.

3.3.2.2 Ergebnis mit per Hand ermittelten Parametern

Um die Gln. (3.23)–(3.26) zu lösen, müssen wir noch die Werte der Parameter $r_{si}, r_{ia}, T_a, T_{s0}$ und T_{i0} festlegen. Zur Bestimmung von T_a (Außentemperatur) können wir uns Abb. 3.2b anschauen und die Wahl von $T_a \approx 21\,°\mathrm{C}$ scheint vernünftig zu sein. Wenn nötig, können wir auch die dazugehörigen Ausgangsdaten der Datei `room.csv` heranziehen, die in der Buchsoftware vorhanden ist. Den Wert von T_{s0} können wir ebenfalls aus Abb. 3.2b ablesen und setzen $T_{s0} \approx 18{,}5\,°\mathrm{C}$. Allerdings ist es nicht möglich, T_{i0} direkt abzulesen, da er nicht gemessen worden ist. Aber wir können uns erneut Abb. 3.2b anschauen. Der Kurvenverlauf besagt nämlich, dass zum Zeitpunkt $t \approx 2{,}5$ min die Sensortemperatur $T_s(2{,}5) \approx 18{,}2\,°\mathrm{C}$ vorliegt und insbesondere die Steigung von T_s null ist, also $T_s'(2{,}5) = 0$. Aus der Gl. (3.23) des ODE-Modells folgt nun, dass $T_i(2{,}5) = T_s(2{,}5)$ vorliegt. Das bedeutet insgesamt, wir müssen T_{i0} so wählen, dass $T_i(2{,}5) = 18{,}2\,°\mathrm{C}$ gilt.

Der Wert von T_{i0} hängt allerdings von den Änderungsraten r_{si} und r_{ia} ab, die ebenfalls noch festgelegt werden müssen. Natürlich sollten diese so bestimmt werden, dass das Ergebnis des Modells möglichst gut mit den Messdaten aus `room.csv` bzw. Abb. 3.2b übereinstimmt. Es gibt einige mathematische Verfahren, um die Parameter eines ODE-Modells an Daten anzupassen (ähnlich zur Regressionsanalyse in Abschnitt 2.2.6). Für den Augenblick genügt es, die Daten per

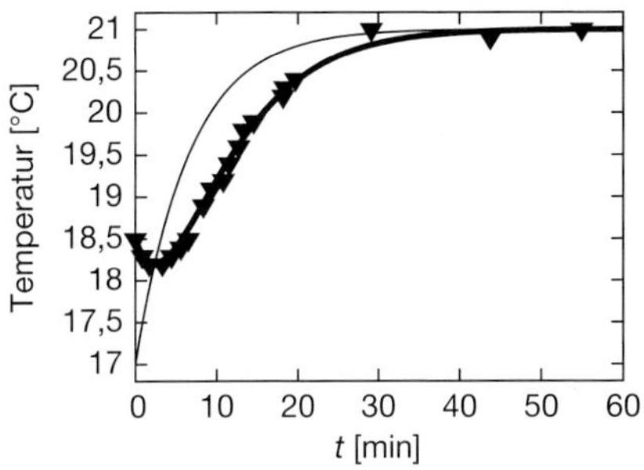

Abb. 3.5 T_s (dicke Linie), T_i (dünne Linie) und die Daten des Temperatursensors.

Hand anzupassen und eine manuelle Übereinstimmung zu finden versuchen. Die Abb. 3.5 zeigt das Ergebnis der Gln. (3.23)–(3.26), welches wir mit folgenden per Hand angepassten Parameter erhalten: $r_{si} = 0{,}18$, $r_{ia} = 0{,}15$, $T_a = 21$, $T_{s0} = 18{,}5$ und $T_{i0} = 17$. Die Abbildung ist mit dem *Maxima*-Programm `RoomODED.mac` und den Daten `room.csv` aus der Buchsoftware erstellt worden. Wir können feststellen, dass unser ODE-Modell in der Lage ist, das Verhalten der Temperaturverläufe und die Messdaten zu erklären.

3.4 Etwas Theorie, die jeder kennen sollte

Aufgrund der vorhergehenden Abschnitte sollte eine allgemeine Vorstellung über gewöhnliche Differentialgleichungen (ODEs) vorhanden sein und wie wir diese zur Formulierung mathematischer Modelle verwenden. Das Ziel in diesem und den folgenden Abschnitten ist es, eine genauere Idee über die mathematischen Aspekte von ODE-Problemen und ihren verschiedenen Untertypen zu geben. Zudem werden Hinweise gegeben, wie ODEs mittels Computerprogramme gelöst werden können. Dies und die folgenden Abschnitte können eventuell beim ersten Lesen übersprungen werden, wenn man einfach nur eine Idee bekommen möchte, wie ODEs in verschiedenen Anwendungen verwendet werden können. In diesem Fall kann mit den Beispielen in Abschnitt 3.6 fortgesetzt werden. Aber wie immer im Leben, ist es eine gute Idee eine Vorstellung darüber zu haben, was wir tun. Also, vergessen Sie bitte nicht, dies und die folgenden Abschnitte zu lesen.

3.4.1 Grundlegende Konzepte

Schauen wir uns zunächst das Körpertemperaturbeispiel von oben an. Erinnern wir uns, dass die Daten in Abb. 3.1a sich mit der Funktion

$$T(t) = T_b - (T_b - T_0) \cdot e^{-r \cdot t} \tag{3.27}$$

beschreiben lassen. Der wichtigste Bestandteil dieser Funktion ist die Exponentialfunktion und wir können uns einmal fragen, welche wichtigen Eigenschaften die Exponentialfunktion hat.

Den richtigen Rahmen, um Exponentialfunktionen zu verstehen, bilden die ODEs, genau so wie die Geometrie den richtigen Rahmen für das Verständnis der Zahl π bildet. Das hängt mit einer einfachen Tatsache aus der Analysis zusammen, an die sich die meisten erinnern dürften: Die Ableitung von e^t ist – wieder e^t. Das heißt, die Funktion e^t stimmt mit ihrer Ableitung überein, $(e^t)' = e^t$. Mit dieser Eigenschaft lässt sich nun eine Verbindung zu den ODEs herstellen, die wir wie folgt formulieren: e^t löst die gewöhnliche Differentialgleichung

$$y' = y \tag{3.28}$$

zusammen mit der Anfangsbedingung

$$y(0) = 1 \tag{3.29}$$

Zu beachten ist, dass Gl. (3.28) eine *abkürzende Bezeichnung* ist, d. h. wenn nicht anders angegeben, dann steht $y' = y$ für $y'(t) = y(t)$ mit $t \in \mathbb{R}$.

Mit Gl. (3.28) haben wir eine ODE 1. Ordnung. Die *Ordnung einer ODE* ist die Ordnung der höchsten auftretenden Ableitung der unbekannten Funktion. Die Gl. (3.29) wird als *Anfangsbedingung* bezeichnet und ist erforderlich, damit Gl. (3.28) eindeutig lösbar ist. Beide Gleichungen zusammen bilden ein sogenanntes *Anfangswertproblem (AWP)*. Die Exponentialfunktion ist die *Lösung* des AWPs. Wenn wir $y(t)$ und $y'(t)$ durch e^t ersetzen (zur Erinnerung: die Ableitung von e^t stimmt mit sich selber überein), werden die beiden Gln. (3.28) und (3.29) für $t \in \mathbb{R}$ erfüllt.

Welche ODE löst nun Gl. (3.27)? Verwenden wir eine Umformulierung des Körpertemperaturmodells, dann erhalten wir eine gewöhnliche Differentialgleichung mit einer leicht komplexeren rechten Seite:

$$T'(t) = r \cdot (T_b - T(t)) \tag{3.30}$$

$$T(0) = T_0 \tag{3.31}$$

Setzen wir nun Gl. (3.27) hier ein, so sehen wir, dass wir die Lösung gefunden haben.

Vergleichen wir dies mit den Gln. (3.28) und (3.29), dann sehen wir, dass wir eine *Auswahl an unterschiedlichen Bezeichnungen* verwenden können, die wir auch so in der Literatur finden. Wir können y, $y(t)$, T, $T(t)$ oder irgendetwas anderes als Bezeichner für die unbekannte Funktion schreiben. Häufig wird ein einfaches y wie in Gln. (3.28) und (3.29) in der theoretischen Literatur von ODEs bevorzugt, wohingegen in der angewandten Literatur üblicherweise eine Notation bevorzugt wird, die etwas mehr über die Bedeutung der Unbekannten aussagt, wie das T in den Gln. (3.30) und (3.31), das die Temperatur kennzeichnet.

Wir können auch Differentialgleichungen höherer Ordnung betrachten, wie zum Beispiel folgende *ODE 2. Ordnung*, die zur Klasse der Schwingungsgleichungen gehört:

$$y'' = -y \tag{3.32}$$

$$y(0) = 1 \tag{3.33}$$

$$y'(0) = 0 \tag{3.34}$$

Dabei ist (3.32) die ODE, wohingegen (3.33) und (3.34) die Anfangsbedingungen darstellen, die wiederum erforderlich sind, um eine *eindeutige* Lösung zu erhalten. Es sind hier zwei Anfangsbedingungen erforderlich, da (3.32) eine ODE 2. Ordnung ist. Das System bestehend aus den Gln. (3.32)–(3.34) wird als AWP bezeichnet und wird durch die Kosinus-Funktion $y(t) = \cos(t)$ gelöst. Überprüfen können wir das, indem wir die 2. Ableitung $y''(t) = -\cos(t)$ bilden und zusammen mit $y(t)$ in die ODE einsetzen. Auch die Anfangsbedingungen werden erfüllt.

Wenn wir mehrere ODEs gleichzeitig lösen möchten und wenn diese von 1. Ordnung sind, so haben wir ein *System von ODEs 1. Ordnung*, wie zum Beispiel folgendes:

$$T_s'(t) = r_{si} \cdot (T_i(t) - T_s(t)) \tag{3.35}$$

$$T_i'(t) = r_{ia} \cdot (T_a - T_i(t)) \tag{3.36}$$

$$T_s(0) = T_{s0} \tag{3.37}$$

$$T_i(0) = T_{i0} \tag{3.38}$$

Dabei stellen die Gln. (3.35) und (3.36) die ODEs dar, wohingegen Gln. (3.37) und (3.38) die Anfangsbedingungen sind. Die unbekannte Funktion T_i in Gl. (3.36) ist auch in der ersten ODE vorhanden und daher sprechen wir hier von einem gekoppelten System. Gl. (3.35) kann nicht ohne Gl. (3.36) gelöst werden. Wie bereits früher angesprochen, brauchen wir für jede ODE 1. Ordnung eine entsprechende Anfangsbedingung (wenn keine Randbedingung eingeführt wird, siehe unten).

ODEs 1. Ordnung haben eine *Sonderstellung*, da die Mehrheit der in der Praxis verwendeten ODE-Modelle auf Gleichungen 1. Ordnung beruhen (was sich auch in den Beispielen in diesem Buch widerspiegelt). Das ist nicht wirklich überraschend, da viele ODE-Modelle einfach nur die Änderungsraten von Zustandsvariablen ausdrücken, was in natürlicher Weise in Form von ODE-Systemen 1. Ordnung umgesetzt werden kann. Das Weckermodell aus Abschnitt 3.3.2 ist ein schönes Beispiel, wie ein System erster Ordnung einfach durch Überlegungen über Änderungsraten hergeleitet werden kann. Die Sonderstellung von ODEs erster Ordnung wird dadurch verstärkt, dass ODEs höherer Ordnung als Systeme von ODEs erster Ordnung umgeschrieben werden können. Zum Beispiel setzen wir $z := y'$ in den Gln. (3.32)–(3.34), dann erhalten wir folgende äquivalente Formulierung:

$$y' = z \tag{3.39}$$

$$z' = -y \tag{3.40}$$

$$y(0) = 1 \tag{3.41}$$

$$z(0) = 0 \tag{3.42}$$

3.4.2
Gewöhnliche Differentialgleichungen erster Ordnung

Um die Dinge einfach zu halten, werden wir uns auf die formale Definition von ODEs erster Ordnung beschränken. Dies kann wie folgt geschehen:

Definition 3.1. ODE erster Ordnung Sei $\Omega \subset \mathbb{R}^2$, $F : \Omega \to \mathbb{R}$ eine stetige Funktion. Dann ist

$$y'(t) = F(t, y(t)) \tag{3.43}$$

eine *gewöhnliche Differentialgleichung erster Ordnung* mit der unbekannten Funktion $y(t)$. Eine Funktion $y : [a, b] \to \mathbb{R}$ heißt *Lösung einer gewöhnlichen Differentialgleichung* (3.43), wenn $y(t)$ diese Gleichung für alle $t \in [a, b] \subset \mathbb{R}$ erfüllt.

Anzumerken ist, dass diese Definition implizit annimmt, dass $(t, y(t)) \in \Omega$ für alle $t \in [a, b]$ gilt. In vielen praktischen Fällen haben wir $\Omega = \mathbb{R}^2$, d. h. die ODE wird für alle $t \in \mathbb{R}$ und für alle $y \in \mathbb{R}$ definiert sein. Eine Ausnahme ist zum Beispiel die Gleichung

$$y' = \frac{1}{y} \tag{3.44}$$

wobei die rechte Seite für $y = 0$ undefiniert ist. Das bedeutet, wir haben $\Omega = \mathbb{R}^2 \setminus (\mathbb{R} \times \{0\})$ zu setzen. Wenden wir die Definition 3.1 auf die letzte Gleichung an, so erhalten wir

$$F(t, y) = \frac{1}{y} \tag{3.45}$$

wobei die Funktion, wie in der Definition gefordert, stetig auf $\Omega = \mathbb{R}^2 \setminus \mathbb{R} \times \{0\}$ ist. Wenden wir die Definition auf (3.28) an, so haben wir

$$F(t, y) = y \tag{3.46}$$

dies ist wieder wie gefordert eine stetige Funktion auf $\Omega = \mathbb{R}^2$. Für Gl. (3.30) haben wir stattdessen

$$F(t, T) = r \cdot (T_b - T) \tag{3.47}$$

was offensichtlich ebenfalls stetig auf $\Omega = \mathbb{R}^2$ ist (beachte, dass wir jede Variable als die Unbekannte einer ODE verwenden können und damit als zweites Argument von F!). Wir können daraus folgern, dass Gln. (3.28), (3.30) und (3.44) in der Tat ODEs erster Ordnung im Sinne der Definition 3.1 sind. Die letzten Gleichungen sollten deutlich gemacht haben, was mit $F(t, y(t))$ auf der rechten Seite von Gl. (3.43) gemeint ist. Dieser Ausdruck dient nur als Platzhalter für einen beliebigen Ausdruck, der t und $y(t)$ enthält. Dieser kann natürlich komplexer als die letzten beiden Beispiele sein.

Beachte, dass sich das Lösungskonzept in der Definition mit unserer Diskussion von ODE-Lösungen im vorherigen Abschnitt verträgt. Wie zum Beispiel zu Beginn von Abschnitt 3.4.1 beschrieben, so löst $y(t) = \mathrm{e}^t$ als Funktion $y : \mathbb{R} \to \mathbb{R}$ die Gl. (3.28), da diese für alle $t \in \mathbb{R}$ erfüllt wird. Mit der Notation aus Definition 3.1 bedeutet das, wir haben hier $[a, b] = [-\infty, \infty]$ verwendet. Ganz ähnlich kann $T(t)$ mit $T(t) = T_\mathrm{b} - (T_\mathrm{b} - T_0) \cdot \mathrm{e}^{-r \cdot t}$, wie in Abschnitt 3.3.1 erläutert, wieder als Funktion $T : \mathbb{R} \to \mathbb{R}$ betrachtet werden, welche die Gl. (3.30) löst, da sie für alle $t \in \mathbb{R}$ erfüllt wird.

3.4.3 Autonome, implizite und explizite gewöhnliche Differentialgleichungen

Die Gln. (3.28) und (3.30) sind Beispiele für sogenannte *autonome Differentialgleichungen*, da die rechte Seite nicht explizit von t abhängt. Natürlich besteht hier über $y(t)$ bzw. $T(t)$ eine implizite t-Abhängigkeit. Mit der Definition 3.1 können wir sagen, dass die rechte Seite einer autonomen ODE als $F(y)$ geschrieben werden kann. Gl. (3.30) würde zu einer nichtautonomen ODE werden, wenn zum Beispiel die Raumtemperatur T_b als $T_\mathrm{b}(t) = \alpha t$ darstellbar und damit explizit zeitabhängig wäre. In diesem Fall erhalten wir als ODE

$$T'(t) = r \cdot (\alpha t - T(t)) \tag{3.48}$$

Im Allgemeinen löst $T(t) = T_\mathrm{b} - (T_\mathrm{b} - T_0) \cdot \mathrm{e}^{-rt}$ nicht mehr länger Gl. (3.30), wenn T_b zeitabhängig ist. Dann lautet die Ableitung von $T(t)$:

$$T'(t) = T_\mathrm{b}'(t)(1 - \mathrm{e}^{-rt}) + r(T_\mathrm{b}(t) - T_0)\mathrm{e}^{-rt} \tag{3.49}$$

Das bedeutet, dass Gl. (3.30) nicht erfüllt werden kann.

3.4.4 Anfangswertproblem

Wie zuvor erwähnt, sind ODEs ohne Zusatzbedingungen nicht eindeutig lösbar. Zum Beispiel wird Gl. (3.28) durch $f(t) = c\,\mathrm{e}^t$ für jedes beliebige $c \in \mathbb{R}$ gelöst. Wir haben gesehen, dass die Eindeutigkeit mit einer Anfangsbedingung für die unbekannte Funktion erreicht werden kann. Dies führt zu einem AWP und eine formale Definition kann wie folgt gegeben werden:

Definition 3.2. Anfangswertproblem Sei $\Omega \subset \mathbb{R}^2$, $F : \Omega \to \mathbb{R}$ eine stetige Funktion und $y_0 \in \mathbb{R}$. Dann ist

$$y'(t) = F(t, y(t)) \tag{3.50}$$

$$y(a) = y_0 \tag{3.51}$$

ein *AWP* für eine ODE erster Ordnung, Gl. (3.50). Eine Funktion $y : [a, b] \to \mathbb{R}$ löst dieses Problem, wenn sie Gl. (3.51) wie auch Gl. (3.50) für jedes $t \in [a, b] \subset \mathbb{R}$ erfüllt.

Man kann beweisen, dass dieses AWP *eindeutig lösbar* ist, wenn *F Lipschitz-stetig* ist [58–60]. Im Grunde beinhaltet dieser Stetigkeitsbegriff eine Begrenzung, wie schnell sich die Werte von F ändern dürfen. An dieser Stelle gehen wir nicht näher auf den Begriff ein, da eindeutige Lösbarkeit in der Mehrzahl der Anwendungen kein Problem ist, inklusive der Beispiele in diesem Buch. Die Gln. (3.28)–(3.31) sind offensichtlich Beispiele für Anfangswertprobleme im Sinne der Definition 3.2.

3.4.5
Randwertprobleme

Für Anfangswertprobleme ist charakteristisch, dass die Bedingung für die unbekannte Funktion an nur einer Stelle der unabhängigen Variable gestellt wird. Problemformulierungen mit Bedingungen an mehr als einer Stelle, werden *Randwertprobleme (RWP)* genannt. Probleme dieser Art bieten eine andere Möglichkeit, eine spezielle Lösung unter den vielen Lösungen einer ODE auszuwählen. Wie wir in Kapitel 4 sehen werden, sind Randwertprobleme besonders bei Modellen mit partiellen Differentialgleichungen (PDE) von Bedeutung. Das liegt daran, dass viele Randwertprobleme mit Hilfe von räumlichen Koordinaten ausgedrückt werden und die meisten Differentialgleichungsmodelle, bei denen räumliche Koordinaten auftreten, durch partielle Differentialgleichungen beschrieben werden. Wenn Modelle durch eine ODE in räumlichen Koordinaten ausgedrückt werden, dann können diese häufig mit einer PDE verallgemeinert werden. Zum Beispiel die gewöhnliche Differentialgleichung

$$T''(x) = 0 \tag{3.52}$$

beschreibt die Temperaturverteilung in einem eindimensionalen, homogenen Körper, die nach einer sehr langen (genaugenommen nach einer unendlich langen) Zeit erreicht wird, wenn die Umgebung des Körpers nicht verändert wird. Da diese Temperaturverteilung zeitunabhängig ist, wird sie üblicherweise *stationäre Temperaturverteilung* dieses Körpers genannt (vergleiche Definition 1.9). Um etwas spezieller zu werden, können wir uns beispielsweise einen *Metallstab* vorstellen, der überall, außer an den beiden Enden, wärmeisoliert ist. Zudem nehmen wir an, dass wir die Temperatur an den Enden für eine lange Zeit konstant halten. Gleichung (3.52) ist ein Spezialfall der *Wärmeleitungsgleichung*, die eine allgemeine Beschreibung für die Änderung der Temperatur in Raum und Zeit liefert [57, 61]. Die allgemeine Form dieser Gleichung ist

$$\frac{\partial T}{\partial t} = k \left(\frac{\partial^2 T}{\partial x^2} + \frac{\partial^2 T}{\partial y^2} + \frac{\partial^2 T}{\partial z^2} \right) \tag{3.53}$$

Hierbei handelt es sich um eine PDE, die Ableitungen bezüglich verschiedener Variablen enthält. Sie wird detailliert in Abschnitt 4.2 besprochen. Angenommen, die Temperaturvariationen in y- und z-Richtung können vernachlässigt werden, dann erlaubt uns diese Annahme den Körper als ein eindimensionales in x-Richtung ausgedehntes Objekt zu betrachten (siehe auch die Diskussion um die räumliche Dimension in Abschnitt 4.3.3). Mathematisch heißt das, wir können

$$\frac{\partial^2 T}{\partial y^2} = \frac{\partial^2 T}{\partial z^2} = 0 \tag{3.54}$$

setzen. Auf der anderen Seite führt eine Stationarität von T zu

$$\frac{\partial T}{\partial t} = 0 \tag{3.55}$$

Setzen wir Gln. (3.54) und (3.55) in Gl. (3.53) ein, so erhalten wir wie gewünscht Gl. (3.52). Nun werden wir mit dem Metallstab etwas spezifischer. Betrachten wir einen Metallstab der Länge 1 m mit den konstanten Temperaturen 20 °C und 10 °C an seinen Enden. Mathematisch bedeutet das, dass Gl. (3.52) wie folgt geschrieben werden kann:

$$T''(x) = 0 \,, \quad x \in [0, 1] \tag{3.56}$$

$$T(0) = 20 \tag{3.57}$$

$$T(1) = 10 \tag{3.58}$$

Das ist ein Randwertproblem im Sinne von oben, da die vorliegenden Bedingungen an die ODE an zwei verschiedenen Punkten gestellt werden. Das Problem (3.56)–(3.58) kann auf einfache Weise gelöst werden, da Gl. (3.56) durch beliebige Geraden über dem Intervall $[0, 1]$ exakt erfüllt wird. Die Randbedingungen (3.57) und (3.58) fixieren die Endpunkte der gesuchten Gerade, so dass die Lösung wie folgt aussieht:

$$T(x) = 20 - 10x \,, \quad x \in [0, 1] \tag{3.59}$$

Diese Gleichung beschreibt einen linearen Übergang zwischen den Temperaturen an den Enden. Und das ist natürlich genau das, was wir erwarten dürfen, da wir von einem homogenen Metallstab ausgegangen sind. Schauen wir auf die Ableitungen von Gl. (3.59), dann sehen wir sofort, dass dies die eindeutige Lösung des Randwertproblems (3.56)–(3.58) ist. Anzumerken ist, dass Gl. (3.56) als die „zweiteinfachste“ ODE betrachtet werden kann. Die einzige einfachere ODE ist

$$T'(x) = 0 \tag{3.60}$$

Gleichung (3.60) beschreibt eine Gerade mit Steigung null, parallel zur x-Achse. Das ist wieder ein nettes Demonstrationsbeispiel dafür, dass die Anfangs- oder Randbedingungen gebraucht werden, um eine eindeutige Lösung einer ODE zu erhalten. Ohne eine solche Bedingung wird Gl. (3.60) von einer ganzen Familie von Geraden parallel zur x-Achse gelöst, d. h. durch alle Funktionen der Form

$$T(x) = c \tag{3.61}$$

für beliebige $c \in \mathbb{R}$. Nur durch eine Anfangsbedingung, wie zum Beispiel $T(0) = 4$, kann das c in Gl. (3.61) festgelegt werden und erhalten eine eindeutige Lösung von Gl. (3.60) (in diesem Fall $T(x) = 4$).

3.4.6
Beispiel zur Nichteindeutigkeit

Kehren wir zur Betrachtung der Randwertprobleme zurück. Im Gegensatz zum AWP gibt es keinen Beweis, dass ein Randwertproblem eine eindeutige Lösung besitzt. Betrachten wir zum Beispiel

$$y''(x) = -y(x) \tag{3.62}$$

Ohne Zusatzbedingungen lautet die allgemeine Lösung von (3.62)

$$y(x) = a \cdot \sin(x) + b \cdot \cos(x) \tag{3.63}$$

Das bedeutet: Für alle Werte von $a, b \in \mathbb{R}$ ist (3.63) eine Lösung von Gl. (3.62). Nun hängt es von der Wahl der Randbedingungen ab, ob wir ein eindeutig lösbares Randwertproblem erhalten oder nicht. Schauen wir uns zunächst das folgende Problem an:

$$y''(x) = -y(x) \tag{3.64}$$

$$y(0) = 1 \tag{3.65}$$

$$y\left(\frac{\pi}{2}\right) = 0 \tag{3.66}$$

Setzen wir die allgemeine Lösung Gl. (3.63) in Gln. (3.65) und (3.66) ein, dann können wir recht einfach nachvollziehen, dass $a = 0$ und $b = 1$ zu wählen ist. Damit erhalten wir $y(x) = \cos(x)$ als eindeutige Lösung des Randwertproblems. Auf der anderen Seite finden wir heraus, dass das Randwertproblem

$$y''(x) = -y(x) \tag{3.67}$$

$$y(0) = 0 \tag{3.68}$$

$$y(\pi) = 0 \tag{3.69}$$

durch jede Funktion der Form $y(x) = a \cdot \sin(x)$ für alle $a \in \mathbb{R}$ gelöst wird. Das bedeutet, hier gibt es keine eindeutige Lösung des Problems. Schließlich betrachten wir das Randwertproblem

$$y''(x) = -y(x) \tag{3.70}$$

$$y(0) = 0 \tag{3.71}$$

$$y(2\pi) = 1 \tag{3.72}$$

Setzen wir die allgemeine Lösung Gl. (3.63) in dieses Randwertproblem ein, so erhalten wir aufgrund der Bedingungen (3.71) und (3.72) das widersprüchliche Ergebnis $b = 0$ und $b = 1$. Das heißt, es gibt keine Lösung des Randwertproblems. Alles zusammengefasst bedeutet das, dass wir keine allgemeine Aussage über die Eindeutigkeit der Lösungen von Randwertproblemen machen können.

In den weiter unten betrachteten Problemen, wie auch in der Diskussion über Lösungsmethoden, werden wir uns auf die Anfangswertprobleme beschränken. In der Diskussion zum Problem des Metallstabs ist angedeutet worden, dass Randwertprobleme häufig als Spezialfälle für Probleme mit PDE-Formulierungen angesehen werden können. Auf der anderen Seite können Anfangswertprobleme als „natürliche" Festlegung für ODEs betrachtet werden, da in den meisten Anwendungsfällen die Zeit als unabhängige Variable dient (beachte, dass „Anfangswert" direkt auf die Zeit als unabhängige Variable anspielt). Die Tatsache, dass die eindeutige Lösbarkeit für Anfangswertprobleme bewiesen werden kann, mag man als zusätzlicher Aspekt der Natürlichkeit dieser Probleme ansehen. Allerdings darf nicht der Eindruck entstehen, dass Randwertprobleme für ODEs unwichtig sind. Gerade im Hinblick auf eine numerische Betrachtung sind Randwertprobleme für ODEs von besonderem Interesse: Die numerischen Methoden zum Auffinden von ODE-Lösungen umfassen zum Beispiel Einfach- oder Mehrfachschießverfahren, globale Methoden wie Finite-Differenzen oder Kollokationsmethoden [62]. Allerdings liegen detaillierte Erläuterungen zu allen dieser Methoden außerhalb des Rahmens einer ersten Einführung in mathematische Modellbildung.

3.4.7
Systeme von gewöhnlichen Differentialgleichungen

Wie oben angesprochen, können nicht alle Anfangswertprobleme mit den Definitionen 3.1 und 3.2 erfasst werden. Die Gln. (3.35)–(3.38) oder Gln. (3.39)–(3.42) beinhalten Systeme von zwei ODEs und zwei Zustandsvariablen, wohingegen die Definitionen oben sich auf eine ODE und eine Zustandsvariable beziehen. Um auch Systeme von ODEs erfassen zu können, verwenden wir, wie in solchen Situationen üblich, eine vektorielle Notation und schreiben fettgeschriebene Zeichen für alle vektoriellen Größen. Die Definitionen 3.1 und 3.2 können folgendermaßen in einer Vektorversion formuliert werden:

Definition 3.3. System von ODEs erster Ordnung Sei $\Omega \subset \mathbb{R}^{n+1}$, $\boldsymbol{F} : \Omega \to \mathbb{R}^n$ eine stetige Funktion. Dann ist

$$\boldsymbol{y}'(t) = \boldsymbol{F}(t, \boldsymbol{y}(t)) \tag{3.73}$$

eine *gewöhnliche Differentialgleichung* erster Ordnung in der unbekannten Funktion $\boldsymbol{y}(t)$. Eine Funktion $\boldsymbol{y} : [a, b] \subset \mathbb{R} \to \mathbb{R}^n$ wird *Lösung der gewöhnlichen Differentialgleichung* (3.73) genannt, wenn sie diese für jedes $t \in [a, b]$ erfüllt.

Definition 3.4. AWP für ein ODE-System erster Ordnung Sei $\Omega \subset \mathbb{R}^{n+1}$, $\boldsymbol{F} : \Omega \to \mathbb{R}^n$ eine stetige Funktion und $\boldsymbol{y}_0 \in \mathbb{R}^n$. Dann ist

$$\boldsymbol{y}'(t) = \boldsymbol{F}(t, \boldsymbol{y}(t)) \tag{3.74}$$

$$\boldsymbol{y}(a) = \boldsymbol{y}_0 \tag{3.75}$$

ein *AWP* einer ODE erster Ordnung, Gl. (3.74). Eine Funktion $\boldsymbol{y} : [a, b] \to \mathbb{R}^n$ löst dieses Problem, wenn sie sowohl Gl. (3.75) wie auch Gl. (3.74) für alle $t \in [a, b] \subset \mathbb{R}$ erfüllt.

Auch in der vektoriellen Situation kann die eindeutige Lösbarkeit für ein AWP bewiesen werden, vorausgesetzt $\boldsymbol{F}$ ist Lipschitz-stetig [60]. Die Interpretation von Gln. (3.35)–(3.38) oder Gln. (3.39)–(3.42) verläuft mit diesen Definitionen in ähnlicher Weise wie früher. Verwenden wir zum Beispiel die Festlegungen

$$\begin{aligned} y_1 &= T_\mathrm{s} \\ y_2 &= T_\mathrm{i} \\ y_{01} &= T_\mathrm{s0} \\ y_{02} &= T_\mathrm{i0} \\ a &= 0 \\ F_1(t, \boldsymbol{y}(t)) &= r_\mathrm{si} \cdot (y_2(t) - y_1(t)) \\ F_2(t, \boldsymbol{y}(t)) &= r_\mathrm{ia} \cdot (T_\mathrm{a} - y_2(t)) \end{aligned} \tag{3.76}$$

dann werden aus den Gln. (3.35)–(3.38) folgende Gleichungen:

$$y_1'(t) = F_1(t, \boldsymbol{y}(t)) \tag{3.77}$$

$$y_2'(t) = F_2(t, \boldsymbol{y}(t)) \tag{3.78}$$

$$y_1(a) = y_{01} \tag{3.79}$$

$$y_2(a) = y_{02} \tag{3.80}$$

Verwenden wir die Vektoren

$$\boldsymbol{y} = \begin{pmatrix} y_1 \\ y_2 \end{pmatrix}, \quad \boldsymbol{y_0} = \begin{pmatrix} y_{01} \\ y_{02} \end{pmatrix}, \quad \boldsymbol{y}' = \begin{pmatrix} y_1' \\ y_2' \end{pmatrix}, \quad \boldsymbol{F}(t, \boldsymbol{y}(t)) = \begin{pmatrix} F_1(t, \boldsymbol{y}(t)) \\ F_2(t, \boldsymbol{y}(t)) \end{pmatrix} \tag{3.81}$$

so erreichen wir schließlich die Gestalt eines AWPs wie in Definition 3.4 oben. Wie so oft bei vektoriellen Gesetzen, sehen wir nach viel Schreiberei, dass in höheren Dimensionen (fast) alles beim Alten bleibt.

3.4.8 Linear im Vergleich zu nichtlinear

Für das Lösen einer ODE ist es besonders wichtig, zwischen einer linearen oder nichtlinearen ODE zu unterscheiden. In der Regel sind lineare Problem wesentlich einfacher zu behandeln und die Nichtlinearität ist eine der Hauptursachen für auftretende Schwierigkeiten. Es sollte bekannt sein, dass Linearität auch wie folgt beschrieben werden kann: „Unbekannte dürfen addiert, subtrahiert und mit bekannten Größen multipliziert werden". Wenden wir das auf ODEs an, dann ist es naheliegend, dass eine *lineare ODE* wie folgt aussieht:

$$y'(x) = a(x) \cdot y(x) + b(x) \tag{3.82}$$

Dies kann zu einem *System linearer ODEs* verallgemeinert werden:

$$y_i'(x) = \sum_{j=1}^{n} a_{ij}(x) \cdot y_j(x) + b_i(x) \,, \quad i = 1, \ldots, n \tag{3.83}$$

Verwenden wir die Bezeichnungen $\boldsymbol{y}(x) = (y_1(x), y_2(x), \ldots, y_n(x))$, $\boldsymbol{b}(x) = (b_1(x), b_2(x), \ldots, b_n(x))$ und

$$\boldsymbol{A}(x) = \begin{pmatrix} a_{11}(x) & a_{12}(x) & \ldots & a_{1n}(x) \\ a_{21}(x) & a_{22}(x) & \ldots & a_{2n}(x) \\ \vdots & \vdots & \ddots & \vdots \\ a_{n1}(x) & a_{n2}(x) & \ldots & a_{nn}(x) \end{pmatrix} \tag{3.84}$$

so kann Gl. (3.83) wie folgt in einer Matrix-Schreibweise formuliert werden:

$$\boldsymbol{y}'(x) = \boldsymbol{A}(x) \cdot \boldsymbol{y}(x) + \boldsymbol{b}(x) \tag{3.85}$$

Die meisten bisher betrachteten ODEs sind linear gewesen. Zum Beispiel die ODE mit dem Körpertemperaturmodell (Gl. (3.16) in Abschnitt 3.3.1.1 oben),

$$T'(t) = r \cdot (T_b - T(t)) \tag{3.86}$$

kann umgeschrieben werden zu

$$T'(t) = -rT(t) + r \cdot T_b \tag{3.87}$$

welche die Form (3.82) annimmt, wenn wir $y = T$, $x = t$, $a(x) = -r$, $b(x) = r \cdot T_b$ setzen. Oder wir betrachten das ODE-System zum Wecker (Gln. (3.23), (3.24) in Abschnitt 3.3.2.1 oben)

$$T_s'(t) = r_{si} \cdot (T_i(t) - T_s(t)) \tag{3.88}$$

$$T_i'(t) = r_{ia} \cdot (T_a - T_i(t)) \tag{3.89}$$

Dieses System können wir umformulieren zu

$$T_s'(t) = -r_{si} \cdot T_s(t) + r_{si} \cdot T_i(t) \tag{3.90}$$

$$T_i'(t) = -r_{ia} \cdot T_i(t) + r_{ia} \cdot T_a \tag{3.91}$$

Verwenden wir $x = t$, $\boldsymbol{y} = (y_1, y_2) = (T_s, T_i)$, $\boldsymbol{b} = (b_1, b_2) = (0, r_{ia} \cdot T_a)$ und

$$\boldsymbol{A}(x) = \begin{pmatrix} -r_{si} & r_{si} \\ 0 & -r_{ia} \end{pmatrix} \tag{3.92}$$

so erhalten wir aus den Gln. (3.88), (3.89) eine Gleichung der Form (3.85). Das heißt, (3.88), (3.89) ist ein lineares System von ODEs.

Eine bisher betrachtete *nichtlineare ODE* ist (vergleiche Gl. (3.44) in Abschnitt 3.4.2)

$$y' = \frac{1}{y} \tag{3.93}$$

Da eine Division vorhanden ist, kann diese gewöhnliche Differentialgleichung nicht in die Form von Gl. (3.82) gebracht werden. Wie oben diskutiert, müssen wir beim Definitionsbereich der rechten Seite aufpassen, ganz im Gegensatz zum unbeschränkten Definitionsgebiet einer linearen ODE. Dies wird in unserer Aussage „Nichtlinearität ist eine der Hauptursachen für auftretende Schwierigkeiten" verdeutlicht. Weitere nichtlineare ODE-Modelle werden weiter unten beschrieben, wie zum Beispiel das Weingärungsmodell (Abschnitt 3.6.1).

3.4.9 Analytische Lösungsmethoden

Differentialgleichungen zu lösen ist eine große Herausforderung und ein wichtiges Thema in der mathematischen Forschung. Und es ist recht unwahrscheinlich, dass Mathematiker, die in diesem Bereich arbeiten, in absehbarer Zeit arbeitslos werden. Es gibt zwei grundlegende Methoden, wie Differentialgleichungen gelöst werden können. Zum einen gibt es die analytischen Lösungen (oder manchmal auch Lösungen in geschlossener Form genannt). Das sind Lösungen, die sich als Ausdrücke mit „elementaren" Funktionen wie e^x oder $\sin(x)$ beschreiben lassen. Zum anderen gibt es die numerischen Lösungen, die eine Approximation der korrekten Lösung darstellen und die mit geeigneten numerischen Algorithmen (in der Regel auf einem Rechner) berechnet werden. In Abschnitt 3.5 werden wir näher darauf eingehen.

Im Folgenden möchten wir in kurzer Form die grundlegenden Methoden zum analytischen Lösen gewöhnlicher Differentialgleichungen 1. Ordnung aufzeigen. Die dahinterliegende Theorie und die wesentlich ausführlichere Beschreibungen von Lösungsmethoden sind in der zahlreich vorhanden Literatur zu finden, wie zum Beispiel [63]. Die einfachste Form einer gewöhnliche Differentialgleichung ist

$$y'(x) = f(x) \tag{3.94}$$

Gleichungen dieser Art können durch Integration gelöst werden, d. h. die Lösung kann wie folgt berechnet werden

$$y(x) = \int_a^x f(s)\mathrm{d}s + c\,, \qquad c \in \mathbb{R}\,, \qquad x \in [a, b] \tag{3.95}$$

Ob die Funktion $y(x)$ als analytische Funktion dargestellt werden kann, hängt von der Funktion $f(x)$ ab. Eine analytische Lösung erhalten wir nur dann, wenn die Stammfunktion durch Integrationsmethoden (wie zum Beispiel partielle Integration) oder mit Integraltafeln gefunden werden kann. Wenn dies nicht möglich ist, kann über numerische Verfahren eine Approximation gefunden werden, wobei wir allerdings eine numerische Lösung erhalten. Die formale Lösung (3.95) zeigt aber, dass eine ganze Familie von Funktionen die Differentialgleichung löst. Denn für jeden Wert von c erhalten wir eine Lösung. Für eine eindeutige Lösung brauchen wir eine Anfangs- oder Randbedingung, wie $y(0) = y_0$, die aus allen Lösungen eine spezielle auswählt.

Eine der wichtigsten analytischen Lösungsmethoden ist die sogenannte *Trennung der Variablen*. Betrachten wir eine etwas anspruchsvollere ODE wie

$$y'(x) = f(x) \cdot g(y) \tag{3.96}$$

Dann lässt sich diese Gleichung durch Integration mit

$$\int \frac{1}{g(y)}\mathrm{d}y = \int f(x)\mathrm{d}x + c \tag{3.97}$$

lösen. Auch hier hängt eine analytische Lösung davon ab, ob sich Stammfunktionen von $1/g(y)$ und $f(x)$ als elementare Ausdrücke finden lassen. Und erneut erhalten wir eine Familie von Lösungen, da eine Integrationskonstante c vorhanden ist. Diese lässt sich zum Beispiel mit einer Anfangsbedingung festlegen.

Wenden wir diese Methode zum Beispiel auf unser Körpertemperaturmodell an. Das entsprechende ODE-Modell lautet (siehe Gl. (3.16))

$$T'(t) = r \cdot (T_\mathrm{b} - T(t)) \tag{3.98}$$

So erhalten wir nach der Trennung der Variablen und Integration folgende Gleichung

$$\int \frac{1}{r \cdot (T_b - T)} \mathrm{d}T = \int 1 \mathrm{d}x + c \,, \quad c \in \mathbb{R} \tag{3.99}$$

Als Lösung erhalten wir abschließend

$$T(t) = T_b + c \cdot \mathrm{e}^{-r\,t} \,, \quad c \in \mathbb{R} \tag{3.100}$$

Die noch festzulegende Konstante c kann durch den Anfangswert wie zum Beispiel $T(0) = T_0$ bestimmt werden. Dies ergibt

$$T(t) = T_b + (T_0 - T_b) \cdot \mathrm{e}^{-r\,t} \tag{3.101}$$

Schauen wir uns folgende gewöhnliche Differentialgleichung an:

$$y'(x) = a(x) \cdot y(x) + b(x) \tag{3.102}$$

Dann lässt sich diese mit der sogenannten *Variation der Konstanten* berechnen. Der Name kommt daher, dass man zunächst die homogene Gleichung (also $b(x) = 0$) mittels der Methode Trennung der Variablen löst. Dann wird die in der Lösungsfunktion vorhandene Konstante c als Funktion $c = c(x)$ betrachtet. Die Darstellung der Funktion $c(x)$ findet man wiederum, indem man die Lösungsfunktion in die Differentialgleichung einsetzt und nach $c(x)$ auflöst. Am Ende erhalten wir als Lösung

$$y = \mathrm{e}^{\int a(x)\,\mathrm{d}x} \left(\int b(x) \cdot \mathrm{e}^{-\int a(x)\,\mathrm{d}x} \,\mathrm{d}x + c \right) \,, \quad c \in \mathbb{R} \tag{3.103}$$

Für unser Körpertemperaturmodell liefert diese Methode das gleiche Ergebnis wie zuvor, also Gl. (3.101), wenn wir folgendes setzen:

$$a(t) = -r \,, \quad b(t) = r \cdot T_b \tag{3.104}$$

3.5 Numerische Lösungen

Wenn keine analytische Lösung einer ODE gefunden werden kann, dann gibt es noch den Ausweg, mit geeigneten Verfahren eine approximierende *numerische Lösung* auf dem Rechner zu berechnen. Da wir den Schwerpunkt auf Modellierungsaspekte legen, werden wir hier nicht auf eine detaillierte Beschreibung numerischer Algorithmen eingehen, genauso wie wir auch keine vollständige Diskussion der analytischen Methoden gemacht haben. Das Ziel dieses Abschnitts ist es, sich mit einigen allgemeinen Ideen für die Berechnung numerischer Lösungen von ODEs vertraut zu machen und geeignete Softwareprogramme kennenzulernen, mit denen ODEs gelöst werden können.

Einige Menschen haben generell die Präferenz zu einer „Mathematik in geschlossener Form", d. h. eine Mathematik, in der alles mit „wohlbekannten Ausdrücken" beschrieben werden kann, inklusive das Lösen von Differentialgleichungen mit analytischen Methoden, wie in Abschnitt 3.4.9. Diese Personen tendieren dazu zu glauben, dass in einem „Haus der Mathematik", wenn wir dies einmal so nennen wollen, die numerische Mathematik ihren Platz in einer unteren Etage hat, einige Stockwerke unterhalb der analytischen Mathematik. Wenn diese nun Ausdrücke wie $\sqrt{2}$ oder π in ihren Formeln schreiben, dann machen sie sich keine großen Gedanken darüber und glauben, dass die numerische Mathematik weit weg ist. *Wenn* sie sich ein paar Gedanken zu ihren Formeln machen würden, dann würden sie realisieren, dass die numerische Mathematik überall ist und uns aus allen niedergeschriebenen analytischen Formeln anblickt. Es ist einfach, transzendente Zahlen wie $\sqrt{2}$ oder π aufzuschreiben, aber aus einem praktischen Gesichtspunkt stellen diese Symbole einfach nur eine Verpackung für numerische Algorithmen dar. Diese Algorithmen werden gebraucht, um eine numerische Approximation der Zahlenwerte zu erhalten. Und nur diese können wir tatsächlich in unsere konkreten Berechnungen einsetzen. Diese Symbole bezeichnen etwas, was vollständig unbekannt bleibt, solange nicht numerische Algorithmen angewendet werden, um zumindest ein wenig Licht in die Dunkelheit zu bringen (z. B. ein paar Millionen Ziffern der Zahl π). Im gleichen Sinne bezeichnet ein allgemeines AWP (Definition 3.2) wie

$$y'(x) = F(x, y(x)) \tag{3.105}$$

$$y(0) = a \tag{3.106}$$

eine vollkommen unbekannte Funktion $y(x)$ und numerische Algorithmen zum Lösen der ODE helfen uns, ein wenig Licht auf diese Größe zu werfen.

3.5.1 Algorithmen

Obwohl eine detaillierte Darstellung der numerischen Algorithmen zum Lösen von ODEs außerhalb des Rahmens dieses Buches liegt, so versuchen wir einige grundlegende Ideen zu skizzieren, die in der praktischen Anwendung der Algorithmen nützlich sind. In Bezug zu den Gln. (3.105)–(3.106) steht, wie im Fall von π, a-priori fest, dass ein numerischer Algorithmus zum Lösen einer ODE niemals in der Lage sein wird, diese Gleichungen vollständig zu lösen. Jeder numerischer Algorithmus kann nur eine endliche Anzahl von Unbekannten berechnen und das bedeutet, dass eine numerische Approximation der Unbekannten $y(x)$ notwendigerweise die Berechnung von $y(x)$ nur an bestimmten Stellen $x_0, x_1, \dots, x_n$ ($n \in \mathbb{N}$) beinhalten kann. Das Ergebnis wird in Form von $y_0, y_1, \dots, y_n$ angegeben, wobei y_i numerische Approximationen von $y(x_i)$ darstellen, d. h. $y_i \approx y(x_i)$ ($i = 0, 1, \dots, n$).

3.5.1.1 Die Euler-Methode

Das einfachste und natürlichste numerische Verfahren ist die sogenannte *Euler-Methode*. Diese Methode startet mit der unmittelbaren Beobachtung über zwei interessierende Größen, die uns die Gln. (3.105) und (3.106) liefern. Nehmen wir an, unsere Anfangsbedingung sei bei x_0 gegeben, dann erhalten wir

$$y_0 = y(x_0) = a \tag{3.107}$$

d. h., wir kennen den Funktionswert von $y(x)$ an der Stelle x_0. Die ODE liefert uns an der Stelle x_0

$$y'(x_0) = F(x_0, y(x_0)) = F(x_0, y_0) \tag{3.108}$$

Beides zusammengefasst bedeutet das, wir kennen den ersten Punkt der unbekannten Funktion, (x_0, y_0) und wir kennen die Ableitung der Funktion an dieser Stelle. Aus der Analysis wissen wir, dass dies für eine lineare Approximation von $y(x)$ in einer Umgebung von x_0 benutzt werden kann. Etwas genauer: Wenn wir annehmen, dass $y(x)$ stetig differenzierbar ist (was wir sicherlich annehmen können, da $y(x)$ die ODE lösen soll), dann ergibt eine Taylor-Entwicklung von $y(x)$ an der Stelle x_0

$$y(x_0 + h) \approx y_0 + h \cdot y'(x_0) \tag{3.109}$$

oder mit Gl. (3.108),

$$y(x_0 + h) \approx y_0 + h \cdot F(x_0, y_0) \tag{3.110}$$

Diese Approximation ist gültig für „kleine h", d. h. sie wird besser, je näher h gegen null geht. Nehmen wir an, wir haben konstante und hinreichend kleine Differenzen $h = x_i - x_{i-1}$ für $i = 1, 2, \dots, n$, dann impliziert Gl. (3.110)

$$y(x_1) \approx y_0 + h \cdot F(x_0, y_0) \tag{3.111}$$

Die Euler-Methode verwendet diesen Ausdruck, um $y(x)$ an der Stelle x_1 zu approximieren, d. h.

$$y_1 = y_0 + h \cdot F(x_0, y_0) \tag{3.112}$$

Jetzt ist (x_1, y_1) eine Approximation von $y(x)$ an der Stelle x_1 und mit Hilfe der ODE ist $F(x_1, y_1)$ eine Approximation der Ableitung von $y(x)$ an der Stelle x_1. Dann erhalten wir mit dem gleichen Argument wie zuvor, dass

$$y_2 = y_1 + h \cdot F(x_1, y_1) \tag{3.113}$$

eine Approximation von $y(x)$ an der Stelle x_2 ist. Dieses Vorgehen kann nun iteriert werden, bis wir y_n erreicht haben und die allgemeine Formel der Euler-Methode ist damit

$$y_i = y_{i-1} + h \cdot F(x_{i-1}, y_{i-1}), \quad i = 1, 2, \dots, n \tag{3.114}$$

Das in der Gleichung auftretende h wird *Schrittweite* der Euler-Methode genannt. Viele der etwas besseren numerischen Methoden – inklusive des *R*-Befehls `lsoda`, welchen wir weiter unten vorstellen – verwenden nichtkonstante, *adaptive Schrittweiten*. Adaptive Schrittweiten steigern die Effizienz von Berechnungen, denn es wird eine feinere Auflösung (entspricht kleineren Schrittweiten) der ODE-Lösung in den Regionen verwendet, in denen große Änderungen auftreten, wohingegen sonst größere Schrittweiten verwendet werden.

Numerische Methoden zum Lösen von Differentialgleichungen (ODEs wie auch PDEs), wie die Euler-Methode, sind auch als *Diskretisierungsmethoden* bekannt, da sie auf einer diskreten Umformulierung des stetigen Originalproblems basieren. Zum Beispiel bilden die Gln. (3.105) und (3.106) ein stetiges Problem, da die Unbekannte $y(x)$ stetig von seiner unabhängigen Variable x abhängt. Auf der anderen Seite führt uns die Euler-Methode durch die Zahlen $y_0, \ldots, y_n$ auf eine diskrete Approximation von $y(x)$, und zwar eine Approximation zu einigen diskreten Zeitpunkten $x_0, \ldots, x_n$.

3.5.1.2 **Anwendungsbeispiel**

Wenden wir die Euler-Methode für folgendes AWP an

$$y'(x) = y(x) \tag{3.115}$$

$$y(0) = 1 \tag{3.116}$$

Wie wir bereits in Abschnitt 3.4.1 gesehen haben, erhalten wir für dieses Problem die analytische Lösung

$$y(x) = \mathrm{e}^x \tag{3.117}$$

Damit sind wir in der Lage, unsere approximierende Lösung zum AWP (3.115)–(3.116), die wir mit der Euler-Methode diskretisieren werden, mit der exakten Lösung (3.117) vergleichen zu können. Das ist ein Standardvorgehen, um die Effizienz und die Genauigkeit einer numerischen Methode zu testen. Ein Vergleich der Gln. (3.105) und (3.115) zeigt, dass wir hier $F(x, y) = y$ haben, das bedeutet aus Gl. (3.114) wird

$$y_i = y_{i-1} + h \cdot y_{i-1}\,, \quad i = 1, 2, \ldots, n \tag{3.118}$$

Verwenden wir Gl. (3.116), so kann das gesamte Iterationsverfahren wie folgt beschrieben werden:

$$y_0 = 1 \tag{3.119}$$

$$y_i = (1 + h) \cdot y_{i-1}\,, \quad i = 1, 2, \ldots, n \tag{3.120}$$

Um die Approximationslösung der Gln.(3.115)–(3.116) für $x \in [0, 4]$ zu berechnen, kann das folgende *Maxima*-Programm verwendet werden (vergleiche `Euler.mac` der Buchsoftware):

```
1  h:1;
2  n:4/h;
3  y[0]:1;
4  for i:1 thru n step 1 do
5    y[i]:(1+h)*y[i-1];
```

Listing 3.1 *Maxima*-Programm zur Euler-Methode.

Nach der Initialisierung in den Zeilen 1–2, behandeln alle übrigen Zeilen die Iterationsgleichungen (3.119)–(3.120). Beachte, dass „`:`" in *Maxima* als *Zuweisungsoperator* dient. So wird wie in Zeile 1 von Listing 3.1 einer Variablen ein Wert zugewiesen (in diesem Fall wird `h` der Wert 1 zugewiesen). Viele andere Programmiersprachen inklusive *R* verwenden das Gleichheitszeichen „=" als Zuweisungsoperator. In *Maxima* dient das Gleichheitszeichen „=" als *Gleichungsoperator*, d. h. es wird eine Gleichung definiert, die nicht ausgewertet wird und zum Beispiel als Argument für den `solve`-Befehl (siehe Zeile 4 von Listing 1.1 in Abschnitt 1.5.2) verwendet werden kann. Die Anweisung `for...thru` in Zeile 4 iteriert die Berechnung in Zeile 5 für $i = 1, 2, \dots, n$, d. h. diese Berechnung wird wiederholt ausgeführt, wobei mit $i = 1$ begonnen wird, dann $i = 2$, usw. In [64] sind einige andere Möglichkeiten zu finden, wie Iterationen mit dem *Maxima*-Befehl `do` umgesetzt werden können.

Das Listing 3.1 erzeugt die y_i-Werte der Tabelle 3.1. Zum Vergleich werden sie zusammen mit den entsprechenden Werten der exakten Lösung (3.117) der Gln. (3.115) und (3.116) aufgelistet. Wir können aus der Tabelle ablesen, dass die y_i nennenswert von den exakten Werten e^{x_i} abweichen. Die Ursache hierfür ist, dass wir ein „kleines h" in der Herleitung der Euler-Methode angenommen haben. Daher ist zu erwarten, dass wir bessere Approximationen erhalten, wenn h kleiner wird und zu null tendiert. Dies wird durch Abb. 3.6a bestätigt: Die exakte Lösung (als durchgezogene Linie in der Abbildung) wird mit zwei numerischen Ergebnissen verglichen, die mit dem Listing 3.1 für die Schrittweiten $h = 1{,}0$ (Punkte) und $h = 0{,}25$ (Dreiecke) berechnet worden sind. Wir können erkennen, dass die Approximation mit $h = 0{,}25$ wesentlich näher an der exakten Lösung ist als die mit $h = 1{,}0$. Noch bessere Approximationen können wir erhalten, wenn wir h weiter gegen null gehen lassen – der Leser möge dies selbst mit dem Listing 3.1 testen.

Tab. 3.1 Ergebnis mit dem *Maxima*-Programm Listing 3.1, y_i verglichen mit den Werten der exakten Lösung e^{x_i}, Gl. (3.117).

i	0	1	2	3	4
x_i	0	1	2	3	4
y_i	1	2	4	8	16
e^{x_i}	1	2,72	7,39	20,09	54,6

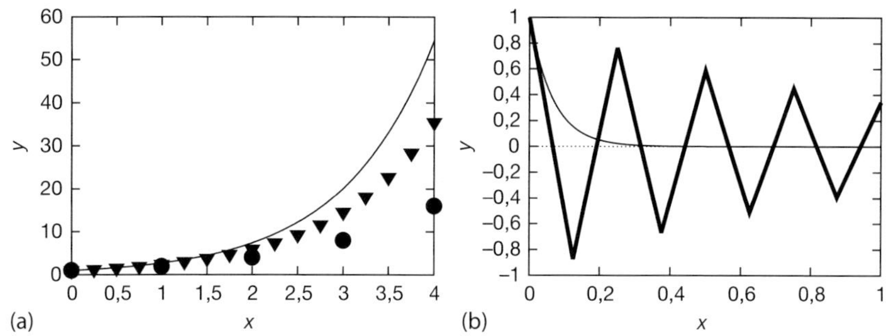

Abb. 3.6 (a) Lösung von Gln. (3.115) und (3.116). Exakte Lösung Gl. (3.117) (Linie), Euler-Methode mit $h = 1{,}0$ (Punkte) und Euler-Methode mit $h = 0{,}25$ (Dreiecke). Abbildung mit `Euler.mac` erzeugt. (b) Dünne Linie: analytische Lösung Gl. (3.127). Dicke Linie: numerische Lösung der Gln. (3.125) und (3.126) mit der Euler-Methode Gln. (3.128) und (3.129) berechnet. Abbildung mit `Stiff.mac` erstellt.

3.5.1.3 **Konvergenzordnung**

Es gibt eine große Zahl an anderen numerischen Verfahren zum Lösen von ODEs, die hier nicht näher diskutiert werden können. Ein wichtiges Kriterium, um eine geeignete Methode unter allen Verfahren auszuwählen, ist die Konvergenzordnung, d. h. wie schnell das Verfahren gegen die exakte Lösung konvergiert, wenn die Schrittweite h gegen null geht. Die Konvergenzordnung der Euler-Methode kann recht einfach abgeschätzt werden. Dazu schreiben wir Gl. (3.114) für $i = 1$:

$$y_1 = y_0 + h \cdot F(x_0, y_0) \tag{3.121}$$

Verwenden wir die Notation oben und die exakte Lösung $y(x)$ des AWPs (3.105)–(3.106), dann können wir schreiben:

$$y_1 = y(0) + hy'(0) \tag{3.122}$$

Hier ist y_1 eine Approximation des exakten Wertes $y(h)$. Mit der Taylor-Entwicklung kann $y(h)$ wie folgt ausgedrückt werden:

$$y(h) = y(0) + hy'(0) + \frac{1}{2}h^2 y''(0) + O(h^3) \tag{3.123}$$

wobei mit $O(h^3)$ alle Termine zusammengefasst werden, die proportional zu h^3 sind. Der Fehler, der mit der Approximation Gl. (3.122) eingeführt wird, entspricht der Differenz $y(h) - y_1$, die wir mit den letzten beiden Gleichungen ausdrücken können:

$$y(h) - y_1 = \frac{1}{2}h^2 y''(0) + O(h^3) \tag{3.124}$$

In diesem Ausdruck ist $\frac{1}{2}h^2 y''(0)$ der bestimmende Term für hinreichend kleine h. Damit können wir sehen, dass der Fehler, den wir mit einem einzigen Schritt der Euler-Methode Gl. (3.121) hineinbringen, proportional zu h^2 ist. Nehmen wir jetzt an, dass wir die Lösung von Gln. (3.105) und (3.106) über einem Intervall

$[0, L]$ erhalten wollen. Wenn wir die Schrittweite h wählen, dann brauchen wir $n = L/h$ Euler-Schritte. Da in jedem Euler-Schritt der Fehler proportional zu h^2 ist und die Anzahl der benötigten Euler-Schritte proportional zu $1/h$ ist, erhalten wir einen globalen Diskretisierungsfehler, der proportional zu h ist. Daher sagt man, die Euler-Methode ist eine Methode von erster Ordnung. Allgemein bezeichnen wir ein Verfahren zum Lösen einer ODE als *Methode von k-ter Ordnung*, wenn der globale Diskretisierungsfehler proportional zu h^k ist. In der Praxis werden üblicherweise Methoden höherer Ordnung gegenüber der Euler-Methode bevorzugt. Dazu zählt zum Beispiel die *Runge-Kutta-Methode* 4. Ordnung, die in der *Maxima*-Routine `rk` verwendet wird. Dieses Verfahren hat einen globalen Diskretisierungsfehler, der proportional zu h^4 ist, und das bedeutet, dass diese Methode im Vergleich zur Euler-Methode viel schneller zur exakten Lösung konvergiert. Wie wir die *Maxima*-Funktion `rk` anwenden können, wird weiter unten erklärt. Diese Funktion unterliegt allerdings gewissen Einschränkungen, so hat sie zum Beispiel keine automatische Steuerung des Approximationsfehlers, sondern verwendet eine konstante Schrittweite und kann beim Lösen von sogenannten „steifen" ODEs scheitern.

3.5.1.4 **Steifigkeit**

Steife ODEs sind besonders schwer zu lösen, und zwar in dem Sinne, dass die numerischen Lösungen anfangen wild um die exakte Lösung zu oszillieren. Eventuell sind extrem kleine Schrittweiten erforderlich, bis wir eine genügend genaue Approximation der exakten Lösung erhalten. Zum Beispiel können wir das folgende AWP betrachten

$$y'(x) = -15 \cdot y(x) \tag{3.125}$$

$$y(0) = 1 \tag{3.126}$$

Verwenden wir Methoden wie in Abschnitt 3.4.9 skizziert, so erhalten wir als analytische Lösung

$$y(x) = \mathrm{e}^{-15x} \tag{3.127}$$

Wenden wir nun die Euler-Methode an, um eine numerische Lösung zu erhalten. Analog zu den Gln. (3.119) und (3.120) haben wir das Iterationsverfahren

$$y_0 = 1 \tag{3.128}$$

$$y_i = (1 - 15h) \cdot y_{i-1}\ , \quad i = 1, 2, \ldots, n \tag{3.129}$$

Das *Maxima*-Programm `Stiff.mac` aus der Buchsoftware vergleicht die numerische Lösung dieses Verfahrens mit der analytischen Lösung, Gl. (3.127). Das Ergebnis wird in Abb. 3.6b dargestellt. Wir können, wie oben angesprochen, wilde Oszillationen der numerischen Lösung um die exakte Lösung erkennen. Diese Oszillationen werden noch schlimmer, wenn wir die Schrittweite h vergrößern (Versuchen Sie es mittels `Stiff.mac`!) und diese entsprechen in keiner Weise dem qualitativen Verhalten der Lösung. Steifigkeit ist kein so ungewöhnliches Phänomen und kann in allen Arten von Anwendungen auftreten. Häufig wird es durch das Vorhandensein verschiedener Zeitskalen in einem ODE-System verursacht, zum Beispiel wenn eine Zustandsvariable ihren Wert nur langsam auf einer Zeitskala von vielen Jahren ändert, wohingegen eine andere Zustandsvariable ihren Wert schnell auf einer Zeitskala von einiger Sekunden ändert. Es gibt Methoden, die speziell an steife ODEs angepasst sind, wie die *BDF-Methode* („backward differentiation formulas"), die auch als *Gear-Methode* bekannt ist [65]. Diese Methode ist Teil der mächtigen und akkuraten *R*-Funktion `lsoda`, die im *R*-Paket `odesolve` vorhanden ist.

`lsoda` („livermore solver for ordinary differential equations") ist von L.R. Petzold und A.C. Hindmarsh am Lawrence Livermore National Laboratory in Kalifornien entwickelt worden [66, 67]. Diese Routine weist die Besonderheit auf, dass sie automatisch zwischen geeigneten Methoden für steife und nichtsteife ODEs wechseln kann. Im nichtsteifen Fall verwendet sie die Adams-Methode mit einer variablen Schrittweite und eine variablen Ordnung bis zur Ordnung 12, wohingegen die BDF-Methode mit einer variablen Schrittweite und eine variablen Ordnung bis zur Ordnung 5 für steife Systeme verwendet wird. Verglichen mit der *Maxima*-Funktion `rk` ist `lsoda` eine wesentlich professionellere Routine und wird unten als Hauptwerkzeug für die numerische Lösung von ODEs verwendet. Von jetzt an werden wir die *Maxima*-Funktion `rk` und die *R*-Funktion `lsoda` ohne weiteren Hinweis auf die internen numerischen Algorithmen verwenden. Leser, die mehr über numerische Verfahren zum Lösen von ODEs wissen möchten, werden auf die in großer Auswahl vorhandene Literatur verwiesen, wie z. B. [65, 68].

3.5.2
Gewöhnliche Differentialgleichungen mit *Maxima* lösen

Betrachten wir erneut das Körpertemperaturmodell, welches in Abschnitt 3.2.2 wie folgt eingeführt wird:

$$T(t) = T_b - (T_b - T_0) \cdot e^{-rt} \tag{3.130}$$

In Abschnitt 3.3.1 wird eine alternative Formulierung dieses Modells als AWP hergeleitet:

$$T'(t) = r \cdot (T_b - T(t)) \tag{3.131}$$

$$T(0) = T_0 \tag{3.132}$$

Wie wir aus Abschnitt 3.3.1 wissen, löst Gl. (3.130) die Gln. (3.131) und (3.132). Das bedeutet, wenn wir die Gln. (3.131) und (3.132) numerisch mit *Maximas* `rk`-Funktion lösen, dann können wir die Genauigkeit der numerischen Lösung durch einen Vergleich mit Gl. (3.130) abschätzen. Genau das wird mit dem *Maxima*-Programm `FeverODE.mac` aus der Buchsoftware umgesetzt. In diesem Programm erhalten wir die Lösung der Gln. (3.131) und (3.132) mit den beiden folgenden Codezeilen:

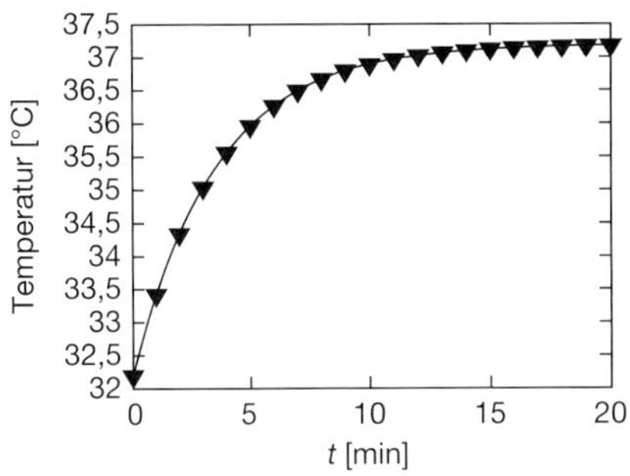

Abb. 3.7 Linie: numerische Lösung der Gln. (3.131) und (3.132) mit dem *Maxima*-Befehl `rk` und einer Schrittweite $h = 0{,}2$. Dreiecke: exakte Lösung, Gl. (3.130). Abbildung mit `FeverODE.mac` erstellt.

```
1 eq: 'diff(T,t) = r*(T[b]-T);
2 sol: rk(rhs(eq),T,T[0],[t,aa,bb,h]);
```

Listing 3.2 Auszug aus `FeverODE.mac`.

In Zeile 1 wird die ODE (3.131) genauso definiert, wie wir sie in Abschnitt 3.3.1 hergeleitet haben. In Zeile 2 wird der *Maxima*-Befehl `rk` verwendet, um die ODE mit dem Runge-Kutta-Verfahren vierter Ordnung, wie oben angesprochen, zu lösen. Wir sehen, dass `rk` die folgenden Argumente benötigt:

- die rechte Seite der ODE; in diesem Fall ist es `rhs(eq)` (`rhs(eq)` liefert die rechte Seite der Gleichung `eq`, „rhs" = „right hand side")
- Variable, die mit der ODE gelöst wird; in diesem Fall `T`
- der Anfangswert dieser Variable; in diesem Fall `T[0]`
- eine Liste der unabhängigen Variablen (in diesem Fall `t`), die Intervallgrenzen für die Lösung (`aa` und `bb`) und die Schrittweite (`h`).

Das Resultat des Befehls `rk` in Zeile 2 von Listing 3.2 wird in einer Variable `sol` abgelegt, die dann für den Plot der Lösung in `FeverODE.mac` verwendet wird. Wenn Listing 3.2 in einem auszuführenden Programm verwendet werden soll, müssen natürlich alle auftretenden Konstanten vor Zeile 2 definiert werden. Wie so etwas implementiert werden kann, ist im *Maxima*-Programm `FeverODE.mac` aus der Buchsoftware ersichtlich. Wir hätten natürlich auch direkt die rechte Seite der ODE im `rk`-Befehl angeben können. Es ist nicht erforderlich, zunächst `eq` zu definieren und dann anschließend den `rhs`-Befehl wie in Listing 3.2 zu verwenden. Der Vorteil mit der Definition `eq` liegt darin, dass es dadurch viel einfacher ist, verschiedene Methoden für dieselbe Gleichung zu testen (zum Beispiel benötigt die *Maxima*-Routine `ode2` ebenfalls diese Gleichung wie in Listing 3.2 definiert, siehe oben). Verwenden wir die gleichen Konstanten wie oben in Abb. 3.1b und eine Schrittweite $h = 0{,}2$, so erzeugt `FeverODE.mac` das Ergebnis, welches in der Abb. 3.7 dargestellt ist. Wir können daraus ablesen, dass die numerische Lösung exakt mit der analytischen Lösung (3.130) übereinstimmt.

3.5.2.1 Heuristische Fehlerkontrolle

In der praktischen Anwendung von `rk` haben wir typischer Weise keine analytische Lösung vorliegen, die wir zur Beurteilung der Qualität der numerischen Lösung heranziehen könnten. Denn für den Fall, dass wir eine analytische Lösung haben, warum sollten wir eine numerische Lösung mit `rk` berechnen? Aber wie können wir die Qualität einer numerischen Lösung bewerten, wenn wir keine analytische Lösung vorliegen haben? Der beste Ausweg besteht darin, einen Algorithmus zu verwenden, mit dem wir mittels Parameter die Fehler kontrollieren können, wie die *R*-Funktion `lsoda` aus Abschnitt 3.5.3. Beim *Maxima*-Kommando `rk` gibt es nur die Schrittweite h, mit dem wir den Fehler steuern können.

Wie bereits oben diskutiert, haben numerische Algorithmen zum Lösen von ODEs wie die Runge-Kutta-Methode in `rk` die Eigenschaft, dass die numerische Annäherung der Lösung gegen die exakte Lösung der ODE konvergiert, wenn die Schrittweite h gegen null läuft. Also sollten wir eine Schrittweite wählen, die klein genug ist, um eine gute Approximation der exakten Lösung zu erhalten. Auf der anderen Seite steigt die erforderliche Rechenzeit über alle Grenzen, wenn wir wirklich mit der Schrittweite auf die null zugehen. Ein heuristisches Vorgehen, um sicher zu gehen, dass wir keine allzu großen Schrittweiten benutzen, kann wie folgt formuliert werden:

Bemerkung 3.6. Heuristische Fehlerkontrolle

1. Berechne die numerische Lösungen y_h und $y_{h/2}$ entsprechend den Schrittweiten h und $h/2$.
2. Ist der Unterschied zwischen y_h und $y_{h/2}$ vernachlässigbar klein, dann ist die Schrittweite h üblicherweise ausreichend klein.

Zu beachten ist aber, dass es sich hier nur um ein heuristisches Vorgehen handelt und wir besser ein Programm wie die *R*-Routine `lsoda` anwenden sollten, das eine Steuerung des lokalen Fehlers zur Verfügung stellt (siehe unten). Zu beachten ist auch, dass es natürlich auch von der Anwendung abhängt, was mit „vernachlässigbar klein" gemeint ist. Angewendet auf die Gln. (3.131) und (3.132) können wir mit dem Programm `FeverODE.mac` und einer großen Schrittweite wie $h = 6$ beginnen, welches die Abb. 3.8a erzeugt. Wenn wir dann die Schrittweite auf $h = 3$ halbieren, dann erhalten wir eine substanziell anderes (besseres) Ergebnis, wie in Abb. 3.8b zu sehen. Verkleinern wir weiter die Schrittweite bis das Ergebnis gleichbleibend wie Abb. 3.7 aussieht.

3.5.2.2 Systeme Gewöhnlicher Differentialgleichungen

Der *Maxima*-Befehl `rk` kann auch zum Integrieren (d. h. Lösen) von Systemen von gewöhnlichen Differentialgleichungen verwendet werden. Hierzu können wir beispielsweise das Wecker-Modell heranziehen, das in Abschnitt 3.3.2 als AWP wie folgt formuliert worden ist:

$$T_s'(t) = r_{si} \cdot (T_i(t) - T_s(t)) \tag{3.133}$$

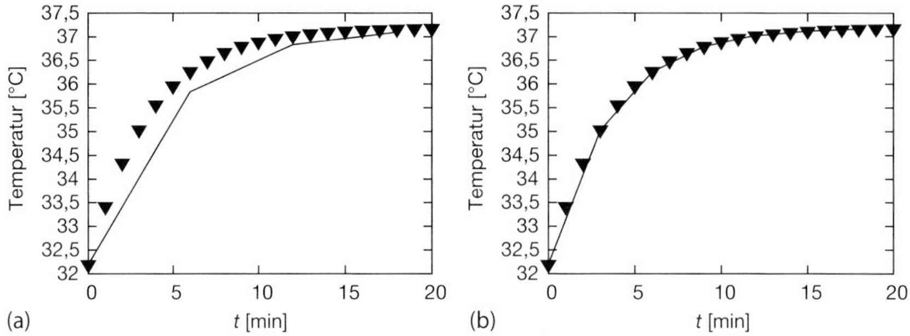

Abb. 3.8 (a) Linie: numerische Lösung der Gln. (3.131) und (3.132) mit dem *Maxima*-Kommando rk und einer Schrittweite $h = 6$. Dreiecke: exakte Lösung, Gl. (3.130). (b) Darstellung mit $h = 3$. Abbildung mit `FeverODE.mac` erzeugt.

$$T_i'(t) = r_{ia} \cdot (T_a - T_i(t)) \tag{3.134}$$

$$T_s(0) = T_{s0} \tag{3.135}$$

$$T_i(0) = T_{i0} \tag{3.136}$$

Mit einfachen Methoden [58] kann folgende analytische Lösung der Gln. (3.133)–(3.136) hergeleitet werden:

$$T_s(t) = \begin{cases} T_a + (T_{s0} - T_a)e^{-r_{si}t} + \left(T_{i0} - T_a\right) \cdot r_{si} \cdot \frac{e^{-r_{si}t} - e^{-r_{ia}t}}{r_{ia} - r_{si}}, & r_{si} \neq r_{ia} \\ T_a + (T_{s0} - T_a)e^{-rt} + (T_{i0} - T_a) \cdot r \cdot t \cdot e^{-rt} & r = r_{si} = r_{ia} \end{cases} \tag{3.137}$$

$$T_i(t) = \begin{cases} T_a + (T_{i0} - T_a)e^{-r_{ia}t} & r_{si} \neq r_{ia} \\ T_a + (T_{i0} - T_a)e^{-rt} & r = r_{si} = r_{ia} \end{cases} \tag{3.138}$$

Diese analytische Lösung kann dazu verwendet werden, um die Qualität der entsprechenden numerischen Lösung zu beurteilen, die wir mit dem *Maxima*-Kommando `rk` erhalten. Die numerische Berechnung der Gln. (3.133)–(3.136) ist in dem *Maxima*-Programm `RoomODE.mac` der Buchsoftware implementiert. Im Programm sind folgende Zeilen zu finden:

```
eq1:'diff(T[s],t)=r[si]*(T[i]-T[s]);
eq2:'diff(T[i],t)=r[ia]*(T[a]-T[i]);
sol: rk([rhs(eq1),rhs(eq2)],
        [T[s],T[i]],[T[s0],T[i0]],[t,aa,bb,h]);
```

Dabei ist anzumerken, dass alles analog zu Listing 3.2 ist, außer der Tatsache, dass wir hier zwei Gleichungen `eq1` und `eq2` anstelle einer Gleichung `eq` haben, und dass `rk` eine Liste von zwei rechten Seiten, zwei Zustandsvariablen und zwei Anfangsbedingungen (für jede Zustandsvariable jeweils eine) braucht. Wählen wir die gleichen Parameterwerte, wie sie für Abb. 3.5 gewählt worden sind, sowie eine Schrittweite von $h = 0{,}5$, dann erzeugt `RoomODE.mac` ein Ergebnis wie in Abb. 3.9 zu sehen ist. Wir erhalten wieder eine sehr gute Übereinstimmung zwischen der numerischen und analytischen Lösung.

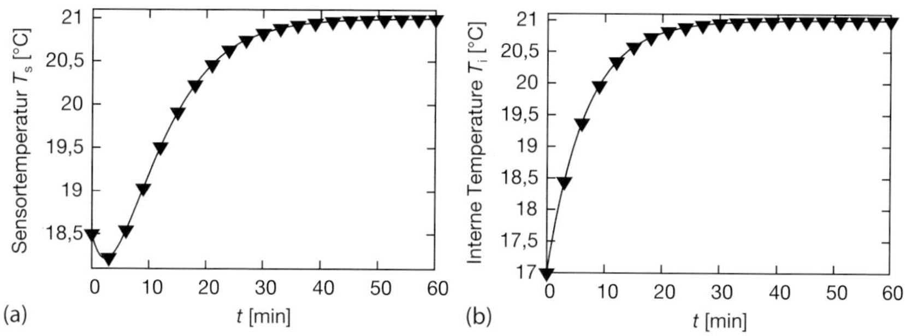

Abb. 3.9 (a) Linie: numerische Lösung von T_s der Gln. (3.133)–(3.136) mittels *Maxima*-Kommando `rk` und Schrittweite $h = 0{,}5$. Dreiecke: exakte Lösung, Gl. (3.137). (b) Linie: numerische Lösung von T_i auf Basis der Gln. (3.133)–(3.136) mittels *Maxima*-Kommando `rk` und Schrittweite $h = 0{,}5$. Dreiecke: exakte Lösung, Gl. (3.138).

3.5.3 Gewöhnliche Differentialgleichungen mit *R* lösen

Anhand der beiden letzten Beispiele werden wir nun zeigen, wie wir die gleiche numerische Lösung mit *R* und `lsoda` erhalten. Wie oben bereits deutlich gemacht worden ist, stellt `lsoda` eine professionelle Routine zum Lösen von ODEs dar (verglichen mit dem *Maxima*-Befehl `rk`) und es ist das Hauptinstrument zum Lösen von ODEs in den folgenden Abschnitten. Nähere Einzelheiten über die numerischen Algorithmen, die in `lsoda` implementiert worden sind, können in [66, 67] nachgelesen werden. Fangen wir wieder mit dem Körpertemperaturbeispiel an und vergleichen wir wieder die analytische Lösung, Gl. (3.130) mit der numerischen Lösung der Gln. (3.131) und (3.132). Um die numerische Lösung mit *R* zu berechnen, verwenden wir das Programm `ODEEx1.r` aus der Buchsoftware.

3.5.3.1 Gewöhnliche Differentialgleichung definieren

```
dfn <-
  function(t, y, p)
  {
### User: names of state variables
##################################
    T=y[1]
### User: differential equation
##################################
    dTdt=r*(Tb-T)
### User: list of derivatives
##################################
    list(c(dTdt))
  }
```

Listing 3.3 Definition einer Differentialgleichung in `ODEEx1.r`.

Listing 3.3 zeigt den Teil von `ODEEx1.r`, der die Differentialgleichung (3.131) definiert. Verglichen mit dem *Maxima*-Code Listing 3.2, welches die ODE in einer einzigen Zeile definiert (Zeile 1), ist das *Maxima*-Programm einfacher und mehr intuitiv (aber auch eingeschränkt im früher beschriebenen Sinne). Um die Anwendung der *R*-Programme in diesem Buch so einfach wie möglich zu gestalten, werden die Programmteile hervorgehoben, die Eingaben des Anwenders benötigen, wie es auch in Listing 3.3 zu sehen ist.

Der gesamte Programmausschnitt definiert eine Funktion `dfn`, welche die rechte Seite der ODE darstellt. `dfn` wird später in `ODEEx1.r` verwendet, um die ODE zu lösen. Im allgemeinen Fall erwartet diese Funktion ein System von ODEs der Form (vergleiche Definition 3.3 oben)

$$\boldsymbol{y}'(t) = \boldsymbol{F}(t, \boldsymbol{y}(t), \boldsymbol{p}) \tag{3.139}$$

wobei $\boldsymbol{y}(t) = (y_1(t), y_2(t), \dots, y_n(t))^T$ die n unabhängigen Variablen der ODE ausdrückt und $\boldsymbol{p} = (p_1, p_2, \dots, p_s)^T$ ein Vektor von Parametern darstellt, von dem die rechte Seite der ODE möglicherweise abhängt ($n, s \in \mathbb{N}$). In unserem Fall trifft das nicht zu, weshalb wir $\boldsymbol{p}$ hier nicht verwenden. Die Argumente von `dfn` in Listing 3.3 entsprechen offensichtlich den Argumenten von $\boldsymbol{F}(t, \boldsymbol{y}(t), \boldsymbol{p})$ in (3.139). Die Komponenten von `y` und `p` werden mit `y[1]`, `y[2]`, … bzw. `p[1]`, `p[2]`, … zugewiesen. Die rechteckigen Klammern werden in *R* verwendet, um auf Komponenten von Arrays oder Vektoren zuzugreifen [37].

In den Zeilen 4–6 von Listing 3.3 werden die Namen der abhängigen Variablen gesetzt, die dann in den Zeilen 7–9 für die Definition der ODE verwendet werden. Die Zeilen 4–6 können auch weggelassen werden, wenn die ODE mit `y[1]`, `y[2]` usw. als unabhängige Variablen formuliert wird. Allerdings ist der Programmcode besser lesbar, wenn die ursprünglichen Namen der unabhängigen Variablen anstelle von `y[1]`, `y[2]` usw. verwendet werden. Zeile 9 definiert die ODE in Entsprechung zur Gl. (3.131). Zeile 12 ist die letzte Anwendung innerhalb der Funktion `dfn` (alle Anweisungen in Klammern zwischen Zeile 3 und Zeile 13) und liefert den Funktionswert der Funktion `dfn`. Von `dfn` wird erwartet, eine Liste von allen rechten Seiten des ODE-Systems zu erstellen, was in diesem Fall `list(c(dTdt))` ist. Wenn unsere ODE zum Beispiel noch eine zweite Zustandsvariable `S` beinhalten würde, so sähe die letzte Anweisung `list(c(dTdt,dSdt))` aus (siehe Beispiele unten). Beachte, dass der Operator `c(...)` in *R* verwendet wird, um einen Vektor aus seinen Argumenten zu erstellen [37].

3.5.3.2 **Modell- und Kontrollparameter von Programmen definieren**

Jetzt wissen wir, wie wir eine ODE in *R* definieren können – setzen wir die Durchsicht des Programms `ODEEx1.r` weiter fort. Als nächstes wird die *analytische Lösung* definiert. Das ist natürlich nur dann möglich, wenn es eine gibt und wir das numerische Ergebnis mit dieser vergleichen wollen. Beim Beispiel des Körpertemperaturmodells haben wir Gl. (3.130) als analytische Lösung der Gln. (3.131) und (3.132). Listing 3.4 zeigt den Teil von `ODEEx1.r`, der die analytische Lösung Gl. (3.130) definiert. Dort wird diese als `AnSol` bezeichnet, wobei `AnSol` der Temperatur $T(t)$ in Gl. (3.130) entspricht. In *R* erfolgt dann der Aufruf in der Form

`AnSol(t)`. Die rechte Seite von Gl. (3.130) entspricht direkt dem Ausdruck in Zeile 3 von nachfolgenden Programmcode:

```
1 ### User: closed form solution (if available)
2 ###############################################
3 AnSol=function(t) Tb-(Tb-T0)*exp(-r*t)
```

Listing 3.4 Analytische Lösung als *R*-Funktion.

Danach gibt es in `ODEEx1.r` einen Abschnitt *Modellparameter*, in dem wir genau das tun, worauf der Titel hindeutet. Im Körpertemperaturmodell gibt es drei Parameter (r, T_0 und T_b) und wenn wir uns `ODEEx1.r` anschauen, dann treffen wir wieder auf die exakt gleichen Werte, wie wir sie im *Maxima*-Programm `FeverODE.mac` verwendet haben.

Im Abschnitt *Program control parameters* von `ODEEx1.r` treffen wir eine Auswahl an Diagrammen zur Darstellung der Ergebnisse, indem wir die entsprechenden logischen Variablen setzen. Danach werden die Startzeit `aa` und die Endzeit `bb` definiert, die das Intervall festlegen, für das wir die numerische Lösung berechnen wollen. Wenn gewünscht, kann die Anzahl der Punkte der analytischen Lösung in der graphischen Darstellung mit `nAnSol` festgelegt werden. Zudem können wir eine Datendatei im csv-Format mit der Variable `DataFile` bestimmen (z. B. wenn wir die numerische Lösung mit anderen Daten vergleichen möchten). Mit `nTime` können wir die Anzahl der Zwischenpunkte im Zeitintervall [`aa`, `bb`] vorschreiben, an denen `lsoda` numerische Approximationen berechnen soll (das entspricht n in der Euler-Methode, siehe Abschnitt 3.5.1.1). Grundsätzlich bestimmt `nTime` die Glattheit der numerischen Lösungskurve, die wir im Schaubild sehen wollen, da diese Kurve als Polygonzug zwischen den Punkten der numerisch berechneten Lösung dargestellt wird. Zu beachten ist, dass `nTime` eine äquidistante Verteilung der Zwischenpunkte im Intervall [`aa`, `bb`] annimmt. Dies kann einfach geändert werden, indem wir uns die Syntax anschauen, wie `nTime` später in `ODEEx1.r` verwendet wird. Es ist wichtig, dass der Punktabstand der numerischen Approximation, der mit `nTime` gesteuert wird, nicht mit der Schrittweite h verwechselt wird. Die Schrittweite wird automatisch innerhalb `lsoda` gewählt, um vorgegebene lokale Fehlerschranken (siehe unten) einzuhalten, wohingegen `nTime` einfach die Anzahl der benötigten Ausgaben beschreibt.

3.5.3.3 **Lokale Fehlersteuerung in** `lsoda`

Danach setzen wir mit `atolDef` die absoluten und mit `rtolDef` die relativen lokalen Fehlerschranken. Genau diese Möglichkeit, die Fehlertoleranzen wählen zu können, ist ein wichtiger Grund, für die tägliche Arbeit besser `lsoda` als die *Maxima*-Funktion `rk` zu verwenden, obwohl die Anwendung von *Maxima*, wie wir gesehen haben, einfacher ist. Angenommen, wir haben eine n-dimensionale Aufgabe vorliegen, d. h. wir haben $\boldsymbol{y}(t) = (y_1(t), y_2(t), \dots, y_n(t))^T$ in Gl. (3.139). Nehmen wir weiter an, dass der Löser gerade einen Schritt seines numerischen Algorithmus durchgeführt hat und wir eine numerische Approximation $\tilde{\boldsymbol{y}}(t) = (\tilde{y}_1(t), \tilde{y}_2(t), \dots, \tilde{y}_n(t))^T$ zum Zeitpunkt t vorliegen haben. Wir können uns hier einen Schritt der Euler-Methode vorstellen, welche die numerische Lösung des vorherigen Zeitpunktes $t - h$ auf die des aktuellen Zeitpunktes t voranschreiten lässt. Oben (siehe Gl. (3.124)) haben wir gezeigt, wie der Fehler eines Eulerschrittes abgeschätzt werden kann. Dieser Typ Fehler, der pro Iterationsschritt gemacht wird, heißt *lokaler Fehler* des numerischen Algorithmus. Er muss vom *globalen Fehler* der numerischen Methoden unterschieden werden, was die Differenz über dem gesamten betrachteten Zeitintervall zwischen der numerischen Approximation der Lösung und der exakten Lösung der gewöhnlichen Differentialgleichung darstellt (die Differenz wird in einer geeigneten Norm gemessen, die wir hier nicht weiter vertiefen wollen).

Verwenden wir Abschätzmethoden, die sich für die numerischen Algorithmen in `lsoda` eignen, dann kann der *lokale* Fehler eines Schrittes mit `lsoda` ähnlich wie Gl. (3.124) abgeschätzt werden. Für jede der n Komponenten von $\tilde{\boldsymbol{y}}(t)$ berechnet `lsoda` einen solchen geschätzten lokalen Fehler, den wir mit e_i bezeichnen. Dann wird an den lokalen Fehler e_i folgende Forderung gestellt:

$$e_i \leq \mathrm{rtol}_i \cdot |\tilde{y}_i(t)| + \mathrm{atol}_i\,, \quad i = 1 \ldots n \tag{3.140}$$

Hier ist rtol_i die relative und atol_i die absolute lokale Fehlerschranke, die in `ODEEx1.r` mit `atolDef` und `rtolDef` festgelegt werden können. Nehmen wir zum Beispiel $n = 2$ an und verlangen $\mathrm{atol}_1 = 10^{-2}$ bzw. $\mathrm{atol}_2 = 10^{-4}$. Dann kann dies mit

```
# absolute tolerance
atolDef=c(1e-2,1e-4)
```

im Abschnitt „Program control parameters" von `ODEEx1.r` umgesetzt werden. Auf der anderen Seite würde

```
# absolute tolerance
atolDef=1e-3
```

die Grenzen $\mathrm{atol}_1 = 10^{-3}$ und $\mathrm{atol}_2 = 10^{-3}$ ergeben. rtol_i kann in gleicher Weise gesteuert werden. Grundsätzlich verwendet `lsoda` die Bedingung (3.140), um die Schrittweite zu optimieren, d. h. die Schrittweite wird so groß wie möglich gewählt, so dass Gl. (3.140) noch erfüllt ist.

3.5.3.4 Auswirkungen der lokalen Fehlergrenzen

Verschiedene Strategien zur Kontrolle des lokalen Fehlers können mit einer passenden Wahl von `atolDef` und `rtolDef` realisiert werden. Betrachten wir eine spezielle Lösungskomponente $i \in \{1 \ldots n\}$. Setzen wir $\mathrm{rtol}_i = 0$, dann geht (3.140) über zu

$$e_i \leq \mathrm{atol}_i\,, \quad i = 1, \ldots, n \tag{3.141}$$

Wählen wir $\mathrm{atol}_i = 10^{-3}$, dann würde das bedeuten, dass ein Schritt des numerischen Algorithmus innerhalb von `lsoda` nur dann akzeptiert wird, wenn der

Betrag des geschätzten lokalen Fehlers der Lösungskomponente i unterhalb von 10^{-3} liegt. Wählen wir stattdessen $\text{atol}_i = 0$, dann geht Gl. (3.140) über zu

$$e_i \leq \text{rtol}_i \cdot |\tilde{y}_i(t)| , \quad i = 1, \ldots , n \tag{3.142}$$

In diesem Fall würde die Wahl von $\text{rtol}_i = 10^{-3}$ bedeuten, dass ein Schritt des numerischen Verfahrens innerhalb von `lsoda` nur dann akzeptiert werden würde, wenn bezüglich der Lösungskomponente i der lokale Fehler *relativ* zur Größe der numerischen Approximation $|\tilde{y}_i|$ kleiner als 10^{-3} ist. Die Gln. (3.141) und (3.142) entsprechen einer (ausschließlichen) *Kontrolle des absoluten Fehlers* beziehungsweise einer (ausschließlichen) *Kontrolle des relativen Fehlers*, wohingegen Gl. (3.140) mit $\text{rtol}_i \neq 0$ und $\text{atol}_i \neq 0$ eine gemeinsame Kontrolle von absoluten und relativen Fehler ausdrückt. Solch eine gemischte Fehlerkontrolle entspricht im Wesentlichen einem Test auf einen relativen Fehler, wenn die Lösungskomponente $|\tilde{y}_i(t)|$ wesentlich größer als atol_i ist, wohingegen wenn $|\tilde{y}_i(t)|$ kleiner als atol_i ist, dies einem Test auf einen absoluten Fehler entspricht.

3.5.3.5 Eine Daumenregel für Fehlergrenzen

Soweit die Theorie – aber wie sollte atol_i und rtol_i in der Praxis gewählt werden? Man könnte darauf spekulieren, dass es eine gute Idee ist, diese Grenzen so klein wie möglich zu wählen. Aber das ist in Wirklichkeit eine schlechte Idee, da Gl. (3.140) den numerischen Algorithmus in `lsoda` dazu zwingen würde, extrem kleine Schrittweiten zu verwenden, was zu extrem großen Rechenzeiten führen würde. Und was noch schlimmer ist, der globale Fehler kann in unkontrollierbarer Weise anwachsen, da wesentlich mehr Rechenschritte erforderlich sind, bis die gesamte numerische Lösung der gewöhnlichen Differentialgleichung berechnet ist.

Wer mehr über die verschiedenen Arten der Fehler in numerischen Verfahren wissen möchte, dem empfehlen wir [69] für eine nette Diskussion über „Fehler und Unsicherheiten in Berechnungen" oder [70] für Kommentare über „Fehler, Genauigkeit und Stabilität". Zwei wichtige Fehlerarten, die dort behandelt werden, sind *Rundungsfehler* und *Abbruchfehler* oder *Approximationsfehler*. Der Abbruch- oder Approximationsfehler wird dadurch hervorgerufen, dass jeder numerische Algorithmus nur eine endliche Anzahl von Schritten durchführen kann. Erinnern wir uns an die Euler-Methode in Abschnitt 3.5.1.1, welche die rechte Seite einer ODE nur an endlich vielen Stellen für x auswertet und welche auf der Formel (3.109) basiert, eine abgebrochene Variante der originalen unendlichen Taylor-Reihe. Zusätzlich tritt noch der Rundungsfehler auf, da ein Computer eine Dezimalzahl nur mit endlich vielen Ziffern abspeichern kann. Das bedeutet zum Beispiel, dass eine Zahl wie $1/3$ als 0,3333 gespeichert wird, wenn wir in diesem Fall einmal annehmen, dass der Rechner nur vier Dezimalstellen speichert. Wenn wir dann für unsere Berechnungen 0,3333 anstelle von der exakten Zahl $1/3$ verwenden, dann ist klar, dass dies und andere arithmetische Operationen auf einem solchen Rechner einen Rundungsfehler der Ordnung 10^{-4} hervorrufen. Solche Fehler summieren sich mit der Anzahl der durchgeführten Schritte in einem numerischen Algorithmus. Und das ist der Grund, weshalb atol_i und rtol_i mit

Vorsicht (und nicht zu klein) gewählt werden sollten. Als Richtlinie empfehlen wir folgende „Daumenregel" aus [71] anzuwenden:

Bemerkung 3.7. Daumenregel für Fehlergrenzen Wenn m die Anzahl der signifikanten Stellen ist, die für eine Lösungskomponente y_i erforderlich sind, so setze $\text{rtol}_i = 10^{-m+1}$, und atol_i auf einen Wert, der eine für $|y_i|$ vernachlässigbare Größenordnung darstellt.

Wenden wir diese Regel auf das *Körpertemperaturbeispiel* an. In diesem Beispiel gibt es nur eine abhängige Variable (T in Gl. (3.131)) und damit haben wir $n = 1$, das bedeutet, wir können den Index bei atol_i und rtol_i weglassen und stattdessen einfach atol und rtol schreiben. Das Körpertemperaturmodell bezieht sich auf ein Fieberthermometer, welches ungefähr im Bereich zwischen 30 und 42 °C arbeitet und in der Anzeige eine Zahl mit einer Stelle hinter dem Komma darstellt. Deshalb ist klar, dass wir hier mindestens drei signifikante Stellen brauchen. Mit der „Daumenregel" von oben haben wir $m = 3$ und $\text{rtol} = 10^{-2}$. Bezüglich atol können Werte unterhalb von 10^{-1} als „wesentlich vernachlässigbar" betrachtet werden, da nur eine Stelle hinter dem Dezimalkomma auf dem Fieberthermometer dargestellt wird. Mit der „Daumenregel" bedeutet das, wir sollten $\text{atol} = 10^{-2}$ setzen. Diese Festlegungen von atol und rtol können als die größten Werte für die Fehlergrenzen betrachtet werden, bei denen wir das gewünschte Resultat mit hinreichender Genauigkeit erhalten werden.

Dennoch sollten wir daran denken, dass atol und rtol den *lokalen Fehler* des Algorithmus begrenzen. Wie oben erklärt, ist der *globale Fehler* das Entscheidende, d. h. die Differenz zwischen der exakten Lösung der ODE und der numerischen Lösung am Ende. In jedem Schritt des numerischen Verfahrens wird der lokale Fehler zum globalen Fehler addiert. Wenn wir Glück haben, sind die Vorzeichen der lokalen Fehler, die in jedem Schritt des Algorithmus entstehen, zufällig verteilt und die Fehler löschen sich damit gegenseitig aus, so dass der globale Fehler in derselben Größenordnung wie der lokale Fehler liegt. Erfreulicherweise ist das häufig der Fall, d. h. wir können erwarten, dass in vielen Fällen der globale Fehler in einer ähnlichen Größenordnung wie der lokale Fehler vorliegt. Aber es kann passieren, dass sich die lokalen Fehler aufaddieren, so dass sich ein wesentlich größerer globaler Fehler ergibt. Wir bekommen eine recht verlässliche Vorstellung über die Größe des globalen Fehlers, indem wir das heuristische Vorgehen wie oben in unserer Diskussion für das *Maxima*-Kommando `rk` verwenden (siehe Bemerkung 3.6). Dort wird empfohlen, die numerische Lösung für zwei Schrittweiten h und $h/2$ zu berechnen und dann die Ergebnisse miteinander zu vergleichen. Das Gleiche kann hier umgesetzt werden, indem wir die Grenzen um eine Größenordnung verkleinern. Wenn die Unterschiede zwischen den beiden erhaltenen numerischen Lösungen vernachlässigbar gering sind, dann können wir durchaus annehmen, einen vernachlässigen globalen Fehler zu haben. Damit ist unsere Wahl der Fehlergrenzen akzeptabel.

3.5.3.6 **Der Aufruf von `lsoda`**

Erinnern wir uns, dass wir immer noch das *R*-Programm `ODEEx1.r` aus der Buchsoftware besprechen. Die Fehlergrenzen `rtolDef` und `atolDef` sind die letzten Festlegungen in dem Abschnitt „Program control parameters" von `ODEEx1.r`. Wenn wir durch den restlichen Code gehen, dann finden wir verschiedene andere Stellen, an denen der Anwender kleinere Anpassungen vornehmen muss, wie die Spezifikation der Spaltennamen in der Datendatei, setzen der Anfangswerte für `lsoda`, anpassen der Diagramme usw. Diese Stellen werden durch Kommentare angezeigt, die mit „`# User:...`" beginnen, wie die Zeilen 1–2 in Listing 3.4. Als letzten Punkt unserer Diskussion über `ODEEx1.r` werfen wir einen Blick auf den Aufruf von `lsoda` innerhalb des Programms:

```
1 out = as.data.frame(
2 lsoda(
3 c(T=T0)
4 ,seq(aa,bb,length=nTime)
5 ,dfn
6 ,c()
7 , rtol= rtolDef
8 , atol= atolDef
9 ))
```

Listing 3.5 Aufruf von `lsoda`.

Zur Vereinfachung sind in diesem Code-Abschnitt die Kommentare für den Anwender weggelassen worden. In Zeile 1 von Listing 3.5 wird die Ausgabe von `lsoda` als ein „data frame" abgespeichert und dieser Datentyp wird weiter unten in `ODEEx1.r` benötigt, um ein Diagramm zu erzeugen (siehe [37] für nähere Einzelheiten zum „data frame"-Konzept). Zeile 3 entspricht der Gl. (3.132) des Körpertemperaturmodells, d. h. hier legen wir die Anfangsbedingungen für die Zustandsvariablen fest. Zeile 4 definiert einen Vektor aus Zeitpunkten, an denen `lsoda` eine numerische Approximation der Zustandsvariable(n) generiert, in diesem Fall für die Körpertemperatur $T(t)$. Das `seq`-Kommando in Zeile 4 erzeugt ein Array von `nTime` Zeitpunkten mit gleichen Abständen zwischen `aa` and `bb`. Wir können diesen Vektor auch durch einen anderen Vektor mit vielleicht nichtgleichverteilten Zeitpunkten ersetzen, je nachdem welche Zeiten wir verwenden möchten. Zum Beispiel wird in Abschnitt 3.6.1 im Programm `Fermentation.r` ein Zeitenvektor mit ungleichen Zeitabständen verwendet. Zeile 5 teilt `lsoda` mit, welche Funktion die rechte Seite der ODE beinhaltet, in unserem Fall `dfn` (siehe Abschnitt 3.5.3.1 oben). In Zeile 6 können wir (weitere) Parameter hinzufügen, die von `dfn` verlangt werden. Es gibt auch noch die Möglichkeit, die maximale Schrittweite zu begrenzen. So können wir zwischen Zeile 8 und 9 von Listing 3.5 zum Beispiel

```
,hmax=0.001
```

hinzufügen, was die maximale Schrittweite auf 0,001 festlegt.

3.5.3.7 Anwendungsbeispiele

Wenn wir jetzt `PlotStateAna=TRUE` und `PlotStateData=TRUE` im Programmabschnitt „Program control parameters" von `ODEEx1.r` setzen und dann das Programm ausführen, zum Beispiel mit dem Kommando `source` wie in Abschnitt 5.2 beschrieben, dann erhalten wir ein Ergebnis wie es in Abb. 3.10 zu sehen ist. Abbildung 3.10a zeigt einen Vergleich der numerischen Lösung des *Körpertemperaturmodells*, Gln. (3.131) und (3.132) mit der dazugehörigen analytischen Lösung, Gl. (3.130). Die numerische und analytische Lösung liegen sehr gut beieinander, wie es auch früher mit dem *Maxima*-Befehl `rk` erreicht worden ist (Abb. 3.7). Schauen wir ins Programm *ODEEx1.r*, so werden die Toleranzen `rtolDef=1e-4` und `atolDef=1e-4` für die Berechnung das Ergebnisses verwendet. Die oben vorgestellte „Daumenregel" führt uns auf `rtolDef=1e-2` und `atolDef=1e-2`. Die im Programm vorhandenen kleineren Werte der Fehlertoleranzen sind durch Anwenden des diskutierten heuristischen Vorgehens gewählt worden. Das heißt, wir beginnen mit `rtolDef=1e-2` und `atolDef=1e-2` als Startwerte und vergleichen das Ergebnis mit dem Ergebnis, welches wir mit Tolerenzwerten eine Größenordnung kleiner erhalten usw. bis eine weitere Reduktion der Fehlergrenzen keinen Effekt mehr im Resultat hervorruft.

Abbildung 3.10b zeigt einen Vergleich der numerischen Lösung der Gln. (3.131) und (3.132) mit den Daten aus `Fever.csv` ähnlich zu Abb. 3.1b oben, welches mit dem *Maxima*-Programm `FeverExp.mac` erstellt worden ist. Abbildung 3.10b liefert einen R^2-Wert von 0,998, der mit dem mittels `FeverExp.mac` berechneten Wert übereinstimmt.

Als zweites Beispiel für die Anwendung von *R* zum Lösen gewöhnlicher Differentialgleichungen betrachten wir das *Weckermodell*, Gln. (3.133)–(3.136). Um diese Gleichungen mit *R* zu lösen, verwenden wir das Programm `ODEEx2.r` aus der Buchsoftware. Die allgemeine Struktur gleicht dem Programm `ODEEx1.r`, welches wir oben besprochen haben. Der alleinige Unterschied besteht darin, dass wir es hier mit einem System aus zwei Differentialgleichungen zu tun haben. Implementieren wir das in der `dfn`-Funktion, dann können wir folgendes schreiben (vergleiche mit Listing 3.3):

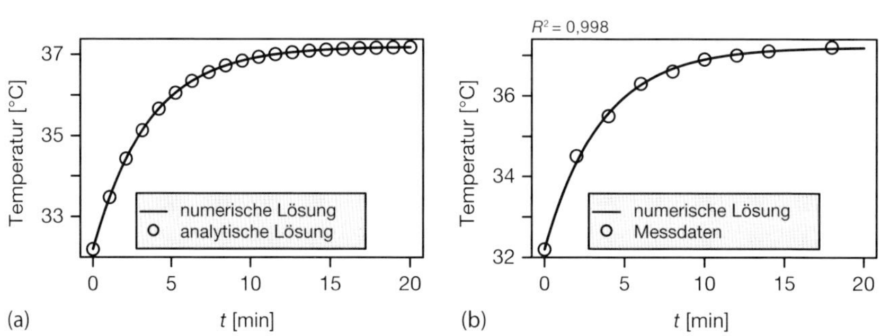

Abb. 3.10 (a) Linie: numerische Lösung der Gln. (3.131) und (3.132) berechnet mit `ODEEx1.r`. Kreise: exakte Lösung, Gl. (3.130). (b) Linie: numerische Lösung der Gln. (3.131) und (3.132) berechnet mit `ODEEx1.r`. Kreise: Daten `Fever.csv`, Gl. (3.131).

```
1  dfn <-
2    function(t, y, p)
3    {
4  ### User: names of state variables
5  ###################################
6      Ts=y[1]
7      Ti=y[2]
8  ### User: differential equation
9  ###################################
10     dTsdt=rsi*(Ti-Ts)
11     dTidt=ria*(Ta-Ti)
12 ### User: list of derivatives
13 ###################################
14     list(c(dTsdt,dTidt))
15   }
```

Wie in Listing 3.3 beginnt der Code mit einer Definition der Zustandsvariablen, Zeile 6–7. In diesem Fall haben wir zwei Zustandsvariablen, die wir als `y[1]` und `y[2]` bezeichnen (`y[3]`, `y[4]` usw. in den Fällen mit mehr als zwei Variablen). In den Zeilen 6–7 werden diese Zustandsvariablen mit `Ts` und `Ti` bezeichnet, entsprechend zu T_s und T_i in den Gln. (3.133) und (3.134). Die Zeilen 10–11 definieren die ODEs, Gln. (3.133) und (3.134). In Zeile 14 schließlich wird das Ergebnis der `dfn`-Funktion als Liste von Ableitungen zurückgegeben, die in den Zeilen 10–11 berechnet worden sind. Beachte, dass in Zeile 12 von Listing 3.3 dies nur eine Liste der Länge 1 gewesen ist, da wir dort nur eine ODE zu lösen haben. Diese Liste muss stets genauso viele Elemente haben, wie zu lösende ODEs im ODE-System vorliegen. Wie zuvor folgt der Definition von `dfn` eine Definition der analytischen Lösung, in diesem Fall Gln. (3.137) und (3.138). Da die in `ODEEx2.r` verwendeten Parameter der Bedingung $r_{si} \neq r_{ia}$ genügt, führen uns die Gln. (3.137) und (3.138) zu

```
### User: closed form solution (if available)
###################################
    AnSolTs=function(t) Ta+(Ts0-Ta)*exp(-rsi*t)
     +(Ti0-Ta)*rsi*(exp(-rsi*t)
     -exp(-ria*t))/(ria-rsi)
    AnSolTi=function(t) Ta+(Ti0-Ta)*exp(-ria*t)
```

Verglichen mit Listing 3.4, wo wir nur eine elementare Lösung `AnSol` haben, werden hier zwei elementare Lösungen `AnSolTs` und `AnSolTi` definiert, entsprechend den Gln. (3.137) und (3.138). Im Abschnitt „Parameters of the model" von `ODEEx2.r` werden die Parameter auf die gleichen Werte wie im oben besprochenen *Maxima*-Programm `RoomODE.mac` gesetzt. Im Abschnitt „Solution of the ODE" von `ODEEx2.r` werden die Anfangswerte wie folgt gesetzt:

```
### User: set initial values
###################################
    c(Ts=Ts0,Ti=Ti0)
```

In ODEEx1.r lautet der entsprechende Code

```
### User: set initial values
####################################
    c(T=T0)
```

Wir sehen, dass wir hier eine Liste mit genauso vielen Anfangswerten zur Verfügung stellen müssen, wie gewöhnliche Differentialgleichungen in unserem ODE-System vorhanden sind. Im letzten Teil von ODEEx2.r, in dem die Schaubilder definiert werden, benötigen wir zwei Darstellungen, um die numerische Lösung mit einer analytischen Lösung miteinander zu vergleichen (in ODEEx1.r haben wir nur einen Plot gebraucht). Ein Vergleich zwischen ODEEx1.r und ODEEx2.r zeigt, dass wir die neuen Programmzeilen einfach durch Kopieren der relevanten Teile von ODEEx1.r erhalten können. Eine dieser Kopien erstellt den Vergleich zwischen Ts und AnSolTs, die andere erstellt den Vergleich zwischen Ti und AnSolTi. Die Abb. 3.11 und 3.12 zeigen die mit ODEEx2.r erstellen Ergebnisse. Wir können auch Abb. 3.11 mit Abb. 3.9 vergleichen, um die Ergebnisse, die mit *R* und *Maxima* erhalten haben, gegenüberzustellen. Wie zuvor haben wir eine sehr gute Übereinstimmung zwischen der numerischen und der analytischen Lösung. Abbildung 3.12 zeigt einen Vergleich zwischen der numerischen Approximation und den Daten aus room.csv ähnlich zu Abb. 3.5 (siehe Diskussion dieser Daten in Abschnitt 3.2.3).

Wir haben nun gesehen, wie gewöhnliche Differentialgleichungen mit dem *Maxima*-Befehl rk oder dem *R*-Befehl lsoda gelöst werden können. Obwohl das Vorgehen in *Maxima* einfacher ist, eignet sich die *R*-Funktion lsoda für unsere tägliche Arbeit besser, da hier eine wesentlich professionellere Routine vorliegt. So haben wir z. B. die Möglichkeit den lokalen Fehler zu steuern und es stehen noch andere Optionen zur Verfügung, die nicht in *Maxima* vorhanden sind. Wenn wir die *R*-Funktion lsoda für unsere eigene ODE-Systeme anwenden möchten, so können wir die Programme ODEEx1.r und ODEEx2.r wie oben in diesem Abschnitt beschrieben als Ausgangspunkt verwenden und sie an unsere Situation durch Editieren anpassen (z. B. können wir unsere eigene ODE in die dfn-Funktion einfü-

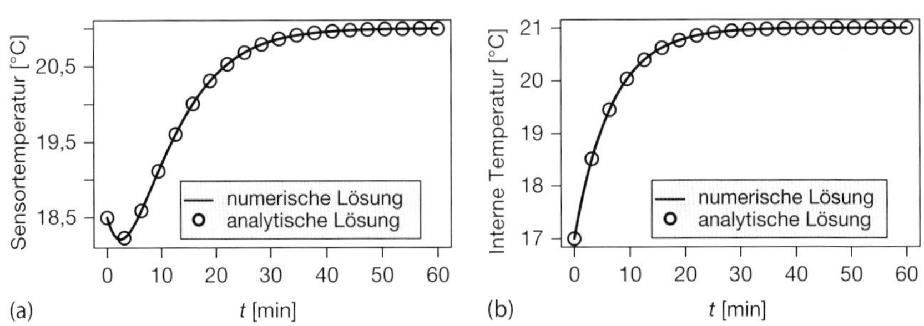

Abb. 3.11 (a) Linie: numerische Lösung von T_s auf Grundlage der Gln. (3.133)–(3.136). Kreise: exakte Lösung, Gl. (3.137). (b) Linie: numerische Lösung von T_i auf Grundlage der Gln. (3.133)–(3.136). Kreise: exakte Lösung, Gl. (3.138). Diagramme mit ODEEx2.r erstellt.

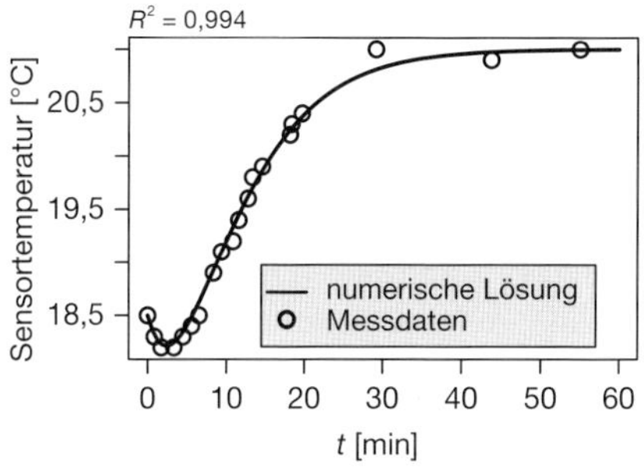

Abb. 3.12 Linie: numerische Approximation von T_s auf Grundlage der Gln. (3.133)–(3.136), erhalten mit `ODEEx2.r`. Kreise: Daten aus `room.csv`.

gen). Alle Beispiele in den folgenden Abschnitten werden auf Basis der *R*-Routine `lsoda` behandelt. Einige diese Beispiele verwenden eine erweiterte Version von `ODEEx1.r` und `ODEEx2.r`, bei der neue Optionen von *R* und `lsoda` verwendet werden. Zum Beispiel in der Diskussion des Weingärungsmodells (Abschnitt 3.6.1) wird eine maximale Schrittweite `hmax` in `lsoda` vorgeschrieben, um sicherzustellen, dass die äußere Versorgung mit Stickstoff korrekt in den Berechnungen behandelt wird.

3.6 Beispiele für ODE-Modelle

3.6.1 Weingärung

Traubensaft wird mit dem Gärungsprozess (Fermentationsprozess) zu Wein umgewandelt. Das ist ein sehr komplexer Prozess, der noch nicht vollständig verstanden ist und der die Metabolisierung von Zucker zu Ethanol durch Hefezellen beinhaltet [72, 73]. Einfach gesagt, die Hefe im Fermenter „isst den Zucker auf" und „scheidet Ethanol aus". Wenn alles gut funktioniert, dann werden die Hefezellen im Fermenter den meisten Zucker in sieben bis zehn Tagen verbraucht haben [74, 75]. Es kann aber auch passieren, dass die Gärung wesentlich länger braucht (*Gärverzögerung*) oder sogar zum erliegen kommt (*Gärstockung*) bevor eine hinreichende Zuckermenge durch die Hefezellen metabolisiert worden ist. In einem industriellen Rahmen können diese Abnormalitäten sehr teuer werden, zum Beispiel bei einer Gärverzögerung in Form einer längeren Prozesszeit oder bei einer Gärstockung in Form einer mikrobiologischen Instabilität, was die Qualität des Endproduktes gefährdet. Das führt auf das

Problem 3.1. Wie kann der Gärungsprozess so gesteuert werden, dass Gärverzögerungen oder Gärstockungen vermieden werden?

3.6.1.1 Mathematisches Modell

Um das Problem anzugehen, kann der Prozessingenieur versuchen, einige von den Variablen einzustellen, die den Verlauf des Gärungsprozesses beeinflussen. Einer dieser Kontrollparameter ist die *Stickstoffkonzentration* im Fermenter, die wir mit $N(t)$ $[\mathrm{g\,l^{-1}}]$ bezeichnen, wobei t [h] die Zeit ist. Stickstoff ist ein wichtiger Nährstoff für die Hefezellen (ein zu niedriges Stickstoffniveau kann ein begrenzender Faktor beim Hefezellenwachstum sein). $N(t)$ bezieht sich auf die totale Stickstoffkonzentration, die der Hefe zur Verfügung steht, und schließt verschiedene Untertypen mit ein, die wir hier nicht näher zu diskutieren brauchen [75]. Eine andere wichtige Kontrollvariable, die wir hier vorstellen, ist die *Temperatur* $T(t)$ [K]. Unter Berücksichtigung dieser zwei Kontrollvariablen hat der Prozessingenieur die folgende Frage zu beantworten:

Q Wie müssen $N(t)$ und $T(t)$ während der Gärung eingestellt werden, um Gärverzögerungen und Gärstockungen vermeiden?

Verwenden wir die Definition des mathematischen Modells, so lässt sich dieses als Tripel (S, Q, M) formulieren, bestehend aus dem System S, der Frage Q und einem Satz an mathematischen Aussagen M (Definition 1.5). Als S können wir den Fermenter identifizieren, Q ist die oben gestellte Frage, so bleibt noch das Aufstellen der mathematischen Aussagen M, was in diesem Beispiel ein System von gewöhnlichen Differentialgleichungen ist. Die gestellte Frage beinhaltet unmittelbar die Größen $N(t)$ und $T(t)$, so dass diese Größen Variablen unseres mathematischen Modells sein werden. Die Frage richtet sich an den Gärungsprozess und ein essentieller Bestandteil des Prozesses ist die Umwandlung des vorhandenen Zuckers zu Ethanol. Also ist unmittelbar ersichtlich, dass auch die *Zuckerkonzentration* $S(t)$ $[\mathrm{g\,l^{-1}}]$ zu berechnen ist. Für die Umwandlung verantwortlich sind die Hefezellen, denn wir haben gesagt, dass diese den Zucker „aufessen". Zur Berechnung der Dynamik von $S(t)$ werden wir also auch die *Hefezellenkonzentration* (der aktiven Hefezellen) brauchen. Bezeichnen wir sie mit $X(t)$ [Gramm Biomasse pro Liter]. Wir sehen, dass die Frage Q, die wir hier stellen, ein wirklich wichtiger Baustein für das mathematische Modell ist, denn diese führt uns auf die Zustandsvariablen und auf die im Folgenden zu formulierenden mathematischen Gleichungen.

Im MoSim-Schema (Bemerkung 1.5) stellt das Aufstellen der mathematischen Gleichungen den Kern des Schritts zur Systemanalyse dar. Das ist der Punkt, an dem wir auf geeignete spezialisierte Literatur hinweisen müssen. In diesem Fall kann jedes Buch über Fermentationstechnologie verwendet werden, das einen solchen Prozess beschreibt und die Metabolisierung von Zucker und Stickstoff zu Ethanol mit Hilfe von Hefezellen beinhaltet [72, 73]. Sowohl das Ergebnis einer solchen Analyse wie auch ein großes Hintergrundwissen über die Gleichungen, die wir hier verwenden wollen, können in einem Modell von Blank [76] gefunden werden. Sein Modell ist eine verbesserte Variante des Fermentationsmodells von Cramer *et al.* [75].

Tab. 3.2 Zustandsvariablen des Weingärungsmodells.

Zustandsvariable	Beschreibung	Einheit
X	Konzentration der (aktiven) Hefezellen	Gramm Biomasse pro Liter
N	(totale) Stickstoffkonzentration	Gramm Stickstoff pro Liter
E	Ethanolkonzentration	Gramm Ethanol pro Liter
S	Zuckerkonzentration	Gramm Zucker pro Liter

3.6.1.2 Hefe

Betrachten wir die Hefezellenkonzentration $X(t)$ (Tab. 3.2), so können wir für deren Dynamik ein Modell wie in Cramer *et al.* [75] aufstellen und folgende Bilanzgleichung formulieren:

$$\frac{\mathrm{d}X}{\mathrm{d}t} = \mu \cdot X - k_d \cdot X \tag{3.143}$$

Diese Gleichung besagt, dass sich die Änderung der Hefezellenkonzentration $\frac{\mathrm{d}X}{\mathrm{d}t}$ durch ein Anwachsen $\mu \cdot X$ und ein Absinken $k_d \cdot X$ beschreiben lässt. Das Wachstum ist proportional zur aktuellen Hefezellenkonzentration X zusammen mit der Wachstumsrate μ als Proportionalitätskonstante. Zur gleichen Zeit werden Zellen inaktiv oder sterben ab, ebenfalls proportional zu $X(t)$ und mit der Sterberate k_d als Proportionalitätskonstante.

In der Realität sind μ und k_d keine Konstanten, sondern hängen von äußeren Einflüssen ab und müssen anhand geeigneter empirischer Daten beschrieben werden. Experimente lassen vermuten, dass wir die Wachstumsrate wie folgt ausdrücken können (Cramer [75]):

$$\mu = \mu_{\max}(T) \cdot \frac{N}{K_\mathrm{N} + N} \tag{3.144}$$

wobei $T = T(t)$ die Temperatur, $N = N(t)$ die Stickstoffkonzentration und K_N eine durch Experimente zu bestimmende Konstante ist. Sie entspricht einer Stickstoffkonzentration, welche eine Wachstumsrate von $\mu = \mu_{\max}/2$ hervorruft. Gleichung (3.144) bringt zum Ausdruck, dass bei steigendem Stickstoffgehalt eine maximale Wachstumsrate $\mu_{\max}$ erreicht wird, denn

$$\frac{N}{K_\mathrm{N} + N} = \frac{1}{K_\mathrm{N}/N + 1} \to 1 \quad \text{für} \quad N \to \infty \tag{3.145}$$

Die Wachstumsrate Gl. (3.144) muss als temperaturabhängig modelliert werden, da die Temperatur eine (nichtkonstante) Kontrollvariable ist. Die Auswirkungen der Temperatur auf $\mu_{\max}$ können wie folgt beschrieben werden [76–78]:

$$\mu_{\max}(T) = 0{,}18 \cdot \exp\left(14\,200 \cdot \frac{T - 300}{300RT}\right) - 0{,}0054 \cdot \exp\left(121\,000 \cdot \frac{T - 300}{300RT}\right) \tag{3.146}$$

wobei $R = 8{,}314\,472\,\mathrm{J\,K^{-1}\,mol^{-1}}$ die allgemeine Gaskonstante ist. Die beiden Gln. (3.144) und (3.146) zusammen liefern uns eine Beschreibung der Wachstumsrate.

Es verbleibt noch die Beschreibung der Sterberate k_d. Diese ist abhängig von der Ethanolkonzentration $E(t)$ und in Cramer *et al.* [75] wird folgende Beziehung verwendet, wobei die Konstante k [l/(g Ethanol h)] zunächst noch unbekannt ist:

$$k_d = k \cdot E \tag{3.147}$$

Somit haben wir eine Beschreibung für die Dynamik der Konzentration $X(t)$ der aktiven Hefezellen, die aber noch nicht vollständig ist, da diese die Stickstoffkonzentration $N(t)$ und Ethanolkonzentration $E(t)$ beinhaltet. Das heißt, wir brauchen weitere Gleichungen zur Charakterisierung von $N(t)$ und $E(t)$.

3.6.1.3 **Ethanol und Zucker**

In Cramer *et al.* wird die Ethanolproduktion proportional zur vorhandenen Hefezellenkonzentration beschrieben, d. h.

$$\frac{\mathrm{d}E}{\mathrm{d}t} = \beta X \tag{3.148}$$

wobei die Produktionsrate β von der zur Verfügung stehenden Zuckerkonzentration $S(t)$ abhängt:

$$\beta = \beta_{\max} \cdot \frac{S}{K_S + S} \tag{3.149}$$

Um die Gültigkeit der Gleichungen für einen größeren Temperaturbereich abzudecken, betrachten wir $\beta_{\max}$ in Abhängigkeit der Temperatur $T(t)$. Folgen wir [76] und verwenden Messdaten aus [75, 79], so können wir schreiben:

$$\beta_{\max}(T-273{,}15) = \beta_{\max,24\,^\circ\mathrm{C}} \cdot (0{,}001\,32 \cdot T^2 + 0{,}009\,87 \cdot T - 0{,}007\,81) \tag{3.150}$$

Die Dynamik der Zuckerkonzentration $S(t)$ wird ähnlich wie $X(t)$ durch eine Bilanzgleichung beschrieben [75]:

$$\frac{\mathrm{d}S}{\mathrm{d}t} = -\frac{\beta}{Y_{\mathrm{ES}}} X \tag{3.151}$$

In dieser Gleichung beschreibt der Koeffizient Y_{ES} die stöchiometrische Biokonversion von Zucker zu Ethanol.

3.6.1.4 **Stickstoff**

Es verbleibt noch die Formulierung der Dynamik von $N(t)$, die wir als Kontrollvariable behandeln wollen. In der Praxis ist das Einstellen eines bestimmten Wertes für $N(t)$ nur schwer zu erreichen. Selbst das Messen des Stickstoffgehalts – was eine essentielle Voraussetzung für die Steuerung des $N(t)$-Niveaus ist – stellt eine sehr schwierige Aufgabe dar [76, 78].

Für die mathematische Beschreibung von $N(t)$ greifen wir erneut auf eine Bilanzierung zurück. Ähnlich zu $X(t)$ formulieren wir die Änderung des Stickstoffgehalts als Bilanz von Stickstoffzugabe und Verbrauch durch Hefezellen:

$$\frac{\mathrm{d}N}{\mathrm{d}t} = r(t) - \frac{\mu}{Y_{\mathrm{XN}}} \cdot X \tag{3.152}$$

Die Abnahme des Stickstoffgehalts wird durch den Verbrauch der Hefezellen verursacht und als proportional zu deren Konzentration mit der Proportionalitätskonstante $\frac{\mu}{Y_{\mathrm{XN}}}$ angenommen. Dabei ist μ eine spezifische Wachstumsrate und Y_{XN} der stöchiometrische Ertragskoeffizient der Hefebiomasse pro Stickstoffmenge. Eine Zunahme wird mit $r(t)$ beschrieben und erfolgt als Zugabe von Stickstoff in den Fermenter durch den Prozessingenieur. Allerdings geschieht dies in Wirklichkeit nicht kontinuierlich, sondern eine bestimmte Menge Stickstoff N_i^{add} wird zu bestimmten Zeitpunkten t_i^{add} hinzugefügt. In unserem Fall machen wir die elegante und hinreichend genaue Annahme, dass die Stickstoffzugabe nicht auf einmal, sondern mit konstanter Rate über eine Zeitdauer von 1 h erfolgt, also

$$r(t) = \begin{cases} N_i^{\mathrm{add}} & \text{falls} \quad t \in \left[t_i^{\mathrm{add}} - \frac{1}{2}\,\mathrm{h}, t_i^{\mathrm{add}} + \frac{1}{2}\,\mathrm{h}\right] \quad i = 1, \ldots, n \\ 0 & \text{sonst} \end{cases} \tag{3.153}$$

Das gesamte Modell besteht aus vier gewöhnlichen Differentialgleichungen, die sich folgendermaßen zusammenfassen lassen:

Weingärungsmodell

$$\frac{\mathrm{d}X}{\mathrm{d}t} = \mu(T, N) \cdot X - k \cdot E \cdot X \tag{3.154}$$

$$\frac{\mathrm{d}N}{\mathrm{d}t} = r(t) - \frac{1}{Y_{\mathrm{XN}}} \cdot \mu(T, N) \cdot X \tag{3.155}$$

$$\frac{\mathrm{d}E}{\mathrm{d}t} = \beta(T, S) \cdot X \tag{3.156}$$

$$\frac{\mathrm{d}S}{\mathrm{d}t} = -\frac{1}{Y_{\mathrm{ES}}}\beta(T, S) \cdot X \tag{3.157}$$

3.6.1.5 Parameter- und Anfangswerte

In den letzten Abschnitten haben wir die Gleichungen für die zeitliche Entwicklung der Zustandsgrößen des Gärungsmodells aufgeschrieben. Allerdings kann eine Berechnung der Größen damit noch nicht erfolgen, da uns wichtige Informationen wie Anfangswerte und Parameterwerte fehlen. Die Anfangswerte beziehen sich auf eine konkrete zu untersuchende Situation, wohingegen Parameterwerte aus früheren Experimenten oder aus Literaturstellen gewonnen werden können.

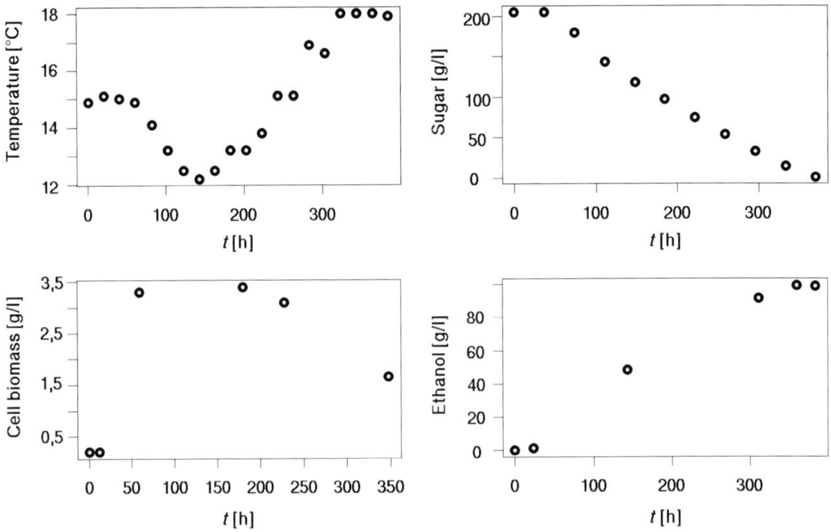

Abb. 3.13 Messdaten zur Weingärung aus [76]. Siehe `fermentation.csv` in der Buchsoftware. Darstellungen mit `Fermentation.r` erstellt.

Versuchen wir nun herauszufinden, ob das oben vorgestellte Modell tatsächliche die Gärungsdaten wie in Abb. 3.13 reproduzieren kann (die Daten sind in `fermentation.csv` in der Buchsoftware zu finden). In diesem Gärungsprozess hat die Temperatur zwischen 12 und 18 °C variiert und es ist zweimal Stickstoff hinzugegeben worden (siehe t_i^{add} und N_i^{add} in Tabelle 3.3). Die Abbildung 3.13 zeigt Messungen zum zeitlichen Verlauf von $X(t)$, $E(t)$ und $S(t)$. Wie oben erwähnt, ist eine Messung von $N(t)$ schwierig, weshalb diese fehlt.

Die Anfangswerte können aus den Messungen und der Abb. 3.13 abgelesen werden und die Parameterwerte/Konstanten können aus der Literatur bestimmt werden. Alle Daten sind in der Tabelle 3.3 zusammengefasst. Schauen wir uns die Tabelle an, so sehen wir, dass dort *zwei unbekannte Parameter* k und N_0 aufgeführt sind. N_0 ist nur schwer zu messen, da es sich um die Stickstoffmenge handelt, die der Hefe zu Beginn des Prozesses zur Verfügung steht und nicht einfach durch Experimente bestimmt werden kann [76, 81]. In [75] wird ein Wert $k = 10^{-4}$ l/g bei einer Temperatur von 24 °C vorgeschlagen. Allerdings ist k stark temperaturabhängig [76] und unser Prozess findet bei wesentlich niedrigeren Temperaturen statt. Daher schlägt [76] vor, den Wert aus Daten zu schätzen. In unserem Fall können wir die Parameter mit Hilfe des Programms `Fermentation.r` aus der Buchsoftware per Hand schätzen und erhalten möglicherweise $N_0 \approx 0{,}1$ und $k \approx 10^{-4}$. Mit Unterstützung geeigneter mathematischer Methoden (Parameterschätzung) erhalten wir auch genauere Werte, nämlich $N_0 = 1{,}678\,096 \cdot 10^{-1}$ und $k = 6{,}637{,}202 \cdot 10^{-5}$.

Tab. 3.3 Parameter- und Anfangswerte für das Weingärungsmodell.

Parameter	Beschreibung	Einheit	Wert	Quelle
μ	spezifische Wachstumsrate	h^{-1}	(3.144)	[75]
μ_{max}	Maximale spez. Wachstumsrate	h^{-1}	(3.146)	[76–78]
T	Temperatur	K	Daten	[76]
K_N	Monod-Konstante für Stickstoff	g Stickstoff $\cdot\ l^{-1}$	0,01	[75]
k_d	Sterberate	h^{-1}	(3.147)	[75]
k	spezifische Sterberate	l g Ethanol^{-1} h^{-1}	unbekannt	
Y_{XN}	stöchiometrischer Ertragskoeffizient für Biomasse aus Stickstoff	g Biomasse $(\text{g Stickstoff})^{-1}$	18	[80]
β	spezifische Ethanolproduktionsrate	g Ethanol $(\text{g Biomasse})^{-1}$ h^{-1}	(3.149)	[75]
β_{max}	maximale spez. Ethanolproduktionsrate	g Ethanol $(\text{g Biomasse})^{-1}$ h^{-1}	(3.150)	[75, 79]
$\beta_{max,24\,°C}$	maximale spez. Ethanolproduktionsrate bei 24 °C	g Ethanol $(\text{g Biomasse})^{-1}$ h^{-1}	0,3	[75]
K_S	Monod-Konstante für Zucker	g Zucker l^{-1}	10	[75]
Y_{ES}	stöchiometrischer Ertragskoeffizient für Ethanol aus Zucker	g Ethanol $(\text{g Zucker})^{-1}$	0,47	[75]
X_0	Anfangswert für Hefezellenkonzentration	g Biomasse l^{-1}	0,2	`fermentation.csv`
E_0	Anfangswert für Ethanolkonzentration	g Ethanol l^{-1}	0	`fermentation.csv`
S_0	Anfangswert für Zuckerkonzentration	g Zucker l^{-1}	205	`fermentation.csv`
N_0	Anfangswert für Stickstoffkonzentration	g Stickstoff l^{-1}	unbekannt	
N_i^{add}	i-te Zugabe von Stickstoff ($i = 1, \ldots, n$)	g Stickstoff l^{-1}	0,03 ($i = 1, 2$)	[76]
t_i^{add}	Zeitpunkt der i-ten Zugabe von Stickstoff ($i = 1, \ldots, n$)	h	130 ($i = 1$), 181 ($i = 2$)	[76]

3.6.1.6 Simulationsergebnis

Setzen wir `NonlinRegress=TRUE` im Abschnitt „Program control parameters" von `Fermentation.r`, erhalten wir das Ergebnis wie in Abb. 3.14. Sowohl das Schaubild wie auch das Bestimmtheitsmaß $R^2 = 0{,}97$ zeigen, dass wir mit unserem Modell und den verwendeten Parameterwerten eine sehr gute Übereinstimmung mit

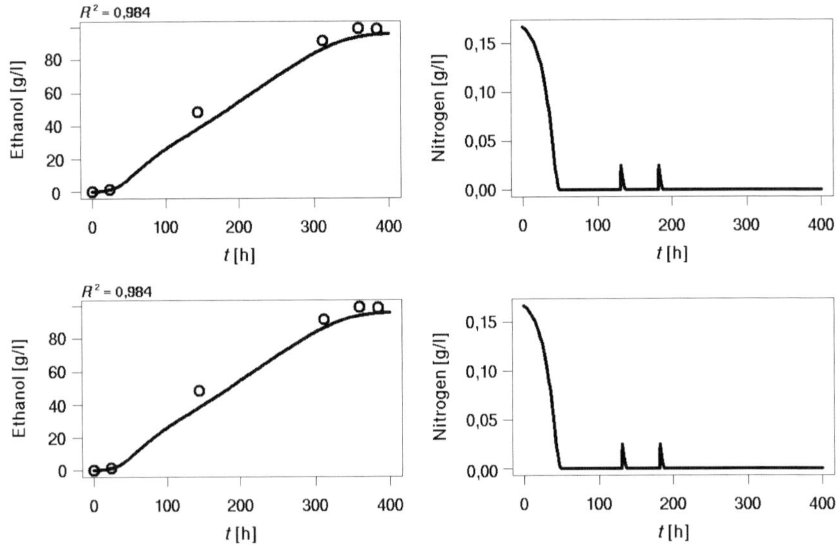

Abb. 3.14 Lösung der Gln. (3.154)–(3.157) mit den geschätzten Koeffizienten $k = 6{,}637\,202 \times 10^{-5}$ und $N_0 = 1{,}678\,096 \times 10^{-1}$ und den Parameterwerten aus Tabelle 3.3.

den Messungen erzielen können. Um die Leistungsfähigkeit des Modells zu überprüfen, sollte es nicht nur für den gegebenen Datensatz angewendet werden. Dies ist bereits von Blank in [76] durchgeführt worden. Blank zeigt, dass das Weingärungsmodell in vielen Fällen auch für unbekannte Datensätze das Verhalten sehr gut vorhersagen kann. Es gibt aber auch Datensätze, bei denen die Übereinstimmung nicht zufriedenstellend ist, was nicht wirklich überraschend ist, da der Fermentationsprozess ein sehr komplexer Vorgang ist. Für unser mathematisches Modell liefern gerade die nicht zufriedenstellenden Datensätze den Ausgangspunkt für eine Verbesserung, z. B. weitere Zustandsgrößen und Teilprozesse mitaufzunehmen.

3.6.2 Pflanzenwachstum

Es ist bereits eine Vielzahl mathematischer Modelle über das Pflanzenwachstum entwickelt worden, sowohl aus der wissenschaftlichen Perspektive (zum Beispiel: „*Wie* wächst eine Pflanze?“) wie aus der Ingenieursperspektive (zum Beispiel: „Wie kann der *Ertrag* des Saatguts maximiert werden?“), siehe zum Beispiel die Bücher von Richter/Söndgerath [34] und Overman/Scholtz [82]. In der einfachsten Form (die ganz allgemein für Pflanzen und andere wachsende Organismen angewendet wird) kann das Pflanzenwachstumsmodell geschrieben werden als [34]

$$B'(t) = r \cdot B(t) \cdot \Phi(B(t)) \tag{3.158}$$

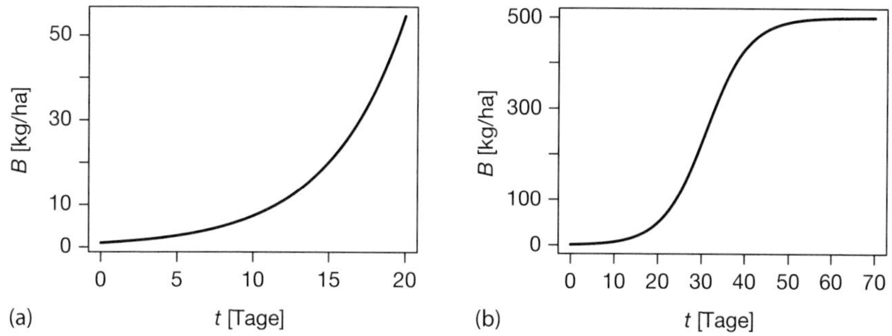

Abb. 3.15 Lösungen (a) des exponentiellen Pflanzenwachstumsmodells, Gl. (3.159) und (b) des logistischen Pflanzenwachstumsmodells, Gl. (3.160) mit $B(0) = 1$, $r = 0{,}2$, $K = 500$ (Darstellungen mit `Plant1.r` und `Plant2.r`) erstellt.

wobei $B(t)$ die gesamte Biomasse der Pflanze zur Zeit t beschreibt (z. B. in kg/ha), r die Wachstumsrate der Pflanzen ist (z. B. in 1/Tag) und $\Phi(x)$ eine (dimensionslose) nichtlineare reelle Funktion darstellt. Wie üblich ist eine Anfangsbedingung erforderlich bevor die Gleichung gelöst werden kann. Das heißt, wir haben einen Wert für die Biomasse für einen Zeitpunkt festzulegen, zum Beispiel in der Form $B(0) = B_0$. Abhängig von der Wahl der Funktion $\Phi(B)$ können verschiedene Pflanzenwachstumsmodelle aus Gl. (3.158) hergeleitet werden. Setzen wir zum Beispiel $\Phi(B) = 1$, so erhalten wir das *exponentielle Wachstumsmodell*:

$$B'(t) = r \cdot B(t) \tag{3.159}$$

Wählen wir $\Phi(B) = 1 - B/K$ (für $K \in \mathbb{R}$), so erhalten wir das *logistische Wachstumsmodell*:

$$B'(t) = r \cdot B(t) \cdot \left(1 - \frac{B(t)}{K}\right) \tag{3.160}$$

Hier kann K [kg/ha] als (genetisch festgelegte) maximal mögliche Biomasse der Pflanze interpretiert werden. Abbildung 3.15a zeigt das typische Verhalten eines exponentiellen und logistischen Wachstumsmodells. Zu erkennen ist, dass das exponentielle Pflanzenwachstumsmodell (wie es der Name vermuten lässt) ein exponentielles Anwachsen der Biomasse erzielt, was in einer frühen Phase des Pflanzenwachstums richtig ist. Wenn die Pflanze ihre maximal mögliche Biomasse erreicht, wird das Wachstum asymptotisch langsamer werden, was mit dem logistischen Wachstumsmodell ausgedrückt werden kann, ähnlich zu Abb. 3.15b.

Die Abb. 3.15a,b sind mit den Programmen `Plant1.r` und `Plant2.r` aus der Buchsoftware (siehe Anhang A) erstellt worden. Diese Programme sind mit entsprechenden Anpassungen aus `ODEEx1.r`, einem Programm zum numerischen Lösen der ODE-Gln. (3.159) und (3.160) (siehe Abschnitt 3.5.3), entstanden. Natürlich können wir auch analytische Lösungen der Gln. (3.159) und (3.160) mit Methoden, wie sie in Abschnitt 3.4.9 skizziert werden, gewinnen. Nehmen wir $B(0) = B_0$ als Anfangsbedingung an, dann lautet die analytische Lösung der

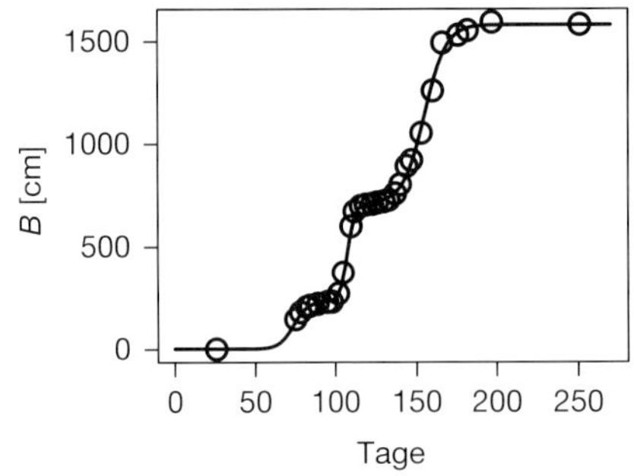

Abb. 3.16 Daten über die Biomasse von Spargel verglichen mit Modell aus Gln. (3.163) und (3.164), wobei $r_1 = 0{,}23$, $r_2 = 0{,}42$, $r_3 = 0{,}23$, $K_1 = 230$, $K_2 = 480$, $K_3 = 870$, $t_1 = 50$, $t_2 = 93$, $t_3 = 110$, $B_1(0) = B_2(0) = B_3(0) = 1$. Daten aus [87] (Bemerkung: Biomasse in „cm" auf Basis eines als konstant angenommenen Spargeldurchmessers und -dichte). Diagramm mit `Plant3.r` erstellt.

Gl. (3.159)

$$B(t) = B_0\, e^{rt} \tag{3.161}$$

und als analytische Lösung von Gl. (3.160) erhalten wir

$$B(t) = \frac{K}{1 + e^{\beta - rt}} \quad \text{wobei} \quad \beta = \ln\left(\frac{K}{B_0} - 1\right) \tag{3.162}$$

Eine Vielzahl der Pflanzenwachstumsmodelle werden durch geeignete Modifikationen dieses Zugangs aufgestellt, abhängig von den analysierten Daten und abhängig von der gestellten Frage. Zum Beispiel kann ein *Multiorgan-Pflanzenwachstumsmodell* formuliert werden, indem für jedes Pflanzenorgan wie Wurzeln, Stängel, Blätter und Früchten ein Wachstumsmodell wie oben beschrieben erstellt und in geeigneter Weise zusammengefügt werden [34, 83, 84]. Die oben vorgestellten Gleichungen können auch um weitere Prozessvorgänge ergänzt werden. So können wir zum Beispiel Gleichungen zur Beschreibung von Enzymkinetiken unter Beteiligung der Photosynthese aufstellen. Dies ist vor allem dann interessant, wenn der Fokus auf der Untersuchung von Luftverschmutzung liegt und die Enzyme während des Wachstums dadurch gestört werden [85, 86].

Abhängig von den Wachstumsbedingungen können verschiedene Pflanzenwachstumsmodelle auf ein und dieselbe Pflanze angewendet werden. Während das logistische Wachstumsmodell recht gut für die Biomassedaten des Spargels aus [88] funktioniert, ist es nicht anwendbar für die treppenstufenförmigen Biomassedaten des Spargels in Abb. 3.16. Wie in [87] diskutiert, spiegelt die treppenförmige Struktur der Daten die Tatsache wider, dass verschiedene Gruppen von Spargelstängel nacheinander gewachsen sind. Etwas genauer: die erste Gruppe 1 hat begonnen zu wachsen und nach einer gewissen Zeit aufgehört zu wachsen, dann hat Gruppe 2 begonnen zu wachsen und nach einer gewissen Zeit aufgehört zu wachsen, usw. Die Daten aus Abb. 3.16 haben Ähnlichkeit zu verschiedenen logistischen Wachstumsfunktionen, die aufeinander gesteckt worden zu sein scheinen. In der Tat können diese durch ein System von ODEs beschrieben werden, die drei logistischen Wachstumsgleichungen beinhalten (eine für jede der drei Stängelgruppen im Sinne von oben). Das System sieht dann wie folgt aus:

$$B_i'(t) = r_i \cdot H(t - t_i) \cdot \left(1 - \frac{B_i(t)}{K_i}\right) \cdot B_i(t) \quad \text{für} \quad i = 1, 2, 3 \tag{3.163}$$

$$B(t) = \sum_{i=1}^{3} B_i(t) \tag{3.164}$$

wobei $H(x)$ die Heaviside-Stufenfunktion repräsentiert, die wie folgt definiert ist:

$$H(x) = \begin{cases} 0 & \text{für} \quad x < 0 \\ 1 & \text{für} \quad x \geq 0 \end{cases} \tag{3.165}$$

Im Wesentlichen wird die Heaviside-Funktion dazu verwendet, um sukzessiv die Wachstumsfunktion der drei Gruppen aus Spargelstängel „einzuschalten“. Abbildung 3.16 zeigt eine fast perfekte Übereinstimmung des Modells mit den Daten. Die Abbildung ist mit dem Programm `Plant3.r` aus der Buchsoftware erstellt worden, die auf der numerischen Lösung der Gln. (3.163) basiert. Wieder ist das Programm `ODEEx1.r` der Ausgangspunkt gewesen (und wie zuvor kann auch die analytische Lösung Gl. (3.162) verwendet werden, um das gleiche Ergebnis zu erzielen). Anzumerken ist, dass die Parameter zu Abb. 3.16 mittels einer (einfachen und schnellen) manuellen Parameteranpassung festgelegt worden sind.

4
Mechanistische Modelle II: PDEs

4.1
Einführung

4.1.1
Begrenzte Anwendbarkeit von ODE-Modellen

Modelle in Form gewöhnlicher Differentialgleichungen sind in dem Sinne eingeschränkt, dass sie Ableitungen bezüglich nur einer einzigen Variablen enthalten. Damit können diese Modelle das dynamische Verhalten der interessierenden Größe auch nur hinsichtlich dieser einen Variablen beschreiben. Im Weingärungs-Modell (Abschnitt 3.6.1) etwa sind die interessierenden Größen Zucker, Ethanol, Stickstoff und die Biomassekonzentration von Hefezellen. Diese Größen werden dort als Funktionen betrachtet, die nur von der Zeit abhängen. In fast allen Beispielen in Kapitel 3 wird die Zeit als unabhängige Variable verwendet, obwohl im Prinzip weitere unabhängige Variablen sinnvoll verwendet werden könnten (zum Beispiel weitere Raumkoordinaten im Metallstab-Beispiel in Abschnitt 3.4.5).

Wir leben ganz offensichtlich in einer Welt, in der interessierende Größen typischerweise von vielen Variablen gleichzeitig abhängen. Die Verwendung von ODE-Modellen bedeutet also in der Regel die Annahme, dass die unabhängige Variable des ODE-Modells der wichtigste Faktor zur Bestimmung der interessierenden Größe ist. Im Weingärungsmodell hängen alle Zustandsvariablen wie die Biomassekonzentration usw. nicht nur von der Zeit, sondern ebenso von den Raumkoordinaten x, y und z ab. Nehmen wir an, dass die Biomassekonzentration *nicht* von den räumlichen Koordinaten abhängt, so bedeutet dies, dass diese Größe im gesamten Fermenter an jeder Stelle gleich ist. Man muss kein Weingärungs-Experte sein, um zu verstehen, dass diese Annahme niemals in dieser Exaktheit zutreffen wird; so kann zum Beispiel durch Gravitationseffekte die Biomassekonzentration am Boden größer sein als in den oberen Bereichen des Gärgefäßes [78].

Die Tatsache, dass das Weingärungsmodell – genauso wie die anderen diskutierten ODE-Modelle in Kapitel 3 – in bestimmten Situationen erfolgreich ange-

Mathematische Modellbildung und Simulation, Erste Auflage. Marco Günther und Kai Velten.

wendet werden kann, „beweist" also in keiner Weise die räumliche Homogenität der Zustandsvariablen oder das Nichtvorhandensein anderer Variablen, die den Zustand beeinflussen; man sieht lediglich, dass in diesen besonderen Situationen die räumliche Inhomogenität einen vernachlässigbaren Effekt auf die Zustandsvariablen hat. Im Weingärungsmodell können substanzielle Abweichungen von den Daten also auf eine Situation hindeuten, in der zum Beispiel die Inhomogenität der Biomassekonzentration der Hefe so groß ist, dass sie nicht mehr länger vernachlässigt werden kann; dann besteht eine mögliche Lösung des Problems darin, Modelle in Form *partieller Differentialgleichungen* zu verwenden.

Bemerkung 4.1. Begrenzte Anwendbarkeit von ODE-Modellen Abweichungen zwischen ODE-Modell und Messdaten können bedeuten, dass die Zustandsvariablen von mehreren unabhängigen Variablen abhängen (zum Beispiel von Zeit *und* Raum). Dann sollten statt ODE-Modellen geeignete Modelle mit partiellen Differentialgleichungen verwendet werden.

4.1.2
Ein Überblick: eigenartige Tiere, Laute und Düfte

Im Gegensatz zu einer ODE beinhaltet eine PDE (partielle Differentialgleichung, engl.: partial differential equation) Ableitungen von mindestens zwei unabhängigen Variablen. Damit können Dynamiken von interessierenden Größen bezüglich verschiedener Variablen gleichzeitig beschrieben werden. Eine Vielzahl klassischer Naturgesetze können als PDEs formuliert werden, wie zum Beispiel die Thermodynamik, Elektrodynamik, Wellenbewegung, Strömungsmechanik, Elastizität, usw. Im Ganzen sind PDEs ein enorm großes Thema. Insbesondere ist deren Struktur im Vergleich zu den ODEs wesentlich vielfältiger, da sie verschiedene Variablen und Ableitungen beinhalten. Es gibt viele verschiedene Unterkategorien von PDEs, die zur Berechnung einer numerischen Lösung speziell angepasste Verfahren brauchen. Viele Bände könnten mit einer ausführlichen Diskussion über alle Unterkategorien und deren entsprechenden Behandlung gefüllt werden. Deswegen ist es nachvollziehbar, dass wir uns auf eine erste Einführung in dieses Thema beschränken müssen. Dabei verfolgen wir das Ziel, einige wesentliche Ideen und Methoden vorzustellen, die für das Aufstellen und Lösen von PDE-Modellen verwendet werden. Wenn wir uns das PDE-Themengebiet als einen dichten und großen Dschungel vorstellen, dann kann die Intension dieses Kapitels vielleicht so beschrieben werden, dass wir uns einen kleinen Pfad mit einer Machete schlagen und diesem folgen, um einen ersten Eindruck von den eigenartigen Tieren, Lauten und Düften des Dschungels zu bekommen – deshalb sollten wir nicht den Fehler machen, uns nach dem Lesen der folgenden Seiten für einen PDE-Experten zu halten. Für diejenigen, die etwas mehr über PDEs wissen möchten, wird auf die reichlich vorhandene Literatur über dieses Themenfeld verwiesen, zum Beispiel Bücher wie [61, 89–93].

Als Leitfaden und Kompass für unseren Machetenweg nehmen wir die Wärmeleitungsgleichung, die bereits in Abschnitt 3.4.5 vorgestellt worden ist. Diese Gleichung wird uns als Hauptbeispiel bei der nachfolgenden Einführung in die PDEs und deren numerischen Verfahren dienen. Die Wärmeleitungsgleichung bietet uns eine Möglichkeit, Temperaturverteilungen zu berechnen. Und da so viele Prozesse in Wissenschaft und Technik durch die Temperatur beeinflusst werden, ist diese Gleichung in allen Gebieten von Wissenschaft und Technik von Bedeutung. Das ist der Grund, warum die beiden Wärmeleitungsprobleme in Abschnitt 4.1.3 wirklich „Probleme sind, die jeder lösen können sollte".

Nach den Abschnitten 4.2 und 4.3, die ein wenig theoretischen Hintergrund über die Wärmeleitungsgleichung und die PDEs im Allgemeinen liefern, sind die Abschnitte 4.4–4.8 vorgesehen, um analytische Lösungen für PDEs bzw. Lösungen auf Grundlage numerischer Methoden zu finden. Im Abschnitt 4.9 stellen wir verschiedene Softwarepakete zum Lösen von PDEs vor und in Abschnitt 4.10 führen wir praktisch vor, wie die Wärmeleitungsgleichung mithilfe eines numerischen Verfahrens gelöst wird. Dazu verwenden wir das Softwarepaket *OpenFOAM*, das eine Open-Source-Software auf Basis der Finite-Volumen-Methode ist. *OpenFOAM* stellt eine Ansammlung von Programmen und Werkzeugen dar, mit denen wir Erhaltungsgleichungen wie die Wärmeleitungsgleichung oder Strömungen verschiedenster Art berechnen können. Auch wenn *OpenFOAM* text-/konsolenorientiert ist, so erreichen wir unter Einbeziehung von *Salome* und *HelyxOS* einen graphisch basierten Workflow. Danach gibt es in Abschnitt 4.11 eine Einführung in einige der wichtigsten PDE-Modelle „jenseits der Wärmeleitungsgleichung". Diese beinhalten zum Beispiel Modelle zur numerischen Strömungsmechanik (CFD) und Imprägnierung. Das Kapitel beenden wir mit Beispielen zur numerischen Strömungsberechnung. Zunächst wird in Abschnitt 4.12 die Simulationen einer Einphasenströmung durchgeführt und im letzten Abschnitt 4.13 zeigen wir eine Zweiphasenströmung. Für beide Anwendungen werden die Bedienungsabläufe mit *Salome*, *HelyxOS* sowie *ParaView* für die Visualisierung vorgestellt. Die zugrundeliegende Strömungsberechnung wird mithilfe des Open-Source-Pakets *OpenFOAM* durchgeführt.

4.1.3
Zwei Probleme, die jeder lösen können sollte

Wir beginnen mit der Formulierung zweier Probleme, die wir später als PDEs beschreiben und sowohl analytisch als auch numerisch lösen werden. Zudem werden sie zur Motivation und Illustration des Inhalts der nachfolgenden Abschnitte verwendet. Diese Probleme beschäftigen sich mit der Berechnung der Temperaturverteilung in den Geometrien, wie sie in Abb. 4.1 gezeigt werden:

Problem 4.1. Betrachten wir den Zylinder in Abb. 4.1a. Nehmen wir an, wir haben

- eine perfekte Wärmeisolation der Mantelfläche, für $0 < x < 1$,
- zur Zeit $t = 0$ eine konstante Temperatur in y- und z-Richtung, d. h. keine Temperaturschwankung in den Querschnitten,

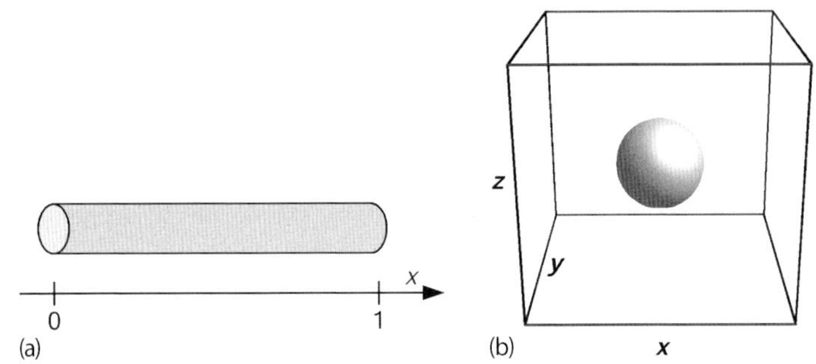

Abb. 4.1 (a) Zylinder in Problem 4.1 verwendet. (b) Würfel $[0, 1]^3$, der eine Kugel mit Radius 0,1 und Mittelpunkt (0,5; 0,5; 0,5) enthält, wie in Problem 4.2 verwendet.

- eine bekannte Anfangstemperaturverteilung $T_i(x)$ (zur Zeit $t = 0$),
- und konstante Temperaturen T_0 am linken Ende und T_1 am rechten Ende des Zylinders für alle Zeiten $t > 0$.

Berechne die Temperatur $T(x, t)$ für $x \in (0, 1)$ und $t \in (0, T]$?

Problem 4.2. Betrachten wir die Konfiguration in Abb. 4.1b. Nehmen wir an, wir haben

- eine konstante Temperatur T_c an der Oberseite des Würfels ($z = 1$),
- eine konstante Temperatur T_s auf der Oberfläche der Kugel,
- und eine perfekte Wärmeisolierung für alle anderen Flächen des Würfels.

Berechne die stationäre Temperaturverteilung $T(x, y, z)$ im Inneren des Würfels außerhalb der Kugel (d. h. im Gebiet $[0, 1]^3 \setminus S$ wenn S die Kugel ist).

Hervorzuheben ist die *praktische Relevanz* solcher Probleme *sowohl in der Wissenschaft wie auch im Ingenieurwesen.* Wie oben bereits angemerkt, sind PDEs ein sehr breites Themengebiet und beinhalten zum großen Anteil wirklich anspruchsvolle Mathematik. Wenn wir eines der mehr mathematisch orientierten Bücher über PDEs zur Hand nehmen und uns die endlosen Formeln anschauen, so werden viele von uns dazu verleitet zu fragen: „Wie kann *das* so nützlich für mich sein?" Die beiden oben vorgestellten Probleme geben die Antwort: PDEs sind für jeden in Wissenschaft und Ingenieurwesen nützlich, da diese den einzigen Weg zum Lösen der absolut fundamentalen und elementaren Probleme, wie die Berechnung der Temperaturverteilung, aufzeigen. Keiner kann ernsthaft an der fundamentalen Bedeutung von Temperatur in Wissenschaft und Ingenieurwesen zweifeln – erinnern wir uns zum Beispiel an die Rolle der Temperatur im Weingärungsmodell, welches in Abschnitt 3.6.1 diskutiert wurde. Wer nicht weiß, wie diese Art von Problemen gelöst wird, dem fehlt es an Wissen einer der wirklich fundamentalen Methoden in Wissenschaft und Ingenieurwesen. Ohne allzu sehr übertreiben zu wollen, ist es fast damit vergleichbar, als wenn man nicht den Flächeninhalt eines Kreises berechnen könnte … Glücklicherweise können wir in diesem Kapitel etwas über die Grundlagen von partiellen Differentialgleichungen aus einem sehr praktischen und softwareorientierten Blickwinkel lernen.

Um das Problem 4.1 etwas konkreter zu machen, stellen wir uns folgende Situation vor: Der Zylinder in Abb. 4.1a ist ein Metallzylinder mit einer konstanten Anfangstemperatur von 100 °C. Zur Zeit $t = 0$ stellen wir die beiden Enden des Zylinders in Eiswasser (0 °C) und behalten diese Situation für alle Zeiten $t > 0$ bei. Dann wissen wir, dass die Temperatur des Zylinders nach „einiger Zeit" ungefähr 0 °C sein wird. Das Problem besteht nun darin, diesen Vorgang präzise zu beschreiben und die Temperatur zu jedem bestimmten Zeitpunkt $t > 0$ und zu jeder bestimmten Position $x \in (0, 1)$ im Zylinder vorherzusagen. Genau dieses Problem wird weiter unten gelöst (Abschnitt 4.6).

Für das Problem 4.2 erinnern wir uns an die Bedeutung der Stationarität in der Diskussion des Metallstabproblems in Abschnitt 3.4.5: Die stationäre Temperaturverteilung ist das, was man für $t \to \infty$ erhält, wenn man die Umgebung nicht ändert. In Bezug auf Abb. 4.1b bedeutet „nichtveränderte Umgebung", dass die anliegenden Temperaturen auf der Würfeloberseite und der Kugeloberfläche für alle Zeiten $t > 0$ unverändert bleiben, ebenso die anderen Seiten des Würfels bleiben perfekt wärmeisoliert. Stationarität kann auch mit der Diskussion zu Problem 4.1 erklärt werden. Dort haben wir gesagt, dass die Temperatur des Zylinders nach „einiger Zeit" 0 °C sein wird. Anders ausgedrückt, sind die Bedingungen in obiger Diskussion zu Problem 4.1 gegeben, so ist $T(x) = 0$ °C die stationäre Lösung, die für $t \to \infty$ erreicht wird (was auch formal in Abschnitt 4.4 unten gezeigt wird).

Machen wir uns wieder ein paar Gedanken darüber, welche praktische Situationen mit Problem 4.2 beschrieben werden können. Wie bereits erwähnt spielen Temperaturen eine wichtige Rolle in allen Arten von Anwendungen in Wissenschaft und Ingenieurwesen. Daher enthalten viele Geräte entsprechende Bauteile, um die Temperatur zu regeln. Die Frage ist, ob die Auslegung der Teile zur Temperaturregelung gut genug ist, um den Anforderungen an die resultierende Temperaturverteilung im Gerät gerecht zu werden. In Problem 4.2 kann die kleine Kugel im Würfel als das temperaturregelnde Bauteil betrachtet werden. Wenn wir einmal in der Lage sind das Problem 4.2 zu lösen, dann können wir zum Beispiel die sich ergebenden Temperaturverteilungen vergleichen, wenn wir die Kugel durch einen kleinen Würfel, Tetraeder oder einen anderen Körper ersetzen. Auf diese Art können wir versuchen, das Design des temperaturregelnden Bauteils zu optimieren.

Dieses Vorgehen ist zum Beispiel in [94, 95] verwendet worden, um im Spargelanbau die Temperaturverteilung in den *Spargeldämmen* zu verbessern. Im *Beispiel zur Weingärung*, wie oben diskutiert, ist die Temperatur eine der Variablen, die zur Steuerung des Prozesses verwendet wird (Abschnitt 3.6.1). Um in der Lage zu sein, die Temperatur während der Gärung anzupassen, sind verschiedene Kühlelemente im Fermenter angebracht. Es stellt sich nur die Frage, wo diese Kühlelemente angebracht werden sollen und wie diese geregelt werden sollen, damit die innere Temperaturverteilung den Erfordernissen entspricht. In diesem Beispiel wird die Berechnung der Temperaturverteilung noch durch das Vorhandensein der Konvektion erschwert, die Wärme durch die Bewegung der Flüssigkeit im gesamten Fermenter transportiert. Um die Temperaturverteilung in einer Situation wie dieser zu berechnen, müssen wir ein gekoppeltes Problem lösen, da wir zusätzlich noch die Strömungsverteilung im Fermenter zu berechnen haben. Das unterstreicht erneut, dass Problem 4.2 als erste Approximation einer ganzen Klasse von Problemen mit großer praktischer Relevanz betrachtet werden kann.

4.2 Die Wärmeleitungsgleichung

Um die in Abschnitt 4.1.3 vorgestellten Probleme zu lösen, benötigen wir eine Gleichung, die das dynamische Verhalten der Temperatur als eine Funktion von Raum und Zeit beschreibt: die Wärmeleitungsgleichung. Wir werden diese Wärmeleitungsgleichung in der folgenden Gestalt verwenden:

$$\frac{\partial T}{\partial t} = \frac{K}{C\rho}\left(\frac{\partial^2 T}{\partial x^2} + \frac{\partial^2 T}{\partial y^2} + \frac{\partial^2 T}{\partial z^2}\right) \tag{4.1}$$

wobei

- K [$\mathrm{W\,K^{-1}\,m^{-1}}$]: Wärmeleitfähigkeit
- C [$\mathrm{J\,kg^{-1}\,K^{-1}}$]: spezifische Wärmekapazität
- ρ [$\mathrm{kg\,m^{-3}}$]: (Massen-)Dichte

Verwenden wir den sogenannten *Laplace-Operator*

$$\Delta = \frac{\partial^2}{\partial x^2} + \frac{\partial^2}{\partial y^2} + \frac{\partial^2}{\partial z^2} \tag{4.2}$$

so wird häufig die Wärmeleitungsgleichung auch geschrieben als

$$\frac{\partial T}{\partial t} = \frac{K}{C\rho}\Delta T \tag{4.3}$$

Wir könnten unsere Diskussion der Wärmeleitungsgleichung an dieser Stelle beenden (bevor sie eigentlich begonnen hat) und mit dieser Gleichung, so wie sie ist, arbeiten. Das heißt, wie könnten uns sofort der mathematischen Frage zuwenden, wie diese Gleichung gelöst werden kann und wie sie auf die Probleme von Abschnitt 4.1.3 angewendet werden kann. In der Tat kann der Leser den Rest dieses Abschnitts überspringen und mit Abschnitt 4.3 fortsetzen, wenn er nur an den technischen Aspekten interessiert ist, wie Probleme dieser Art zu lösen sind. Nichtsdestotrotz empfehlen wir den Rest dieses Abschnitts zu lesen, nicht nur weil es immer eine gute Idee ist, eine Vorstellung über den Hintergrund der verwendeten Gleichung zu haben, sondern auch, weil uns die nachfolgende Betrachtung eine wichtige Vorgehensweise gibt, wie diese und viele andere PDEs von Bilanzenbetrachtungen abgeleitet werden können. Und darüber hinaus werden wir verstehen, warum die meisten PDEs zur Beschreibung von Anwendungen von zweiter Ordnung sind.

4.2.1 Fouriersches Gesetz

Die *spezifische Wärmekapazität* C in den Gleichungen oben entspricht der benötigten Wärmeenergiemenge, um die Temperatur von 1 kg des betrachteten Stoffes um 1 K zu erhöhen. Werte für C können in der Literatur gefunden werden, ebenso Werte für die *Wärmeleitfähigkeit* K, die die Proportionalitätskonstante für die empirische Relation beim sogenannten *fourierschen Gesetz* ist:

$$\begin{pmatrix} q_x \\ q_y \\ q_z \end{pmatrix} = -K \cdot \begin{pmatrix} \frac{\partial T}{\partial x} \\ \frac{\partial T}{\partial y} \\ \frac{\partial T}{\partial z} \end{pmatrix} \tag{4.4}$$

Verwenden wir $\boldsymbol{q} = (q_x, q_y, q_z)^t$ und den *Nabla-Operator*

$$\boldsymbol{\nabla} = \begin{pmatrix} \frac{\partial}{\partial x} \\ \frac{\partial}{\partial y} \\ \frac{\partial}{\partial z} \end{pmatrix} \tag{4.5}$$

so kann das fouriersche Gesetz auch geschrieben werden als

$$\boldsymbol{q} = -K \cdot \boldsymbol{\nabla} T \tag{4.6}$$

In diesen Gleichungen ist $\boldsymbol{q}$ der *Wärmestrom* mit der Einheit $[\mathrm{W/m^2}]$. In einer Situation, in der wir keine Temperaturgradienten in y- und z-Richtung haben (wie in Problem 4.1 in Abschnitt 4.1.3), erhalten wir die eindimensionale Form des fourierschen Gesetzes:

$$q_x = -K \cdot \frac{\mathrm{d}T}{\mathrm{d}x} \tag{4.7}$$

Damit sehen wir, dass das fouriersche Gesetz eine einfache Proportionalität ausdrückt: Der Wärmefluss in die positive x-Richtung ist negativ proportional zum Temperaturgradienten. Das bedeutet für die Temperatur, die in positiver x-Richtung abnimmt (entspricht einem negativen Wert von $\mathrm{d}T/\mathrm{d}x$), erzeugt einen Wärmefluss in die positive x-Richtung. Dies drückt unsere alltägliche Erfahrung aus, dass der Wärmefluss immer so gerichtet ist, dass dieser von hohen zu niedrigeren Temperaturen geht (z. B. von einer heißen Tasse Kaffee zu ihrer Umgebung).

4.2.2 Energieerhaltung

Versuchen wir nun die Wärmeleitungsgleichung zu verstehen. Erinnern wir uns, dass in der Erläuterung zu den ODE-Modellen in Kapitel 3 die linke Seite einer ODE üblicherweise die Änderungsrate einer Zustandsvariablen bezeichnet, die dann auf der rechten Seite näher beschrieben wird. Nehmen wir das Körpertemperaturmodell als Beispiel: Wie in Abschnitt 3.3.1.1 erklärt wird, ist Gl. (3.15) eine Beschreibung für die Temperaturanpassung. Sie entspricht unmittelbar und offenkundig der Aussage *„Die Temperatur des Sensors ändert sich proportional zur Differenz zwischen Körper- und Sensortemperatur"*. In Bezug auf PDEs ist die Entsprechung mit dem aktuell betrachteten Prozess üblicherweise nicht so offensichtlich. Wer sich etwas länger mit PDEs beschäftigt, der wird natürlich lernen, die PDEs zu „lesen" und zu verstehen, sowie im gewissen Umfang deren Übereinstimmung mit den entsprechenden Prozessen. Aber um eine PDE zu verstehen, braucht man im Vergleich zu ODEs ein oder zwei Gedanken mehr. Zum Beispiel beinhaltet Gl. (4.1) eine Kombination von Ableitungen erster und zweiter Ordnung von verschiedenen Variablen, die mehr ausdrücken als gerade nur die Änderungsrate einer Größe, wie es bei den ODEs der Fall gewesen ist. Das Problem ist, dass PDEs die Änderungsrate von verschiedenen Größen gleichzeitig ausdrücken.

Das fouriersche Gesetz bietet einen guten Startpunkt für die Herleitung von Gl. (4.1). Es ist in der Tat eine der beiden Hauptzutaten für die Wärmeleitungsgleichung. Was könnte die andere wesentliche Zutat sein? Aus Sicht der ODE könnten wir sagen, dass das fouriersche Gesetz die Folgen der Temperaturänderungsraten in Bezug zu den räumlichen Variablen x, y und z ausdrückt. Also müssen wir uns nach einer Gleichung umschauen, welche die Änderungsrate der Temperatur bezüglich der verbleibenden Variable, nämlich der Zeit t, ausdrückt. Eine solche Gleichung kann aus dem Prinzip der *Energieerhaltung* abgeleitet werden [96].

Bemerkung 4.2. Herleitung von PDEs aus Erhaltungsprinzipien Viele wichtige PDEs in der mathematischen Physik können aus Erhaltungsprinzipien hergeleitet werden. Dazu gehören unter anderem die *Energieerhaltung*, die *Massenerhaltung* oder die *Impulserhaltung* (siehe die Beispiele in Abschnitt 4.11).

Die intuitivste und mit geringstem technischen Aufwand verbundene Art die Energieerhaltung anzuwenden, ist die Betrachtung eines kleinen Intervalls $[x, x + \Delta x]$, entsprechend einem kleinen Bereich eines eindimensionalen Körpers (Abb. 4.2):

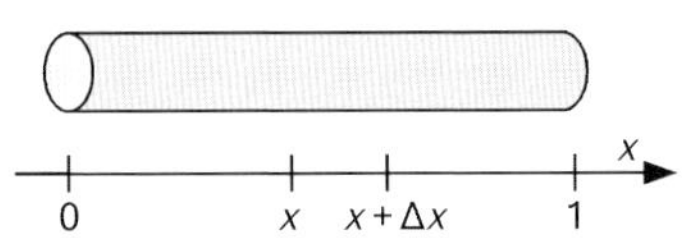

Abb. 4.2 Intervall $[x, x + \Delta x]$ entsprechend einem kleinen Teil eines eindimensionalen Körpers.

Wenn wir uns an unseren Physikkurs erinnern, dann besagt die Erhaltung der Energie, dass diese weder erzeugt noch zerstört werden kann. Das bedeutet, dass die Gesamtmenge an Energie in jedem geschlossenen System konstant bleibt. Wenden wir das auf $[x, x + \Delta x]$ an (wir sollten immer an den Teil $[x, x + \Delta x]$ des physikalischen Körpers denken, wenn wir im Folgenden dieses Intervall erwähnen), dann bedeutet das, dass jede Änderung des Energiegehalts von $[x, x + \Delta x]$ gleich der Menge der Wärme sein muss, die über die Enden x und $x + \Delta x$ in $[x, x + \Delta x]$ hineinströmt. Dabei haben wir zu beachten, dass kein Wärmefluss in y- und z-Richtung vorhanden sein kann, da wir hier einen eindimensionalen Körper angenommen haben. Zum Beispiel können wir uns die Mantelfläche des Zylinders in Abb. 4.2 als perfekt wärmeisoliert vorstellen (siehe Abschnitt 4.3.3 für Überlegungen in höheren Dimensionen). Die Wärmebilanz von $[x, x + \Delta x]$ kann dann geschrieben werden als

$$\left\{\begin{matrix}\text{Änderungsrate}\\ \text{des Energiegehalts}\\ \text{in } [x, x + \Delta x]\end{matrix}\right\} = \left\{\begin{matrix}\text{Nettowärmestrom}\\ \text{durch Ränder bei}\\ x \text{ und } x + \Delta x\end{matrix}\right\} \tag{4.8}$$

Man spricht hier von der Energiegleichung bzw. von der Energiebilanz.

4.2.3 Wärmeleitungsgleichung = fouriersches Gesetz + Energieerhaltung

Im Prinzip kann die Wärmeleitungsgleichung hergeleitet werden, indem wir die Ergebnisse der letzten beiden Abschnitte zusammenfügen. Um dies abzuschließen, betrachten wir ein kleines Zeitintervall $[t, t + \Delta t]$. Innerhalb dieses Zeitintervalls ändert sich die Temperatur an der Stelle x von $T(x, t)$ nach $T(x, t + \Delta t)$. Das entspricht einer Änderung des Energiegehalts im Abschnitt $[x, x + \Delta x]$, die wir im Folgenden näher beschreiben wollen. Als Erstes gilt es zu beachten, dass wir für ein hinreichend kleines Δx schreiben dürfen:

$$T(\tilde{x}, t) \approx T(x, t)\ , \quad \forall \tilde{x} \in [x, x + \Delta x] \tag{4.9}$$

und

$$T(\tilde{x}, t + \Delta t) \approx T(x, t + \Delta t)\ , \quad \forall \tilde{x} \in [x, x + \Delta x] \tag{4.10}$$

Die letzten beiden Gleichungen besagen, dass wir $T(x, t)$ und $T(x, t + \Delta t)$ als die „repräsentativen Temperaturen“ in $[x, x + \Delta x]$ zu den Zeiten t und $t + \Delta t$ betrachten können. Das bedeutet, dass wir näherungsweise in der folgenden Situation sind: Wir haben einen physikalischen Körper, der dem Bereich $[x, x + \Delta x]$ entspricht, und der seine Temperatur von $T(x, t)$ zu $T(x, t + \Delta t)$ ändert. Verwenden wir die oben gegebene Beschreibung von C und bezeichnen die Masse in $[x, x + \Delta x]$ mit m, so erhalten wir

$$\left\{\begin{matrix}\text{Änderungsrate}\\ \text{des Energiegehalts}\\ \text{in } [x, x + \Delta x]\end{matrix}\right\} = C \cdot m \cdot (T(x, t + \Delta t) - T(x, t)) \tag{4.11}$$

Bezeichnen wir die Querschnittsfläche des Körpers in Abb. 4.2 mit A, so haben wir $m = A\Delta x\rho$, so dass wir Gl. (4.11) umschreiben können zu

$$\left\{\begin{matrix}\text{Änderungsrate}\\ \text{des Energiegehalts}\\ \text{in } [x, x+\Delta x]\end{matrix}\right\} = C \cdot A\Delta x\rho \cdot (T(x, t+\Delta t) - T(x,t)) \tag{4.12}$$

Das liefert uns die linke Seite von Gl. (4.8). Die rechte Seite der Gleichung kann ausgedrückt werden als

$$\left\{\begin{matrix}\text{Nettowärmestrom}\\ \text{durch Ränder bei}\\ x \text{ und } x+\Delta x\end{matrix}\right\} = A\Delta t(q_x(x) - q_x(x+\Delta x)) \tag{4.13}$$

wenn wir den oben eingeführten Wärmestrom q_x verwenden. Der auftretende Faktor $A\Delta t$ ist wichtig, da q_x dem Wärmestrom pro Zeiteinheit und Flächeneinheit entspricht (die Einheit ist $[\mathrm{W/m^2}] = [\mathrm{J/(s\,m^2)}]$). Zu beachten ist auch, dass die Vorzeichen der Differenz $q_x(x) - q_x(x+\Delta x)$ so gewählt worden sind, damit wir den Nettowärmestrom erhalten, der in das Intervall *hineingeht* – wie es verlangt wird. Fassen wir die Gln. (4.8), (4.12) und (4.13) zusammen, so können wir schreiben:

$$\frac{T(x, t+\Delta t) - T(x,t)}{\Delta t} = \frac{1}{C\rho}\,\frac{-(q_x(x+\Delta x) - q_x(x))}{\Delta x} \tag{4.14}$$

Bilden wir die Grenzwertprozesse für $\Delta t \to 0$ und $\Delta x \to 0$, so erhalten wir

$$\frac{\partial T(x,t)}{\partial t} = -\frac{1}{C\rho}\,\frac{\partial q_x(x,t)}{\partial x} \tag{4.15}$$

Ausgehend von dieser Gleichung gewinnen wir die Wärmeleitungsgleichung (4.1), indem wir das fouriersche Gesetz einsetzen.

4.2.4 Wärmeleitungsgleichung in mehreren Dimensionen

Die Herleitung der Wärmeleitungsgleichung im letzten Abschnitt kann sehr leicht für mehrere Dimensionen verallgemeinert werden, indem die Energieerhaltung für Volumen wie $[x, x+\Delta x] \times [y, y+\Delta y] \times [z, z+\Delta z]$ ausgedrückt werden. Eine andere Option ist die Anwendung der Integralform der Energieerhaltung über ein beliebig geformtes Volumen, welches mit Hilfe des Gauß-Theorems zur Wärmeleitungsgleichung führt [61]. In jeden Fall werden für „kleine Volumen" die Bilanzen für erhaltende Größen wie Energie, Masse, Impuls usw. betrachtet und als *Kontrollvolumen* bezeichnet. Darüber hinaus sollte man beachten, dass die Parameter C, ρ und K auch von den räumlichen Variablen abhängen können und es lässt sich einfach überprüfen, dass die oben durchgeführte Herleitung auch in diesem Fall gelingt. Wenn K von x (eine Raumdimension) abhängt, dann ergibt sich aus der Herleitung

$$\frac{\partial T(x,t)}{\partial t} = \frac{1}{C\rho}\frac{\partial}{\partial x}\left(K(x)\cdot\frac{\partial T(x,t)}{\partial x}\right) \tag{4.16}$$

anstelle von Gl. (4.1). Für den Fall, dass K von $\boldsymbol{x}$ (drei Raumdimensionen) abhängt, so erhalten wir mit der Bezeichnung $\boldsymbol{x} = (x_1, x_2, x_3)^t$ (anstelle x, y, z)

$$\begin{aligned}\frac{\partial T(\boldsymbol{x},t)}{\partial t} = \frac{1}{C\rho}\Bigg[&\frac{\partial}{\partial x_1}\left(K(\boldsymbol{x})\cdot\frac{\partial T(\boldsymbol{x},t)}{\partial x_1}\right) + \frac{\partial}{\partial x_2}\left(K(\boldsymbol{x})\cdot\frac{\partial T(\boldsymbol{x},t)}{\partial x_2}\right)\\ &+\frac{\partial}{\partial x_3}\left(K(\boldsymbol{x})\cdot\frac{\partial T(\boldsymbol{x},t)}{\partial x_3}\right)\Bigg]\end{aligned} \tag{4.17}$$

Verwenden wir den Nabla-Operator $\boldsymbol{\nabla}$ (Gl. (4.5)), dann kann die letzte Gleichung etwas kompakter geschrieben werden als

$$\frac{\partial T(\boldsymbol{x},t)}{\partial t} = \frac{1}{C\rho}\boldsymbol{\nabla}\cdot(K(\boldsymbol{x})\cdot\boldsymbol{\nabla}T(\boldsymbol{x},t)) \tag{4.18}$$

4.2.5 Anisotroper Fall

Bis jetzt haben wir angenommen, dass die Wärmeleitfähigkeit unabhängig von der Richtung ist. Betrachten wir nun eine Situation mit identischen Temperaturgradienten in den drei räumlichen Hauptrichtungen, d. h.

$$\frac{\partial T}{\partial x_1} = \frac{\partial T}{\partial x_2} = \frac{\partial T}{\partial x_3} \tag{4.19}$$

Dann sagt das fouriersche Gesetz Gl. (4.6), dass

$$q_1 = K\cdot\frac{\partial T}{\partial x_1} = q_2 = K\cdot\frac{\partial T}{\partial x_2} = q_3 = K\cdot\frac{\partial T}{\partial x_3} \tag{4.20}$$

Das bedeutet, dass der von den Temperaturgradienten erzeugte Wärmefluss unabhängig von der räumlichen Richtung ist (beachte, dass dieses Argument für beliebige Richtungen verallgemeinert werden kann). Ein Stoff mit einer richtungsunabhängigen Wärmeleitfähigkeit wird als *isotrop* bezeichnet. Der Ausdruck „Isotropie" wird in ähnlicher Weise auch für andere Materialeigenschaften verwendet, wie zum Beispiel Permeabilität bei der Strömung, elektrische Leitfähigkeit beim Ladungstransport usw. Materialien, die nicht die Isotropiebedingung der Richtungsunabhängigkeit erfüllen, werden *anisotrop* genannt. Zum Beispiel kann ein anisotropes Material eine höhere Wärmeleitfähigkeit in x_1-Richtung haben und eine kleinere in den anderen Raumrichtungen. Eine einfache Zahl K reicht offensichtlich nicht aus, um die Wärmeleitfähigkeit in einer solchen Situation zu beschreiben. Folglich brauchen wir eine mehrwertige oder matrixwertige

Wärmeleitfähigkeit $\boldsymbol{K}$ wie

$$\boldsymbol{K} = \begin{pmatrix} K_{11} & K_{12} & K_{13} \\ K_{21} & K_{22} & K_{23} \\ K_{31} & K_{32} & K_{33} \end{pmatrix} \tag{4.21}$$

Viele andere anisotrope Materialeigenschaften werden mittels Matrizen oder Tensoren in ähnlicher Weise beschrieben. Dagegen werden isotrope Materialeigenschaften in der Regel durch eine einfache skalare Größe wie die skalare Wärmeleitfähigkeit im fourierschen Gesetz Gl. (4.6) beschrieben. Dank der Matrixalgebra bleibt Gl. (4.6) und die Wärmeleitungsgleichung (4.18) fast unverändert, wenn wir $\boldsymbol{K}$ aus Gl. (4.21) verwenden:

$$\boldsymbol{q}(\boldsymbol{x}, t) = -\boldsymbol{K} \cdot \boldsymbol{\nabla} T(\boldsymbol{x}, t) \tag{4.22}$$

$$\frac{\partial T(\boldsymbol{x}, t)}{\partial t} = \frac{1}{C\rho} \boldsymbol{\nabla} \cdot (\boldsymbol{K}(\boldsymbol{x}) \cdot \boldsymbol{\nabla} T(\boldsymbol{x}, t)) \tag{4.23}$$

Die Diagonalelemente von $\boldsymbol{K}$ beschreiben die Wärmeleitfähigkeit in den räumlichen Hauptrichtungen, d. h. K_{11} ist die Wärmeleitfähigkeit in x_1-Richtung, K_{22} in x_2-Richtung usw.

4.2.6
Verstehen der nichtdiagonalen Leitfähigkeiten

Um die Elemente zu verstehen, die sich nicht auf der Diagonalen befinden, betrachten wir den folgenden Sonderfall:

$$\boldsymbol{K} = \begin{pmatrix} K_{11} & K_{12} & 0 \\ 0 & K_{22} & 0 \\ 0 & 0 & K_{33} \end{pmatrix} \tag{4.24}$$

Verwenden wir dies in Gl. (4.22), so erhalten wir den Wärmestrom in x_1-Richtung wie folgt:

$$q_1(\boldsymbol{x}, t) = K_{11} \cdot \frac{\partial T(\boldsymbol{x}, t)}{\partial x_1} + K_{12} \cdot \frac{\partial T(\boldsymbol{x}, t)}{\partial x_2} \tag{4.25}$$

Damit können wir sehen, dass $K_{12} \neq 0$ bedeutet, dass der Wärmestrom in x_1-Richtung nicht nur von dem Temperaturgradient dieser Richtung, $\partial T / \partial x_1$, abhängt sondern auch von dem Temperaturgradienten in der x_2-Richtung, $\partial T / \partial x_2$. Vielleicht mag man sich wundern, wie das möglich ist. Also betrachten wir ein Beispiel. Abbildung 4.3 zeigt ein „mikroskopisches Bild" von einem periodischen Medium in der x_1-x_2-Ebene. Dabei verstehen wir unter einem „periodischen Medium", dass dieses aus einer großen Anzahl von periodischen Zellen besteht, wie die Abbildung zeigt. Zum „mikroskopischen Bild" ist zu sagen, dass nur ein paar wenige periodische Zellen abgebildet sind und wir von diesen Zellen annehmen, dass sie im Vergleich zur gesamten Geometrie des Mediums in der x_1–x_2-Ebene

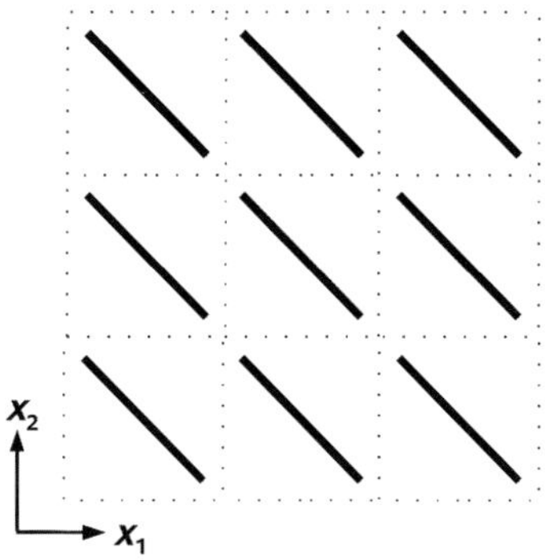

Abb. 4.3 Periodische Zellen eines Mediums mit einer effektiven anisotrope Wärmeleitfähigkeit.

sehr klein sind (wir brauchen nicht die gesamte Geometrie für unsere Argumentation zu betrachten). Nun nehmen wir an, dass die schwarzen Balken im Medium aus einem Material bestehen, das eine Wärmeleitfähigkeit null besitzt. Weiter nehmen wir an, dass das Material, in dem die schwarzen Balken eingebettet sind und als Matrix bezeichnet wird (der Begriff „Matrix" bei den Materialien hat nichts mit dem mathematischen Begriff „Matrix" zu tun), eine bestimmte endliche (skalare) Wärmeleitfähigkeit aufweist. Wenn jetzt ein Temperaturgradient in x_2-Richtung vorliegt, dann wird dieser einen Wärmestrom in die gleiche Richtung initiieren:

$$q_2(\boldsymbol{x}, t) = K_M \cdot \frac{\partial T(\boldsymbol{x}, t)}{\partial x_2} \tag{4.26}$$

Hier bezeichnet K_M die (isotrope) Wärmeleitfähigkeit, der um die schwarzen Balken liegenden Matrix aus Abb. 4.3. Aber durch die wärmeundurchlässigen Balken im Medium kann die Wärme nicht geradewegs in x_2-Richtung durch das Medium hindurchgehen. Vielmehr wird der Wärmestrom durch die Balken in die x_1-Richtung abgelenkt. Auf diese Weise kann der Temperaturgradient in x_2-Richtung tatsächlich einen Wärmestrom in x_1-Richtung bewirken. Wenn wir die Periodizitätszellen in Abb. 4.3 im Vergleich zur gesamten Größe des Mediums als sehr klein annehmen und „effektive", gemittelte Wärmeleitfähigkeiten für das Medium herleiten, so gelangen wir zur Wärmeleitfähigkeitsmatrix mit Einträgen außerhalb der Hauptdiagonalen, ähnlich zu Gl. (4.24). Solche effektiven („homogenisierten") Wärmeleitfähigkeiten eines periodischen Mediums können zum Beispiel mit Methoden der *Homogenisierungstheorie* hergeleitet werden [97, 98]. Zu bemerken ist, dass die Matrix zur effektiven Wärmeleitfähigkeit eines Mediums, wie in Abb. 4.3 gezeigt, symmetrisch sein wird. Bezeichnen wir diese Matrix mit

$$\tilde{\boldsymbol{K}} = \begin{pmatrix} \tilde{K}_{11} & \tilde{K}_{12} \\ \tilde{K}_{21} & \tilde{K}_{22} \end{pmatrix} \tag{4.27}$$

so bedeutet das, dass wir $\tilde{K}_{12} = \tilde{K}_{21}$ für das Medium in Abb. 4.3 haben.

Die Wärmeleitungsgleichung kann noch über die Gl. (4.23) hinaus weiter verallgemeinert werden, indem wir Wärmequellen, Wärmekonvektion, usw. berücksichtigen [57, 61].

4.3 Etwas Theorie, die jeder kennen sollte

In diesem Abschnitt wird ein wenig theoretischer Hintergrund über PDEs vorgestellt. Diesen Abschnitt kann beim ersten Lesen auch übersprungen werden, wenn wir einfach nur schnell ein Verständnis gewinnen möchten, wie die beiden in Abschnitt 4.1.3 vorgestellten Probleme gelöst werden können. In diesem Fall kann mit Abschnitt 4.4 fortgefahren werden.

4.3.1 Partielle Differentialgleichungen

Der Abschnitt 4.2 hat gezeigt, dass die in Abschnitt 4.1.3 vorgestellten Probleme uns zur Wärmeleitungsgleichung Gl. (4.23) führen. In dieser Gleichung dienen die Temperaturen $T(x,t)$ (oder $T(x,y,t)$ bzw. $T(\boldsymbol{x},t)$, abhängig von der Dimensionalität des Problems) als Unbekannte und die Gleichung beinhaltet partielle Ableitungen bezüglich mindestens zweier Variablen. Damit ist die Wärmeleitungsgleichung eine partielle Differentialgleichung (PDE). Eine PDE kann allgemein wie folgt definiert werden

Definition 4.1. Partielle Differentialgleichung Eine *partielle Differentialgleichung* oder *PDE* (Abk. für engl. partial differential equation) ist eine Gleichung, die folgende Bedingungen erfüllt:

- Eine Funktion $u : \mathbb{R}^n \supset \Omega \to \mathbb{R}$ dient als Unbekannte einer Gleichung.
- Die Gleichung enthält partielle Ableitungen von u bezüglich mindestens zweier unabhängiger Variablen.

Die Definition kann für mehrere Unbekannte, vektorwertige Unbekannte oder Systeme von PDEs verallgemeinert werden, siehe [61, 89]. Die *fundamentale Bedeutung von PDEs* hat ihren Ursprung darin, dass unzählige und bedeutsame Probleme in Wissenschaft und Ingenieurwesen zu PDEs führen, wie Problem 4.1 oder Problem 4.2 und schließlich die Wärmeleitungsgleichung in Abschnitt 4.2 andeuten. Vielleicht mag der eine oder andere dies als überraschend empfinden, aber erinnern wir uns an das qualitative Argument für die unterschiedlichen Rollen von Differentialgleichungen (ODEs oder PDEs), das wir in Abschnitt 3.1 (Bemerkung 3.1) kennengelernt haben: Wissenschaftler oder Ingenieure suchen üblicherweise nach Beschreibungen von Änderungsraten von interessierenden Größen. Da Änderungsraten, mathematisch ausgedrückt, Ableitungen entsprechen, ist das Aufschreiben von Gleichungen mit Änderungsraten in vielen Fällen gleichbedeutend mit dem Aufschreiben von Differentialgleichungen. Die *Ordnung einer PDE* entspricht dem Grad der höchsten auftretenden Ableitung. Das heißt, die Wärmeleitungsgleichung in Abschnitt 4.2 ist eine PDE zweiter Ordnung.

Bemerkung 4.3. Besondere Bedeutung von PDEs bis zweiter Ordnung Viele partielle Differentialgleichungen in Wissenschaft, Ingenieurwissenschaften und Ökonomie sind von erster oder zweiter Ordnung.

Die Herleitung der Wärmeleitungsgleichung in Abschnitt 4.2 gibt uns eine Idee, warum das so ist. Wie haben gesehen, dass die Wärmeleitungsgleichung durch eine kombinierte Anwendung des fourierschen Gesetzes und der Energieerhaltung entsteht. Wenn wir die Formeln in Abschnitt 4.2 analysieren, so sehen wir, dass die Anwendung des Erhaltungsprinzips grundsätzlich auf eine Bilanzierung der erhaltenden Größen (in diesem Fall die Energie) über ein gewisses „Testvolumen" (was in Abschnitt 4.2 $[x, x + \Delta x]$ gewesen ist) hinausläuft. Diese Bilanzierung resultiert dann in eine der zwei Ableitungsordnungen der PDE. Die andere Ordnung ist dann ein Resultat des fourierschen Gesetzes, das eine einfache empirische Änderungsrate darstellt, ganz ähnlich zu den auf „Änderungsraten basierenden" ODEs, wie sie in Abschnitt 3 vorgestellt werden. Grob gesprochen kann man daher sagen, dass man mit Argumenten der Erhaltung eine Ordnung der Ableitung hervorruft und mit „Argumenten der Änderungsraten" die andere Ableitungsordnung. Eine große Anzahl von PDEs, die für Anwendungen aufgestellt werden, basieren auf ähnlichen Argumenten. Dies spiegelt sich auch in der PDE-Literatur wider, die sich hauptsächlich mit Gleichungen von erster und zweiter Ordnung beschäftigt. Daher bedeutet es keine große Einschränkung, wenn wir uns im Folgenden auf PDEs bis zur zweiten Ordnung einschränken. Des Weiteren werden sich viele Gleichungen auf den zweidimensionalen Fall (zwei unabhängige räumliche Variablen x und y) beziehen, um die Notation einfach zu halten, obwohl alles für höhere Dimensionen verallgemeinert werden kann (es sei denn, es wird etwas anderes erwähnt).

4.3.1.1 PDEs erster Ordnung

Die allgemeine Form einer PDE erster Ordnung in zwei Dimensionen ist [89]

$$F(x, y, u, u_x, u_y) = 0 \tag{4.28}$$

Dabei ist $u = u(x, y)$ die unbekannte Funktion, x und y sind die unabhängigen Variablen, $u_x = u_x(x, y)$ und $u_y = u_y(x, y)$ sind die partiellen Ableitungen von u bezüglich x und y, F ist eine reelle Funktion. Da wir nicht vorhaben, eine PDE-Theorie zu entwickeln, besteht keine Notwendigkeit in eine möglicherweise konfuse Diskussion über Definitionsbereiche und Differenzierbarkeit der verschiedenen auftretenden Funktionen und der daraus folgenden Gleichungen einzutreten. Unsere Diskussionen über Gleichungen wie Gl. (4.28) in diesem Abschnitt sind rein formal. Das Ziel ist nur eine „kleine Rundtour durch den Dschungel von PDEs" zu machen, in der einige sonderbare Tiere auftreten und uns eine Vorstellung über deren Eingruppierung gibt. Wer etwas mehr theoretisches Interesse zu PDEs hat, dem sei spezielle Literatur wie [61, 89] empfohlen. Anzumerken ist noch, dass Gl. (4.28) auch als vektorwertige Gleichung interpretiert werden kann, d. h. als eine kompakte vektorielle Notation eines *PDE-Systems erster Ordnung* wie

$$\begin{aligned} F_1(x, y, u, u_x, u_y) &= 0 \\ F_2(x, y, u, u_x, u_y) &= 0 \\ &\vdots \\ F_n(x, y, u, u_x, u_y) &= 0 \end{aligned} \tag{4.29}$$

In einem PDE-System wie diesem, ist u typischerweise eine vektorwertige Funktion wie $u = (u_1, \dots, u_n)$. Die (nichtviskose) *Burgersgleichung* [91]

$$u_x + u \cdot u_y = 0 \tag{4.30}$$

ist ein Beispiel einer PDE in der Form von Gl. (4.28). Vergleichen wir die Gln. (4.28) und (4.30), so lautet für dieses Beispiel die spezielle Form von F

$$F(x, y, u, u_x, u_y) = u_x + u \cdot u_y \tag{4.31}$$

Übrigens: Gleichungen wie (4.30) werden verwendet, um abrupte, fast unstetige Änderungen von Größen wie Druck oder Dichte von Luft zu beschreiben, wie sie zum Beispiel bei Überschallströmungen auftreten.

4.3.1.2 PDEs zweiter Ordnung

Für die allgemeine PDE zweiter Ordnung brauchen wir zum Ausdruck von Gl. (4.28) nur eine Ableitung zweiter Ordnung hinzuzufügen:

$$F(x, y, u, u_x, u_y, u_{xx}, u_{xy}, u_{yy}) = 0 \tag{4.32}$$

Ein Beispiel ist die eindimensionale Wärmeleitungsgleichung, also die Wärmeleitungsgleichung in einer Situation, in der T nur von x und t abhängt. Damit verschwinden die partiellen Ableitungen bezüglich y und z aus Gl. (4.1) und wir erhalten

$$\frac{\partial T}{\partial t} = \frac{K}{C\rho} \frac{\partial^2 T}{\partial x^2} \tag{4.33}$$

Verwenden wir die Indexnotation für partielle Differentialgleichungen ähnlich zu Gl. (4.32), dann können wir schreiben

$$F(t, x, T, T_t, T_x, T_{tt}, T_{tx}, T_{xx}) = T_t - \frac{K}{C\rho} T_{xx} = 0 \tag{4.34}$$

Dies ist genau analog zu Gl. (4.32) bis auf die Tatsache, dass unterschiedliche Namen für die unabhängigen Variablen und die unbekannte Funktion verwendet werden.

4.3.1.3 Linear im Vergleich zu nichtlinear

Wie es auch für andere Arten von mathematischen Gleichungen gilt, so ist Linearität eine Eigenschaft von PDEs, die für die Wahl von Lösungsmethoden eine ganz besondere Bedeutung hat. Für gewöhnlich ist es einfach, eine lineare PDE zu lösen. Auf der anderen Seite sind nichtlineare PDEs nur schwer zu lösen, aber gerade diese sind interessanter in dem Sinne, da sie ein facettenreicheres dynamisches Verhalten ihrer Zustandsvariablen ausdrücken können. Gleichung (4.34) ist eine *lineare PDE*, da sie eine Summe aus der unbekannten Funktion und ihrer Ableitungen beinhaltet, wobei die unbekannte Funktion und ihre Ableitungen mit Koeffizienten multipliziert werden, die unabhängig von der unbekannten Funktion oder ihrer Ableitungen sind. Gleichung (4.30) ist ein Beispiel für eine *nichtlineare PDE*, da diese Gleichung ein Produkt der unbekannten Funktion u mit ihre Ableitung u_y enthält.

Die allgemeine *Strategie zum Lösen nichtlinearer Gleichungen* in allen Gebieten der Mathematik ist die Linearisierung, d. h. die Betrachtung von linearen Gleichungen, die eine gegebene nichtlineare Gleichung annähert. Die Newton-Methode zum Lösen einer nichtlinearen Gleichung $f(x) = 0$ ist eine Beispiel dafür, da sie auf der lokalen Approximation der Funktion $f(x)$ durch ihre Tangente mit einer linearen Gleichung $ax + b$ beruht [99]. Linearisierungsmethoden wie die Newton-Methode beinhalten normalerweise Iterationsverfahren, was bedeutet, dass eine Folge von linearisierten Lösungen $x_1, x_2, \ldots$ erzeugt wird, die gegen eine Lösung der nichtlinearen Gleichung konvergiert. Solche Iterationsverfahren (die häufig auf einer verallgemeinerten Newton-Methode basieren) werden auch zum Lösen von nichtlinearen PDEs verwendet [90]. Das theoretische Grundverständnis von linearen PDEs ist natürlich von großer Wichtigkeit für solche Methoden. Es gibt auch in der Tat eine gut entwickelte Theorie von linearen PDEs, die ausführlich in spezieller Literatur wie [61, 89] vorgestellt wird. Wir werden jetzt nur einen Umriss der Hauptideen zur linearen Theorie geben, die im Rahmen dieses Buches relevant sind.

4.3.1.4 Elliptische, parabolische und hyperbolische Gleichungen

Die allgemeine lineare PDE zweiter Ordnung in zwei Dimensionen hat die Form

$$Au_{xx} + Bu_{xy} + Cu_{yy} + Du_x + Eu_y + F = 0 \tag{4.35}$$

Dabei sind $A, \ldots, F$ reelle Zahlen, die eventuell von den unabhängigen Variablen x und y abhängen. Abhängig vom Vorzeichen der *Diskriminante* $d = AC - B^2$, heißen lineare PDEs zweiter Ordnung

- *elliptisch* falls $d > 0$,
- *parabolisch* falls $d = 0$ und
- *hyperbolisch* falls $d < 0$.

Da wir erlaubt haben, dass die Koeffizienten von Gl. (4.35) von x und y abhängen dürfen, kann der Grundtyp der Gleichung auch von x und y abhängen. Als

Beispiel nehmen wir die *Euler-Tricomi*-Gleichung [100]:

$$u_{xx} - x \cdot u_{yy} = 0 \tag{4.36}$$

Diese Gleichung wird in Modellen zur *transsonischen Strömung* verwendet, d. h. in Modellen mit Strömungen nahe der Schallgeschwindigkeit [101]. Die Wechsel des Typs der Gleichung geschehen durch die nichtkonstanten Koeffizienten von u_{yy}. Die Diskriminante von Gl. (4.36) ist

$$d = AC - B^2 = x \begin{cases} > 0 & \text{wenn } x > 0 \\ < 0 & \text{wenn } x < 0 \end{cases} \tag{4.37}$$

das bedeutet, dass die Euler-Tricomi-Gleichung eine elliptische Gleichung in der positiven Halbebene $x > 0$ ist, sowie eine hyperbolische Gleichung in der negativen Halbebene $x < 0$.

Die Klassifikation oben ist dadurch gerechtfertigt, dass Gl. (4.35) mit einer linearen Transformation der unabhängigen Variablen in eine der drei Standardformen gebracht werden kann, wobei die Wahl der Standardform von der Diskriminante d abhängt [89]. Verwenden wir „…“ um die Ausdrücke zu bezeichnen, die keine Ableitungen zweiter Ordnung beinhalten, dann sind die *Standardformen* für elliptische, parabolische und hyperbolische PDEs (in dieser Reihenfolge):

$$u_{xx} + u_{yy} + \cdots = 0 \tag{4.38}$$

$$u_{xx} + \ldots \qquad = 0 \tag{4.39}$$

$$u_{xx} - u_{yy} + \cdots = 0 \tag{4.40}$$

Bezüglich der Standardform kann man sagen, dass elliptische PDEs dadurch charakterisiert werden, dass sie Ableitungen zweiter Ordnung nach allen unabhängigen Variablen beinhalten, die alle das gleiche Vorzeichen haben, wenn sie auf eine Seite der Gleichung geschrieben werden. Parabolische PDEs beinhalten eine Ableitung zweiter Ordnung und mindestens eine Ableitung erster Ordnung. Daher ist zu beachten, dass Definition 4.1 mindestens eine Ableitung erster Ordnung nach „y“ im Ausdruck „…“ von Gl. (4.39) verlangt (sonst wäre die Gleichung eine ODE). Schließlich können hyperbolische Gleichungen in ähnlicher Weise wie die elliptischen Gleichungen geschrieben werden, nur mit dem Unterschied, dass die Ableitungen zweiter Ordnung unterschiedliche Vorzeichen haben, wenn man sie auf eine Seite der Gleichung bringt.

Vergleichen wir die Gln. (4.34) und (4.39), so erkennen wir, dass die Wärmeleitungsgleichung ein Beispiel für eine parabolische PDE ist. Der stationäre Fall einer zweidimensionalen Wärmeleitungsgleichung, Gl. (4.1), ist ein Beispiel für eine elliptische PDE. Wie oben bereits erwähnt, ist eine *stationäre Lösung* einer PDE eine Lösung für den Fall, bei dem die Zeitableitung einer PDE verschwindet. Lösungen dieser Art können üblicherweise so interpretiert werden, dass diese den Zustand eines Systems ausdrücken, der in einer konstanten Umgebung nach einer

„sehr langen“ Zeit (mathematisch ausgedrückt, der Zustand für $t \to \infty$) erreicht wird. In dem gleichen Sinn drücken stationäre Lösungen der Wärmeleitungsgleichung die Temperaturverteilung aus, die das System bei konstanter Umgebung nach einer „sehr langen“ Zeit erreichen wird. Verwenden wir die Indexbezeichnung für partielle Ableitungen in Gl. (4.1) und nehmen für diese Gleichung $T_t = 0$ an, so erhalten wir als zweidimensionale stationäre Wärmeleitungsgleichung

$$T_{xx} + T_{yy} = 0 \tag{4.41}$$

Diese Gleichung entspricht (4.38) und somit ist die stationäre Wärmeleitungsgleichung elliptisch. Hyperbolische Gleichungen (Gl. (4.40)) werden zur Beschreibung aller Arten von Wellenphänomenen verwendet, wie Schallwellen, Lichtwellen oder Wasserwellen [89]. Im Kern beschreiben sie das Ausbreitungsverhalten einer Störung.

Verwenden wir geeignete Methoden der Matrixalgebra, kann die Klassifikation von PDEs in elliptische, parabolische und hyperbolische PDEs für höherdimensionale Situationen (d. h. die PDEs hängen von $x_1, \ldots, x_n$ ab) verallgemeinert werden, siehe [89]. Diese Klassifikation ist insbesondere für die numerische Behandlung von PDEs von Bedeutung, wie wir noch weiter unten in den Abschnitten 4.6 und 4.9 sehen werden.

4.3.2 Anfangs- und Randbedingungen

Wir haben in Kapitel 3 gesehen, dass ODEs üblicherweise durch eine ganze Familie von Funktionen gelöst werden, es sei denn, es werden Anfangs- oder Randbedingungen gestellt, die eine spezielle Lösung unter den vielen Lösungen auswählt [63]. Aus demselben Grund werden Anfangs- oder Randbedingungen zusammen mit einer PDE angegeben. Aus mathematischer Sicht werden Anfangs- oder Randbedingungen gebraucht, um ein mathematisches Problem eindeutig lösbar zu machen. Aus der Sicht einer Anwendung sind diese ein notwendiger Bestandteil der Beschreibung des zu untersuchenden Systems. Schauen wir uns zum Beispiel Problem 4.1 aus Abschnitt 4.1.3 an, dann ist es aus Anwendersicht offensichtlich, d. h. ohne irgendwelche mathematische Überlegungen, dass dieses Problem nicht gelöst werden kann, solange die Temperaturen an dem linken und rechten Ende des Zylinders (T_0 und T_1) und die Anfangstemperaturverteilung $T_\mathrm{i}(x)$ nicht bekannt sind. Um das Problem 4.1 zu lösen (Abschnitt 4.6), verwenden wir die eindimensionale Form der Wärmeleitungsgleichung (4.33). Oben haben wir gesehen, dass diese eine parabolische Gleichung ist, und hier sehen wir, dass diese *parabolische Gleichung* Randbedingungen bezüglich der räumlichen Variable und eine Anfangsbedingung bezüglich der Zeitvariable erfordert.

4.3.2.1 Gut-gestelltes Problem

Allgemein kann die passende Wahl der Anfangs- und Randbedingungen für PDEs eine schwierige Angelegenheit sein, wie in [89] beschrieben. Damit ist das mathematische Konzept eines *gut-gestellten Problems* verknüpft, welches ursprünglich von dem französischen Mathematiker J. Hadamard eingeführt worden ist. Ein gut-gestelltes Differentialgleichungsproblem genügt folgende Bedingungen [89]:

- *Existenz*: eine Lösung existiert.
- *Eindeutigkeit*: die Lösung ist eindeutig.
- *Stabilität*: die Lösung hängt stetig von den Daten des Problems ab.

Versuchen wir den letzten Punkt wieder mit dem Problem 4.1 zu erklären. Nehmen wir eine kleine Änderung der Temperatur am linken oder rechten Ende des Zylinders oder eine kleine Änderung der Anfangstemperaturverteilung an. Durch diese Änderung der Daten wird auch eine Änderung der Temperaturverteilung $T(x, t)$ hervorgerufen. Die Stabilität im vorherigen Sinne bedeutet, tendiert die Änderung der Daten der Problemstellung gegen null, so tendiert auch die Änderung der Temperaturverteilung $T(x, t)$ gegen null. Dies drückt unsere physikalische Intuition aus, aber wir sollten wissen, dass Diskussionen über Stabilität und gut-gestellte Probleme im Allgemeinen schwierig sind (zum Beispiel eine geeignete Definition, was mit „Stetigkeit" gemeint ist). Aus mathematischer Sicht können wir sagen, dass Anfangs- oder Randbedingungen so zu wählen sind, dass das gesamte Problem gut-gestellt im vorherigen Sinne ist.

4.3.2.2 Dirichlet und Neumann-Bedingungen

In Problem 4.2 werden zwei verschiedene Arten von Randbedingungen verwendet. Am oberen Rand des Würfels und an der Kugeloberfläche wird die Temperatur vorgeschrieben. Randbedingungen, die einen Wert der unbekannten Funktion einer PDE auf dieser Art vorschreiben, werden *Dirichlet-Randbedingungen* genannt. Die restlichen Ränder des Würfels werden in Problem 4.2 als „perfekt wärmeisoliert" angenommen. Perfekt wärmeisoliert bedeutet, dass kein Wärmestrom durch diese Ränder geht. Verwenden wir die Vektornotation kann dies wie folgt ausgedrückt werden: Sei S eine der Würfelränder und sei $\boldsymbol{q}(\boldsymbol{x})$ [W/m^2] der Wärmestrom wie in Abschnitt 4.2 eingeführt. Wenn $\boldsymbol{n}(\boldsymbol{x})$ den Vektor der äußeren Flächennormale von S bezeichnet, dann lässt sich der (nach außen gerichteten) Wärmestrom durch S als $\boldsymbol{q}(\boldsymbol{x}) \cdot \boldsymbol{n}(\boldsymbol{x})$ [W/m^2] beschreiben. Dieser Wärmestrom ist null, da S wärmeisoliert ist:

$$\boldsymbol{q}(\boldsymbol{x}) \cdot \boldsymbol{n}(\boldsymbol{x}) = 0 \quad \boldsymbol{x} \in S \tag{4.42}$$

Verwenden wir das fouriersche Gesetz Gl. (4.6), dann erhalten wir

$$\frac{\partial T}{\partial n} = \boldsymbol{\nabla} T \cdot \boldsymbol{n}(\boldsymbol{x}) = 0 \quad \boldsymbol{x} \in S \tag{4.43}$$

wobei $\partial T/\partial n$ die Ableitung von T bezüglich der Normalenrichtung n bezeichnet. Das drückt die Änderungsrate von T in Richtung $\boldsymbol{n}$ aus. Randbedingungen, welche die Ableitung in Normalenrichtung der unbekannten Funktion wie in Gl. (4.43) vorschreiben, werden *Neumann-Randbedingung* genannt. Wenn u die unbekannte Funktion einer PDE über dem Gebiet $\Omega \times I \subset \mathbb{R}^n \times \mathbb{R}$ ist und wenn $S \subset \partial\Omega$ eine Teilmenge des Randes von Ω ist, dann können die Dirichlet- und

Neumann-Randbedingungen in S allgemein geschrieben werden als [89]

$$\text{Dirichlet:} \qquad u(\boldsymbol{x}, t) = f_1(\boldsymbol{x}, t) \quad (\boldsymbol{x}, t) \in S \times I \tag{4.44}$$

$$\text{Neumann:} \qquad \frac{\partial u(\boldsymbol{x}, t)}{\partial n} = f_2(\boldsymbol{x}, t) \quad (\boldsymbol{x}, t) \in S \times I \tag{4.45}$$

wobei f_1 und f_2 gegebene Funktionen sind. Eine weitere, häufig auftretende Randbedingung ist die *Robin-Randbedingung* (häufig auch als Cauchy-Randbedingung bezeichnet), die als Linearkombination von u und $\partial u/\partial n$ wie folgt definiert ist:

$$\text{Robin:} \quad a(\boldsymbol{x}, t)u(\boldsymbol{x}, t) + b(\boldsymbol{x}, t)\frac{\partial u(\boldsymbol{x}, t)}{\partial n} = f_3(\boldsymbol{x}, t) \quad (\boldsymbol{x}, t) \in S \times I \tag{4.46}$$

Jede der drei Randbedingungen heißt *homogen*, wenn die rechte Seite verschwindet (zum Beispiel $f_1(\boldsymbol{x}, t) = 0$), ansonsten *inhomogen*. Eine homogene Neumann-Bedingung ($f_2(\boldsymbol{x}, t) = 0$ in Gl. (4.45)) ist auch als *No-Flow-Bedingung* bekannt. Ein Beispiel für eine solche homogene Neumann-Randbedingung ist Gl. (4.43), die jeglichen Wärmestrom durch S verbietet. Ähnliche Interpretationen können in vielen anderen Situationen angesetzt werden, in denen nichts durch den Rand strömt, weshalb der Ausdruck „No-Flow-Bedingung" verwendet wird. Manchmal kann die No-Flow-Bedingung auch so interpretiert werden, dass diese die Symmetrie eines Problems ausdrückt, weshalb auch der Ausdruck *Symmetrierandbedingung* verwendet wird. Ein Beispiel hierzu zusammen mit weiteren Erläuterungen ist in Abschnitt 4.3.3 unten zu finden.

Bezüglich Problem 4.1 und Problem 4.2 (Abschnitt 4.1.3) lässt sich die Diskussion wie folgt zusammenfassen:

- Problem 4.1 schreibt eine Anfangsbedingung im Gebiet $0 < x < 1$ und zwei Dirichlet-Bedingungen bei $x = 0$ und $x = 1$ vor. Die Dirichlet-Bedingung bei $x = 0$ (oder $x = 1$) ist inhomogen, wenn eine Temperatur ungleich null vorgegeben ist, ansonsten homogen.
- Problem 4.2 schreibt Dirichlet-Bedingungen an der oberen Fläche des Würfels und an der Kugeloberfläche vor (homogene oder inhomogene Dirichlet-Bedingung, anhängig von den Werten T_c und T_s), sowie eine homogene Neumann-Bedingung (No-Flow-Bedingung) an den restlichen Seiten des Würfels.

4.3.3 Symmetrie und Dimensionalität

In der Praxis können die meisten PDEs nicht analytisch gelöst werden, d. h. sie werden in den meisten Fällen mit numerischen Algorithmen gelöst. Die Anwendung solcher numerischer Verfahren kann extrem lange Rechenzeiten hervorrufen und hohe Anforderungen an den Rechner wie Speicher oder Prozessorleistung stellen [102]. Eine solche Berechnung kann mehrere Stunden, Tage oder sogar wesentlich länger dauern, wenn komplexe gekoppelte mehrdimensionale PDE-Probleme zu lösen sind [103, 104]. Das gilt auch, wenn Supercomputer oder große Rechnercluster (d. h. miteinander gekoppelte Rechner, die zusammen ein Problem lösen) eingesetzt werden.

Der stetige Anstieg an Prozessorleistung und verfügbaren Speicher ändert nichts an dieser Situation, da ein Anstieg an Rechenleistung durch einen ähnlichen Anstieg an Komplexität des zu lösenden Problems kompensiert wird. Je schneller die Rechner werden, desto mehr werden Probleme betrachtet, die außerhalb der Möglichkeit der alten Rechnergeneration gelegen haben. Deshalb ist die Verringerung der Rechenzeit und der Rechneranforderungen eine wichtige Angelegenheit beim Lösen einer PDE. Wie weiter unten erklärt wird, kann eine enorme Zeitersparnis durch die Anwendung von schnellen und effizienten numerischen Algorithmen, durch die intelligente Anwendung dieser Algorithmen und durch die Anwendung geeigneter und effizienter Software erreicht werden. Aber es gibt eine Sache, die wir zu einem frühen Zeitpunkt bei der Anwendung numerischer Methoden tun können: Wir können unser Problem auf Symmetrie und Dimensionalität hin überprüfen.

Bemerkung 4.4. Symmetrie/Dimensionalität ausnutzen! Durch Ausnutzung von Symmetrie und Dimensionsbetrachtungen können die Komplexität eines Problems, die erforderliche Rechenzeit und die Hardwareanforderungen oft erheblich reduziert werden.

Dabei ist stets darauf zu achten, dass nicht nur die Geometrie den Symmetriebetrachtungen folgt, sondern auch die erwartete Verteilung der gesuchten Größe (z. B. die Temperatur bei einem Wärmeleitungsproblem oder die Geschwindigkeit bei einem Strömungsproblem).

4.3.3.1 1D-Beispiel

Um den Kern der Bemerkung zu verstehen, betrachten wir folgendes Wärmeleitungsproblem in einem Würfel (eine Modifikation von Problem 4.2 in Abschnitt 4.1.3), bei dem wir Temperaturen an der oberen und unteren Seite vorschreiben und als Problem 4.3 bezeichnen:

Problem 4.3. Für die Geometrie in Abb. 4.4a wird angenommen:

- konstante Temperatur T_t an der Oberseite des Würfels ($z = 1$),
- konstante Temperatur T_b an der Unterseite des Würfels ($z = 0$),
- und perfekte Wärmeisolierung an allen anderen Seiten des Würfels.

Berechne die stationäre Temperaturverteilung $T(x, y, z)$ innerhalb des Würfels.

Es ist einfach zu sehen, dass die Lösung dieses Problems nur von z abhängt, d. h. die resultierende stationäre Temperaturverteilung wird von der Form $T(z)$ sein (siehe Diskussion zu Problem 4.2 in Abschnitt 4.1.3, um zu verstehen, was mit dem Ausdruck „stationäre Temperaturverteilung" gemeint ist). Wenn irgendeine

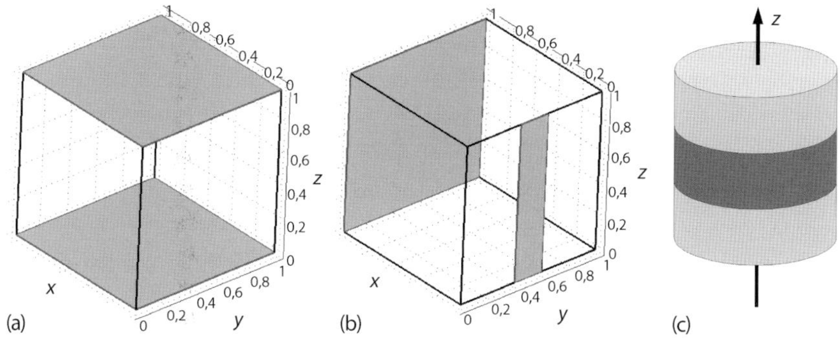

Abb. 4.4 (a) Würfel $[0, 1]^3$ mit hervorgehobenen Rändern $z = 0$ (Unterseite) und $z = 1$ (Oberseite), verwendet in Problem 4.3. (b) Würfel $[0, 1]^3$ mit hervorgehobenen Rändern $y = 1$ (Rückseite) und $y = 0; 0{,}4 \leq x \leq 0{,}6$ (Streifen auf der Vorderseite), verwendet in Problem 4.4. (c) Zylinder, verwendet in Problem 4.5.

Temperaturdifferenz in einer vorgegebenen Ebene $z = a$ innerhalb des Würfels $(0 \leq a \leq 1)$ vorhanden wäre, dann gäbe es einen Punkt (x, y, a) in dieser Ebene, an dem wir entweder $\partial T(x, y, a)/\partial x \neq 0$ oder $\partial T(x, y, a)/\partial y \neq 0$ hätten. Dies würde einen Wärmestrom gemäß fourierschem Gesetz, Gl. (4.6), hervorrufen, der dann versuchen würde, das Temperaturgefälle an diesem Punkt auszugleichen, bis $\partial T(x, y, a)/\partial x = \partial T(x, y, a)/\partial y = 0$ im stationären Grenzfall erreicht ist. Ähnlich den Ableitungen von Gl. (3.59) in Abschnitt 3.4.5 kann die stationäre Temperaturverteilung, die das Problem 4.3 löst, aus der Wärmeleitungsgleichung wie folgt hergeleitet werden:

$$T(x, y, z) = T_b + (T_t - T_b) \cdot z \tag{4.47}$$

Da $T(x, y, z)$ nur von z abhängt, kann dies auch geschrieben werden als

$$T(z) = T_b + (T_t - T_b) \cdot z \tag{4.48}$$

Eine solche Temperaturverteilung, die nur von einer räumlichen Koordinate abhängt, heißt eine *eindimensionale* Temperaturverteilung. Das entsprechende physikalische Problem, von dem die Verteilung bestimmt wird (Problem 4.4 in diesem Fall), wird ein *eindimensionales* Problem genannt. Entsprechend hängt die Lösung eines *zweidimensionalen* (*dreidimensionalen*) Problems von zwei (drei) räumlichen Koordinaten ab. Intuitiv ist klar, dass es wesentlich weniger Aufwand bedeutet, eine eindimensionale Temperaturverteilung $T(x)$ als eine höherdimensionale Verteilung wie $T(x, y)$ oder $T(x, y, z)$ zu berechnen. Die Diskussion in Abschnitt 4.5 über die numerischen Methoden eine PDE zu lösen, wird tatsächlich zeigen, dass die Anzahl der Unbekannten in dem resultierenden System der Gleichungen – und damit der gesamte Rechenaufwand – drastisch von der Dimension abhängt.

Bemerkung 4.5. Dimension eines PDE-Problems Die Lösung eines *eindimensionalen* (*zwei-*, *dreidimensionalen*) PDE-Problems hängt von einer (zwei, drei) räumlichen unabhängigen Variablen ab. Um den Rechenaufwand zu reduzieren, sollten PDEs immer in der kleinstmöglichen räumlichen Dimension gelöst werden.

4.3.3.2 2D-Beispiel

Betrachte folgendes Problem:

Problem 4.4. Für die Geometrie in Abb. 4.4b wird angenommen:

- konstante Temperatur T_b auf der Rückseite des Würfels ($y = 1$),
- konstante Temperatur T_f auf dem Streifen $y = 0$; $0{,}4 \leq x \leq 0{,}6$ an der Vorderseite des Würfels,
- und perfekte Wärmeisolierung an allen anderen Oberflächen des Würfels.

Berechne die stationäre Temperaturverteilung $T(x, y, z)$ innerhalb des Würfels.

In diesem Fall ist es offensichtlich, dass die stationäre Temperaturverteilung von x und y abhängig ist. Nehmen wir zum Beispiel $T_f > T_b$ an, dann ist klar, dass die stationäre Temperatur gegen T_b strebt, wenn wir uns in der y-Richtung zur (kälteren) Rückseite bewegen. Ebenso ist klar, dass die stationäre Temperatur ansteigen wird, wenn wir uns in der x-Richtung zu $x = 0{,}5$ bewegen. Das ist die Stelle auf der x-Achse, die am nächsten zum (warmen) Streifen auf der Vorderseite ist (siehe auch die Diskussion von Abb. 4.5b weiter unten). Außerdem gibt es für die stationäre Temperaturverteilung keine Stelle mit einem Gradienten in z-Richtung. Um dies zu sehen, kann ein ähnliches Argument der ausgleichenden Wärmeströmung verwendet werden, wie in der Diskussion von Problem 4.3. Alternativ können wir uns vorstellen, dass wir die gleiche stationäre Temperaturverteilung erhalten würden, wenn der Würfel unendlich lang in die positive und negative z-Richtung gestreckt werden würde, was die *Symmetrie* von diesem Problem in z-Richtung ausdrückt. Etwas genauer gesagt, dies drückt die *Translationssymmetrie* des Problems in z-Richtung aus. Das bedeutet, wir könnten den Würfel von Problem 4.4 beliebig weit entlang des „unendlich ausgedehnten Würfels" in z-Richtung verschieben ohne dass sich die stationäre Temperaturverteilung ändern würde. Diese und andere Arten der räumlichen Symmetrie können oft benutzt werden, um die räumliche Dimensionalität eines Problems zu reduzieren und folglich die Rechenzeit und die Rechneranforderungen eines PDE-Problems verringern [105].

4.3.3.3 3D-Beispiel

Problem 4.2 in Abschnitt 4.1.3 ist ein Beispiel für ein dreidimensionales Problem. In diesem Fall gibt es keine Symmetrie, die wir zur Reduzierung der räumlichen Dimensionalität des Problems verwenden können. Die stationäre Temperatur in jedem Punkt (x, y, z) hängt in einer komplexen dreidimensionalen Art und Weise von der relativen Position des Punktes zur Kugel und zur Oberseite des Würfels in Abb. 4.1b ab. Dennoch ist in Problem 4.2 eine Symmetrie vorhanden, die zumindest den Rechenaufwand reduzieren kann (obwohl das Problem dreidimensional bleibt). Zur Bestimmung der Temperaturverteilung reicht es aus, diese für ein Viertel des Würfels in Abb. 4.1b zu berechnen, genauer für das Volumen $(x, y, z) \in (0, 0{,}5) \times (0, 0.5) \times (0, 1)$. Die Temperaturverteilung in diesem Würfelviertel kann auf die anderen drei Viertel übertragen werden, indem wir die *Spiegelsymmetrie* der Temperaturverteilung innerhalb des Würfels bezüglich der Ebenen $y = 0{,}5$ und $x = 0{,}5$ ausnutzen. Die Beschreibung zu Abb. 4.5 weiter unten liefert ein weiteres Beispiel für eine Spiegelsymmetrie.

In der Diskussion über die Finite-Elemente-Methode (Abschnitt 4.7) wird deutlich werden, dass die Anzahl der Unbekannten um etwa 75 % reduziert wird, wenn das Rechengebiet auf ein Viertel des Orginalgebietes eingeschränkt wird. Damit können wir sehen, dass sich der Rechenaufwand wesentlich reduziert, wenn Problem 4.2 unter Ausnutzung der Spiegelsymmetrie gelöst wird. Allerdings werden wir die Spiegelsymmetrie *nicht* verwenden, wenn wir in Abschnitt 4.10 das Problem 4.2 mit der Simulationssoftware *OpenFOAM* lösen. Der einfache Grund ist, dass das Problem so klein ist, dass der Rechenaufwand vernachlässigbar ist, auch wenn wir die Spiegelsymmetrie nicht nutzen (und wir haben damit keinen Aufwand, um die Lösung im Postprocessing vom Viertel des Würfels auf den gesamten Würfel zu übertragen, siehe Abschnitt 4.10.4).

4.3.3.4 Rotationssymmetrie

Ein weiteres Beispiel, wie die räumliche Dimension eines Problems durch Symmetriebetrachtungen reduziert werden kann, ist das

Problem 4.5. Für die Geometrie in Abb. 4.4c wird angenommen:

- konstante Temperatur T_t an der Oberfläche des Zylinders,
- konstante Temperatur T_s auf dem dunklen Streifen um den Zylinder herum,
- und perfekte Wärmeisolierung an allen anderen Flächen des Zylinders.

Berechne die stationäre Temperaturverteilung $T(x, y, z)$ innerhalb des Zylinders.

In diesem Fall ist es offensichtlich, dass das Problem *rotationssymmetrisch* ist. Das bedeutet, wir erhalten die identische stationäre Temperaturverteilung für einen beliebigen Zylinderausschnitt, wenn wir diesen um die z-Achse drehen (hätten wir eine Temperaturverteilung, die von einem rotationssymmetrischen Muster abweicht, dann könnten wir ganz ähnlich wie in Abschnitt 4.3.3.1 mit einem „Wärmeausgleich" argumentieren, was gegen eine solche Temperaturverteilung spricht). Verwenden wir Zylinderkoordinaten (r, φ, z), so erhalten wir identische stationäre Temperaturverteilungen in jeder Ebene $\varphi = \text{const}$. Folglich sind die stationären Temperaturverteilungen unabhängig vom Rotationswinkel φ und hängen nur von den räumlichen Koordinaten r und z ab. Damit ist das Problem 4.5 ein zweidimensionales Problem. Zu beachten ist aber: um dieses Problem zu einem zweidimensionalen Problem zu machen, muss die Wärmeleitungsgleichung in Zylinderkoordinaten ausgedrückt werden (insbesondere ist es wichtig, ein passendes Modell mit Zylinderkoordinaten zu wählen, wenn wir

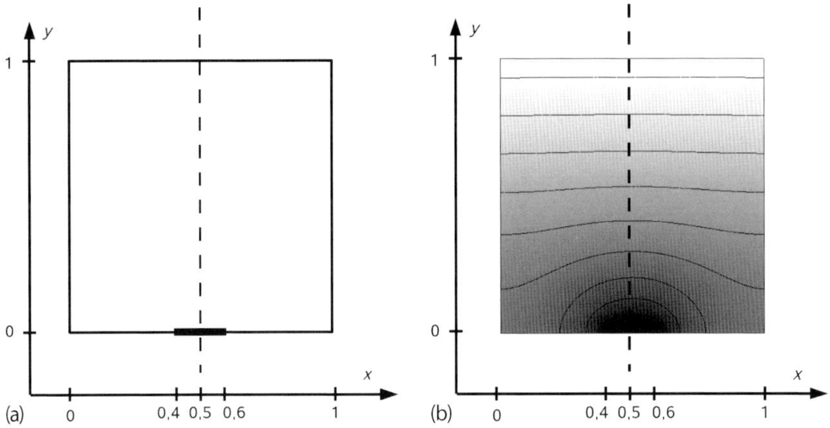

Abb. 4.5 Beispiel zur Verkleinerung des Rechengebiets durch Symmetriebetrachtung: (a) Geometrie. (b) Lösung von Problem 4.4 für $T_b = 20\,°C$ und $T_f = 0\,°C$ (mit *Salome-Meca* berechnet). Die Graustufen reichen von weiß (20 °C) zu schwarz (0 °C), Linien im Gebiet sind Isolinien der Temperatur.

eine Software einsetzen). Erhalten wir ein Modell, in dem der Winkel φ nicht vorkommt, so haben wir ein rotationssymmetrisches Modell.

4.3.3.5 **Spiegelsymmetrie**

Betrachten wir Abb. 4.5a, das die entsprechende Geometrie des zweidimensionalen Problems zu Problem 4.4 von oben zeigt. Für Problem 4.4 nehmen wir an, dass an $y = 1$ (die Oberseite des Quadrats in Abb. 4.5a) eine konstante Temperatur T_b anliegt, zudem eine konstante Temperatur T_f im Streifen $y = 0; 0{,}4 \leq x \leq 0{,}6$ (die dicke Linie an der Unterseite des Quadrats in Abb. 4.5a) und eine perfekte Wärmeisolierung an allen restlichen Randlinien des Quadrats. Erneut fragen wir nach der stationären Temperatur im Quadrat. Wie bereits oben erläutert, wird die Lösung dieses Problems, auch das Problem 4.4 lösen, indem wir die Translationssymmetrie des Problems 4.4 in z-Richtung ausnutzen.

In Abb. 4.5a haben wir eine bezüglich der gestrichelten Linie *spiegelsymmetrische* Situation vorliegen (ähnlich zur Spiegelsymmetrie in Abschnitt 4.3.3.3). Die Randbedingungen, die auf jeder Seite der gestrichelten Linie anliegen, sind spiegelsymmetrisch bezüglich dieser Linie. Damit ist die sich daraus ergebende stationäre Temperaturverteilung ebenfalls spiegelsymmetrisch bezüglich dieser gestrichelten Linie. Das können wir mit Abb. 4.5b sehen, in der eine Lösung von Problem 4.4 dargestellt wird, die hier mit *Salome-Meca* berechnet worden ist. Abb. 4.5b zeigt, dass es genügt, die Lösung von Problem 4.4 in nur einer Hälfte des Quadrats zu berechnen, zum Beispiel für $x < 0{,}5$, und anschließend die Lösung auf die andere Hälfte des Quadrats mit Hilfe der Spiegelsymmetrie zu übertragen. Auf diese Weise haben wir die Größe des Rechengebiets um die Hälfte reduziert. Das verringert auch die Anzahl der Unbekannten um etwa 50 % und führt auf eine wesentliche Reduzierung des Rechenaufwands, um das PDE-Problem zu lösen (siehe Abschnitt 4.5 für nähere Einzelheiten).

4.3.3.6 Symmetrie und periodische Randbedingungen

In allen Problemen der letzten Abschnitte haben wir „Wärmeisolierung" als eine Randbedingung verwendet. Aus Abschnitt 4.3.2.2 wissen wir, dass diese Randbedingung als eine Neumann-Randbedingung klassifiziert ist und auch „No-Flow-Bedingung" genannt wird, da sie jeglichen Wärmefluss durch den Rand verbietet. Beziehen wir uns auf Problem 4.4 und Abb. 4.4b, so dient die Wärmeisolierungsbedingung in diesem Sinne als „No-Flow-Bedingung", zum Beispiel an den Seitenflächen des Würfels $x = 0$ und $x = 1$, sowie an der Vorderseite außerhalb des Streifens. An der Ober- und Unterseite des Würfels kann die Wärmeisolierung in der gleichen Weise interpretiert werden. Aber sie kann auch interpretiert werden, um die Symmetrie des Problems in z-Richtung auszudrücken. Wie bereits in Abschnitt 4.3.3.2 erklärt, kann Problem 4.4 als Beschreibung für eine Situation interpretiert werden, in der sich der Würfel unendlich weit in die positive und negative z-Richtung erstreckt. In diesem Fall wäre die „No-Flow"-Bedingung an der Ober- und Unterseite des Würfels in Abb. 4.4b keine Folge der Wärmeisolierung an diesen Flächen, sondern vielmehr eine Folge der Symmetrie des Problems, das keine Temperaturgradienten in der z-Richtung hervorruft. Das ist der Grund, warum sich No-Flow-Bedingungen oft auf *Symmetrierandbedingungen* beziehen. Zum Abschluss wollen wir noch kurz darauf eingehen, dass eine wesentliche Reduktion der Komplexität eines PDE-Problems auch für die Fälle mit periodischen Medien erreicht werden kann. Für periodische Medien, wie das gezeigte Medium in Abb. 4.3 oben, genügt es normalerweise die Lösung einer PDE in einer einzelnen periodischen Zelle zusammen mit geeigneten *periodischen Randbedingungen* an den Rändern der periodischen Zelle zu berechnen. Ein Beispiel hierfür und weitere Erklärungen werden unten in Abschnitt 4.11.3 gegeben.

4.3.4
Stationarität und Rotationsbewegungen

In den letzten Unterabschnitten sind Symmetrien des Rechengebietes und der Randbedingungen betrachtet worden, um den numerischen Aufwand reduzieren zu können. Hierzu sind stationäre Probleme dargestellt worden, d. h. Situationen in denen keine zeitlich abhängige Änderungen der Zustandsgrößen auftreten. Erweitern wir unsere Betrachtungen auf instationäre Vorgänge, da die Instationarität einen erheblichen Rechenaufwand verursacht (die zugrunde liegenden Gleichungen müssen für jeden Zeitpunkt auf dem gesamten Rechengebiet gelöst werden). In klassischen Anwendungen wie den Strömungsberechnungen treten häufig zeitabhängige Problemstellungen auf, wie zum Beispiel sich drehende Rotorblätter in Pumpen oder Turbinen. Durch die Bewegung ist die Situation zwangsläufig instationär. Dennoch gibt es Möglichkeiten, durch einfache Betrachtungen den Aufwand zu reduzieren und eventuell aus einer instationären Situation eine stationäre zu erhalten.

Bei einer häufig anzutreffenden *Rotor-Stator-Situation* bewegt sich der Rotor innerhalb eines feststehenden Stators. Sind wir nur an der Strömungsverteilung zwischen Rotor und Stator interessiert, besteht das Rechengebiet nur aus dem Fluidvolumen (und nicht aus den Festkörpern), das an den Berandungen durch geeignete Randbedingungen ergänzt werden muss. Wechseln wir jetzt das Bezugssystem und stellen uns vor, dass wir uns mit dem Rotor mitbewegen, so ist aus dieser Sicht der Rotor feststehend und der Stator bewegt sich (in entgegengesetzter Richtung zur Ausgangssituation) um uns herum. Passen wir die Randbedingungen an den Flächen zum Stator an, indem wir an diesen eine geeignete Geschwindigkeit vorschreiben, so erhalten wir unmittelbar aus einer instationären Situation eine stationäre. Der Rechenaufwand verringert sich entsprechend. Allerdings haben wir bei der Auswertung darauf zu achten, dass das Ergebnis wieder in das Ausgangsbezugssystem zurückgerechnet wird.

Eine weitere Möglichkeit, um eine stationäre Situation zu erreichen, ist die Verwendung von *Moving Reference Frame* (MRF). Dabei wird der Rotor an einer fixen Position festgehalten, weshalb diese Methode häufig auch als *Frozen Rotor Methode* bezeichnet wird. Die numerische Berechnung für das innere, den Rotor umschließende Gitter erfolgt in einem rotierenden Bezugssystem, wobei die auftretenden Coriolis- und Zentrifugalkräfte berücksichtigt werden. Der Stator und das daran anliegende Gitter werden in einem stehenden Bezugssystem betrachtet. Die Kopplung zwischen beiden Bezugssystemen erfolgt durch Stetigkeitsbetrachtungen an den Grenzflächen. Der Nachteil besteht darin, dass das Strömungsfeld von der relativen Position des Rotors gegenüber des Stators abhängt (es wird sozusagen eine Momentaufnahme der Drehbewegung berechnet). Für eine vollständige Analyse muss die Strömung für unterschiedliche Rotor-Stator-Positionen berechnet werden, was in Regel insgesamt weniger Aufwand bedeutet als wenn die vollständige Berechnung instationär durchgeführt wird.

Um den Effekt der festgehaltenen Positionen zwischen Rotor und Stator beim MRF zu minimieren, kann vielleicht das letzte hier beschriebene Modell, das sogenannte *Mixing Plane Model*, anwenden. Wie beim MRF werden im bewegenden System zusätzliche (Schein-)Kräfte berücksichtigt. Allerdings werden an den Grenzflächen zwischen beiden Bezugssystemen die Zustandsgrößen in Umfangsrichtung gemittelt. Die Kopplung zwischen beiden Gebieten erfolgt dann in der Form, dass für das Setzen der Randbedingung bezüglich des einen Gebietes die gemittelten Werte aus dem anderen Gebiet verwendet werden und umgekehrt. Die Kopplung ist im Vergleich zum MRF schwächer und an der Grenzfläche werden keine genauen, sondern gemittelte Werte verwendet. Für sich schnell drehende Rotoren oder solchen mit vielen Rotorblättern oder Schaufeln, ist dies sicherlich ein akzeptabler Kompromiss. Der Vorteil besteht wiederum darin, dass die Simulation stationär durchgeführt werden kann.

4.4 Analytische Lösungen einer PDE

In den Abschnitten 3.4.9 bzw. 3.5 haben wir gesehen, dass ODEs entweder analytisch oder numerisch gelöst werden können. Sind analytische Lösungen möglich, dann können diese durch Ausdrücke mit bekannten Funktionen, wie der Exponentialfunktion, Sinusfunktion usw., dargestellt werden. Dagegen basiert der numerische Zugang auf der Berechnung einer angenäherten Lösung für die Gleichung, die in der Regel auf einem Rechner durchgeführt wird. Das alles gilt auch für die PDEs, einschließlich der Tatsache, dass in den meisten Fällen keine analytische Lösung gefunden werden kann. Diese Lösungen sind wie „Staubteilchen in einem ODE/PDE-Universum". Da PDEs Ableitungen bezüglich verschiedener Variablen beinhalten und dadurch ein im Vergleich zu einer ODE wesentlich komplexeres dynamisches Verhalten ausgedrückt werden kann, ist es nicht überraschend, dass es generell schwerer ist, eine analytische Lösung einer PDE als für eine ODE zu finden.

Dennoch ist es immer eine gute Idee, nach einer analytischen Lösung für eine Differentialgleichung Ausschau zu halten, da diese eventuell wertvolle Informationen über die Abhängigkeit von Parametern des betrachteten Systems liefern kann. Es sind viele Techniken entwickelt worden, um eine analytische Lösung einer Differentialgleichung herzuleiten, sowohl für PDEs wie auch für ODEs. Aber eine gründliche Betrachtung dieses Themas liegt außerhalb des Rahmens einer ersten Einführung in mathematischer Modellbildung. Da es in den meisten Fällen nicht möglich ist, eine analytische Lösung zu finden, beschränken wir uns auf die Herleitung einer solchen Lösung am Beispiel der eindimensionalen Wärmeleitungsgleichung. Wer mehr zu den Techniken über analytische Lösungsmethoden wissen möchten, der sei auf die entsprechende Literatur wie [100] verwiesen.

4.4.1 Problem 1

Betrachten wir nun die eindimensionale Wärmeleitungsgleichung (Gl. (4.1) wie in Abschnitt 4.2 vorgestellt):

$$\frac{\partial T}{\partial t} = \frac{K}{C\rho} \cdot \frac{\partial^2 T}{\partial x^2} \tag{4.49}$$

Wie bereits in Abschnitt 4.3.2 besprochen, benötigen wir für diese Gleichung Randbedingungen für die räumliche Variable und eine Anfangsbedingung für $t = 0$. Betrachten wir das räumliche Gebiet $(0, L)$ in dem wir Gl. (4.49) lösen wollen (d. h. für alle $x \in (0, L)$) und berücksichtigen die folgenden Anfangs- und Randbedingungen:

$$T(0, t) = 0 \quad \forall t \geq 0 \tag{4.50}$$

$$T(L, t) = 0 \quad \forall t \geq 0 \tag{4.51}$$

$$T(x, 0) = T_0 \quad \forall x \in (0, L) \tag{4.52}$$

Dabei ist $T_0 \in \mathbb{R}$ eine konstante Anfangstemperatur. Beachte, dass dies dem Problem 4.1 in Abschnitt 4.1.3 oben mit $T_i(x) = T_0$ und $T_0 = T_1 = 0$ entspricht. Wie dort bereits beschrieben, können wir uns zum Beispiel einen zylindrischen

Körper wie in Abb. 4.1a vorstellen, der eine konstante Anfangstemperatur T_0 hat und dessen Enden sich nach $t = 0$ in Kontakt mit Eiswasser befinden.

4.4.2
Trennung der Variablen

Das im letzten Abschnitt gestellte Problem kann nun mit der Methode der Trennung der Variablen gelöst werden [69]. Eine ähnliche Technik für ODEs ist in Abschnitt 3.4.9 beschrieben worden. Wir starten mit der Annahme, dass die Lösung folgende Form hat:

$$T(x,t) = a(x) \cdot b(t) \tag{4.53}$$

wobei die Variablen x und t in verschiedenen Funktionen a und b enthalten sind. Setzen wir Gl. (4.53) in Gl. (4.49) ein, so erhalten wir

$$\frac{\mathrm{d}b(t)/\mathrm{d}t}{K/C\rho \cdot b(t)} = \frac{\mathrm{d}^2 a(x)/\mathrm{d}x^2}{a(x)} \tag{4.54}$$

Beide Seiten der letzten Gleichung müssen gleich einer Konstanten $-k^2$ mit $k \neq 0$ sein (es kann gezeigt werden, dass T sonst identisch null wird). Das führt auf ein System zweier entkoppelter ODEs:

$$\frac{\mathrm{d}b(t)}{\mathrm{d}t} + k^2 \frac{K}{C\rho} b(t) = 0 \tag{4.55}$$

$$\frac{\mathrm{d}^2 a(x)}{\mathrm{d}x^2} + k^2 a(x) = 0 \tag{4.56}$$

Gleichung (4.55) kann nun mit den Methoden aus Abschnitt 3.4.9 (angewendet für Systeme von Differentialgleichungen, [63]) gelöst werden und wir erhalten

$$b(t) = A\mathrm{e}^{-k^2 \frac{K}{C\rho} t} \tag{4.57}$$

wobei A eine beliebige reelle Konstante ist. Die allgemeine Lösung der Gl. (4.56) hat die Form

$$a(x) = B_1 \cdot \sin(kx) + B_2 \cdot \cos(kx) \tag{4.58}$$

wobei B_1 und B_2 reelle Konstanten sind. Gleichung (4.50) impliziert

$$B_2 = 0 \tag{4.59}$$

und Gl. (4.51) ergibt

$$kL = n\pi \tag{4.60}$$

oder

$$k = k_n = \frac{n\pi}{L} \tag{4.61}$$

für ein $n \in \mathbb{N}$. Damit erhalten wir für jedes $n \in \mathbb{N}$ eine Lösung der Gl. (4.56):

$$a(t) = B_1 \cdot \sin(k_n x) \tag{4.62}$$

Verwenden wir die Gln. (4.53), (4.57) und (4.62), so erhalten wir für jedes $n \in \mathbb{N}$ eine spezielle Lösung der Gln. (4.49)–(4.52):

$$T_n(x,t) = A_n \cdot \sin(k_n x) \cdot \mathrm{e}^{-k_n^2 \frac{K}{C\rho} t} \tag{4.63}$$

Dabei ist A_n eine reelle Konstante. Die allgemeine Lösung der Gln. (4.49)–(4.52) erhalten wir dann als Superposition oder Summe der speziellen Lösungen (4.63)

$$T(x,t) = \sum_{n=1}^{\infty} T_n(x,t) = \sum_{n=1}^{\infty} A_n \cdot \sin(k_n x) \cdot \mathrm{e}^{-k_n^2 \frac{K}{C\rho} t} \tag{4.64}$$

Jetzt müssen noch die Koeffizienten A_n bestimmt werden und zwar in einer solchen Weise, dass sie die Anfangsbedingung Gl. (4.52) erfüllen:

$$T_0 = T(x,0) = \sum_{n=1}^{\infty} A_n \cdot \sin(k_n x) \tag{4.65}$$

Die Werte für A_n können mittels einer Fourier-Analyse, wie in [69] beschrieben, bestimmt werden, die schließlich folgende Lösung für die Gln. (4.49)–(4.52) ergibt:

$$T(x,t) = \sum_{n=1,3,5,\ldots}^{\infty} \frac{4T_0}{n\pi} \cdot \sin(k_n x) \cdot \mathrm{e}^{-k_n^2 \frac{K}{C\rho} t} \tag{4.66}$$

Der praktische Nutzen dieser Gleichung ist natürlich eingeschränkt, da sie eine unendliche Summe beinhaltet, die nur näherungsweise ausgewertet werden kann. Ein Ausdruck wie Gl. (4.66) ist etwas, was wir vielleicht als Grenzlinie zwischen analytischen und numerischen Lösungen auffassen können. Numerische Lösungen werden wir noch in späteren Abschnitten behandeln. Die Tatsache, dass wir eine unendliche Reihe als Lösung für ein Problem wie Gln. (4.49)–(4.52) erhalten – die sicherlich eine unter den elementarsten vorstellbaren Problemen für die Wärmeleitungsgleichung ist – bestätigt unsere Aussage, dass im Fall von PDEs eine numerische Lösung wesentlich wichtiger ist als für ODEs.

4.4.3
Eine spezielle Lösung zur Validierung

Analytische Lösungen sind immer noch von großem Nutzen, wenn wir zum Beispiel einen Test durchführen möchten, um die Korrektheit numerischer Verfahren zu überprüfen. Erinnern wir uns, dass wir in Abschnitt 3.5 einen Vergleich mit der analytischen Lösung einer ODE durchgeführt haben, um die Korrektheit eines numerischen Verfahrens zu demonstrieren (zum Beispiel Abb. 3.7 in Abschnitt 3.5.2). In gleicher Weise verwenden wir die spezielle Lösung $T_1(x,t)$ aus

Gl. (4.63) als Hilfsmittel, um die FDM in Abschnitt 4.6 zu validieren. Nehmen wir an, dass in Gl. (4.63) $A_1 = 1$, dann erhalten wir für T_1

$$T^*(x,t) = \sin\left(\frac{\pi}{L}x\right) \cdot e^{-\frac{\pi^2 K}{L^2 C\rho}t} \tag{4.67}$$

was die analytische Lösung für das folgende Problem ist:

$$\frac{\partial T}{\partial t} = \frac{K}{C\rho} \cdot \frac{\partial^2 T}{\partial x^2} \tag{4.68}$$

$$T(0,t) = 0 \quad \forall t \geq 0 \tag{4.69}$$

$$T(L,t) = 0 \quad \forall t \geq 0 \tag{4.70}$$

$$T(x,0) = T^*(x,0) = \sin\left(\frac{\pi}{L}x\right) \quad \forall x \in (0,L) \tag{4.71}$$

4.5
Numerische Lösungen einer PDE

Erinnern wir uns an die Diskussion über die Euler-Methode in Abschnitt 3.5.1.1. Dort haben wir das Anfangswertproblem für eine allgemeine ODE erster Ordnung lösen wollen:

$$y'(x) = F(x, y(x)) \tag{4.72}$$

$$y(0) = a \tag{4.73}$$

Wenn wir die vorgestellten Gleichungen in Abschnitt 3.5.1 analysieren, so stellen wir fest, dass die Hauptidee bei der Euler-Methode die Approximation der Ableitung (4.72) durch Differenzausdrücke ist, also

$$y'(x) \approx \frac{y(x+h) - y(x)}{h} \tag{4.74}$$

Verwenden wir ähnliche Differenzenausdrücke zur Approximation beliebiger Ableitungen, so können wir die gleiche Idee zum Lösen von PDEs anwenden. Das führt uns zu einer Klasse von numerischen Methoden die *Finite-Differenzen-Methoden* (oft mit *FD-Methode* oder *FDM* abgekürzt) heißen [92]. Ein Beispiel für die Anwendung der FDM ist die Lösung der eindimensionalen Wärmeleitungsgleichung, in Abschnitt 4.6 unten. Die Anwendung der FDM ist oft einfach und für Situationen geeignet, in denen das Rechengebiet geometrisch einfach ist, zum Beispiel wenn wir eine Gleichung in einem Rechteck (wie das Gebiet $[0, L] \times [0, T]$ in Abschnitt 4.6) lösen möchten.

Wenn das Rechengebiet geometrisch komplex ist, dann kann die Umsetzung der FD-Methode schwierig werden oder sogar unmöglich, da diese immer ein reguläres numerisches Gitter innerhalb des Rechengebietes braucht. In solchen

Situationen ist es besser, zum Beispiel die *Finite-Elemente-Methode* (in Abschnitt 4.7 vorgestellt) zu verwenden. Bei FEM wird das Rechengebiet mit einem Gitter aus Approximationspunkten überdeckt, die nicht in einer regulären Weise angeordnet sein müssen, wie es bei der FDM erforderlich ist. Diese Gitter werden oft aus Dreiecken oder Tetraedern aufgebaut und wir werden weiter unten sehen, dass diese auch zur Beschreibung sehr komplexer Geometrien verwendet werden können.

Ähnlich zu den numerischen Methoden zum Lösen von ODEs, wie in Abschnitt 3.5.1 vorgestellt, sind numerische Methoden für PDEs *Diskretisierungsmethoden*, die eine diskrete Umformulierung des ursprünglichen, stetigen PDE-Problems darstellen. In diesem Buch stellen wir die Finite-Differenzen-, Finite-Elemente- und Finite-Volumen-Methode vor. *Finite-Volumen-Methoden* (FVM) werden sehr häufig für PDEs verwendet, die auf Erhaltungsgleichungen beruhen, insbesondere werden sie sehr häufig in der numerischen Strömungsmechanik (CFD, engl. Computational Fluid Dynamics) eingesetzt [106, 107]. Auch bei FVM darf das Gitter unregelmäßig angeordnet sein, so dass damit ebenfalls wie bei FEM komplexe Geometrien betrachtet werden können. Aber es gibt noch eine Reihe anderer Diskretisierungsansätze, die meistens speziell für eine bestimmte Klasse von PDEs entwickelt worden sind. Zum Beispiel können PDEs als Anfangswertproblem in einer ihrer Variablen mit der *Linienmethode* behandelt werden, die im Wesentlichen auf eine Umformulierung der PDE in ein System von ODEs oder Differential-Algebraische-Gleichungen (DAE) hinausläuft [108]. Die *Spektralmethode* ist eine Variante der FE-Methode, die nichtlokale Basisfunktionen wie Sinus-Funktionen oder Tschebyschow-Polynome beinhaltet. Sie ist besonders gut geeignet für PDEs mit einer sehr glatten Lösung wie in [109] beschrieben wird. Als letzte recht bekannte Methode sei die *Randelementmethode* (engl. boundary element method, BEM) erwähnt, die häufig bei elektrischen Feldproblemen (Elektrostatik), thermischen Feldproblemen (instationäre und stationäre Wärmeleitung), mechanische Feldproblemen (Elastomechanik) und Akustik verwendet wird [110].

4.6 Die Finite-Differenzen-Methode

4.6.1 Ableitungen durch Finite-Differenzen ersetzen

Die Finite-Differenzen-Methode werden wir nun anhand der eindimensionalen Wärmeleitungsgleichung Gl. (4.49) (siehe Abschnitt 4.2) einführen:

$$\frac{\partial T}{\partial t} = \frac{K}{C\rho} \cdot \frac{\partial^2 T}{\partial x^2} \tag{4.75}$$

Wie bereits erwähnt, beruht die Idee der FDM auf einer ähnlichen Idee, wie sie für die Euler-Methode in Abschnitt 3.5.1.1 umgesetzt worden ist: Ableitungen werden durch geeignete Finite-Differenzen ersetzt. Mit Gl. (4.75) können wir erkennen, dass wir numerische Approximationen für die Zeitableitung erster Ordnung und für die Raumableitungen zweiter Ordnung brauchen. Wie bei der Euler-Methode approximieren wir die Zeitableitung mit

$$\frac{\partial T(x,t)}{\partial t} \approx \frac{T(x,t+\Delta t) - T(x,t)}{\Delta t} \tag{4.76}$$

wenn Δt ein hinreichend kleiner *Zeitschritt* ist (welcher der Schrittweite h bei der Euler-Methode entspricht). Um eine Approximation für die zweite Ableitung der räumlichen Variable herzuleiten, betrachten wir Δx als hinreichend kleine *Schrittweite*. Dann erhalten wir mittels der Taylor-Entwicklung von $T(x,t)$

$$T(x+\Delta x,t) = T(x,t) + \frac{\partial T(x,t)}{\partial x}\Delta x + \frac{1}{2}\frac{\partial^2 T(x,t)}{\partial x^2}(\Delta x)^2 + \ldots \tag{4.77}$$

$$T(x-\Delta x,t) = T(x,t) - \frac{\partial T(x,t)}{\partial x}\Delta x + \frac{1}{2}\frac{\partial^2 T(x,t)}{\partial x^2}(\Delta x)^2 - \ldots \tag{4.78}$$

Addieren wir beide Gleichungen, so erhalten wir die sogenannte *zentrale Differenzenapproximation* für die zweite Ableitung im Raum:

$$\frac{\partial^2 T(x,t)}{\partial x^2} \approx \frac{T(x+\Delta x,t) - 2T(x,t) + T(x-\Delta x,t)}{(\Delta x)^2} \tag{4.79}$$

Die rechten Seiten der Gln. (4.76) und (4.79) heißen *Finite-Differenzenapproximationen* der Ableitungen. Wie in [111] beschrieben, kann man eine große Anzahl von Finite-Differenzenapproximationen für eine bestimmte Gleichung anwenden. Ein wichtiges Kriterium für die Auswahl einer Finiten-Differenzen-Approxmation ist ihre Genauigkeitsordnung. Zum Beispiel kann für die Approximation (4.79) gezeigt werden, dass sie von zweiter Ordnung in Δx ist, das bedeutet, die Differenz zwischen linker und rechter Seite in Gl. (4.79) kann mit $c_1 \cdot (\Delta x)^2 + c_2 \cdot (\Delta x)^3 \ldots$ ausgedrückt werden, wobei $c_1, c_2, \ldots$ Konstanten sind [111]. Damit verringert sich der in Gl. (4.79) gemachte Approximationsfehler recht schnell, wenn $\Delta x \to 0$. Die erhöhte Genauigkeit ist mit dem Umstand verbunden, dass sich alle ungerade Terme bei der Addition der beiden Taylor-Entwicklungen (4.77) und (4.78) aufheben. Setzen wir Gln. (4.76) und (4.79) in Gl. (4.75) erhalten wir

$$\frac{T(x,t+\Delta t) - T(x,t)}{\Delta t} \approx \frac{K}{C\rho} \cdot \frac{T(x+\Delta x,t) - 2T(x,t) + T(x-\Delta x,t)}{(\Delta x)^2} \tag{4.80}$$

4.6.2 Formulierung eines Algorithmus

Nehmen wir an, wir wollen Gl. (4.75) für $t \in (0, T]$ und $x \in (0, L)$ lösen, wobei

$$T = N_t \cdot \Delta t \tag{4.81}$$

$$L = N_x \cdot \Delta x \tag{4.82}$$

für $N_t, N_x \in \mathbb{N}$. Definieren wir:

$$x_i = i \cdot \Delta x \ , \quad i = 0, \dots, N_x \tag{4.83}$$

$$t_j = j \cdot \Delta t \ , \quad j = 0, \dots, N_t \tag{4.84}$$

$$T_{i,j} = T(x_i, t_j) \ , \quad i = 0, \dots, N_x \ ; \quad j = 0, \dots, N_t \tag{4.85}$$

Dann legt uns Gl. (4.80) folgende Approximation für $i = 1, \dots, N_x - 1$ und $j = 0, \dots, N_t - 1$ nahe:

$$T_{i,j+1} = T_{i,j} + \eta(T_{i+1,j} - 2T_{i,j} + T_{i-1,j}) \tag{4.86}$$

wobei

$$\eta = \frac{K\Delta t}{C\rho\Delta x^2} \tag{4.87}$$

Nun können wir Gl. (4.86) einsetzen, um die Gln. (4.68)–(4.71) zu lösen, da die analytische Lösung dieser Gleichung der bekannte Ausdruck $T^*(x,t)$ in Gl. (4.67) ist, der zur Festlegung der Genauigkeit des numerischen Verfahrens verwendet werden kann. Verwenden wir die Bezeichnungen dieses Abschnitts, so können die Gln. (4.69)–(4.71) wie folgt geschrieben werden:

$$T_{0,j} = 0 \quad j = 0, \dots, N_t \tag{4.88}$$

$$T_{N_x,j} = 0 \quad j = 0, \dots, N_t \tag{4.89}$$

$$T_{i,0} = \sin\left(\frac{\pi}{L} i\Delta x\right) \quad i = 0, \dots, N_x \tag{4.90}$$

Schreiben wir nun Gl. (4.86) für $j = 0$:

$$T_{i,1} = T_{i,0} + \eta(T_{i+1,0} - 2T_{i,0} + T_{i-1,0}) \tag{4.91}$$

Auf der rechten Seite der letzten Gleichung ist alles von der Anfangsbedingung (4.90) her bekannt. Damit kann der Ausdruck (4.91) verwendet werden, um $T_{i,1}$ für $i = 1, \dots, N_x - 1$ zu berechnen (beachte, dass $T_{0,1}$ und $T_{N_x,1}$ aus den Gln. (4.88) und (4.89) bekannt sind). Dann sind alle $T_{i,j}$ mit $j = 0$ oder $j = 1$ bekannt und wir können mit Gl. (4.86) für $j = 1$ fortsetzen:

$$T_{i,2} = T_{i,1} + \eta(T_{i+1,1} - 2T_{i,1} + T_{i-1,1}) \tag{4.92}$$

Wieder ist auf der rechten Seite alles bekannt, so dass wir $T_{i,2}$ für $i = 1, \dots, N_x - 1$ aus der letzten Gleichung erhalten. Verfahren wir in gleicher Weise für $j = 2, 3, \dots$, erhalten wir nach und nach alle $T_{i,j}$ für $i = 0, \dots, N_x$ und $j = 0, \dots, N_t$.

4.6.3 Implementierung in *R*

Das eben beschriebene Verfahren besteht offenbar aus zwei verschachtelten Iterationen oder in einer Programmiersprache ausgedrückt: es besteht aus zwei verschachtelten *Schleifen*. In der ersten, äußeren Schleife, läuft j von 0 bis $N_t - 1$. Innerhalb dieser Schleife ist eine zweite Schleife, in der i von 1 bis $N_x - 1$ läuft. Der vollständige Algorithmus ist als *R*-Programm in `HeatClos.r` realisiert, das Teil der Buch-Software ist. Der wesentliche Teil dieses Programms besteht aus den soeben erwähnten Schleifen:

```
1 for (j in 0:Nt){
2 for (i in 2:Nx)
3   T[i,2]=T[i,1]+eta*(T[i+1,1]-2*T[i,1]+T[i-1,1])
4 for (i in 2:Nx)
5   T[i,1]=T[i,2]
6 ...
7 }
```

Die äußere Schleife über j ist in Zeile 1 definiert, indem die *R*-Anweisung `for` verwendet wird. Sie arbeitet in ähnlicher Weise wie die *Maxima*-Anweisung `for`, die in Abschnitt 3.5.1.2 oben beschrieben ist. Dieses Kommando iteriert alles, was in den Zeilen 1–8 in den Klammern „{...}" eingeschlossen ist. Dazu werden hintereinander die Werte `j=1`, `j=2`, ..., `j=Nt` durchlaufen. Die innere Schleife i besteht aus den Zeilen 2–3. Der Zahlenbereich, den beide Schleifen durchlaufen, ist aus rein technischen Gründen leicht unterschiedlich zu dem oben im Text beschriebenen Bereich (in *R* ist der Index „0" nicht erlaubt und damit beginnen alle Indizes in `HeatClos.r` mit „1" anstelle mit „0"). Die Temperaturen werden in Zeile 3 berechnet, was exakt der Gl. (4.86) entspricht, bis auf die Tatsache, dass der Index „2" anstelle von „$j + 1$" und der Index „1" anstelle von j verwendet wird. Das bedeutet, dass `HeatClos.r` die Temperaturen nur zu zwei Zeitpunkten speichert, und zwar die „neuen" Temperaturen in `T[i,2]` und die „alten" Temperaturen in `T[i,1]`. Wir machen es deshalb, um Speicherplatz zu sparen, da wir üblicherweise als Ergebnis der Berechnung die Temperaturen nur zu ein paar Zeiten wissen möchten. In `HeatClos.r` definiert ein Vektor `to` diese wenigen Zeitpunkte und die Temperaturen entsprechend dieser Zeiten werden dann in einem Vektor `Ts` abgespeichert, der sich hinter Zeile 6 verbirgt (was wir hier aus Platzgründen weggelassen haben). Nach jedem Zeitschritt wird der nächste Zeitschritt in den Zeilen 4–5 vorbereitet, wobei die Variable mit den „alten" Temperaturen mit den neuen Werten überschrieben werden. Die neuen Werte sind dann im nächsten Schleifendurchlauf die „alten" Werte.

Abbildung 4.6 zeigt das Ergebnis der Berechnung. Sehr gut kann man die perfekte Übereinstimmung zwischen numerischer Lösung (Linien) und der analytischen Lösung Gl. (4.67) erkennen. Wie oben erwähnt, können wir uns Abbildung 4.6 so vorstellen, dass diese die Temperaturverteilung in einem eindimensionalen physischen Körper darstellt, wie dem eines Zylinder in Abb. 4.1a. Zur Zeit 0 zeigt die Abbildung eine sinusförmige Temperaturverteilung im Kör-

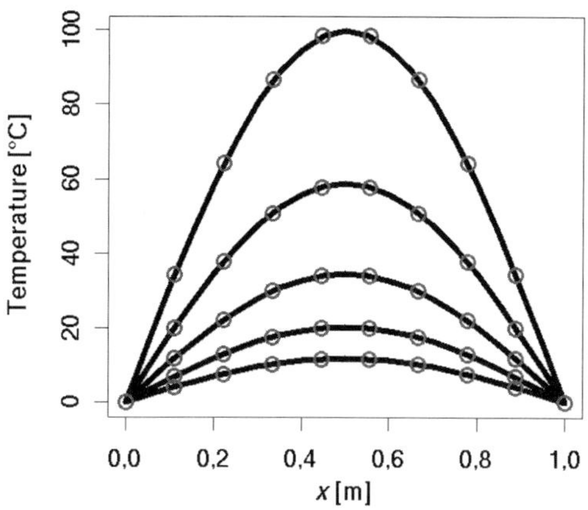

Abb. 4.6 Lösung der Gln. (4.68)–(4.71) für $K = 210$ [cal/(°C g)], $C = 900$ [cal °C g s], $\rho = 2700$ [g/cm^3] und $L = 1$. Linien: Numerische Lösung mit `HeatClos.r` berechnet auf Grundlage des Finiten-Differenzenschemas Gl. (4.86) zu den Zeiten $t = 0, 625, 1250, 1875, 2500$ s, was den Linien von oben nach unten entspricht. Kreise: analytische Lösung, Gl. (4.67).

per, wobei in der Mitte fast 100 °C und an den Enden ungefähr 0 °C vorliegt. Die Körperenden werden durch die Gln. (4.69) und (4.70) bei konstanter Temperatur von 0 °C gehalten. Physikalisch können wir uns vorstellen, dass die Enden in Kontakt mit Eiswasser sind. In einer solchen Situation sagt uns unsere physikalische Intuition, dass ein stetiger Wärmestrom von dem Körper über seine beiden Enden nach außen geht. Damit verbunden ist ein stetiges Absinken der Temperatur innerhalb des Körpers bis $T(x) = 0$ ($x \in [0, 1]$) erreicht ist. Genau das kann aus der Abbildung abgelesen werden und wir sehen, dass diese Lösung der Wärmeleitungsgleichung unserer physikalischen Intuition entspricht. Anzumerken bleibt noch, dass die Materialparameter für dieses Beispiel (siehe Abb. 4.6 und `HeatClos.r`) denen von Aluminium entsprechen.

4.6.4 Fehler und Stabilitätsanalyse

Im allgemeinen Fall haben wir keine analytische Lösung zur Verfügung, die wir zur Überprüfung der Genauigkeit der numerischen Lösung heranziehen können, wie wir es mit Abb. 4.6 getan haben. Um den Fehler innerhalb des FD-Algorithmus zu begrenzen, können wir uns in der Literatur nach einem geeigneten Fehlersteuerungsalgorithmus für unser FD-Schema umschauen [91, 102, 111, 112]. Alternativ können wir auch heuristische Methoden wie in Bemerkung 3.6 anwenden. In diesem Fall bedeutet das, dass wir zunächst die Lösung für Δx und Δt berechnen und dann ein zweites Mal mit $\Delta x/2$ und $\Delta t/2$. Wie in Abschnitt 3.5.2.1 beschrieben, können wir von einem hinreichend genauen Resultat ausgehen, wenn der Unterschied zwischen diesen beiden Lösungen vernachlässigbar klein ist. Allerdings sollte für jedes neu geschriebene FD-Programm zunächst die Lösung mit einer analytischen Lösung ähnlich wie oben überprüft werden.

Schauen wir uns `HeatClos.r` an, so können wir erkennen, dass der Zeitschritt Δt – der als `Dt` in `HeatClos.r` bezeichnet ist – abhängig von der Schrittweite Δx gewählt wird:

$$\Delta t = \frac{C\rho\Delta x^2}{8K} \tag{4.93}$$

Wenn wir für Δt einen größeren Wert wählen, dann werden wir feststellen, dass ab einer bestimmten Grenze die Lösung von `HeatClos.r` numerisch instabil wird. Das heißt, die Lösung wird wild unphysikalisch oszillieren, ähnlich zu dem, was wir in der Diskussion über steife ODEs in Abschnitt 3.5.1.3 gesagt haben.

Wir sehen, dass die Stabilität einer Lösung eine Angelegenheit für alle Arten von Differentialgleichung, inklusive PDEs, ist. Wenn wir Finite-Differenzenschemata wie Gl. (4.86) anwenden, sollten wir immer geeignete Literatur wie [92] durchsehen, um sicher zu sein, dass die Berechnung mit der ausgewählten Methode innerhalb der Stabilitätsgrenzen liegt. Im Fall unseres FD-Schemas Gl. (4.86) zeigt eine *von-Neumann-Stabilitätsanalyse*, dass das Verfahren stabil ist, wenn

$$\eta = \frac{K\Delta t}{C\rho\Delta x^2} < \frac{1}{4} \tag{4.94}$$

erfüllt ist [69]. Wählen wir Δt gemäß Gl. (4.93), dann ist das Kriterium erfüllt.

4.6.5
Explizite und implizite Schemas

Das FD-Schema Gl. (4.86) ist auch unter dem Namen *Leapfrog-Schema* bekannt, da der Algorithmus bei der Berechnung der Lösung von Zeitstufe $j = 1$ zu $j = 2$, dann zu $j = 3, 4, \ldots$ nacheinander voranschreitet, ähnlich dem Spiel *Leapfrog* für Kinder [69]. Da die rechte Seite von Gl. (4.86) gegeben ist, kann die die Lösung zu jedem neuen Zeitschritt $j + 1$ explizit berechnet werden. Unser FD-Schema gehört daher zur Gruppe der *expliziten Finite-Differenzen-Methoden*.

Eine *implizite* Variante des FD-Schemas Gl. (4.86) erhalten wir, wenn Gl. (4.80) ersetzt wird durch

$$\begin{aligned}&\frac{T(x, t + \Delta t) - T(x, t)}{\Delta t}\\ &\qquad \approx \frac{K}{C\rho} \cdot \frac{T(x + \Delta x, t + \Delta t) - 2T(x, t + \Delta t) + T(x - \Delta x, t + \Delta t)}{(\Delta x)^2}\end{aligned} \tag{4.95}$$

was zur folgenden Approximation führt

$$\frac{T_{i,j+1} - T_{i,j}}{\Delta t} = \frac{K}{C\rho} \cdot \frac{T_{i+1,j+1} - 2T_{i,j+1} + T_{i-1,j+1}}{\Delta x^2} \tag{4.96}$$

für $i = 1, \dots, N_x - 1$ und $j = 0, \dots, N_t - 1$. Die letzte Gleichung kann nicht wie zuvor für $T_{i,j+1}$ gelöst werden. $T_{i,j+1}$ ist hier *implizit* gegeben, da die Gleichung von anderen unbekannten Temperaturen zum Zeitschritt $j+1$ abhängt: $T_{i+1,j+1}$ und $T_{i-1,j+1}$. Für einen gegeben Zeitschritt j sind die Gln. (4.96) für $i = 1, \dots, N_x - 1$ miteinander gekoppelt und müssen als lineares Gleichungssystem gelöst werden. Methoden dieser Art werden als *implizite FEMs* bezeichnet. Implizite FDM sind üblicherweise stabiler als explizite Methoden, allerdings erfordern diese für die Berechnung der Werte zu einem Zeitschritt mehr Rechenzeit und höheren Speicherbedarf (da in einem Zeitschritt ein lineares Gleichungssystem für das implizite Schema Gl. (4.96) gelöst werden muss, wohingegen beim expliziten Schema Gl. (4.86) die Temperaturen zum neuen Zeitschritt direkt berechnet werden können). Die Rechenzeit kann allerdings durch die Wahl einer größeren Zeitschrittweite (und dadurch weniger Zeitschritte) wieder verringert werden. Für die implizite Methode wie Gl. (4.96) kann gezeigt werden, dass diese *bedingungslos stabil* ist. Das bedeutet, dass keine Bedingung wie Gl. (4.94) beachtet werden muss, um ein stabiles Ergebnis ohne diese unphysikalischen Oszillationen, wie oben angesprochen, zu erhalten [92].

Die FD-Methode Gl. (4.86) ist auch als *FTCS-Methode* bekannt [112]. Um das zu verstehen, betrachten wir Gl. (4.86), die auf Gl. (4.80) basiert: Wie oben erwähnt ist die rechte Seite von Gl. (4.80) eine *zentrale Differenzenapproximation* für die räumliche Ableitung zweiter Ordnung, was die Buchstaben „CS“ von „FTCS“ ergibt, als Abkürzung für die englische Bezeichnung „*C*entral difference approximation in *S*pace“. Die linke Seite von Gl. (4.80) bezieht sich auf den Zeitschritt t, die für die Approximation für die räumliche Ableitung zu diesem und zum Zeitschritt $t + \Delta t$ verwendet wird, d. h. auf einen Zeitschritt in Vorwärtsrichtung. Das ergibt die Buchstaben „FT“ von „FTCS“ als Abkürzung für die englische Bezeichnung „*F*orward difference approximation in *T*ime“. Das implizite Schema Gl. (4.96) kann in einer ähnlichen Weise beschrieben werden, bis auf die Tatsache, dass in diesem Fall die Approximation der Zeitableitung in die Rückwärtsrichtung geht. Aus diesem Grund ist Gl. (4.96) auch bekannt als die *BTCS-Methode* („*B*ackward difference approximation in *T*ime, *C*entral difference approximation in *S*pace“)

Neben den hier vorgestellten Methoden, gibt es eine große Anzahl anderer FDMs, wobei die meisten von diesen speziell für einen bestimmten Typ von PDEs angepasst sind [91, 102, 111, 112].

4.6.6
Berechnung eines elektrostatischen Potentials

Nach dem Lösen der Wärmeleitungsgleichung betrachten wir nun ein Problem der klassischen Elektrostatik: die Berechnung eines zweidimensionalen elektrostatischen Potentials $U(x, y)$, bei einer gegebenen elektrischen Ladungsverteilung

$\rho(x, y)$. Das elektrostatische Potential wird durch folgende PDE bestimmt [69]:

$$\frac{\partial^2 U(x, y)}{\partial x^2} + \frac{\partial^2 U(x, y)}{\partial y^2} = -4\pi\rho(x, y) \tag{4.97}$$

Gemäß der Klassifikation in Abschnitt 4.3.1.3 handelt es sich hier um eine elliptische PDE, die auch als *Poisson-Gleichung* bekannt ist. Nehmen wir an, dass wir (4.97) in einem Quadrat $(0, L) \times (0, L)$ lösen wollen. Um eine FD-Gleichung zu formulieren, wählen wir ein Gitter mit der gleichen Schrittweite $\Delta = L/N$ in x- und y-Richtung ($N \in \mathbb{N}$). Bezeichnen wir die Werte an den Gitterknoten mit $U_{i,j} = U(i\Delta, j\Delta)$, $\rho_{i,j} = \rho(i\Delta, j\Delta)$ und verwenden wir die zentrale Differenzenapproximation für die Ableitungen in ähnlicher Weise wie oben, so erhalten wir folgende FD-Gleichung für $i = 0, \dots, N$ und $j = 0, \dots, N$:

$$-4U_{i,j} + U_{i+1,j} + U_{i-1,j} + U_{i,j+1} + U_{i,j-1} = -4\pi\rho_{i,j}\Delta^2 \tag{4.98}$$

Dabei sind alle U-Terme in dieser Gleichung unbekannt. Damit erhalten wir wieder ein gekoppeltes System linearer Gleichungen, ähnlich zum impliziten BTCS-System, wie oben beschrieben. Gleichungen dieser Art werden am besten mit iterativen Methoden gelöst, die im nächsten Abschnitt vorgestellt werden.

4.6.7
Iterative Methoden für lineare Gleichungssysteme

Lineare gekoppelte Gleichungssysteme wie Gl. (4.98) treten recht allgemein in der numerischen Behandlung von PDEs auf, unabhängig davon, ob man FDM, FEM (Abschnitt 4.7), FVM (Abschnitt 4.8) oder eine andere in Abschnitt 4.5 erwähnte Methode verwendet. Prinzipiell können Probleme dieser Art als Matrixgleichungen gelöst werden, indem die Standardmethoden der linearen Algebra wie Gauß-Elimination, LU-Zerlegung usw. angewendet werden, siehe [113]. Diese Lösungsmethoden werden *direkte Lösungsmethoden* genannt, da diese das allgemeine Matrixproblem $Ax = b$ in einem Schritt lösen, im Wesentlichen durch Invertierung der Matrix A. Direkte Methode brauchen allerdings typischerweise sehr viel Speicher, da sie die Matrix (zumindest die Elemente ungleich null) im Speicher halten müssen. Auch der Rechenaufwand zur Bestimmung der Lösung ist bezüglich der Anzahl der erforderlichen arithmetischen Operationen recht hoch [114]. Das ist auch ein Problem für Matrizen im Zusammenhang mit der numerischen Behandlung von PDEs, obwohl es sich bei diesen üblicherweise um *dünnbesetzte Matrizen* handelt, d. h. bei denen die meisten Matrixelemente null sind und sich dadurch der Speicherbedarf reduziert.

Demnach werden lineare Gleichungen, die aus PDEs hergeleitet werden, üblicherweise auf Grundlage einer anderen Klasse von Methoden gelöst. Dabei handelt es sich um *iterative Methoden*. Diese Methoden fangen mit einem Startwert für die Unbekannten an, deren Wert dann sukzessiv verbessert wird, bis eine hinreichend genaue Approximation der Lösung der PDE erreicht ist. Im Beispiel oben können wir mit einem Startwert $U_{i,j}^{(0)}$ $(i, j = 0, \dots, N)$ beginnen und dann

Gl. (4.98) verwenden, um $U_{i,j}^{(1)}, U_{i,j}^{(2)}, \ldots$ zu berechnen aus

$$U_{i,j}^{(k+1)} = \frac{1}{4}\left(U_{i+1,j}^{(k)} + U_{i-1,j}^{(k)} + U_{i,j+1}^{(k)} + U_{i,j-1}^{(k)}\right) + \pi\rho_{i,j}\Delta^2 \tag{4.99}$$

Diese spezielle iterative Methode wird *Jacobi-Methode* genannt, aber es gibt noch effektivere Methoden wie die *Gauss-Seidel-Methode* und *Relaxationmethoden*, die in[69, 114] diskutiert werden. In [69] kann man ein Anwendungsbeispiel für Gl. (4.98) finden, zusammen mit einem Programm zum Lösen diese Gleichung mit Hilfe einer Relaxationsmethode.

Bemerkung 4.6. Verschachtelte Iterationen Die numerische Lösung von nichtlinearen PDEs kann zu ineinander verschachtelten Iterationen führen: beispielsweise eine äußere Iteration, welche die Zeitskala (für instationäre Gleichungen) auflöst und/oder die Nichtlinearität (siehe Abschnitt 4.3.1.3) behandelt und eine innere Iteration, die das entstehende lineare Gleichungssystem löst.

4.6.8
Milliarden von Unbekannten

Wie im vorherigen Abschnitt erwähnt, werden iterative Methoden vor allem bei sehr großen linearen Gleichungssystemen eingesetzt, die sich aus der Herleitung aus den PDEs ergeben. Die Anforderungen an Speicher und Rechenzeit von direkten Methoden können jenseits aller Grenzen liegen. Anhand eines FD-Ansatzes, wie den unseren, kann skizziert werden, warum lineare Gleichungssysteme zu einer PDE so groß sein können. Nehmen wir an, wir möchten FDM zur Berechnung einer unbekannten Größe U in einem Würfel $[0, 1]^3$ einsetzen. Nehmen wir weiter an, wir verwenden die gleiche Schrittweite $\Delta = 1/N$ ($N \in \mathbb{N}$) in allen drei Raumrichtungen. Dann erhalten wir mit einer FD-Methode, wie zum Beispiel dem oben vorgestellten, ein lineares Gleichungssystem mit etwa N^3 Unbekannten $U_{i,j,k}$ (die wahre Anzahl der Unbekannten kann sich durch die Wahl der Randbedingung leicht unterscheiden). Der Wert von N wird von unserer Anwendung abhängen. $N = 10$ kann in einigen Fällen ausreichend sein, was zu einer Anzahl von $N^3 = 1000$ Unbekannten führt. Wenn aber unsere Anwendung eine sehr feine Auflösung erfordert, brauchen wir vielleicht $N = 100$. Dann erreichen wir bereits eine Gesamtzahl von Unbekannten in der Größenordnung von einer Million.

Nun müssen wir beachten, dass sich dieses Beispiel auf die Berechnung von nur *einer* Zustandsvariable U bezieht. Viele Anwendungen verlangen die Lösung von PDE-Systemen, die eine Berechnung von verschiedenen Zustandsvariablen auf unseren Rechengitter mit sich bringt, zum Beispiel der Druck und die verschiedenen Geschwindigkeitskomponenten in einer CFD-Anwendung (CFD steht für „computational fluid dynamics“, also numerische Strömungsberechnung). Wenn wir $N = 1000$ nehmen, würden wir Milliarden an Unbekannten für jede Zustandsvariable erhalten. Dann kann es noch sein, dass wir die zeitliche Entwicklung unserer Zustandsvariablen beobachten wollen, d. h. wir müssten das Problem als ein instationäres Problem lösen. Das bedeutet wiederum, dass wir das Problem mit Milliarden an Unbekannten für jeden einzelnen Zeitschritt unseres numerischen Verfahrens berechnen müssten. Zudem können bei Anwendungen für FEM (Abschnitt 4.7) oder FVM (Abschnitt 4.8) sehr kleine Strukturen in der Geometrie enthalten sein. Diese müssen durch ein sehr feines Rechengitter aufgelöst werden und damit wird wiederum jeder Punkt dieses Gitters die Anzahl der Unbekannten vergrößern. Auf diese Weise können PDE-Anwendungen sehr leicht weit mehr als eine Milliarde Unbekannte erzeugen und daher ist es nicht weiter verwunderlich, dass die Berechnung von PDE-Lösungen sehr hohe Anforderungen an Speicher und Rechenleistung stellen und folglich lange Rechenzeiten nachsichziehen können.

Bemerkung 4.7. Wichtigkeit effizienter Lösungsverfahren Die Effizienz der Lösungsverfahren ist ein wichtiger Aspekt bei der numerischen Behandlung von PDEs. Wichtige Strategien zur Effizienzverbesserung sind z. B. die Analyse der Dimensionalität und Symmetrie des Problems (Abschnitt 4.3.3) und der Einsatz von schnellen, iterativen Methoden für die Lösung der linearen Gleichungssysteme.

Machen wir uns bewusst, dass bei $N = 100$ nur etwa 10 000 anstelle von 1 Million Unbekannten vorhanden sind, wenn wir das Problem in 2D anstelle in 3D lösen können. Oder etwa 500 000 Unbekannte wären ausreichend, wenn aufgrund von Symmetriebetrachtungen die Hälfte des ursprünglichen Rechengebiets für unsere Berechnung ausreicht.

4.7 Die Finite-Elemente-Methode

Wie in Abschnitt 4.5 beschrieben, besteht der größte Nachteil einer FD-Methode in dem Fehlen an geometrischer Flexibilität. FDM braucht immer ein reguläres Rechengitter, das auf das Rechengebiet abgebildet wird. Damit wird die Komplexität der Geometrie, die man betrachten möchte, eingeschränkt. Dagegen ist die Finite-Elemente-Methode (FEM) besonders gut für komplexe Geometrien geeignet. Sie benutzt Gitter, die sich aus einfachen geometrischen Formen wie Dreiecken in 2D oder Tetraeder in 3D aufbauen lassen. Diese einfachen geometrischen Formen werden *Finite Elemente* genannt. Und wenn eine große Anzahl von diesen finiten Elementen zusammengesetzt wird, kann jedes vorstellbare geometrische Objekt konstruiert werden. Zum Beispiel zeigt Abb. 4.7a eine Konstruktion eines kreisförmigen Gebiets durch die Verwendung von Dreiecken als Finite Elemente. Eine Konstruktion wie in Abb. 4.7a wird als *Gitter* oder *Netz* bezeichnet. Die Erstellung eines Netzes, welche die Geometrie abdeckt, ist ein wichtiger Schritt bei der FEM (siehe die Diskussion der Netzgenerierung mittels Software in Abschnitt 4.9 unten). Wenn ein 2D-Gitter mit Hilfe von Dreiecken ähnlich zu Abb. 4.7a erzeugt wird, so wird das resultierende Netz auch als *Triangulierung* der Ausgangsgeometrie bezeichnet.

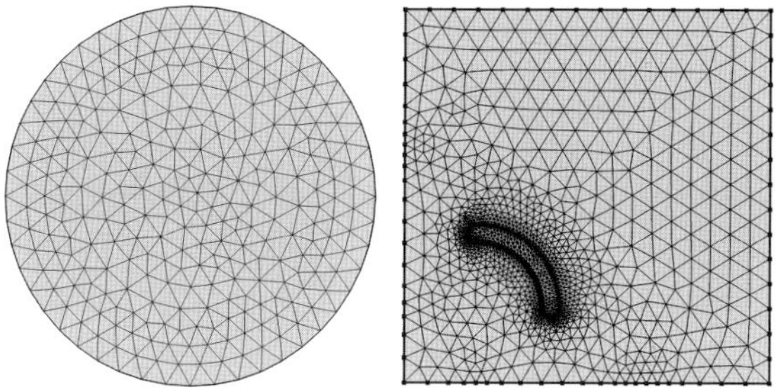
(a) (b)

Abb. 4.7 (a) Beispiel für eine Triangulierung eines Kreises. (b) Beispiel für ein lokal verfeinertes Gitter.

Geometrien wie Abb. 4.7a können nur mit großem Aufwand oder überhaupt nicht durch ein *strukturiertes Gitter* abgedeckt werden, wie es in eine FD-Methode erforderlich ist (Abschnitt 4.6). Das Gitter in Abb. 4.7a wird *unstrukturiertes Gitter* genannt, da die Kreuzungspunkte des Gitters – die als *Knoten* des Gitter bezeichnet werden – keinerlei reguläre Struktur besitzen (zum Beispiel im Gegensatz zu einem FD-Gitter implizieren diese keine natürliche Ordnung dieser Kreuzungspunkte). Wie bei FDM sind die Knoten des FE-Gitters die Punkte, an denen das numerische Verfahren eine Approximation der Zustandsvariablen liefert (etwas genauer, die Gewichte der Basisfunktionen werden an den Knoten bestimmt, siehe unten). Abhängig von der Anwendung, kann es nötig sein, in verschiedenen Bereichen des Rechengebietes eine feinere und gröbere Auflösung – und damit eine größere und kleinere Dichte der Knoten – der numerischen Lösung zu haben. Das kann recht einfach mit einem unstrukturierten FE-Gitter realisiert werden. Abbildung 4.7b zeigt ein Beispiel, bei dem ein viel feineres Gitter in einem kreisförmigen Streifen verwendet wird. Solche Netze werden *lokal verfeinerte Gitter* genannt. Ein lokal verfeinertes Gitter kann nicht nur verwendet werden, um eine gewünschte Auflösung der numerischen Lösung zu erreichen, sondern auch dazu beitragen, inhärente Probleme mit dem numerischen Verfahren zu umgehen [115–117].

4.7.1 Schwache Formulierung von PDEs

Den Unterschied zwischen den numerischen Zugängen von FDM und FEM kann wie folgt ausgedrückt werden:

Bemerkung 4.8. Die FDM approximiert die PDE, die FEM approximiert die Lösung der PDE.

Um dies ein wenig zu präzisieren betrachten wir einmal die Poisson-Gleichung in 2D (siehe Abschnitt 4.6.6):

$$\frac{\partial^2 U(x,y)}{\partial x^2} + \frac{\partial^2 U(x,y)}{\partial y^2} = f(x,y) \tag{4.100}$$

wobei $(x, y) \in \Omega \subset \mathbb{R}^2$ und f eine reelle Funktion auf Ω ist. Folgen wir jetzt der Idee von FDM und verwenden die zentrale Differenzenapproximation wie in Abschnitt 4.6.1 beschrieben. Dann wird aus der Poisson-Gleichung folgende Differenzengleichung:

$$\frac{U(x+\Delta x, y) - 2U(x, y) + U(x-\Delta x, y)}{\Delta x^2} + \frac{U(x, y+\Delta y) - 2U(x, y) + U(x, y-\Delta y)}{\Delta y^2} = f(x, y) \tag{4.101}$$

Gleichung (4.101) approximiert Gl. (4.100) und in diesem Sinne ist es gestattet zu sagen, „FDM approximiert die Gleichung“. Um jetzt zu verstehen, was mit „FEM approximiert die Lösung“ gemeint ist, betrachten wir die 1D-Version von Gl. (4.100):

$$u''(x) = f(x) \quad x \in (0, 1) \tag{4.102}$$

$$u(0) = u(1) = 0 \tag{4.103}$$

Das ist natürlich eine ODE, aber dieses Problem ist trotzdem sehr gut geeignet die Idee von FEM mit einfachen Begriffen zu erklären. Sei v eine glatte Funktion, die $v(0) = v(1) = 0$ erfüllt. Hier bedeutet „Glattheit“, dass v unendlich oft auf einem kompakten Träger differenzierbar ist, was üblicherweise mit $v \in C_0^\infty(0, 1)$ bezeichnet wird, siehe [91] (wir brauchen hier nicht näher darauf einzugehen, da wir keine Theorie von PDE entwickeln werden). Gl. (4.102) impliziert

$$\int_0^1 u''(x)v(x)\mathrm{d}x = \int_0^1 f(x)v(x)\mathrm{d}x \tag{4.104}$$

Verwenden wir $v(0) = v(1) = 0$ und partielle Integration, so erhalten wir für die linke Seite

$$-\int_0^1 u'(x)v'(x)\mathrm{d}x = \int_0^1 f(x)v(x)\mathrm{d}x \tag{4.105}$$

Sei $H_0^1(0, 1)$ eine geeignete Menge von reellen Funktion über dem Intervall $(0, 1)$. $H_0^1(0, 1)$ ist ein sogenannter *Sobolev-Raum*, was ein wichtiges Konzept in der Theorie von PDEs ist (siehe die genaue Definition in [91]). Definieren wir

$$\phi(u, v) = \int_0^1 u'(x)v'(x)\mathrm{d}x \tag{4.106}$$

für $u, v \in H_0^1(0, 1)$, dann kann gezeigt werden, dass das folgende Problem eindeutig gelöst werden kann [91]:

Finde $u \in H_0^1(0, 1)$ so, dass

$$\forall v \in H_0^1(0, 1) : -\phi(u, v) = \int_0^1 f(x)v(x)\mathrm{d}x \tag{4.107}$$

Das Problem (4.107) wird *Variationsformulierung* oder *schwache Formulierung* der Gln. (4.102) und (4.103) genannt. Dabei ist der Ausdruck „schwach" durch den Umstand motiviert, dass einige Lösungen von Problem (4.107) keine Lösungen der Gln. (4.102), (4.103) sind, da sie keine zweite Ableitung im üblichen Sinne besitzen, die wir für Gl. (4.102) brauchen. Stattdessen werden Lösungen des Problems (4.107) als *schwach differenzierbar* bezeichnet und diese Lösungen selbst werden als *schwache Lösungen* der PDE für die Ausgangsformulierung bezeichnet, d. h. der Gln. (4.102) und (4.103). Obwohl wir uns hier auf eine Diskussion der Gln. (4.102) und (4.103) beschränken, sollten wir beachten, dass ganz allgemein ähnliche schwache Formulierungen für lineare PDEs zweiter Ordnung hergeleitet werden können. Diese schwachen Formulierungen können dann in ähnlicher Weise approximiert werden, wenn wir Finite Elemente verwenden, wie wir weiter unten sehen werden [91].

4.7.2
Approximation einer schwachen Formulierung

Die Idee der FEM ist, den unendlich-dimensionalen Raum $H_0^1(0,1)$ durch einen endlich-dimensionalen Unterraum $V \subset H_0^1(0,1)$ zu ersetzen. Dann lässt sich Gl. (4.107) zu folgendem Problem umschreiben:

Finde $u \in V$ so dass

$$\forall v \in V : -\phi(u,v) = \int_0^1 f(x)v(x)\mathrm{d}x \tag{4.108}$$

Erinnern wir uns an unsere Kurse über Lineare Algebra, so wissen wir, dass die *Dimension* eines Vektorraumes V $n \in \mathbb{N}$ ist, wenn es n lineare unabhängige *Basisvektoren* $v_1, \ldots, v_n \in V$ gibt, mit denen sich jeder Vektor $w \in V$ als Linearkombination $w = a_1v_1 + \cdots + a_nv_n$ $(a_1, \ldots, a_n \in \mathbb{R})$ darstellen lässt. Für den Raum $H_0^1(0,1)$ in Problem (4.107) kann keine solche Basis gefunden werden, da es sich um einen unendlich dimensionalen Raum handelt [91]. Ein solcher Raum ist ungeeignet für ein numerisches Verfahren, da in einem Verfahren nur eine endliche Anzahl von Schritten durchgeführt werden können. Das ist der Grund, weshalb wir das Problem (4.107) durch das Problem (4.108) ersetzen. Denn damit führen wir das Problem auf einen endlich dimensionalen Raum V zurück. Wenn $v_1, \ldots, v_n$ eine Basis von V ist, so kann jede Funktion $u \in V$ geschrieben werden als

$$u = \sum_{j=1}^{n} u_j v_j \tag{4.109}$$

wobei $u_1, \ldots, u_n \in \mathbb{R}$. Das Problem (4.108) können wir nun formulieren als:

Finde $u_1, \dots, u_n \in \mathbb{R}$, so dass für $i = 1, \dots, n$ (unter Berücksichtigung der Linearität von ϕ) gilt:

$$-\sum_{j=1}^{n} \phi(v_i, v_j) \cdot u_j = \int_0^1 v_i(x) f(x) \mathrm{d}x \tag{4.110}$$

Verwenden wir die Definitionen

$$A = (\phi(v_i, v_j))_{i=1\dots n, j=1\dots n} \tag{4.111}$$

$$u = (u_j)_{j=1\dots n} \tag{4.112}$$

$$f = \left(\int_0^1 v_i(x) f(x) \mathrm{d}x \right)_{i=1\dots n} \tag{4.113}$$

dann kann Problem (4.110) wie folgt in der Matrixform geschrieben werden:

Finde $\boldsymbol{u} \in \mathbb{R}^n$ so dass

$$\boldsymbol{A} \cdot \boldsymbol{u} = \boldsymbol{f} \tag{4.114}$$

Die FEM transformiert damit das ursprüngliche PDE-Problem mit den Gln. (4.102) und (4.103) in ein *lineares Gleichungssystem*, wie es auch bei FDM oben der Fall gewesen ist.

Erinnern wir uns, dass wir gesagt haben, dass FDM die Gleichung der PDE approximiert, wohingegen FEM die Lösung der PDE approximiert (Bemerkung 4.8). Genau das wird mit den letzten Gleichungen ausgedrückt. Wir können auch sehen, dass die Herleitung der Gl. (4.114) keine einzige Approximation einer Ableitung verwendet – das würde zu einer Approximation der PDE-Gleichung führe, ganz ähnlich wie bei FDM. Stattdessen ist Gl. (4.109) verwendet worden, um die Lösung der PDE – die im unendlich dimensionalen Sobolev-Raum $H_0^1(0, 1)$ liegt – mit Elementen des endlich dimensionalen Unterraumes $V \subset H_0^1(0, 1)$ zu approximieren.

4.7.3 Geeignete Wahl von Basisfunktionen

Um die Lösung von (4.114) zu vereinfachen, wird eine Basis $v_1, \dots, v_n$ von V gewählt, so dass die Matrix A eine *dünnbesetzte Matrix* wird, d. h. eine Matrix, in der die meisten Einträge null sind. Führen wir eine Zerlegung von $[0, 1]$ mit $0 = x_0 < x_1 < x_2 < \cdots < x_{n+1} = 1$ durch, dann können wir beispielsweise folgende *stückweise lineare Funktionen* verwenden:

$$v_k(x) = \begin{cases} \frac{x - x_{k-1}}{x_k - x_{k-1}} & \text{falls } x \in [x_{k-1}, x_k) \\ \frac{x_{k+1} - x}{x_{k+1} - x_k} & \text{falls } x \in [x_k, x_{k+1}] \\ 0 & \text{sonst} \end{cases} \tag{4.115}$$

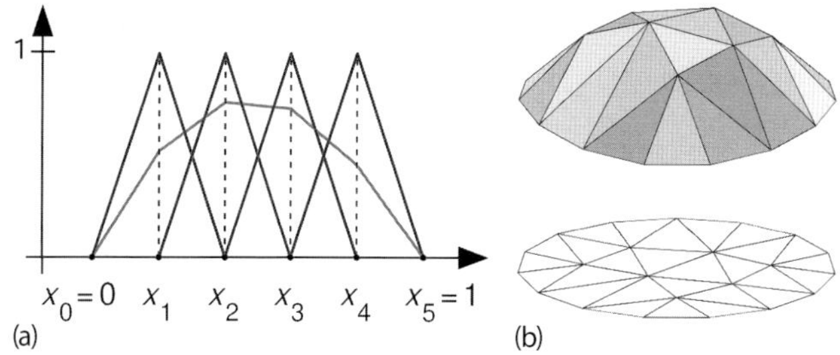

Abb. 4.8 (a) Beispiel für eindimensionale „Hut"-Basisfunktionen und eine stückweise lineare Funktion als Linearkombination der Basisfunktionen. (b) Beispiel einer stückweisen linearen Funktion über einem zweidimensionalen FE-Gitter. (Quelle: http://commons.wikimedia.org.)

Dann spannen die Funktionen v_k for $k = 1, \dots, n$ einen n-dimensionalen Vektorraum V auf, der als Approximation für $H_0^1(0, 1)$ wie oben beschrieben verwendet werden kann. Etwas genauer, die Funktionen spannen einen Vektorraum mit allen über den Teilintervallen $[x_{k-1}, x_k]$ $(k = 1, \dots, n + 1)$ stückweise linearen Funktionen auf. Damit definiert $0 = x_0 < x_1 < x_2 < \dots < x_{n+1} = 1$ eine Zerlegung von $[0, 1]$ in endlich viele Unterteilungen, wobei die Teilintervalle $[x_{k-1}, x_k]$ die Finiten Elemente sind und das Gitter aus den Punkten $x_0, \dots, x_{n+1}$ besteht.

Abbildung 4.8a zeigt ein Beispiel für $n = 4$. Die Abbildung zeigt vier „Hut-Funktionen" mit Mittelpunkten bei x_1, x_2, x_3, x_4, die den Basisfunktionen v_1, v_2, v_3, v_4 entsprechen. Außerdem ist eine weitere Funktion zu sehen, eine über den Teilintervallen $[x_{k-1}, x_k]$ $(k = 1, \dots, 5)$ stückweise lineare Funktion, die eine lineare Kombination der v_k darstellt,

$$u(x) = \sum_{k=1}^{4} a_k v_k(x) \tag{4.116}$$

wobei $a_1, a_2, a_3, a_4 \in \mathbb{R}$. Da v_k nur im Intervall $[x_{k-1}, x_{k+1}]$ von null verschieden ist, sind die Elemente der Matrix $\boldsymbol{A}$ aus Gl. (4.114)

$$\phi(v_i, v_j) = \int_0^1 v_i'(x) v_j'(x) \mathrm{d}x \tag{4.117}$$

immer null, sobald $|i-j| > 1$, das bedeutet, dass diese Basisfunktionen tatsächlich eine dünnbesetzte Matrix $\boldsymbol{A}$ generieren. Das Vorhandensein der vielen Nulleinträge ist also eine Folge davon, dass die Basisfunktionen v_k fast überall null sind. Die Menge der Punkte, an denen die Funktion von null verschiedene Werte haben kann, wird *Träger* genannt und damit können wir sagen, dass der Trick bei FEM darin liegt, Basisfunktionen mit einem kleinen Träger zu wählen.

4.7.4
Verallgemeinerung ins Mehrdimensionale

Das gleiche Vorgehen kann auf ein höher-dimensionales PDE-Problem übertragen werden. Um beispielsweise die Poission-Gleichung (4.100) zu lösen, müssen wir im ersten Schritt eine geeignete *schwache Formulierung* von Gl. (4.100) ähnlich zu Gl. (4.107) finden. Diese schwache Formulierung ist mit Funktionen aus einem geeigneten *Sobolev-Raum* verbunden, der wieder mit einem endlich dimensionalen Vektorraum V approximiert wird. Als Basis von V können wie zuvor stückweise lineare Funktionen dienen (obwohl es viele Alternativen gibt, siehe [91]). Im Abschnitt zuvor haben wir eine Zerlegung von $[0, 1]$ in $0 = x_0 < x_1 < \ldots < x_{n+1} = 1$ gewählt, um geeignete stückweise lineare Funktionen zu definieren. In 2D ist der entsprechende Schritt eine Zerlegung des zweidimensionalen Gebietes in Finite Elemente, ähnlich zur Zerlegung des kreisförmigen Gebiets in Dreiecke, Abb. 4.7a. In Analogie zur Diskussion oben können wir dann stückweise lineare Basisfunktionen v_k verwenden, die genau an *einem* Knoten des Finite-Elemente-Gitters den Wert 1 haben und an allen anderen den Wert 0 besitzen. Verwenden wir eine Linearkombination von diesen Basisfunktionen, dann können wir beliebige stückweise lineare Funktionen erzeugen. Abbildung 4.8b zeigt ein Beispiel. In 3D können wir auf die gleiche Weise vorgehen, um zum Beispiel eine Zerlegung des Rechengebiets in Tetraeder durchzuführen.

Die FEM wie oben beschrieben ist ein Beispiel für einen etwas allgemeineren Zugang, den man *Galerkin-Methode* [115, 117] nennt. Diese Methode wird auch bei der *Randelementemethode* zum Lösen von Integralgleichungen oder bei den *Krylov-Unterraum-Methoden* zum iterativen Lösen linearer Gleichungssysteme angewendet [114].

4.7.5
Zusammenfassung der wesentlichen Schritte

Das allgemeine Vorgehen der FEM kann wie folgt zusammengefasst werden:

Wichtigste Schritte der FEM

1. *Geometrieerstellung:* Festlegung der Geometrie des Gebiets, in dem die PDE gelöst wird.
2. *Gittergenerierung:* Zerlegung der Geometrie in geometrische Primitive, die auch „Finite Elemente“ genannt werden (zum Beispiele Intervalle in 1D, Dreiecke in 2D, Tetraeder in 3D).
3. *Schwache Problemformulierung:* Formulierung der PDE in schwacher Form. Endlich-dimensionale Approximation des Problems in schwacher Formulierung auf Basis eines Gitters.
4. *Lösung:* Lösen eines linearen Gleichungssystems, das aus der schwachen Formulierung abgeleitet wird, oder eine iterative Folge von linearen Gleichungs-

systemen, wenn eine nichtlineare und/oder instationäre PDE vorliegt (siehe Bemerkung 4.6).

5. *Postprocessing:* Erstellung von Schaubildern, Ausgabedateien, usw.

Der Schritt *Geometrieerstellung* entspricht der Definition des Intervalls [0, 1] in der oben gegebenen Diskussion zu den Gln. (4.102) und (4.103). Wenn wir zum Beispiel die zweidimensionale Poisson-Gleichung (4.100) in einem kreisförmigen Gebiet lösen wollen, dann bedeutet dieser Schritt die Festlegung auf dieses kreisförmige Gebiet. Bei diesen Beispielen handelt es sich um einfache Geometrien, aber im Allgemeinen kann die Geometriedefinition eine ziemlich aufwendige Aufgabe sein. Wenn wir beispielsweise die PDEs zur numerischen Strömungsmechanik (CFD) heranziehen, um die Luftströmung in einem Motor eines Traktors zu untersuchen, dann müssen wir eine komplexe Geometrie definieren. In der Praxis wird das mit Hilfe eines geeigneten CAD-Softwaretools umgesetzt. FEM-Software (wie *Salome-Meca*, siehe Abschnitt 4.9) bietet üblicherweise mindestens ein einfaches CAD-Werkzeug zur Geometriekonstruktion sowie eine Option zum Importieren von Konstruktionen, die mit einer externen CAD-Software erstellt worden sind.

Der Schritt *Gittergenerierung* beinhaltet die Einteilung der Geometrie in Finite Elemente, wie oben beschrieben. Obwohl in den meisten praktischen Anwendungen nur Dreiecke (in 2D) und Tetraeder (in 3D) verwendet werden, können im Prinzip alle Arten von geometrischen Primitiven eingesetzt werden. Zum Beispiel verwenden einige Anwendungen Rechtecke oder krummlinige Formen in 2D, Hexaeder, Prismen, oder Pyramiden in 3D. Natürlich ist die Gittergenerierung ein integraler Bestandteil jeder FEM-Software.

Für die Gittererzeugung sind effiziente Algorithmen entwickelt worden. Und in diesem Zusammenhang ist die *Gitterqualität* ein wichtiges Thema, d. h. die Kompatibilität des Netzes mit dem numerischen Lösungsverfahren. So können zu kleine Winkel in Dreiecken eines FEM-Gitters das numerische Lösungsverfahren behindern. Vermeiden kann man das zum Beispiel mit der *Delaunay-Triangulierung* [118]. Ein anderer wichtiger Aspekt der Gittergenerierung ist die *Gitterverfeinerung*. Wie oben bereits angesprochen kann ein lokal verfeinertes Gitter, wie in Abb. 4.7b, erforderlich sein, um eine gewünschte Auflösung für die numerische Lösung zu erreichen oder um Probleme mit dem numerischen Algorithmus zu vermeiden. FEM-Software wie *Salome-Meca* bieten zahlreiche Optionen, um lokal verfeinerte Gitter zu erzeugen. Der Schritt Gittergenerierung kann auch mit der Lösung eines FEM-Problems auf verschiedene Arten gekoppelt sein. Einige Anwendungen verlangen zum Beispiel ein „Moving Mesh", also ein bewegtes Gitter, wie es bei Fluid-Struktur-Problemen auftritt, wenn eine Wechselwirkung zwischen einer Strömung und einer formbaren festen Struktur vorliegt [119]. Einige Algorithmen verwenden Strategien mit einer *adaptiven Gitterverfeinerung*, bei der das Gitter automatisch verfeinert oder vergröbert wird, abhängig von einer aus der numerischen Lösung berechneten *a posteriori Fehlerabschätzung* [93].

Der Schritt *Schwache Problemformulierung* ist die größte technische Aufgabe im vorgestellten Schema. Er beinhaltet zum Beispiel die Auswahl der Basisfunktionen des endlich dimensionalen Unterraums V, in dem die FEM nach einer Lösung sucht. Wir haben oben die Verwendung von stückweise linearen Basisfunktionen beschrieben, aber alle Arten von anderen Basisfunktionen wie stückweise quadratische oder allgemein stückweise polynomiale Basisfunktionen können verwendet werden [118]. Anzumerken ist, dass einige Autoren den Ausdruck „Finite Elemente" als Name für die Basisfunktionen und nicht für die geometrischen Primitive des Gitters verwenden. Wenn dann von „quadratischen Elementen" die Rede ist, wird eine FEM beschrieben, die Polynome zweiter Ordnung als Basisfunktionen verwendet. Wenn die PDE nichtlinear ist, dann muss die schwache Problemformulierung mit einer geeigneten Linearisierungsstrategie gekoppelt werden [93]. Moderne FEM-Programme wie *Salome-Meca* können ohne größere Kenntnisse über die schwache Problemformulierung eingesetzt werden. Normalerweise wird die Software eine vernünftige Standardeinstellung setzen, abhängig vom Typ der vom Benutzer zuvor ausgewählten PDE und als Anfänger in FEM ist es üblicherweise eine gute Idee, diese Standardeinstellung beizubehalten.

Der Schritt *Lösung* von FEM besteht im Wesentlichen aus der Berechnung der Lösung eines linearen Gleichungssystems mit einer dünnbesetzten Matrix, wie oben angesprochen. Wie in Abschnitt 4.6.7 erwähnt, können mit geeigneten iterativen Methoden die Lösung von großen dünnbesetzten linearen Gleichungssystemen recht effizient bestimmt werden. Wenn eine instationäre PDE vorliegt, dann kann FEM mit der Behandlung der Zeitableitung, ähnlich wie es oben für die Wärmeleitungsgleichung (Abschnitt 4.6) gemacht wird, kombiniert werden. Im Grunde bedeutet das, dass eine Folge von linearen Gleichungssystemen gelöst werden muss, solange wir uns entlang der Zeitachse bewegen [118]. Bei nichtlinearen PDEs muss FEM mit einer Methode zur Linearisierung wie der Newton-Methode [93] kombiniert werden, was wieder auf eine iterative Folge von linearen Gleichungssystemen zur Berechnung der Lösung führt. Dies alles, wie auch der letzte Schritt *Postprocessing* von FEM, wird durch moderne FEM-Software unterstützt. Zur Visualisierung kann auch eine gut entwickelte Software wie das Open-Source-Programm *ParaView* eingesetzt werden (siehe Abschnitt 4.10).

Bemerkung 4.9. Vergleich FDM mit FEM Die FEM ist vergleichsweise einfach zu implementieren (Abschnitt 4.6), aber auf einfache Geometrien beschränkt. Die FEM kann komplexe Geometrien behandeln, aber die Implementierung ist aufwendiger und erfordert üblicherweise die Anwendung von Software-Tools.

Im nächsten Abschnitt werden wir sehen, dass die FVM als Verallgemeinerung der FDM interpretiert werden kann und zu einer Flexibilität bei komplexen Geometrien führt, der Aufwand bei der numerischen Implementierung allerdings wesentlich zunimmt.

4.8 Die Finite-Volumen-Methode

Neben FDM und FEM ist die FVM ein weiteres, sehr verbreitetes Verfahren, um partielle Differentialgleichungen zu lösen. Sie bietet in etwa die gleiche Flexibilität bei Problemstellungen mit komplexen Geometrien wie FEM und eignet sich sehr gut für das numerische Lösen sogenannter Erhaltungsgleichungen (siehe Bemerkung 4.2), wie die Erhaltung der Masse oder der Energie. Daher sind die FVM gerade bei numerischen Berechnungen von Fluidströmungen (mit Fluide werden Flüssigkeiten oder Gase bezeichnet) weit verbreitet, wie z. B. im Software-Paket *OpenFOAM* (siehe auch Abschnitt 4.9). Das Prinzip der FVM wird nun im Folgenden anhand der Wärmeleitungsgleichung Gl. (4.18)

$$\frac{\partial T}{\partial t} = \frac{1}{C\rho} \boldsymbol{\nabla} \cdot (K \boldsymbol{\nabla} T) \tag{4.118}$$

vorgestellt, die in Abschnitt 4.2 hergeleitet worden ist. Verwenden wir die Bezeichnungen

$$\begin{aligned} &u(\boldsymbol{x}, t) = C\rho T(\boldsymbol{x}, t)\,, \quad \boldsymbol{q}(\boldsymbol{x}, t) = -K(\boldsymbol{x}, t) \boldsymbol{\nabla} T(\boldsymbol{x}, t) = -\frac{K(\boldsymbol{x}, t)}{C\rho} \boldsymbol{\nabla} u(\boldsymbol{x}, t) \\ &s(\boldsymbol{x}, t) = 0 \end{aligned} \tag{4.119}$$

so lässt sich die Wärmeleitungsgleichung in der *konservativen Form* von Erhaltungsgleichungen schreiben:

$$\frac{\partial u}{\partial t} + \boldsymbol{\nabla} \cdot \boldsymbol{q} = s \tag{4.120}$$

Im Allgemeinen beschreibt $s(\boldsymbol{x}, t)$ eine Quelle oder Senke der betrachteten Größe (wie zum Beispiel Wärmestrahlung), die wir der Einfachheit wegen in der Herleitung der Wärmeleitungsgleichung in Abschnitt 4.2 nicht betrachtet haben. Andere Erhaltungsgleichungen lassen sich ebenfalls in diese Form bringen. Wählen wir zum Beispiel $u = \rho$, $\boldsymbol{q} = \rho\, \boldsymbol{v}$ und $s = 0$, so erhalten wir die Massenerhaltungsgleichung. Partielle Differentialgleichungen in der Gestalt der Gl. (4.120) bilden den Ausgangspunkt für die FVM.

4.8.1 Schwache Formulierung von Erhaltungsgleichungen

Um die FVM formulieren zu können, sind ein paar mathematische Vorbereitungen zu treffen. Zunächst betrachten wir ein Kontrollvolumen V, welches das gesamte Gebiet ist, in dem die Differentialgleichung (4.120) gelten soll. Dann können wir Gl. (4.120) über V integrieren und erhalten

$$\int\limits_V \left(\frac{\partial u}{\partial t} + \boldsymbol{\nabla} \cdot \boldsymbol{q} \right) \mathrm{d}V = \int\limits_V s \mathrm{d}V \tag{4.121}$$

Diese Gleichung wird als *schwache Form* der ursprünglichen Gl. (4.120) bezeichnet und ist nicht ganz äquivalent zu Gl. (4.120). Für Gl. (4.121) gibt es mehr Lösungsfunktionen als für Gl. (4.120), da sich Bereiche mit positiven und negativen Werten ausgleichen können (daher die Bezeichnung schwache Form, ganz ähnlich wie wir es schon bei der FE-Methode gesehen haben). Wenden wir nun den gaußschen Integralsatz für den Integralterm mit $\boldsymbol{\nabla} \cdot \boldsymbol{q}$ an:

$$\int_V \boldsymbol{\nabla} \cdot \boldsymbol{q} \mathrm{d}V = \oint_\Omega \boldsymbol{q} \cdot \boldsymbol{n} \mathrm{d}S \tag{4.122}$$

wobei Ω den Rand bzw. die Ränder des Volumens V bezeichnet und $\boldsymbol{n}$ den äußeren Einheitsnormalenvektor darstellt. Dieser Satz besagt, dass die Divergenz (also im Wesentlichen die Quellen-, Senken) in V durch Flüsse über den Rand ausgeglichen werden.

Wir können die schwache Form nun umformulieren und erhalten

$$\int_V \frac{\partial u}{\partial t} \mathrm{d}V + \oint_\Omega \boldsymbol{q} \cdot \boldsymbol{n} \mathrm{d}S = \int_V s \mathrm{d}V \tag{4.123}$$

4.8.2
Diskretisierungsprozesse

Möchten wir nun Gl. (4.123) numerisch lösen, so müssen wir eine Zeit- und eine Ortsdiskretisierung durchführen, da in Gl. (4.123) sowohl Zeit- als auch Ortsableitungen auftreten. Fangen wir mit der Ortsdiskretisierung an.

Für die räumliche Diskretisierung wird das zu betrachtende Gebiet V in ein Gitter eingeteilt, wie am Anfang des Abschnitts 4.7 beschrieben. Das bedeutet, das gesamte Rechengebiet wird in Teilgebiete zerlegt, vorzugsweise in Polyeder, so dass diese sich nicht schneiden, aber die Vereinigung V ergibt. Für eindimensionale Probleme haben wir in der Regel Teilintervalle und für zweidimensionale Probleme können dies Drei- oder Vierecke sein. An den Knoten werden dann die einzelnen Werte für unsere gesuchte Größe, wie Temperatur T, gespeichert, um damit die Lösung der PDE zu approximieren. Zudem wird das zu betrachtende Gebiet V in endlich viele Kontrollvolumen V_i, den *Finite Volumen*, eingeteilt. Diese können mit den Zellen des Gitters identisch sein, aber sehr häufig wird das sogenannte *duale Gitter* verwendet. Stimmen Finite Volumen und Gitter überein, so spricht man von einem zellenzentrierten Gitter (Abb. 4.9b), liegen die Knoten „in der Mitte", d. h. möglichst im Inneren der Finite Volumen, so haben wir ein knotenzentriertes Gitter (Abb. 4.9a) [120]. Gewinnen lassen sich solche Zerlegungen mit Hilfe eines Voronoi-Diagramms.

Liegt eine Zerlegung des Gebietes in Finite Volumen vor, so können wir für Gl. (4.123) schreiben

$$\sum_{i=1}^{N} \left(\int_{V_i} \frac{\partial u}{\partial t} \mathrm{d}V + \oint_{\Omega_i} \boldsymbol{q} \cdot \boldsymbol{n} \mathrm{d}S \right) = \sum_{i=1}^{N} \int_{V_i} s \mathrm{d}V \tag{4.124}$$

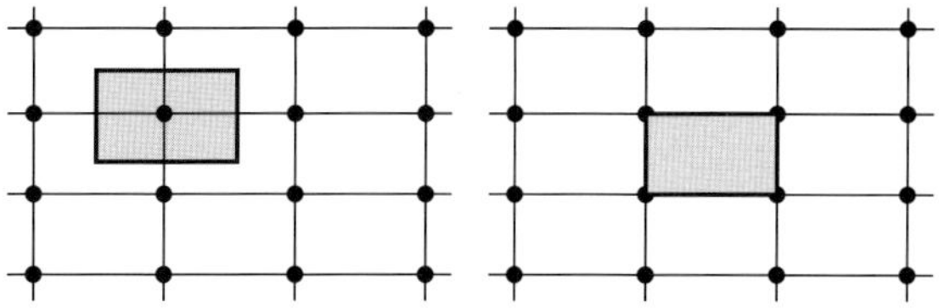

Abb. 4.9 Räumliche Diskretisierung mit (a) knotenzentrierten Finite Volumen und (b) zellenzentrierten Finite Volumen.

Betrachten wir nun ein einzelnes Kontrollvolumen V_i, so dass Gl. (4.123) in jedem V_i gilt. Verändert sich das Kontrollvolumen V_i nicht mit der Zeit und dividieren wir durch den Volumeninhalt, den wir verkürzend mit $|V_i|$ bezeichnen, so können wir schreiben

$$\frac{\partial}{\partial t}\left(\frac{1}{|V_i|}\int\limits_{V_i} u\mathrm{d}V\right)+\frac{1}{|V_i|}\oint\limits_{\Omega_i} \boldsymbol{q}\cdot\boldsymbol{n}\mathrm{d}S=\frac{1}{|V_i|}\int\limits_{V_i} s\mathrm{d}V \tag{4.125}$$

Verwenden wir die Mittelwerte $u_i = \frac{1}{|V_i|}\int_{V_i} u\mathrm{d}V$ und $s_i = \frac{1}{|V_i|}\int_{V_i} s\mathrm{d}V$, dann erhalten wir

$$\frac{\partial u_i}{\partial t}+\frac{1}{|V_i|}\oint\limits_{\Omega_i} \boldsymbol{q}\cdot\boldsymbol{n}\mathrm{d}S=s_i \tag{4.126}$$

und es bleibt noch die Auswertung der Flüsse $\boldsymbol{q}\cdot\boldsymbol{n}$ über den Rand bzw. die einzelnen Randsegmente. Für das weitere Vorgehen nehmen wir an, dass die Flüsse $\boldsymbol{q}\cdot\boldsymbol{n}$ auf jedem Randsegment näherungsweise als konstant betrachtet werden können. Erhält jedes Randsegment einen Index m, so lässt sich das Integral als Summe schreiben

$$\int\limits_{\Omega_i} \boldsymbol{q}\cdot\boldsymbol{n}\mathrm{d}S=\sum_{m=1}^{n_i}\int\limits_{\Omega_{i,m}} \boldsymbol{q}\cdot\boldsymbol{n}\mathrm{d}S=\sum_{m=1}^{n_i}\boldsymbol{q}_m\cdot\boldsymbol{n}_m|\Omega_{i,m}|$$

Dabei entspricht $|\Omega_{i,m}| = \int_{\Omega_{i,m}} \mathrm{d}S$ dem Flächeninhalt eines Randsegmentes. Nun verbleibt noch die Berechnung der Flüsse $\boldsymbol{q}_m\cdot\boldsymbol{n}_m$ auf den einzelnen Randsegmenten. Genau an dieser Stelle unterschieden sich viele Implementierungen von Finite-Volumen-Verfahren, wie das Upwind- oder QUICK-Schema [120]. Im nächsten Abschnitt gehen wir etwas näher darauf ein. Eine sehr einfache Möglichkeit den Fluss $\boldsymbol{q}_m$ am Rand zu bestimmen, ist die Bildung des Mittelwertes. Zum Beispiel können wir für knotenzentrierte Finite Volumen zunächst die Flüsse $\boldsymbol{q}_i$ in jedem Knoten eines Volumens bestimmen und anschließend den Mittelwert der Flüsse der an des jeweilige Randsegement m (siehe Abb. 4.10) angrenzenden Volumen V_i und V_j berechnen:

$$\boldsymbol{q}_m=\frac{1}{2}(\boldsymbol{q}_i+\boldsymbol{q}_j)$$

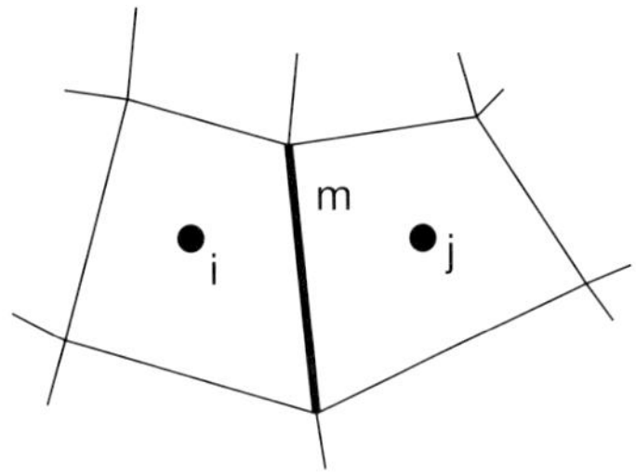

Abb. 4.10 Skizze zur Berechnung des Flusses auf einem Randsegment.

Alles zusammengefasst, so können wir schreiben

$$\frac{\partial u_i}{\partial t} + \frac{1}{|V_i|} \sum_{m=1}^{n_i} \left(\boldsymbol{q}_m \cdot \boldsymbol{n}_m \, |\Omega_m| \right) = s_i \tag{4.127}$$

Wir erhalten für jedes Volumen eine gewöhnliche Differentialgleichung (also insgesamt ein System von ODEs), die allerdings über die Flüsse miteinander gekoppelt sind.

Als letzten Schritt ist die Diskretisierung der Zeit durchzuführen. Sie kann explizit oder implizit umgesetzt werden, ebenso ist ein einfaches Euler-Verfahren oder ein Runge-Kutta-Verfahren möglich. Für das explizite Euler-Verfahren erhalten wir

$$\frac{u_{i,k+1} - u_{i,k}}{\Delta t} = -\frac{1}{V_i} \sum_{m=1}^{n_i} (\boldsymbol{q}_m \cdot \boldsymbol{n}_m |\Omega_m|) + s_i , \tag{4.128}$$

dabei stellt k den Zeitindex dar ($t_k = k\Delta t$).

4.8.3 Auswertung der Flüsse

Die Art und Weise der Auswertung der Flüsse, also die transportierte „Menge“ der zu bestimmenden Größe, an den Randsegmenten bestimmt wesentlich die Eigenschaften eines Finite-Volumen-Verfahrens. Eine wichtige Rolle spielt dabei, ob der Transport diffusiv ist (wie z. B. $\boldsymbol{q} = -K\nabla T$ beim Transport der Temperatur in der Wärmeleitungsgleichung) oder konvektiv ist (wie z. B. $\boldsymbol{q} = \rho \boldsymbol{v}$ beim Transport der Dichte in der Massenerhaltungsgleichung). Eine detaillierte Erläuterung zu Diffusion und Konvektion ist in Abschnitt 4.11.1 unten zu finden.

Wählen wir die lineare Interpolation zwischen zwei benachbarten Volumenknoten, wie im Abschnitt 4.8.2 oben, so erhalten wir das zentrale Differenzenschema (engl.: central difference scheme, CDS). Dieses Schema ist auch im Anwendungsbeispiel der FVM für die eindimensionale Wärmeleitungsgleichung im Abschnitt 4.8.4 unten benutzt worden. Durch die gleiche Gewichtung der Werte in den Knoten beachtet dieses Schema in keiner Weise eine eventuell vorhandene Ausbreitungsrichtung, was für diffusive Flüsse sicherlich gut geeignet ist. Aber die Unfähigkeit, die Strömungsrichtung bei (starken) konvektiven Strömungen

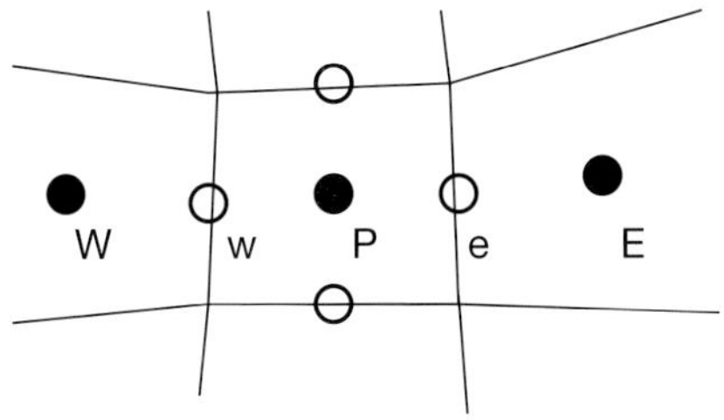

Abb. 4.11 Finite-Volumen-Diskretisierung mit Bezeichnungen.

zu berücksichtigen, bedeutet einen großen Nachteil für ein zentrales Differenzenschema. Es ist allgemein bekannt, dass zentrale Differenzen bei konvektiven Flüssen üblicherweise große Schwingungen hervorrufen und das Verfahren instabil werden lassen. Unter Umständen kann man mit einem sehr feinen Gitter diesem Verhalten entgegen wirken, aber diese Strategie verhindert eine robuste und effiziente numerische Berechnung einer Lösung. Daher sollte dringend bei der Auswertung der Flüsse an den Randsegmenten unterschieden werden, ob eine Diffusion oder Konvektion vorliegt. Typische CFD-Programme (also Programme der numerischen Strömungsmechanik) wie *OpenFOAM* beachten diese Unterscheidung.

Bei Diffusion werden üblicherweise zentrale Verfahren verwendet, wohingegen bei Konvektion standardmäßig Upwind-Verfahren eingesetzt werden. Betrachten wir die Situation mit knotenzentrieren Kontrollvolumen, bei der das Fluid von Knoten W zu Knoten E strömt (siehe Abb. 4.11, also von links nach rechts). Durch ein CDS werden die Flüsse am Rand q_w bzw. q_e gleichmäßig von den Knotenwerten der benachbarten Volumina beeinflusst. Obwohl die Werte an den Knoten P und E stromabwärts liegen, haben sie die gleiche Gewichtung wie die stromaufwärts vorhandenen Werte, also die Werte von den Knoten, von denen die Strömung kommt. Abhilfe schafft daher ein numerisches Schema, das die Richtung der Strömung beachtet und eine Interpolation an den Rändern mit ungleichen Gewichtungen der benachbarten Knotenwerte beinhaltet. Das ist die Grundidee des Upwind- oder Donor-Cell-Konzepts. Beim Upwind-Schema erster Ordnung mit positiven Geschwindigkeiten an den Rändern, d. h. $v_w > 0$ und $u_e > 0$, werden die Flüsse $q_w = q_W$ bzw. $q_e = q_P$ gesetzt. Bei negativen Geschwindigkeiten wird entsprechend $q_w = q_P$ bzw. $q_e = q_E$ gesetzt.

4.8.4
Einfaches 1D-Finite-Volumen-Verfahren

In diesem Abschnitt wenden wir exemplarisch die FVM zum numerischen Lösen der eindimensionalen Wärmeleitungsgleichung an. Dazu betrachten wir das Problem 1 aus dem Abschnitt 4.1.3, bei dem wir die Temperaturverteilung in einem Zylinder suchen. Am linken Rand geben wir die Temperatur T_{links} vor, aber ändern hier gegenüber Problem 1 die rechte Randbedingungen bei $x = 1$ dahingehend ab, dass uns statt einer Temperatur ein Wärmestrom q_{rechts} vorgegeben wird.

Die Wärmleitungsgleichung mit einer konstanten Wärmeleitfähigkeit K lautet (siehe Gl. (4.16))

$$\frac{\partial T}{\partial t} = \frac{K}{C\rho}\frac{\partial^2 T}{\partial x^2} \tag{4.129}$$

Schreiben wir diese Gleichung zunächst in die konservative Form (4.120) um. Dazu betrachten wir die Wärmeenergie als die zu bestimmende Erhaltungsgröße u und wir erhalten

$$\frac{\partial u}{\partial t} + \frac{\partial q}{\partial x} = 0\,, \quad \text{mit} \quad u = C\rho T\,, \quad \boldsymbol{q} = -K\frac{\partial T}{\partial x} = -\frac{K}{C\rho}\frac{\partial u}{\partial x} \tag{4.130}$$

Um diese Gleichung numerisch zu lösen, brauchen wir eine räumliche Diskretisierung, d. h. ein Gitter, weshalb wir unser Rechengebiet, das Intervall $I = [0, 1]$, in zum Beispiel $N = 10$ äquidistante Teilintervalle mit Länge $\Delta x = \frac{1}{10}$ und den Knoten $x_i = \frac{i}{10}, i = 0, 1, 2, \dots, 10$ unterteilen, wie in Abb. 4.12a zu sehen. Die Kontrollvolumen wählen wir in diesem Beispiel knotenzentriert (siehe Abb. 4.12b), so dass $V_i = [x_{i-\frac{1}{2}}, x_{i+\frac{1}{2}}]$, wobei wir mit $x_{i\pm\frac{1}{2}}$ die Ränder bezeichnen, die genau in der Mitte zwischen zwei Knoten liegen. Dann können wir die Wärmeleitungsgleichung in der schwachen Form schreiben und erhalten

$$\int_{x_{i-\frac{1}{2}}}^{x_{i+\frac{1}{2}}} \frac{\partial u}{\partial t}\mathrm{d}x + \int_{x_{i-\frac{1}{2}}}^{x_{i+\frac{1}{2}}} \frac{\partial q}{\partial x}\mathrm{d}x = 0 \tag{4.131}$$

oder mit dem Mittelwert

$$u_i = \frac{1}{\Delta x}\int_{x_{i-\frac{1}{2}}}^{x_{i+\frac{1}{2}}} u\mathrm{d}x$$

$$\frac{\partial}{\partial t}u_i + \frac{1}{\Delta x}\left(q(x_{i+1/2}, t) - q(x_{i-1/2}, t)\right) = 0 \tag{4.132}$$

Verwenden wir das explizite Euler-Verfahren für die Zeitintegration so erhalten wir

$$\frac{u_{i,k+1} - u_{i,k}}{\Delta t} + \frac{q_{i+1/2,k} - q_{i-1/2,k}}{\Delta x} = 0 \tag{4.133}$$

Nun müssen wir noch die Wärmeflüsse an den Rändern der Kontrollvolumen berechnen. Entscheiden wir uns für das CDS, dann ist

$$q_{i-1/2,k} = -\frac{K}{C\rho}\frac{u_{i,k} - u_{i-1,k}}{\Delta x}\,, \quad q_{i+1/2,k} = -\frac{K}{C\rho}\frac{u_{i+1,k} - u_{i,k}}{\Delta x} \tag{4.134}$$

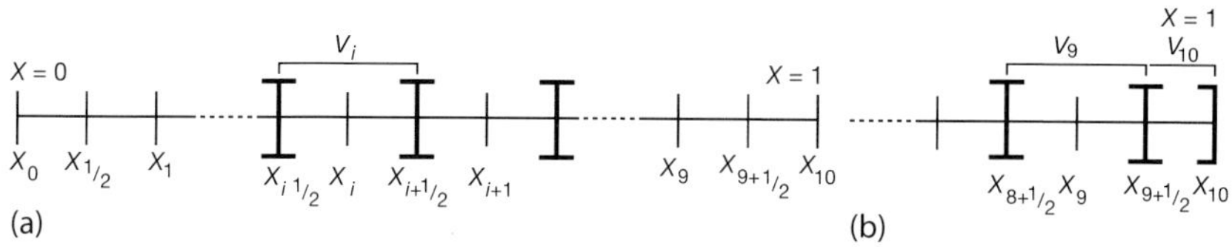

Abb. 4.12 Gitter zur numerischen Berechnung mit (a) Kontrollvolumen in der Mitte und (b) Kontrollvolumen am rechten Rand.

also insgesamt

$$u_{i,k+1} = u_{i,k} + \frac{K\Delta t}{C\rho\Delta x^2}(u_{i+1,k} - 2u_{i,k} + u_{i-1,k}) \tag{4.135}$$

Damit lassen sich die Werte für alle inneren Knoten bei der Durchführung eines Zeitschritts bestimmen. Ein Vergleich mit der entsprechenden Gleichung mit Finite-Differenzen (Gl. (4.86)) zeigt, dass sie identisch sind. In diesem speziellen Fall ergeben also Finite-Differenzen und Finite-Volumen den gleichen Algorithmus (für die Berechnung der Werte an den inneren Knoten).

Es bleibt noch die Bestimmung der Werte für die beiden Randknoten, wozu wir die Randbedingungen heranziehen. Am linken Rand wird die Temperatur vorgeschrieben, d. h. wir haben eine Dirichlet-Randbedingung und können den Wert am linken Randknoten direkt festlegen:

$$u_{0,k} = C\rho T_{\text{links}} \tag{4.136}$$

Am rechten Rand wird der Wärmestrom q_{rechts} vorgeben. Um den Wert u_N zu bestimmen, wenden wir die FVM auf das Kontrollvolumen am rechten Ende an (siehe Abb. 4.12b) und erhalten

$$\frac{u_{N,k+1} - u_{N,k}}{\Delta t} + \frac{q_{\text{rechts}} - q_{N-1/2,k}}{1/2\Delta x} = 0 \tag{4.137}$$

Mit

$$q_{N-1/2,k} = -\frac{K}{C\rho}\frac{u_{N,k} - u_{N-1,k}}{\Delta x}$$

erhalten wir

$$\begin{aligned} u_{N,k+1} &= u_{N,k} + \frac{2\Delta t}{\Delta x}\left(-q_{\text{ rechts}} - \frac{K}{C\rho}\frac{u_{N,k} - u_{N-1,k}}{\Delta x}\right) \\ &= \left(1 - \frac{2K}{C\rho}\frac{\Delta t}{\Delta x^2}\right)u_{N,k} + \frac{2K}{C\rho}\frac{\Delta t}{\Delta x^2}u_{N-1,k} - \frac{2\Delta t}{\Delta x}q_{\text{rechts}} \end{aligned} \tag{4.138}$$

Nun haben wir ein vollständiges Gleichungssystem für die Werte $u_{i,k+1}$ an allen Knoten x_i, $i = 0, 1, 2, \dots, 10$, zu einem neuen Zeitschritt $k + 1$, wenn die Werte zum Zeitpunkt k bekannt sind. Zusammen mit der in Problem 1 vorgegebenen Anfangstemperaturverteilung lässt sich damit die numerische Lösung berechnen.

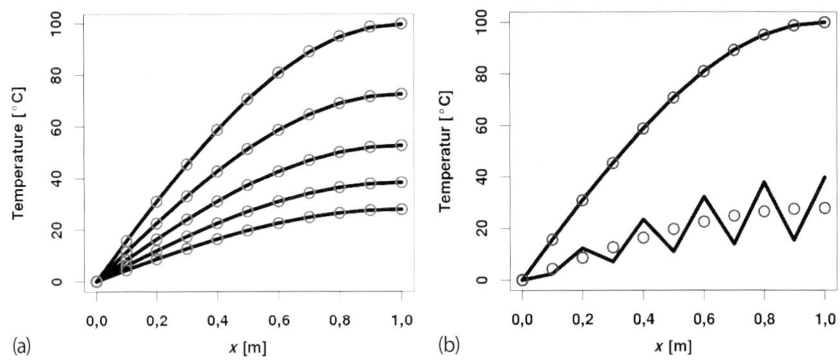

Abb. 4.13 Lösung für das leicht abgeänderte Problem 1 mit $K = 210$ [cal/(°C g)], $C = 900$ [cal °C g s], $\rho = 2700$ [g/cm^3] und $L = 1$. (a) Linien: Numerische Lösung mit `HeatFVM.r` berechnet auf Grundlage der Finiten-Volumen-Methode Gl. (4.135) zu den Zeiten $t = 0, 1500, 3000, 4500, 6000$ s, was den Linien von oben nach unten entspricht. Kreise: analytische Lösung, Gl. (4.139). (b) Linien: Numerische Lösung zu den Zeiten $t = 0,6000$ s bei zu großen Zeitschritten. Kreise: analytische Lösung.

Wählen wir als Randbedingungen $T_{\text{links}} = 0$ und $q_{\text{rechts}} = 0$, so lässt sich zusammen mit der Anfangsbedingung $T_0(x) = 100\sin(\frac{\pi}{2}x)$ ganz ähnlich zur Diskussion in Abschnitt 4.4.2 die analytische Lösung

$$T(x,t) = 100\sin\left(\frac{\pi}{2}x\right)\mathrm{e}^{-\left(\frac{\pi}{2}\right)^2\frac{K}{C\rho}t} \qquad (4.139)$$

bestimmen. In Abb. 4.13a ist der Vergleich zwischen numerischer und analytischer Lösung zu verschiedenen Zeitpunkten dargestellt, wobei die Materialparameter für dieses Beispiel denen von Aluminium entsprechen (siehe `HeatFVM.r`).

4.8.5
Fehler und Stabilitätsanalyse

Da die FVM als Verallgemeinerung der FDM aufgefasst werden kann, können ganz ähnliche Betrachtungen über Fehler und Stabilitätsanalysen wie in Abschnitt 4.6.4 gemacht werden. Wird der Zeitschritt Δt zu groß gewählt, können Instabilitäten auftreten, die numerische Lösung kann beginnen zu schwingen (siehe Abb. 4.13b) und es kann sogar zu einem Abbruch des Verfahrens kommen. Um bei der Wahl der Zeitschrittweiten sicher zu gehen, kann eine von-Neumann-Stabilitätsanalyse durchgeführt werden. Insbesondere bei konvektiven Strömungsvorgängen ist die *Courant*-Zahl von Interesse, die im Eindimensionalen mit

$$C = v\,\frac{\Delta t}{\Delta x} \qquad (4.140)$$

gegeben ist. Stabilität kann erreicht werden, wenn die Bedingung $C < C_{\max}$ erfüllt ist, wobei $C_{\max}$ von der eingesetzten Methode abhängt. Diese Bedingung wird *Courant-Friedrichs-Lewy*(-CFL)-Bedingung genannt. Bei expliziten Verfahren, wie bei unserer Euler-Methode, muss stets $C < 1$ gelten. Im Prinzip sagt diese Bedingung, dass der Zeitschritt Δt so zu wählen ist, dass ein Fluidteilchen in der Zeit Δt im Kontrollvolumen verbleibt oder sich höchstens zu seinem direkten Nachbarvolumen bewegen darf, d. h. nicht vollständig durch ein Kontrollvolumen hindurch fliegt. Bei impliziten Verfahren darf C_{max} größer gewählt werden (z. B. im Bereich 10–10 000).

4.8.6 Anmerkungen zur Finite-Volumen-Methode

Die FVM bietet einige Vorteile gegenüber anderen Methoden, wie z. B. den Finite-Differenzen, beinhaltet aber auch ein paar Nachteile. Zu den Stärken zählt sicherlich die Bewahrung der Konservativität, d. h. das Prinzip der Erhaltung einer physikalischen Größe (wie Dichte, Impuls, Energie) wird in das numerische Schema einbezogen. Das Verfahren gestattet eine große Flexibilität bei der Gebietsgeometrie und es können unstrukturierte Gitter wie bei der FEM eingesetzt werden. Strukturierte Gitter bieten Vorteile in Hinblick auf Genauigkeiten, zum Beispiel bei unstetigen Strömungssituation wie bei Verdichtungsstößen. Die Formulierung eines numerischen Algorithmus ist bei den FVM etwas einfacher als bei FEM. Die Nachteile liegen in dem kleineren Anwendungsgebiet, da es nur sehr schwer oder überhaupt nicht möglich ist, beliebige partielle Differentialgleichungen, die sich nicht in der konservativen Form schreiben lassen, umzusetzen. Die Konstruktion von Verfahren höherer Ordnung mit besserer Genauigkeit ist schwierig, ebenso eine genauere mathematische Analyse von Stabilität und Konvergenz.

Die wesentlichen Schritte einer numerischen Berechnungsanalyse mit einer FVM sind zu denen einer FEM sehr ähnlich, siehe Abschnitt 4.7.5. Zunächst muss die Geometrie erstellt und ein Gitter erzeugt werden. Erlaubt die Problemstellung ein unstrukturiertes Gitter, dann können die gleichen Algorithmen wie bei FEM angewendet werden. Bei strukturierten Gittern ist in aller Regel bei der Generierung die Unterstützung des Anwenders selbst erforderlich. Im nächsten Schritt muss das Problem aufgesetzt werden, d. h. die Wahl der Gleichungen, Randbedingungen und (Material-)Parameter muss getroffen werden. Die Berechnung der Lösung ist typischerweise mit dem Lösen eines linearen Gleichungssystems verknüpft. Da FVM häufig in der Strömungsmechanik eingesetzt wird und die zugrunde liegenden Navier-Stokes-Gleichungen nichtlinear sind, muss eine iterative Folge von Gleichungssystemen gelöst werden. Am Ende einer FVM-Analyse steht natürlich ein Postprocessing, bei dem zum Beispiel Diagramme und Schaubilder erstellt und die Ergebnisse analysiert werden. Der gesamte Ablauf kann anschaulich in den Abschnitten 4.12 und 4.13 anhand zweier Beispielsitzungen für eine Ein- bzw. Zweiphasenströmung mit dem Paket *OpenFOAM* nachvollzogen werden.

4.9
Software zum Lösen von PDEs

Wie bereits oben erwähnt, ist die Implementierung einer FE- oder FVM eine herausfordernde Aufgabe. Das ist auch der Grund, warum Anwender in der Regel nicht ihr eigenes FEM/FVM-Programm schreiben. Es gibt eine große Anzahl von sowohl Open-Source- wie auch kommerziellen Softwarepaketen, siehe Tabelle 4.1 für eine Liste von Beispielen, die sicherlich nicht vollständig ist. Allgemein gesagt gibt es eine relativ große Lücke zwischen Open-Source- und kommerzieller Software. Es ist relativ einfach die tägliche Büroarbeit mit Open-Source-Sofware wie zum Beispiel *LibreOffice* anstelle des kommerziellen *Microsoft Office* zu erledigen, oder eine statistische Analyse mit der Open-Source-Software *R* anstelle des kommerziellen Produktes wie *SPSS* durchzuführen. Aber häufig ist es weniger einfach mit einer Open-Source-FEM/FVM-Software zu arbeiten als mit kommerziellen Produkten wie *Ansys* oder *Comsol Multiphysics*. Wenn ein bestimmtes FEM/FVM-Problem vorliegt, dann ist es sehr wahrscheinlich, dass man eine Open-Source-Software findet, welches das Problem lösen kann, aber es wird Zeit brauchen bis die Software verstanden ist und sie angewendet werden kann. Hat man das bestimmte Problem gelöst, dann kann das nächste Problem vielleicht die Möglichkeiten dieser Software übersteigen und man muss eine andere Open-Source-FEM/FVM-Software finden und verstehen. Die Vorteile der kommerziellen FEM/FVM-Software kann wie folgt zusammengefasst werden:

- *Bandbreite der Anwendungen:* Kommerzielle FEM/FVM-Software stellt üblicherweise eine große Anzahl von nutzbaren Modellen zur Verfügung.
- *Anwenderfreundlich:* Kommerzielle FEM/FVM-Software stellt üblicherweise eine fortgeschrittene graphische Bedienoberfläche (GUI) zur Verfügung, ebenso eine volle Integration aller Schritte der FEM/FVM-Analyse von der Geometrieeingabe bis zum Postprocessing (siehe Abschnitt 4.7.5), ein anwenderfreundlicher Workflow, zum Beispiel mit einer Bibliothek an Materialparametern usw.
- *Qualität:* Kommerzielle FEM/FVM-Software ist üblicherweise sehr gut getestet.
- *Wartung und Support:* Kommerzielle FEM/FVM-Software bieten üblicherweise eine stetige Unterstützung bei der Wartung und Support der Software.

Die aufgelisteten Punkte über die allgemeinen Vorteile von kommerzieller Software sind natürlich nicht nur auf das Gebiet der Finiten Elemente oder Finite Volumen beschränkt.

Bedeutet das nun, dass man kommerzielle Software im Bereich der FEM/FVM-Analyse verwenden soll? Ja – und nein. Ja: zum Beispiel wenn die tägliche Arbeit einen großen Anwendungsbereich beinhaltet, der nicht durch eine spezielle Open-Source-Software abgedeckt werden kann, wenn man schnell Resultate benötigt, wenn die Zeit sich in die Software einzuarbeiten begrenzt ist, wenn man keine Zeit oder genug Kompetenzen hat, um die Qualität der numerischen Ergebnisse zu beurteilen, wenn man Software-Support benötigt. Nein: zum Beispiel

Tab. 4.1 Beispiele für Finite-Elemente und Finite-Volumen-Softwarepakete.

Programm	**Open-Source?**	**Kommentar**
Salome-Meca	ja	Professionelles Design. Workflow für eine begrenzte Anzahl von FEM-Modellen ähnlich zu kommerziellen Produkten. In *Gm.Linux* enthalten, siehe Anhang A.
Code_Aster	ja	Teil des Salome-Meca-Paketes. ISO 9001 zertifizierter FEM-Löser. Fokus auf Strukturmechanikprobleme. In *Gm.Linux* enthalten, siehe Anhang A und *www.code-aster.org*.
Code_Saturne	ja	Software zur numerischen Strömungsmechanik (CFD), basierend auf Finite Volumen. In *Gm.Linux* enthalten, siehe Anhang A und *rd.edf.com/code_saturne*.
OpenFOAM	ja	Software zur numerischen Strömungsmechanik (CFD), basierend auf Finite Volumen, begrenzt anwenderfreundlich (mit HelyxOS einfache GUI vorhanden), aber großer Anwendungsbereich von komplexen Strömungen inklusive chemischen Reaktionen, Turbulenz und Wärmetransport bis zu Spannungsberechnungen und Preisberechnungen von Finanzoptionen. In *Gm.Linux* enthalten, siehe Anhang A, B, Abschnitte 4.10, 4.12 und *www.openfoam.com*.
Viele andere Open-Source-Programme	ja	Suche nach „finite element" oder „finite volume" bei www.sourceforge.net
ABAQUS	nein	Allgemeine FEM-Software, besonders geeignet für Strukturmechanikanwendungen. Siehe www.simulia.com.
Comsol Multiphysics	nein	Allgemeine FEM-Software, besonders geeignet für gekoppelte Phänomene wie Fluid-Struktur-Interaktionen etc. Siehe www.comsol.com.
Ansys-Fluent	nein	Finite-Volumen-Software für numerische Strömungsmechanik (CFD). Siehe www.ansys.com.
LS-DYNA	nein	Allgemeine FEM-Software, besonders gut für Strukturmechanikanwendungen. Siehe www.lstc.com.

wenn einem kommerzielle Software zu teuer ist … Schaut man sich die Preise für kommerzielle FEM/FVM-Software an, dann findet man heraus, dass die Komplexität der FEM/FVM-Software mit der Tatsache übereinstimmt, dass man eine wirklich substanzielle Menge an Geld für diese Software-Pakete aufbringen muss.

Allerdings kann dem Anfänger in FEM/FVM-Analyse, der einfach einen ersten Eindruck von FEM/FVM-Software und deren allgemeine Funktionsweise bekommen möchte, folgende Antwort gegeben werden: Versuche es mit der Open-Source-Software *Salome-Meca* oder mit *HelyxOS/OpenFOAM*. Auf jeden Fall lohnt es sich auch, die vielen und sehr aktiven Foren aufzusuchen, die es gerade im Umfeld von Open-Source-Software gibt, um die Einstiegsprobleme besser meistern zu können. *Salome-Meca* basiert auf dem ISO 9001 zertifizierten FEM-Löser *Code_Aster*, und ist derzeit eine Software, die kommerzieller FEM-

Software, was zum Beispiel den allgemeinen Workflow betrifft, am nächsten kommt. Das beginnt mit der Geometrieerstellung und endet mit dem Postprocessing. Wer einen ersten Versuch in Richtung numerischer Strömungsmechanik unternehmen möchte, dem bietet sich mit *OpenFOAM* als Berechnungssoftware in Verbindung mit HelyxOS als Bedienoberfläche an. *OpenFOAM* bietet eine große Anzahl an Lösern, um recht unterschiedliche Strömungsprobleme zu lösen. Wie eine Strömungsanalyse mit *HelyxOS* bzw. *OpenFOAM* durchgeführt werden kann, wird in Abschnitt 4.12 vorgestellt. Eine erste praktische Anwendung dieser Software-Tools wird im folgenden Abschnitt anhand eines Beispiels für ein Wärmeleitungsproblem gezeigt. Alle in diesem Buch vorgestellten Software-Programme (wie z. B. *OpenFOAM*) sind als Buchsoftware unter dem Live-Betriebssystem *Gm.Linux* vorhanden und können damit direkt ausprobiert werden. Weitere Details sind in Anhang A zu finden.

4.10
Eine Beispielsitzung zur numerischen Berechnung der Wärmeleitung

Die allgemeinen Schritte einer Berechnungsanalyse sind in Abschnitt 4.7.5 bzw. 4.8.6 beschrieben: Geometrieerstellung, Gittergenerierung, Problemdefinition, Lösung, Postprocessing. Diese Schritte definieren die allgemeine Struktur einer Analyse mit einer typischen Software und wir werden nun in entsprechenden Unterabschnitten durch alle diese Schritte gehen. Die wesentlichen Schritte der praktischen Umsetzung sind in der Referenzkarte „Temperaturverteilung" im Anhang B.4 zusammengefasst, so dass später oder für ähnlich gelagerte Problemstellungen erneut eine numerische Analyse auf einfache Weise durchgeführt werden kann. Im folgenden Beispiel werden wir im Kern *Salome* und *OpenFOAM* (in *Gm.Linux* verfügbar, siehe Anhang A) zum Lösen von Problem 4.2 aus Abschnitt 4.1.3 mit $T_c = 20\,°C$ und $T_s = 0\,°C$ verwenden:

Problem 4.6. Beziehen wir uns auf die Konfiguration in Abb. 4.1b und nehmen an

- eine konstante Temperatur 20 °C an der Oberfläche des Würfels ($z = 1$),
- eine konstante Temperatur 0 °C an der Kugeloberfläche,
- und eine perfekte Wärmeisolierung an allen restlichen Oberflächen des Würfels,

Berechne die stationäre Temperaturverteilung $T(x, y, z)$ innerhalb des Würfels (d. h. im Gebiet $[0, 1]^3 \setminus S$, wenn S die Kugelsphäre ist).

Da wir das Programm *HelyxOS* als graphische Oberfläche zur Bedienung von *OpenFOAM* verwenden, müssen wir bei der Berechnung der Wärmeleitung beachten, dass *OpenFOAM* und insbesondere *HelyxOS* ausschließlich für Strömungsberechnungen entwickelt worden sind (nähere Details, siehe Abschnitt 4.12). Für unser Problem 6 stellt dies kein Problem dar, da bei Strömungsberechnungen die Energiegleichung berücksichtigt werden kann. Sobald keine Konvektion, also keine Strömungsgeschwindigkeit, auftritt, entspricht die Energiegleichung der Wärmeleitungsgleichung. Deshalb müssen wir im Folgenden nur die Anfangsbedingung und die Randbedingungen so wählen, dass die Geschwindigkeit null ist.

4.10.1 Geometrieerstellung

4.10.1.1 Organisation der GUI

Um *Salome* unter *Gm.Linux* zu starten, klicken wir mit der Maus auf den Schalter `Salome`, der sich in der Liste am linken Rand befindet (siehe Anhang A für weitere Details über *Gm.Linux*). Sobald das *Salome*-Fenster erscheint, wählen wir das Geometrie-Modul mittels der Drop-down-Liste wie in Abb. 4.14a gezeigt. Anschließend teilen wir mit, dass wir eine neue Geomtrie erstellen wollen, indem wir den `New`-Knopf drücken (eingeblendetes Fenster im unteren Teil der Abb. 4.14a). Es erscheinen die *Salome*-Fenster und Abb. 4.14a zeigt die generelle Struktur des *Salome*-Fensters: Das Unterfenster auf der linken Seite zeigt den *Object-Browser*, der das Auswählen und Untersuchen verschiedener Elemente wie geometrische Formen, Gitter, Lösungen, Diagramme, usw., erlaubt, die während einer Analyse-Prozedur erzeugt werden. Das rechte Unterfenster wird zur Visualisierung dieser Elemente genutzt. Im Geometrie-Modul wird dieses Fenster für den *OCC Viewer* zur Visualisierung verwendet. Hier steht die Abkürzung „OCC" für *Open CasCade*, ein Hinweis auf die Entwicklungsplattform für eine Reihe von graphischer 3D-Anwendungen (siehe www.opencascade.org).

In der Standard-*Salome*-Darstellung wird noch ein drittes Unterfenster namens *Python Console* angezeigt, welches wir hier nicht brauchen werden. Wenn wir das gleiche Bild wie Abb. 4.14a erhalten wollen, so können wir die Python Console

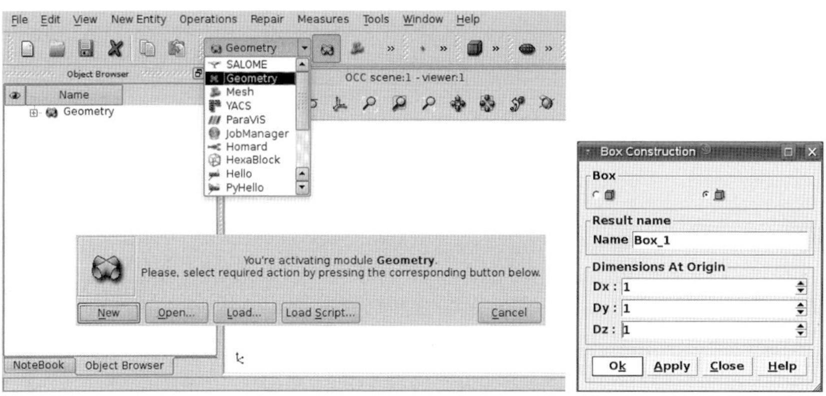

(a) (b)

Abb. 4.14 (a) *Salome*-Fenster, die Auswahlbox für Module und das Startfenster. (b) Konstruktionsfenster für Quader.

über dem Menü-Eintrag `View/Windows` deaktivieren. *Python* ist eine allgemeine Programmiersprache, die in Verbindung mit *Salome* dazu benutzt werden kann, um eine Analyse im *Batch-Modus*, d. h. unabhängig von der GUI [121], durchzuführen. Das kann zum Beispiel in Situationen sinnvoll sein, in denen eine komplexe Analyse mehrere Male durchgeführt wird und bei jedem Lauf nur ein paar Parameterwerte geändert werden müssen. Bei der Benutzung der GUI ist für jede Analyse immer wieder fast die gleiche Arbeit zu tun. Auf der anderen Seite muss im Batch-Modus die Arbeit nur einmal mit der GUI gemacht werden, wobei die Aktionen und Vorgänge in der GUI als ein *Python*-Script abgespeichert werden. Ändert man dann das Script, so kann jeder gewünschte Parameter angepasst und die Analyse erneut durchgeführt werden, ohne die GUI erneut aufzurufen. Die Möglichkeit für einen Batch-Modus bieten die meisten numerischen Berechnungspakete.

4.10.1.2 **Konstruktion der geometrischen Primitiven**

Das Problem 4.6 enthält zwei Hauptzutaten: den Würfel $[0, 1]^3$ und die Kugel, genauer die Kugeloberfläche, mit Radius 0,1, in der Mitte des Quaders. Das übliche Vorgehen besteht darin, nacheinander jeden dieser geometrischen Primitive zu konstruieren und dann wie gefordert zusammenzusetzen. Beginnen wir mit der Konstruktion des Würfels, was mit Hilfe des Menü-Punktes `New Entity/Primitives/Box` getan werden kann (alternativ können wir das entsprechende Symbol in *Salome*s Toolbar aufrufen, was wir hier der Einfachheit wegen auslassen). Abbildung 4.14b zeigt das *Konstruktionsfenster für Quader*, welches sich nach Anklicken von `New Entity/ Primitives/Box` öffnet. In diesem Fenster werden die Daten in selbsterklärender Weise eingegeben. Nach einer Bestätigung erhält der Würfel einen Namen (in diesem Fall `Box_1`), der dann für die Anzeige und Zugriff dieser geometrischen Primitive im Object-Browserfenster wie in Abb. 4.15a dient. Im rechten OCC-Viewer-Unterfenster von Abb. 4.15a können wir ein 3D-Bild von `Box_1` erkennen. Anzumerken ist, dass das 3D-Bild eventuell etwas anders aussieht, wenn die Standardeinstellungen von *Salome* benutzt werden, d. h. es liegt eine andere Hintergrundfarbe, Darstellung des Drahtgittermodells usw. vor. Alle diese Einstellungen können über das Menü `File/Preferences` oder mit Hilfe des Context-Menüs im OCC-Viewers (Klick mit rechter Maustaste) geändert werden.

Um die Kugel zu konstruieren, starten wir ähnlich wie oben mit dem Menü-Punkt `New Entity/Primitives/Sphere`. Dann erscheint das *Konstruktionsfenster für Kugel*, wie in Abb. 4.16a zu sehen. In diesem Fenster können wir den Mittelpunkt der Kugel allerdings nicht in Form von Koordinaten eingeben. Vielmehr müssen wir den Mittelpunkt durch Anwählen eines bereits existierenden Punktes im Object-Browserfenster eingeben, was ein allgemeines Prinzip von *Salome* ist. Da es diesen Punkt noch nicht gibt, müssen wir ihn erzeugen. Somit lautet das richtige Vorgehen für das Erstellen einer Kugel, zunächst seinen Mittelpunkt mit `New Entity/Basic/Point` zu erstellen, was das *Konstruktionsfenster für einen Punkt* öffnet, wie in Abb. 4.15b gezeigt wird. In diesem können wir

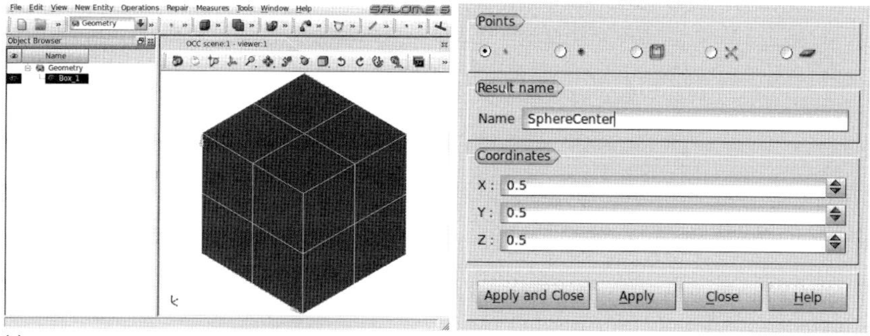

(a) (b)

Abb. 4.15 (a) *Salome* zeigt `Box_1`. (b) Konstruktionsfenster für Punkt.

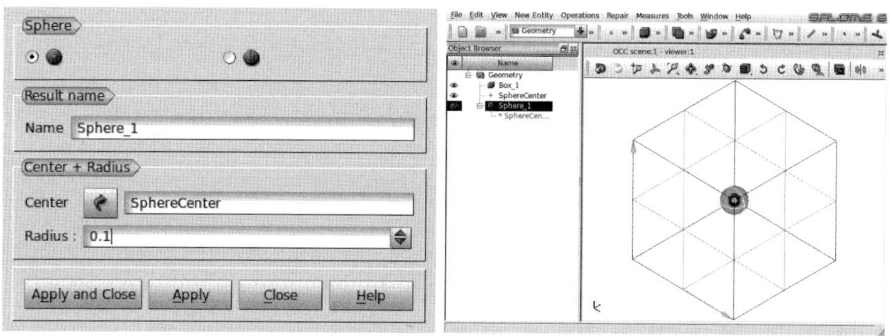

(a) (b)

Abb. 4.16 (a) Konstruktionsfenster für Kugel (b) *Salome* zeigt `Box_1` im „Drahtgitter"-Modus und die Sphäre `Sphere_1` innerhalb des Würfels im „Schattierungs"-Modus.

die Punktkoordinaten sowie den Namen für diesen Punkt eingeben. Nennen wir den Punkt `SphereCenter`, dann erscheint der Punkt unter diesem Namen im Object-Browserfenster wie in Abb. 4.16b zu sehen. Jetzt können wir das Konstruktionsfenster der Kugel mit `New Entity/Primitives/Sphere` öffnen und den Mittelpunkt der Kugel durch Anklicken auf `SphereCenter` im Object-Browser auswählen, gefolgt von einem Klick auf den Pfeil im Konstruktionsfenster der Kugel (Abb. 4.16a). Das gleiche Prinzip wird üblicherweise in *Salome* verwendet, um geometrische Information in Unterfenster zu importieren.

Nach Bestätigung der Konstruktion für die Kugel, erscheint diese als neuer Eintrag `Sphere_1` im Object-Browser. Um den Würfel und die Kugel innerhalb des Würfels gleichzeitig zu sehen, können wir das Kontext-Menü des OCC-Viewers aufrufen und den Würfel im *wireframe mode* bzw. Drahtgitter-Modus und die Kugel im *shading mode* bzw. Schattierungsmodus darstellen. Eine andere Option wäre, den Würfel transparent darzustellen, indem man *transparency* im Kontext-Menü des OCC-Viewers auswählt (oder im Object-Browser das Objekt und mit rechter Maustaste *transparency* auswählen). Oder wir verwenden die Option *clipping plane*, die einem die Blick in die Geometrie entlang einer beliebigen Ebene erlaubt. Die Abb. 4.17b zeigt ein Beispiel für eine solche Clippling Plane.

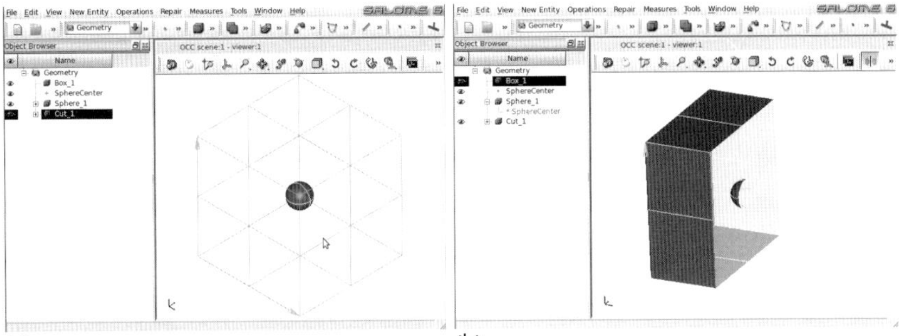

(a) (b)

Abb. 4.17 (a) *Salome* nach der Konstruktion von `Solid_1` und `Solid_2`. (b) `Solid_1` dargestellt mit der Clipping plane $x = 0{,}5$.

4.10.1.3 **Herausschneiden der Kugel**

Bisher haben wir den Würfel und die Kugel als separate Elemente konstruiert. Zwar werden beide zusammen in Abb. 4.16b dargestellt, aber von ihrer gegenseitigen Existenz „wissen" sie noch nichts. Für die physikalische Problemstellung in Problem 4.6 ist es natürlich wichtig, dass der Würfel „weiß", dass noch eine kalte Kugel in der Mitte vorhanden ist. In Bezug zur Diskussion in Abschnitt 4.3.2 können wir sagen, dass wir hier Randbedingungen innerhalb des Würfels brauchen, um die Temperatur auf 0 °C an der Kugeloberfläche setzen zu können. Um diese Randbedingung setzen zu können, muss die Kugeloberfläche als Rand im Rechengebiet erscheinen, und das bedeutet, das Rechengebiet können wir ganz grob als „Würfel minus Kugel" beschreiben.

Um dieses Rechengebiet zu erhalten, müssen wir die Kugel aus dem Würfel *herausschneiden* und das ist wieder eine Standardoperation, welche recht häufig mit einer CAD-Software durchgeführt wird. In *Salome* wird dies in einem einzigen Schritt umgesetzt. Dazu wählen wir den Menü-Punkt `Operations/Boolean/Cut`, welches das Fenster zu „cut of two objects" öffnet, siehe Abb. 4.18a. Innerhalb dieses Fensters gibt es ein Feld mit dem Objektnamen `Cut_1`. Zunächst klicken wir auf den Pfeil bei `Main Object` und wählen im Object-Browser das Objekt `Box_1` aus. Um nun die Kugel von dem Würfel zu subtrahieren, sollte dann auf den Pfeil zu `Tool Object` geklickt und im Object-Browser auf `Sphere_1` angewählt werden. Das Ganze wird mit `Apply and Close` abgeschlossen. Verwenden wir *Salomes* OCC-Viewer, so können wir nachvollziehen, dass `Cut_1` das Objekt ist, was wir „Würfel minus Kugel" genannt haben. Um das zu erkennen, verwenden wir zum Beispiel das oben beschriebene OCC-Viewers Clipping Plane Werkzeug. Nach der Erstellung einer Clipping Plane bei $x = 0{,}5$ und „Direction" `Dx:1,Dy:0,Dz:0`, können wir sehen, dass `Cut_1` in der Tat ein Würfel ohne Kugel ist, siehe Abb. 4.17b.

4.10.1.4 **Definieren der Ränder**

Jetzt müssen den Geometrierändern, für die Randbedingungen gesetzt werden sollen, noch Namen zugewiesen werden. So können wir später auf eine einfa-

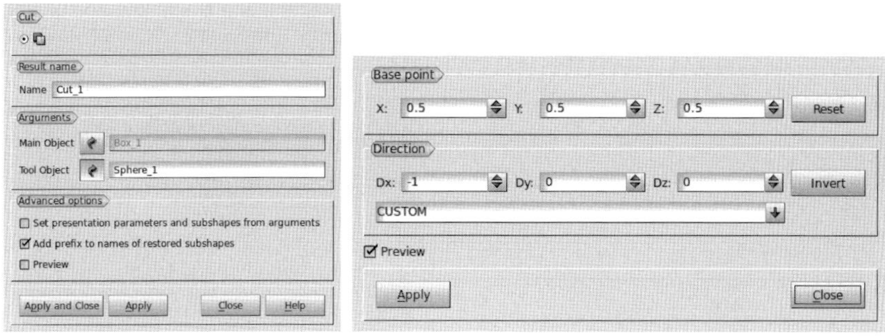

(a) (b)

Abb. 4.18 (a) Fenster zu Cut of two objects. (b) Sub shapes selection Fenster.

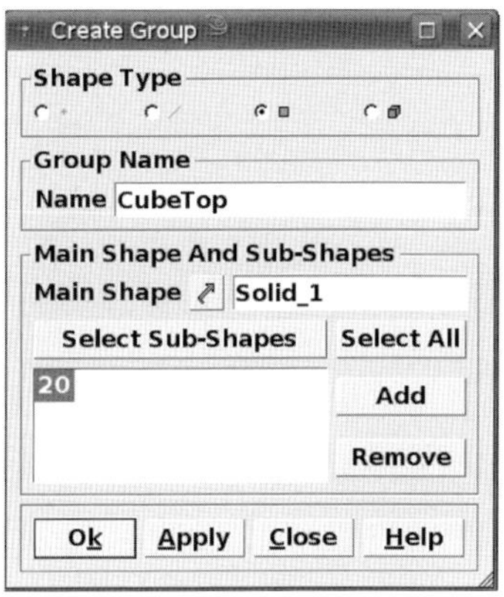

Abb. 4.19 Fenster Create Group.

che Weise auf diese Ränder zugreifen, wenn die Randbedingung definiert werden (Abschnitt 4.10.3). Das erfolgt mit dem Menü-Punkt `New Entity/Group/Create`, welches das Fenster „Create Group", wie in Abb. 4.19, aufruft. Wichtig ist, dass wir zunächst im oberen Abschnitt unter `Shape Type` das Rechteck auswählen. Verwenden wir `Cut_1` als `Main Shape`, dann wählen wir die Oberseite des Würfels, an der eine Temperatur von 20 °C vorgeschrieben ist (siehe Problem 4.6), im OCC-Viewer aus und klicken im Fenster auf den Knopf `Add`. Dieser Würfelseite kann dann der Name `CubeTop` im Namensfeld des Fensters „Create Group" gegeben werden.

Auf die gleiche Weise kann ein Name der Kugeloberfläche mit der in Problem 4.6 geforderten Temperatur von 0 °C zugewiesen werden. Diesen Rand bezeichnen wir als `SphereSurf`. Alle anderen Flächen des Würfels werden zusammengefasst (`Strg`-Taste gedrückt halten) und können dieser Gruppe den Namen `CubeRemain` geben.

Nun müssen die Randgeometrien exportiert werden. Dazu wählen wir im Object-Browser mit gedrückter ⇑-Taste alle erzeugten Randflächen („CubeTop", „SphereSurf", „CubeRemain") an. Anschließend rufen wir den Menü-Punkt

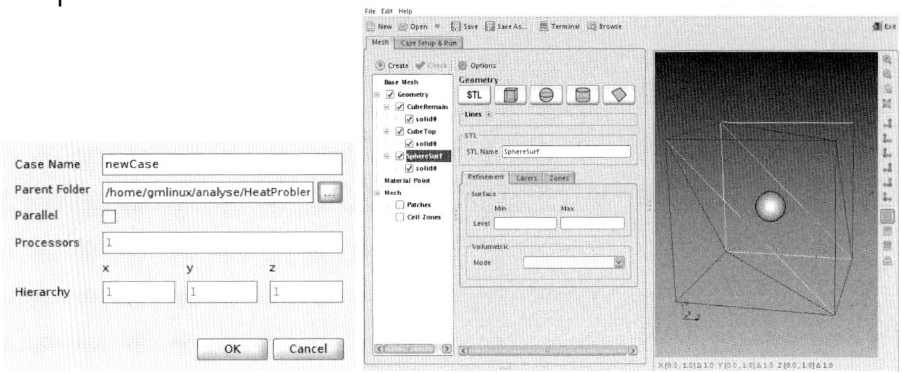

(a) (b)

Abb. 4.20 (a) Eingabemaske für neuen HelyxOS-Case (b) Graphische Oberfläche von HelyxOS.

`File/Export` auf. Im neu erscheinenden Fenster wählen wir als `Files of type` den Dateityp `STL ASCII` aus. Im nächsten Schritt werden dann nacheinander alle Randflächen standardmäßig unter ihrem Namen abgespeichert. Natürlich kann zuvor im Verzeichnisbaum noch ein Verzeichnis ausgesucht werden, in dem die Daten abgelegt werden sollen. Wir können an dieser Stelle *Salome* beenden.

4.10.2
Gittergenerierung

Der nächste Schritt ist die Gittergenerierung, wozu wir das Programm *HelyxOS* verwenden, d. h. wir beenden *Salome* und rufen *HelyxOS* auf (entsprechender Knopf in der linken Leiste des Desktops von *Gm.Linux*). *HelyxOS* enthält keine eigene Routine zur Gittererstellung, aber als graphische Benutzeroberfläche ruft es das *OpenFOAM*-Programm *SnappyHexMesh* auf. Direkt nach dem Start besteht die Möglichkeit, einen neuen Fall zu erstellen (was wir hier mit Klick auf `New` tun) oder einen bestehen einzulesen. Anschließend weisen wir dem Fall einen Namen zu (standardmäßig ist `newCase` ausgewählt) und wählen das Verzeichnis, in dem das Fall abgespeichert werden soll (siehe Abb. 4.20a), `Parallel` wird der Einfachheit wegen deaktiviert. Abbildung 4.20b zeigt den allgemeinen Aufbau der GUI, die in drei Bereiche eingeteilt ist. Im linken Bereich kann eine Auswahl getroffen werden, zu dem Parameter gesetzt werden sollen. Im mittleren können diese Angaben eingegeben bzw. aus Listen ausgewählt werden. Im rechten Bereich wird die Geometrie visualisiert, deren Größe und Blickwinkel sich anpassen lassen. Ganz rechts gibt es die Möglichkeit, die Darstellungsart anzupassen: Für die Abbildung ist das Drahtgittermodell gewählt worden.

Als nächstes wird die Geometrie erstellt, in dem die oben erstellten *Salome*-Dateien importiert werden. Dazu wird im linken Bereich `Geometry` angewählt und im Eingabebereich der Knopf `STL` gedrückt. Nun wählen wir das Verzeichnis und die *Salome*-Dateien „CubeTop.stl", „SphereSurf.stl" und „CubeRemain.stl" aus. Bei Bedarf könnten diese Geometrien noch verschoben, gedreht oder skaliert

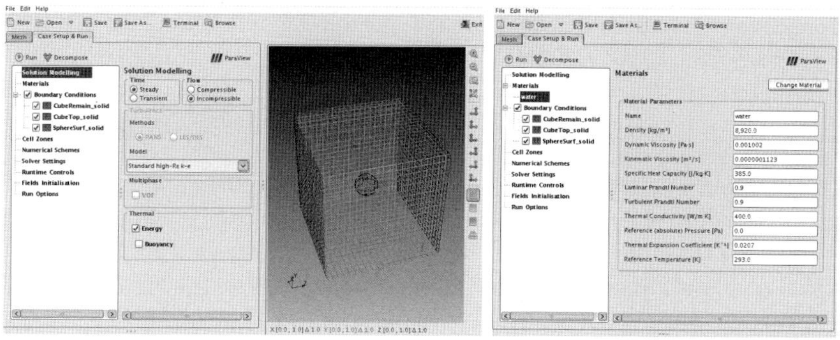

(a) (b)

Abb. 4.21 (a) Einstellungen für Solution Modelling (b) Einstellungen für Materials.

werden, was wir hier nicht tun müssen. Nach Abschluss (Drücken auf `Open`) werden die Daten importiert und Abb. 4.20b stellt den aktuellen Stand dar. Im linken Bereich sind nun alle definierten Flächen aufgelistet. Damit das zu generierende Gitter eine geeignete Feinheit hat, wählen wir den Punkt `Base Mesh` (im linken Bereich) an. Wir belassen bei `Base Mesh Type` die Auswahl `Automatic` und geben unter `Base Mesh Spacing` den Wert `0.05` ein. Das ist der Abstand zwischen zwei Gitterpunkten entlang einer Koordinatenachse. Zum Beispiel ist unsere Geometrie in z-Richtung 1,0 [m] hoch und mit dem gesetzten Wert erhalten wir für diese Richtung 20 Gitterzellen. Da unsere Geometrie eine gekrümmte Fläche nämlich die Kugeloberfläche enthält, sollten wir das Gitter in der Nähe dieser Fläche verfeinern. Wir klicken direkt unterhalb von `SphereSurf` auf `solid0`. Im mittleren Fenster haben wir dann die Möglichkeit den Reiter `Refinement` anzuwählen. Als Min-Level setzen wir 2 und als Max-Level setzen wir 5. Damit erreichen wir eine recht feine Auflösung der Kugeloberfläche. Damit der Gittergenerator erkennen kann, was außen und innen bedeutet, müssen wir noch einen beliebigen Punkt im Inneren der Geometrie auswählen. Dazu klicken wir auf `Material Point` (im linken Feld) und geben die Koordinaten `(0.1,0.1,0.1)` ein. Zur Kontrolle kann das Lampensymbol angewählt werden, so dass das Symbol im Viewer erscheint. Am besten die Darstellung stets als Drahtgittermodell wählen, damit wir in das Innere der Geometrie blicken können. Zum Abschluss erzeugen wir das Gitter, indem wir links auf `Mesh` und dann auf den Knopf `Create` drücken. Es erscheint ein neues Fenster links unten in der *HelyxOS*-GUI, welches die Konsole mit allen Ausgaben von *snappyHexMesh* anzeigt. Nach erfolgreicher Gittergenerierung kann das Konsolenfenster geschlossen werden (Klick auf Kreuz) und die Geometrie mit dem Gitter sollte wie in Abb. 4.21a aussehen.

4.10.3
Problemdefinition und Lösungsschritt

Nach der Geometrieerstellung und Gittergenerierung erfolgen nun die nächsten Schritte Problemdefinition und numerische Berechnung der Lösung. Für beides können wir *HelyxOS* als Bedienoberfläche einsetzen. Wir klicken auf den Reiter `Case Setup & Run` und im linken Bereich erscheint eine neue Liste, einfach von oben nach unten abgearbeitet werden kann. Unter dem Punkt `Solution Modelling` wählen wir für `Time` die Einstellung `Steady` (also stationäre Situation) und für `Flow` den Punkt `Incompressible` aus (damit unser Simulationsmodell dem Problem 6 am nächsten kommt). Bei `Turbulence` können wir das `Laminar`-Modell auswählen. Da für uns der Wärmetransport entscheidend ist, wählen wir den Punkt `Energy` an – `Buoyancy` ist nicht anzuwählen (Buoyancy ist für den Fall wichtig, wenn Auftrieb aufgrund unterschiedlicher, temperaturabhängiger Dichten eine Rolle spielt). Nach eine Abfrage, die wir bestätigen, können wir unter dem Listenpunkt `Materials` die Materialdaten des betrachteten Fluids bestimmen. Klicken wir auf die Default-Einstellung `air`, so können wir dann in der Mitte durch Klick auf `Change Material` ein anderes Medium auswählen. Einige Fluide sind bereits in einer Datenbank vorhanden, weshalb wir in neu erscheinendem Fenster links z. B. `water` auswählen (da wir im nächsten Schritt die Materialdaten für unser Problem anpassen, ist die Wahl des Mediums unwichtig) und beenden die Wahl durch Klicken auf `OK`. Nun können wir die gewünschten Materialdaten eingeben, wie zum Beispiel die Daten zu Kupfer (`Density` 8920 kg/m^3, `Specific Heat Capacity` 385 J/(kg K), `Thermal Conductivity` 400 W/(m K)).

Im nächsten Schritt können die Randbedingungen gesetzt werden. Die definierten Randflächen sind mit ihren Namen unterhalb `Boundary Conditions` aufgelistet und wir wählen die Fläche `CubeTop_solid` an.

Im mittleren (Eingabe-)Bereich lassen wir als `Patch Type` die Auswahl `Wall` stehen. Unterhalb des Reiters `Momentum` machen wir ebenfalls keine Änderungen, allerdings müssen wir für diese Würfelfläche die Temperatur setzen. Dazu klicken wir auf den Reiter `Thermal`, wählen bei `Type` die Auswahl `Fixed Temperature` und setzen die Temperatur auf 293.15 [K], was der Vorgabe von 20 °C entspricht (siehe Abb. 4.22a, die Umrechnung von Grad Celsius nach Kelvin ist recht einfach, indem stets 273,15 hinzuaddiert wird). Als nächstes wählen wir die Randtemperatur für die Kugeloberfläche. Dazu klicken wir links unten auf die Fläche `SphereSurf_solid`. In diesem Fall setzen wir wieder den `Type` auf `Fixed Temperature` und geben die Temperatur 273,15 [K], also 0 °C ein. Zum Schluss müssen wir noch für die restlichen Ränder eine Wärmeisolierung vorschreiben. Also wählen wir die Fläche `CubeRemain_solid` an. Nun geben wir keinen festen Temperaturwert vor, sondern wählen aus der `Type`-Liste den Eintrag `Zero Gradient` und haben keinen Wärmestrom. Damit sind alle Randbedingungen gesetzt.

Alle anderen Parameterwerte können mit ihren Standardwerten verwendet werden. Daher können wir direkt den Punkt `Run Options` in der Liste anwählen und anschließend die Simulation mit `Run` beginnen. Es erscheint eine weitere Konsole und die Ausgabe von *OpenFOAM* kann darin verfolgt werden (siehe Abb. 4.22b).

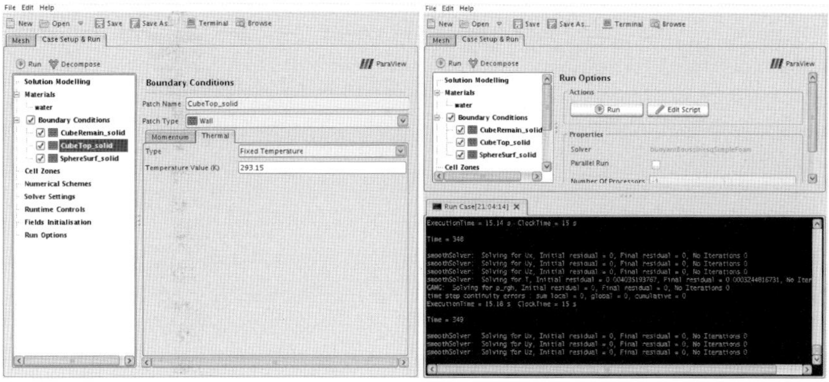

(a) (b)

Abb. 4.22 (a) Eingabe der Randbedingungen für den Rand „CubeTop“; (b) Ausgabe in einer Textkonsole während der OpenFOAM-Simulation.

4.10.4 Postprocessing

Für das Postprocessing und die Visualisierung des Ergebnisses klicken wir einfach auf das *ParaView*-Icon in der *HelyxOS*-GUI. Es erscheint das *ParaView*-Fenster und wir bestätigen die Daten mit einem Klick auf den in grün erscheinenden `Apply`-Knopf.

Damit das Ergebnis der Berechnung und nicht die Werte zu Beginn der Berechnung dargestellt werden, müssen wir den entsprechenden Datensatz anwählen – wir klicken hierzu auf den Pfeil  in der oberen Icon-Leiste (alternativ können wir hinter `Time` die Zahl 1 eingeben). Wir bestätigen den Vorgang mit `Apply`. Zudem möchten wir die Temperatur darstellen, die aber noch nicht als anwählbares Skalarfeld ausgewählt ist. Dazu den Reiter `Properties` anwählen und den Schieber nach unten bewegen, so dass der Bereich `Volume Fields` erscheint. Wir setzen ein Kreuz bei `T` (und können das bei `U` entfernen, siehe Abb. 4.23a) und schließen mit `Apply` ab.

Nun wollen wir die Temperaturverteilung als Schnitt durch den Würfel visualisieren. Dazu das Icon 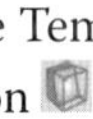 (Clip) anwählen. Die automatisch ausgewählte Schnittebene können wir verwenden.

Wer eine andere Schnittebene auswählen möchte, kann im linken Unterfenster den entsprechenden Normalenvektor der Ebene setzen und durch Anklicken und Bewegen des roten Rahmens im Visualisierungsfenster lässt sich die Ebene verschieben. Um nun die Temperatur darzustellen, wählen wir in der oberen Icon-Zeile anstelle „Solid Color“ den Eintrag „T“ aus (und erhalten ) und bestätigen mit `Apply`. Durch Drehen des Würfels erhalten wir eine Darstellung wie in Abb. 4.23b. Die Skala mit den Geschwindigkeiten lässt sich durch das Anwählen des entsprechenden Icons 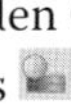 einblenden.

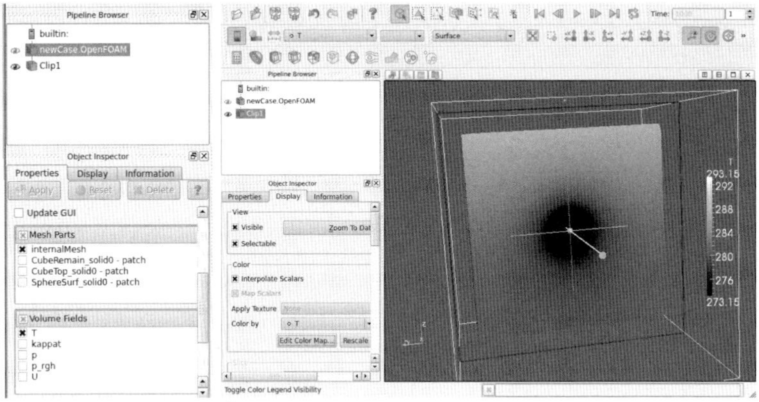

(a) (b)

Abb. 4.23 (a) Auswahl der darstellbaren Größen; (b) Schnitt durch den Würfel, Temperaturverteilung.

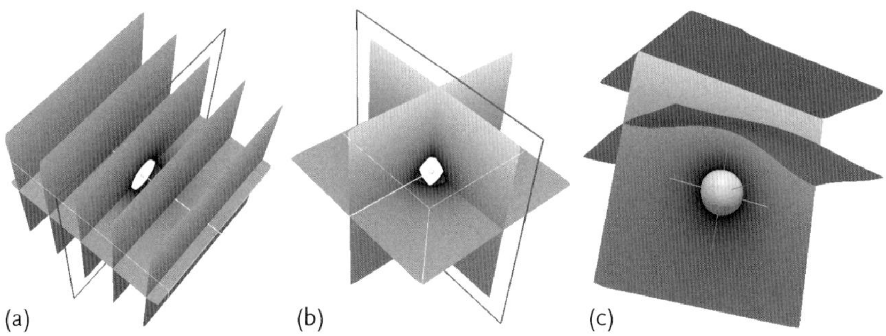

(a) (b) (c)

Abb. 4.24 (a,b) Lösung des Problem 4.6 mit Schnittebenen dargestellt. (c) Kombination von Schnittebene und Isoflächen.

Die Temperaturen sind in diesem Buch als Schwarz-Weiß-Darstellung gegeben. Dabei bedeutet eine helle Farbe eine hohe Temperatur und eine dunkle Farbe eine niedrige Temperatur. In Abb. 4.24b finden wir tiefe Temperaturen in der Nähe der Kugel und die hohen Temperaturen an der oberen Seite des Würfels. *ParaView* stellt eine Vielzahl von Visualisierungsmöglichkeiten zur Verfügung, so auch Stromlinien und Richtungsfelder für die Darstellung von Vektorfeldern (wie z. B. die Geschwindigkeit).

Da wir hier auf Schwarz-Weiß-Darstellungen beschränkt sind, können wir das Ergebnis von Problem 6 am besten anhand von Isoflächen analysieren. Ein Isoflächenplot zeigt eine Fläche, auf der eine interessierende Größe (in diesem Fall die Temperatur) einen festgelegten, konstanten Wert annimmt. Abb. 4.25 zeigt eine Reihe an Isoflächenplots, bei denen die Temperatur der Isoflächen variiert worden ist, so dass wir uns virtuell „durch die Lösung bewegen". Abb. 4.25a zeigt Isoflächen entsprechend den Temperaturen 20, 15 und 10 °C (von oben nach unten). Da wir 20 °C an der Würfeloberseite vorgeschrieben haben, entspricht die

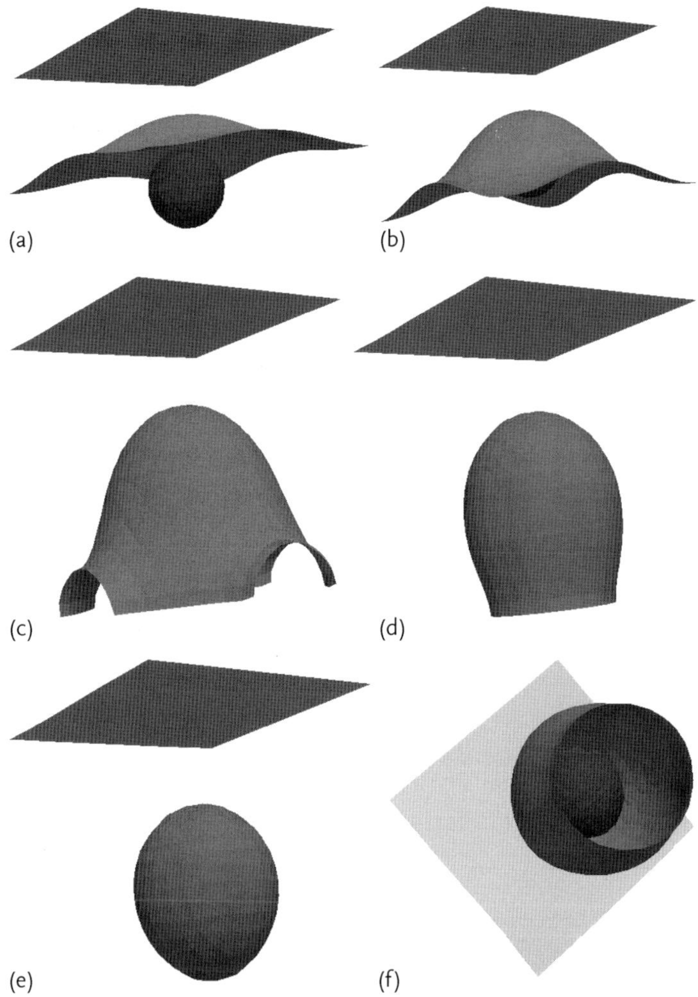

Abb. 4.25 Darstellung der Temperturverteilung mittels Isoflächen. (a) Isofläche zu den Temperaturen 20, 13, 5 °C (von oben nach unten) (b–e) mittlere Isofläche entsprechend zu 11, 10, 9,5, 9 °C. (f) Ein Blick in (d) von unten.

obere Isofläche genau der Würfelseite. Dagegen ist die 10 °C-Isofläche eine annähernd kugelförmige Fläche, welche die 0 °C-Kugel in der Mitte umschließt. Das lässt vermuten, dass alle Isoflächen zu Temperaturen unterhalb 10 °C kugelförmige Flächen darstellen, die ineinander verschachtelt sind. Die Isofläche zu 15 °C befindet sich irgendwo zwischen denen zu 20 und 10 °C. Wird die Temperatur verringert (Abb. 4.25b–e), so nimmt diese allmählich die Kugelgestalt an. Genauso wie die Schnittebenen ist diese Art der Darstellung sehr gut geeignet, um Ergebnisse einer numerischen Berechnung zu verstehen.

4.11 Ein Blick hinter die Wärmeleitungsgleichung

Wie oben bereits erwähnt, treten Differentialgleichungen in ganz natürlicher Weise in Wissenschaft und Ingenieurwesen auf. Dies ist insbesondere bei den Prozessen der Fall, die durch Änderungsraten der interessierenden Größe beschrieben werden können (Bemerkung 3.1). Infolgedessen ist es nicht überraschend, dass partielle Differentialgleichungen in einer vielfältigen Weise in Wissenschaft und Ingenieurwesen verwendet werden. Um eine Idee von PDEs über die Wärmeleitungsgleichung hinaus zu bekommen, werden in diesem Abschnitt einige klassische Anwendungen von PDEs behandelt: Diffusions- und Konvektionsprozesse (Abschnitt 4.11.1), Strömungen in porösen Medien (Abschnitt 4.11.2) und numerische Strömungsmechanik (Abschnitt 4.11.8). Unter diesen Anwendungen ist vielleicht die numerische Strömungsmechanik die „klassischste" Anwendung von PDEs in diesem Sinne. Sie beinhaltet viele Anwendungen, die in der Öffentlichkeit Aufmerksamkeit erlangt haben, wie zum Beispiel meteorologische Strömungssimulationen zur Wetter- oder Klimavorhersage, Luftströmungssimulationen um ein Auto, Flugzeug oder Space Shuttle, usw. Aber genauso sollte man wissen, dass es eine Vielzahl von PDE-Anwendungen in Bereichen gibt, in denen man es wahrscheinlich gar nicht vermuten würde. Hierzu zählt unter anderem Anwendungen in der Ökonomie, wie die bekannte *Black-Scholes-Gleichung*, die als Optionspreismodell verwendet wird und in die Form einer Wärmeleitungsgleichung transformiert werden kann, siehe [122, 123]. Ein weiterer Aspekt, der hier nicht im Detail behandelt werden kann, ist die Kopplung mehrerer Differentialgleichungen, d. h. die Kopplung von PDEs mit PDEs, von PDEs mit ODEs oder von Differentialgleichungen mit anderen Arten von mathematischen Gleichungen. Das ist ein wichtiges Thema aus dem einfachen Grund, da reale Systeme üblicherweise eine Kopplung von verschiedenen Phänomenen beinhalten. Ein Beispiel ist die *Fluid-Struktur-Interaktion* [119], d. h. die Kopplung von PDEs der numerischen Strömungsmechanik mit PDEs der Strukturmechanik (siehe Abschnitt 4.11.8 und das Beispiel in [124] oder in [7]) oder die Kopplung von PDEs für Strömungen in porösen Medien mit denen für eine „freie Strömung", wie zum Beispiel der Navier-Stokes-Gleichung (siehe Abschnitte 4.11.2 und 4.11.8, und die Beispiele in [125, 126]).

4.11.1 Diffusion und Konvektion

In gewisser Hinsicht ist ein Blick hinter die Wärmeleitungsgleichung ein Blick *auf* die Wärmeleitungsgleichung: Neben der Wärmeleitung gibt es einige andere Phänomene, die mit derselben Gleichung beschrieben werden können, wie zum Beispiel allgemeine Diffusionsphänomene oder Strömungen durch poröse Medien (Abschnitt 4.11.2). Um die allgemeine Diffusionsgleichung herzuleiten, schreiben wir das fouriersche Gesetz, Gl. (4.22), wie folgt in einer anderen Notation:

$$\boldsymbol{q}(\boldsymbol{x}, t) = -\boldsymbol{D}(\boldsymbol{x}) \cdot \boldsymbol{\nabla} N(\boldsymbol{x}, t) \tag{4.141}$$

Diese Gleichung ist als *Erstes ficksches Gesetz* [127] bekannt, wobei

- $\boldsymbol{q} \in \mathbb{R}^3$: Diffusionsfluss, z. B. in $[\mathrm{g}/(\mathrm{m}^2\mathrm{s})]$ oder $[\mathrm{mol}/(\mathrm{m}^2\mathrm{s})]$
- $\boldsymbol{D} \in \mathbb{R}^{3\times3}$: Diffusionskoeffizientenmatrix, z. B. in $[\mathrm{m}^2/\mathrm{s}]$
- N: Konzentration einer Substanz, z. B. in $[\mathrm{g}/\mathrm{m}^3]$ oder $[\mathrm{mol}/\mathrm{m}^3]$.

Das Erste ficksche Gesetz gilt für Situationen, in denen zum Beispiel irgendeine Substanz in einen Behälter mit einem Fluid gebracht und aufgelöst wird. Gleichung (4.141) besagt, dass der Diffusionsfluss der Substanz proportional zum Gradienten seiner Konzentration ist und dass dieser Fluss immer in Richtung der geringeren Konzentration geht. Erinnern wir uns: Das fouriersche Gesetz beschreibt die Diffusion der Wärme in ähnlicher Weise. In Abschnitt 4.2 wird die Wärmeleitungsgleichung aus dem fourierschen Gesetz über die Anwendung des Energieerhaltungsprinzips hergeleitet. Da sich das Erste ficksche Gesetz mehr auf die Diffusion einer Substanzmasse bezieht als auf die Diffusion einer Energie, muss das Prinzip der Massenerhaltung anstelle der Energieerhaltung angewendet werden. Dies kann in einer ähnlichen Weise wie in Abschnitt 4.2.2 umgesetzt werden, d. h. durch eine Bilanzierung der Massenflüsse in einem kleinen Kontrollvolumen, die dann zur *Diffusionsgleichung* führt [127] und folgende Form hat:

$$\frac{\partial N(\boldsymbol{x}, t)}{\partial t} = \boldsymbol{\nabla}(\boldsymbol{D}(\boldsymbol{x}) \cdot \boldsymbol{\nabla} N(\boldsymbol{x}, t)) \tag{4.142}$$

Außer einer unterschiedlichen Notation und Interpretation ist diese Gleichung identisch mit der Wärmeleitungsgleichung, Gl. (4.23). Diese Gleichung kann zum Beispiel mit *OpenFOAM* und dem in Abschnitt 4.10 beschriebenen Vorgehen gelöst werden.

Gleichung (4.142) gilt für Situationen, in denen das Fluid in Ruhe ist. Allerdings wird sich in der Praxis das Fluid während des Diffusionsprozesses bewegen. Daher ändert sich die Konzentration des Fluids aufgrund des kombinierten Effekts von Diffusion und Konvektion. Ein Beispiel ist der Fermentations- oder Gärungsprozess, wie die in Abschnitt 3.6.1 vorgestellte Weingärung. Dort wird beschrieben, dass die Temperatursteuerung einen großen Einfluss auf den Gärungsprozess hat. Üblicherweise wird dies zum Beispiel durch das Abkühlen bestimmter Bereiche innerhalb des Behälters erreicht. Eine Standardfrage ist, welche besondere Konfiguration für diese Kühlbereiche verwendet werden soll, um eine gewünschte Temperaturverteilung bei minimalen Kosten zu erreichen. Um diese Frage zu beantworten, benötigen wir die Berechnung der Temperaturverteilung, die aus einer gegebenen Konfiguration dieser Kühlbereiche resultiert. Dazu genügt es *nicht*, einfach nur die Wärmeleitungsgleichung Gl. (4.23) zu verwenden, da wir hier eine wesentliche Bewegung der Fluids innerhalb des Fermenters vorliegen haben, die sowohl einen Dichtegradienten wie auch eine natürliche Entwicklung von Kohlendioxidblasen während des Gärungsprozesses verursachen, siehe [128].

Eine Konvektionsströmung mit Geschwindigkeitsfeld $\boldsymbol{v}(\boldsymbol{x}) = (v_x(\boldsymbol{x}), v_y(\boldsymbol{x}), v_z(\boldsymbol{x}))$ (Einheit [m/s]) erzeugt einen konvektiven Fluss $\boldsymbol{J}(\boldsymbol{x})$ (z. B. in [g/(m^{2}s)]) der Substanz, der wie folgt beschrieben werden kann

$$\boldsymbol{J}(\boldsymbol{x}, t) = \boldsymbol{v}(\boldsymbol{x}) N(\boldsymbol{x}, t) \tag{4.143}$$

Setzen wir die Gln. (4.141) und (4.143) zusammen, so erhalten wir als gesamten Fluss der Substanz

$$\boldsymbol{q}(\boldsymbol{x}, t) + \boldsymbol{J}(\boldsymbol{x}, t) = -\boldsymbol{D}(\boldsymbol{x}) \cdot \boldsymbol{\nabla} N(\boldsymbol{x}, t) + \boldsymbol{v}(\boldsymbol{x}) N(\boldsymbol{x}, t) \tag{4.144}$$

Wenden wir die Massenbilanz dieses Flusses wie zuvor an, so erhalten wir die *Konvektions-Diffusions-Gleichung*:

$$\frac{\partial N(\boldsymbol{x}, t)}{\partial t} = \boldsymbol{\nabla}(\boldsymbol{D}(\boldsymbol{x}) \cdot \boldsymbol{\nabla} N(\boldsymbol{x}, t) - \boldsymbol{v}(\boldsymbol{x}) N(\boldsymbol{x}, t)) \tag{4.145}$$

Diese Gleichung kann noch weiter verallgemeinert werden, indem Quellenterme berücksichtigt werden, um auch die Situationen zu erfassen, in denen Substanz in bestimmen Tankbereichen erzeugt oder zerstört bzw. abgebaut wird [93]. Aufgrund ähnlicher Ausbreitungsmechanismen lässt sich Gl. (4.145) zudem auf die Berechnung der Temperaturverteilung übertragen. Für ein gegebenes konvektives Strömungsfeld $\boldsymbol{v}(\boldsymbol{x})$ können wir die Temperatur in einem Fermenter wie folgt berechnen:

$$\frac{\partial T(\boldsymbol{x}, t)}{\partial t} = \frac{1}{C\rho} \boldsymbol{\nabla}(\boldsymbol{K}(\boldsymbol{x}) \cdot \boldsymbol{\nabla} T(\boldsymbol{x}, t) - \boldsymbol{v}(\boldsymbol{x}) T(\boldsymbol{x}, t)) \tag{4.146}$$

d. h. wir interpretieren Gl. (4.145) neu und zwar als Wärmeleitungsgleichung, Gl. (4.23).

Um mit der Konvektions-Diffusions-Gleichung vertraut zu werden, können wir das *R*-Paket `SoPhy` ausprobieren, ein von M. Schlather [129] bereitgestelltes Paket. `SoPhy` löst die eindimensionale Konvektions-Diffusions-Gleichung:

$$\frac{\partial N(z, t)}{\partial t} = D \frac{\partial^2 N(z, t)}{\partial z^2} - v \frac{\partial N(z, t)}{\partial z} \tag{4.147}$$

Dabei entspricht z der vertikalen Richtung, v ist die konvektive Strömungsgeschwindigkeit in z-Richtung und N ist zum Beispiel die Konzentration eines Schadstoffs, welches im Wasser gelöst ist. Aufgrund der Raumdimension besteht hier die Diffusionskoeffizientenmatrix nur aus einem Skalar. Siehe [130, 131] für die Anwendung von `SoPhy` für den Schadstofftransport in Böden.

4.11.2
Strömungen in porösen Medien

Eine große Anzahl von Systemen in Natur und Technik beinhalten poröse Medien. Zum Beispiel ist der Boden unter unseren Füßen ein richtig großes Beispiel für ein poröses Medium: es beinhaltet festes Material wie Sand und Steine, genauso wie „leeren Raum“ (Poren) zwischen dem festen Material. Andere Beispiele von porösen Medien sind: biologische Materialien wie Knochen, Vliesstoffe wie Windeln oder andere Hygieneprodukte, alle Arten von Textilmaterialien, Zement, Schaum, Keramiken usw. *Panta rhei* (Alles fließt) ist eine Einsicht, die normalerweise dem griechischen Philosophen Heraklit zugeordnet wird. Angewendet auf poröse Medien bedeutet es, dass der Porenraum in diesen Materialien nicht nur ein nutzloser „leerer Raum“ ist, sondern er dient in vielen Fällen als Strömungsgebiet eines oder mehrerer Fluide. Und in der Tat beziehen sich viele in Wissenschaft und Ingenieurwesen auftretenden Fragen und Probleme mit porösen Medien auf Strömungen durch poröse Medien. Die erste systematische Untersuchung von Strömungen durch poröse Medien sind von dem französischen Wissenschaftler und Ingenieur Henry Darcy gemacht worden als er in der Konstruktion und Optimierung der Brunnen der Stadt Dijon in Frankreich involviert gewesen ist [132]. Seine Experimente führten ihn zu dem sogenannten *Darcy-Gesetz*, was in moderner Notation geschrieben werden kann als [133–135]

$$\boldsymbol{q}(\boldsymbol{x},t) = -\frac{1}{\mu}\boldsymbol{K}(\boldsymbol{x},t)\cdot\boldsymbol{\nabla} p(\boldsymbol{x},t) \tag{4.148}$$

wobei

- $\boldsymbol{q} \in \mathbb{R}^3$: Darcy-Geschwindigkeit [m/s]
- μ: (dynamische) Viskosität [Pa s]
- $\boldsymbol{K} \in \mathbb{R}^{3\times 3}$: Permeabilitätsmatrix [m^2]
- p: (Fluid-)Druck [Pa].

Hier drückt die *Viskosität* μ im Wesentlichen die innere Reibung des Fluids aus bzw. seinen Widerstand gegen die Deformation aufgrund der Spannungen, wie Scher- oder Ausdehnungsspannungen [133, 136]. Kleine Viskositätswerte bedeuten, dass eine Flüssigkeit „dünn“ ist und leicht fließen kann (wie Wasser mit $\mu = 10^{-3}$ Pa s), wohingegen sich hohe Viskositäten auf „dicke“ Fluide wie Maissirup ($\mu > 1$ Pa s) bezieht, die einen viel größeren Widerstand der Strömung aufweisen. Es ist offenkundig, dass Viskosität eine wirklich wichtige Größe auf dem gesamten Gebiet der Fluidmechanik ist (z. B. tritt diese unten in Abschnitt 4.11.8 als Teil der Navier-Stokes-Gleichung auf).

Die *Darcy-Geschwindigkeit* $\boldsymbol{q}$ wird in der Literatur auch als Sickergeschwindigkeit oder Filtergeschwindigkeit bezeichnet. Um dies zu verstehen, stellen wir uns ein eindimensionales Strömungsexperiment vor, in dem eine Wassersäule auf dem oberen Ende eines porösen Materials steht. Das Wasser wird aufgrund der Gravitation durch das poröse Medium fließen, so dass sich der Wasserspiegel in der Säule allmählich zum porösen Medium hin absenkt. Und diese Geschwindigkeit des Absenkens ist die *Sickergeschwindigkeit*, die durch die Darcy-Geschwindigkeit beschrieben wird. Diese *makroskopische* Geschwindigkeit muss von der *mikroskopischen* Geschwindigkeit unterschieden werden, der tatsächlichen durchschnittlichen Geschwindigkeit des Fluids in den Poren des porösen Mediums. Bezeichnen wir mit $\boldsymbol{v}$ die wirkliche Geschwindigkeit in den Poren, dann kann die Beziehung zwischen $\boldsymbol{v}$ und $\boldsymbol{q}$ ausgedrückt werden als

$$\boldsymbol{q}(\boldsymbol{x}) = \phi(\boldsymbol{x})\boldsymbol{v}(\boldsymbol{x}) \tag{4.149}$$

wobei ϕ die *Porosität* des porösen Mediums ist. Die Porosität ist der prozentuale Anteil des Porenvolumens am Gesamtvolumen des porösen Mediums. Alle diese Größen sind normalerweise überall im porösen Medium definiert. So ist die Darcy-Geschwindigkeit auch außerhalb des Porenraumes des porösen Mediums definiert (also nicht nur dort, wo Fluid strömt). Das wird dadurch erreicht, indem über ein sogenanntes repräsentatives Elementarvolumen gemittelt wird [133, 134]. H. Darcy formulierte Gl. (4.148) nur als ein phänomenologisches Modell, welches an die Daten angepasst worden ist. Aber es hat sich gezeigt, dass diese Gleichung auch so interpretiert werden kann, dass damit die Impulserhaltung ausgedrückt wird [137]. Wie im Fall der Diffusionsgleichung (Abschnitt 4.11.1) wird eine zweite Gleichung zur Beschreibung der Massenerhaltung gebraucht. Wieder kann dies in einer ähnlicher Weise wie in Abschnitt 4.2.2 gemacht werden, d. h. durch eine Bilanzierung der Massenflüsse in einem kleinen Kontrollvolumen, was zu folgender Gleichung führt:

$$\phi\frac{\partial\rho}{\partial t} + \nabla\cdot(\rho\boldsymbol{q}) = 0 \tag{4.150}$$

wobei ρ (z. B. in [g/m^3]) die Fluiddichte ist. Nehmen wir an, dass es sich um ein inkompressibles Fluid handelt. Dann haben wir $\rho = \text{const}$ und aus den Gln. (4.148) und (4.150) folgt

$$\nabla(\boldsymbol{K}(\boldsymbol{x})\cdot\nabla p(\boldsymbol{x})) = 0 \tag{4.151}$$

wenn die Viskosität konstant ist. Erneut haben wir eine perfekte Analogie zur stationären Wärmeleitungsgleichung: Das Darcy-Gesetz Gl. (4.148) entspricht dem fourierschen Gesetz Gl. (4.22) und Gl. (4.151) entspricht der stationären Wärmeleitungsgleichung (Gl. (4.23) mit $\partial T/\partial t = 0$).

Die *Permeabilitätsmatrix* $\boldsymbol{K}$ in Gl. (4.151) drückt aus, wie leicht das Fluid durch das poröse Medium strömt. Grundsätzlich genügt bei einer hohen Permeabilität ein relativ kleiner Druckgradient, um eine Strömung mit einer bestimmten Geschwindigkeit in Gang zu setzen. Dagegen benötigt man einen größeren Druck, wenn kleine Permeabilitäten vorliegen. Als Matrix kann $\boldsymbol{K}$ in ähnlicher Weise wie die Wärmeleitfähigkeitsmatrix interpretiert werden, wie dies in Abschnitt 4.2.4 getan worden ist. Auch in diesem Fall kann die Gl. (4.151) z. B. mittels *OpenFOAM* gelöst werden. Das Vorgehen ist in Abschnitt 4.10 beschrieben.

4.11.3
Imprägnierprozesse

In [138–140] ist Gl. (4.151) verwendet worden, um die Imprägnierung von *Glimmerbändern zur Isolierung* zu optimieren. Diese Isolierungen werden für Eisenstäbe verwendet, die in großen Turbinen zur elektrischen Stromerzeugung mit

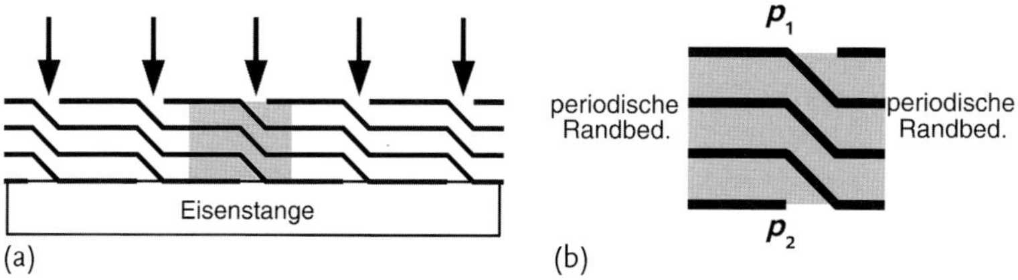

Abb. 4.26 (a) Querschnitt durch eine Glimmerbandisolierung mit einer Periodizitätszelle (graues Rechteck). (b) Randbedingungen in der Periodizitätszelle.

hohen Spannungen gebraucht werden. Die Isolierung erfolgt in zwei Schritten: Im ersten Schritt wird das Glimmerband in mehreren Schichten um den Eisenstab gewickelt. Abbildung 4.26a zeigt einen schematischen Querschnitt durch einen solchen Glimmerbandwickel. Als Resultat des Wicklungsprozesses formen die Glimmerbänder – die entsprechenden schwarzen Linien in der Abbildung – eine treppenartige Struktur. Im zweiten Schritt des Herstellungsprozesses wird das Glimmerband mit einem Epoxidharz imprägniert. Während der Imprägnierung fließt der größte Teil des Harzes durch den Porenraum zwischen den Glimmerbändern (siehe Pfeile in Abb. 4.26a). Nun besteht das Problem darin, dass die Permeabilität der Glimmerbänder wie auch die Permeabilität des Gewindes als Ganzes extrem klein ist, d. h. die Imprägnierung läuft nur sehr langsam ab. Im schlimmsten Fall können Bereiche im Gewinde unprägniert bleiben, was sehr teure elektrische Ausfälle während des Betriebs der Turbine hervorrufen kann. In [138–140] sind Simulationen zum Imprägnierprozess auf Grundlage der Gl. (4.151) durchgeführt worden. Dabei ist das Ziel gewesen, den Imprägnierprozess in einer Weise zu optimieren, so dass keine Imprägnierungsfehler auftreten.

Um die Strömung im Gewinde mit Gl. (4.151) zu simulieren, müssen Randbedingungen an den Rändern des Gewindes angewendet werden. An der oberen Fläche des Gewindes (durch die das Epoxidharz in das Gewinde gelangt) und an der Unterseite (an der das Gewinde die Eisenstange berührt) können Drücke vorgegeben werden, so dass die Druckdifferenz eine Strömung hervorruft, z. B. eine Konstante p_1 an der oberen Seite und $p_2 < p_1$ an der Unterseite, siehe Abb. 4.26b. Da das Gewinde eine periodische Struktur hat, genügt es die Strömungsberechnung in einer Periodizitätszelle durchzuführen, siehe Abb. 4.26a. Diese Periodizitätszelle repräsentiert das Gewinde in dem Sinne, dass das gesamte Gewinde durch sukzessives Aneinanderreihen von Kopien der Periodizitätszelle generiert werden kann. Wenn die Strömung für die Periodizitätszelle berechnet wird, dann werden sogenannte *periodische Randbedingungen* am linken und rechten Ende angewendet, d. h. in die Richtung der periodischen Struktur. Mathematisch betrachtet legen diese periodischen Randbedingungen die entsprechenden periodischen Ränder fest, in diesem Fall durch Gleichsetzen der Drücke am linken Ende der Periodizitätszelle mit dem entsprechenden Wert an seinem rechten Ende. Wie dieses Beispiel zeigt, kann die Größe des Strömungsgebietes und damit der resultierende Rechenaufwand durch die Anwendung von periodischen Randbedingungen substanziell auf eine Zelle reduziert werden. Bevor eine Strömungsberechnung aufgesetzt wird, sollte man immer die Periodizität des betrachteten Systems analysieren und wenn möglich periodische Randbedingungen anwenden. Es gibt in der Tat zahlreiche Systeme in Wissenschaft und Ingenieurwesen, die im ähnlichen Sinne wie das Beispiel periodisch sind.

Viele andere industrielle Prozesse beinhalten die Imprägnierung eines porösen Materials mit einem Fluid. Ein Beispiel ist das *Spritzpressen* oder *Resin Transfer Molding (RTM)*, welche für die Herstellung von faserverstärkten Plasten verwendet wird. Diese Plasten werden zum Beispiel für alle Arten von High-Tech-Anwendungen wie in Luft- und Raumfahrt eingesetzt. In diesem Prozess wird ein textiler Pressling in einen geschlossenen Formkörper gelegt, der dann mit einem Polymer mit niedriger Viskosität (leichtfließend) imprägniert und thermisch fixiert wird. Ähnlich zum oberen Beispiel haben Computersimulationen dazu beigetragen, diesen Prozess zu optimieren, um Probleme mit unvollständigen Imprägnieren usw. zu vermeiden. Wieder kann Gl. (4.151) in vielen Fällen verwendet werden, siehe [141–144].

4.11.4 Zweiphasenströmungen in porösen Medien

Das oben vorgestellte Modell für Strömungen in porösen Medien kann nur für eine Einphasenströmung verwendet werden, d. h. in Situationen in denen ein einziges Fluid in den Poren des porösen Mediums vorhanden ist. Natürlich gibt es viele Situationen, in denen es Strömungen mit verschiedenen Fluiden zur gleichen Zeit durch ein poröses Medium gibt. Ein wichtiges Beispiel, welches sehr stark die Entwicklung von Modellen zu Mehrphasenströmungen in porösen Medien vorangetrieben hat, ist die Suche nach Erdölvorkommen und deren Förderung [145]. Hier liegt in der Regel das gleichzeitige Auftreten von Öl-, Wasser- und Gasströmungen in porösen Böden und Gesteinsstrukturen vor. Als Anwendungsbeispiel betrachten wir einmal eine Zweiphasenströmung von *Wasser und Luft* in einem porösen Medium (zum Beispiel Erdreich). Eine hier am einfachsten zu treffende Annahme ist, dass der Luftdruck in etwa konstant ist, was uns zur *Richards-Gleichung* führt

$$\frac{\partial \Theta(\psi(\boldsymbol{x},t))}{\partial t} - \boldsymbol{\nabla} \cdot [\boldsymbol{K}(\psi(\boldsymbol{x},t))\boldsymbol{\nabla}(\psi(\boldsymbol{x},t)+z)] = 0 \tag{4.152}$$

wobei

- Θ: Volumenanteil von Wasser [l]
- $\psi = p/(\rho g)$: Druckhöhe [m]
- p: Druck in der Wasserphase [Pa]
- ρ: Dichte der Wasserphase [kg/m^3]
- $g \approx 9{,}81$: Erdbeschleunigung [m/s^2]
- $\boldsymbol{K} \in \mathbb{R}^{3\times3}$: hydraulische Leitfähigkeit [m/s]

Diese Gleichung kann ganz ähnlich zur Gl. (4.151) hergeleitet werden, wenn wir erneut die Annahmen aus dem letzten Abschnitt treffen und wenn die Massen-

und Impulserhaltung für jede Fluidphase separat betrachtet wird [146, 147]. Die Funktion ψ ist einfach der gewöhnliche Druck p, allerdings in einer Weise umskaliert, wie sie häufig von Anwendern der Richards-Gleichung (wie zum Beispiel Bodenwissenschaftler) betrachtet wird. Diese Umskalierung erlaubt ψ als Höhe einer Wassersäule zu interpretieren, siehe [147].

4.11.5 Retention und relative Permeabilität

$\Theta(\psi)$ und $\boldsymbol{K}(\psi)$ sind empirische Relationen, welche Materialeigenschaften im Strömungsgebiet ausdrücken. $\Theta(\psi)$ ist das, was Bodenkundler als *Wasserspannungskurve* bezeichnen. Es entspricht dem äußeren Druck, der für einen Boden benötigt wird, um einen vorgegebenen Wert des volumetrischen Wassergehalts zu erreichen. Dies ist für die Bodencharakteristik wichtig, insbesondere im Hinblick auf die Wasserversorgung von Pflanzen oder auf die Stabilität des Bodenaggregats.

Abbildung 4.27 zeigt zwei Wasserspannungskurven, einmal für Sand und einmal für gebrannten Ton. Wie die Abbildung zeigt, müssen ansteigende hohe Drücke aufgebracht werden, um einen geringen Wassergehalt zu erreichen. Zudem sind höhere Drücke für das Tonmaterial als für den Sand erforderlich, um einen geringen Wassergehalt zu erhalten. Grundsätzlich spiegelt dies die Tatsache wider, dass Sandböden im Vergleich zum Tonmaterial gröber gekörnt sind. Das bedeutet, dass die Kapillarkräfte, welche das Wasser im porösen Material zurückhalten, im Sandboden kleiner sind [148]. Abbildung 4.27 ist mit dem Programm `Mualem.r` der Buchsoftware erzeugt worden (siehe Anhang A), das auf

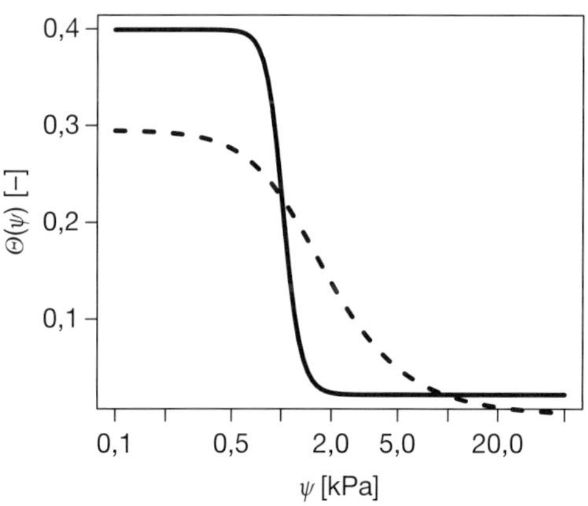

Abb. 4.27 Wasserspannungskurve für Sand (durchgezogene Linie, $\Theta_r = 0{,}022$, $\Theta_s = 0{,}399$, $\alpha = 0{,}93$, $n = 8{,}567$) und gebranntem Ton (gestrichelte Linie, $\Theta_r = 0$, $\Theta_s = 0{,}295$, $\alpha = 0{,}605$, $n = 2{,}27$), Parameter aus [149], Abbildung mit `Mualem.r` erstellt.

dem Mualem/van Genuchten Modell [148] basiert:

$$\Theta(\psi) = \Theta_r + \frac{\Theta_s - \Theta_r}{(1 + (\alpha|\psi|^n))^{1-1/n}} \tag{4.153}$$

wobei

- Θ_r: Restwassergehalt [-]
- Θ_s: gesättigter Wassergehalt [-]
- α: empirischer Parameter [1/m]
- $n > 1$: empirischer Parameter bezogen auf die Porengrößenverteilung [-].

Der Restwassergehalt Θ_r ist die volumetrische Wassermenge, die sich auch unter Anwendung sehr hoher externer Drücke nicht mehr aus dem Boden entfernen lässt. Dagegen entspricht der gesättigte Wassergehalt Θ_s der volumetrischen Wassermenge für den Fall, wenn der Boden vollständig gesättigt ist (d. h. keine Luft mehr im Porenraum vorhanden ist). α bezieht sich auf den Kehrwert des Eintrittsdrucks, was der kleinste externe Druck ist, der für das Herauspressen eines vollständig gesättigten Bodens angewendet werden muss.

Die empirische Relation $\boldsymbol{K}(\psi)$ in Gl. (4.152) ist mit dem Begriff *relative Permeabilität* verbunden. In Situationen mit Mehrphasenströmungen müssen zwei Dinge unterschieden werden:

- K_1: die Permeabilität des porösen Mediums in Bezug auf ein Fluid, welches vollständig die Poren des porösen Mediums füllt (der vollständig gesättigte Fall);
- K_2: die Permeabilität des porösen Mediums in Bezug auf ein Fluid, wenn eine oder mehrere andere Fluide vorhanden sind (der ungesättigte Fall).

Normalerweise wird K_2 kleiner als K_1 sein, da im ungesättigten Fall weniger Porenvolumen für das betrachtete Fluid zur Verfügung steht. Die entsprechende Abnahme der gesättigten Permeabilität wird mit der relativen Permeabilität K_2/K_1 ausgedrückt. Wenden wir dies auf Gl. (4.152) an, so hängt die Permeabilität $\boldsymbol{K}$ von der Wassersättigung oder über Gl. (4.153) von der Druckhöhe ψ ab. Diese Abhängigkeit kann dann mit geeigneten empirischen Relationen, wie die Corey-Gleichung, beschrieben werden, siehe [137, 145].

Beachte, dass die Richards-Gleichung (4.152) eine *nichtlineare* partielle Differentialgleichung ist, da die Unbekannte ψ in den im Allgemeinen nichtlinearen Funktionen $\Theta(\psi)$ und $\boldsymbol{K}(\psi)$ auftritt, siehe auch die Diskussion über Nichtlinearität im Abschnitt 4.3.1.3. Daher sind geeignete numerische Methoden anzuwenden, um Gl. (4.152) zu linearisieren (siehe [93]).

4.11.6 Tropfbewässerung von Spargel

Abbildung 4.28 zeigt ein Anwendungsbeispiel der Richards-Gleichung, die mit dem „earth science module" des kommerziellen FE-Programms *Comsol Multiphysics* berechnet worden ist (da dieses Modell aktuell noch nicht für *Gm.Linux* zur Verfügung steht). Spargel wird in Erdwällen angebaut, die eine Form haben,

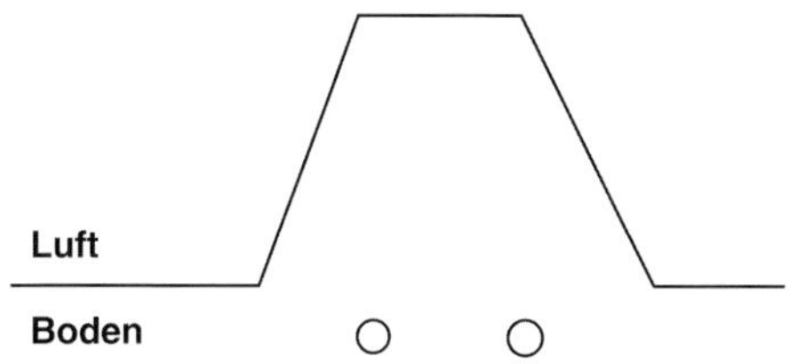

Abb. 4.28 (a) Beispiel für die Lage der Wasserleitungen unter dem Spargelwall. (b) Isoflächen zum volumetrischen Wassergehalt im Spargelwall (der Pfeil deutet die Wasserleitung an).

wie sie in Abb. 4.28a skizziert ist. Um die Bodenfeuchte in diesen Erdwällen zu steuern, wird in einigen Fällen eine Tropfbewässerung über Wasserleitungen angewendet. Abbildung 4.28a zeigt eine mögliche Position dieser Wasserleitungen unterhalb der Bodenoberfläche. Die Leitungen geben Wasser über tropfenbildende Vorrichtungen (beispielsweise ein Tropfengenerator auf 20 cm Leitungslänge) in den Boden ab, die eine Sequenz von Wassertropfen mit einer gewünschten Rate erzeugen. Nun stellt sich die Frage, *wo* genau die Leitungen platziert werden sollen und *wie viel* Wasser durch die Tropfvorrichtungen abgesetzt werden soll, um eine optimale Verteilung des Wassergehalts im Boden bei minimalen Kosten zu erreichen. Um dieses Optimierungsproblem zu lösen, können mit der Richards-Gleichung und dem Mualem/van Genuchten-Modell, Gln. (4.152) und (4.153), Isoflächen des volumetrischen Wassergehalts im Boden um einen solchen Tropfengenerator in einer Wasserleitung berechnet werden (Abb. 4.28b). Abbildung 4.28b zeigt Isoflächen des volumetrischen Wassergehalts im Boden um einen solchen Tropfengenerator in einer Wasserleitung. Die numerische Berechnung zeigt, dass der Wassergehalt nahe der Wasserleitung am höchsten ist, und diese mit wachsenden Abstand zur Leitung allmählich abnimmt.

4.11.7
Mehrphasenströmung und Poroelastizität

Die Richards-Gleichung kann auf vielfältige Weise verallgemeinert werden. Als erstes kann die Annahme, dass der Druck in einem der Fluidphasen konstant ist, fallen gelassen werden. Wenn wir weiterhin eine Zweiphasenströmung betrachten, führt dies zu zwei Gleichungen, ähnlich Gl. (4.152), eine für jede der Fluidphasen oder – im Fall von mehr als zwei Fluiden – zu genauso vielen Gleichungen diesen Typs wie Fluidphasen vorhanden sind [137, 150]. Wenden wir die Mechanik von Gemischen an, wie in [137, 151] beschrieben, so kann dies für den Fall weiterentwickelt werden, bei dem eine der Phasen fest ist. Diese Herangehensweise ist zum Beispiel in [7] behandelt worden. Hier wird die Strömung in den Filzen einer Papiermaschine beim Nasspressen beschrieben. Es sind zwei Fluidphasen (Wasser und Luft) und der Filz selbst als feste Phase betrachtet worden. In [152] sind zahlreiche andere Vorgehensweisen zu finden, um *Poroelastizität* zu beschreiben, d. h. eine Deformation eines porösen Materials und insbesondere die Kopplung einer solchen Deformation mit einer Fluidströmung innerhalb des porösen Mediums, wie sie in vielen Anwendungen erforderlich ist. Abschließend möchten wir anmerken, dass die Richards-Gleichung auch für Situationen angewendet werden kann, bei denen das Strömungsgebiet aus geschichteten Materialen besteht, die in bestimmten Bereichen gesättigt und in anderen Teilen ungesättigt sein können. Solche Fälle haben wir zum Beispiel bei technischen Textilien (Vliesstoffen), Windeln oder anderen Hygieneartikel [153].

4.11.8
Numerische Strömungsmechanik (CFD)

Numerische Strömungsmechanik (engl. computational fluid dynamics, CFD) beinhaltet alle Arten von Problemen, bei denen mathematische Modelle zur Beschreibung von Strömungen mit Fluiden verwendet wird. Wie zuvor bereits erwähnt ist numerische Strömungsmechanik vielleicht die „klassischste" Anwendung von PDEs in Wissenschaft und Technik. Viele Anwendungen in diesem Umfeld haben die Aufmerksamkeit der Öffentlichkeit erreicht, wie Strömungsberechnungen zur Wettervorhersage oder für Klimamodelle, zu Erdplattenbewegungen oder für Luftströmungen um Fahrzeuge, Flugzeuge oder Space Shuttles. Die besondere Bedeutung wird durch die Tatsache unterstrichen, dass in unzähligen Systemen in Wissenschaft und Technik Strömungen auftreten, die nicht selten eine wichtige Rolle spielen (wir könnten hier wieder *panta rhei* von Heraklit zitieren, ähnlich zu Abschnitt 4.11.2). Natürlich zählen die in den letzten Abschnitten genannten Beispiele aus dem Bereich der Strömungen in porösen Medien bereits zur CFD im allgemeinen Sinne.

4.11.9
Navier-Stokes-Gleichungen

Die Grundlage für die Beschreibung von Strömungsvorgängen bilden die *Navier-Stokes-Gleichungen* und ihre Verallgemeinerungen. Sehr häufig wird „CFD" im engeren Sinn als Synonym für deren Anwendungen und numerische Umsetzungen verwendet. Die Navier-Stokes-Gleichungen beruhen auf dem Erhaltungsprinzip (siehe Bemerkung 4.2) von Masse, Impuls und – wenn die Temperatur eine Rolle spielt – Energie und können im einfachsten Fall (inkompressibles isothermisches newtonsches Fluid) geschrieben werden als

$$\rho \frac{D\boldsymbol{v}}{Dt} = -\boldsymbol{\nabla} p + \mu \boldsymbol{\nabla}^2 \boldsymbol{v} + \boldsymbol{f} \tag{4.154}$$

$$\boldsymbol{\nabla} \cdot \boldsymbol{v} = 0 \tag{4.155}$$

wobei

- ρ: Dichte [kg/m^3]
- $\boldsymbol{v} = (v_x, v_y, v_z)$: Geschwindigkeit [m/s]
- p: Druck [Pa]
- μ: (dynamische) Viskosität [Pa s]
- $\boldsymbol{f} = (f_x, f_y, f_z)$: Körperkräfte (z. B. Gravitation) [N/m^3].

Gleichung (4.155) beschreibt die Massenerhaltung, die im Allgemeinen durch

$$\frac{\partial \rho}{\partial t} + \nabla \cdot (\rho\, \boldsymbol{v}) = 0 \tag{4.156}$$

ausgedrückt wird. Aufgrund der Inkompressibilität haben wir $\rho = \text{const}$, weshalb ρ und die zeitliche Ableitung von ρ nicht in Gl. (4.155) erscheinen. Die Herleitung der Massenerhaltungsgleichung erfolgt ganz ähnlich der Herleitung der Energiegleichung in den Abschnitten 4.2.2 und 4.2.3, wenn anstelle der Energie die Dichte ρ und für den Wärmefluss der Massenfluss $q = \rho \boldsymbol{v}$ betrachtet wird. Zu beachten ist, dass die Gleichungen nicht zwischen Flüssigkeiten oder gasförmigen Fluiden (ohne Kompressionseffekte) unterscheiden. Der Unterschied wird durch die entsprechenden Materialparameter wie Viskosität μ beschrieben.

Allerdings muss häufig die Kompressibilität, wie sie in vielen Strömungssituationen mit Gasen auftritt, beachtet werden. Dann brauchen wir ein Modell, eine zusätzliche Gleichung, die den Zusammenhang zwischen den Zustandsgrößen herstellt, wie zum Beispiel die allgemeine Gasgleichung

$$p = \rho R T \quad (R\text{: spezielle Gaskonstante, } T\text{: Temperatur}) \tag{4.157}$$

In der Regel ist die Kompressibilität von der Temperatur abhängig, weshalb die Navier-Stokes-Gleichungen bei kompressiblen Fluiden um eine Temperaturgleichung erweitert wird. Gasströmungen werden häufig mit den *Euler-Gleichungen* [120] beschrieben, die eine reibungsfreie Strömung voraussetzen, d. h. $\mu = 0$ [136], was bei Gasen näherungsweise zutrifft.

Die Annahme eines *newtonschen Fluids* betrifft die Eigenschaft zum Spannung-Dehnungs-Verhalten, also die Beschreibung der Viskosität μ. Kurz gesagt, newtonsche Fluide strömen „wie Wasser", d. h. sie unterliegen einer linearen Spannungs-Dehnungs-Relation mit der dynamischen Viskosität als Proportionalitätskonstante [136]. Nichtnewtonsche Fluide haben keine einfach definierte Viskosität. Deren Viskosität hängt nichtlinear von den Schergeschwindigkeiten ab. Beispiele sind Blut, Zahnpasta, Senf, Schlamm, Farbe, Polymere usw.

D/Dt in Gl. (4.154) ist die *Substantielle Ableitung* (die auch als Materielle Ableitung oder Konvektive Ableitung bezeichnet wird). Sie drückt die Zeitableitung bezüglich eines Koordinatensystems aus, das sich mit dem Geschwindigkeitsfeld $\boldsymbol{v}$ mitbewegt [93]. Der *Körperkraft*vektor $\boldsymbol{f}$ beinhaltet typischerweise die Gravitation, aber er kann auch andere auf das Fluid wirkende Kräfte, wie elektromagnetische Kräfte, enthalten. Wie zuvor können diese Gleichungen mit den Erhaltungsprinzipien interpretiert werden: Gl. (4.154) als Erhaltung des Impulses und

Gl. (4.155) als Erhaltung der Masse, was einfach mit der Idee des Kontrollvolumens erklärt werden kann, wie in Abschnitt 4.2.

Ein großer Vorteil der Notation der Substantiellen Ableitung ist, dass dadurch die Erhaltung des Impulses Gl. (4.154) direkt ausgedrückt werden kann (beim Darcy-Gesetz Gl. (4.148) ist dies viel weniger offensichtlich): Die linke Seite der Gleichung ist im Wesentlichen die Zeitableitung des Impulses $\rho \boldsymbol{v}$, da bei der Navier-Stokes-Gleichung alles pro Volumen ausgedrückt wird (daher $\rho \boldsymbol{v}$ anstelle $m\boldsymbol{v}$). Vereinfacht können wir uns vorstellen, dass sich die Veränderungen einer Größe (wie $m\boldsymbol{v}$) auf ein sehr kleines Fluidvolumen beziehen, d. h. ein Kontrollvolumen wie in Abschnitt 4.2 beschrieben. Von dem zweiten newtonschen Gesetz wissen wir, dass die Änderung des Impulses eines Körpers proportional zur angreifenden Kraft ist. Das wird exakt mit Gl. (4.154) ausgedrückt, da die rechte Seite alle auf das Kontrollvolumen angreifenden Kräfte zusammengefasst werden. Diese Kräfte setzen sich dem Druckgradienten, Reibungs- und Körperkräften zusammen. Gl. (4.154) drückt also das zweite newtonsche Gesetz für ein kleines Kontrollvolumen in einem Fluid aus.

Im Standardkoordinatensystem kann die substantielle Ableitung ausgedrückt werden als

$$\frac{\mathrm{D}\boldsymbol{v}}{\mathrm{D}t} = \frac{\partial \boldsymbol{v}}{\partial t} + (\boldsymbol{v} \cdot \boldsymbol{\nabla})\boldsymbol{v} \tag{4.158}$$

was zeigt, dass Gl. (4.154) wieder, wie in Abschnitt 4.3.1.3 beschrieben, eine *nichtlineare* PDE ist, da die Ableitungen der Unbekannten $\boldsymbol{v}$ mit $\boldsymbol{v}$ multipliziert wird. Damit sind wieder spezielle numerische Methoden nötig, um die Navier-Stokes-Gleichung mit geeigneter Linearisierung zu lösen [154–156].

Die inkompressiblen Navier-Stokes-Gleichungen (4.154) und (4.155) können auf verschiedene Weise verallgemeinert werden. Wie oben erwähnt, kann die Inkompressibilitätsannahme für Gasströmungen weggelassen werden. Andere wichtige Verallgemeinerungen beinhalten nichtnewtonsche Fluide, die Berücksichtigung von Temperaturschwankungen und die Wechselwirkung mit der Strömung (zum Beispiel die Dichteschwankungen im Fermentations-/Gärungsprozess, siehe Beispiel Abschnitt 3.6.1), die Modellierung von Turbulenzeffekten usw. *Turbulenzmodelle* sind von besonderem Interesse, da turbulente Strömungen bei Anwendungen eher die Regel als die Ausnahme sind. Gln. (4.154) und (4.155) setzen eine *laminare* Strömung voraus, die in etwa mit einem „glatten“ Strömungsmuster beschrieben werden kann, im Gegensatz zur *turbulenten* Strömung, die sich mit chaotischen, stochastischen Änderungen der Zustandsvariablen wie Strömungsgeschwindigkeit, Druck usw. charakterisieren lässt. Die Open-Source-CFD-Software *OpenFOAM* (siehe Abschnitt 4.12.3) beinhaltet verschiedene Turbulenzmodelle wie die *Reynolds-averaged Navier-Stokes equations*, die auch als RANS-Gleichungen [157] bekannt sind.

4.11.10
Gekoppelte Probleme

Viele CFD-Modelle sind mit mathematischen Modellen aus anderen Bereichen gekoppelt. Ein Problem dieser Art ist bereits in Abschnitt 4.11.6 erwähnt worden: das Nasspressen eines Filzes in einer Papiermaschine. Hier werden die Gleichungen für die Strömung in einem porösen Medium mit den Gleichungen zur Beschreibung der Filzdeformation gekoppelt. Probleme dieser Art werden üblicherweise als *Fluid-Struktur-Interaktion*s-Probleme (FSI-Probleme) bezeichnet.

Es gibt auch eine große Anzahl an Problemen, bei denen die Navier-Stokes-Gleichung mit den Gleichungen für die Strömung in porösen Medien gekoppelt wird. Ein Beispiel ist der *Filtrationsprozess*, bei dem das Strömungsgebiet häufig in zwei Bereiche unterteilt wird:

- ein *Strömungsgebiet im porösen Medium*, in dem das Fluid innerhalb des sogenannten (porösen) „Filterkuchen" fließt, der aus festen Teilchen besteht, die sich am Filterbauelement angelagert haben,
- und ein *freies Strömungsgebiet*, in dem das Fluid „frei" außerhalb des Filterkuchens fließt.

In [126, 158] wird ein solches gekoppelte Problem gelöst, um die Kerzenfilter zu optimieren, die zum Beispiel für die Bierfiltration verwendet werden.

Ein anderes Beispiel ist die industrielle *Flaschenreinigung*. In diesem Prozess wird ein Fluid mit hoher Geschwindigkeit in die Flasche eingesprüht (Abb. 4.29a). Das Fluid enthält Reinigungsmittel, mit der Absicht die Bakterien von der Innenseite der Flasche zu entfernen. Gerade die hohe Geschwindigkeit des Prozesses macht es zu einer schweren Aufgabe für die Ingenieure, eine effektive Reinigung der gesamten inneren Oberfläche der Flasche sicherzustellen. Zudem sind zwei verschiedene Fluide beteiligt, nämlich Wasser und Luft, weshalb wir hier

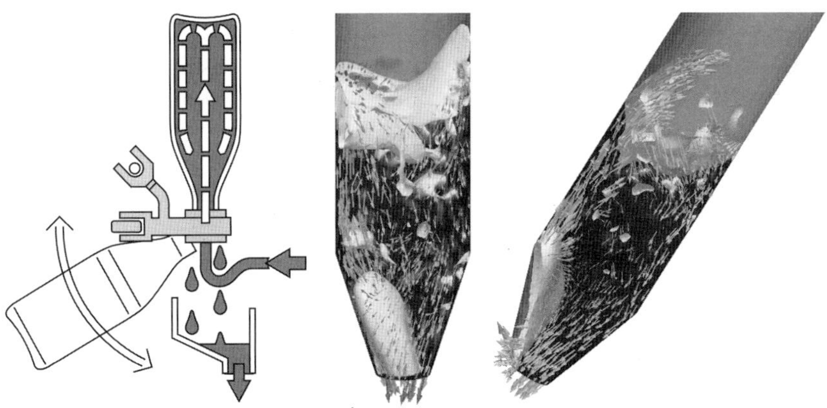

(a) (b)

Abb. 4.29 Industrielle Reinigung von Flaschen (a) Schema (© 2008 KHS AG, Bad Kreuznach, Germany). (b) Numerische Simulation der Flaschenentleerung beim Reinigungvorgang [161].

von einer *Zweiphasenströmung* sprechen. Wieder werden Computersimulationen auf Grundlage geeigneter mathematischen Modelle zur Optimierung des Prozesses verwendet [159, 160]. In diesem Fall haben wir eine verallgemeinerte Navier-Stokes-Gleichung, die mit einem Turbulenzmodell (siehe Abschnitt 4.11.9) ergänzt und mit einem Modell der mikrobiellen Dynamik im Inneren der Flasche in Form gewöhnlicher Differentialgleichungen gekoppelt wird.

4.12 Eine Beispielsitzung zur numerischen Berechnung einer Einphasenströmung

Um die Möglichkeiten einer numerischen Strömungsberechnung sichtbar und erfahrbar zu machen, führen wir in diesem Abschnitt eine Beispielsitzung einer Strömungssimulation mit Unterstützung des Softwarepaketes *OpenFOAM* durch. Alle wesentlichen Schritte sind auch im Anhang B.6 in der Referenzkarte „B.6 Einphasenströmung" zusammengefasst. Die allgemeinen Schritte für eine Strömungsanalyse sind mit denen einer FEM-Analyse nahezu identisch. Bereits in der Beispielsitzung zur Berechnung der Wärmeleitung in Abschnitt 4.10 haben wir diese für eine numerische Simulation kennengelernt. Die einzelnen Schritte werden wir in den nachfolgenden Abschnitten mit Unterstützung geeigneter Software durchlaufen, wobei *OpenFOAM* die wesentlichen Routinen zur Verfügung stellt. Bei *OpenFOAM* handelt es sich um ein Open-Source-Paket, welches von OpenCFD, einer Tochtergesellschaft der ESI Group, unter der GPL-Lizenz entwickelt wird. *OpenFOAM* ist kein Programm im herkömmlichen Sinne, sondern vielmehr eine Ansammlung von Programmen z. B. zum Erstellen eines Gitters, zum Lösen unterschiedlicher Strömungsproblemstellungen (Ein- oder Mehrphasenströmung, inkompressible und kompressible Strömung, usw.). Die Parametereingabe wie z. B. Materialdaten oder Randbedingungen erfolgt über Textdateien. Anschließend kann der zum Strömungsproblem passende Löser aufgerufen und ausgeführt werden. Diese sehr konsolenorientierte Bedingung ist äußerst flexibel, kann aber für Anfänger verwirrend sein. Daher setzen wir hier (wie bereits in Abschnitt 4.10) die Software *HelyxOS* ein, welche als graphische Benutzeroberfläche für *OpenFOAM* dient und die Bedienung wesentlich vereinfacht. *OpenFOAM* ist auf der Grundlage der Finiten-Volumen-Methode in der Lage 2D/3D kompressible und inkompressible Strömungsprobleme mit und ohne Betrachtung von Wärmetransport und Turbulenz zu behandeln [162]. Das Programm kann auch auf Parallelrechner oder Rechner mit Mehrkernen ausgeführt werden, was gerade für CFD-Problem ein großer Vorteil ist, da diese in der Regel hohe Anforderungen an Rechenzeit und Speicher stellen. Details zum Programm sind unter http://www.openfoam.com zu finden. Nachfolgend stellen wir zunächst das Strömungsproblem vor und werden dann Schritt für Schritt alle Stufen einer Analyse durchführen. Die wesentlichen Schritte für eine Strömungsanalyse können auch mit Hilfe der Referenzkarte „Einphasenströmung" (siehe Anhang B.6) nachvollzogen werden.

4.12.1
Das rückwärts gewandte Stufenproblem

Wir werden ein Standardproblem der Fluidmechanik mit Hilfe von *OpenFOAM* lösen: das *rückwärts gewandte Stufenproblem* [156]. Die zugrunde liegende Geometrie ist in Abb. 4.30a dargestellt (mit den Abmessungen $l_1 = 0{,}2\,\text{m}$, $l_2 = 0{,}4\,\text{m}$, $l_3 = 0{,}2\,\text{m}$, $l_4 = 0{,}8\,\text{m}$, Tiefe 0,2 m). Zusätzlich sind folgende Randbedingungen gegeben:

- Rand 1: Einströmrand, konstante Geschwindigkeit $\boldsymbol{v} = (1, 0, 0)$
- Ränder 2, 3, 4, 6: Wände, no-slip-Randbedingung
- Rand 5: Ausströmrand, konstanter Druck $p = 0$
- Seitenfläche oben und unten: symmetrische Randbedingung.

Die *no-slip-Randbedingung* an den Rändern 2, 3, 4, 5, 6 verbieten jegliche Strömung durch diese Ränder, ganz ähnlich zur „no-flow-Bedingung" in Abschnitt 4.3.2 oben. Zusätzlich wird gefordert, dass die Strömungsgeschwindigkeit am Rand null ist, was die Tatsache zum Ausdruck bringt, dass die Strömungsgeschwindigkeit viskoser Fluide wie Wasser am Rand näherungsweise null ist [136]. Die *Symmetrierandbedingung* an der oberen und unteren Seitenfläche (die parallel zur x-y-Ebene liegen) bedeutet, dass wir hier für die Geometrie annehmen, dass diese sich unendlich weit in die positive und negative z-Richtung erstreckt (ähnliche Randbedingungen werden in Abschnitt 4.3.3 betrachtet). Die Symmetrierandbedingungen verbieten jegliche Strömung durch diese Ränder, ähnlich zu der no-slip-Bedingung, aber die Geschwindigkeit wird nicht auf null gesetzt. Das Fluid kann reibungsfrei entlang des Symmetrierandes strömen und daher ist die Symmetrierandbedingung auch als *slip-Randbedingung* bekannt. Aufgrund der Symmetriebedingung wird alles entlang der z-Achse konstant sein, d. h. es werden keine Änderungen z. B. der Strömungsgeschwindigkeit auftreten, wenn wir uns parallel zur z-Achse bewegen. Faktisch bedeutet es, dass dieses Problem

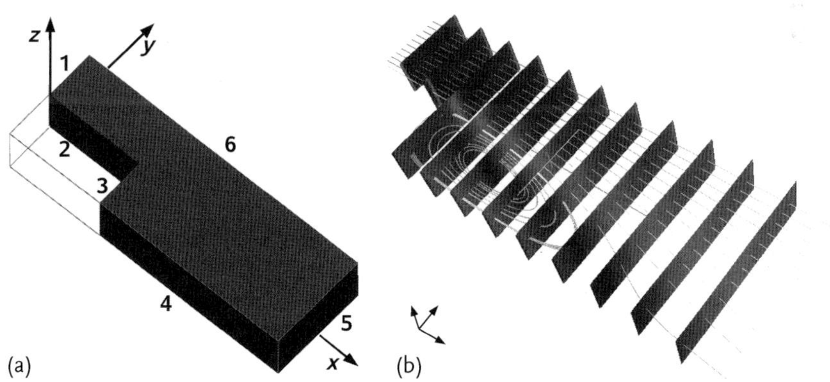

Abb. 4.30 (a) Geometrie zum rückwärts gewandten Stufenproblem mit numerierten Rändern. (b) Lösung des rückwärts gewandten Stufenproblem berechnet mit *OpenFOAM*: eine Kombination von Schnittebenen (mit Betrag der Geschwindigkeit) mit Stromlinien.

ein 2D-Problem im Sinne von Abschnitt 4.3.3 ist. Um die 3D-Fähigkeiten von *OpenFOAM* zu demonstrieren, werden wir dennoch dieses Problem unten in 3D lösen.

4.12.2
Preprocessing mit Salome und HelyxOS

Die ersten beiden Schritte zur Durchführung einer Strömungssimulation beinhalten Geometrieerstellung und Gittergenerierung. Wie bereits in Abschnitt 4.10 setzen wir zur Geometrieerstellung das Werkzeug *Salome* ein, wobei wir an dieser Stelle nicht auf nähere Details eingehen, da das Programm bereits oben näher beschrieben ist. *Salome* wird unter *Gm.Linux* durch Drücken des entsprechenden Knopfes in der linken Leiste gestartet.

Zunächst muss im Auswahlmenü das Geometrie-Modul ausgewählt und gestartet werden (siehe Abb. 4.31). Wir werden nun nacheinander zwei Quader erzeugen, wobei wir den ersten noch verschieben und damit den „rechten" Teil des Rechengebietes erhalten. Den ersten Quader erstellen wir über den Menü-Punkt `New Entity/Primitives/Box`. Danach erscheint ein neues Fenster, in dem wir die Maße des Quaders eingeben: `Dx:0.8`, `Dy:0.4`, `Dz:0.2`. Mit `Apply and Close` erzeugen wir den Quader und schließen das Fenster. Den Quader verschieben wir mit `Operations/Transformation/Translation`. Im neu erscheinenden Fenster können wir den Verschiebungsvektor eingeben: `Dx:0.4`, `Dy:-0.2`, `Dz:0.0`. Wichtig ist, dass wir das Häkchen bei `Create a copy` entfernen. Mit `Apply and Close` schließen wir ab. Nun erzeugen wir einen neuen Quader, indem wir den Menü-Punkt `New Entity/Primitives/Box` aufrufen und die Maße `Dx:0.4`, `Dy:0.2`, `Dz:0.2` eingeben. Wir schließen erneut mit `Apply and Close` ab. Um die Gesamtgeometrie zu erzeugen verbinden wir die beiden Quader zu einem Objekt, indem wir `Operations/Boolean/Fuse` auswählen. Im Fenster sollte als ein Argument bereits `Box_2` ausgewählt sein. Im Object-Browser, das linke Unterfenster von *Salome*, wählen wir mit einem Klick auf `Box_1` den Namen an und dieser Name erscheint im `Fuse`-Fenster. Mit `Apply and Close` schließen wir ab.

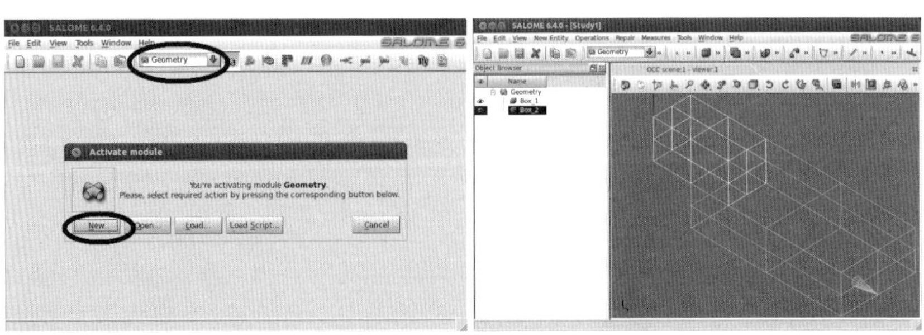

(a) (b)

Abb. 4.31 (a) Aufruf von Salome und Start des Geometrie-Moduls. (b) Erzeugte Geometrie.

Um später Randbedingungen setzen zu können, müssen wir nun den einzelnen Randflächen Namen geben. Dazu rufen wir den Menü-Punkt `New Entity/Group/Create` auf. Wichtig ist, dass wir im oberen Teil des neu erscheinenden Fensters unter `Shape Type` das Rechteck auswählen. Als erstes geben wir dem Einströmrand einen Namen. Dazu geben wir im Feld `Name` den Namen `Inlet` ein und klicken auf die Seitenfläche, welche dem Einströmrand entspricht (unter Umständen muss die Figur gedreht werden). Die angewählte Fläche erscheint weiß. Mit einem Klick auf `Add` wird die Nummer des Randes übernommen und durch `Apply` wird der Randnamen erzeugt. Anschließend können wir das für die übrigen Randflächen wiederholen, so dass wir am Ende die Ränder `Inlet` für den Einströmrand, `Outlet` für den Ausströmrand, `TopBottom` für die Flächen mit den no-slip-Randbedingungen und `Wall` für die Flächen mit den Symmetrierandbedingungen erhalten. Es können mehrere Flächen gleichzeitig ausgewählt werden, wenn beim Anklicken der Fläche(n) noch die ⇑-Taste gedrückt wird.

Nun müssen noch die Geometrien exportiert werden. Im Object-Browser klicken wir mit gedrückter ⇑-Taste alle erzeugten Randflächennamen („Inlet", „Outlet", …) an. Anschließend rufen wir den Menü-Punkt `File/Export` auf. Im neu erscheinenden Fenster wählen wir als `Files of type` den Dateityp `STL ASCII` aus. Im nächsten Schritt werden dann nacheinander alle Randflächen standardmäßig unter ihrem Namen abgespeichert. Natürlich kann zuvor im Verzeichnisbaum noch ein Verzeichnis ausgesucht werden, in dem die Daten abgelegt werden sollen. Wir können an dieser Stelle *Salome* beenden, da wir im Gegensatz zu Abschnitt 4.10 zur Gittererstellung das Tool *HelyxOS* benutzen.

Da *HelyxOS* keinen Gittergenerator beinhaltet, kann es nicht direkt zur Gittererstellung verwendet werden. Aber es kann als graphische Schnittstelle für den *OpenFOAM*-Gittergenerator *SnappyHexMesh* eingesetzt werden. Das Programm *HelyOS* wird unter *Gm.Linux* durch Anklicken des entsprechenden Knopfes in der Icon-Liste aufgerufen. Als Erstes erscheint eine Abfrage, einen neuen Fall anzulegen oder einen alten einzulesen. Mit einem Klick auf `New` erscheint ein Eingabefester, indem ein neuer Fallname und das Verzeichnis zum Abspeichern der Daten festgelegt wird (siehe Abb. 4.20a). Für eine einfachere Handhabung später wählen wir `Parallel` ab und übernehmen die Einstellungen.

Abbildung 4.32a zeigt den allgemeinen Aufbau der GUI, die im Wesentlichen aus drei Bereichen besteht. Im linken Bereich erscheint eine Liste an Punkten, zu denen Eingaben gemacht werden können. Diese Eingaben können dann im mittleren Bereich erfolgen und im rechten Bereich wird die Geometrie visualisiert, deren Größe und Blickwinkel sich anpassen lassen. Zudem kann in der sich ganz rechts befindlichen Spalte die Darstellungsform wie z. B. ein Drahtgittermodell gewählt werden.

Als nächstes wird die mit *Salome* erstellte Geometrie importiert. Dazu wird im linken Bereich `Geometry` angewählt und im Eingabebereich der Knopf `STL` gedrückt. Nun wählen wir das Verzeichnis und die *Salome*-Dateien „Inlet.stl", „Outlet.stl", „TopBottom.stl" und „Wall.stl" aus. Der Import wird mit `Open` ausgeführt. Damit das zu generierende Gitter eine geeignete Feinheit hat, wählen wir den Punkt `Base Mesh` (linker Bereich) an und geben unter `Base Mesh Spacing` (mitt-

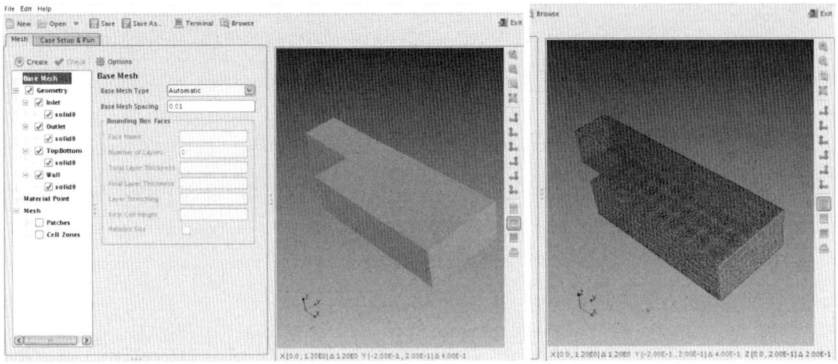

(a) (b)

Abb. 4.32 (a) Eingabemaske für neuen HelyxOS-Case. (b) Graphische Oberfläche von HelyxOS.

lerer Bereich) den Wert `0.01` ein (siehe Abb. 4.32a). Das ist der Abstand zwischen zwei Gitterpunkte entlang einer Koordinatenachse. Zum Beispiel ist unsere Geometrie in z-Richtung 0,1 [m] tief und mit dem gesetzten Wert erhalten dadurch zehn Gitterzellen in dieser Richtung. Da unsere Geometrie keine gekrümmten Flächen beinhalten, ist eine Verfeinerung des Gitters an keiner erforderlich. Damit der Gittergenerator erkennen kann, was außen und innen bedeutet, müssen wir noch einen beliebigen Punkt im Inneren der Geometrie auswählen. Dazu geben wir unter `Material Point` die Koordinaten `(0.5,0.0,0.05)` ein. Zur Kontrolle kann das Lampensymbol angewählt werden, so dass das Symbol im Viewer erscheint (Hinweis: in die Drahtgitterdarstellung wechseln). Zum Abschluss erzeugen wir das Gitter, indem wir links `Mesh` anwählen und den Knopf `Create` drücken. Es erscheint eine Konsole im unteren Bereich der GUI, indem alle Ausgaben von *snappyHexMesh* angezeigt werden. Wir erhalten ein Gitter wie in Abb. 4.32b und das Konsolenfenster kann geschlossen werden (Klick auf Kreuz).

4.12.3
Problemdefinition und Berechnung mit OpenFOAM

Als nächstes wenden wir uns der Problemdefinition und der numerische Berechnung zu. mit dem erzeugten Gitter, wie in Abb. 4.33b zu sehen. Im linken Bereich der GUI klicken wir auf den Reiter `Case Setup & Run`. Wir können nun die neu erscheinende Liste einfach von oben nach unten abarbeiten. Unter dem Punkt `Solution Modelling` wählen wir für `Time` die Einstellung `Steady` (also stationäre Situation) und für `Flow` den Punkt `Incompressible` aus (da wir Wasser üblicherweise als inkompressible betrachten können). Beim Turbulenzmodell können wir die Vorauswahl `Standard high-Re k-`ε-Modell stehen lassen. Da wir keinen Wärmetransport betrachten, brauchen wir die Punkte `Energy` und `Buoyancy` nicht anzuwählen. Nun klicken wir auf den Listenpunkt `Materials` bestätigen die erscheinende Abfrage mit `OK`. Wir können nun die Materialdaten setzen, voreingestellt ist Luft, das wir abändern möchten. Ein Klick auf `air` und

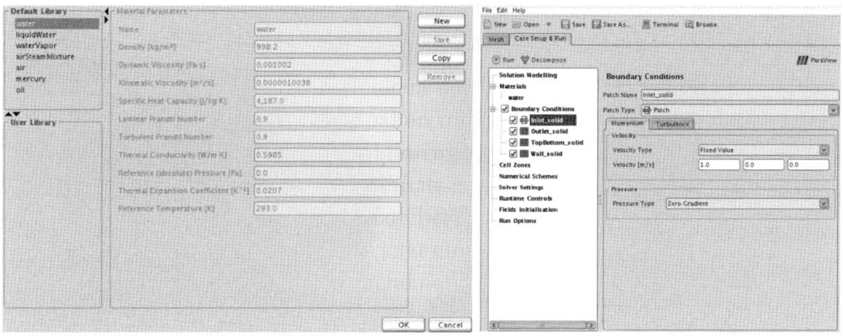

(a) (b)

Abb. 4.33 (a) Materialdatenbank von HelyxOS. (b) Randbedingungen für den Rand Inlet.

in der Mitte erscheinen die aktuellen Werte. Einige Fluide sind bereits in einer Datenbank vorhanden, die wir mit einem Klick auf `Change Materials` aufrufen. In dem neu erscheinenden Fenster (Abb. 4.33a) wählen wir links `water` aus und beenden alles durch Klicken auf `OK`. Nun können die Randbedingungen gesetzt werden. Die Randflächen sind bereits mit ihren Namen in der Liste im linken Bereich aufgeführt, so dass wir die Fläche `Inlet_solid` direkt anwählen können. Im Eingabebereich können wir nun als `Patch Type` den Wert `Patch` auswählen (Werte für diese Randfläche sind in Abb. 4.33b zu sehen). Anschließend treffen wir für `Velocity Type` die Auswahl `Fixed Value` und setzen die Werte für den Geschwindigkeitsvektor auf `(1.0, 0.0, 0.0)`. Bei `Pressure` möchten wir keinen Wert setzen und haben bei `Type Zero Gradient` auszuwählen. Wenden wir uns der nächsten Fläche zu, dem Ausströmrand, und klicken links auf die Fläche `Outlet_solid`. Auch für diese Fläche setzen wir `Patch Type` auf `Patch`, dieses Mal wird für `Velocity Type` der Eintrag `Zero Gradient` gewählt, da wir keine Geschwindigkeitsvorgabe machen. Stattdessen wird der `Pressure Type` auf `Fixed Value` festgelegt und der Wert 0.0 eingetragen. Bei der Fläche `TopBottom_solid` belassen wir den `Patch Type` auf `Wall`, sowie den `Wall Type` auf `No-slip`. Abschließend klicken wir auf `Wall_solid` und setzen den `Patch Type` auf `Symmetry`. Damit sind alle Randbedingungen gesetzt.

Alle anderen Parameterwerte können mit ihren Standardwerten verwendet werden. Daher können wir direkt den Punkt `Run Options` in der Liste anwählen und anschließend die Simulation mit `Run` beginnen. Dadurch wird der passende Löser des CFD-Pakets *OpenFOAM* aufgerufen und es erscheint ein Terminalfenster, in dem die Ausgaben verfolgt werden können.

4.12.4 Postprocessing mit ParaView

Nach der numerischen Berechnung können wir nun das Postprocessing mit *ParaView* durchführen. *ParaView* kann auch als eigenständiges Programm aufgerufen

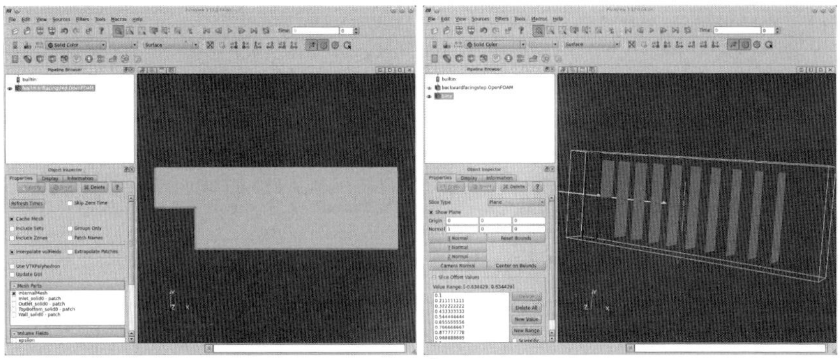

(a) (b)

Abb. 4.34 (a) ParaView-Oberfläche nach Einlesen der Simulationsdaten. (b) In ParaView können mehrere Schnittflächen gleichzeitig erzeugt werden.

werden, aber in diesem Fall ist es einfacher, das Icon-Symbol in der *HelyxOS*-GUI anzuklicken.

Zuerst werden wir eine Darstellung der Ergebnisse wie in Abb. 4.30b erstellen. Nach Aufruf von *ParaView* und Einlesen der Simulationsergebnisse erscheint die graphische Bedienoberfläche von *ParaView*. Im oberen Bereich sind Icon-Leisten zu finden, die als Abkürzungen verschiedener Aktionen dienen (siehe Abb. 4.34a). Im Pipeline-Browser (links) kann der Verarbeitungsfluss der Daten verfolgt werden. Ausgehend von der Rohdaten können verschiedene Filter eingesetzt werden, um neue Daten und Darstellungen zu erzeugen. Im Object-Inspector werden die Eingaben zu erforderlichen Parameterwerten und Darstellungsmethoden festgelegt. Das große Fenster mit der Geometrie dient schließlich der Visualisierung der Daten.

Nach dem Aufruf von *ParaView* muss zunächst `Apply` im Object-Inspector gedrückt werden, um die Auswahl der Daten zu bestätigen. Es erscheint eine Darstellung der Ergebnisse zu Beginn unserer Simulation. Um das Endergebnis zu visualisieren, wählen wir in der oberen Zeile, rechts neben `Time` den größtmöglichen Zeitschritt. Nun definieren wir die Schnittebenen senkrecht zur x-Achse, auf denen später die Strömungsgeschwindigkeit abgebildet werden soll. Hierzu wird das Icon für eine Schnittfläche  (Slice) in der Icon-Leiste oben angewählt. *ParaView* verschiebt den Ursprung des Koordinatensystems in die Mitte der Geometrie, so dass wir dies als Erstes korrigieren. Im Object-Inspector unter `Properties` ist der Begriff `Origin` zu finden und geben dahinter in jedes der drei Felder den Wert 0 ein. Da automatisch die Schnittfläche senkrecht zur x-Achse ausgewählt ist, brauchen wir die Normale nicht mehr zu setzen. Nun möchten wir statt einer mehrere Schnittflächen erzeugen und klicken im Object-Inspector unter `Properties` auf den Schalter `New Range`. Im erscheinenden Fenster geben wir die Werte `From 0.1`, `To 1.1` und `Steps 10` ein. Die Schnittflächen werden dann durch Anklicken von `Apply` erzeugt (siehe Abb. 4.34b), durch Drehen der Geometrie kann man die Schnittflächen besser erkennen. Nun braucht nur noch der Betrag der Geschwindigkeiten auf den Flächen abgebildet zu werden, wozu im Object-Inspector der Reiter `Display` (neben `Properties`) ausgewählt wird. Im Abschnitt `Color` kann dann bei `Color by` aus der Auswahlliste ganz unten der Eintrag • `U` ausgewählt werden und der Betrag der Geschwindigkeit wird abgebildet.

Als nächstes erstellen wir einen Stromlinienplot, der parallel zur x-y-Ebene liegt. Dazu müssen wir als erstes die Daten auswählen, von denen der Plot erstellt werden soll. Daher müssen im Pipeline-Browser auf `backwardfacingstep.OpenFOAM` klicken, da ansonsten nur die Daten der soeben erstellten Schnittflächen verwendet würden. Nun sollen die Stromlinien erzeugt werden, weshalb wir das entsprechende Icon  (Stream Tracer) anklicken. Als Quelle für die Stromlinien genügt uns nicht die Voreinstellung eines Punktes, sondern wir wählen im Object-Inspector im Reiter `Properties` im Abschnitt `Seeds` bei `Seed Type` den Eintrag `Line Source` aus (eventuell den Schieber rechts nach unten bewegen, damit der Abschnitt sichtbar wird). Bei `Point1` bitte die Werte `0.5, -0.2, 0.05` eingeben, sowie bei `Point2` die Werte `0.5, 0.2, 0.05`. Um die Anzahl der Stromlinien einzuschränken, setzen wir den Wert bei `Resolution` auf 20. Nach Bestätigung durch Drücken auf `Apply` erscheinen die Stromlinien.

Abbildung 4.30b zeigt die Lösung als eine Kombination eines *Schnittebenenplots* mit einem *Stromlinienplot*. Wie hier zu sehen ist, befindet sich die Schnittebene mit der dunkelsten Farbe – was der geringsten Geschwindigkeit entspricht – unmittelbar hinter der Stufe, d. h. exakt dort, wie uns die physikalische Intuition sagt, wo es sein soll. Die Schnittebenen zeigen uns auch, dass die Geschwindigkeitsverteilung tatsächlich zweidimensional ist (siehe die Diskussion oben), da die Farbe sich nicht in z-Richtung verändert. Wer das oben beschriebene Vorgehen zur Visualisierung verwendet, der hat die Möglichkeit sich diese Graphik in vollen Farben am Rechner anzuschauen, um die Geschwindigkeitsverteilung detaillierter zu sehen. Der Stromlinienplot in Abb. 4.30b zeigt einen Zirkulationsbereich gerade stromabwärts hinter der Stufe, die durch die plötzliche Verbreiterung des Strömungsgebiets an der Stufe hervorgerufen wird.

Es gibt noch weitere Möglichkeiten der Visualisierung von Daten, wie Vektorplots und Isoflächen. Die bisherige Visualisierung lässt sich ausschalten, indem man auf das „Auge" im Pipeline-Browser klickt. Um einen Vektorplot in einer Ebene zu erstellen, muss zunächst die Ebene definiert werden. Dazu wird als Erstes im Pipeline-Browser der Eintrag `backwardfacingstep.OpenFOAM` angewählt, damit unsere Ausgangsdaten zur Verfügung stehen. Jetzt das Icon  (Slice) für die Schnittfläche anklicken. Im Object-Inspector unter dem Reiter `Properties` auf `Z Normal` drücken, da wir die Schnittebene senkrecht zur z-Achse legen wollen, und mit `Apply` abschließen. Jetzt ganz oben im Menü `Filters` und den Unterpunkt `Common` den Eintrag `Glyph` auswählen. Im Object-Inspector unter dem Reiter `Properties` gibt es den Punkt `Glyph Type`. Hier entscheiden wir uns für `2D Glyph`. Damit nicht allzuviele Pfeile erscheinen, sollte unter `Maximum Number of Points` 2500 (oder weniger) eingestellt werden. Das Ganze mit `Apply` abschließen und die Geometrie so drehen, dass der Vektorplot gut sichtbar ist. Der *Vek-*

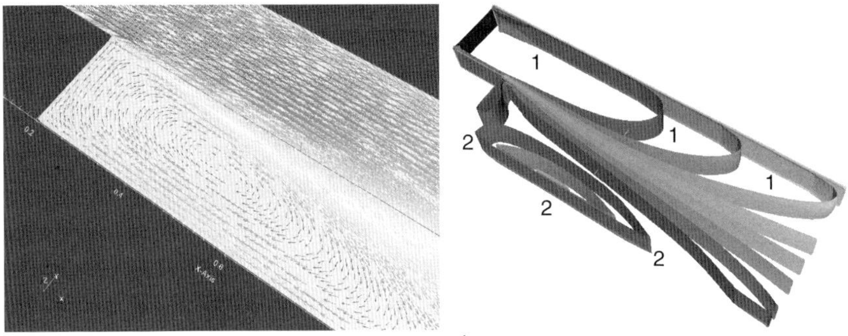

(a) (b)

Abb. 4.35 Lösung des rückwärts gewandten Stufenproblems dargestellt mit (a) einem Vektorplot der Geschwindigkeit und (b) mit einem Isoflächen-Plot des Betrags der Geschwindigkeit.

torplot in Abb. 4.35a zeigt das Zirkulationsgebiet etwas mehr im Detail. Es zeigt die Strömungsrichtung an jedem ausgewähltem Punkt. Dabei ist die Länge des Geschwindigkeitsvektors in Abb. 4.35a proportional zum Betrag der Geschwindigkeit.

Abschließend erstellen wir noch einen Isoflächen-Plot, wobei kein anderer Plot zu sehen sein sollte (alle „Augen“ im Pipeline Browser sollten deaktiviert sein. Isoflächen können nur von skalaren Größen wie Druck oder Betrag der Geschwindigkeit erstellt werden. Um den Betrag der Geschwindigkeit zu erhalten, müssen wir diesen zunächst berechnen lassen. Wieder im Pipeline Browser ein Klick auf `backwardfacingstep.OpenFOAM`, um auf die Ausgangsdaten zugreifen zu können. Anschließend im Menü `Filter` unter `Common` den Punkt `Calculator` auswählen. Als Name des Ergebnisses können wir unter `Result Array Name` den Begriff `VelMag` eingeben. In der Eingabezeile darunter kann nun die Formel `mag(U)` eingeben werden. Alternativ kann der Betrag auch mit der längeren Formel `sqrt(U_X^2+U_Y^2+U_Z^2)` berechnet werden. Mit `Apply` schließen wir diesen Schritt ab. Als nächstes wählen wir das Icon (Contour) für den Contour-Plot aus. Unter dem Reiter `Properties` löschen wir den Eintrag bei `Isosurfaces` mit Klick auf `Delete All`. Neue Werte geben wir mit `New Range` ein. Es erscheint ein Fenster und wir setzen die Werte `From` auf `0`, `To` auf `1` und `Steps` auf `10`. Das Ganze schließen wir mit `Apply` ab. Die Abb. 4.35b zeigt einen *Isoflächen-Plot* des Betrags der Geschwindigkeit, ähnlich zu den Isoflächen in Abschnitt 4.10.4 oben. Die *Bandform* der Isoflächen (d. h. keine Krümmung in z-Richtung) bestätigt erneut, dass wir ein zweidimensionales Problem gelöst haben. In diesem Fall hilft uns der Isoflächen-Plot zu unterscheiden, welche Bereiche eine hohe Geschwindigkeit (in der Abbildung mit „1“ markiert) und welche eine geringe Geschwindigkeit (in der Abbildung mit „2“ markiert) haben.

4.13
Eine Beispielsitzung zur numerischen Berechnung einer Zweiphasenströmung

Bereits in den Abschnitten 4.11.4–4.11.7 ist die Bedeutung von Zweiphasen- bzw. Mehrphasenströmungen deutlich geworden. Viele Programme zur numerischen Strömungsberechnung (wie z. B. *OpenFOAM*) sind in der Lage, Mehrphasenströmungen zu betrachten. Hierzu wird unter anderem *Volume of Fluid (VOF)* eingesetzt, eine numerische Methode zur Verfolgung und Lokalisierung von freien Oberflächen bzw. Grenzflächen zweier Fluide. Die Berechnung einer Zweiphasenströmung wird nun im Folgenden anhand eines praktischen Vorgehens gezeigt, wobei die numerische Simulation mit *HelyxOS/OpenFOAM* durchgeführt wird. Die beiden Programme sind bereits in den beiden anderen Beispielsitzungen zur Berechnung der Temperaturverteilung (Abschnitt 4.10) und Einphasenströmung (Abschnitt 4.12) zum Einsatz gekommen und ausführlich erklärt worden. Ebenso wird erneut das Programm *Salome* zur Geometrieerstellung verwendet, weshalb wir uns in diesem Abschnitt auf den wesentlichen Ablauf beschränken und nicht mehr detailliert auf die Bedienung der eingesetzten Softwarepakete eingehen. Anzumerken ist noch, dass die Rechenzeit für das hier betrachtete Beispiel ganz erheblich ist (viele Stunden) und stark von der Leistungsfähigkeit des eingesetzten Rechners abhängt.

4.13.1
Problemstellung

Die Problemstellung ist recht einfach: Wasser strömt von einem vollständig gefüllten kleineren Behälter (Abmessungen B: 0,5, T: 0,5, H: 0,4) in einen teilweise mit Wasser gefüllten größeren Behälter (Abmessungen B: 1,0, T: 1,0, H: 1,0, Wasserspiegelhöhe: 0,3), wobei das restliche Volumen mit Luft gefüllt ist. Der kleinere Behälter ist in der Mitte einer seitlichen Fläche angebracht (siehe Abb. 4.36). Wir gehen davon aus, dass die Gravitation in negativer z-Richtung wirkt und zum Zeitpunkt $t = 0$ die Abtrennung zwischen den Behältern vollständig entfernt wird. Es soll nun das Strömungsverhalten des Wassers berechnet werden.

Da es sich bei diesem Problem um einen zeitabhängigen Vorgang handelt und die Grenzschicht zwischen den Fluiden nicht allzu grob aufgelöst werden soll, muss nach Möglichkeiten zur Aufwandsreduktion gesucht werden. Aus der Diskussion in Abschnitt 4.3.3 zur Symmetrie können wir ableiten, dass die gegebene Konfiguration symmetrisch bezüglich der x-z-Ebene bei $y = 0{,}5$ ist, d. h. es genügt die Hälfte der Geometrie zu betrachten. Da wir die Gravitation zu beachten haben, können wir uns nicht auf ein Viertel der Geometrie beziehen.

4.13.2
Preprocessing mit Salome und HelyxOS

Das Preprocessing verläuft ganz ähnlich zu dem, wie es in Abschnitt 4.12.2 beschrieben ist. Mit *Salome* wird zunächst der größere Behälter über `New Entity/`

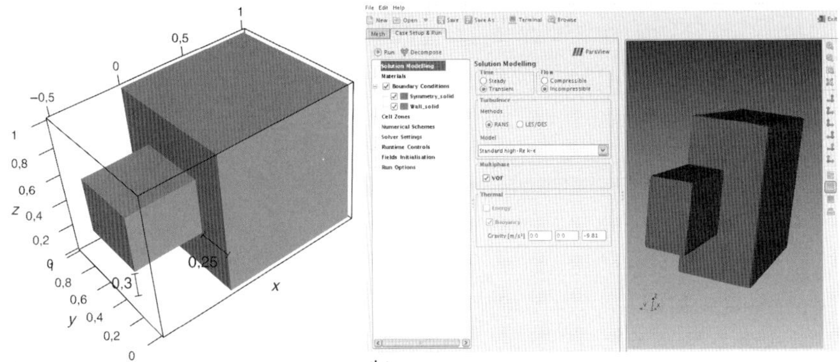

(a) (b)

Abb. 4.36 (a) Ausgangsgeometrie des Strömungsproblems (b) Parametereinstellung unter *HelyxOS* für `Solution Modelling`.

`Primitives/Box` mit den Maßen `Dx:1`,`Dy:0.5`,`Dz:1` erstellt. Anschließend wird der kleinere Behälter mit den Maßen `Dx:0.5`,`Dy:0.25`,`Dz:0.4` erzeugt. Nun muss dieser noch an die richtige Stelle platziert werden, indem dieser mit `Operations/Transformation/Translation` und dem Verschiebungsvektor `Dx:-0.5`, `Dy:0.25`, `Dz:0.3` verschoben wird. Um die Gesamtgeometrie zu erzeugen, verbinden wir die Quader über `Operations/Boolean/Fuse` zu einem Objekt. Um später Randbedingungen setzen zu können, müssen zwei Ränder mittels `New Entity/Group/Create` definiert werden: der Rand `Symmetry`, welcher die Flächen auf der Symmetrieebene enthält, sowie der Rand `Wall`, der alle übrigen Flächen enthält. Zum Abschluss werden die Ränder im STL-ASCII-Format exportiert und *Salome* kann beendet werden.

Nach Aufruf von *HelyxOS* erstellen wir einen neuen Fall ohne `Parallel` zu aktivieren. Sicherlich ist es bei diesem Beispiel sinnvoll, alle Knoten bzw. Kerne eines modernen Prozessors zu nutzen, um die Rechenzeiten zu verkürzen. Wir verzichten wir hier darauf, um den Ablauf und die Visualisierung einfacher zu gestalten. Zunächst setzen wir die Gitterbreite, indem wir `Base Mesh` aktivieren. Unter `Base Mesh Type` wählen wir `automatic` und setzen für `Base Mesh Spacing` den Wert `0,025`. Für den `Material Point` wählen wir `(0.1,0.1,0.1)`. Anschließend wählen wir `Mesh` an und erzeugen das Gitter mit `Create`.

4.13.3 Problemdefinition und Berechnung

Um die (physikalischen) Randbedingungen und Materialparameter zu setzen, klicken wir auf den Reiter `Case Setup & Run`. Anschließend wählen wir `Solution Modelling` an und aktivieren folgende Punkte (siehe Abb. 4.36) (b): `Time: Transient`, `Flow: Incompressibel`, `Turbulence-Methods: RANS`, `Turbulence-Model: Standard high-Re k-`ε, `Multiphase:` Häkchen vor `VOF`, `Thermal: Gravity (0.0,0.0,-9.81)`. Die anschließend automatisch gewählten Materialien `water`

(Phase 1) und `air` (Phase 2) können wir übernehmen. Die Randbedingungen setzen wir, indem wir auf `Symmetrie_solid` klicken und unter `Boundary Conditions` als `Patch Type` die `Symmetry` auswählen. Die Randbedingung für die anderen Flächen sind für unseren Fall automatisch korrekt gesetzt (auf `Wall`). Um die Rechenzeit ein wenig zu begrenzen, klicken wir auf `Runtime Controls` und setzen unter `Time Settings` die Werte `End Time: 5.0` und `Δt(s): 0.002`. Für `Data Writing` wählen wir `Write Control: 0.2`. Nun steht noch der wichtige Punkt der Initialisierung an, da wir die Wasser-/Luftgebiete spezifizieren müssen. Dazu wählen wir `Fields Initialisation` an. Alle Werte für die Geschwindigkeit, Druck und das k-ϵ-Modell betreffend können mit `Default` übernommen werden. Unter `alpha1` wählen wir bei `Type` den Wert `CellSet` aus. Der Eintrag bei `Default Value` bleibt bei `0.0` (bedeutet Luft). Da wir die Bereiche für Wasser selber definieren müssen, klicken wir auf den `Edit`-Knopf. Im neu erscheinenden Fenster ist bereits eine `Box` ausgewählt für die wir folgende Daten (entspricht dem kleineren Behälter) setzen: `Min: -0.5, 0.25, 0.3`, `Max: 0.0, 0.5, 0.7`. Den Schieber bewegen wir ganz nach rechts (Wasser), so dass der Wert `1.0` rechts daneben erscheint. Um das Wasser für den großen Behälter zu definieren, klicken wir auf das + im oberen Teil. Es erscheint ein zweiter Bereich für eine weitere `Box`. Hier geben wir folgende Daten ein: `Min: 0.0, 0.0, 0.0`, `Max: 1.0, 0.5, 0.3`. Wie oben schieben wir den Schieber ganz nach rechts. Die Definition wird mit einem Klick auf `OK` abgeschlossen und für die Initialisierung klicken wir auf `Initialise`, oben rechts. Nun kann die Simulation unter `Run Options` mit `Run` gestartet werden. Die Berechnung wird vermutlich einige Stunden in Anspruch nehmen.

4.13.4
Postprocessing mit ParaView

Nach der Berechnung lässt sich *ParaView* ganz einfach durch Anklicken des entsprechenden Icons aufrufen. Aber auch schon während der Berechnung lassen sich die Zwischenergebnisse auf die gleiche Weise betrachten.

Nach dem Aufruf von *ParaView* muss zunächst `Apply` im Object-Inspector gedrückt werden. Am interessantesten ist sicherlich zu beobachten, wie sich das Wasservolumen mit der Zeit verändert. Dazu müssen wir den Reiter `Properties` anwählen, das aktuelle Unterfenster nach oben bewegen bis der Bereich `Volume Fields` erscheint. Dort setzen wir bei das Kreuz vor `alpha1` und schließen mit `Apply` ab. Zur Visualisierung klicken wir auf das Icon (Clip) und wählen unter `Properties` folgende Ebene aus: `Origin: (0.25,0.5,0.5)`, `Normal (0.0,-1.0,0.0)`. Wir schließen mit `Apply` ab. In der oberen Icon-Zeile wählen wir dann anstelle „Solid Color" den Eintrag „alpha1". Dann können wir die Geomtrie so drehen, dass die Symmetrieebene sichtbar ist.

Mit dem Icon (Next Frame) können wir nun jeden einzelnen Zeitschritt durchgehen oder einfach auf den Pfeil (Play) klicken, dann werden alle Zeitschritte automatisch durchlaufen.

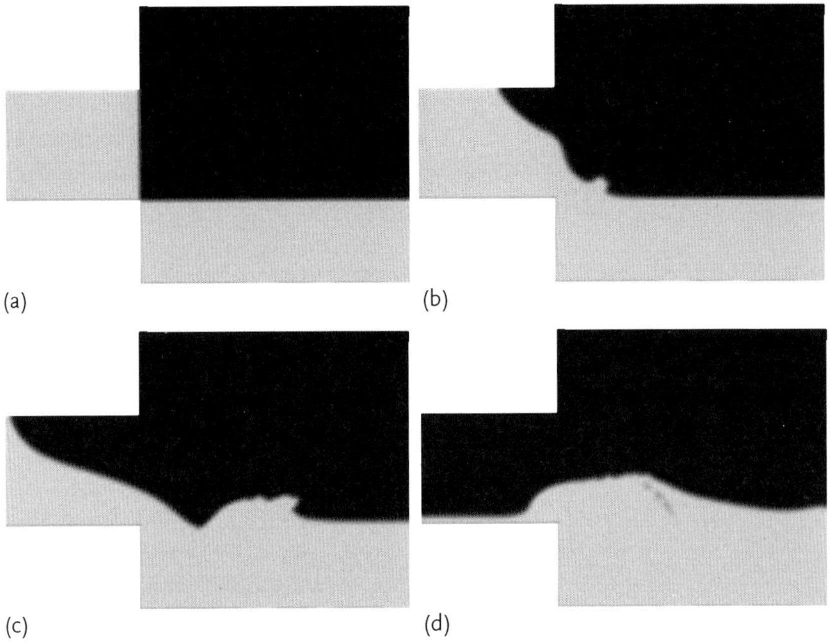

Abb. 4.37 Ergebnis der Zweiphasensimulation mit *ParaView* erzeugt. (a) Zeitpunkt $t = 0$ s; (b) Zeitpunkt $t = 0{,}2$ s; (c) Zeitpunkt $t = 0{,}5$ s; (d) Zeitpunkt $t = 1{,}7$ s.

In Abb. 4.37 sind Ergebnisse der Zweiphasenströmung zu verschiedenen Zeitpunkten dargestellt. Der schwarze Bereich stellt das Luftvolumen dar, der graue das Wasservolumen. Deutlich ist zu erkennen, wie sich das Wasser des kleinen Behälters als Welle in den großen ergießt, nach rechts läuft (Abb. 4.37b,c) und sich anschließend wieder nach links bewegt (Abb. 4.37d). Mit *ParaView* kann für den gesamten Vorgang eine Animation erstellt werden (unter Menüpunkt `File/Save Animation`), so dass die Dynamik der Wasserbewegung besonders gut sichtbar wird.

5
Systemanalyse, Problemlösung und Prozessoptimierung in der Praxis

Wir ergänzen in diesem Kapitel Themen, die für die Umsetzung der in diesem Buch besprochenen Methoden in die Praxis wichtig sind: in Abschnitt 5.1 Verfahrensweisen für den Umgang mit hochdimensionalen Daten; Crashkurse mit den wichtigsten Fakten und Befehlen zu R und Maxima in Abschnitt 5.2 und 5.3, die einen in Abschnitt 5.1 definierten künstlichen Datensatz verwenden; eine Diskussion der grundlegende Prinzipien von Dokumentation, Präsentation, Prozesskontrolle, Projekt- und Qualitätsmanagement in den Abschnitten 5.4 und 5.5; schließlich in Abschnitt 5.6 ein Beispiel für die Umsetzung der *Reproducible-Research-* und *Literate Programming*-Paradigmen in einem wissenschaftlichen Projekt.

Mathematische Modellbildung und Simulation, Erste Auflage. Marco Günther und Kai Velten.

5.1 Big Data: Moderne Analyseverfahren für hochdimensionale Daten

Gastbeitrag von: Kai Velten[1], *Rolf Reinicke*[2]

Hochdimensionale Datensätze sind allgegenwärtig in Wissenschaft und Industrie. Die Erschließung ihres Informationsgehalts z. B. mit dem Ziel der Prozessoptimierung oder zur Verbesserung des Prozessverständnisses ist vor allem wegen der ständig wachsenden Datenmengen eine große Herausforderung. Wir diskutieren u. a. anhand eines künstlichen Datensatzes als Effektivitätsnachweis in der Praxis bewährte Verfahren, die z. T. auf methodischen Neuentwicklungen der letzten Jahre basieren.

5.1.1 Fragestellung

Die enorme Leistungsfähigkeit heutiger Computersysteme erlaubt es, immer größere Datenmengen zu archivieren und zu analysieren; genauer gesagt: Sie verpflichtet dazu, immer größere Datenmengen zu archivieren und zu analysieren. Denn mit der Größe der Datensätze wächst auch die Menge der darin enthaltenen relevanten Informationen, die beispielsweise zur Optimierung von Produktionsprozessen in der Industrie genutzt werden können. Kein im Wettbewerb stehendes Unternehmen kann es sich leisten, dieses Potential nicht auszuschöpfen.

Mit der Größe der Datensätze steigen auch die Anforderungen an die Analyseverfahren. Um den Informationsgehalt stetig wachsender Datenmengen zu erschließen, kommt es darauf an, mit den neuesten und besten Verfahren zu arbeiten. Mit den Möglichkeiten traditioneller Tabellenkalkulationsprogramme (die noch viel zu häufig verwendet werden) steht man wie eine Maus vor den heutigen Datendinosauriern und kann nur ein paar Informationsbrocken aus der Oberfläche kratzen. Auch kommerzielle Statistiksoftware genügt den Anforderungen nicht, weil es viel zu lange dauert, bis neueste Verfahren verfügbar sind. An einem gewöhnlichen Wochentag werden typischerweise zehn bis zwanzig neue Statistikpakete auf der inzwischen weit verbreiteten Statistik-Plattform *R* [1] verfügbar gemacht; nur mit dieser Software, die dazu noch kostenlose Open-Source-Software ist, kann man auch methodisch mit den wachsenden Datenmengen Schritt halten.

Viele methodische Probleme im Zusammenhang mit großen Datenmengen werden heute mit dem Begriff *Big Data* assoziiert, der 2001 vom amerikanischen IT-Analysten Doug Laney wie folgt eingeführt wurde [2]: *Big Data bezeichnet Datenbestände, die durch großes Volumen, große Verarbeitungsgeschwindigkeit und vielfältige Datentypen und Datenquellen gekennzeichnet sind.* Wir interessieren uns für das erste dieser sog. „3 Vs" („high volume, velocity and variety"), d. h.

1) HS Geisenheim University
2) KS Gleitlager GmbH, St. Leon-Rot

für das Datenvolumen, und hier für den wichtigen Teilaspekt *hochdimensionaler Daten* [3–5].

Das Volumen eines tabellarischen Datensatzes ist durch die Anzahl der Datensätze (Zeilen) und durch die *Dimension*, d. h. die Anzahl der Spalten definiert. Ein hochdimensionaler Datensatz ist also einfach ein Datensatz mit vielen Spalten. In der industriellen Produktion entsteht ein solcher Datensatz z. B. dadurch, dass bei der Herstellung eines Produkts alle relevanten Produktionsdaten in einer Zeile eingetragen werden, beispielsweise das Produktionsdatum in Spalte 1, in den folgenden Spalten dann die Maschinenbediener, relevante Rohstoffdaten, Maschineneinstellungen, Messwerte wie Ofentemperaturen, Angaben über die Qualität des fertigen Produkts usw. Auf die Tatsache, dass diese Daten oft aus mehreren Datenquellen zusammengeführt werden müssen (also das dritte der o. g. „Vs"), werden wir hier nicht weiter eingehen (siehe auch Abschnitt 5.2.4). In der Praxis ist nun folgende Frage besonders wichtig:

- Welche Einflussgrößen (Datenspalten) beeinflussen wichtige Zielgrößen (z. B. die Spalte mit der Produktqualität)? Gerade bei hochdimensionalen Daten gelingt eine Optimierung der Zielgröße i. d. R. jedoch erst dann, wenn eine weitere wichtige Frage beantwortet wird:
- Welche Interaktionen der Einflussgrößen gibt es im Hinblick auf die Zielgrößen?

Beispiel: Für Rohstoff A verbessert eine Erhöhung der Ofentemperatur die Produktqualität; für Rohstoff B ist es genau umgekehrt.

Wir verwenden nun einen künstlichen Datensatz mit künstlichen Zielgrößen und künstlich konstruierten Interaktionen der Einflussgrößen, um zu zeigen, dass diese für die Praxis wichtigen Fragen mit modernen Analyseverfahren auch in hochdimensionalen Datensätzen schnell und effektiv beantwortet werden können (Abschnitte 5.1.2–5.1.4). In Abschnitt 5.1.5 diskutieren wir ausgewählte weitere Verfahren, die dabei helfen, den Informationsgehalt großer Datensätze zu erschließen.

5.1.2
Künstlicher Datensatz

Als Modelldatensatz verwenden wir den in Listing 5.1 definierten künstlichen Datensatz `d`. Dieser Datensatz besteht aus 103 Spalten und 500 Zeilen: 50 Datenspalten $x_1, x_2, x_3, \ldots$ enthalten Zufallszahlen, 50 Datenspalten $y_1, y_2, y_3, \ldots$ zufällige Einträge der Buchstaben *a*, *b* und *c*. Die *x*- und *y*-Datenspalten simulieren die Einflussgrößen des Datensatzes, wie oben diskutiert also beispielsweise Produktionsdatum, Rohstoffdaten, Temperaturen usw.

Die Spalten z_1, z_2, z_3 sind wie folgt künstlich konstruierte Zielgrößen:

- $z_1 = QS1$, wenn $y_{11} = a$ und $x_{37} > -1$ ist; sonst $z_1 = QS2$, falls in y_{11} und y_{12} nicht *c* eingetragen ist; sonst $z_1 = QS3$ (Zeilen 7–9 in Listing 5.1).
- $z_2 = 2 \cdot x_{11} + 4 \cdot x_{31} \cdot x_{32}$, falls $y_{37} = a$ oder $y_{37} = b$, sonst $z_2 = 6 + 2 \cdot x_{11} + 4 \cdot x_{31} \cdot x_{32}$ (Zeilen 10–12 in Listing 5.1).

- $z_3 = 2 \cdot x_{11} + 4 \cdot x_{31} \cdot x_{32} \cdot x_{33}$, falls $y_{37} = a$ oder $y_{37} = b$, sonst $z_3 = 6 + 2 \cdot x_{11} + 4 \cdot x_{31} \cdot x_{32} \cdot x_{33}$ (Zeilen 13–15 in Listing 5.1).

Um realistische numerische Daten für die Zielgrößen `z2` und `z3` zu erhalten, wurde in den Zeilen 12 und 15 jeweils noch ein standardnormalverteilter Messfehler angenommen (`rnorm(n,0,1)`). Unter `z1` kann man sich beispielsweise die Qualitätsstufe des fertigen Produkts vorstellen, `z2` und `z3` könnten weitere relevante Maßzahlen sein (Gewicht des Produkts o. ä.).

Ziel ist es jetzt, die o. a. Einflüsse und Interaktionen *ohne Vorkenntnisse* allein durch Analyse der Daten möglichst genau zu beschreiben. Anmerkung: Damit die Beispiele mit kurzen Rechenzeiten reproduzierbar sind, wurden „nur" 100 Spalten und 500 Zeilen verwendet, der Datensatz ist also im Sinne von „Big Data" immer noch „klein". Alle Methoden funktionieren problemlos auch für größere Datensätze (einfach *m* und *n* in Zeile 1 von Listing 5.1 vergrößern).

```
1  set.seed(13);n=500;m=50;x=rnorm(n);
2  for (i in 1:(m-1)) x=data.frame(x,rnorm(n))
3  y=sample(letters[1:3], n, TRUE)
4  for (i in 1:(m-1)) y=data.frame(y,sample(letters[1:3], n, TRUE))
5  colnames(x)=paste("x",1:m,sep=""); colnames(y)=paste("y",1:m,sep="")
6  d=data.frame(x,y); d=d[,sample(1:100,100)]
7  bed1=d[,"y11"] =="a" & d[,"x37"] > -1
8  bed2=d[,"y11"] %in% c("a","b") & d[,"y12"] %in% c("a","b")
9  d$z1=as.factor(ifelse(bed1,"QS1",ifelse(bed2,"QS2","QS3")))
10 bed=d[,"y37"] %in% c("a","b")
11 d$z2=ifelse(bed,2*d$x11+4*d$x31*d$x32,
12              6+2*d$x11+4*d$x31*d$x32)+rnorm(n,0,1)
13 bed=d[,"y37"] %in% c("a","b")
14 d$z3=ifelse(bed,2*d$x11+4*d$x31*d$x32*d$x33,
15              6+2*d$x11+4*d$x31*d$x32*d$x33)+rnorm(n,0,1)
```

Listing 5.1 R-Programm, das den künstlichen Datensatz `d` erzeugt.

```
 y40 y14         x39  z1          z2         z3
   c   b  0.08185708 QS2 -0.36146085  0.6898941
   b   b  1.79990762 QS3  0.04122763  2.2805520
   c   a -0.40786921 QS1 10.92561838 10.7696842
```

Listing 5.2 Ergebnis von `d[1:3,c(1:3,(ncol(d)-2):ncol(d))]`: erste 3 Zeilen und erste und letzte 3 Spalten des Datensatzes.

5.1.3
Einflussfaktoren und Interaktionen für `z1`

Um die Einflussfaktoren und Interaktionen für z_1 zu identifizieren, hat sich folgende Verfahrensweise bewährt: Zunächst werden die Einflussgrößen $x_1, \dots, x_{50}, y_1, \dots, y_{50}$ in Listing 5.3 mit einem Random-Forest-Verfahren nach Wichtigkeit sortiert. Random-Forest-Verfahren sind ein auf sogenannten Entscheidungsbäumen basierendes, sehr effektives Verfahren für Regressions- und Klassifikationsaufgaben [6, 7]. Wie Listing 5.4 zeigt, sind y_{11}, y_{12}, x_{37} die drei wichtigsten Einflussgrößen. Für diese Einflussgrößen wird in Listing 5.5 der Entscheidungsbaum in Abb. 5.1 erstellt.

Interpretation des Entscheidungsbaums: Am Knoten 1 liegt der gesamte Datensatz mit 500 Zeilen vor, 220 (die überwiegende Zahl) davon erfüllen $z_1 = QS3$. Wenn die Bedingung am Knoten 1 erfüllt ist ($y_{11} = a$), verzweigt man nach links (in „yes"-Richtung) zum Knoten 2. Dort verbleiben 168 Zeilen, davon die überwiegende Zahl (145) mit $z_1 = QS1$. Wenn die Bedingung am Knoten 2 erfüllt ist ($x_{37} \geq 1$), verzweigt man wiederum nach links zum Knoten 4; dort verbleiben 145 Zeilen mit $z_1 = QS1$. Insgesamt also: Wenn $y_{11} = a$ und $x_{37} \geq 1$, dann $z_1 = QS1$. Dies entspricht *exakt* der Vorgabe aus Abschnitt 5.1.2, und auch die übrigen dort angegebenen Interaktionen von y_{11}, y_{12}, x_{37} lassen sich analog aus dem Entscheidungsbaum ablesen.

Die hier angegebene Verfahrensweise kann auch konventionell menügesteuert in *Rattle*, einer hervorragenden graphischen Benutzeroberfläche für Datamininingaufgaben, realisiert werden [7]. Alternativ zum `randomForest`-Paket kann das modernere und umfassendere `randomForestSRC`-Paket verwendet werden, das u. a. ein Kommando `find.importance` enthält, das eine (hier nicht erforderliche) detaillierte Aufschlüsselung der Interaktionen basierend z. B. auf „maximal subtree"-Analysen erlaubt [8]. Entscheidungsbäume wie in Abb. 5.1 können nach Bedarf beliebig formatiert werden, so dass z. B. an jedem Knoten erforderliche statistische Informationen angezeigt werden [9]. Schließlich: Alternativ oder ergänzend zur Entscheidungsbaummethode hätten die Interaktionen auch analog zu Abschnitt 5.1.4 mit geeigneten Regressionsmethoden analysiert werden können.

```
library(randomForest); set.seed(42)
bed=!(colnames(d) %in% c("z2","z3"))
erg=randomForest(z1~.,d[,bed],importance=TRUE,replace=FALSE)
sort(erg$importance[,"MeanDecreaseGini"],decreasing=TRUE)[1:6]
```

Listing 5.3 Berechnung der wichtigsten Einflussfaktoren für `z1` mit dem Random-Forest-Verfahren.

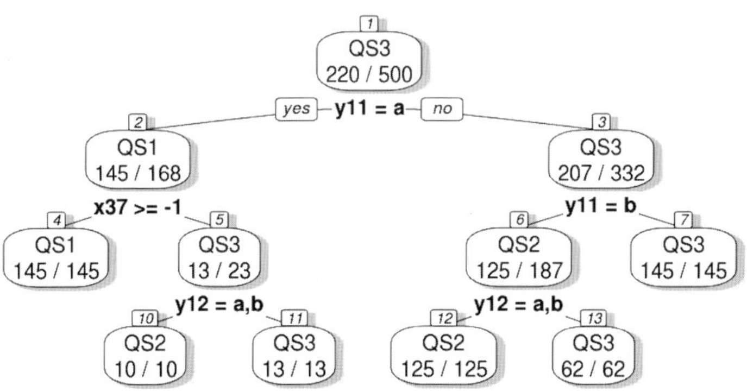

Abb. 5.1 Entscheidungsbaum, der alle Einflussgrößen und Interaktionen für z_3 exakt reproduziert (Ausgabe zu Listing 5.5).

```
      y11       y12      x37      x40      x12      x17
52.031286 13.424875 6.179863 2.919659 2.882078 2.849542
```

Listing 5.4 Ausgabe zu Listing 5.3.

```
library(rpart.plot);library(rpart);set.seed(42)
 rfm=rpart(z1~.,d[,c("x37","y11","y12","z1")],method="class")
prp(rfm,type=2,extra=2,shadow.col="grey",nn=TRUE)
```

Listing 5.5 Berechnung eines Entscheidungsbaums für die wichtigsten Variablen.

5.1.4
Einflussfaktoren und Interaktionen für z2 und z3

Zur Analyse der Einflussfaktoren und Interaktionen für z_2 verwenden wir wieder das Random-Forest-Verfahren (Listing 5.6). Als wichtigste Faktoren werden identifiziert: $y_{37}, x_{11}, x_{31}, x_{32}$ (Listing 5.7). Für diese Variablen wird in Listing 5.8 eine Regressionsanalyse durchgeführt, die Interaktionen berücksichtigt. Hinweis zur Bedeutung des „^2" in Zeile 2: In einem Datensatz `d` mit Einflussfaktoren v_α ($\alpha \in I$) und einer Zielgröße w erzeugt das Kommando `lm(w~.^2,d)` die Regressionsgleichung [10, 11]:

$$\hat{w} = c_0 + \sum_{\alpha \in I} c_\alpha \cdot v_\alpha + \sum_{\substack{\alpha,\beta \in I \\ \alpha \neq \beta}} c_{\alpha,\beta} \cdot v_\alpha \cdot v_\beta \tag{5.1}$$

```
library(randomForest); set.seed(42)
bed=!(colnames(d) %in% c("z1","z3"))
erg=randomForest(z2~.,d[,bed],importance=TRUE,replace=FALSE)
sort(erg$importance[,"IncNodePurity"],decreasing=TRUE)[1:6]
```

Listing 5.6 Berechnung der wichtigsten Einflussfaktoren für z2 mit dem Random-Forest-Verfahren.

```
      y37       x11      x32      x31      x19      x50
2717.8261 1055.1332 754.3268 689.9949 236.5119 219.9403
```

Listing 5.7 Ausgabe zu Listing 5.6.

```
1 bed=colnames(d) %in% c("y37","x11","x31","x32","z2")
2 m=lm(z2~.^2,d[,bed])
3 erg=as.data.frame(summary(m)$coefficients)
4 erg[order(erg[,1],decreasing=TRUE),][1:5,]
```

Listing 5.8 Berechnung der Koeffizienten von Gl. (5.1) mit Regressionsmodell.

```
           Estimate Std. Error    t value      Pr(>|t|)
y37c      5.9519195 0.10822795  54.994293 1.462956e-210
x31:x32   4.0292807 0.03972895 101.419260  0.000000e+00
x11       1.9757273 0.07260691  27.211285  1.116879e-99
y37b:x32  0.1671425 0.10419019   1.604205  1.093197e-01
y37b:x31  0.1514740 0.09864408   1.535561  1.252982e-01
```

Listing 5.9 Ausgabe zu Listing 5.8.

Listing 5.9 zeigt in der Spalte `Estimate` die nach Größe sortierten Koeffizienten $c_0, c_\alpha, c_{\alpha,\beta}$ von Gl. (5.1) (Ergebnis von Zeile 4 in Listing 5.8). Alle Koeffizienten ab Zeile 5 in Listing 5.9 sind vernachlässigbar (und auch nicht statistisch signifikant, siehe die p-Werte in Spalte `Pr(>|t|)`), und es ergibt sich mit den Koeffizienten aus den Zeilen 2–4 die Näherung:

$$z_2 \approx 5{,}951 \cdot y_{37c} + 1{,}975 \cdot x_{11} + 4{,}029 \cdot x_{31} \cdot x_{32} \tag{5.2}$$

In dieser Gleichung ist y_{37c} eine binäre sog. *Dummy-Variable*: $y_{37c} = 1$ bedeutet $y_{37} = c$, $y_{37c} = 0$ bedeutet $y_{37} \neq c$ (der Zustand der dreiwertigen Faktorvariablen y_{37} kann daher mit den zwei Dummyvariablen y_{37b} und y_{37c} beschrieben werden). Die letzte Gleichung führt zu

$$z_2 \approx \begin{cases} 5{,}951 + 1{,}975 \cdot x_{11} + 4{,}029 \cdot x_{31} \cdot x_{32} & y_{37} = c \\ 1{,}975 \cdot x_{11} + 4{,}029 \cdot x_{31} \cdot x_{32} & y_{37} \neq c \end{cases} \tag{5.3}$$

Dies entspricht der Vorgabe aus Abschnitt 5.1.2, d. h. alle Abhängigkeiten und Interaktionen wurden qualitativ und quantitativ korrekt erkannt (die kleinen Abweichungen entstehen durch den „Messfehler" im künstlichen Datensatz). Die Interaktion zwischen x_{31} und x_{32} in Gl. (5.3) ist eine *Interaktion zweiten Grades*, unter Einbeziehung von y_{37} sogar eine *Interaktion dritten Grades*. Auch höhergradige Interaktionen werden mit o. a. Verfahren problemlos erkannt. So wird z. B. der Interaktionsterm $x_{31} \cdot x_{32} \cdot x_{33}$ im Ausdruck für z_3 (Abschnitt 5.1.2) – also eine Interaktion dritten bzw. vierten Grades – vom Random-Forest-Verfahren zusammen mit den übrigen Einflussfaktoren korrekt erkannt. Man muss dann ein Regressionsmodell dritten Grades ansetzen, in analoger Notation wie oben also mit dem Kommando `lm(w~.^3,d)` die Koeffizienten des folgenden Modells berechnen:

$$\hat{w} = c_0 + \sum_{\alpha\in I} c_\alpha \cdot v_\alpha + \sum_{\substack{\alpha,\beta\in I\\ \alpha\neq\beta}} c_{\alpha,\beta} \cdot v_\alpha \cdot v_\beta + \sum_{\substack{\alpha,\beta,\gamma\in I\\ \alpha\neq\beta,\alpha\neq\gamma,\beta\neq\gamma}} c_{\alpha,\beta,\gamma} \cdot v_\alpha \cdot v_\beta \cdot v_\gamma \tag{5.4}$$

Dies liefert dann analog wie oben:

$$z_3 \approx \begin{cases} 6{,}134 + 2{,}067 \cdot x_{11} + 4{,}058 \cdot x_{31} \cdot x_{32} \cdot x_{33} & y_{37} = c \\ 2{,}067 \cdot x_{11} + 4{,}058 \cdot x_{31} \cdot x_{32} \cdot x_{33} & y_{37} \neq c \end{cases} \tag{5.5}$$

d. h. alle Abhängigkeiten und Interaktionen werden erneut qualitativ und quantitativ korrekt erkannt.

Für die weitere Evaluation können dann für die als wichtig erkannten Abhängigkeiten und Interaktionen z. B. gezielte graphische Analysen durchgeführt werden (mit spezifischen Kommandos wie `interaction.plot`), mit dem Paket `relaimpo` (Kommando `calc.relimp`) kann nach verschiedenen Kriterien (z. B. Beitrag zum Bestimmtheitskoeffizienten) die relative Wichtigkeit von Abhängigkeiten und Interaktionen eingeschätzt werden usw.

5.1.5 Dimensionsreduktion und Klassifikation

Die bisher besprochene Identifikation wichtiger Faktoren und Interaktionen kann als Verfahren der Dimensionsreduktion aufgefasst werden, weil im Ergebnis „unwichtige" Spalten entfernt werden. Wir ergänzen in diesem Abschnitt noch weitere wichtige Verfahren zur Verkleinerung des Datensatzes durch Aggregation von Spalten (Dimensionsreduktion, Abschnitt 5.1.5.1) oder Zeilen (Klassifikation, Abschnitt 5.1.5.2).

5.1.5.1 Hauptkomponentenanalyse, Faktorenanalyse, Korrespondenzanalyse

Die Hauptkomponentenanalyse ist das am weitesten verbreitete Verfahren zur Dimensionsreduktion. Wir erläutern die Vorgehensweise anhand des „`wines`"-Datensatzes aus dem Paket `ChemometricsWithRData` [12, 13]. Dieser Datensatz umfasst 177 Zeilen und 13 Spalten mit chemischen Analysedaten. Die Matrix X enthalte diese Daten. Die Idee der Hauptkomponentenanalyse ist es, durch Multiplikation mit einer *Ladungsmatrix* P einen neuen Datensatz $T = X \cdot P$ zu erzeugen, der die in X enthaltene Information strukturiert, vereinfacht und leichter zugänglich macht (wie wir in Abschnitt 5.1.5.2 sehen werden, sind dann auch z. B. Klassifikationsaufgaben leichter zu lösen).

Für den `wines`-Datensatz kann die Hauptkomponentenanalyse wie in Listing 5.10 durchgeführt werden. Die Berechnung erfolgt mit dem `prcomp`-Kommando in Zeile 2. Zuvor werden die Daten mit dem `scale`-Kommando standardisiert ($\mu = 0$, $\sigma = 1$), damit der Ergebnis nicht von der Größenordnung der Messwerte beeinflusst wird (siehe auch die Diskussion von Skalierungsmethoden in [11, 12]). In Zeile 3 wird zunächst die Ladungsmatrix P und daraus in Zeile 4 die o. a. Matrix $T = X \cdot P$ berechnet, d. h. der „vereinfachte" Datensatz. T besteht hier aus 13 Spalten, die mit PC1, PC2 usw. bezeichnet sind. Das „PC" steht für *principal component* bzw. *Hauptkomponente*, d. h. der Anspruch dieser Spalten ist es, die wichtigste im Datensatz enthaltene Information zusammenzufassen. Die Ausgabe zum `summary`-Kommando in Zeile 5 präzisiert dies (in Listing 5.11): PC1 erklärt ca. 35 % der Gesamtstreuung des Datensatzes, zusammen mit PC2 werden ca. 55 % erklärt, zusammen mit PC3 ca. 66 % usw. Da also schon die ersten Hauptkomponenten einen wesentlichen Anteil des gesamten Informationsgehalts des Datensatzes zusammenfassen, kann man hoffen, durch eine auf diese ersten Hauptkomponenten eingeschränkte Analyse zu wichtigen Erkenntnissen zu gelangen.

```
1 data(wines,package="ChemometricsWithRData")
2 X=scale(wines); m=prcomp(X)
3 P=m$rotation;
4 T=X %*% P # alternativ: T=predict(m);
5 summary(m)$importance
```

Listing 5.10 Hauptkomponentenanalyse für den `wines`-Datensatz.

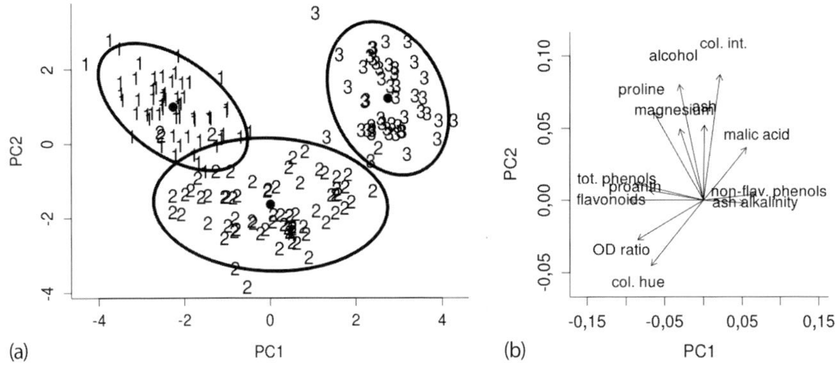

Abb. 5.2 (a) Scoregraphik und (b) Ladungsgraphik für PC1 und PC2 (berechnet mit Listing 5.12).

```
                          PC1      PC2      PC3    ...
Standard deviation     2.162822 1.581571 1.205541  ...
Proportion of Variance 0.359830 0.192410 0.111790  ...
Cumulative Proportion  0.359830 0.552240 0.664040  ...
```

Listing 5.11 Ausgabe zu Zeile 5 in Listing 5.10.

Listing 5.12 zeigt eine beispielhafte Analyse, die nur die ersten beiden Hauptkomponenten PC1 und PC2 berücksichtigt, also auf einer Dimensionsreduktion von ursprünglich 13 auf 2 Spalten basiert. Die resultierende Scoregraphik Abb. 5.2a macht einen wichtigen Aspekt der Datenstruktur erkennbar: Die Daten bilden in natürlicher Weise drei Gruppen. Die weitere Analyse zeigt dann, dass diese Gruppen den Weinen Barbera (1), Grignolino (2) und Barolo (3) entsprechen [12]. PC1 und PC2 beinhalten also die für die Unterscheidung dieser Weine wesentlichen Kriterien. Eine genauere Definition dieser Kriterien kann dann aus der Ladungsgraphik Abb. 5.2b abgeleitet werden, die die Projektion der Zeilen der Ladungsmatrix P in die PC1/PC2-Ebene zeigt. Für die Farbintensität „`col. int.`" des Weins ergibt z. B. `P["col. int.",1:2]` den in der Graphik skaliert dargestellten Vektor (0,09, 0,52). Die Graphik zeigt also, dass PC2 z. B. mit Farbintensität und Alkoholgehalt korreliert; für PC1 erkennt man z. B. eine positive Korrelation mit `non flav. phenols` und eine negative Korrelation mit `flavonoids`.

```
d=data.frame(predict(m)[,1:2],wc=as.factor(wine.classes))
plot(d$PC1, d$PC2, type="n"); text(d$PC1, d$PC2, d$wc)
for (c in levels(d$wc)) {bed=d$wc==c; car::dataEllipse(d$PC1[bed],
    d$PC2[bed],levels=.9,plot.points=F)}
biplot(m,col=c(0,1))
```

Listing 5.12 Berechnung von Score- und Ladungsgraphiken für PC1 und PC2.

Wenn die Analyse hauptsächlich auf die Interpretierbarkeit der Spalten des dimensionsreduzierten Datensatzes als *latente Variablen* (Faktoren) abzielt, die den Spalten des Originaldatensatzes zugrundeliegen, kann alternativ zur Hauptkomponentenanalyse z. B. mit dem R-Kommando `factanal` eine Faktorenanalyse durchgeführt werden. Hauptvorteil ist hier, dass die Faktoren im Unterschied zu den Hauptkomponenten nicht eindeutig festgelegt sind, sondern durch „Rotation" hinsichtlich besserer Interpretierbarkeit verändert werden können [12, 14].

Die Hauptkomponentenanalyse setzt numerische Variablen voraus, viele Datensätze in der Praxis enthalten jedoch numerische *und* nichtnumerische Faktorvariablen. Auf nichtnumerischen Daten kann als Entsprechung zur Hauptkomponentenanalyse (principal component analysis: PCA) die *multiple Korrespondenzanalyse* (multiple correspondence analysis: MCA) angewendet werden [15, 16]. Beide Verfahren wurden bereits 1991 zu einem 2012 weiterentwickelten und im R-Paket `ClustOfVar` verfügbaren Verfahren PCAMIX vereint, das auf gemischt numerisch/nichtnumerische Datensätze anwendbar ist [17, 18]. In Listing 5.13 wird beispielhaft die Clusterung eines gemischt numerisch/nichtnumerischen Datensatzes berechnet (`wine`-Datensatz aus dem `ClustOfVar`-Paket; numerische Daten in den Spalten 3-29, nicht numerische Daten in den Spalten 1–2). Listing 5.14 zeigt das erste Variablencluster, in dem die nichtnumerische Variable `Soil` (Bodenart) mit numerischen Aromabeurteilungen zusammengefasst wird; die Ladungswerte (loadings) werden ähnlich interpretiert wie oben besprochen [18].

```
1 library(ClustOfVar);data("wine");set.seed(2)
2 m=kmeansvar(wine[,3:29],wine[,1:2],init=6)
3 m$var
```

Listing 5.13 Clusterung gemischt numerisch/nichtnumerischer Daten mit dem R-Paket `ClustOfVar`.

```
$cluster1
                     squared loading
Spice.before.shaking       0.7415518
Spice                      0.6253788
Bitterness                 0.6589414
Soil                       0.8090711
```

Listing 5.14 Ergebnis von Listing 5.13.

Das Ergebnis der o. a. Hauptkomponentenanalyse kann leicht reproduziert werden, wenn Zeile 2 von Listing 5.13 durch `m=kmeansvar(X,init=2)` ersetzt wird; es ergeben sich zwei Variablencluster, die der Ladungsgraphik Abb. 5.2b entsprechen. Für die Hauptkomponentenanalyse und andere mutivariate Analysemethoden sind in R viele Pakete für jeweils spezifische Anwendungsgebiete verfügbar, wie z. B. das Paket `ChemoSpec` für spektroskopische Anwendungen. Ferner sei angemerkt, dass einfache (multiple) Korrespondenzanalysen für rein nichtnumerische Datensätze in R z. B. mit den Kommandos `corresp` oder `mca` durchgeführt werden können [11].

5.1.5.2 **Klassifikation**

Wenn wir annehmen, dass die Einträge in Spalte z_1 des künstlichen Datensatzes (Abschnitt 5.1.2) Qualitätsstufen eines Produkts sind, dann wäre eine wichtige

Praxisaufgabe (und Voraussetzung für eine Optimierung des Produktionsprozesses), diese Qualitätsstufen abhängig von den Produktionsbedingungen zuverlässig zu prognostizieren. Listing 5.15 ist ein bewährtes Verfahren zur Lösung dieser Aufgabe mit multinomialen, log-linearen Neuronale-Netze-Modellen [11, 19, 21]. In den Zeilen 1–4 wird das Modell so definiert, dass die 250 zufällig ausgewählten Datensätze in `d.train` korrekt klassifiziert werden. In den Zeilen 5–6 wird der Prozentsatz der korrekt klassifizierten Fälle der verbleibenden 250 Datensätze (`d.test`) berechnet: 98,8 %. Hier wurde in Zeile 2 die Erkenntnis aus Abschnitt 5.1.3 verwendet, dass y_{11}, y_{12}, x_{37} die wichtigsten Einflussfaktoren für z_1 sind. Ohne diese Voranalyse wäre das Klassifikationsverfahren mit einer korrekten Klassifikationsrate von nur 69 % deutlich schlechter gewesen.

```
1 set.seed(42);ind=sample(500,250);
2 bed=colnames(d) %in% c("y11","y12","x37","z1")
3 d.train=d[ind,bed]; d.test=d[-ind,bed]
4 m=nnet::multinom(z1~.,d.train)

5 bed=predict(m,d.test)==d.test$z1
6 nrow(d.test[bed,])/nrow(d.test)
```

Listing 5.15 Klassifikation mit neuronalen Netzen.

Das gerade besprochene Klassifikationsverfahren „lernt" die korrekte Klassifikation aus den gegebenen Klassifikationsdaten des Trainingsdatensatzes. Oft sind in der Praxis jedoch keine Klassifikationsdaten vorgegeben. Beispiel: In Abb. 5.2a hatten wir die im Datensatz vorgegebenen Weintypen `wine.classes` verwendet, um die drei Datencluster korrekt mit 1, 2 und 3 zu bezeichnen. Wenn diese Information fehlt, kann eine passende Klassifikation z. B. wie in Listing 5.16 mit einer k-means-Clusteranalyse aus den Messdaten berechnet werden [3, 11]. Die Clusteranalyse wird in Zeile 3 für die in Zeile 2 mit Hauptkomponentenanalyse vorbereiteten Daten durchgeführt, in den folgenden Zeilen wird dann der Prozentsatz der Übereinstimmung zwischen der so berechneten Klassifikation `clu` mit den Weintypen `wc` berechnet; dies ergibt 97 % Übereinstimmung. Ohne Verwendung der Hauptkomponentenanalyse gelingt die Klassifikation hier nicht, was nochmals die Wichtigkeit der dimensionsreduzierenden Verfahren unterstreicht. In R können viele moderne Alternativen zu den hier kurz besprochenen Verfahren verwendet werden, neben klassischen Diskriminantenverfahren beispielsweise Support-Vector-Machine-Verfahren, Random-Forest-Methoden usw. [7, 8, 11, 20].

```
1 data(wines,package="ChemometricsWithRData")
2 m=prcomp(wines,scale=TRUE); d=predict(m)
3 set.seed(42); cl=kmeans(d,3)
4 clu=cl$cluster; wc=wine.classes
5 data.frame(cl$cluster,wine.classes)
6 bed=clu==3&wc==1 | clu==1&wc==2 | clu==2&wc==3
7 length(bed[bed])/length(bed)
```

Listing 5.16 k-means-Clusteranalyse für den `wines`-Datensatz.

5.1.6 Folgerungen

Gemeinsames Merkmal aller vorgestellten Verfahren zur Identifikation wichtiger Einflussfaktoren und Interaktionen sowie zur Dimensionsreduktion und Klassifikation ist ein jeweils erheblicher Erkenntnisgewinn bei zugleich besonders einfacher Umsetzbarkeit. Wenige Zeilen R-Code haben in allen Beispielen genügt, um mit z. T. neuesten Verfahren wichtige Erkenntnisse als Grundlage für die Prozessoptimierung oder für ein verbessertes Prozessverständnis zu gewinnen. Zudem ist alle verwendete Software kostenlos und an jedem Ort jederzeit verfügbar, so dass wir die beschriebenen Verfahren für standardisierte Erstanalysen neuer Daten in Industrie und Wissenschaft empfehlen.[3)]

Literatur

1 R Core Team (2013) *R: A Language and Environment for Statistical Computing*, R Foundation for Statistical Computing, Vienna, Austria http://www.R-project.org/.

2 Loshin, D. (2013) *Big Data Analytics: From Strategic Planning to Enterprise Integration with Tools, Techniques, NoSQL, and Graph*, Elsevier Science.

3 Koch, I. (2013) Analysis of multivariate and high-dimensional data, in *Analysis of Multivariate and High-dimensional Data: Theory and Practice*, Cambridge University Press.

4 Catlett, C., Gentzsch, W. und Grandinetti, L. (2013) Cloud computing and big data, in *Advances in Parallel Computing*, IOS Press.

5 Berman, J. (2013) *Principles of Big Data: Preparing, Sharing, and Analyzing Complex Information*, Elsevier Science.

6 Liaw, A. und Wiener, M. (2002) Classification and regression by randomforest. *R News*, **2** (3), 18–22 http://CRAN.R-project.org/doc/Rnews/.

7 Williams, G. (2011) *Data Mining with Rattle and R: The Art of Excavating Data for Knowledge Discovery*, Springer.

8 Ishwaran, H., Kogalur, U.B., Blackstone, E.H. und Lauer, M.S. (2008) Random survival forests. *The Annals of Applied Statistics*, 841–860.

9 Williams, G. (2013) Data science with R: Decision trees, *Technical Report*, Togaware.

10 Sheather, S. (2008) *A Modern Approach to Regression with R*, Springer, New York.

11 Venables, W. und Ripley, B. (2002) *Modern Applied Statistics with S*, Springer, Berlin.

12 Wehrens, R. (2011) *Chemometrics with R: Multivariate Data Analysis in the Natural Sciences and Life Sciences*, Springer.

13 Forina, M., Armanino, C., Castino, M. und Ubigli, M. (1986) Multivariate data analysis as a discriminating method of the origin of wines. *Vitis*, **25** (3), 189–201.

14 Rencher, A. und Christensen, W. (2012) *Methods of Multivariate Analysis*, Wiley Series in Probability and Statistics, John Wiley & Sons, Inc.

15 Greenacre, M. (2010) *Correspondence Analysis in Practice*, 2. Aufl., Chapman & Hall/CRC, Interdisciplinary Statistics, Taylor & Francis.

16 Leyer, I. und Wesche, K. (2008) *Multivariate Statistik in der Ökologie: Eine*

3) Updates dieser Verfahrensweisen mit ggf. relevanten methodischen Neuentwicklungen werden in der jeweils neuesten *Gm.Linux*-Referenzkarte *Analyse hochdimensionaler Daten* berücksichtigt, siehe www.hs-geisenheim.de/gmlinux.

Einführung, Springer-Lehrbuch, Springer.

17 Kiers, H.A. (1991) Simple structure in component analysis techniques for mixtures of qualitative and quantitative variables. *Psychometrika*, **56** (2), 197–212.

18 Chavent, M., Kuentz, V., Liquet, B. und Saracco, L. (2012) ClustOfVar: An R package for the clustering of variables. *Journal of Statistical Software*, **50** (13), 1–16.

19 Adler, J. (2012) *R in a Nutshell*, O'Reilly Media.

20 Zeileis, A., Hornik, K., Smola, A. und Karatzoglou, A. (2004) Kernlab – An S4 package for kernel methods in R. *Journal of Statistical Software*, **11** (9), 1–20.

21 Velten, K. (2009) *Mathematical Modeling and Simulation: Introduction for Scientists and Engineers*, Wiley-VCH.

5.2 Crashkurs R

In diesem Abschnitt diskutieren wir im knappen „Crashkurs"-Stil die wichtigsten Fakten, Kommandos usw., die man für die Arbeit mit R wissen muss, wobei ein Schwerpunkt auf den in der Praxis besonders wichtigen Umgang mit Daten gelegt wird.

5.2.1 Download, Installation, Betriebsmodi, Pakete

5.2.1.1 Download und Installation

Wir empfehlen die Nutzung von R unter *Gm.Linux* (siehe Anhang). In dieser Variante sind keine Downloads/Installationen erforderlich; R wird einfach über den Button „RStudio" gestartet. Alternativ kann die R-Software (mit derzeit 5126 Zusatzpaketen, Stand 20.1.2014) auch unter `r-project.org` geladen und dann z. B. in Windows installiert werden; auf dieser Internetseite sind auch weitere Dokumentationen usw. verfügbar. Zusätzlich sollte dann RStudio von `rstudio.com` installiert werden, die derzeit beste integrierte Entwicklungsumgebung (IDE, engl. integrated development environment) für R.

5.2.1.2 Konsolenmodus

Öffnen Sie RStudio. Eines der Unterfenster heißt „Console", dort können hinter der Eingabeaufforderung „>" Kommandos eingegeben werden. Die Eingabe `curve(x^2,-1,1)` erzeugt z. B. im `Plots`-Tab von RStudio (rechts unten) eine Graphik der Parabelfunktion $f(x) = x^2$. Dieser Betriebsmodus ist auch im *Gm.Linux*-Terminal möglich (Dash-Menü mit Windows-Taste öffnen, „Terminal" eingeben, R mit Eingabe „`R`" starten).

5.2.1.3 Skriptmodus

Tastenkombination Strg ⇑ N in RStudio, alternativ „File, New, R Script". Jetzt können im Editor links oben in RStudio Kommandos eingegeben werden, z. B.

```
x=seq(-1,1,by=0.25); y=x^2
plot(x,y)
# Alles hinter '#' wird nicht ausgewertet (Kommentar)
```

Wie das Programm zeigt, muss bei zwei Kommandos in einer Zeile ein „;" als Trennzeichen eingegeben werden. Das Programm kann jetzt mit Strg ⇑ S ausgeführt werden, wieder entsteht im `Plots`-Tab von RStudio eine Graphik. Alternativ kann mit Strg ⇑ Enter ausgeführt werden, dann werden in der Console alle Kommandos und Zwischenergebnisse des Programms angezeigt. Nach dem Abspeichern des Programms z. B. als `prog.R` kann das Programm auch im Konsolenmodus mit dem Kommando `source("prog.R")` ausgeführt werden.

5.2.1.4 Dokumentationsmodus

In diesem Modus werden die R-Berechnungen, Programme und Programmausgaben in ein Textdokument integriert: siehe Abschnitt 5.4.

5.2.1.5 R-Commander

Viele Standardfunktionaliäten von R können auch in einer konventionell menügesteuerten Oberfläche, dem *R-Commander*, genutzt werden. Aufruf in Gm.Linux über den Button in der Seitenleiste oder in der R-Console (Abschnitt 5.2.1.2) mit dem Kommando `library(Rcmdr)`.

5.2.1.6 Pakete installieren und laden

Über die verfügbaren Zusatzpakete kann man sich unter `r-project.org` („CRAN, Contributed extension packages“) informieren. Installation in RStudio über „Tools, Install Packages“, alternativ über den „Packages“-Tab; Installation lokaler Dateien im Terminal z. B. mit

```
install.packages("beanplot_1.1.tar.gz",repos=NULL)
```

Laden zum Beispiel des Pakets `nnet` mit `library(nnet)`, Ausführen einzelner Kommandos aus dem Paket z. B. mit `nnet::multinom`. Noch ein Hinweis für Experten: Installation in Systemverzeichnisse ggf. im Terminal: `sudo R`, dann `install.packages()`.

5.2.1.7 Struktur von CALC-/EXCEL-Dateien

In vielen Fällen werden Daten zunächst in CALC (bzw. EXCEL) erfasst. Folgende Datenstruktur hat sich hinsichtlich einfacher und problemloser Weiterverarbeitung der Daten in R bewährt:

- Erstes Tabellenblatt „Daten“ enthält die Daten, darin die erste Zeile mit möglichst kurzen Spaltenbezeichnern aus höchstens sechs bis acht Zeichen, keine Leerzeichen, Sonderzeichen usw., z. B. v für Geschwindigkeit, T für Temperatur, T_0 für Anfangstemperatur usw. (Kurze Bezeichner sind wichtig, damit R-Kommandos übersichtlich bleiben.)
- Jede Zeile ab der 2. Zeile im ersten Tabellenblatt „Daten“ enthält einen Datensatz, z. B. Produktionsdaten eines Tages, Messdaten eines Versuchs usw.: d. h. die Daten spaltenweise, nicht zeilenweise eintragen.
- Erklärung der Spaltenbezeichner im zweiten Tabellenblatt „Info“, d. h. dort eine Spalte mit der Überschrift „Spalte“ für die Spaltenbezeichner, dann eine Spalte mit der Überschrift „Erläuterung“ und den Erklärungen, hier insbesondere auch Einheiten usw.
- Grundsätzlich für jeden Aspekt einer Messung, der den Messwert beeinflussen könnte, eine Spalte anlegen (falls diese Daten leicht zugänglich sind). Wenn z. B. der Messwert davon abhängt, ob ein Material A oder B verwendet wird, eine Spalte anlegen, in dem das Material als A oder B eingetragen wird.
- Quantitative Daten, d. h. Zahlen, sind ebenso möglich wie qualitative Daten, d. h. Text. Bei Textdaten immer möglichst einfache Codes aus höchstens sechs

bis acht Buchstaben, keine Leerzeichen, Sonderzeichen usw. Auch diese Codes dann im zweiten Tabellenblatt erklären.
- Felder mit fehlenden Daten leer lassen.
- Weitere Informationen wie Graphiken usw. im dritten, vierten, … Tabellenblatt.

5.2.1.8 Wichtige Datenformate

Wir diskutieren in diesem Abschnitt die für die Praxis wichtigsten Datenformate (siehe Abschnitt 5.2.4 für Datenbankformate).

5.2.1.9 csv-Format

Im csv-Format werden die Daten als reine Textdatei gespeichert, wobei die Daten zwischen den Spalten mit einem fest vereinbarten Feldtrennzeichen getrennt werden (csv: „comma/character separated values"). Eine Tabelle mit den Spalten *x* und *y* und den Werten 1,1 2,2 und 3,3 in der Spalte *x* und 4, 5 und 6 in der Spalte *y* sieht im csv-Format so aus:

```
"x";"y"
1,1;4
2,1;5
3,3;6
```

Listing 5.17 Beispiel csv-Format.

Für die csv-Datei in Listing 5.17 haben wir ein deutsches csv-Format mit "," als Dezimaltrennzeichen und ";" als Feldtrennzeichen zugrundegelegt. Wichtige Varianten sind z. B. das englische csv-Format mit "." als Dezimaltrennzeichen und "," als Feldtrennzeichen oder auch abweichende csv-Formate ohne die Anführungszeichen um Texteinträge wie `"x";"y"`, oder mit Leerzeichen/Tabulatoren als Feldtrennzeichen usw.

Der große Vorteil des csv-Formats ist die Plattformunabhängigkeit, weil diese Daten ohne spezielle Software z. B. einfach mit einem in jedem Betriebssystem standardmäßig vorhandenen Editor wie z. B. dem KWrite-Editor in *Gm.Linux* oder dem Notepad-Editor in Windows gelesen werden können. Hardware, die Dateien erzeugt wie z. B. Temperatursensoren usw. ist oft so ausgelegt, das lediglich csv-Dateien erzeugt werden: Dadurch ist sichergestellt, dass die Daten in jedem System lesbar sind, zugleich werden die Kosten gespart, die entstehen würden, wenn die Hardware zusätzlich so programmiert werden müsste, dass zusätzlich beispielsweise auch Excel- und andere Formate auf jeweils neuestem Stand generiert werden können.

csv-Daten können mit „Copy-and-paste" (Strg C zum Kopieren, dann Strg V zum Einfügen) direkt in CALC oder Excel übernommen werden; so kann beispielsweise die R-Ausgabe in Listing 5.24 mit „Copy-and-paste" direkt in CALC oder Excel kopiert werden (beim Textimport als Trennoptionen angeben: „Leerzeichen" und „Feldtrenner zusammenfassen"; dann Feldbefehle, Spaltentyp, US-English).

Ein wichtiger Nachteil des csv-Formats besteht darin, dass die Daten für eine Analyse z. B. mit CALC oder R jeweils noch konvertiert werden müssen, wobei die Konvertierung der Daten mit Sorgfalt erfolgen muss, um Fehler zu vermeiden. Beispielsweise könnte es beim Einlesen der Daten in Listing 5.17 passieren, dass fehlerhaft das “,“ als Feldtrennzeichen verwendet wird, so dass die Zahl 2,1 in Zeile 3 als zwei getrennte Zahlen 2 und 1 eingelesen wird.

Die Daten aus Abschnitt 5.1.2 können wie folgt im csv-Format gespeichert werden:

```
1 setwd("/home/gmlinux/analyse")
2 write.csv2(d,file="data.csv",row.names=FALSE)
```

Listing 5.18 Speichern einer csv-Datei.

In Zeile 1 wird zunächst das Arbeitsverzeichnis gesetzt, d. h. das Verzeichnis, in das R Daten schreibt bzw. aus dem Daten gelesen werden. Dies ist ein wichtiges Kommando – ein falsch gesetztes Arbeitsverzeichnis ist eine häufige Fehlerquelle (in den nachfolgenden Programmen gehen wir jeweils von einem korrekt gesetzten Arbeitsverzeichnis aus). In Zeile 2 werden die Daten `d` aus Abschnitt 5.1.2 in der Datei `data.csv` gespeichert, wobei das `write.csv2`-Kommando automatisch ein deutsches csv-Format mit “,“ als Dezimaltrennzeichen und “;“ als Feldtrennzeichen schreibt. Die Variante `write.csv` schreibt stattdessen ein englisches csv-Format mit “.“ als Dezimaltrennzeichen und “,“ als Feldtrennzeichen. `write.csv` und `write.csv2` sind Abwandlungen des umfassenderen Kommandos `write.table`, das noch viele weitere Optionen z. B. hinsichtlich der Behandlung fehlender Werte erlaubt. Listing 5.19 zeigt einen Ausschnitt aus der Darstellung von `data.csv` in einem Editor.

```
"y40";"y14";"x39";"x42";"y36";"y21";"x47";"y46"
"e";"c";0,0818570769386284;0,856415114812051;"d...
"d";"b";1,79990761666036;-0,271566566898111;"e"...
"e";"a";-0,407869206843576;1,58559777316734;"b"...
```

Listing 5.19 Ansicht von `data.csv` in einem Editor.

Wenn man umgekehrt eine csv-Datei gegeben hat, so kann diese zur Weiterverarbeitung in CALC oder Excel direkt geöffnet werden, wobei die oben erwähnten Einstellungen (Dezimaltrennzeichen, Feldtrennzeichen) dann in entsprechenden Menüs vorgenommen werden müssen. Zum Einlesen der Daten in R kann folgendes Kommando verwendet werden:

```
d=read.csv2(file="data.csv")
```

Nach dem Einlesen der Daten ist es oft sinnvoll, sich zunächst einen Überblick über die Daten zu verschaffen:

```
dim(d)
colnames(d)
summary(d)
```

Zeile 1 gibt die Dimension des Datensatzes aus (Anzahl Zeilen und Spalten), Zeile 2 die Spaltennamen. Das generische (d. h. auf R-Objekte unterschiedlicher Art jeweils spezifisch sinnvoll anwendbare) Kommando `summary` in Zeile 3 erzeugt Zusammenfassungen aller Datenspalten:

```
y40     y14            x39                    x42
a: 97   a:106   Min.   :-3.13515   Min.   :-2.52091
b:117   b: 95   1st Qu.:-0.65246   1st Qu.:-0.63684
c:101   c:104   Median : 0.11084   Median :-0.00266
d: 86   d:109   Mean   : 0.09148   Mean   : 0.01842
e: 99   e: 86   3rd Qu.: 0.83219   3rd Qu.: 0.63198
                Max.   : 2.96867   Max.   : 2.93789
```

Man sieht, dass `y40` und `y14` Faktorvariablen sind (was auch mit `class(d$y40)` überprüft werden kann), zugleich ist die Häufigkeitsverteilung über die Abstufungen dieser Variablen angegeben. Für `x39` und `x42` erkennt man, dass es sich um numerische (metrisch skalierte) Variablen handelt, zugleich sind Maximal- und Minimalwerte, ggf. auch die Anzahl fehlender Werte (sog. `NA`-Werte, `NA`=„not available") angegeben. „`Median: 0.11084`" bedeutet, dass für die Variable x39 ca. 50 % der Werte kleiner sind als 0,110 84 und 50 % größer als dieser Wert. „`1st Qu.: -0.65246`" und „`3rd Qu.: 0.83219`" bedeuten analog dazu, dass ca. 25 % (bzw. 75 %) der Werte von x39 kleiner sind als –0,652 46 (bzw. 0,832 19). Diese Werte werden als Quartile bezeichnet (der Median ist das 2. Quartil) und erlauben eine schnelle und effektive Einschätzung der Werteverteilung. Mit der R-Funktion `quantile` können darüber hinaus verallgemeinerte sog. Perzentile oder Quantile berechnet werden; beispielsweise mit `quantile(d$x39,probs=0.3)` ein „30 %-Perzentil", das von ca. 30 % der Werte unterschritten wird.

5.2.1.10 xls-, xlsx- und ods-Formate

Häufig liegen die Daten in einem Tabellenkalkulationsformat vor, etwa im ods-Format (Calc) oder in xls- oder xlsx-Formaten (Excel). Diese Daten können mit R-Pakten wie `xlsx` oder `gnumeric` direkt in R eingelesen werden, allerdings fehlen den von diesen Paketen zur Verfügung gestellten Lese- und Schreibkommandos im Vergleich mit den in Abschnitt 5.2.1.9 für csv-Dateien diskutierten Kommandos wichtige Optionen etwa zur Behandlung fehlender Werte, außerdem gibt es oft Probleme mit neuen Calc- oder Excelversionen, lange Lesezeiten bei großen Dateien usw. Wir empfehlen daher, xls-, xlsx- und ods-Formate in Calc oder Excel zunächst mit „Datei, Speichern unter" in das csv-Format zu konvertieren, um dann wie in Abschnitt 5.2.1.9 beschrieben weiter zu verfahren.

5.2.1.11 RData

RData ist das Standard-Datenformat in R. Mit dem Kommando

```
save(d,file="data.RData")
```

werden z. B. die Daten `d` aus Abschnitt 5.1.2 im Arbeitsverzeichnis in der Datei `data.RData` gespeichert. In *Gm.Linux* können diese Daten dann im Dateibrowser nautilus oder nemo (diese über das Dash-Menü oder die Symbolleiste starten) durch einen Mausklick auf die Datei direkt in RStudio geöffnet werden. Mit dem Kommando

```
load("data.RData")
```

können die Daten innerhalb eines R-Programms wieder eingelesen werden. Eine wichtige Variante des o. a. save-Kommandos ist

```
save.image(file="workspace.RData")
```

Hier wird nicht nur der Datensatz d gespeichert, sondern alle im Verlauf der R-Sitzung erzeugten Objekte, also beispielsweise weitere Datensätze, Funktionen usw. Dies ist nützlich, um den gegebenen Zustand einer R-Sitzung nach einer Arbeitsunterbrechung nicht jedes Mal neu wiederherstellen zu müssen.

5.2.1.12 **Datentypen und Typumwandlungen in R**

Wenn man in dem Programm

```
x=1:3
y=c(1,2.1,3)
z=x==y
v=c(rep(letters[1:2],2))
w=as.factor(v)
```

die Datentypen der Variablen mit class bestimmt, so erhält man für x den Typ integer (ganze Zahlen), für y den Typ numeric (da mit 2,1 eine Dezimalzahl enthalten ist), für z den Typ logical (z ergibt TRUE FALSE TRUE, da der Vergleich genau für den zweiten Wert nicht zutrifft), für v den Typ character (da es sich um die Textliste "a" "b" "a" "b" handelt: das rep Kommando wiederholt hier die Liste letters[1:2] mit den ersten beiden Buchstaben des Alphabets zwei mal), und für w den Typ factor.

Diese Datentypen sind für den Anwender von Bedeutung, weil jedes Analyseverfahren spezifische Anforderungen an die Eingabedaten stellt. Wenn man beispielsweise v als Faktor auffasst und die Faktorstufen (a und b) bestimmen möchte, funktioniert die Eingabe levels(v) nicht, da v den Datentyp character hat. Mit Operationen wie w=as.factor(v) kann man den jeweils geeigneten Datentyp erzeugen; levels(w) liefert hier das gewünschte Ergebnis.

Noch ein Beispiel für ein häufiges Problem gerade bei großen Datensätzen: Nach dem Einlesen der Daten soll mit mean(d$x) der Mittelwert der Spalte x berechnet werden, was zu einer Fehlermeldung führt (z. B. „Argument ist weder numerisch noch boolesch: gebe NA zurück“). class(d$x) liefert dann den Datentyp factor, was überrascht, da d$x Zahlenwerte enthält. Wenn man nun mit levels(d$x) die Werte betrachtet, zeigt sich, dass zum Beispiel nur ein einziger Wert falsch als Text eingetragen wurde, was beim Einlesen dazu geführt hat, dass die gesamte Datenspalte d$x als Faktor aufgefasst wurde. Dies kann dann mit dem Aufruf as.numeric(d$x) (in einigen Fällen mit `as.numeric(as.character(d$x)))` behoben werden. Operationen dieser Art können auch wie in

```
as.numeric(sub(",",".",as.character(d$x)))
```

mit Rs Funktionen zur Zeichenketten- (String-) Bearbeitung kombiniert werden; hier wird der Faktor `d$x` zunächst in einer `character`-Variable umgewandelt, auf die dann das `sub`-Kommando anwendbar ist, das hier das deutsche Dezimalzeichen `","` in ein englisches Dezimalzeichen `"."` substituiert, damit das Ergebnis dann mit `as.numeric` in den Datentyp `numeric` überführt werden kann. Probleme dieser Art treten seltener auf, wenn Datenbanken zur Datenhaltung verwendet werden, die schon bei der Dateneingabe Konsistenzüberprüfungen durchführen (siehe z. B. die in Abschnitt 5.2.4.1 besprochene `CONSTRAINT`-Bedingung).

5.2.2
Elementare Operationen mit Daten

In diesem Abschnitt diskutieren wir anhand der Daten `d` aus Abschnitt 5.1.2 die für die Praxis wichtigsten elementaren Datenoperationen.

5.2.2.1 Data Frames

Wenn Daten mit den in Abschnitt 5.2.1.8 besprochenen Befehlen eingelesen wurden, liegen sie normalerweise als sog. *data frames* vor. Man kann sich unter einem *data frame* in R einfach eine CALC- oder Exceltabelle vorstellen, die in der ersten (in R nicht numerierten) Zeile Variablenzeichner enthält und die Daten in den folgenden Zeilen. *Data frames* können auch wie folgt „von Hand" konstruiert werden:

```
d=data.frame(x=1:5,y=letters[1:5])
```

Hier ist d ein *data frame*, der zwei Spalten x und y enthält; in der x-Spalte die Zahlen von 1 bis 5, in der y-Spalte die Buchstaben a–e. Die Funktion `as.data.frame` ist oft nützlich, um tabellenartige R-Objekte, die nicht in Form eines *data frames* vorliegen, in einen *data frame* zu konvertieren.

5.2.2.2 Zeilen und Spalten auswählen

```
dim(d)
colnames(d)
```

Die Ausgabe hierzu ist

```
> dim(d)
[1] 500 100

> colnames(d)
  [1] "y40" "y14" "x39" "x42" "y36" "y21" "x47" "y46" "x13" "y6" "y37"
```

```
      "y13" "y17" "x24" "x36" "y39" "y10" "y27"
[19] "x5"  "y15" "y47" "x37" "y29" "y38" "x15" "x2"  "y26" "y32" "x49"
      "x19" "y7"  "x27" "x12" "y3"  "y42" "x41"
[37] "x7"  "x20" "x1"  "x35" "x6"  "y5"  "y43" "y11" "y25" "x44" "y35"
      "x31" "x4"  "x50" "x29" "x32" "y24" "x45"
[55] "y22" "x26" "y8"  "y4"  "y28" "x46" "y1"  "y33" "y31" "x14" "x9"
      "x22" "y20" "x21" "x34" "x3"  "y12" "x40"
[73] "y41" "x8"  "x28" "y44" "y45" "y9"  "x38" "y18" "x33" "x17" "y2"
      "x23" "y30" "y49" "y34" "y19" "x16" "y50"
[91] "y48" "x48" "x18" "x30" "x11" "x10" "x43" "x25" "y16" "y23"
```

Wir haben also einen Datensatz mit 500 Zeilen und 100 Spalten mit den Spaltennamen y40, y14 usw. Um auf die Daten der 3. Spalte (x39) zuzugreifen, geben wir ein:

```
d$x39
```

oder alternativ

```
d[,3]
```

oder alternativ

```
d[,"x39"]
```

In Notationen des Typs d[t1,t2] gibt der Text t1 (bzw. t2) immer an, welche Zeilen (Spalten) ausgewählt werden sollen. Wenn kein Eintrag für t1 vorliegt – wie in den obigen Beispielen – dann werden alle Zeilen berücksichtigt (analog für t2 und die Spaltenauswahl).

```
d[12,"x39"]
```

greift auf die 12. Zeile in der Spalte x39 zu.

```
d[3:7,c(3,7,9)]
```

oder alternativ

```
d[3:7,c("x39","x47","x13")]
```

liefert stattdessen die Zeilen 3–7 der Spalten 3, 7 und 9. Wichtig ist in den letzten beiden Eingaben das „combine"-Kommando c, das generell verwendet wird, um Datenlisten in R zu beschreiben. Wenn mit R's rowname-Kommando Zeilennamen definiert wurden, so kann auch auf die Zeilen – ebenso wie oben für die Spalten gezeigt – über Textlisten wie c("Zeile 1","Zeile 2",...) zugegriffen werden. Die o. a. Konstruktionen können mit allen in R verfügbaren Mechanismen zur Erzeugung von Listen kombiniert werden. Beispielsweise kann mit dem seq-Kommando wie folgt jede dritte Zeile ausgewählt werden:

```
d[seq(1,nrow(d),by=3),]
```

Das seq-Kommando erzeugt hier eine Zahlenfolge, die mit 1 beginnt, mit nrow(d) – d. h. der Anzahl der Zeilen von d – endet und in jedem Schritt um 3 erhöht wird (ncol(d) liefert die Anzahl der Spalten von d).

Mit dem sample-Kommando kann (z. B. zur Definition von Trainingsdatensätzen, siehe Abschnitt 5.1.5.2) wie folgt eine zufällige Auswahl von Zeilen getroffen werden:

```
d[sample(c(1:nrow(d)),size=100),]
```

Das sample-Kommando wählt hier zufällig 100 Zahlen zwischen 1 und der Anzahl der Zeilen von d aus, diese Zeilen werden dann über die oben besprochene d[t1,t2]-Konstruktion ausgewählt. Folgendes Vorgehen sortiert die Daten zunächst nach der Spalte y40, dann nach x39:

```
d[order(d$y40,d$x39),]
```

Das order-Kommando erzeugt hier eine Liste von Zeilennummern, die zunächst nach y40 und dann nach x39 sortiert werden. Um nachzuweisen, dass korrekt sortiert wurde, sehen wir uns die ersten 100 Zeilen der Spalte y40 an:

```
d[order(d$y40,d$x39),][0:100,c("y40","x39")]
```

mit der (gekürzten) Ausgabe:

```
    y40         x39
148   a -2.89953429
461   a -2.42617831
...
150   a  2.71036701
353   a  2.84281951
453   b -2.58604156
133   b -2.05976048
387   b -1.93435697
```

Die erste Spalte gibt hier die Zeilennummern des Originaldatensatzes d an. Die Spalte y40 ist korrekt nach a und b sortiert; innerhalb der a-Werte in der y40-Spalte ist korrekt nach x39 sortiert worden.

5.2.2.3 Logische Ausdrücke und Filtertechniken

Zeilen filtern Eine der wichtigsten Techniken in Tabellenkalkulationsprogrammen wir CALC und EXCEL ist das „Filtern“ von Daten, beispielsweise mit dem Menü „Daten, Filter“ in CALC. Dabei geht es darum, eine Auswahl der Daten z. B. aufgrund der Wahrheitswerte logischer Ausdrücke zu treffen. Beispiel: Aus dem Datensatz d aus Abschnitt 5.1.2 sollen diejenigen Datensätze „herausgefiltert“ werden, für die x14>0 ist.

```
dfil=subset(d,x14>0)
```

Mit dim(dfil) kann man jetzt feststellen, dass der gefilterte Datensatz nur noch 243 statt der 500 Datensätze des Orginaldatensatzes enthält.

```
summary(dfil$x14)
```

liefert die Ausgabe

```
     Min.  1st Qu.   Median     Mean  3rd Qu.     Max.
0.005102 0.334000 0.715500 0.828300 1.215000 2.770000
```

d. h. der gefilterte Datensatz enthält in der Spalte x14 nur noch positive Werte, wie gefordert. Für das Filtern können beliebig komplexe logische Ausdrücke verwendet werden. Wenn wir beispielsweise zusätzlich fordern, dass y3 den Wert "b", y15 aber nicht den Wert "c" haben darf, so kann wie folgt gefiltert werden:

```
dfil=subset(d,x14>0 & y3=="b" & y15 != "c")
```

Mit dim(dfil) kann man jetzt feststellen, dass der gefilterte Datensatz nur noch 26 Zeilen enthält, die aber den Anforderungen entsprechen. Um dies zu prüfen, gibt man ein:

```
dfil[,c("x14","y3","y15")]
```

mit dem (gekürzten) Ergebnis:

```
           x14 y3 y15
5  0.384571470  b   e
20 1.928602137  b   d
31 0.779196428  b   e
...
```

Zusammenfassung der wichtigsten Operatoren für die Konstruktion logischer Ausdrücke (weitere Details unter help("Logic",package="base") und help("Comparison",package="base")):

- &: und; a & b ist genau dann richtig, wenn a und b beide richtig sind.
- |: (nicht ausschließendes) oder; a | b ist genau dann richtig, wenn a und b nicht beide falsch sind.
- !: Negation; !a ist genau dann richtig, wenn a falsch ist.
- ==: Identität; a==b ist genau dann richtig, wenn a und b den gleichen Wert haben.
- !=: Ungleichheit; a!=b ist genau dann richtig, wenn a und b nicht den gleichen Wert haben.

Alternativ zu der gerade besprochenen Vorgehensweise kann auch dadurch gefiltert werden, dass zunächst eine Liste von Wahrheitswerten erzeugt wird. Nehmen wir an, dass wieder mit `x14>0` gefiltert werden soll. Dann erzeugt das Kommando

```
d$x14>0
```

eine Liste von Wahrheitswerten, die für jede Zeile des Datensatzes `d` angibt, ob die Bedingung `d$x14>0` erfüllt (bzw. nicht erfüllt ist), abhängig davon wird dann der Wahrheitswert `TRUE` (bzw. `FALSE`) eingetragen mit dem (gekürzten) Ergebnis:

```
 FALSE FALSE FALSE FALSE  TRUE FALSE FALSE FALSE
    TRUE FALSE TRUE FALSE  TRUE FALSE FALSE
    TRUE FALSE FALSE  ...
```

Um zu prüfen, dass die Wahrheitswerte hier korrekt gesetzt wurden, geben wir ein:

```
data.frame(d$x14>0,d$x14)[0:5,]
```

Dieses Kommando zeigt uns die ersten 10 Zeilen einer Tabelle, die in der ersten Spalte die gerade besprochenen Wahrheitswerte enthält und in der zweiten Spalte die korrespondierenden Werte von `d$x14`, mit dem Ergebnis:

```
FALSE -0.83351548
FALSE -0.26330141
FALSE -0.89936615
FALSE -0.66866074
 TRUE  0.38457147
```

Offensichtlich wurde – wie gefordert – genau dann TRUE gesetzt, wenn `d$x14` positive Werte hat. Der Wahrheitsvektor `d$x14>0` kann jetzt analog zu dem in Abschnitt 5.2.2.2 besprochenen Mechanismus verwendet werden, um z. B. genau die Zeilen mit dem Wahrheitswert `TRUE` auszuwählen:

```
d[d$x14>0,]
```

Dieses Kommando liefert dasselbe Ergebnis wie die oben besprochene Variante `subset(d,x14>0)`. Falls der Datensatz fehlende Werte enthält, sollte die Formulierung `d[d$x14>0,]` *nicht* verwendet werden, da sie – im Gegensatz zum `subset`-Kommando – Datensätze mit fehlenden Werten in die Auswahl einschließt.

Spalten filtern Wir wollen jetzt den Datensatz so filtern, dass alle Spalten bis auf `y13` und `x47` enthalten sind. Dies kann effektiv wie folgt realisiert werden:

```
dfil=d[,!(colnames(d) %in% c("y13","x47"))]
```

Hier ist der mit dem `%in%`-Operator konstruierte logische Ausdruck `colnames(d) %in% c("y13","x47")` genau für die Spaltennamen `y13` und `x47` wahr. Zusammen mit dem Negationsoperator `!` ergibt sich der inverse Ausdruck `!(colnames(d)`

`%in% c("y13","x47"))`, der genau für die von uns gewollten Spalten wahr, für `y13` und `x47` aber falsch ist. Mit dieser Verfahrensweise können lange Aufzählungen von gewünschten Spalten vermieden werden.

Nehmen wir jetzt an, dass die Spalten mit dem Datentyp `factor` ausgewählt werden sollen. Hierfür kann die Funktion `class` verwendet werden, die angewendet auf eine Datenspalte unseres Datensatzes `d` entweder den Wert `numeric` (z. B. `class(d$x13)`) oder den Wert `factor` liefert (z. B. `class(d$y45)`). Um die gewünschte Auswahl zu treffen, muss jetzt eine Liste erzeugt werden, die dadurch entsteht, dass die Funktion `class` nacheinander auf alle Spalten angewendet wird. Dies kann man mit der `sapply`-Funktion wie folgt realisieren:

```
sapply(d,class)
```

Nun kann mit den bereits besprochenen Mechanismen die gewünschte Auswahl getroffen werden:

```
dfil=d[,colnames(d)[sapply(d, class) == "factor"]]
```

5.2.2.4 Behandlung fehlender Werte

Das Programm

```
d=data.frame(x=1:3,y=letters[1:3])
d[2,1]=NA
```

erzeugt einen dreizeiligen Datensatz mit einem fehlenden Wert in der zweiten Zeile. Die meisten in der Praxis auftretenden großen Datensätze enthalten fehlende Werte; wie man damit umgeht, hängt von der Analyse ab, die durchgeführt werden soll. Wenn mit o. a. Datensatz beispielsweise der Mittelwert von `d$x` berechnet werden soll, funktioniert das Kommando `mean(d$x)` zunächst nicht (die Ausgabe ist `NA`). In der Variante `mean(d$x,na.rm=TRUE)` funktioniert das Kommando (Ausgabe: 2); ebenso wie hier wird bei vielen anderen R-Kommandos in den Optionen festgelegt, wie mit fehlenden Werten verfahren werden soll. Wenn alle Datensätze mit fehlenden Werten entfernt werden sollen, kann man z. B. das Kommando `na.omit(d)` verwenden.

5.2.3 Weitere wichtige R-Kommandos

Wir ergänzen hier noch weitere R-Kommandos, die besonders für die Analyse großer Datensätze wichtig sind (siehe auch Abschnitt 5.6).

5.2.3.1 Schleifen

Das Kommando

```
for (i in 1:3) cat("Wert des Zählers=",i,"\n")
```

erzeugt die Ausgabe:

```
Wert des Zählers= 1
Wert des Zählers= 2
Wert des Zählers= 3
```

`i` ist hier die sogenannte *Schleifenvariable* (auch: *Laufvariable*). Das `cat` Kommando erzeugt einfache Textausgaben, wobei durch Kommas getrennt abwechselnd Text (in Anführungszeichen) und der Inhalt von R-Variablen ausgegeben werden kann (`"\n"` erzeugt eine neue Zeile). Das Kommando `for i in 1:3` bewirkt, dass die Schleifenvariable `i` zunächst auf den ersten Wert des Schleifenbereichs `1:3` gesetzt wird (also `i=1`). Dann wird für diesen Wert von `i` das `cat`-Kommando ausgeführt, was die Ausgabe „`Wert des Zählers= 1`" erzeugt. Dann wird die Schleifenvariable auf `i=2` gesetzt und wieder `cat` ausgeführt usw., bis der letzte Wert des Schleifenbereichs `1:3` erreicht ist.

Das Programm

```
for (i in seq(1,7,by=3)) {
  cat("Wert des Zählers=",i,"\n")
  cat("Doppelter Wert des Zählers=",2*i,"\n")
}
```

erzeugt die Ausgabe:

```
Wert des Zählers= 1
Doppelter Wert des Zählers= 2
Wert des Zählers= 4
Doppelter Wert des Zählers= 8
Wert des Zählers= 7
Doppelter Wert des Zählers= 14
```

Der Schleifenbereich kann also mit dem `seq`-Kommando und anderen listenerzeugenden R-Kommandos wie `c` usw. modifiziert werden (auch Textlisten können als Schleifenbereich genommen werden, siehe Abschnitt 5.2.3.2), und es können mehrere in geschweifte Klammern eingeschlossene Anweisungen innerhalb einer for-Schleife abgearbeitet werden. Alternativ zu `for` können Schleifenkonstruktionen auch mit anderen Kommandos wie `while`, `repeat` usw. konstruiert werden (siehe z. B. die Hilfeseite `help("Control",package="base")` in R).

5.2.3.2 Bedingte Anweisungen und Verzweigungen

Das Programm

```
if (a>1) print("a>1") else
  if (a==1) print("a=1") else
    print ("a<1")
```

erzeugt die Ausgabe `"a>1"`, `"a=1"` oder `"a<1"` abhängig vom gegebenen Wert der Variablen `a` mit dem `print`-Kommando. Das `print`-Kommando kann für eine schnelle Programmierung alternativ zu `cat` verwendet werden, erzeugt jedoch nicht so schön formatierte Ausgaben (ausprobieren!). Für die logischen Abfragen im if-Kommando können die in Abschnitt 5.2.2 besprochenen Konstruktionen und Operatoren verwendet werden.

Um die Anzahl der numerischen Variablen im Datensatz d in einer Variablen anz zu berechnen und eine Liste cn dieser Variablen zu erzeugen, kann man wie folgt programmieren:

```
anz=0; cn=NULL;
for (col in colnames(d))
  if(class(d[,col])=="numeric") {anz=anz+1; cn=append(cn,col)}
```

Die Schleifenvariable col wird in der for- Schleife nacheinander auf alle Spaltennamen des Datensatzes gesetzt. Jedesmal, wenn die Spalte d[,col] dabei den Typ numeric hat, wird anz um 1 erhöht und col mit dem append-Kommando an die Liste cn angefügt.

5.2.3.3 Funktionen und Integrale

Mit

```
f=function(x) x^2
g=function(x,y) x+y
```

wird die Parabelfunktion $f(x) = x^2$ und die Funktion $g(x, y) = x + y$ erzeugt, d. h. die Eingabe von f(2) erzeugt 4, g(1,2) ist 3 usw. R-Funktionen sind *generische Funktionen*, d. h. sie verhalten sich sozusagen „intelligent", wenn man sie mit anderen Datentypen konfrontiert, für die die Funktionsoperationen sinnvoll interpretiert werden können. So liefert f(1:3) das Ergebnis 1 4 9, d. h. die Funktion wird hier nacheinander auf alle Werte der Liste 1:3 angewendet. Siehe auch Abschnitt 2.1.3.6 für eine komplexere Funktion mit einem Textargument. Numerische Integrale können mit dem Kommando integrate(f,0,1) berechnet werden (Integral von f über [0,1]).

5.2.3.4 Graphiken

Aus Platzgründen hier nur eine stichwortartige Zusammenfassung wichtiger Graphikkommandos (siehe auch über das Stichwortverzeichnis erschlossene weitere Beispiele zu den einzelnen Kommandos):

- Einfache Graphik erzeugen: plot(0:3,0:3).
- Ergänzt um einige häufig verwendete Optionen:
  par(cex=2);plot(0:3,0:3,xlim=c(0,3),xlab="x",type="l",lwd=2, col="red").
- Siehe auch die Hilfeseite ?par für viele andere Einstellungsmöglichkeiten mit par, z. B.: bty (Box- bzw. Achsentyp), mar=c(5,4,4,2)+1 (Graphik-Rand in Zeilen; Reihenfolge unten, links, oben, rechts), oma (dasselbe für den äußeren Rand), mgp=c(2,1,0) (Abstände Achsenbeschriftung, Label, Achse), cex.axis und cex.lab (Größe der Achsenbeschriftungen), new=TRUE (zwei-

tes `plot`-Kommando in dieselbe Graphik), `mfrow=c(2,3)` (sechs Graphiken in 2 Zeilen und 3 Spalten) usw.
- Weitere Daten in derselben Graphik ergänzen: `lines(1:3,c(1.1,1.5,2))` oder `points(1:3,c(1.1,1.5,2))`.
- Funktion in derselben Graphik ergänzen: `curve(x^2,0,3,add=TRUE)`.
- Daten mit zweiter *y*-Achse hinzufügen: `par(new=T);plot(0:3,c(30,20,10,0),axes=F,xlab=" ", ylab=" ")`, dann `axis(4);mtext("y2",4,line=3)` `par(mar=c(5,4,4,2))` setzen, damit y2 sichtbar).
- Formatierte Achsenbeschriftungen: `par(mgp=c(2,1,0));plot(0:3,0:3,xlab=expression(Frequenz ~ s^{-1}), ylab=expression(x ~ ~ frac(m, s)))`, siehe auch die Hilfeseite `?plotmath`
- Gitterlinien ergänzen: `grid(lty=1,lwd=2)`.
- 3D-Graphik (Funktion): `emdbook::curve3d(x^2+y^2,c(-1,-1),c(1,1),sys3d="rgl")`.
- 3D-Graphik (Daten): `library(car);scatter3d(prestige ~ income + education,data=Duncan)`.
- Graphik in Datei exportieren: `png(file = "myplot.png");plot(0:3,0:3);dev.off()`.
- Graphik mit Legende:

```
leg=NULL;for (i in 1:8) {curve (i*x^2,-1,1,col=i,add=TRUE);
  leg=append(leg,paste("i=",i))}
legend("bottomleft",legend=leg,col=1:8,lty=1,seg.len=3)
```

5.2.4 Datenbanken

Wenn die zu bearbeitende Fragestellung sich auf Daten bezieht, die nicht längerfristig verwendet werden sollen, ist die Speicherung der Daten in einem der in Abschnitt 5.2.1.8 diskutierten Formate oft sinnvoll und ausreichend. Wenn die Daten dagegen längerfristig verwendet werden sollen, kann es effektiver sein, die Daten in einer Datenbank zu speichern. Beispiel: Ein industrieller Produktionsprozess soll ständig überwacht und optimiert werden. Hierzu werden alle relevanten Daten fortlaufend mit den jeweils tagesaktuellen Produktionsdaten ergänzt.

Datenbanken können auf vielen Plattformen implementiert werden, z. B. LibreOffice BASE, Microsoft ACCESS, MySQL, SQLite usw. Die Vor- und Nachteile dieser Varianten können hier nicht detailliert diskutiert werden, sind aber insofern auch nur begrenzt relevant, als alle Datenbankformate wechselseitig konvertiert werden können, in *Gm.Linux* beispielsweise mit den mdbtools oder den in R verfügbaren umfangreichen Datenbankwerkzeugen. Wir beschränken uns daher in den folgenden Abschnitten auf das Beispiel einer einfachen odb-Datenbank (Abschnitt 5.2.4.1), für die in Abschnitt 5.2.4.2 exemplarisch die Datenübernahme in R gezeigt wird. Darüber hinaus verweisen wir auf die

Gm.Linux-Referenzkarte „Datenbanken", die wichtige Verfahrensweisen jeweils auf dem neuesten Stand beschreibt und über die Homepage der Buchsoftware `hs-geisenheim.de/gmlinux` erhältlich ist.

5.2.4.1 **Eine einfache odb-Datenbank mit Formular**

- Starten Sie *Gm.Linux*/BASE über das Dash-Menü (Windows-Taste) und wählen Sie „Eine neue Datenbank erstellen", dann „Fertigstellen".
- Speichern Sie die Datenbank als `example.odb` und wählen Sie dann „Tabelle unter Verwendung des Assistenten erstellen".
- Wählen Sie die Beispieltabelle „Kunden" mit den Feldern Nachname, Postleitzahl, Ort, Bundesland.
- Legen Sie die Datentypen fest: Text für Nachname, Ort und Bundesland, Zahl für die Postleitzahl.
- Wählen Sie „Primärschlüssel wird automatisch hinzugefügt" und setzen Sie ein Häkchen bei „Autowert". (Primärschlüssel sind wichtig zur eindeutigen Identifikation der Datensätze in Datenbanken).
- Bezeichnen Sie die Tabelle mit „Kunden" und beenden Sie dann den Assistenten (Hinweis: Verwenden Sie Großbuchstaben für die Tabellennamen, weil es sonst Kompatibilitätsprobleme beispielsweise mit dem in Abschnitt 5.2.4.2 besprochenen odb-Paket geben kann.)
- Wählen Sie nun Formulare, dann „Formular unter Verwendung des Assistenten erstellen", und im Assistenten Nachname, Postleitzahl, Ort, Bundesland als Felder des Formulars, dann für die Anordnung der Steuerelemente „In Spalten - Beschriftung links". Beenden Sie dann den Assistenten mit „Fertigstellen".
- Schließen Sie das Formular, öffnen Sie das Formular erneut im Bearbeitungsmodus (rechte Maustaste), klicken Sie dann mit gehaltener [Strg]-Taste in das Feld „Bundesland" und öffnen mit der rechten Maustaste das Kontextmenü; wählen Sie dort „Ersetzen durch Listenfeld".
- Wählen Sie nochmals das Kontextmenü und dann „Kontrollfeld". In den „Eigenschaften: Listenfeld" wählen Sie nun „Aufklappbar: ja". In den Listeneinträgen tragen Sie die Bundesländer Hessen, Niedersachsen und Saarland ein (Zeilenwechsel mit [⇑] [Enter]). Schließen Sie das Formular.

Mit der soeben beschriebenen Prozedur haben wir eine OpenOffice/Base Datenbank `example.odb` erzeugt, in die nun über das Formular Daten eingegeben werden können, siehe Abb. 5.3 und 5.4.

5.2.4.2 **Verknüpfung von odb-Datenbanken mit anderen Datenquellen**

In der Praxis ist eine Handeingabe der Daten über Formulare wie in dem gerade besprochenen Beispiel oft nicht (oder nur teilweise) machbar. Man wird stattdessen versuchen, alle bereits elektronisch vorhandenen Daten mit der gegebenen Datenbank zu verknüpfen. odb-Datenbanken erlauben die Datenübernahme aus allen anderen Datenquellen. Die einfachste Variante, die fast immer funktioniert, besteht darin, Daten aus anderen Quellen in das csv-Format zu exportieren. In

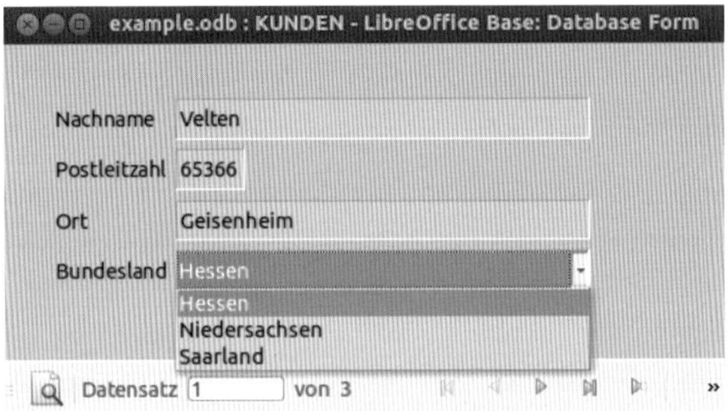

Abb. 5.3 Eingabeformular der Datenbank `example.odb`.

Abb. 5.4 Beispieldatensatz in der Tabellenansicht. ID ist der von Base automatisch vergebene Primärschlüssel.

Gm.Linux kann man dann die csv-Datei mit Calc öffnen und die Daten dann aus Calc z. B. mit „Copy-and-paste" direkt in Base übernehmen. Bequemer ist es in vielen Fällen, spezifische Konvertierungsprogramme zu nutzen, wie z. B. die in *Gm.Linux* verfügbaren mdbtools zur Datenkonvertierung aus dem verbreiteten Microsoft Access-Format. Besonders empfehlenswert ist darüber hinaus die Nutzung der sehr umfassenden und beständig aktualisierten und erweiterten Datenbankfunktionalitäten von R. In R können Daten aus allen gängigen Datenbankformaten eingelesen werden. Die eingelesenen Daten können dann ggf. mit den umfassenden Statistikfunktionen von R weiterverarbeitet und schließlich in ein beliebiges anderes Datenbankformat gespeichert werden.

Listing 5.20 zeigt, wie die in Abschnitt 5.2.4.1 erstellte Datenbank mit dem ODB-Paket in R übernommen werden kann: Zunächst wird die Datenbank `example.odb` in Zeile 2 eingelesen und mit der Variablen `odb` referenziert. In Zeile 3 werden die Tabellen der Datenbank ausgegeben, in diesem Fall `KUNDEN` als einzige Tabelle, siehe die Zeilen 1–7 in Listing 5.21. In den Zeilen 4 und 5 wird ein Datensatz hinzugefügt. In Zeile 6 wird dann der Inhalt der Datenbank einschließlich des neuen Datensatzes ausgegeben, siehe die Zeilen 9–13 in Listing 5.21, bevor dann in Zeile 7 die Verbindung mit der Datenbank wieder geschlossen wird. Das `odb.read`-Kommando in Zeile 6 nutzt die weit verbreitete Datenbanksprache `SQL` für die Abfrage der Datenbank, in diesem Fall das `SQL`-Kommando `SELECT`.

```
1 library(ODB)
2 odb=odb.open("example.odb")
```

```
print(odb.tables(odb))
data=data.frame(ID=4, Nachname="Bouffier", Postleitzahl=65183,
    Ort="Wiesbaden", Bundesland="Hessen")
odb.insert(odb, tableName="KUNDEN", data=data, execute=TRUE)
print(odb.read(odb, "SELECT * FROM KUNDEN"))
odb.close(odb)
```

Listing 5.20 Programm `database.R`: Übernahme einer odb-Datenbank in R, Ergänzung eines Datensatzes.

```
$KUNDEN
    field.name field.type data.type comment
1           ID    INTEGER   numeric      NA
2     Nachname    VARCHAR character      NA
3 Postleitzahl    NUMERIC   numeric      NA
4          Ort    VARCHAR character      NA
5   Bundesland    VARCHAR character      NA

  ID  Nachname   Postleitzahl  Ort          Bundesland
1  0  Velten     65366         Geisenheim   Hessen
2  1  Guenther   66117         Saarbrücken  Saarland
3  2  Mustermann 27568         Bremerhaven  Niedersachsen
4  4  Bouffier   65183         Wiesbaden    Hessen
```

Listing 5.21 Ausgabe zu `database.R`.

5.2.4.3 **Datenbankschema**

Von Base erstellte odb-Datenbanken verwenden das sogenannte *relationale Datenbankmodell.* In diesem Modell muss über die soeben besprochene Implementation von Datentabellen hinaus ein sogenanntes Datenbankschema oder Datenbankmodell erstellt werden, das die Beziehungen der Datentabellen untereinander beschreibt und die darin erfassten Daten mit dem Ziel verknüpft, dass beispielsweise Redundanzen (Doppelerfassung von Daten) vermieden werden, dass die Konsistenz (Korrektheit) der Daten gewährleistet ist usw. Die Erstellung eines Datenbankschemas (auch als Datenbankdesign bezeichnet) beinhaltet beispielsweise die sog. Normalisierung der Daten, d. h. die Aufteilung einer komplexen Datentabelle in mehrere, zueinander in Beziehung stehende Einzeltabellen in einer Weise, die Redundanzen, Inkonsistenzen usw. vermeidet. Base verwendet HSQLDB (Hyper Structured Query Language Database) als sogenanntes Datenbankmanagementsystem (DBMS), das die Datenbank (Tabellen und Schema) intern verwaltet [163]. Die Nutzeroberfläche BASE selbst wird als sog. Datenbankanwendung bezeichnet [164].

Beziehungen zwischen Tabellen (das sogenannte „Entity-Relationship"– oder „ER-Modell") können in LibreOffice BASE über das Menü „Extras, Beziehungen" definiert werden, alternativ auch mit SQL-Kommandos über das Menü „Extras, SQL". Mit dem in diesem Menü eingegebenen Kommando

```
ALTER TABLE "KUNDEN" ADD CONSTRAINT "Ort_Liste"
    CHECK ("Ort" IN ('Geisenheim','Saarbrücken','Bremerhaven'));
```

kann beispielsweise festgelegt werden, dass nur Datensätze aufgenommen werden, deren Ortsangabe Geisenheim, Saarbrücken oder Bremerhaven ist. Im Prinzip kann die ganze Datenbank auch unabhängig von LibreOffice Base z. B. in R analog zu dem in Abschnitt 5.2.4.2 besprochenen Programm `database.R` mit SQL-Kommandos aufgebaut werden. Das in Abschnitt 5.2.4.1 gezeigte Verfahren zur Erstellung der Tabelle „Kunden" kann dann durch

```
CREATE TABLE "KUNDEN" ("ID" INTEGER GENERATED BY DEFAULT
    AS IDENTITY(START WITH 0) NOT NULL
PRIMARY KEY, "Nachname" VARCHAR(25), "Postleitzahl" INTEGER, "Ort"
    VARCHAR(25), "Bundesland" VARCHAR(25));
```

ersetzt werden. Für weitere Beispiele und detaillierte Anleitungen zur Erstellung von Datenbankmodellen siehe [164–166].

5.3 Crashkurs Maxima

In diesem Abschnitt diskutieren wir im knappen „Crashkurs"-Stil die wichtigsten Fakten, Kommandos usw., die man für die Arbeit mit Maxima in der Praxis wissen muss (aus Platzgründen noch etwas knapper als im Crashkurs R, Abschnitt 5.2).

5.3.1 Download, Installation, Betriebsmodi, Pakete

5.3.1.1 Download und Installation

Wir empfehlen die Nutzung von Maxima unter *Gm.Linux* (siehe Anhang). In dieser Variante sind keine Downloads/Installationen erforderlich; Maxima wird einfach über den Button „Maxima" gestartet. Alternativ kann das Basissystem Maxima mit der Oberfläche wxMaxima auch unter `maxima.sf.net` und `wxmaxima.sf.net` geladen und dann z. B. in Windows installiert werden; auf diesen Internetseiten sind auch weitere Dokumentationen usw. verfügbar.

5.3.1.2 wxMaxima

Für Anfänger ist die Nutzung der menügesteuerten Oberfläche wxMaxima empfehlenswert, die u. a. auch formatierte Ausgaben der Formeln unterstützt. Aufruf in *Gm.Linux* über den Button „Maxima"; Kommandos im wxMaxima-Editor ausführen mit Strg Enter.

5.3.1.3 Konsolenmodus

Zunächst ein *Gm.Linux*-Terminal öffnen (Dash-Menü mit Windows-Taste öffnen, „Terminal" eingeben), dann *Maxima* mit Eingabe `maxima` starten, hinter der Eingabeaufforderung „`(%i1)`" können nun Kommandos eingegeben werden. Die Eingabe „`plot2d(x^2,[x,-1,1]);`„ erzeugt dann beispielsweise eine Graphik der Parabelfunktion $f(x) = x^2$.

5.3.1.4 **Skriptmodus**

Zunächst einen Editor öffnen (Dash-Menü mit Windows-Taste öffnen, „kwrite" eingeben) und dann Kommandos eingegeben, z. B.

```
erg:solve(x^2+2*x+1=0);
print(erg);
```

Dieses Programm wird dann zunächst z. B. als `prog.mac` abgespeichert und kann danach im Konsolenmodus mit den Kommandos `batch("[Pfad]/prog.mac");` (viele Ausgaben) oder `load("[Pfad]/prog.mac");` (weniger Ausgaben) ausgeführt werden, alternativ in wxMaxima mit Strg L oder Strg B.

5.3.1.5 **Dokumentationsmodus**

In diesem Modus werden Maxima-Berechnungen, Programme und Programmausgaben in ein Textdokument integriert: siehe Abschnitt 5.4.

5.3.2 Wichtigste Kommandos

Aus Platzgründen folgt hier nur eine kurze Zusammenfassung der wichtigsten Kommandos, siehe auch die über den Index unter „Maxima" erschlossenen Beispiele im Buch. Für weitere Details können unter `maxima.sf.net` kostenlos die jeweils über 1000-seitigen Dokumentationen [167] (englisch) und [168] (deutsche Übersetzung) geladen werden.

5.3.2.1 **Grundlagen**

- Jedes Kommando muss mit einem Semikolon (alternativ `$`) beendet werden.
- Definition einer Konstanten z. B. mit `a:1.1;`. Achtung: Immer Dezimalpunkt verwenden.
- `%pi` ist π, `%e` ist e.
- `mms_real(erg)`: erg ohne komplexe Teilergebnisse (kein Standardmaxima, Bestandteil der Buchsoftware).
- `erg,numer;` gibt eine Dezimaldarstellung von `erg` aus.
- Gemischte Ausgabe von Text und Variablen:
  `print("Ergebnis:",erg,ev(erg,numer));`
- `a:[0,1.2,3];` ist eine Zahlenliste bzw. ein Vektor.
- `a.b` ist das Skalarprodukt zweier Vektoren `a` und `b`.
  `matrix([1,2],[3,4]).[5,6];` eine Matrix-Vektormultiplikation
- `for i:1 thru 5 do print(i);` gibt die Zahlen von 1 bis 5 aus, alternativ: `for i:1 thru 5 step 2 do print(i);` gibt die Zahlen 1, 3, 5 aus, alternativ: `for i:1 thru 5 step 2 do (x:i+1,x:x^2,print(x));` gibt die Zahlen 4, 16, 36 aus (siehe auch Abschnitt 5.2.3.1).
- `for i:1 thru 3 do if (i=2) then print(i^2) elseif (i<2) then print(i) else print(10*i);` gibt die Zahlen 1, 4, 30 aus (siehe auch Abschnitt 5.2.3.2).

5.3.2.2 Gleichungen lösen, lineare Optimierung

- `solve(x^2+3*x+1=0);` löst die angegebene Gleichung.
- `solve(x^2+a*x+1=0,a);` löst die angegebene Gleichung nach a auf.
- `solve([x+y=1,2*x+3*y=-2]);` löst das angegebene Gleichungssystem.
- `find_root(cos(x)=x,x,0,1);` löst die angegebene Gleichung numerisch.
- Sei `erg:[x=1,x=-1]` das Ergebnis eines `solve`-Befehls; mit `a:x,erg[1];` kann man a den Wert der ersten Lösung zuweisen; „`[1]`" kann hier entfallen, wenn es nur eine Lösung für x gibt.
- `load("simplex");maximize_lp(x+2*y,[x>0,y>0,x+y<1]);` löst ein lineares Optimierungsproblem.

5.3.2.3 Funktionen, Ableitungen, Integrale

- `acos` ist $\cos^{-1}$, `asin` ist $\sin^{-1}$ usw.
- Definition Funktion z. B. mit `f(x):=x^2;` oder `f(x,y):=x*y;`.
- Ableitung einer Funktion mit `define(f1(x),diff(f(x),x));` oder `define(fx(x,y),diff(f(x,y),x));` usw.
- Integral einer Funktion mit `integrate(x^2,x,-1,1);`, alternativ `integrate(x^2,x);` (Stammfunktion), alternativ `quad_qags(x^2, x, -1,1);` (numerisches Integral).
- Flächenintegral: `integrate(integrate(x*y,x,0,1),y,0,1);`.
- Volumenintegral: `integrate(integrate(integrate(x*y*z,x,0,1), y,0,1),z,0,1);`.

5.3.2.4 Graphiken

- 2D-Graphik mit `plot2d(x^2,[x,0,1],[xlabel,"Zeit"],[ylabel, "Umsatz"]);` oder `plot2d([x,x^2],[x,0,1]);`
- 3D-Graphik mit `plot3d(x^2+y^2,[x,-1,1],[y,-1,1]);` oder `plot3d([x^2+y^2,3*(x^2+y^2),[x,-1,1],[y,-1,1]]);`

5.3.2.5 Differentialgleichungen

- `desolve('diff(B(t),t)=r*B(t),B(t));` liefert die analytische Lösung der gew. Differentialgleichung $B'(t) = r \cdot B(t)$ (siehe [2] für Details und weitere Beispiele).
- `rk(0.2*B,B,1,[t,0,20,0.1]);` liefert eine numerische Lösung der gew. Differentialgleichung $B'(t) = r \cdot B(t)$ mit $r = 0,2$ und Anfangsbedingung $B(0) = 1$ (siehe Kapitel 3 für Details und weitere Beispiele).

5.4 Dokumentation und Präsentation mit *Gm.HYDRA*

Der Aspekt „Dokumentation und Präsentation der Ergebnisse" wird von jenen, die die fachliche Arbeit in einem Projekt leisten, oft unterschätzt. Es geht hier nicht nur um die triviale Feststellung, dass eine gute Dokumentation und Präsentation der Ergebnisse am Ende eines Projekts wichtig sind, damit die Qualität und der Nutzen der fachlichen Ergebnisse erkennbar sind. Dokumentation und Präsentation sind darüber hinaus ein wichtiges Instrument des Projektmanagements während des gesamten Projektverlaufs (siehe auch Abschnitt 5.5). In einer Abstufung wichtiger Einflussfaktoren des Projekterfolgs ist dieser Aspekt nahezu gleichrangig mit der fachlichen Arbeit zu sehen. Die fachliche Arbeit erzeugt gerade in großen Projekten große „Heuhaufen" von Ergebnisdaten, die mit einem der fachlichen Arbeit oft vergleichbaren Aufwand im Blick auf das Projektziel hin strukturiert und sozusagen durchsichtig gemacht werden müssen, damit die „Nadeln im Heuhaufen" sichtbar werden. Wer sich dieser Arbeit verweigert, wird sich gemessen an den Projektzielen – auch bei hervorragender fachlicher Arbeit – oft mit zweitklassigen Lösungen zufrieden geben müssen. Interessanterweise weist die Arbeit, die hier geleistet werden muss, methodische Ähnlichkeiten mit der in diesem Buch besprochenen Entwicklung mathematischer Modelle auf: auch hier wird modelliert, sozusagen ein sprachliches Metamodell des Projektverlaufs und der Projektergebnisse konstruiert; auch hier ist eine gegebene Fragestellung (das Projektziel) der Leitfaden für die Modellentwicklung.

5.4.1 Was ist *Gm.HYDRA*?

Gm.HYDRA ist derzeit das einzige Dokumentationssystem, das es erlaubt, zugleich statistische Analysen mit R und Computeralgebraberechnungen mit Maxima in Textdokumente zu integrieren. *Gm.HYDRA* steht für *Hybride Dokumentation mit R und Maxima*. Details zur Nutzung dieses Konzepts können auch der Referenzkarte B.2 Gm.HYDRA im Anhang entnommen werden.

Gm.HYDRA basiert auf dem in den Naturwissenschaften weit verbreiteten Textsatzsystem LaTeX. Wesentlicher Unterschied zu normalen Textverarbeitungssystemen: Die Texte werden programmiert, z. B. für kursiven Text und Abschnittsüberschriften Kommandos wie `\emph` und `\section` usw. verwendet. Dies mag zunächst unnötig aufwendig erscheinen, ist aber Voraussetzung dafür, dass Computerprogramme in die Texte integriert werden können. Mit diesem Verfahren können dann Textabschnitte und komplette Analysen automatisch aus den Programmen heraus erzeugt werden (siehe das Beispiel in Abschnitt 5.6, dort mehr als 1000 automatisch erzeugte Seiten mit Analyseergebnissen).

Die Technik von *Gm.HYDRA* basiert zu 95 % auf dem R-Paket `knitr` (bzw. dem Vorläufer `Sweave`) [169–171]. Diese Pakete erlauben die Integration von R in LaTeX(Ergänzungen in *Gm.HYDRA* sind z. B. die Integration von Maxima in LaTeX, die Integration des Systems in *Gm.Linux* usw.).

5.4.2
Leistungsmerkmale

1. *Integration von R und Maxima:* Statistische Analysen mit R und Computeralgebraberechnungen mit Maxima können in die Textdokumente integriert werden. R- und Maxima-Programme werden beim „Kompilieren" des LaTeX-Textes automatisch ausgeführt, die Ergebnisse (z. B. Graphiken und Ergebnisse von statistischen Tests aus R, komplexe Formeln aus Maxima) in das Textdokument integriert. Durch Nutzung der Schleifenkonstruktionen in R und Maxima können so bei Bedarf viele hundert Seiten Text und Graphiken mit Analyseergebnissen automatisch erzeugt werden (Beispiel: Abschnitt 5.6). R- und Maxima-Programme müssen nicht mehr separat gespeichert und verwaltet werden („Welches wo gespeicherte Programm mit welchem Namen löst welches Problem?"); sie können stattdessen ohne einen Wechsel der Softwareplattform und ohne neue Dateien zu erzeugen gemeinsam mit dem Text bearbeitet werden; Sinn und Zweck jedes Programms ergibt sich unmittelbar aus dem Zusammenhang des umgebenden Textes.
2. *Integration von Projektdaten:* Über die R- und Maxima-Programme erfolgt ein spezifisch für jede Analyse im Text dokumentierter, genau definierter Zugriff auf die Projektdaten. Aus den Lesebefehlen kann rekonstruiert werden, welche Daten jeweils verwendet wurden. Dies ist wichtig, weil in großen Projekten typischerweise viele Dateien mit Daten in vielen verschiedenen Versionen erzeugt werden. Darüber hinaus können in den Texten Links erzeugt werden, die relevante Datenverzeichnisse öffnen.
3. *Integration von projektrelevanten Dokumenten und Literaturverwaltung:* Alle projektrelevanten Dokumente können in *Gm.Linux* mit JabRef verwaltet werden. JabRef vergibt einen Code, auf den im Dokument mit dem `\cite`-Kommando zugegriffen wird. Daraus wird ein Literaturverzeichnis zusammen mit Links auf die pdf-Dateien der Dokumente generiert (weitere Details: Referenzkarte Gm.Hydra).
4. *Meetings, Präsentationen, neue Medien:* In Projektmeetings mit Diskussion am Computer oder Beamer geht oft viel Zeit für das Auffinden relevanter Programme, Daten, Ergebnisse usw. verloren. Dies wird in Gm.Hydra durch die Integration aller relevanten Programme, Daten und Dokumente in ein „Masterdokument" gelöst. Von diesem Dokument aus können dann während der Präsentation alle relevanten Textabschnitte, Programme, Daten, Abbildungen und Dokumente per Mausklick erreicht werden; man kommt dann jeweils mit einer Tastenkombination im PDF-Viewer wieder einen Schritt zurück (z. B. Alt ⇑ ← in *Gm.Linux*/Okular, Alt ⇑ ← im Acrobat Reader). *Gm.HYDRA*-PDF-Dokumente können ohne Einschränkung der Funktionalität (Links usw.) auch mit Tablets, Handys und anderen neuen Medien genutzt werden.
5. *5. Reproduzierbare Analysen, Analysejournal, Literate Programming:* Im klassischen Ansatz werden Analyseergebnisse mit „Copy-and-paste" in Dokumentationen und Präsentationen übernommen. Im Nachhinein ist es dann

oft schwierig, die genauen Annahmen, Daten, Methoden usw. zu reproduzieren, die den Ergebnissen zugrunde liegen. Durch die Integration aller relevanten Projektdaten, Programme und Analyseschritte in den Text entsteht in Analogie zum Laborjournal so ein *Analysejournal*, das am *Reproducible-Research*-Paradigma orientiert ist, siehe Abschnitt 5.6.3 und [169–171]; diese Verfahrensweise realisiert die Ideen des klassischen *Literate-Programming*-Paradigmas (gleichzeitig programmieren und dokumentieren, siehe [172]).

6. *Unterstützung des Erfahrungs- und Wissenstransfers:* Die Integration aller projektrelevanten Daten, Programme und Dokumente in Dokumentationen und Präsentationen verbessert den Erfahrungs- und Wissenstransfer innerhalb einer Organisation und reduziert z. B. Erfahrungs- und Wissensverluste durch den Weggang von Mitarbeitern. Gm.Hydra-Dokumente stehen als dauerhafte „Wissensdatenbank" zur Verfügung.

5.4.3 Workflow

1. Templatedatei (z. B. `r2-template1.tex`) aus der Referenzkarte Gm.HYDRA im Anhang z. B. unter dem Namen `template.tex` in *Gm.Linux* mit Kile[4] öffnen.
2. Text, R-Programme, Maxima-Programme bearbeiten. Zur Tex-Programmierung siehe [173] und viele freie Skripte im Internet; zur R-Programmierung in Tex siehe [169–171] und die Referenzkarte Gm.HYDRA im Anhang.
3. Text kompilieren mit „Build, Compile, Gm.HYDRA", alternativ mit Strg 1. Dies erzeugt den Text `template.pdf` im Arbeitsverzeichnis (wird automatisch in einem PDF-Viewer geöffnet).

Alternativer Workflow in RStudio: Template mit Endung `.Rnw` speichern und in RStudio mit Strg ⇧ I kompilieren (zuvor unter „Optionen, Sweave" knitr einstellen). Alternative Terminalkommandos:

```
require(knitr); opts_knit$set(concordance = TRUE); knit("template.Rnw");
   knit2pdf("template.Rnw",texi2dvi="pdflatex")
```

Siehe auch die Homepage der Buchsoftware (`hs-geisenheim.de/gmlinux`) für weitere Gm.Hydra-Templates. Da Gm.Hydra eine Neuentwicklung ist, ist es wahrscheinlich, dass der Workflow und die Leistungsmerkmale von Gm.Hydra weiter optimiert werden; siehe hierzu die jeweils aktuelle Gm.Hydra-Referenzkarte ebenfalls auf der Homepage der Buchsoftware.

4) Entwicklungsumgebung für TeX/LaTeX

5.5 Statistische Prozesskontrolle, Projekt- und Qualitätsmanagement: SixSigma und Co.

Die Methoden der statistischen Prozesskontrolle sind wichtige Instrumente des Projekt- und Qualitätsmanagements v. a. in Wirtschaft und Industrie [174–176]. Diese Methoden sind lange etabliert, werden aber immer wieder neu unter wechselnden Paradigmen und betriebswirtschaftlichen Gesichtspunkten zusammengefasst (Beispiele: Business Process Improvement, Process Reengineering, Total Quality Management, Six Sigma, Lean Six Sigma, siehe [177]). Wie Oakland in [174] feststellt, besteht der Hauptnutzen eines nun schon seit vielen Jahren populären Paradigmas wie *Six Sigma* nicht in der Entwicklung neuer Methoden, sondern vielmehr darin, bekannte Methoden zu einem strukturierten Ansatz zusammenzufassen, der sich in der Praxis einfach realisieren lässt. Wir beschreiben nachstehend beispielhaft die Verwendung von Verfahren der statistischen Prozesskontrolle mit Six Sigma. Grundlage hierfür ist das in [178] beschriebene R-Paket `SixSigma`, das in *Gm.Linux* fertig installiert verwendet werden kann.

5.5.1 DMAIC

Grundlage des Six-Sigma-Paradigmas ist die Strukturierung des Projektablaufs in die Schritte DMAIC, d. h.

Define (D): Definition des Systems und der Projektziele, ggf. der Kundenanforderungen („voice of the customer") usw.

Measure (M): Messung relevanter Daten.

Analyze (A): Datenanalyse und Modellierung mit dem Ziel, relevante Einflussfaktoren, Ursache-Wirkungsbeziehungen usw. zu finden.

Improve (I): Daten und Analyseergebnisse nutzen, um des Prozess im Sinne der Projektziele zu optimieren.

Control (C): Implementation von Verfahren (statistische Prozesskontrolle usw.), um die optimale Einstellung der Prozesse dauerhaft zu garantieren.

Es gibt Varianten dieser Projektstruktur wie DMADV bzw. DFSS, die eher einen Schwerpunkt auf Produktdesign legen [178]. Der DMAIC-Ansatz reflektiert wesentliche Aspekte unserer Diskussion in Kapitel 1 (etwa die Wichtigkeit, eine Fragestellung für ein gegebenes System festzulegen, auch die wesentlichen Aspekte des MoSim-Schemas, Abschnitt 1.2.2). Rs `SixSigma`-Paket (ebenso wie andere Implementationen des Six-Sigma-Paradigmas auf kommerziellen Softwareplattformen) unterstützt den Projektablauf dadurch, dass für alle typischen Aufgaben innerhalb des DMAIC-Schemas vorgefertigte Softwaremodule genutzt werden können; für die Define-Phase beispielsweise häufig verwendete „Brainstorming Tools" wie Input-Output-Prozessschemata (mit dem Kommando `ss.pMap`, siehe auch Abb. 5.5); für die Measure- und Analyze-Phasen z. B. Ishikawa-(„Fishbone-")Diagramme (mit dem Kommando `ss.ceDiag`), Pareto-

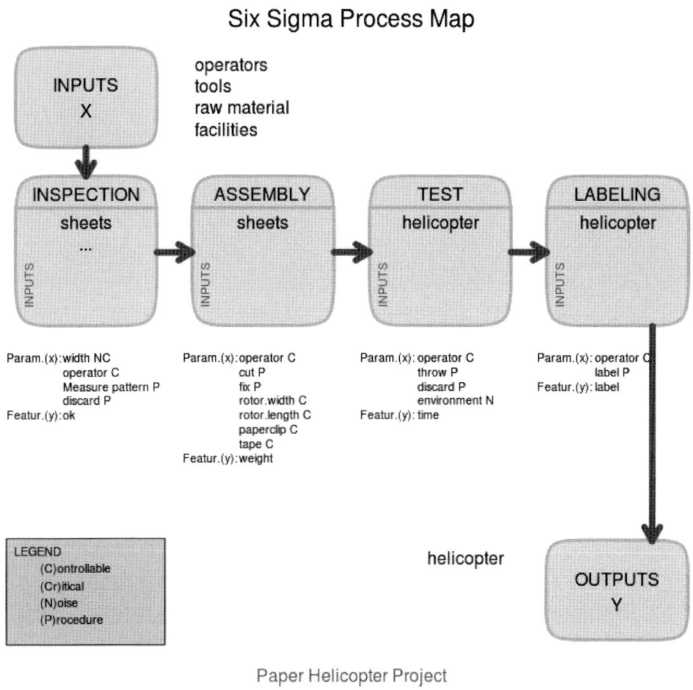

Abb. 5.5 Mit `ss.pMap` erzeugtes Prozessschema (Beispiel „Paper Helicopter" aus Rs `SixSigma`-Paket, [178]).

Analysen, Messsystemanalysen (z. B. komplette „Gage R&R studies" mit dem Kommando `ss.rr`) usw. Im nächsten Abschnitt diskutieren wir beispielhaft die Sigma-Score/Prozessfähigkeitsanalyse eines Abfüllprozesses mit dem Kommando `ss.study.ca`.

5.5.2 Sigma-Scores und Prozessfähigkeitsindizes in der Getränkeabfüllung

In diesem Abschnitt zeigen wir, wie die Qualität eines Füllprozesses mit den Verfahren aus Rs `SixSigma`-Paket eingeschätzt werden kann. Wir nehmen an, dass in einem Weingut Flaschen mit dem Zielvolumen 750 ml abgefüllt werden, wobei Abweichungen unterhalb von 740 ml oder oberhalb von 760 ml als unakzeptabel gelten. In der Terminologie der statistischen Qualitätskontrolle bedeutet dies: das *lower specification limit* ist LSL = 740, das *upper specification limit* USL = 760. Aus den Messdaten `ss.data.ca$Volume` (Bestandteil des `SixSigma`-Pakets) soll jetzt abgeschätzt werden, wie viele von 1 Million Abfüllungen die Spezifikation $740 \leq V \leq 760$ *nicht* erfüllt; hierfür gibt es in der statistischen Qualitätskontrolle die Maßzahl *DPMO*, d. h. *defects per million opportunities*.

In Zeilen 1–3 von Listing 5.22 wird zunächst das `SixSigma-Paket` geladen, dann werden der arithmetische Mittelwert `m` und die empirische Standardabweichung s berechnet (siehe Abschnitt 2.1.1.1). Unter der Annahme, dass die Messdaten d normalverteilt sind, sind m und s sog. *erwartungstreue* Schätzer des Erwartungswerts μ und der Standardabweichung σ (d. h. μ und σ ergeben sich im Erwartungswert von m und s, siehe Abschnitt 2.1.2.6, für Details zur statistischen Schätztheorie [179]). Daher ist Gl. (2.15) eine Schätzung der Wahrscheinlichkeitsdichte unter der Annahme, dass die Daten normalverteilt sind, die sog. *theoretische Wahrscheinlichkeitsdichte*. Diese wird in Zeilen 4–5 von Abschnitt 5.22 graphisch dargestellt, in Zeilen 6–7 werden dann noch ein Histogramm und eine Schätzung der Wahrscheinlichkeitsdichte mit KDE-Methoden (Kerndichteschätzverfahren, engl. kernel density estimates) hinzugefügt [180–182]. Diese KDE-Schätzverfahren sind *nichtparametrische* Verfahren (analog z. B. zum Wilcoxon-Test, siehe Abschnitt 2.1.3.3), weil die Wahrscheinlichkeitsdichte im Unterschied z. B. zu der in Gl. (2.15) mit den Parametern μ, σ beschriebenen Normalverteilung hier nicht als parametrisierte Funktion dargestellt wird.

```
1 library(SixSigma)
2 d=ss.data.ca$Volume
3 m=mean(d); s=sd(d)
4 norm=function(x) 1/s/sqrt(2*pi)*exp(-1/2*(x-m)^2/s^2)
5 curve(norm,740,760,lwd=4,ylab="Wahrscheinlichkeitsdichte",
      xlab="Füllvolumen [ml]",ylim=c(0,0.25),xlim=c(740,760))
6 hist(d,freq=FALSE,breaks=10,main="",add=TRUE)
7 lines(density(d),lwd=4,lty=2)
```

Listing 5.22 wein.R.

Abbildung 5.6 zeigt, dass die Daten als ungefähr normalverteilt angesehen werden können (7,5 % im Shapiro-Wilk-Test, siehe Abschnitt 2.1.3.4). Die nun folgende Ableitung von Kennzahlen bezieht sich nur noch auf die theoretische (ideal normalverteilte) Wahrscheinlichkeitsdichte (siehe z. B. [175] für alternative Verfahrensweisen im nichtnormalverteilten Fall).

```
8 p=function(x) pnorm(m+x*s,m,s,lower.tail=FALSE)
9 d1=data.frame(z=1:6,prob=sapply(1:6,p)*100,dpmo=sapply(1:6,p)*1e6)
10 print(round(d1,digits=2),row.names=FALSE)
```

Listing 5.23 wein.R (Fortsetzung).

```
 z  prob      dpmo
 1 15.87 158655.25
 2  2.28  22750.13
 3  0.13   1349.90
 4  0.00     31.67
 5  0.00      0.29
 6  0.00      0.00
```

Listing 5.24 Ausgabe zu Listing 5.23.

Abschnitt 5.23 berechnet für USL $= \mu + z \cdot \sigma$ die Wahrscheinlichkeit $P(X > \text{USL})$ in der Spalte prob und daraus den DPMO-Wert (pnorm-Kommando, mit der Option lower.tail=FALSE sonst würde $P(X \leq \text{USL})$ berechnet werden). Hier wur-

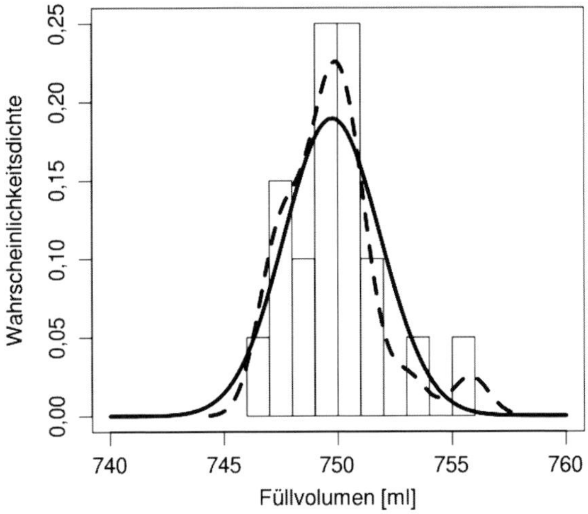

Abb. 5.6 Histogramm, Schätzung der Wahrscheinlichkeitsdichte (gestrichelte Linie) und theoretische Wahrscheinlichkeitsdichte (durchgezogene Linie) für die Daten `ss.data.ca$Volume`.

den im Programm μ = `m` und σ = `s` gesetzt, es kann aber mit Gl. (2.15) gezeigt werden, dass das Ergebnis in Abschnitt 5.24 unabhängig von den konkreten Werten für μ und σ ist. Anmerkung: `round` in 5.23 bewirkt die Rundung der Zahlen auf zwei Nachkommastellen (`digits=2`), die Option `row.names=FALSE` im `print`-Kommando eine Ausgabe ohne vorangestellte Zeilennummern.

Abschnitt 5.24 zeigt, dass USL weniger als ein Mal pro eine Million Fälle überschritten wird (DPMO < 1), wenn $\text{USL} - \mu \geq 5 \cdot \sigma$ ist, d. h. wenn das USL wenigstens fünf Standardabweichungen vom Erwartungswert entfernt ist. Die Größe `z` in Listing 5.24 kann aus den Messdaten als der sogenannte *Sigma-Score* wie folgt abgeschätzt werden:

$$Z = \min \left\{ \frac{\text{USL} - \bar{x}}{s}, \frac{\bar{x} - \text{LSL}}{s} \right\} \tag{5.6}$$

Dieser Wert beträgt für die Weindaten $Z \approx 4{,}64$ und kann in Rs `SixSigma`-Paket auch mit dem Befehl

```
ss.ca.z(d,740,760,LT=TRUE)
```

berechnet werden. Aus 5.24 kann man mit $Z \approx 4{,}64$ ablesen, dass für die Überschreitung des USL beim Abfüllprozess mit weniger als 31,67 DPMO zu rechnen ist.

Die Option `LT=TRUE` in dem `ss.ca.z`-Kommando verweist auf eine wichtige Einschränkung: Hier wurde vorausgesetzt, dass langfristige (LT=„long-term") Abfülldaten vorliegen. In vielen Praxissituationen liegen dagegen nur kurzfristige Stichprobendaten vor. Damit dann ein langfristig aussagefähiger DPMO berechnet werden kann, muss berücksichtigt werden, dass die Streuung der Daten langfristig typischerweise zunimmt. Hierzu wird in einem empirischen Ansatz zunächst mit Gl. (5.6) ein *kurzfristiger Sigma-Score* (engl. short-term sigma score) Z_{ST} berechnet, der dann mit

$$Z_{\mathrm{LT}} = Z_{\mathrm{ST}} - 1{,}5 \tag{5.7}$$

zu einem *langfristigen Sigma-Score* Z_{LT} korrigiert wird (engl. long-term sigma score) [178]. Dieser kann aus dem entsprechend korrigierten Listing 5.26 abgelesen werden. Konkret: Wenn wir annehmen, dass die Weindaten eine kurzfristige Stichprobe sind, korrigieren wir den o. a. Sigma-Score $Z \approx 4{,}64$ um 1,5 nach unten und erhalten $Z_{\mathrm{LT}} \approx 3{,}14$, was auch direkt mit

```
ss.ca.z(d,740,760)
```

berechnet werden kann. Für diesen Wert ergibt sich aus Listing 5.26 ein DPMO unter 66807. Listing 5.26 zeigt, dass für einen Sigma-Score von 6 nur 3,4 DPMO zu erwarten sind. Für diesen Sigma-Score hat man also eine nahezu fehlerfreie Produktion. Diese hohe Anforderung entspricht dem sog. „six sigma level of quality" und ist zugleich Namensgeber der Six-Sigma-Methodik [183].

```
p=function(x) pnorm(m+(x-1.5)*s,m,s,lower.tail=FALSE)
d2=data.frame(zlt=1:6,prob=sapply(1:6,p)*100,dpmo=sapply(1:6,p)*1e6)
print(round(d2,digits=2),row.names=FALSE)
```

Listing 5.25 `wein.R` (Fortsetzung).

```
 zlt  prob      dpmo
   1 69.15 691462.46
   2 30.85 308537.54
   3  6.68  66807.20
   4  0.62   6209.67
   5  0.02    232.63
   6  0.00      3.40
```

Listing 5.26 Ausgabe zu Listing 5.25.

Die gesamte bisher durchgeführte Analyse einschließlich weiterer relevanter Kenngrößen kann mit dem Kommando

```
ss.study.ca(d,LSL=740,USL=760,Target=750)
```

durchgeführt werden. Dies erzeugt Abb. 5.7.

Hier sind alle oben besprochenen Daten aufgeführt, einschließlich eines exakten Werts für DPMO (50550,5). Da `ss.study.ca` hier nur für kurzfristige Daten ausgeführt wurde, sind die „Long Term"-Angaben in Abb. 5.7 nicht relevant; der unter „Short Term" angegebene Z-Wert entspricht dem wie in Gl. (5.7) korrigierten Wert. Die Normalverteilungsvoraussetzung wird in Abb. 5.7 sowohl mit dem Shapiro-Wilk-Test als auch mit einem sog. Quantil-Quantil-Diagramm (engl. Q-Q-plot) überprüft; bei dem letzteren Verfahren müssen die Daten im Streudiagramm in Abb. 5.7 bei näherungsweiser Normalverteilung ungefähr auf einer Geraden liegen. Schließlich sind in Abb. 5.7 noch zwei klassische Maße der statis-

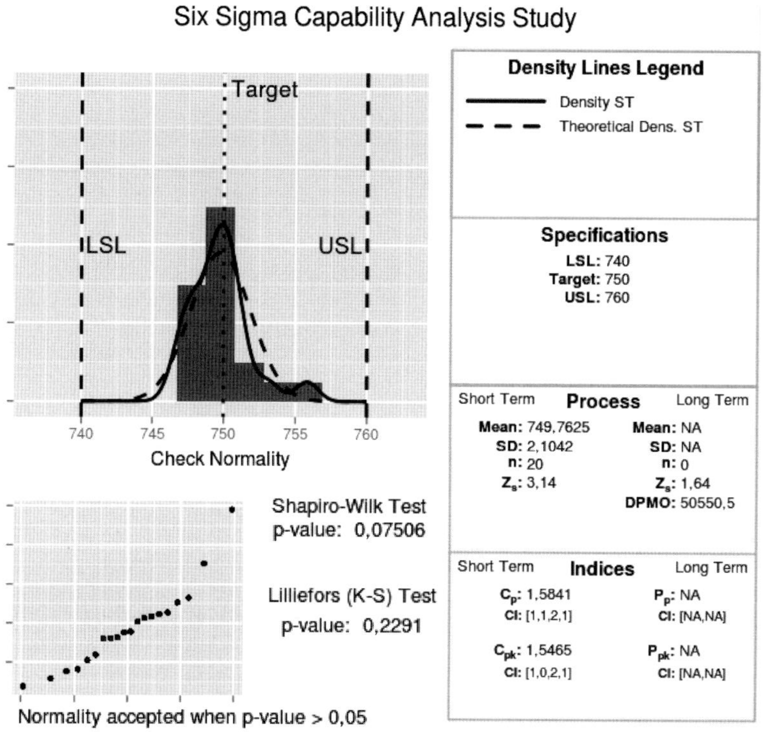

Abb. 5.7 Ausgabe zu `ss.study.ca` für die Weindaten.

tischen Prozesskontrolle angegeben, die Prozessfähigkeitsindizes (capability indices)

$$C_p = \frac{\text{USL} - \text{LSL}}{6 \cdot \sigma_{\text{ST}}} \tag{5.8}$$

und

$$C_{pk} = \min\left\{\frac{\text{USL} - \bar{x}}{3\sigma_{\text{ST}}}, \frac{\bar{x} - \text{LSL}}{3\sigma_{\text{ST}}}\right\} \tag{5.9}$$

siehe hierzu [174, 178]. Diese Werte werden analog zu den oben besprochenen Sigma-Scores verwendet. Wie der Index „ST" andeutet, beziehen sie sich auf die kurzfristige Streuung, die analogen Formeln für die langfristige Streuung führen zu den Indizes P_p und P_{pk}. Für C_{pk} wird in der Praxis ein Wert von 1,33 als akzeptabel angesehen, 1,67 gilt als Idealziel. Wie Gl. (5.9) zeigt, entspricht $C_{pk} = 1{,}67$ einem (kurzfristigen) Sigma-Score von mindestens 5. In Rs `SixSigma` Paket können die o. a. Indizes (einschließlich Konfidenzintervall) direkt mit den Kommandos `ss.ca.cp` bzw. `ss.ca.cpk` berechnet werden.

5.6
Wissenschaftliche Systemanalyse und Modellentwicklung im Gartenbau

Gastbeitrag von: Kai Velten[5], *Markus Kasnitz*[5], *Peter Braun*[5]

Anhand von Messungen des Fruchtdurchmessers von Süßkirschen werden die wichtigsten Schritte einer modernen, an den Prinzipien der *Reproducible-Research-* und *Literate Programming*-Paradigmen orientierten wissenschaftliche Systemanalyse und Modellentwicklung beschrieben. Zugleich werden neue Ansätze entwickelt, die die zeitliche Dynamik der Fruchtdurchmesser auf der Basis gewöhnlicher Differentialgleichungen erklären.

5.6.1
Literate Programming und *Reproducible Research* im Gartenbau

Moderne Verfahren erlauben es heute, jeden Teilschritt einer wissenschaftliche Systemanalyse und Modellentwicklung in einem analog zum Laborjournal konstruierten *Analysejournal* detailliert zu dokumentieren und damit die Anforderungen des *Reproducible-Research*-Paradigmas zu erfüllen [3]. Grundlage sind Techniken integrierter Dokumentation, die auf Donald Knuth's *Literate-Programming*-Paradigma zurückgehen [5] und die Programmierung aller Analyseschritte *gleichzeitig* mit der Dokumentation in einem einheitlichen Dokument erlauben. Wir demonstrieren dies hier anhand einer gartenbaulichen Fragestellung.

Neben quantitativ hohen Erträgen entscheiden innere und äußere Qualitätsmerkmale von Früchten über den pflanzenbaulichen Erfolg. Die Fruchtgröße ist ein im Obstbau übergeordnetes Qualitätskriterium, da Früchte bestimmter Größenklassen am Markt besonders gefragt sind und oft höhere Preise erzielen. Obwohl sich die Fruchtgrößen in einem genetisch determinierten Rahmen bewegen (z. B. Apfel: [6], Süßkirsche: [7]), kann die Variabilität der Fruchtgröße infolge kulturtechnischer Maßnahmen, wie beispielsweise einer zusätzlichen Bewässerung, positiv beeinflusst werden [8, 9]. Etablierte Verfahren, Zeitpunkt und Höhe der zusätzlichen Wassergaben zu bestimmen, sind die Messung der Bodenfeuchte, des Wasserstatus der Pflanze oder die klimatische Wasserbilanz; diese indirekten Messverfahren sind allerdings in ihrer Aussagekraft limitiert [10]. Hinzu kommt, dass Obstbäume als Dauerkulturen sich in ihrer Altersstruktur, der Wurzelverteilung und Behangsstärke heterogen entwickeln. Es erscheint daher zweckmäßig, die Bestimmung des temporär erforderlichen Zusatzwasserbedarfs auf Basis direkter Messungen am Erntegut selbst zu ermitteln.

Charakteristisch für Früchte ist ein täglicher Wachstumsverlauf, in dem die Frucht an Größe zunimmt, temporär jedoch auch schrumpft [11]. Es besteht ein Zellinnendruck (Turgor), der sich in Abhängigkeit von physiologischem Status und externen Umweltbedingungen verändert [12]. Eine Änderung des Turgors

5) HS Geisenheim University

Abb. 5.8 Kontinuierliche Messung des Fruchtdurchmessers von Süßkirschen.

führt zum Quellen oder Schrumpfen der Zellen, was bei Früchten mit einer Größenveränderung des Fruchtgewebes einhergeht [13] und mit sehr geringem zeitlichem Verzug hauptsächlich mit der Sonneneinstrahlung korreliert [14]. Bei Dunkelheit sind die Bäume photosynthetisch inaktiv, die Spaltöffnungen geschlossen und es findet kein Wasserverlust durch Transpiration statt [15]. Daher kommt es durch Wasseraufnahme zum Ausgleich des Wasserpotentials zwischen Boden und Pflanze, und es werden Phasen intensiven Wachstums vor allem über Nacht bei Dunkelheit beobachtet. Tagsüber reduziert sich mit einsetzender Transpiration das Wachstum und Schrumpfungsprozesse setzen ein. Das Schrumpfen der Früchte im Tagesverlauf geht einher mit einer Translokation von Wasser in die Blätter, indem die Früchte partiell akkumuliertes Wasser abgeben [16]. Bis zum späten Nachmittag stagniert das Fruchtwachstum (geringfügige Quellungs- und Schrumpfungsprozesse), um dann mit abnehmender Strahlungsintensität und Transpiration bis zum Sonnenaufgang des Folgetages erneut stark anzusteigen. Wissenschaftliches Ziel dieser Studie ist es, erste Modellansätze für das Quellen und Schrumpfen der Früchte zu entwickeln, die dann als Grundlage für die Definition objektiver Kriterien zur Festlegung optimaler Bewässerungszeitpunkte und minimal notwendiger Bewässerungsmengen dienen können.

5.6.2 Daten

Über den gesamten Wachstumsverlauf hinweg wurden 16 Süßkirschen in Halterungen mit Differentialtransformatoren so positioniert, dass Sensoren die Durchmesseränderungen kontinuierlich messen konnten Abb. 5.8. Der Datensatz besteht aus überwiegend in 10-Minuten-Abständen über 48 Tage bis zum Erntezeitpunkt erfassten Durchmesserwerten.

5.6.3 Analysejournal

Um die Prinzipien der *Reproducible-Research-* und *Literate Programming*-Paradigmen praktisch umzusetzen, wurden alle Aspekte der Datenanalyse und

Modellbildung analog zum Konzept des Laborjournals in einem *Analysejournal* dokumentiert, siehe Abschnitt 5.4 und [1–5, 17]. Das Analysejournal wurde im Gm.Hydra-Format erstellt (Abschnitt 5.4). Alle R-Kommandos in diesem und den folgenden Abschnitten einschließlich aller Ergebnisse (Graphiken usw.) sind Bestandteil des Analysejournals.

5.6.3.1 Daten einlesen, Spalten benennen

Zunächst werden die Daten wie in Abschnitt 5.2.1.9 beschrieben im csv-Format eingelesen (Zeile 1 im unten stehenden Listing). In Zeile 2 werden die für die Analyse erforderlichen kurzen Spaltenbezeichner festgelegt (Abschnitt 5.2.1.7): `day` für die Zeitangabe, `a`–`p` für die Durchmesser-Messwerte der Sensoren 1–16 (alternativ hätte man auch wie in Abschnitt 5.1.2 beschrieben mit `x1`–`x16` bezeichnen können).

```
1 d=read.csv2("[Pfad]/daten.csv")
2 colnames(d)=c("day",letters[1:16])
```

5.6.3.2 Umrechnungen

`d$day` enthält vom Datalogger erzeugte Zeitangaben im Format `08.05.2013 14:40:00`. Für die Analyse werden stattdessen `d$t` und `d$h` mit Zeitangaben im dezimalen Tagesformat und Stundenformat benötigt. Zeitumwandlungen dieser Art sind in der Praxis häufig erforderlich und können generell wie unten stehend (Zeilen 3–5) effektiv mit Rs `lubridate`-Paket programmiert und zugleich im Analysejournal dokumentiert werden [18]. In der Praxis wird dies häufig mit CALC-/Excel-Funktionen realisiert, wovon jedoch abzuraten ist (Fehleranfälligkeit, fehlende Dokumentation und Nicht-Reproduzierbarkeit).

```
3 library(lubridate)
4 t=yday(dmy_hms(d$day))-yday(dmy_hms(d$day[1]))+hour(d$day)/24
      +minute(d$day)/60/24
5 d=data.frame(t=t,h=hour(d$day)+minute(d$day)/60,d)
```

In den Zeilen 6–9 unten werden für jede Spalte mit Messwerten weitere Umrechnungen durchgeführt: in Zeile 7 die Berechnung der Durchmesser in mm aus den gegebenen Rohdaten des Sensors, in den Zeilen 8–9 daraus die Abschätzung des Kirschvolumens in cm^3 als (zusammengedrücktes) Rotationsellipsoid; es ergeben sich Volumina zwischen 4 und 8,9 cm^3 in Übereinstimmung mit dem in [19] angegebenen Bereich.

```
6 for (col in letters[1:16]){
7 d[,col]=d[,col]/267.5+8
8 a=d[,col]/2; b=2/3*a
9 d[,col]=4*pi/3*a^2*b/1000}
```

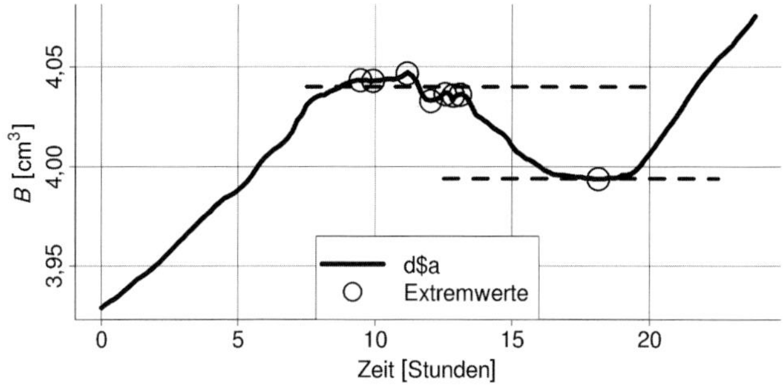

Abb. 5.9 Ausgabe zu Listing 5.27: Automatisierte Berechnung des Schrumpfvolumens für Sensor a und Tag 34.

5.6.3.3 **1536 Seiten explorative Analyse**

Ziel der auf John Tukey zurückgehenden explorativen Analyse ist es, Datensätze v. a. mit den Mitteln der deskriptiven Statistik zu erkunden, dabei die wichtigsten Informationen herauszuarbeiten und ggf. neue Forschungshypothesen zu generieren [20]. Die explorative Analyse kann heute mit den in Abschnitt 5.4 beschriebenen Verfahrensweisen einschließlich Dokumentation automatisiert durchgeführt werden. Der gegebene Datensatz besteht aus 16 Messreihen über 48 Tage. Für jede Messreihe und jeden Tag wurden mit der in Abschnitt 5.4 angegebenen Verfahrensweise über eine Schleifenkonstruktion jeweils zwei Textseiten mit Analysen relevanter Parameter erstellt. Der Quellcode für diese Analyse umfasst weniger als zwei Textseiten, die damit automatisch erzeugte fertig formatierte Dokumentation $16 \cdot 48 \cdot 2 = 1536$ Seiten. Diese Dokumentation wird mit einem über 20-seitigen Inhaltsverzeichnis erschlossenen; die Analyse für Tag 16 und Sensor m beispielsweise ist direkt über einen Mausklick auf den entsprechenden Eintrag im Inhaltsverzeichnis abrufbar.

Bestandteil dieser explorativen Analyse war beispielsweise die Berechnung des für die Bewässerung relevanten Schrumpfvolumens (Abstand der gestrichelten Linien in Abb. 5.9). Listing 5.27 erzeugt als Bestandteil der o. a. Schleifenkonstruktion für jeden Tag und jeden Sensor die fertig formatierte Graphik Abb. 5.9 einschließlich Tabellen mit Statistiken der Extremwerte usw. Für die Berechnung wurden die Messdaten zunächst wie in Abschnitt 2.4.5 beschrieben durch einen Regressionsspline ersetzt (Zeile 3 in Listing 5.27). In Zeile 6 werden dann die für die Berechnung des Schrumpfvolumens erforderlichen Extremwerte als Nullstellen der in Zeile 4 definierten Ableitung des Splines berechnet.

```
1 bed=d$t>=34 & d$t<35
2 plot(d$h[bed],d$a[bed])
3 s=smooth.spline(d$h[bed],d$a[bed],spar=0.2)
4 sp1=function(x) predict(s,x,deriv=1)$y
5 library(rootSolve)
6 extr=uniroot.all(sp1,c(0,24))
7 extr=data.frame(Zeit=extr,Wert=sp(extr))
8 points(extr,cex=5)
```

Listing 5.27 `schrumpf.R`

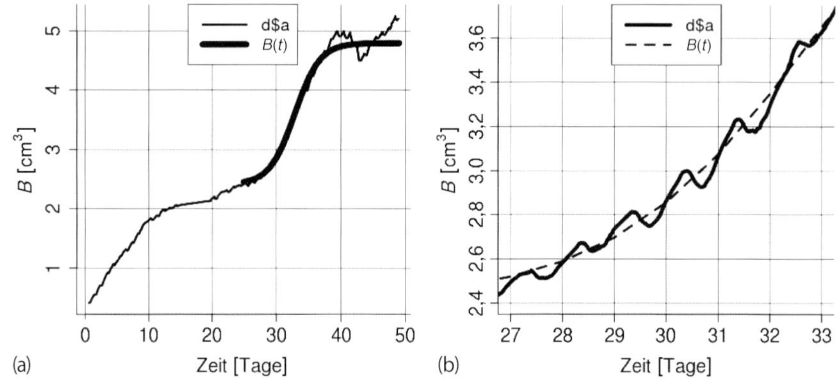

Abb. 5.10 Ausgabe zu Listing 5.28: Vergleich des Modells $B(t)$ mit den Messdaten `d$a` (a) für den Gesamtzeitraum, (b) für den Zeitraum 27–33 Tage.

5.6.4 Langfristiges Modell

Der langfristige Wachstumsverlauf kann analog zu dem in [22] entwickelten Wachstumsmodell für Spargel mit mehreren hintereinandergeschalteten logistischen Differentialgleichungen beschrieben werden. Für die Daten `d$a` kann beispielsweise im Zeitraum 25–48 Tage folgendes Modell verwendet werden:

$$\frac{\mathrm{d}B(t)}{\mathrm{d}t} = r_b \left(1 - \frac{B(t) - \Delta B}{K_B}\right) \cdot (B(t) - \Delta B) \tag{5.10}$$

$$B(25) = B_0 \tag{5.11}$$

Hier ist $B(t)$ [cm^3] das Fruchtvolumen zur Zeit t [Tag], r [1/Tag] die prozentuale volumetrische Wachstumsrate und $K_B + \Delta B$ das genetisch fixierte maximale Fruchtvolumen [cm^3].

Siehe Abb. 5.10 und Listing 5.28 für die Umsetzung dieser Differentialgleichung mit Rs `desolve`-Paket: In Zeile 1 werden dort zunächst die Messwerte dargestellt, dann wird in Zeile 11 die Lösung der Differentialgleichung als dickere Linie (`lwd=4`) hinzugefügt. Das `library`-Kommando in Zeile 2 stellt das in den Zeilen 3–9 programmierte Lösungskommando `ode` aus dem `desolve`-Paket zur Verfügung. In Zeile 4 wird der Anfangswert $B(25)$ vorgegeben, in Zeile 5 der Zeitbereich, in dem die Differentialgleichung gelöst werden soll; Gl. (5.10) ist in Zeile 7 programmiert; zu beachten ist, dass die in Zeile 7 definierte Änderungsrate `dB` in der Liste in Zeile 8 erscheinen muss. Schließlich werden in Zeile 9 die Modellparameter angegeben, die mit den in [22] beschriebenen Parameterschätzverfahren aus den Messdaten ermittelt wurden.

```
1 plot(d$t,d$a,type="l")
2 library(deSolve)
3 out=ode(
```

```
c(B=2.45)
,seq(25, 49, by = 1)
,function(Time,State,Pars) {with(as.list(c(State,Pars)),{
     dB=rb*(1-(B-db)/kb)*(B-db)
     return(list(c(dB)))})}
  ,c(rb=0.52,db=2.41,kb=2.38))
erg=as.data.frame(out)
lines(erg$time,erg$B,lwd=4)
```

Listing 5.28 `ode1.R`.

5.6.5 Kurzfristiges Modell

In der zweiten Anstiegsphase der Wachstumskurve in Abb. 5.10a zeigt sich ein besonders ausgeprägtes diurnales Quellungs- und Schrumpfungsverhalten, siehe Abb. 5.10b. Diese durch Ein- und Auslagerung von Wasser verursachte Dynamik (Abschnitt 5.6.1) wird von dem langfristigen Modell (Abschnitt 5.6.4) nicht adäquat beschrieben. Wir schlagen stattdessen als *kurzfristiges Modell* ein Kompartmentmodell vor, das auf einer Zerlegung von $B(t)$ in einen mobilen Wasservolumenanteil $W(t)$ und einen immobilen Volumenanteil $D(t)$ basiert (Abb. 5.11) [22]. Wir nehmen an, dass sich der mobile Wassergehalt $W(t)/(D(t) + W(t)$ im Sinne einer Proportionalität stets dem im externen Pflanzengewebe vorgefundenen (und hier als gegebenen Modellparameter aufgefassten) mobilen Wassergehalt C_{ext} anpasst:

$$\frac{\mathrm{d}W(t)}{\mathrm{d}t} = r_W \cdot \left(C_{\text{ext}}(t) - \frac{W(t)}{W(t) + D(t)} \right) \tag{5.12}$$

Für den immobilen Volumenanteil $D(t)$ nehmen wir eine zu Gl. (5.10) analoge Wachstumsgleichung an:

$$\frac{\mathrm{d}D(t)}{\mathrm{d}t} = r_D \frac{W(t)}{W(t) + K_W} (D(t) - \Delta D) \tag{5.13}$$

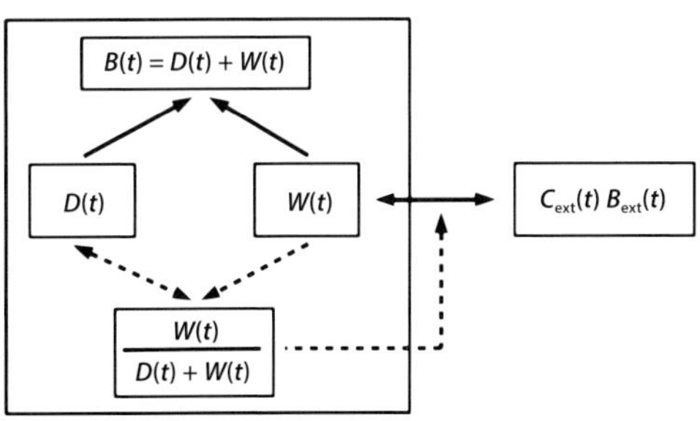

Abb. 5.11 Massenflüsse (durchgezogene Linien) und Informationsflüsse (gestrichelte Linien) im kurzfristigen Modell.

```
1  alpha=0.0679; rw=0.5; rd=0.027; kw=0.5331; deltad=2.3302
2  cext=approxfun(c(1,8,14,17,22,24),c(alpha,alpha,0,0,alpha,alpha),rule=2)
3  library(deSolve)
4  out=ode(
5  c(W=0.266,D=3.66)
6  ,seq(0,24,by=0.5)
7  ,function(Time,State,Pars){with(as.list(c(State,Pars)),{
8        dW=rw*(cext(Time)-W/(W+D))
9        dD=rd*W/(W+kw)*(D-deltad)
10       return(list(c(dW, dD)))})}, c())
11 erg=data.frame(as.data.frame(out),B=out[,2]+out[,3])
12 bed=d$t>=34 & d$t<35
13 plot(d$h[bed],d$a[bed],xlim=c(0,24),type="l")
14 lines(erg$time,erg$B,lwd=4)
```

Listing 5.29 `ode2.R`.

Die Gleichungen (5.12) und (5.13) werden mit den Kommandos in Listing 5.29 analog zu Listing 5.28 gelöst. Neue Aspekte sind hier: Definition der (wieder mit den in [22] beschriebenen Parameterschätzverfahren aus den Messdaten ermittelten) Parameter in Zeile 1 außerhalb der `ode`-Funktion; Vorgabe von C_{ext} in einer stückweise linearen Funktion mit `approxfun` in Zeile 2; da zwei Differentialgleichungen gegeben sind, müssen in Zeilen 5 und 10 jeweils zwei Anfangswerte

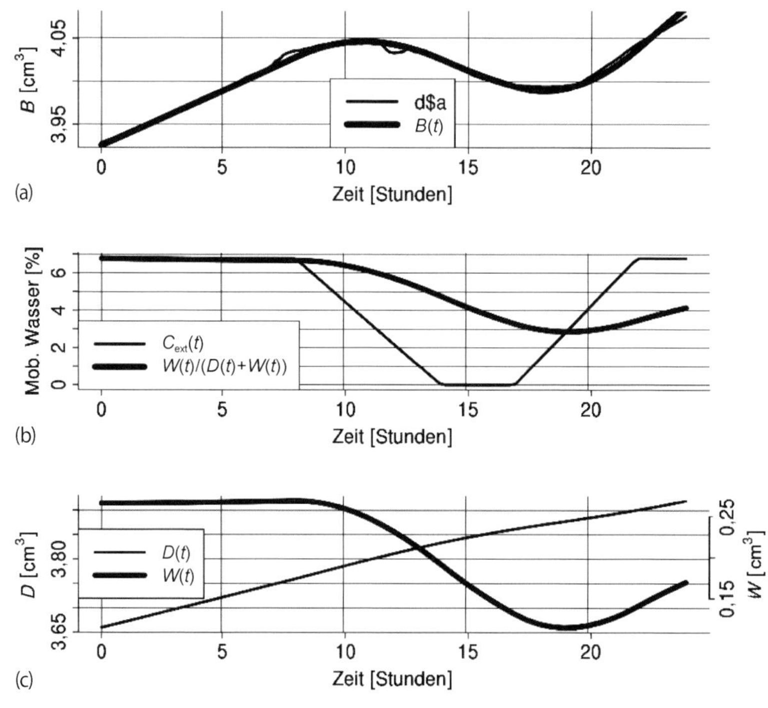

Abb. 5.12 Ausgabe zu Listing 5.29: (a) Vergleich $B(t)$ mit d$a, (b) mobile Wasseranteile in %, (c) $D(t)$ und $W(t)$ (alle Graphiken für Tag 34).

bzw. Änderungsraten angegeben werden; effektive Programmierung mit einer logischen Variablen `bed` für die zeitliche Einschränkung der Graphik in Zeilen 12 und 13.

Wie Abb. 5.12a zeigt, werden die Messdaten für Tag 34 vom kurzfristigen Modell gut erklärt. In Abb. 5.12b ist ein angenommenes Modellprofil für C_{ext} dargestellt, das zunächst aus Angaben über den Xylem-Sap-Fluß in [21] abgeleitet wurde; die genaue Form des Profils wurde dann über den `alpha`-Parameter in Zeile 2 in Listing 5.29 wie oben beschrieben aus den Messdaten geschätzt. Abbildung 5.12 (b) zeigt, wie die Translokation des mobilen Wassers aus der Frucht vom C_{ext}-Verlauf (und also mittelbar von der Transpiration der Pflanze) induziert wird. In Abb. 5.12 (c) schließlich ist die Dynamik der Zustandsvariablen $D(t)$ und $W(t)$ dargestellt; zu erkennen ist die durch die Auslagerung des Wassers bewirkte Verlangsamung der Wachstumskurve von $D(t)$.

5.6.6
Folgerungen

Die hier vorgeschlagene Verfahrensweise einer integrierten Dokumentation aller Teilschritte einer wissenschaftlichen Systemanalyse und Modellentwicklung in einem *Analysejournal* analog zum Laborjournal erscheint angesichts der wissenschaftlichen Vorteile v. a. im Hinblick auf die Reproduzierbarkeit der Ergebnisse nicht nur im Gartenbau, sondern darüber hinaus in allen natur- und ingenieurwissenschaftlichen Disziplinen geboten. Es wurde gezeigt, wie mit geringem Aufwand automatisch erzeugte Analysejournale im PDF-Format erstellt werden können, die mit allen modernen elektronischen Medien (Computer, Tablet, Beamer, Handy) betrachtet und ausgewertet werden können, und die beispielsweise über Inhaltsverzeichnisse und Links erschlossene explorative Analyseergebnisse im Umfang von einigen tausend Seiten enthalten können.

Für die gartenbauliche Fragestellung dieser Studie (Schrumpfungs- und Quellungsverhalten von Kirschen) wurde ein Kompartmentmodell entwickelt, das die tägliche Dynamik des Kirschvolumens erklären kann. Um konkrete Folgerungen für die Bewässerungssteuerung ableiten zu können, ist ein Ausbau dieses Modellansatzes um weitere Kompartimente (v. a. Boden, Atmosphäre, vegetative Biomasse) sinnvoll.

Literatur

1 Leisch, F. (2002) Sweave: Dynamic generation of statistical reports using literate data analysis, in *Compstat*, Springer, S. 575–580.

2 Xie, Y. (2013) *Dynamic Documents with R and Knitr*, Chapman & Hall/CRC the R series, Taylor & Francis Group.

3 Gandrud, C. (2013) *Reproducible Research with R and RStudio*, Chapman & Hall/CRC the R series, CRC Press.

4 Robinson, J. (2004) *Software Design for Engineers and Scientists*, Elsevier Science.

5 Knuth, D.E. (1984) Literate programming. *The Computer Journal*, **27** (2), 97–111.

6 Harada, T., Kurahashi, W., Yanai, M., Wakasa, Y. und Satoh, T. (2005) Involvement of cell proliferation and cell enlargement in increasing the fruit size of malus species. *Scientia Horticulturae*, **105** (4), 447–456, doi:http://dx.doi.org/10.1016/j.scienta.2005.02.006, http://www.sciencedirect.com/science/article/pii/S0304423805000658.

7 Olmstead, J.W., Iezzoni, A.F. und Whiting, M.D. (2007) Genotypic differences in sweet cherry fruit size are primarily a function of cell number. *Journal of the American Society for Horticultural Science*, **132** (5), 697–703, http://journal.ashspublications.org/content/132/5/697.abstract.

8 Naor, A., Hupert, H., Greenblat, Y., Peres, M., Kaufman, A. und Klein, I. (2001) The response of nectarine fruit size and midday stem water potential to irrigation level in stage iii and crop load. *Journal of the American Society for Horticultural Science*, **126** (1), 140–143.

9 Atkinson, C., Taylor, L., Taylor, J. und Lucas, A. (1998) Temperature and irrigation effects on the cropping, development and quality of 'Cox's Orange Pippin' and 'Queen Cox' apples. *Scientia horticulturae*, **75** (1), 59–81.

10 Livellara, N., Saavedra, F. und Salgado, E. (2011) Plant based indicators for irrigation scheduling in young cherry trees. *Agricultural Water Management*, **98** (4), 684–690, doi:http://dx.doi.org/10.1016/j.agwat.2010.11.005, http://www.sciencedirect.com/science/article/pii/S037837741000363X.

11 Coombe, B. (1976) The development of fleshy fruits. *Annual Review of Plant Physiology*, **27** (1), 207–228.

12 Klepper, B. (1968) Diurnal pattern of water potential in woody plants. *Plant Physiology*, **43** (12), 1931–1934.

13 Higgs, K. und Jones, H. (1984) A microcomputer-based system for continuous measurement and recording fruit diameter in relation to environmental factors. *Journal of Experimental Botany*, **35** (11), 1646–1655.

14 Tromp, J. (1984) Diurnal fruit shrinkage in apple as affected by leaf water potential and vapour pressure deficit of the air. *Scientia horticulturae*, **22** (1), 81–87.

15 Lang, A. (1990) Xylem, phloem and transpiration flows in developing apple fruits. *Journal of Experimental Botany*, **41** (6), 645–651.

16 Schroeder, C. (1953) Growth and development of the fuerte avocado fruit. *Proceedings of the American Society for Horticultural Science*, **61**, 3.

17 Ebel, H., Bliefert, C. und Russey, W. (2004) *The Art of Scientific Writing: From Student Reports to Professional Publications in Chemistry and Related Fields*, Wiley-VCH Verlag GmbH.

18 Grolemund, G. und Wickham, H. (2011) Dates and times made easy with lubridate. *Journal of Statistical Software*, **40** (3), 1–25, http://www.jstatsoft.org/v40/i03/.

19 Pérez-Sánchez, R., Gómez-Sánchez, M.Á. und Morales-Corts, M.R. (2010) Description and quality evaluation of sweet cherries cultured in spain. *Journal of Food Quality*, **33** (4), 490–506.

20 Tukey, J. (1970) Exploratory data analysis, in *Exploratory Data Analysis*, Bd 1, Addison Wesley Publishing Company.

21 Juhász, Á., Tôkei, L., Nagy, Z. und Hrotkó, K. (2008) Estimating of water consumption of cherry trees. *International Journal of Horticultural Science*, **14** (4), 15–17.

22 Velten, K. (2009) *Mathematical Modeling and Simulation: Introduction for Scientists and Engineers*, Wiley-VCH.

Anhang A
Gm.Linux und die Buchsoftware

Das für dieses Buch entwickelte Computerbetriebssystem *Gm.Linux* („Geisenheim-Linux") enthält fertig installiert die gesamte im Buch verwendete Anwendungssoftware (*R*, *Maxima*, *OpenFOAM* usw.). Im einfachsten Fall kann man Gm.Linux nutzen, indem man zunächst unter http://www.hs-geisenheim.de/gmlinux die aktuelle ISO-Datei gmlinux.version-xy.iso lädt und abspeichert. Dann kann Gm.Linux „virtualisiert" ohne weitere Installationen einfach durch Zugriff auf diese Datei in einem Fenster des Original-Betriebssystems (z. B. Windows) ausgeführt werden. Details hierzu sind in den *Gm.Linux*-Referenzkarten „Installation" und „Virtualisierung" in Anhang B beschrieben (diese Referenzkarten werden voraussichtlich in kurzen Abständen aktualisiert, aktuelle Versionen können unter o. a. Internetadresse geladen werden).

Die im Buch besprochenen *R*- und *Maxima*-Programme (die *Buchsoftware*) sind ebenfalls unter der o. a. Internetadresse erhältlich (zum Editieren und Ausführen dieser Programme siehe auch die Abschnitte 5.2 und 5, 5.3).

Anhang B
Referenzkarten

Die *Gm.Linux*-Referenzkarten enthalten knappe Schritt-für-Schritt-Anleitungen, die es auch unerfahrenen Anwendern erlauben, innerhalb kurzer Zeit komplexe Modelle wie z. B. Mehrphasenströmungsmodelle zu implementieren. Das vollständige Referenzkartensystem ist in neuester Version jederzeit unter http://www.hs-geisenheim.de/gmlinux verfügbar. Dieser Anhang enthält eine Auswahl an Referenzkarten, die entweder im Buch verwendet werden oder für die Arbeit mit *Gm.Linux* wichtig sind.

B.1
Installation *Gm.Linux*

B.1.1
Systemvoraussetzungen, Passwort

- 64-Bit-Prozessor.
- Virtualisierte Installationen (s. u.) könnten ggf. auf 32-Bit-Rechnern laufen.
- Passwort für *Gm.Linux*: `gmlinux`.

B.1.2
Download der ISO-Datei

- gm.linux.x.x.iso unter dem Link „Buchsoftware" auf der *Gm.Linux*-Homepage http://www.hs-geisenheim.de/gmlinux laden und lokal abspeichern.
- Falls erforderlich, verwenden Sie den Benutzernamen: `vgmlinux` und das Kennwort: `=Mh2JQxg9ghg`

B.1.3
Nutzung als Live-Betriebssystem

- Einfach zu realisieren, keine Installation erforderlich.
- Siehe Referenzkarte „B.8: Virtualisierung" (Abschnitt B.8).

Mathematische Modellbildung und Simulation, Erste Auflage. Marco Günther und Kai Velten.

B.1.4
Alternative 1: Installation auf USB-Stick

- USB-Stick mit mindestens 8 GB verwenden.
- Achtung! Bei Fehlbedienung kann das bestehende Betriebssystem des Rechners zerstört werden; wichtig u. a. Auswahl korrekter Laufwerkbuchstaben.
- Installation der ISO-Datei auf dem USB-Stick in Ubuntu-Linux mit „Startmedienersteller".
- Installation in Windows z. B. mit dem Universal-USB-Installer (Download unter `pendrivelinux.com`). Details hierzu auch unter dem Link „Buchsoftware" auf der *Gm.Linux*-Homepage: http://www.hs-geisenheim.de/gmlinux.
- *Gm.Linux* starten: Rechner starten, Bootmenü aufrufen, vom USB-Stick aus starten (dies kann auch als Default im BIOS festgelegt werden).
- Hinweis: Bei Installation mit dem Universal-USB-Installer in Windows hat sich gezeigt, dass keine Dateien auf dem Stick gespeichert werden können. Vorläufiger Workaround: System zunächst auf Stick 1 installieren, dann *Gm.Linux* mit Stick 1 starten, dann ISO-Datei mit „Startmedienersteller" auf Stick 2 installieren.

B.1.5
Alternative 2: Virtualisierte Installation

- Aufwendiger als Abschnitt B.1.3.
- Vorteil: Es können Daten und Programme im System gespeichert werden.
- Siehe Referenzkarte „B.8: Virtualisierung".

B.1.6
Alternative 3: Installation auf Desktoprechner

- Achtung! Hier wird das Original-Betriebssystem des Rechners gelöscht und mit *Gm.Linux* überschrieben (Parallelinstallation z. B. mit Windows für Linux-Kenner möglich).
- gm.linux.x.x.iso auf eine CD brennen oder auf USB-Stick installieren.
- Rechner starten, Bootmenü aufrufen, vom Installationsmedium starten, dann die Option „install – start the installer directly".

B.1.7
Alternative 4: Installation auf Server

- Achtung! Hier wird das Original-Betriebssystem des Rechners gelöscht und mit *Gm.Linux* überschrieben (Parallelinstallation z. B. mit Windows für Linux-Kenner möglich).

- Jeder Desktoprechner kann auch als *Gm.Linux*-Server genutzt werden: Der Server wird beliebig im Netzwerk aufgestellt, mit Netzwerkkabel verbunden und dann von einem anderen Rechner aus mit Remote-Desktop-Software gesteuert.
- gm.linux.x.x.iso auf eine CD brennen oder auf USB-Stick installieren.
- Rechner starten, Bootmenü aufrufen, vom Installationsmedium starten, dann die Option „install – start the installer directly“.

B.2 Gm.HYDRA

Gm.HYDRA steht für **HY***bride* **D***okumentation mit* **R** *und M***A***xima*
Verfahren:

- Zunächst ein Dokument erstellen analog zu den Templates in den Abschnitten B.2.1, B.2.2, B.2.3, B.2.3.1.
- Dann das PDF-Dokument erstellen mit dem Verfahren in Abschnitt B.2.4.

B.2.1 Template 1: TeX und R

Hier beginnt der Chunk in Zeile 7 und endet in Zeile 9. In Zeile 8 steht das R-Kommando `curve(...)`. Abbildung B.1 zeigt das Dokument, welches mit Listing B.1 und dem Verfahren aus Abschnitt B.2.4 erzeugt worden ist.

```
1  \documentclass{article}
2
3  \begin{document}
4
5  \section{Beispiel: Integration von Tex und R}
6
7  <<>>=
8  curve(x^2,-1,1,col="red",lwd=3)
9  @
10 \end{document}
```

Listing B.1 R-Programm, das den künstlichen Datensatz d erzeugt.

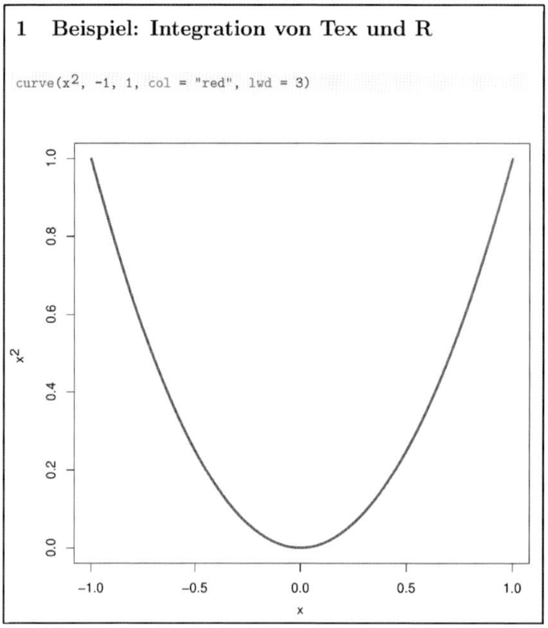

Abb. B.1 Von Listing B.1 erzeugtes Dokument.

B.2.2
Template 2: Tex und Maxima

```
\documentclass{article}
\usepackage{listings}

\begin{document}

\section{Beispiel: Integration von Tex und Maxima}

<<echo=FALSE,results='markup',tidy=FALSE,size='footnotesize',
   highlight=FALSE>>=
write("
        m:1;t:3;
        erg:solve(K*(1+i)^t+G*(1+i)^(t-m)=Z,i);
        print(tex(erg[3]));
        i(K,G,Z):=ev(i,erg[3]);
        plot3d(i(K,G,20),[G,8,10],[K,8,10],[zlabel,\" i \"]);
",file="/home/velten/.maxima/programm.mac")
@

<<results='hide',tidy=FALSE,size='footnotesize',echo=FALSE,
   highlight=FALSE,>>=
options(width=100)
system("mv /home/velten/.maxima/programm.mac /home/velten/.
```

```
     maxima/prog.mac")
21 system("cat /home/velten/.maxima/optionen.mac /home/velten/
     .maxima/prog.mac > /home/velten/.maxima/programm.mac")
22 txt=system2("maxima", " -q  -batch-string \" load(string(programm))$
     \" ",stdout=TRUE);
23 write(txt,file="/home/velten/.maxima/ausgabe.txt")
24 system("cp /home/velten/maxplot.png /home/velten/.maxima/bild.png")
25 eq=gsub("$", "",paste(sapply(3:(length(txt)-1),function(i) txt[i]),
     collapse=""),fixed=TRUE)
26 @
27
28 \subsection{Maxima-Programm}
29
30 \lstinputlisting[captionpos=b,frame=LRTB,linerange=2-6,numbers=left,
     basicstyle=\ttfamily,breaklines, caption={Maxima-Programm.},
     label=list:r2-template2a]{/home/velten/.maxima/prog.mac}
31
32 \subsection{Programmausgaben}
33 % \lstinputlisting[captionpos=b,frame=LRTB,linerange=3-100,numbers=left,
     basicstyle=\ttfamily,breaklines, caption={Programmausgabe.},
     label=list:r2-template2a]{/home/velten/.maxima/ausgabe.txt}
34
35 $\Sexpr{eq}$
36
37 \begin{figure}[h!]
38  \includegraphics[width=11cm]{/home/velten/.maxima/bild.png}
39 \end{figure}
40
41 \end{document}
```

Listing B.2 `r2-template2a.tex`.

Chunk 1 (Zeile 8–16):

- *Maxima*-Programm steht in den Zeilen 10–14.
- Zeilen 9 und 15: *Maxima*-Programm wird lokal abgespeichert.

Chunk 2 (Zeile 18–26):

- Dieser Chunk ergänzt Optionen aus der Datei `optionen.mac` (optional, ggf. Zeilen 20–21 auskommentieren) führt das Maxima-Programm aus und speichert ein ggf. von Maxima erzeugtes Bild in `bild.png`, das dann in Zeilen 37–39 dargestellt wird.
- Das Maxima-Programm erzeugt in Zeile 12 einen Tex-Ausdruck, der in Zeile 25 in `eq` gespeichert und dann in Zeile 35 in Tex dargestellt wird.
- Wenn stattdessen die konventionelle textbasierte Maxima-Ausgabe dargestellt werden soll, Kommentarzeichen in Zeile 33 entfernen.

Ausgabe des *Maxima*-Programms (Zeile 30):

- Über `morekeywords` und weitere Optionen des Kommandos `\lstinputlisting` kann hier ein Maxima-spezifisches Syntax-Highlighting eingerichtet werden.

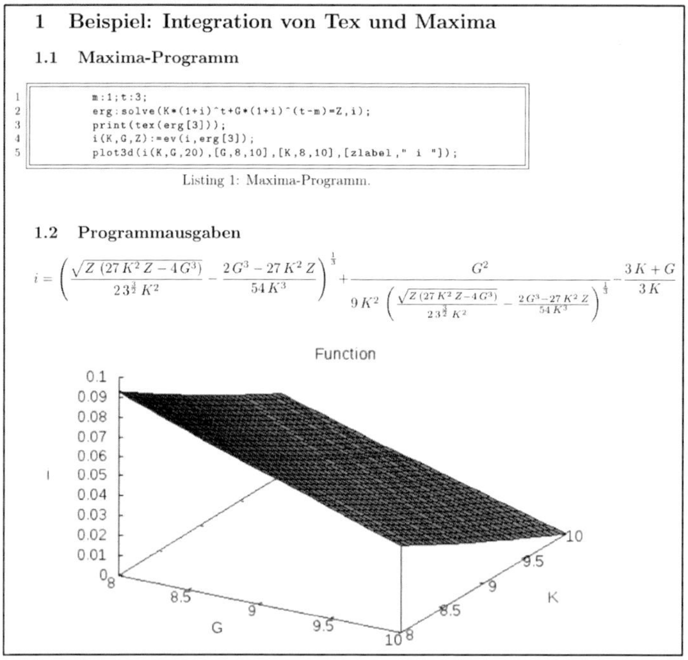

1 Beispiel: Integration von Tex und Maxima

1.1 Maxima-Programm

```
m:1;t:3;
erg:solve(K*(1+i)^t+G*(1+i)^(t-m)=Z,i);
print(tex(erg[3]));
i(K,G,Z):=ev(i,erg[3]);
plot3d(i(K,G,20),[G,8,10],[K,8,10],[zlabel," i "]);
```

Listing 1: Maxima-Programm.

1.2 Programmausgaben

$$i=\left(\frac{\sqrt{Z\,(27\,K^2\,Z-4\,G^3)}}{2\,3^{\frac{3}{2}}\,K^2}-\frac{2\,G^3-27\,K^2\,Z}{54\,K^3}\right)^{\frac{1}{3}}+\frac{G^2}{9\,K^2\,\left(\frac{\sqrt{Z\,(27\,K^2\,Z-4\,G^3)}}{2\,3^{\frac{3}{2}}\,K^2}-\frac{2\,G^3-27\,K^2\,Z}{54\,K^3}\right)^{\frac{1}{3}}}-\frac{3\,K+G}{3\,K}$$

Abb. B.2 Von Listing B.2 erzeugtes Dokument.

B.2.3
Template 3: Tex, Hyperlinks und Literaturdatenbank

```
\documentclass[a4paper,11pt,german]{scrartcl}
\usepackage[utf8]{inputenc}
\usepackage{helvet} \renewcommand\familydefault{phv}
\usepackage{xcolor}
\usepackage[colorlinks=false, pdfpagelabels, pdfstartview =FitH,
   bookmarksopen=true, bookmarksnumbered = true,allbordercolors=blue,
   pdfborderstyle={/S/U/W 1},plainpages=false, hypertexnames = false,
   citecolor = red, pdfnewwindow = true] {hyperref}

\begin{document}

\section{Beispiel: Tex, Hyperlinks und Literaturdatenbank}
Hier wird ein Buch zitiert:~\cite{guenther2014mathematische}.

\section{Literatur}
\renewcommand\refname{} \renewcommand{\section}[1]{}
\bibliographystyle{gmlinux}
\bibliography{/home/gmlinux/Literature.bib}

\end{document}
```

Listing B.3 `r2-template3.tex`.

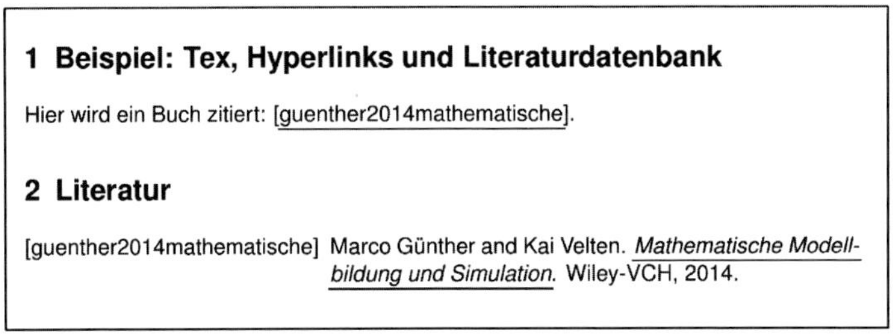

1 Beispiel: Tex, Hyperlinks und Literaturdatenbank

Hier wird ein Buch zitiert: [guenther2014mathematische].

2 Literatur

[guenther2014mathematische] Marco Günther and Kai Velten. *Mathematische Modellbildung und Simulation*. Wiley-VCH, 2014.

Abb. B.3 Von Listing B.3 erzeugtes Dokument.

Verfahrensweise, damit ein Klick auf den Titel im Literaturverzeichnis die zugehörige pdf-Datei `guenther2014mathematische.pdf` öffnet:

- Irgendwo auf dem Rechner Verzeichnis mit pdf-Dateien anlegen, z. B. `/home/gmlinux/pdfs`, in diesem Verzeichnis `guenther2014mathematische.pdf` ablegen.
- Verknüpfung auf diesen Ordner erzeugen (rechter Mausklick auf den Ordner in Nautilus), Verknüpfung unter dem Namen `pdfs` in dasselbe Verzeichnis wie den zu kompilierenden Text `beispiel.tex` kopieren.
- Eingabe des Zitats in *JabRef* wie in Abb. B.4.

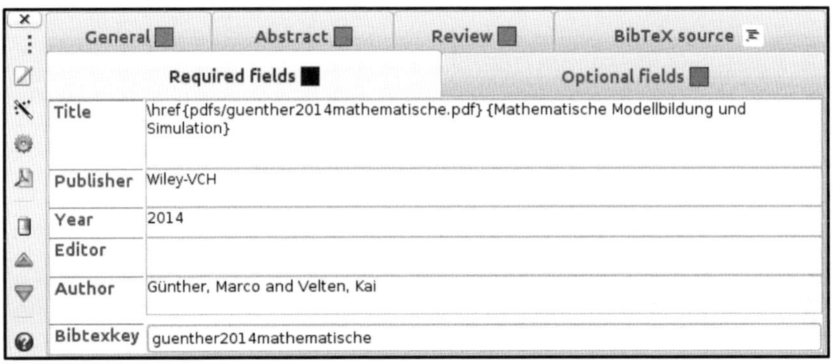

Abb. B.4 Eingabeformat in der Literaturdatenbank *JabRef*.

B.2.3.1 **Template 4: Schleifenkonstruktionen**

- Mit Schleifenkonstruktionen (z. B. `for`-Schleife in Listing B.4) können gleichartige Berechnungen mit *R* oder *Maxima* mehrfach wiederholt werden.
- Dabei kann jede Berechnung z. B. wie in Abb. B.5 in einem eigenen, formatierten Abschnitt dokumentiert werden.
- Hierzu wird in jedem Schleifendurchlauf der `for`-Schleife in Zeilen 9–12 (Listing B.4) der separate `code1.Rnw` aufgerufen (Listing B.5). Zeile 12 von Listing B.4

```
\documentclass[a4paper]{article}
\usepackage{float} \setlength{\topmargin}{-1in}
\begin{document}

\section{Beispiel: Schleifenkonstruktionen}

<<run-all,include=FALSE>>=
set.seed(28465); out=NULL
for (i in 1:4)  {
  x=rnorm(100000,5,i)
  cap=paste("Mit rnorm approximierte Wahrscheinlichkeitsdichte der
    Normalverteilung:  Erwartungswert 5 und Standardabweichung",
   as.character(i))
  out = c(out, knit_child('code1.Rnw')) }
@

\Sexpr{paste(out, collapse = '\n')}

\end{document}
```

Listing B.4 `r2-template4.tex`.

```
\subsection{Erwartungswert 5 und Standardabweichung \Sexpr{i}}

<<out.width='12cm',out.height='7cm', fig.pos='H', echo=FALSE,
    fig.cap=cap>>=
  par(cex=2.2,oma=c(0,0,0,0), mar=c(2,2,0,0));
  hist(x, xlim=c(0,10),ylim=c(0,0.4),breaks=30,freq=FALSE,main="",
    xlab="",col="green",font=2)
  lines(density(x, n=10000), col = "red", lwd = 12)
```

Listing B.5 `code1.Rnw`.

B.2.4 Dokumente kompilieren

B.2.4.1 LaTeX-Dokumente ohne Chunks

- Kile öffnen.
- Text kompilieren: Build, Compile, PDFLatex (alternativ Alt 6).
- PDF anzeigen: Alt 7
- Literaturverzeichnis erstellen: Build, Compile, Bibtex (alternativ Alt -).

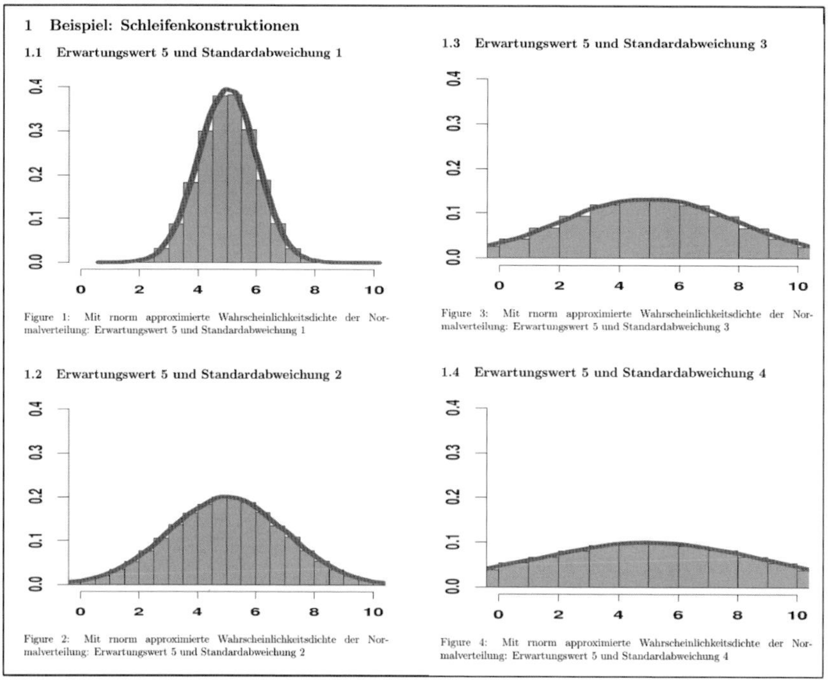

Abb. B.5 Von Listing B.4 und Listing B.5 erzeugtes Dokument.

B.2.4.2 **LaTeX-Dokumente mit Chunks**

Empfohlene Verfahrensweise (Kile)

- *Kile* öffnen, Text `beispiel.tex` mit Erweiterung `.tex` erzeugen.
- Kompilieren und PDF-Datei anzeigen: Build, Compile, knitr (alternativ [Alt] [1]).
- Literaturverzeichnis erstellen: Text `rs-beispiel.tex` öffnen, dann Build, Compile, Bibtex (alternativ [Alt] [-]).

Alternative Verfahrensweise (RStudio)

- *RStudio* öffnen, Text `beispiel.Rnw` mit Erweiterung `.Rnw` erzeugen.
- Kompilieren und PDF-Datei anzeigen: [Strg] [⇧] [I].

Alternative Verfahrensweise (RStudio und Kile)

- Vorteil *Kile*: bessere Tex-Unterstützung, Zugriff auf Dokumenstruktur usw.
- Vorteil *RStudio*: bessere Chunk-Unterstützung.
- Daher kann abwechselnde Bearbeitung in *RStudio* und *Kile* sinnvoll sein.
- Verfahren: Zunächst Text `beispiel.tex` erstellen wie in Abschnitt B.2.4.2. Dann *Kile* schließen und in *RStudio* `rs-beispiel.tex` bearbeiten. Dann *RStudio* schließen `beispiel.tex` durch `rs-beispiel.tex` ersetzen und in *Kile* weiterarbeiten.

B.3
D-optimale Versuchspläne

B.3.1
Beispiel

- Vier Faktoren A,B,C,D jeweils mit den Stufen 1,2,3
- Messwert M
- Ziel: Versuchsplan mit möglichst wenig Versuchsdurchführungen, der es erlaubt, die wichtigsten Einflussfaktoren sowie die wichtigsten Interaktionen der Einflussfaktoren zu erkennen.

B.3.2
Erstellung eines vollfaktoriellen Versuchsplans

- *R-Commander* starten („Rcmdr“ in der Symbolleiste)
- Tools, „Load Rcmdr Plugins“: Paket `RcmdrPluginDoE` laden.
- Design, Create Design, General Full Factorial Experiments
- Dann folgende Eingaben:

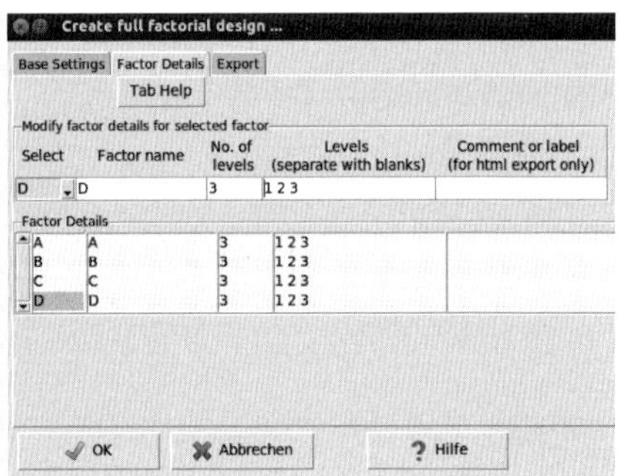

- Design, Export, Export Experiment, dann:

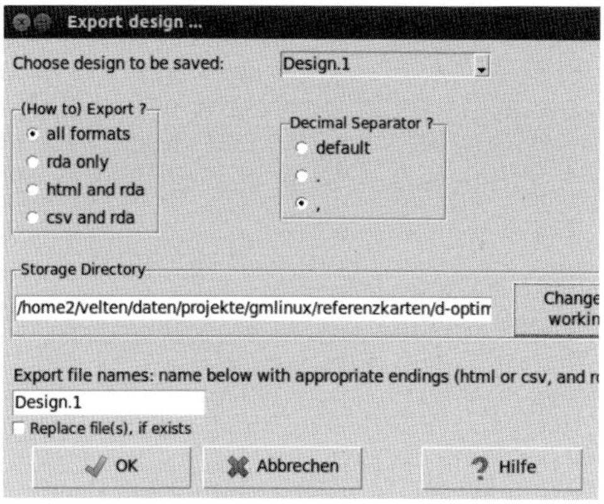

Der letzte Schritt erzeugt drei Dateien:

- Design.1.html: Formatierte Übersicht des Versuchsplans (siehe Abb. B.6).
- Design.1.csv: Versuchsplan als Tabelle, Vorlage zum Eintragen von Messwerten z. B. in *Excel* oder *Calc*.
- Design.1.rda: Versuchsplan als *R*-Daten, z. B. für Weiterverarbeitung der Daten in *RStudio*.

Name	n1	n2	A	B	C	D	Factor	Level1	Level2	Level3
1	56	1	2	1	1	3	A	1	2	3
2	11	2	2	1	2	1	B	1	2	3
3	71	3	2	3	2	3	C	1	2	3
4	79	4	1	3	3	3	D	1	2	3
5	30	5	3	1	1	2				
6	46	6	1	1	3	2				
7	38	7	2	1	2	2				
8	7	8	1	3	1	1				
9	43	9	1	3	2	2				
10	69	10	3	2	2	3				
11	18	11	3	3	2	1				

Abb. B.6 Darstellung des vollfaktoriellen Versuchsplans in **Design.1.html** (Ausschnitt von 81 Versuchen).

B.3.3
Erstellung des D-optimalen Versuchsplans

- Design, Create Design, D-optimal Design.
- Vollfaktoriellen Plan Design.1 aus B.3.2 als `Candidate Design` angeben.

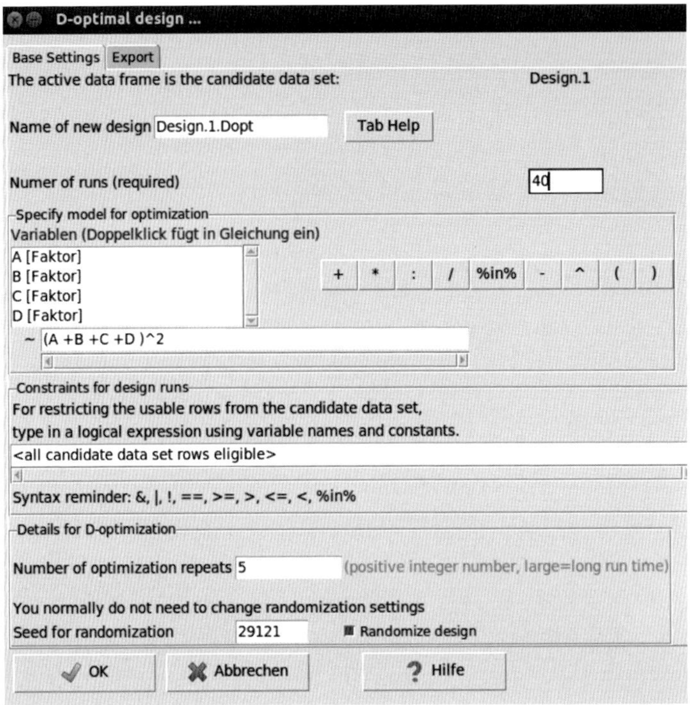

- Hinweis: Number of runs muss für p Faktoren mit jeweils n Faktorstufen mindestens $1 + (n-1)p + (n-1)2p(p-1)/2$ betragen, hier also mindestens 33 ($p = 4, n = 3$) (diese Zahl entspricht der Anzahl der im Regressionsmodell zu schätzenden Parameter).
- Number of runs sollte dann höher als diese Zahl gewählt werden, damit die Streuung der Daten erhalten wird, wichtig für Signifikanzanalysen.
- Design, Export, Export Experiment (analog Abschnitt B.3.2).

B.4
Berechnung einer Temperaturverteilung

B.4.1
Beispiel

Problemstellung:

- konstante Temperatur 20 °C an der Oberseite ($z = 1$)
- konstante Temperatur 0 °C auf der Kugeloberfläche
- perfekte Wärmeisolierung an allen anderen Flächen

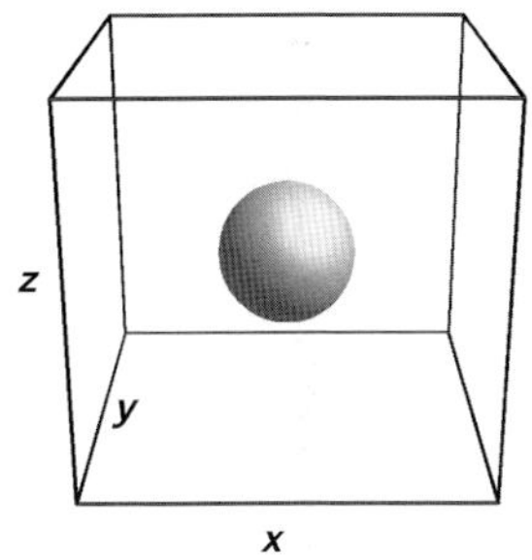

B.4.2 Geometrie erzeugen

- *Salome* starten („Salome"-Knopf in der linken Icon-Leiste).
- `Geometry`-Modul auswählen und neue Sitzung mit `New` starten.
- Geometrieobjekte `Box_1` und `Sphere_1` erstellen (wie in Buchkapitel 4.10 beschrieben).
- Menü `Operations→Boolean→Cut` anwählen, als `Main Shape` das Objekt `Box_1` und als `Tool Object` das Objekt `Sphere_1` auswählen. Als Ergebnis erscheint `Cut_1`.
- Menü `New Entity→Group→Create` anwählen, in der Reihe `Shape Type` die Markierung vor der Fläche (Rechteck) setzen, unter `Main Shape Cut_1` und dann den Namen `CubeTop` eingeben, entsprechende Fläche auswählen, `Add`-Knopf drücken und abschließen. In ähnlicher Weise vorgehen um die Ränder `SphereSurf` (Kugeloberfläche) und `CubeRemain` (restliche Flächen) zu bezeichnen.
- Die Ränder `CubeTop`, `SphereSurf`, `CubeRemain` im Object-Browser markieren und über Menü `File→Export` im STL-ASCII-Format exportierten (vorzugsweise unter CubeTop.stl, SphereSurf.stl, CubeRemain.stl).

B.4.3 Gitter erzeugen

- *HelyxOS* starten („Helyxos"-Knopf in der linken Icon-Leiste).
- Fall erstellen: `New` anwählen, dann Name und Verzeichnis festlegen (z. B. newCase), `Parallel` abwählen für einfachere Handhabung
- Ränder einlesen: `Geometry→STL`, *Salome*-Dateien (CubeTop.stl, SphereSurf.stl, CubeRemain.stl) importieren.
- Gitterweite: `Base Mesh→Base Mesh Spacing` auf `0.05` setzen.
- Verfeinerung um Kugel: Im linken Bereich `SphereSurf_solid` anwählen, im mittleren Bereich Reiter `Refinement`, Min-Level auf 2 und Max-Level auf 5.
- `Material Point:` so einstellen, dass Punkt im Innern der Geometrie liegt (Lampensymbol zeigt Punkt an, Drahtgitterdarstellung wählen), z. B. `(0.1, 0.1,0.1)`.

- Gitter erzeugen mit Mesh→Create.
- Optional: Sicherheitskopie anlegen durch Abspeichern unter neuen Namen

B.4.4 Definition und Lösung des Problems

- Reiter Case Setup & Run.
- Unter Solution Modelling: Steady, Incompressible, Laminar und Punkt Energy markieren.
- Material festlegen: Materials/air, Luft durch Wasser ersetzen, Daten water aus Database übernehmen. Materialparameter nach Anforderung setzen (z. B. Materialdaten zu Kupfer mit Density 8920 kg/m^3, Specific Heat Capacity 385 J/(kg K), Thermal Conductivity 400 W/(m K)).
- Randbedingung setzen:
  - Boundary Conditions/CubeTop_solid anwählen, Patch Type: Wall, Reiter Thermal: Fixed Temperature auf 273.15 setzen (entspricht 0 °C).
  - Boundary Conditions/SphereSurf_solid anwählen, Patch Type: Wall, Reiter Thermal: Fixed Temperature auf 293.15 setzen.
  - Boundary Conditions/CubeRemain_solid anwählen, Patch Type: Wall, Reiter Thermal: Zero Gradient.
- Optional: Unter Fields Initialisation: Alles auf 0 setzen, T auf 293,15.
- Berechnung starten mit Run Options→Run.
- Hinweis: Vor dem Start der Berechnung noch einmal unter Boundary Conditions die Temperaturen kontrollieren.

B.4.5 Postprocessing

- Postprocessing starten mit: Anklicken des *ParaView*-Icons.
- Allgemeine Verfahrensweise: Siehe Referenzkarte „B.5 ParaView“.

B.4.6 Prüfung der Ergebnisse

- Viele mögliche Fehlerquellen: z. B. falsche Randbedingungen, falsch gesetzte Viskositäten, zu grobes Rechengitter, Instabilitäten und Ungenauigkeiten der numerischen Rechenverfahren usw. Daher ist zumindest Prüfung 1–3 der Ergebnisse erforderlich (weitere Prüfungen nach Absprache mit geeigneten sachkundigen Experten ggf. erforderlich für wichtige Anwendungsfälle wie z. B. Modifikation von Produktionsanlagen usw.):
- Prüfung 1: Sind die Ergebnisse physikalisch plausibel?

- Prüfung 2: Ändern sich die Simulationsergebnisse, wenn man das Gitter verfeinert? Falls dies der Fall ist, sind die mit den feineren Gittern erzielten Ergebnisse i. d. R. zuverlässiger.
- Prüfung 3: Vergleich mit Messdaten.

B.5 Visualisierung mit ParaView

B.5.1 Beispiel: „Rohr mit Verzweigung"

- Die Prozeduren in dieser Referenzkarte können mit dem Beispiel „Rohr mit Verzweigung" getestet werden. Auf dieses Beispiel beziehen sich auch die Graphiken.
- `simpleFOAM.zip` in `/home/gmlinux/analyse` entpacken

B.5.2 Startprozedur

- *OpenFOAM*-Terminal starten („OpenFOAM"-Knopf in der linken Icon-Leiste)
- Wechsel zum Hauptverzeichnis der Simulationsdaten, z. B. mit `cd /home/gmlinux/analyse/simpleFoam`.
- Kommando `paraFoam` eingeben.
- Im `Time`-Feld (in der oberen Reihe) den höchstmöglichen Wert einstellen.

- Knopf `Apply` im Object-Inspector (links) anklicken.

B.5.3 Bedienung Graphikfenster

- Interessierendes Objekt über die Augensymbole im Pipeline-Browser (links-oben) sichtbar machen.
- Drehen des Objekts mit gedrückter linken Maustaste.
- Vergrößern/Verkleinern mit dem Mausrad.
- Verschieben durch Drücken und Halten des Mausrads bzw. der mittleren Maustaste.

B.5.4
Einstellung Farben, Lichteffekte

- Hintergrundfarbe setzen: Edit, View Settings, General, Choose Color, Apply.
- Beleuchtung einschalten: Edit, View Settings, Lights, Headlight.
- Farbe von Achsenbeschriftungen: Edit, View Settings, Annotation, Axis Label Color.

B.5.5
Strömungsraum mit Drahtgitterdarstellung

- Strömungsraum im Pipeline-Browser wählen, z. B. simpleFoam.OpenFoam.
- Im Display-Tab des Object-Inspector unter `Style`, `Representation`, `Wireframe` wählen.
- Farbe des Drahtgitters: Display-Tab des Object-Inspectors, Color, Set Ambient Color.

B.5.6
Stromlinien

- Strömungsraum im Pipeline-Browser wählen, z. B. simpleFoam.OpenFoam.
- Menü `Filters`→`Common`→`Stream Tracer` oder entsprechendes Icon in der Icon-Reihe.
- `Apply` im Properties-Tab des Object-Inspector.
- Farbe der Stromlinien (müssen sich von gewählter Hintergrundfarbe abheben): Properties-Tab des Object-Inspector, unter `Color`.
- Startpunkte für die darzustellenden Stromlinien auswählen: Properties-Tab des Object-Inspector, unter `Seed`.
- Beispiel: Seed Type `Point Source`, dann unter `Number of Points` wählen, wie viele Stromlinien in dem angegebenen Radius um den unter Point angegebenen Punkt starten sollen. Wahl des Punkts durch Koordinateneingabe oder Übernahme der Mausposition mit `P`. Gewählter Punkt wird weiß dargestellt, daher nur gegen nichtweißen Hintergrund sichtbar.

B.5.7
„Dicke" Stromlinien

- Wie in Abschnitt B.5.6 erzeugte Stromlinien im Pipeline-Browser wählen, z. B. StreamTracer.
- Menü `Filters`→`Alphabetical`→`Tube`, dann `Apply` drücken. Falls erforderlich, Radius im Properties-Tab und Farbe im Display-Tab anpassen.

B.5.8
Anzeige von Strömungspfeilen

- Strömungsraum im Pipeline-Browser wählen, z. B. simpleFoam.OpenFoam.
- Menü `Filters→Common→Glyph`
- Anpassung der Pfeillänge: Poperties-Tab, Set Scale Factor.
- Anpassung der Farben: Display-Tab, Color-Tab.
- Darstellung der Strömungsrichtungen: Properties-Tab, Scale Mode, off. Hier sind z. T. unerwünschte Strömungspfeile an den Rändern der Geometrie sichtbar, die sich dadurch ergeben, dass auch für $U = 0$ (unsinnige) Strömungsrichtungen angezeigt werden. Lösung siehe Abschnitt B.5.9.

B.5.9
Strömungsrichtungen nur im Inneren der Geometrie

- Strömungsraum im Pipeline-Browser wählen, z. B. simpleFoam.OpenFoam.
- Menü `Filters→Common→Calculator`. Im Properties-Tab nebenstehende Daten eintragen und dann `Apply`.

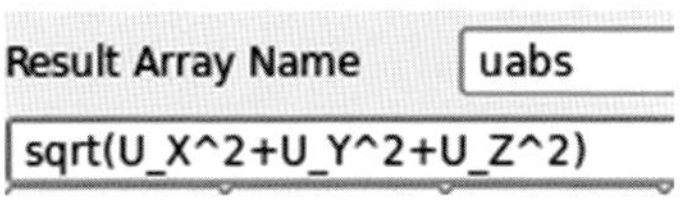

- Menü `Filters→Common→ Threshold`.

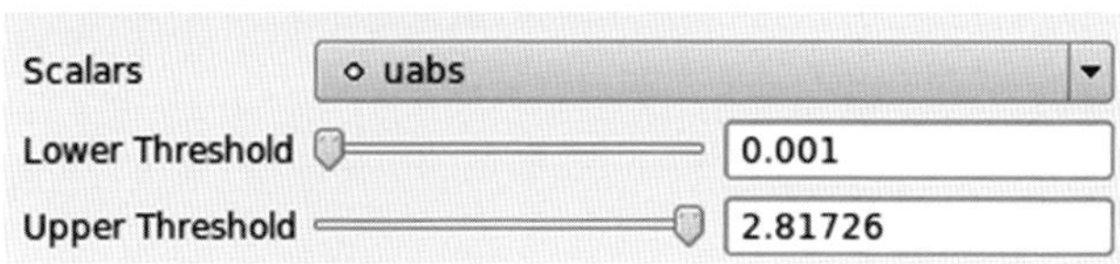

`LowerThreshold` so anpassen, dass die äußeren Zellen im Graphikfenster nicht mehr angezeigt werden, siehe Graphiken:

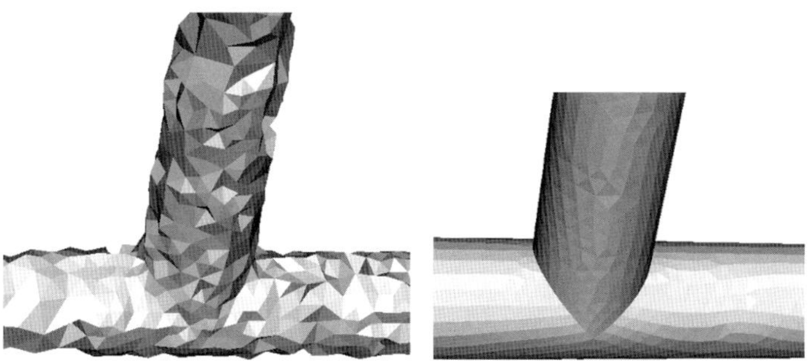

- Menü `Filters→Common→Glyph`. Dann wie in Abschnitt B.5.8 angegeben die Strömungsrichtungen darstellen.

- Für komplexere Geometrien gelingt Schritt B.5.3 manchmal nicht. Ab *ParaView* Version 3.10 kann dann B.5.3 durch Menü `Filters→Alphabetical→Iso Volume` ersetzt werden.

B.5.10
Ausgabe von Bildern in hoher Qualität

- Menü `File→Save Screenshot`

B.5.11
Druck ggf. korrigieren

- Einige Lösungsverfahren berechnen den Druck p als normalisierten Druck, d. h. Druck in [Pa] geteilt durch 998,2 (z. B. simpleFoam).
- Menü `Filters→Data Analysis→Calculator`: Druck p1 in [Pa] aus normalisiertem Druck p berechnen mit: `998.2*p`.

B.6
Berechnung einer Einphasenströmung

B.6.1
Beispiel

Problemstellung:

- Einströmung über Fläche 1 mit $\boldsymbol{v} = (1, 0, 0)$
- Ausströmung über Fläche 5 mit $p = 0$
- Flächen 2, 3, 4, 6: reibungsfreie Wände (no-slip)
- Seitenflächen (oben und unten): Symmetriebedingung

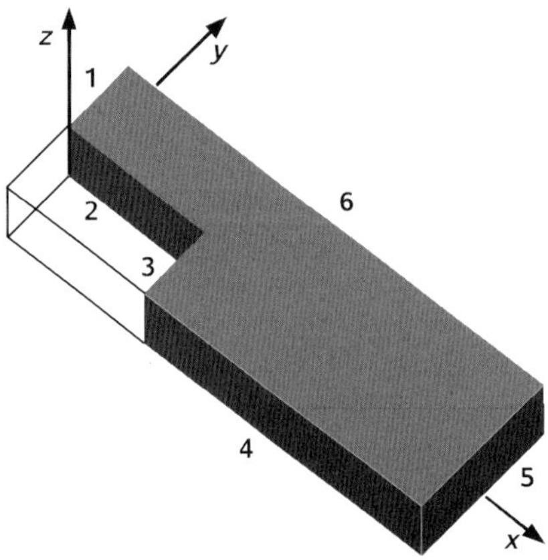

B.6.2
Geometrie erzeugen

- *Salome* starten („Salome"-Knopf in der linken Icon-Leiste).
- `Geometry`-Modul auswählen und neue Sitzung mit `New` starten.
- Geometrie erzeugen:
  - entweder Geometrie in *Salome* erzeugen (wie in Buchkapitel 4.12 beschrieben) oder
  - Import aus CAD-Daten mit `File→Import` ...
- Einströmränder, Ausströmränder, Seitenränder usw. definieren:
- Menü `Entity→Group→Create` auswählen, in der Reihe `Shape Type` die Markierung vor der Fläche (Rechteck) setzen, unter `Main Shape` den Randnamen setzen (vorzugsweise Inlet, Outlet, TopBottom, Wall) entsprechende Fläche(n) auswählen, `Add`-Knopf und abschließen
- Ränder im Object-Browser markieren und mit Menü `File→Export` im STL-ASCII-Format exportieren (es entstehen die Dateien Inlet.stl, Outlet.stl, TopBottom.stl, Wall.stl)

B.6.3
Gitter erzeugen

- *HelyxOS* starten („Helyxos"-Knopf in der linken Icon-Leiste).
- Fall erstellen: `New` anwählen, dann Name und Verzeichnis festlegen (z. B. newCase), `Parallel` abwählen für einfachere Handhabung.
- Ränder einlesen: `Geometry→STL`, *Salome*-Dateien (Inlet.stl, Outlet.stl, TopBottom.stl, Wall.stl) importieren.
- Gitterweite: kleiner als L/10 einstellen (L: kleinster Durchmesser eines Quaders, der die Geometrie enthält), `Base Mesh→Base Mesh Spacing` auf `0.01` setzen.
- `Material Point`: So einstellen, dass Punkt im Innern der Geometrie liegt (Lampensymbol zeigt Punkt an, Drahtgitterdarstellung wählen), z. B. `(0.5, 0.0,0.05)`.
- Gitter erzeugen mit `Mesh→Create`.
- Optional: Sicherheitskopie anlegen durch Abspeichern unter neuen Namen.

B.6.4
Definition und Lösung des Problems

- Reiter `Case Setup & Run`.
- Material, Randbedingungen usw. festlegen.
- Berechnung starten mit `Run Options→Run`.

B.6.5
Postprocessing

- Postprocessing starten mit: Anklicken des *ParaView*-Icons.
- Allgemeine Verfahrensweise: Siehe Referenzkarte „B.5 ParaView“.

B.6.6
Prüfung der Ergebnisse

- Viele mögliche Fehlerquellen: z. B. falsche Randbedingungen, falsch gesetzte Viskositäten, zu grobes Rechengitter, Instabilitäten und Ungenauigkeiten der numerischen Rechenverfahren usw. Daher ist zumindest Prüfung 1–3 der Ergebnisse erforderlich (weitere Prüfungen nach Absprache mit geeigneten sachkundigen Experten ggf. erforderlich für wichtige Anwendungsfälle wie z. B. Modifikation von Produktionsanlagen usw.):
- Prüfung 1: Sind die Ergebnisse physikalisch plausibel?
- Prüfung 2: Ändern sich die Simulationsergebnisse, wenn man das Gitter verfeinert? Falls dies der Fall ist, sind die mit den feineren Gittern erzielten Ergebnisse i. d. R. zuverlässiger.
- Prüfung 3: Vergleich mit Messdaten.

B.7
Berechnung einer Zweiphasenströmung

B.7.1
Beispiel

Problemstellung:

- Kleiner Behälter vollständig mit Wasser gefüllt.
- Größer Behälter bis zur Höhe $z = 0{,}3$ mit Wasser gefüllt, restliches Volumen mit Luft gefüllt.
- Zum Zeitpunkt $t = 0$ wird Trennung zwischen den Behältern vollständig entfernt.
- Problemstellung symmetrisch zur x-z-Ebene bei $y = 0{,}5$.

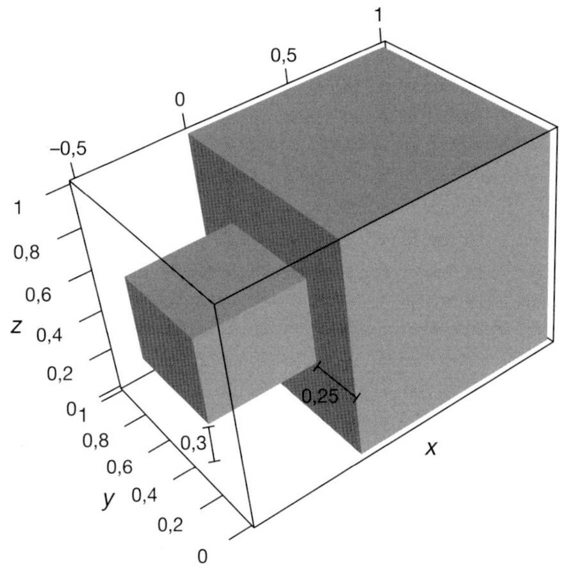

B.7.2
Geometrie erzeugen

- *Salome* starten („Salome"-Knopf in der linken Icon-Leiste).
- `Geometry`-Modul auswählen und neue Sitzung mit `New` starten.
- Geometrie erzeugen:
  - entweder Geometrie in *Salome* erzeugen (wie in Kapitel 4.13 beschrieben) oder
  - Import aus CAD-Daten mit `File→Import` …
- Einströmränder, Ausströmränder, Seitenränder usw. definieren:
- Menü `Entity→Group→Create` auswählen, in der Reihe `Shape Type` die Markierung vor der Fläche (Rechteck) setzen, unter `Main Shape` den Randnamen setzen (vorzugsweise Inlet, Outlet, TopBottom, Wall) entsprechende Fläche(n) auswählen, `Add`-Knopf und abschließen
- Ränder im Object-Browser markieren und mit Menü `File→Export` im STL-ASCII-Format exportieren (es entstehen die Dateien Symmetry.stl und Wall.stl).

B.7.3
Gitter erzeugen

- *HelyxOS* starten („Helyxos"-Knopf in der linken Icon-Leiste)
- Fall erstellen: `New` anwählen, dann Name und Verzeichnis festlegen (z. B. newCase), `Parallel` abwählen für einfachere Handhabung.

- Ränder einlesen: `Geomtetry→STL`, *Salome*-Dateien (Symmetry.stl, Wall.stl) importieren.
- `Base Mesh→Base Mesh Spacing` aufgrund der hohen Rechenaufwandes nicht allzu klein einstellen, z. B. `0.025` oder größer.
- `Material Point`: So einstellen, dass der Punkt im Innern der Geometrie liegt (Lampensymbol zeigt Punkt an), z. B. `(0.1,0.1,0.1)`
- Gitter erzeugen mit `Mesh→Create`.

B.7.4
Definition und Lösung des Problems

- Reiter `Case Setup & Run` anwählen.
- `Solution Modelling→Time: transient`, Häkchen bei `VOF`, restliche Modelldaten setzen.
- Fluide auswählen, Randbedingungen festlegen.
- Zeitschrittweite, Zeitpunkte für Zwischenergebnisse bestimmen.
- Initialisierung: `Fields Initialisation→alpha1`, die Bereiche mit Wasser definieren.
- Berechnung starten mit `Run→Start`.

B.7.5
Postprocessing

- Postprocessing starten durch Anklicken des `ParaView`-Icons.
- Allgemeine Verfahrensweise: siehe Referenzkarte „B.5 ParaView".

B.7.6
Prüfung der Ergebnisse

- Viele mögliche Fehlerquellen: z. B. falsche Randbedingungen, falsch gesetzte Viskositäten, zu grobes Rechengitter, Instabilitäten und Ungenauigkeiten der numerischen Rechenverfahren usw. Daher ist zumindest Prüfung 1–3 der Ergebnisse erforderlich (weitere Prüfungen nach Absprache mit geeigneten sachkundigen Experten ggf. erforderlich für wichtige Anwendungsfälle wie z. B. Modifikation von Produktionsanlagen usw.):
- Prüfung 1: Sind die Ergebnisse physikalisch plausibel?
- Prüfung 2: Ändern sich die Simulationsergebnisse, wenn man das Gitter verfeinert? Falls dies der Fall ist, sind die mit den feineren Gittern erzielten Ergebnisse i. d. R. zuverlässiger.
- Prüfung 3: Vergleich mit Messdaten.

B.8 Virtualisierung

B.8.1 Voraussetzungen

- BIOS-Virtualisierungsoptionen aktivieren, falls vorhanden.
- Windows: qemu installieren (z. B. http://wiki.qemu.org/Links).
- Verfahrensweisen wurden getestet für *Gm.Linux* und Windows 7. Für andere Systeme ggf. Anpassungen erforderlich.

B.8.2 Live-Betriebssystem

- ISO-Datei des Betriebssystems (z. B. `gmlinux2.iso`) auf dem Rechner oder auf einem Stick speichern.
- Terminal öffnen, dann Kommando:

```
kvm -M pc -m 4000 -cdrom [Dateipfad]/gmlinux2.iso -vga std
```

- `-m 4000` bedeutet Nutzung von 4 GB RAM durch die virtuelle Maschine, ggf. anpassen.

B.8.2.1 Windows

- Wie oben mit dem Kommando (Pfad `c:\qemu` ggf. anpassen):

```
c:\qemu\qemu -L c:\qemu -cdrom [Pfad zur Datei]\gmlinux2.iso  -m 4000
```

B.8.3 Betriebssystem installieren und ausführen

- Datei `gmlinux2.img` erzeugen, die eine virtuelle Maschine mit ca. 30 GB Festplattenspeicher enthält:

```
qemu-img create gmlinux2.img 30G
```

- Betriebssystem `gmlinux2.iso` in der virtuellen Maschine `gmlinux2.img` installieren:

```
kvm -hda [Pfad anpassen]/gmlinux2.img -cdrom [Pfad anpassen]/
   gmlinux.2.iso -boot d -m 4000  -vga std
```

- Nach Installation virtuelle Maschine starten:

```
kvm -hda [Pfad anpassen]/gmlinux2.img  -m 4000  -vga std
```

B.8.3.1 Windows

- Kommandos anpassen analog zu Abschnitt B.8.2.1.

B.8.4 Dateiaustausch mit virtuellem System

B.8.4.1 Mit Terminalkommandos

```
# Host sendet an Gast
tar c DATEIEN | nc -v -l 8080           # auf dem Host
tar x < /dev/tcp/10.0.2.2/8080          # auf dem Gast

# Gast sendet an Host
nc -v -l 8080 | tar x                   # auf dem Host
tar c DATEIEN > /dev/tcp/10.0.2.2/8080  # auf dem Gast
```

B.8.4.2 Samba-Server

- Falls erforderlich, *Samba*-Server und Konfigurationstool installieren:

```
sudo apt-get install system-config-samba
```

- `system-config-samba` aufrufen, Lese und Schreibrechte z. B. für Ordner `[Pfad anpassen]/daten` freigeben.
- Virtuelle Maschine starten mit:

```
kvm -hda [Pfad anpassen]/gmlinux2.img  -m 4000  -vga std
   -net nic,vlan=0 -net user,smb=[Pfad anpassen]/daten
```

- Im virtuellen System den gemeinsamen Ordner mounten:

```
sudo mount -t cifs //10.0.2.2/daten ~/daten -o username=[anpassen],noexec
```

B.8.4.3 Einbindung eines USB-Sticks

```
lsusb
# [Beispielausgabe:] Bus 002 Device 006: ID 1307:0165 Transcend
   Information, Inc. 2GB/4GB Flash Drive
sudo chmod a+rw /dev/bus/usb/002/006
kvm -hda [Pfad anpassen]/gmlinux2.img  -m 4000  -vga std -usb
   -net nic,vlan=0 -net user,vlan=0,hostname=emu
   -monitor pty -boot d -usb -usbdevice host:1307:0165
```

B.8.4.4 Windows

- Anpassung der Kommandos aus den Abschnitten B.8.4.2 und B.8.4.3 analog zu Abschnitt B.8.2.1 oder Nutzung einer graphischen Benutzeroberfläche, siehe Abschnitt B.8.5.

B.8.5
Alternativen

- Graphische Benutzeroberflächen: http://wiki.qemu.org/Links
- Kommerzielle und halbkommerzielle Systeme wie Virtualbox (virtualbox.org), z. T. bessere Performance.

Literaturverzeichnis

1 Geiger, F., Velten, K. und Methner, F.J. (2012) 3D CFD simulation of bottle emptying processes. *Journal of Food Engineering*, **109**, 609–618.

2 Velten, K. (2009) *Mathematical Modeling and Simulation: Introduction for Scientists and Engineers*, Wiley-VCH Verlag GmbH, Weinheim.

3 Minsky, M. (1965) Matter, minds and models, in *Proceedings of the International Federation for Information Processing (IFIP)Congress, Washington, DC, 1965*, Spartan Books, S. 45–49.

4 Bockhorn, H. (2005) *Ullmann's Encyclopedia of Industrial Chemistry*, Ullmann, Kapitel Mathematical modeling.

5 Cellier, F. (1991) *Continuous System Modeling*, Springer.

6 Rosenberg, A. (2000) *The Philosophy of Science: A Contemporary Introduction*, Routledge.

7 Velten, K. und Best, W. (2000) Rolling of unsaturated porous materials – On the evolution of a fully saturated zone. *Physical Review E*, **62** (3), 3891–3899.

8 Banks, J. (1998) *Handbook of Simulation*, EMP books.

9 S., M. (2003) *Dynamic Model Development: Methods, Theory and Applications*, Elsevier Science.

10 Fritzson, P. (2004) *Principles of Object-Oriented Modeling and Simulation with Modelica2.1*, John Wiley & Sons.

11 Ingham, J., Dunn, I., Heinzle, E., Prenosil, J. und Snape, J. (2007) *Chemical Engineering Dynamics: An Introduction to Modelling and Computer Simulation*, Wiley-VCH Verlag GmbH, Weinheim.

12 Law, A. und Kelton, W. (2000) *Simulation, Modeling and Analysis*, McGraw-Hill.

13 Haefner, J. (2005) *Modeling Biological Systems*, Springer.

14 Ashby, W. (1956) *An Introduction to Cybernetics*, John Wiley & Sons.

15 Popper, K. (2001) *All Life is Problem Solving*, Routledge.

16 Preziosi, L. und N. Bellomo, L. (1995) *Modelling, mathematical methods and scientific computation*, CRC Press.

17 Bender, E. (2000) *An Introduction to Mathematical Modeling*, Dover.

18 Lang, S. (1998) *A First Course in Calculus*, Springer.

19 Peterson, J. (2003) *Technical Mathematics with Calculus*, CENGAGE Delmar Learning.

20 Kandray, D. (2010) *Programmable Automation Technologies: An Introduction to CNC, Robotics and PLCs*, Industrial Press.

21 Seppelt, R. (2003) *Computer-Based Environmental Management*, Wiley-VCH Verlag GmbH, Weinheim.

22 Velten, K., Reinicke, R. und Friedrich, K. (2000) Wear volume prediction with artificial neural networks. *Tribology International*, **33** (10), 731–736.

23 Golomb, S. (1970) Mathematical models – Uses and limitations. *Simulation*, **4** (14), 197–198.

24 Plato (2003) *The Republic*, Penguin Classics.

25 Greiner, W. (2000) *Quantum Mechanics*, Springer.

Mathematische Modellbildung und Simulation, Erste Auflage. Marco Günther und Kai Velten.

26 Triola, M.F. (2007) *Elementary Statistics*, Addison Wesley.

27 Dalgaard, P. (2002) *Introductory Statistics with R*, Springer.

28 Ligges, U. (2006) *Programmieren mit R*, Springer, Berlin.

29 Sachs, L. und Hedderich, J. (2006) *Angewandte Statistik – Methodensammlung mit R*, Springer.

30 Devore, J. (2007) *Probability and Statistics for Engineering and the Sciences*, Duxbury Press.

31 Tanner, M. (1995) *Practical Queueing Analysis*, McGraw-Hill.

32 Sahai, H. und Ageel, M. (2000) *Analysis of Variance: Fixed, Random and Mixed Models*, Birkhäuser.

33 Galton, F. (1886) Regression towards mediocrity in hereditary stature. *Journal of the Anthropological Institute*, **15**, 246–263.

34 Richter, O. und Soendgerath, D. (1990) *Parameter Estimation in Ecology. The Link between Data and Models*, Wiley-VCH Verlag GmbH, Weinheim.

35 Rabinovich, S. (2005) *Measurement Errors and Uncertainties: Theory and Practice*, Springer.

36 Chambers, J. und Hastie, T. (1992) *Statistical Models in S*, Chapman & Hall.

37 Venables, W. und Ripley, B. (2002) *Modern Applied Statistics with S*, Springer, Berlin.

38 de Jong, J., Wevers, R. und Liebrand-van Sambeek, R. (1992) Measuring urinary glycosaminoglycans in the presence of protein: an improved screening procedure for mucopolysaccharidoses based on dimethylmethylene blue. *Clinical Chemistry*, **38** (6), 803–807.

39 Green, P. und Silverman, B. (1994) *Nonparametric Regression and Generalized Linear Models. A Roughness Penalty Approach*, Chapman & Hall.

40 Volz, P. (2007) *Bedeutung des Kohlenhydrat-Gehaltes als haltbarkeitsbeeinflussender Faktor bei Schnittrosen*, PhD thesis, Berlin, Humboldt-Universität

41 Witten, I. und Frank, E. (2005) *Data Mining: Practical Machine Learning Tools and Techniques*, Morgan Kaufmann.

42 Klein, L. (1950) *Economic Fluctuations in the United States, 1921–1941*, John Wiley & Sons.

43 Greene, W. (2003) *Econometric Analysis*, Prentice Hall.

44 Bates, D.M. und Watts, D.G. (1988) *Nonlinear Regression Analysis and Its Applications*, John Wiley & Sons.

45 Williams, E. (1959) *Regression Analysis*, John Wiley & Sons.

46 Hastie, T. und Tibshirani, R. (1990) *Generalized Additive Models*, Chapman & Hall/CRC, Monographs on Statistics & Applied Probability (Taylor & Francis).

47 Wang, Y. (2011) *Smoothing Splines: Methods and Applications*, Chapman & Hall/CRC, Monographs on Statistics & Applied Probability (Taylor & Francis).

48 Steven, P., Le Blanc, C., Velten, K., Lankenau, E., Krug, M., Oelckers, S., Heindl, L., Gehlsen, U., Huettmann, G. und Cursiefen, C. (2013) Optimizing descemet's membrane endothelial keratoplasty using intraoperative optical coherence tomography. *Journal of the Americal Medical Association – Ophthalmology*, **131** (9), 1135–1142.

49 Abebe, A., Daniels, J. und McKean, J. (2001) Statistics and data analysis, *Technical Report*, Statistical Computation Lab (SCL), Western Michigan University, Kalamazoo, MI, USA.

50 Montgomery, D. (2005) *Design and Analysis Experiments*, John Wiley & Sons.

51 Soravia, S. und Orth, A. (2007) Design of Experiments, in *Ullmann's Modeling and Simulation*, John Wiley & Sons, S. 363–400.

52 Rasch, D., Pilz, J., Verdooren, L. und Gebhardt, A. (2011) *Optimal Experimental Design with R*, Taylor & Francis.

53 Groemping, U. (2013), RcmdrPlugin.DoE: Commander plugin for (industrial) design of experiments. R package version 0.12-2.

54 Wheeler, B. (2011) AlgDesign: algorithmic experimental design. R package version 1.1-7.

55 Derrida, J. (1997) *Archive Fever: A Freudian Impression (Religion & Postmodernism)*, University of Chicago Press.

56 Popper, K. (2002) *The Logic of Scientific Discovery*, Routledge.

57 Incropera, F. (2001) *Fundamentals of Heat and Mass Transfer*, John Wiley & Sons.

58 Hartman, P. (2002) *Ordinary Differential Equations*, Society for Industrial & Applied Mathematics US.

59 Swift, R. und Wirkus, S. (2006) *A Course in Ordinary Differential Equations*, Chapman & Hall/CRC.

60 Chicone, C. (2006) *Ordinary Differential Equations with Applications*, Springer, Berlin.

61 Evans, L. (1998) *Partial Differential Equations*, Oxford University Press.

62 Ascher, U.M. und Russell, R.D. (1995) *Numerical Solution of Boundary Value Problems for Ordinary Differential Equations*, Society for Industrial & Applied Mathematics US.

63 Walter, W. (2000) *Gewöhnliche Differentialgleichungen*, Springer.

64 Schelter, W. (2000) *Maxima Manual*, http://maxima.sourceforge.net, letzter Zugriff: Juli 2014.

65 Hairer, E. und Wanner, G. (1996) *Solving Ordinary Differential Equations, Part II: Stiff and Differential-Algebraic Problems*, Springer, Berlin.

66 Hindmarsh, A. (1983) *Scientific Computing*, North-Holland, Amsterdam, Kapitel ODEPACK, A Systematized Collection of ODE Solvers, S. 55–64.

67 Petzold, L. (1983) Automatic selection of methods for solving stiff and nonstiff systems of ordinary differential equations. *SIAM Journal on Scientific Computing*, **4**, 136–148.

68 Hairer, E., Norsett, S. und Wanner, G. (1993) *Solving Ordinary Differential Equations: Nonstiff Problems*, Springer Series in Computational Mechanics, Bd 8, Springer, New York.

69 Landau, R., Paez, M. und Bordeianu, C. (2007) *Computational Physics*, Wiley-VCH Verlag GmbH, Weinheim.

70 Press, W., Teukolsky, S., Vetterling, W. und Flannery, B. (2002) *Numerical Recipes in C – The Art of Scientific Computing*, Cambridge University Press.

71 Brenan, K., Campbell, S. und Petzold, L. (1989) *Numerical Solution of Initial-Value Problems in Differential Algebraic Equations*, Elsevier, New York.

72 Fleet, G. (1993) *Wine Microbiology and Biotechnology*, CRC.

73 Hutkins, R. (2006) *Microbiology and Technology of Fermented Foods*, Wiley-Blackwell.

74 Bisson, L. (1999) Stuck and sluggish fermentations. *American Journal of Enology and Viticulture*, **50**, 107–119.

75 Cramer, A., Vlassides, S. und Block, D. (2002) Kinetic model for nitrogen-limited wine fermentations. *Biotechnology and Bioengineering*, **1**.

76 Blank, A. (2007) *Gärmodellierung und Gärprognose: Der Weg zur besseren Gärsteuerung*, Master's thesis, FH Wiesbaden, Fb. Geisenheim.

77 Boulton, R. (1980) The prediction of fermentation behaviour by a kinetic model. *American Journal of Enology ans Viticulture*, **31**, 40–45.

78 Boulton, R., Singleton, V., Bisson, L. und Kunkee, R. (1999) *Principles and Practices of Winemaking*, Springer.

79 S. Malherbe, S., Fromion, V., Hilgert, N. und Sablayrolles, J.M. (2004) Modeling the effects of assimilable nitrogen and temperature on fermentation kinetics in enological conditions. *Biotechnology and Bioengineering*, **86** (3), 261–272.

80 Julien, A., Roustan, J., Dulau, L. und Sablayrolles, J. (2000) Comparison of nitrogen and oxygen demands of enological yeasts: Technological consequences. *American Journal of Enology ans Viticulture*, **51** (3), 215–222.

81 Jiranek, V., Langridge, P. und Henschke, P. (1995) Amino acid and ammonium utilization by saccharomyces cerevisiae wine yeasts from a chemically defined medium. *American Journal of Enology ans Viticulture*, **46** (1), 75–83.

82 Overman, A. und Scholtz III, R. (2002) *Mathematical Models of Crop Growth and Yield*, CRC.

83 Schröder, U., Richter, O. und Velten, K. (1995) Performance of the plant growth models of the special collaborative project 179 with respect to winter wheat. *Ecological Modelling*, **81**, 243–250.

84 Velten, K. und Richter, O. (1995) Optimal root/shoot-partitioning of carbohydrates in plants. *Bulletin of Mathematical Biology*, **57** (1), 99–109.

85 Velten, K. und Richter, O. (1993) Optimal maintenance investment of plants and its dependence on environmental conditions. *Bulletin of Mathematical Biology*, **55** (5), 953–971.

86 Velten, K. (1994) *Optimalität und Pflanzenwachstum (plant growth and optimality)*, PhD thesis, TU Braunschweig.

87 Weinheimer, S. (2008) *Einfluss eines differenzierten Wasserangebotes auf Wurzelwachstum und Reservekohlenhydrathaushalt von Bleichspargel (Asparagus officinalis L.)*, PhD thesis, Humboldt-Universität, Berlin.

88 Velten, K., Paschold, P. und Rieckmann, U. (2004) Analysis of the subsurface growth of white asparagus. *Acta Horticulturae*, **654**, 97–103.

89 Strauss, W. (1992) *Partial Differential Equations: An Introduction*, John Wiley & Sons.

90 Sewell, G. (2005) *The Numerical Solution of Ordinary and Partial Differential Equations*, John Wiley & Sons.

91 Grossmann, C. und Roos, H. (2007) *Numerical Treatment of Partial Differential Equations*, Springer.

92 Morton, K.W. und Mayers, D.F. (2005) *Numerical Solution of Partial Differential Equations*, Cambridge University Press.

93 Knabner, P. und Angermann, L. (2003) *Numerical Methods for Elliptic and Parabolic Partial Differential Equations*, Springer.

94 Velten, K., Jaki, J. und Paschold, P. (2002) Optimierung temperaturwirksamer anbaumethoden. *Berichte der Gesellschaft für Informatik in der Land-, Forst- und Ernährungswirtschaft*, **15**, 209–212.

95 Velten, K., Paschold, P. und Stahel, A. (2003) Optimization of cultivation measures affecting soil temperature. *Scientia Horticulturae*, **97** (2), 163–184.

96 Serway, R. und Jewett, J. (2004) *Physics for Scientists and Engineers*, Brooks/Cole.

97 Rief, S. (2006) *Nonlinear Flow in Porous Media – Numerical Solution of the Navier-Stokes System with Two Pressures and Application to Paper Making*, PhD thesis, Technische Universität Kaiserslautern.

98 Hornung, U. (1998) *Homogenization and Porous Media*, Interdisciplinary Applied Mathematics, Bd 6, Springer.

99 Epperson, J. (2007) *An Introduction to Numerical Methods and Analysis*, John Wiley & Sons.

100 Polyanin, A.D. (2001) *Handbook of Linear Partial Differential Equations for Engineers and Scientists*, Chapman & Hall.

101 Chakrabarti, S. (1990) *Theory of Transonic Astrophysical Flows*, World Scientific.

102 Lapidus, L. und Pinder, G. (1999) *Numerical Solution of Partial Differential Equations in Science and Engineering*, John Wiley & Sons.

103 Temam, R. und Miranville, A. (2005) *Mathematical Modeling in Continuum Mechanics*, Cambridge University Press.

104 Raabe, D., Franz Roters, F., Barlat, F. und Chen, L. (Hrsg) (2004) *Continuum Scale Simulation of Engineering Materials: Fundamentals – Microstructures – Process Applications*, Wiley-VCH Verlag GmbH, Weinheim.

105 Rosen, J. (1995) *Symmetry in Science: An Introduction to the General Theory*, Springer.

106 Versteeg, H.K. und Malalasekera, W. (2007) *An Introduction to Computational Fluid Dynamics: The Finite Volume Method*, Prentice-Hall.

107 LeVeque, R.J. (2002) *Finite Volume Methods for Hyperbolic Problems*, Cambridge Texts in Applied Mathematics, Cambridge University Press.

108 Schiesser, W.E. (1991) *The Numerical Method of Lines*, Academic Press.

109 Canuto, C., Hussaini, M.Y., Quarteroni, A. und Zang, T.A. (2006) *Spectral Methods. Fundamentals in Single Domains*, Springer.

110 Sauter, S. und Schwab, C. (2004) *Randelementmethoden*, Teubner.

111 Strikwerda, J. (2004) *Finite Difference Schemes and Partial Differential Equations*, SIAM: Society for Industrial and Applied Mathematics.

112 Ames, W. (1992) *Numerical Methods for Partial Differential Equations*, Academic Press.

113 Lay, D. (2005) *Linear Algebra and Its Applications*, Addison Wesley.

114 Saad, Y. (2008) *Iterative Methods for Sparse Linear Systems*, Cambridge University Press.

115 Ern, A. und Guermond, J. (2004) *Theory and practice of finite elements*, Springer.

116 Frey, P. und George, P. (2007) *Mesh Generation: Application to Finite Elements*, ISTE Publishing Company.

117 Brenner, S. und Scott, R. (2005) *The Mathematical Theory of Finite Element Methods*, 2. Aufl., Springer.

118 Zienkiewicz, O. und Taylor, R. (2005) *The Finite Element Method Set*, Butterworth Heinemann.

119 Morand, H. (1995) *Fluid-Structure Interaction*, John Wiley & Sons.

120 Hirsch, C. (2007) *Numerical Computation of Internal and External Flows*, Bd 1, 2. Aufl., Butterworth Heinemann.

121 Hetland, K. (2005) *Beginning Python: From Novice to Professional*, Apress.

122 Chriss, N. (1996) *Black-Scholes and Beyond: Option Pricing Models*, McGraw-Hill.

123 Korn, R. und Korn, E. (2001) *Option Pricing and Portfolio Optimization: Modern Methods of Financial Mathematics*, American Mathematical Society.

124 Günther, M., Wegener, R. und Olawsky, F. (2006) Modeling and simulation of non-woven processes, in *Progress in Industrial Mathematics at ECMI 2006*, Bd 12, Springer, S. 689–696.

125 Thoma, M. (1993) Coupled porous and free flow in structured media. *Zeitschrift fur Angewandte Mathematik und Mechanik*, **73** (8), T566–T569.

126 Velten, K., Günther, M., Lindemann, B. und Loser, W. (2004) Optimization of candle filters using three-dimensional flow simulations. *Filtration-Transactions of the Filtration Society*, **4** (4), 276–280.

127 Banks, R. (1993) *Growth and Diffusion Phenomena: Mathematical Frameworks and Applications*, Springer.

128 Briggs, D. (2004) *Brewing: Science and Practice*, Woodhead Publishing.

129 Schlather, M. (2005), Sophy: Some soil physics tools for R [www document], http://www.r-project.org/, contributed extension package, letzter Zugriff: April 2008.

130 Schlather, M. und Huwe, B. (2005) A risk index for characterising flow pattern in soils using dye tracer distributions. *Journal of Contaminant Hydrology*, **79** 1/2, 25–44.

131 Schlather, M. und Huwe, B. (2005) A stochastic model for 3-dimensional flow patterns in infiltration experiments. *Journal of Hydrology*, **310** (1–4), 17–27.

132 Darcy, H. (1856) *Les fontaines publiques de la ville de Dijon*, Victor Dalmont.

133 Bear, J. (1988) *Dynamics of Fluids in Porous Media*, Dover Publications.

134 Bear, J. (1990) *Introduction to modeling of transport phenomena in porous media*, Kluwer, Dordrecht.

135 Nield, D. und Bejan, A. (1998) *Convection in Porous Media*, Springer.

136 Douglas, J., Gasoriek, J., Swaffield, J. und Lynne Jack, L. (2006) *Fluid Mechanics*, Prentice Hall.

137 Allen, M., Behie, G. und Trangenstein, J. (1988) *Multiphase Flow in Porous Media*, Springer, Berlin.

138 Velten, K. und Schattauer, D. (1998) A computer experiment to determine the permeability of mica tape based insulations. *IEEE Transactions on Dielectrics and Electrical Insulation*, **5** (6), 886–891.

139 Velten, K. und Schattauer, D. (2000) Drag measurement and evaluation in impregnation processes, in *Proceedings der 9th European Conference on Composite Materials (ECCM 9)*, erschienen auf CD-ROM, Brighton.

140 Velten, K., Schattauer, D., Zemitis, A., Pfreundt, F.J. und Hennig, E. (1999) A method for the analysis and control of mica tape impregnation processes. *IEEE Transactions on Dielectrics and Electrical Insulation*, **6** (3), 363–369.

141 Velten, K. (1998) Quantitative analysis of the resin transfer molding process. *Journal of Composite Materials*, **32** (20), 1865–1892.

142 Velten, K. (1998) Inverse problems in resin transfer molding. *Journal of Composite Materials*, **32** (24), 2178–2202.

143 Velten, K., Lutz, A. und Friedrich, K. (1999) Quantitative characterization of porous materials in polymer processing. *Composites Science and Technology*, **59** (3), 495–504.

144 Lutz, A., Velten, K. und Evstatiev, M. (1998) A new tool for fibre bundle impregnation: Experiments and process analysis, in *Proceedings of the 8th European Conference on Composite Materials (ECCM-8)*, Bd 2 (Hrsg. I. Crivelli-Visconti), Naples/Italy, S. 471–477.

145 Fanchi, J. (2005) *Principles of Applied Reservoir Simulation*, Gulf Professional Publishing.

146 Bitterlich, S. und Knabner, P. (2002) Adaptive and formfree identification of nonlinearities in fluid flow from column experiments. *Contemporary Mathematics*, **295**, 63–74.

147 Logan, J. (2001) *Transport Modeling in Hydrogeochemical Systems*, Springer.

148 Brady, N. (1999) *The Nature and Properties of Soils*, Prentice-Hall.

149 van Cotthem, A., Charlier, R., Thimus, J. und Tshibangu, J. (Hrsg.) (2006) *Eurock 2006 Multiphysics Coupling and Long Term Behaviour in Rock Mechanics*, Taylor & Francis.

150 Chen, Z., Huan, G. und Ma, Y. (2006) *Computational Methods for Multiphase Flows in Porous Media*, Society for Industrial and Applied Mathematics.

151 Rajagopal, K. (1995) *Mechanics of Mixtures*, World Scientific.

152 Coussy, O. (2004) *Poromechanics*, John Wiley & Sons.

153 Neunzert, H., Zemitis, A., Velten, K. und Iliev, O. (2003) *Mathematics – Key Technology for the Future*, Springer, Kapitel Analysis of transport processes for layered porous materials used in industrial applications, S. 243–251.

154 Fletcher, C. (1991) *Computational Techniques for Fluid Dynamics*, Springer.

155 Temam, R. (2001) *Navier-Stokes Equations: Theory and Numerical Analysis*, American Mathematical Society.

156 Chung, T. (2002) *Computational Fluid Dynamics*, Cambridge University Press.

157 Archambeau, F., Mechitoua, N. und Sakiz, M. (2004) Code saturne: A finite volume code for the computation of turbulent incompressible flows. *International Journal on Finite Volumes*, **1**, 1–62.

158 Velten, K., Günther, M. und Lindemann, B. (2003) Optimization of candle filters using three-dimensional flow simulations. in *Proceedings of the FILTECH EUROPA 2003 Scientific Conference*, CCD Dusseldorf, Germany, 21–23 October.

159 Velten, K., Spindler, K. und Evers, H. (2009) Mathematical models to optimize the industrial cleaning of bottles, *Technical Report*, FH Wiesbaden. Report of Project 17080061, financed by the German Federation of Industrial Research Associations (AiF) and the KHS AG, Bad Kreuznach.

160 Meister, C., Velten, K. und Methner, F.J. (2012) Modelling and simulation of bottle rinsing. *International Journal of Food Science and Technology*, **47**, 1468–1478.

161 Geiger, F. (2012) *Mathematische Modellierung von Flaschenentleerungsprozessen*, PhD thesis, Fakultät III, Technische Universität Berlin.

162 Schwarze, R. (2013) *CFD-Modellierung*, Springer Vieweg.

163 Simpson, B. und Toussi, F. (2004) The HSQLDB Development Group, HSQLDB user guide, hsqldb.sourceforge.net.

164 Mahrt, M. (2009) *OpenOffice.org Base 3*, O'Reillys basics, O'Reilly.

165 Steinberg, J. (2013) *Apache OpenOffice.org 3.4: Using Base*, CreateSpace Independent Publishing Platform.

166 Casanova, M. (2010) Base tutorial: From newbie to advocate in a one, two ... three! https://wiki.documentfoundation.org/images/0/02/Base_tutorial.pdf.

167 Schelter, W. (2013) *Maxima Manual (Version 5.30)*, maxima.sf.net.

168 Schelter, W. (2013) *Maxima Manual (Version 5.28, deutsche Übersetzung)*, maxima.sf.net.

169 Leisch, F. (2002) Sweave: Dynamic generation of statistical reports using literate data analysis, in *Compstat*, Springer, S. 575–580.

170 Xie, Y. (2013) *Dynamic Documents with R and Knitr*, Chapman & Hall/CRC the R series, Taylor & Francis Group.

171 Gandrud, C. (2013) *Reproducible Research with R and RStudio*, Chapman & Hall/CRC the R series, CRC Press.

172 Robinson, J. (2004) *Software Design for Engineers and Scientists*, Elsevier Science.

173 Schlosser, J. (2011) *Wissenschaftliche Arbeiten schreiben mit LATEX: Leitfaden für Einsteiger*, mitp.

174 Oakland, J. (2012) *Statistical Process Control*, Taylor & Francis.

175 Chandra, J. (2001) *Statistical Quality Control*, Taylor & Francis.

176 Keller, P. (2011) *Statistical Process Control Demystified*, Demystified Series, McGraw-Hill Companies, Inc.

177 Boutros, T. und Purdie, T. (2013) *The Process Improvement Handbook: A Blueprint for Managing Change and Increasing Organizational Performance*, McGraw-Hill Education.

178 Cano, E., Moguerza, J. und Redchuk, A. (2012) *Six Sigma with R*, Springer.

179 Voß, W. und Buttler, G. (2004) *Taschenbuch der Statistik (mit 126 Tabellen)*, Fachbuchverlag Leipzig im Carl-Hanser-Verlag.

180 Sheather, S.J. und Jones, M.C. (1991) A reliable data-based bandwidth selection method for kernel density estimation. *Journal of the Royal Statistical Society. Series B (Methodological)*, S. 683–690.

181 Scott, D.W. (2009) *Multivariate density estimation: Theory, practice, and visualization*, vol. 383, John Wiley & Sons.

182 Silverman, B.W. (1986) *Density estimation for statistics and data analysis*, Bd 26, CRC press.

183 Anderson, D., Sweeney, D. und Williams, T. (2008) *Statistics for Business and Economics, Revised*, Cengage Learning.

Stichwortverzeichnis